机械设计与智造宝典丛书

UG NX 8.0 宝典（修订版）

北京兆迪科技有限公司　编著

机 械 工 业 出 版 社

本书是全面、系统学习 UG NX 8.0 软件的书籍，该书以 UG NX 8.0 中文版为蓝本进行编写，内容包括 UG NX 8.0 导入、二维草图的绘制、零件设计、曲面设计、装配设计、工程图设计、钣金设计、WAVE 连接器与参数化设计方法、渲染、运动仿真、管道设计、电缆设计、模具设计和数控加工等。

　　本书是根据北京兆迪科技有限公司给国内外几十家不同行业的著名公司（含国外独资和合资公司）的培训教案整理而成的，具有很强的实用性和广泛的适用性。本书附多媒体 DVD 学习光盘，制作了教学视频并进行了详细的语音讲解；另外，光盘还包含本书所有的教案文件、范例文件及练习素材文件。

　　本书章节的安排次序采用由浅入深、循序渐进的原则。在内容安排上，书中结合大量的实例来对 UG NX 8.0 软件各个模块中的一些抽象的概念、命令和功能进行讲解，通俗易懂，化深奥为简易；另外，书中以范例的形式讲述了一些实际生产一线产品的设计过程，能使读者较快地进入产品设计实战状态；在写作方式上，本书紧贴 UG NX 8.0 中文版的实际操作界面，采用软件中真实的对话框、按钮等进行讲解，使初学者能够直观、准确地操作软件进行学习，提高学习效率。本书可作为机械工程设计人员的 UG NX 8.0 自学教程和参考书籍，也可供大专院校机械专业师生教学参考。

图书在版编目（CIP）数据

UG NX 8.0 宝典 / 北京兆迪科技有限公司编著. —3 版. —北京：机械工业出版社，2017.2
　（机械设计与智造宝典丛书）
　ISBN 978-7-111-54904-8

Ⅰ. ①U… 　Ⅱ. ①北… 　Ⅲ. ①计算机辅助设计—应用软件 　Ⅳ. ①TP391.72

中国版本图书馆 CIP 数据核字（2016）第 226044 号

机械工业出版社（北京市百万庄大街 22 号　邮政编码：100037）
策划编辑：丁　锋　　　　　责任编辑：丁　锋
责任校对：刘志文　张　征
封面设计：张　静　　　　　责任印制：李　飞
北京铭成印刷有限公司印刷
2017 年 1 月第 3 版第 1 次印刷
184mm×260 mm　·　44.25 印张　·　872 千字
0001—3000 册
标准书号：ISBN 978-7-111-54904-8
　　　　　　ISBN 978-7-89386-087-4（光盘）
定价：115.00 元（含多媒体 DVD 光盘 1 张）

凡购本书，如有缺页、倒页、脱页，由本社发行部调换
电话服务　　　　　　　　　　网络服务
服务咨询热线：010-88361066　　机工官网：www.cmpbook.com
读者购书热线：010-68326294　　机工官博：weibo.com/cmp1952
　　　　　　　010-88379203　　金书网：www.golden-book.com
封面无防伪标均为盗版　　　教育服务网：www.cmpedu.com

前　言

UG 是由美国 UGS 公司推出的功能强大的三维 CAD/CAM/CAE 软件系统，其内容涵盖了产品从概念设计、工业造型设计、三维模型设计、分析计算、动态模拟与仿真、工程图输出，到生产加工成产品的全过程，应用范围涉及航空航天、汽车、机械、造船、通用机械、数控（NC）加工、医疗器械和电子等诸多领域。UG NX 8.0 是目前应用最广泛的 UG 版本之一，该版本在数字化模拟、知识捕捉、可用性和系统工程等方面都非常有特色。

本书此次修订主要是应用针对读者的反馈，删除了部分工程实践中应用较少的命令，增加了大量实际产品的案例。此外，本书随书光盘中同时也增加了大量产品设计案例的讲解，使本书的性价比大大提高。

本书是系统、全面学习 UG NX 8.0 软件的宝典类书籍，其特色如下。

- 内容全面、丰富，除包含 UG 一些常用模块外，还涉及众多的 UG 高级模块，图书的性价比很高。
- 范例丰富，对软件中的主要命令和功能，先结合简单的范例进行讲解，然后安排一些较复杂的综合范例帮助读者深入理解、灵活运用。
- 讲解详细，条理清晰，保证自学的读者能独立学习和运用 UG NX 8.0 软件。
- 写法独特，采用 UG NX 8.0 中文版中真实的对话框和按钮等进行讲解，使初学者能够直观、准确地操作软件，从而大大地提高学习效率。
- 附加值高，本书附多媒体 DVD 学习光盘，制作了教学视频并进行了详细的语音讲解，可以帮助读者轻松、高效地学习。

本书由北京兆迪科技有限公司编著，参加编写的人员有王焕田、刘静、雷保珍、刘海起、魏俊岭、任慧华、詹路、冯元超、刘江波、周涛、段进敏、赵枫、邵为龙、侯俊飞、龙宇、施志杰、詹棋、高政、孙润、李倩倩、黄红霞、尹泉、李行、詹超、尹佩文、赵磊、王晓萍、陈淑童、周攀、吴伟、王海波、高策、冯华超、周思思、黄光辉、党辉、冯峰、詹聪、平迪、管璇、王平、李友荣。本书已经过多次审核，如有疏漏之处，恳请广大读者予以指正。

电子邮箱：zhanygjames@163.com

编　者

读者购书回馈活动：

活动一：本书"随书光盘"中含有该"读者意见反馈卡"的电子文档，请认真填写本反馈卡，并 E-mail 给我们。E-mail：兆迪科技 zhanygjames@163.com，丁锋 fengfener@qq.com。

活动二：扫一扫右侧二维码，关注兆迪科技官方公众微信（或搜索公众号 zhaodikeji），参与互动，也可进行答疑。

凡参加以上活动，即可获得兆迪科技免费奉送的价值 48 元的在线课程一门，同时有机会获得价值 780 元的精品在线课程。在线课程网址见本书"随书光盘"中的"读者意见反馈卡"的电子文档。

本 书 导 读

为了能更好地学习本书的知识，请您仔细阅读下面的内容。

写作环境

本书使用的操作系统为 Windows XP，对于 Windows 2000 /Server、Windows 7、Windows 8、Windows 10 等操作系统，本书的内容和范例也同样适用。本书采用的写作蓝本是 UG NX 8.0 中文版。

光盘使用

为方便读者练习，特将本书所有素材文件、已完成的实例文件、配置文件和视频语音讲解文件等放入随书附带的光盘中，读者在学习过程中可以打开相应素材文件进行操作和练习。

本书附多媒体 DVD 光盘，建议读者在学习本书前，先将 DVD 光盘中的所有文件复制到计算机硬盘的 D 盘中，在 D 盘上 ug8 目录下共有两个子目录。

（1）work 子目录：包含本书的全部素材文件和已完成的范例、实例文件。

（2）video 子目录：包含本书讲解中的视频录像文件（含语音讲解）。读者学习时，可在该子目录中按顺序查找所需的视频文件。

光盘中带有"ok"扩展名的文件或文件夹表示已完成的范例。

本书约定

- 本书中有关鼠标操作的简略表述说明如下。
  - ☑ 单击：将鼠标指针移至某位置处，然后按一下鼠标的左键。
  - ☑ 双击：将鼠标指针移至某位置处，然后连续快速地按两次鼠标的左键。
  - ☑ 右击：将鼠标指针移至某位置处，然后按一下鼠标的右键。
  - ☑ 单击中键：将鼠标指针移至某位置处，然后按一下鼠标的中键。
  - ☑ 滚动中键：只是滚动鼠标的中键，而不能按中键。
  - ☑ 选择（选取）某对象：将鼠标指针移至某对象上，单击以选取该对象。
  - ☑ 拖移某对象：将鼠标指针移至某对象上，然后按下鼠标的左键不放，同时移动鼠标，将该对象移动到指定的位置后再松开鼠标的左键。
- 本书中的操作步骤分为 Task、Stage 和 Step 三个级别，说明如下。
  - ☑ 对于一般的软件操作，每个操作步骤以 Step 字符开始，例如，下面是草绘环境中绘制矩形操作步骤的表述。

    Step1. 单击 按钮。

    Step2. 在绘图区某位置单击，放置矩形的第一个角点，此时矩形呈"橡皮筋"

样变化。

Step3. 单击 XY 按钮，再次在绘图区某位置单击，放置矩形的另一个角点。此时，系统即在两个角点间绘制一个矩形。

☑ 每个 Step 操作视其复杂程度，其下面可含有多级子操作，例如 Step1 下可能包含（1）、（2）、（3）等子操作，（1）子操作下可能包含①、②、③等子操作，①子操作下可能包含 a）、b）、c）等子操作。

☑ 如果操作较复杂，需要几个大的操作步骤才能完成，则每个大的操作冠以 Stage1、Stage2、Stage3 等，Stage 级别的操作下再分 Step1、Step2、Step3 等操作。

☑ 对于多个任务的操作，则每个任务冠以 Task1、Task2、Task3 等，每个 Task 操作下则可包含 Stage 和 Step 级别的操作。

● 由于已建议读者将随书光盘中的所有文件复制到计算机硬盘的 D 盘中，所以书中在要求设置工作目录或打开光盘文件时，所述的路径均以"D:"开始。

技术支持

本书是根据北京兆迪科技有限公司给国内外一些著名公司（含国外独资和合资公司）的培训教案整理而成的，具有很强的实用性，其主编和参编人员均来自北京兆迪科技有限公司，该公司专门从事 CAD/CAM/CAE 技术的研究、开发、咨询及产品设计与制造服务，并提供 UG、Ansys、Adams 等软件的专业培训及技术咨询，读者在学习本书的过程中如果遇到问题，可通过访问该公司的网站 http://www.zalldy.com 来获得技术支持。咨询电话：010-82176248，010-82176249。

目　　录

前言
本书导读
第1章　UG NX 8.0 导入 1
1.1　UG NX 8.0 各模块简介 1
1.2　UG NX 8.0 软件的特点 4
1.3　UG NX 8.0 的安装 5
1.3.1　安装要求 5
1.3.2　安装前的准备 6
1.3.3　安装的一般过程 7
1.4　创建用户工作文件目录 9
1.5　启动 UG NX 8.0 软件 9
1.6　UG NX 8.0 工作界面 9
1.6.1　用户界面简介 9
1.6.2　用户界面的定制 12
1.7　鼠标的操作 15
1.8　UG NX 8.0 软件的参数设置 15
1.8.1　"对象"首选项 15
1.8.2　"用户界面"首选项 16
1.8.3　"选择"首选项 17

第2章　二维草图 20
2.1　二维草图环境中的主要术语 20
2.2　草图环境的进入与退出 20
2.3　UG 草图新功能介绍 22
2.4　草图环境中的下拉菜单简介 23
2.4.1　"插入"下拉菜单 23
2.4.2　"编辑"下拉菜单 23
2.5　添加\删除草图工具条 24
2.6　坐标系简介 24
2.7　设置草图参数 25
2.8　绘制二维草图 27
2.8.1　认识"草图工具"工具条 27
2.8.2　直线的绘制 28
2.8.3　圆的绘制 29
2.8.4　圆弧的绘制 30
2.8.5　矩形的绘制 30
2.8.6　圆角的绘制 32
2.8.7　轮廓线的绘制 32

　　　　2.8.8　派生直线的绘制..33
　　　　2.8.9　艺术样条曲线的绘制..34
　　　　2.8.10　将草图对象转化为参考线..34
　　　　2.8.11　点的创建..35
　　2.9　编辑二维草图..37
　　　　2.9.1　删除草图对象..37
　　　　2.9.2　操纵草图对象..38
　　　　2.9.3　复制/粘贴对象..39
　　　　2.9.4　修剪草图对象..39
　　　　2.9.5　延伸草图对象..40
　　　　2.9.6　制作拐角的绘制..40
　　　　2.9.7　镜像草图对象..41
　　　　2.9.8　偏置曲线..41
　　　　2.9.9　编辑定义截面..43
　　　　2.9.10　相交曲线..44
　　　　2.9.11　投影曲线..45
　　2.10　二维草图的约束..46
　　　　2.10.1　几何约束..49
　　　　2.10.2　尺寸约束..50
　　　　2.10.3　显示/移除约束..54
　　　　2.10.4　约束的备选解..55
　　　　2.10.5　尺寸的移动..56
　　　　2.10.6　尺寸值的修改..56
　　　　2.10.7　动画尺寸..57
　　2.11　管理二维草图..58
　　2.12　二维草图范例 1..59
　　2.13　二维草图范例 2..63
　　2.14　二维草图范例 3..68
　　2.15　二维草图范例 4..68
　　2.16　二维草图范例 5..68

第 3 章　零件设计..70
　　3.1　零件模型文件的操作..71
　　　　3.1.1　新建一个零件模型文件..71
　　　　3.1.2　打开一个零件模型文件..72
　　　　3.1.3　打开多个零件模型文件..73
　　　　3.1.4　零件模型文件的保存..73
　　　　3.1.5　关闭部件..73
　　3.2　体素建模..74
　　　　3.2.1　创建基本体素..74
　　　　3.2.2　在基础体素上添加其他体素..83
　　3.3　布尔操作功能..85
　　　　3.3.1　布尔求和操作..86

3.3.2　布尔求差操作..87

3.3.3　布尔求交操作..87

3.3.4　布尔出错消息..88

3.4　拉伸特征..89

3.4.1　概述..89

3.4.2　创建基础拉伸特征..89

3.4.3　添加其他特征..94

3.5　UG NX 的部件导航器..96

3.5.1　部件导航器界面简介...97

3.5.2　部件导航器的作用与操作...98

3.6　UG NX 中图层的使用...101

3.6.1　设置图层...101

3.6.2　视图中的可见图层..104

3.6.3　移动对象至图层...105

3.6.4　复制对象至图层...105

3.6.5　图层的应用实例...105

3.7　对象操作...108

3.7.1　对象与模型的显示控制...108

3.7.2　删除对象...109

3.7.3　隐藏与显示对象...110

3.7.4　编辑对象的显示...110

3.7.5　分类选择...111

3.7.6　对象的视图布局...113

3.8　回转特征...114

3.8.1　概述...114

3.8.2　关于矢量构造器...115

3.8.3　回转特征创建的一般过程..116

3.9　基准特征...117

3.9.1　基准平面...117

3.9.2　基准轴...124

3.9.3　基准点...128

3.9.4　基准坐标系..136

3.10　倒斜角...141

3.11　边倒圆...142

3.12　抽壳...145

3.13　孔...147

3.14　螺纹...149

3.15　特征的操作与编辑...151

3.15.1　编辑参数..151

3.15.2　编辑位置..152

3.15.3　特征移动..153

3.15.4　特征重排序..154

　　　3.15.5　特征的抑制与取消抑制 156
　3.16　拔模 157
　3.17　扫掠特征 159
　3.18　三角形加强筋 161
　3.19　凸台 162
　3.20　腔体 163
　3.21　垫块 168
　3.22　键槽 168
　3.23　开槽 171
　3.24　缩放体 173
　3.25　模型的关联复制 174
　　　3.25.1　抽取体 175
　　　3.25.2　复合曲线 177
　　　3.25.3　对特征形成图样 177
　　　3.25.4　镜像特征 180
　　　3.25.5　镜像体 181
　　　3.25.6　引用几何体 181
　3.26　变换 183
　　　3.26.1　比例变换 183
　　　3.26.2　通过一直线镜像 185
　　　3.26.3　变换命令中的矩形阵列 187
　　　3.26.4　变换命令中的圆形阵列 188
　3.27　模型的测量与分析 189
　　　3.27.1　测量距离 189
　　　3.27.2　测量角度 191
　　　3.27.3　测量曲线长度 192
　　　3.27.4　测量面积及周长 193
　　　3.27.5　测量最小半径 193
　　　3.27.6　模型的质量属性分析 194
　　　3.27.7　模型的偏差分析 195
　　　3.27.8　模型的几何对象检查 196
　3.28　零件设计范例 1——机座 196
　3.29　零件设计范例 2——咖啡杯 200
　3.30　零件设计范例 3——制动踏板 201
　3.31　零件设计范例 4——支架 201
　3.32　零件设计范例 5——箱壳 201
　3.33　零件设计范例 6——手柄 202
　3.34　零件设计范例 7——下控制臂 202

第 4 章　曲面设计 204
　4.1　曲线设计 204

      4.1.1   基本空间曲线 204

      4.1.2   高级空间曲线 210

      4.1.3   来自曲线集的曲线 215

      4.1.4   来自体的曲线 223

4.2   曲线曲率分析 226

4.3   创建简单曲面 228

      4.3.1   曲面网格显示 228

      4.3.2   创建拉伸和回转曲面 229

      4.3.3   有界平面的创建 231

      4.3.4   曲面的偏置 231

      4.3.5   曲面的抽取 233

4.4   创建自由曲面 236

      4.4.1   网格曲面 236

      4.4.2   一般扫掠曲面 241

      4.4.3   沿引导线扫掠 245

      4.4.4   样式扫掠 246

      4.4.5   变化的扫掠 248

      4.4.6   管道 249

      4.4.7   桥接曲面 250

      4.4.8   艺术曲面 251

      4.4.9   截面体曲面 253

      4.4.10 N 边曲面 257

      4.4.11 弯边曲面 261

      4.4.12 整体突变 264

4.5   曲面分析 265

      4.5.1   曲面连续性分析 265

      4.5.2   反射分析 266

4.6   曲面的编辑 267

      4.6.1   曲面的修剪 268

      4.6.2   曲面的延伸 272

      4.6.3   X－成形 275

      4.6.4   曲面的变形与变换 278

      4.6.5   曲面的边缘 281

      4.6.6   曲面的缝合与实体化 286

4.7   曲面中的倒圆角 288

      4.7.1   边倒圆 289

      4.7.2   面倒圆 290

      4.7.3   软倒圆 295

      4.7.4   样式圆角 298

4.8   曲面设计范例 1——笔帽的设计 301

4.9 曲面设计范例2——勺子的设计 308
4.10 曲面设计范例3——充电器的设计 308
4.11 曲面设计范例4——门把手的设计 308
4.12 曲面设计范例5——玩具车身的设计 309
4.13 曲面设计范例6——异型环装饰曲面造型的设计 309

第5章 装配设计 310
5.1 装配环境中的下拉菜单及工具条 311
5.2 装配导航器 314
5.2.1 概述 314
5.2.2 预览面板和依附性面板 315
5.3 组件的配对条件说明 316
5.3.1 "装配约束"对话框 316
5.3.2 "对齐"约束 318
5.3.3 "角度"约束 318
5.3.4 "平行"约束 318
5.3.5 "垂直"约束 319
5.3.6 "中心"约束 319
5.3.7 "距离"约束 319
5.4 装配的一般过程 320
5.4.1 添加第一个部件 320
5.4.2 添加第二个部件 322
5.4.3 引用集 323
5.5 部件的阵列 324
5.5.1 部件的"从实例特征"参照阵列 324
5.5.2 部件的"线性"阵列 325
5.5.3 部件的"圆周"阵列 326
5.6 编辑装配体中的部件 327
5.7 爆炸图 327
5.7.1 爆炸图工具条 328
5.7.2 爆炸图的建立和删除 329
5.7.3 编辑爆炸图 330
5.8 简化装配 332
5.8.1 简化装配概述 332
5.8.2 简化装配操作 332
5.9 装配干涉检查 334
5.10 综合实例一 336
5.11 综合实例二 341

第6章 工程图设计 342
6.1 工程图概述 342
6.1.1 工程图的组成 342

6.1.2　工程图环境中的下拉菜单与工具条.................................343
　　　6.1.3　部件导航器.................................346
6.2　工程图参数预设置.................................347
　　　6.2.1　工程图参数设置.................................348
　　　6.2.2　原点参数设置.................................348
　　　6.2.3　注释参数设置.................................349
　　　6.2.4　剖切线参数设置.................................350
　　　6.2.5　视图参数设置.................................350
　　　6.2.6　标记参数设置.................................351
6.3　图样管理.................................352
　　　6.3.1　新建工程图.................................352
　　　6.3.2　编辑已存图样.................................353
6.4　视图的创建与编辑.................................354
　　　6.4.1　基本视图.................................354
　　　6.4.2　局部放大图.................................356
　　　6.4.3　全剖视图.................................358
　　　6.4.4　半剖视图.................................358
　　　6.4.5　旋转剖视图.................................358
　　　6.4.6　阶梯剖视图.................................359
　　　6.4.7　局部剖视图.................................360
　　　6.4.8　显示与更新视图.................................362
　　　6.4.9　对齐视图.................................362
　　　6.4.10　编辑视图.................................364
6.5　标注与符号.................................366
　　　6.5.1　尺寸标注.................................366
　　　6.5.2　注释编辑器.................................369
　　　6.5.3　标识符号.................................371
　　　6.5.4　自定义符号.................................372
　　　6.5.5　基准特征符号.................................373
　　　6.5.6　形位公差.................................374

第7章　NX 钣金模块.................................376
7.1　NX 钣金模块导入.................................376
7.2　基础钣金特征.................................380
　　　7.2.1　突出块.................................380
　　　7.2.2　弯边.................................382
　　　7.2.3　轮廓弯边.................................388
　　　7.2.4　放样弯边.................................391
　　　7.2.5　法向除料.................................393
7.3　钣金的折弯与展开.................................396
　　　7.3.1　钣金折弯.................................396
　　　7.3.2　二次折弯.................................399
　　　7.3.3　伸直.................................400
　　　7.3.4　重新折弯.................................401

7.3.5 将实体零件转换到钣金件..402

7.3.6 边缘裂口..404

7.3.7 展平实体..406

7.4 钣金拐角的处理方法..408

7.4.1 倒角..408

7.4.2 封闭拐角..410

7.4.3 三折弯角..415

7.4.4 倒斜角..418

7.5 高级钣金特征..420

7.5.1 凹坑..420

7.5.2 冲压除料..423

7.5.3 百叶窗..426

7.5.4 筋..428

7.5.5 实体冲压..430

7.6 钣金工程图的一般创建过程..436

7.7 钣金综合范例——固定支架..441

第8章 WAVE 连接器与参数化设计方法..444

8.1 WAVE 连接器..444

8.1.1 新建 WAVE 控制结构..444

8.1.2 关联复制几何体，创建零部件..444

8.1.3 零部件参数细节设计..444

8.1.4 更改设计意图，更新零部件..451

8.2 表达式编辑器..452

8.2.1 表达式编辑器的概述..452

8.2.2 表达式编辑器的使用..453

8.2.3 建立和编辑表达式实例..456

8.3 可视参数编辑器..457

8.4 电子表格..460

8.4.1 UG NX 8.0 电子表格功能..460

8.4.2 "建模"电子表格..460

8.4.3 "表达式"电子表格..461

8.4.4 "部件族"电子表格..462

8.5 参数化设计范例 1——螺母..463

8.6 参数化设计范例 2——加热丝..466

第9章 渲染..471

9.1 材料/纹理..471

9.1.1 材料/纹理对话框..471

9.1.2 材料编辑器..472

9.2 灯光效果..476

9.2.1 基本光源..476

9.2.2 高级光源..477

9.3 展示室环境设置 478
　9.3.1 编辑器 478
　9.3.2 查看转台 479
9.4 基本场景设置 480
　9.4.1 背景 480
　9.4.2 舞台 481
　9.4.3 反射 482
　9.4.4 光源 482
　9.4.5 全局照明 483
9.5 视觉效果 484
　9.5.1 前景 484
　9.5.2 背景 485
　9.5.3 IBL 485
9.6 高质量图像 486
9.7 艺术图像 487
9.8 渲染范例 1——机械零件的渲染 488
9.9 渲染范例 2——图像渲染 491

第 10 章　运动仿真 495
10.1 概述 495
　10.1.1 机构运动仿真流程 495
　10.1.2 进入运动仿真模块 495
　10.1.3 运动仿真模块中的菜单及按钮 495
10.2 连杆和运动副 498
　10.2.1 连杆 498
　10.2.2 运动副 500
10.3 力学对象 503
　10.3.1 类型 504
　10.3.2 创建解算方案 505
10.4 模型准备 506
　10.4.1 主模型尺寸 506
　10.4.2 标记与智能点 507
　10.4.3 编辑运动对象 507
　10.4.4 干涉、测量和跟踪 507
　10.4.5 函数编辑器 510
10.5 运动分析 510
　10.5.1 动画 511
　10.5.2 图表 512
　10.5.3 填充电子表格 513
10.6 运动仿真范例 513

第 11 章　管道设计 517

11.1 管道设计概述 517
    11.1.1 UG 管道设计的工作界面 517
    11.1.2 UG 管道设计的工作流程 518
11.2 创建管道的一般过程 519

第 12 章 电缆设计 533
12.1 概述 533
    12.1.1 电缆设计概述 533
    12.1.2 UG 电缆设计的工作界面 533
    12.1.3 UG 电缆设计的工作流程 533
12.2 电缆设计的一般过程 534

第 13 章 模具设计 552
13.1 模具设计概述 552
13.2 模具创建的一般过程 552
    13.2.1 初始化项目 553
    13.2.2 模具坐标系 555
    13.2.3 设置收缩率 556
    13.2.4 创建模具工件 557
    13.2.5 模具分型 558
13.3 模具工具 563
    13.3.1 概述 563
    13.3.2 创建方块 564
    13.3.3 分割实体 565
    13.3.4 实体修补 566
    13.3.5 边缘修补 567
    13.3.6 修剪区域修补 569
    13.3.7 扩大曲面 570
    13.3.8 拆分面 571
13.4 在模具中创建浇注系统 574
13.5 带滑块的模具设计 582
13.6 Mold Wizard 标准模架设计 593

第 14 章 数控加工 616
14.1 数控加工概述 616
14.2 数控加工的一般过程 616
    14.2.1 UG NX 数控加工流程 616
    14.2.2 进入加工环境 617
    14.2.3 NC 操作 618
    14.2.4 创建工序 625
    14.2.5 生成刀具轨迹并仿真 633
    14.2.6 后处理 636

14.3 铣削加工 637
    14.3.1 深度加工轮廓铣 637
    14.3.2 陡峭区域深度加工轮廓铣 643
    14.3.3 表面铣 647
    14.3.4 表面区域铣 654
    14.3.5 精铣侧壁 657
    14.3.6 轮廓区域铣 662
    14.3.7 钻孔加工 666
    14.3.8 攻丝 676
    14.3.9 沉孔加工 679
14.4 加工综合范例 682

第 1 章　UG NX 8.0 导入

1.1　UG NX 8.0 各模块简介

UG NX 8.0 中提供了多种功能模块，它们既相互独立又相互联系。下面将简要介绍 UG NX 8.0 中的一些常用模块及其功能。

1．基本环境

基本环境提供一个交互环境，它允许打开已有的部件文件，创建新的部件文件，保存部件文件，创建工程图，屏幕布局，选择模块，导入和导出不同类型的文件，以及其他一般功能。该环境还提供强化的视图显示操作、屏幕布局和层功能、工作坐标系操控、对象信息和分析以及访问联机帮助。

基本环境是执行其他交互应用模块的先决条件，是用户打开 UG NX 8.0 后进入的第一个应用模块。在 UG NX 8.0 中，通过选择 [开始▾] 下拉菜单中的 [基本环境(G)...] 命令，便可以在任何时候从其他应用模块回到基本环境。

2．零件建模

- 实体建模：支持二维和三维的非参数化模型或参数化模型的创建、布尔操作以及基本的相关编辑，它是最基本的建模模块，也是"特征建模"和"自由形状建模"的基础。

- 特征建模：这是基于特征的建模应用模块，支持如孔、槽等标准特征的创建和相关的编辑，允许抽空实体模型并创建薄壁对象，允许一个特征相对于任何其他特征定位，且对象可以被实例引用建立相关的特征集。

- 自由形状建模：主要用于创建复杂形状的三维模型。该模块中包含一些实用的技术，如沿曲线的一般扫描；使用 1 轨、2 轨和 3 轨方式按比例展开形状；使用标准二次曲线方式的放样形状等。

- 钣金特征建模：该模块是基于特征的建模应用模块，它支持专门的钣金特征，如弯头、肋和裁剪的创建。这些特征可以在 Sheet Metal Design 应用模块中被进一步操作，如钣金部件成形和展开等。该模块允许用户在设计阶段将加工信息整合到所设计的部件中。实体建模和 Sheet Metal Design 模块是运行此应用模块的先决条件。

- 用户自定义特征（UDF）：允许利用已有的实体模型，通过建立参数间的关系、定义特征变量、设置默认值等工具和方法构建用户自己常用的特征。用户自定义特征可以通过特征建模应用模块被任何用户访问。

3．工程图

工程图模块可以从已创建的三维模型自动生成工程图图样，用户也可以使用内置的曲线/草图工具手动绘制工程图。"制图"功能支持自动生成图纸布局，包括正交视图投影、剖视图、辅助视图、局部放大图以及轴测视图等，也支持视图的相关编辑和自动隐藏线编辑。

4．装配

装配应用模块支持"自顶向下"和"自底向上"的设计方法，提供了装配结构的快速移动，并允许直接访问任何组件或子装配的设计模型。该模块支持"在上下文中设计"的方法，即当工作在装配的上下文中时，可以对任何组件的设计模型做改变。

5．用户界面样式编辑器

用户界面样式编辑器是一种可视化的开发工具，允许用户和第三方开发人员生成 UG NX 对话框，并生成封装了的有关创建对话框的代码文件，这样用户不需要掌握复杂的图形化用户界面（GUI）的知识，就可以轻松改变 UG NX 的界面。

6．加工

加工模块用于数控加工模拟及自动编程，可以进行一般的 2 轴、2.5 轴铣削，也可以进行 3 轴到 5 轴的加工；可以模拟数控加工的全过程；支持线切割等加工操作；还可以根据加工机床控制器的不同来定制后处理程序，因而生成的指令文件可直接应用于用户指定的数控机床，而不需要修改指令，便可进行加工。

7．分析

- 模流分析（Moldflow）：该模块用于在注射模中分析熔化塑料的流动，在部件上构造有限元网格并描述模具的条件与塑料的特性，利用分析包反复运行以决定最佳条件，减少试模的次数，并可以产生表格和图形文件两种结果。此模块能节省模具设计和制造的成本。
- Motion 应用模块：该模块提供了精密、灵活的综合运动分析。它有以下几个特点：提供了机构链接设计的所有方面，从概念到仿真原型；它的设计和编辑能力允许用户开发任一 N 连杆机构，完成运动学分析，且提供了多种格式的分析结果，同时可将该结果提供给第三方运动学分析软件进行进一步分析。
- 智能建模（ICAD）：该模块可在 ICAD 和 NX 之间启用线框和实体几何体的双向转

换。ICAD 是一种基于知识的工程系统，它允许描述产品模型的信息（物理属性诸如几何体、材料类型以及函数约束），并进行相关处理。

8．编程语言

- 图形交互编程（GRIP）：是一种在很多方面与 FORTRAN 类似的编程语言，使用类似于英语的词汇，GRIP 可以在 NX 及其相关应用模块中完成大多数的操作。在某些情况下，GRIP 可用于执行高级的定制操作，这比在交互的 NX 中执行更高效。
- NX Open C 和 C++ API 编程：是使程序开发能够与 NX 组件、文件和对象数据交互操作的编程界面。

9．质量控制

- VALISYS：利用该应用模块可以将内部的 Open C 和 C++ API 集成到 NX 中，该模块也提供单个的加工部件的 QA（审查、检查和跟踪等）。
- DMIS：该应用模块允许用户使用坐标测量机（CMM）对 NX 几何体编制检查路径，并从测量数据生成新的 NX 几何体。

10．机械布管

利用该模块可对 UG NX 装配体进行管路布线。例如，在飞机发动机内部，把管道和软管从燃料箱连接到发动机周围不同的喷射点上。

11．钣金（Sheet Metal）

该模块提供了基于参数、特征方式的钣金零件建模功能，并提供对模型的编辑功能和零件的制造过程，还提供了对钣金模型展开和重叠的模拟操作。

12．电子表格

电子表格程序提供了在 Xess 或 Excel 电子表格与 UG NX 之间的智能界面。可以使用电子表格来执行以下操作：

- 从标准表格布局中构建部件主题或族。
- 使用分析场景来扩大模型设计。
- 使用电子表格计算优化几何体。
- 将商业议题整合到部件设计中。
- 编辑 UG NX 8.0 复合建模的表达式——提供 UG NX 8.0 和 Xess 电子表格之间概念模型数据的无缝转换。

13．电气线路

电气线路使电气系统设计者能够在用于描述产品机械装配的相同 3D 空间内创建电气配线。电气线路将所有相关电气元件定位于机械装配内，并生成建议的电气线路中心线，然后将全部相关的电气元件从一端发送到另一端，而且允许在相同的环境中生成并维护封装设计和电气线路安装图。

注意：以上有关 UG NX 8.0 的功能模块的介绍仅供参考，如有变动应以 UGS 公司的最新相关正式资料为准，特此说明。

1.2　UG NX 8.0 软件的特点

UG NX 8.0 系统在数字化产品的开发设计领域具有以下几大特点。

● 创新性用户界面把高端功能与易用性和易学性相结合。

NX 8.0 建立在 NX 5.0 里面引入的基于角色的用户界面基础之上，把此方法的覆盖范围扩展到整个应用程序，以确保在核心产品领域里面的一致性。

为了提供一个能够随着用户技能水平增长而成长并且保持用户效率的系统，NX 8.0 以可定制的、可移动弹出工具栏为特征。移动弹出工具栏减少了鼠标移动，并且使用户能够把它们的常用功能集成到由简单操作过程所控制的动作之中。

● 完整统一的全流程解决方案。

UG 产品开发解决方案完全受益于 Teamcenter 的工程数据和过程管理功能。通过 NX 8.0，进一步扩展了 UG 和 Teamcenter 之间的集成。利用 NX 8.0，能够在 UG 里面查看来自 Teamcenter Product Structure Editor（产品结构编辑器）的更多数据，为用户提供了关于结构以及相关数据更加全面的表示。

UG NX 8.0 系统无缝集成的应用程序能快速传递产品和工艺信息的变更，从概念设计到产品的制造加工，可使用一套统一的方案把产品开发流程中涉及的学科融合到一起。在 CAD 和 CAM 方面，大量吸收了逆向软件 Imageware 的操作方式以及曲面方面的命令；在钣金设计等方面，吸收了 SolidEdge 的先进操作方式；在 CAE 方面，增加了 I-deas 的前后处理程序及 NX Nastran 求解器；同时 UG NX 8.0 可以在 UGS 先进的 PLM（产品周期管理）Teamcenter 的环境管理下，在开发过程中可以随时与系统进行数据交流。

● 可管理的开发环境。

UG NX 8.0 系统可以通过 NX Manager 和 Teamcenter 工具把所有的模型数据进行紧密集成，并实施同步管理，进而实现在一个结构化的协同环境中转换产品的开发流程。UG NX 8.0 采用的可管理的开发环境，增强了产品开发应用程序的性能。

Teamcenter 项目支持。利用 NX 8.0，用户能够在创建或保存文件的时候分配项目数据（既可是单一项目，也可是多个项目）。扩展的 Teamcenter 导航器，使用户能够立即把 Project

（项目）分配到多个条目（Item）。可以过滤 Teamcenter 导航器，以便只显示基于 Project 的对象，使用用户能够清楚了解整个设计的内容。

● 知识驱动的自动化。

使用 UG NX 8.0 系统，用户可以在产品开发的过程中获取产品及其设计制造过程的信息，并将其重新用到开发过程中，以实现产品开发流程的自动化，最大程度地重复利用知识。

● 数字化仿真、验证和优化。

利用 UG NX 8.0 系统中的数字化仿真、验证和优化工具，可以减少产品的开发费用，实现产品开发的一次成功。用户在产品开发流程的每一个阶段，通过使用数字化仿真技术，核对概念设计与功能要求的差异，以确保产品的质量、性能和可制造性符合设计标准。

● 系统的建模能力。

UG NX 8.0 基于系统的建模，允许在产品概念设计阶段快速创建多个设计方案并进行评估，特别是对于复杂的产品，利用这些方案能有效地管理产品零部件之间的关系。在开发过程中还可以创建高级别的系统模板，在系统和部件之间建立关联的设计参数。

1.3　UG NX 8.0 的安装

1.3.1　安装要求

1. 硬件要求

UG NX 8.0 软件系统可在工作站（Workstation）或个人计算机（PC）上运行，如果安装在个人计算机上，为了保证软件安全和正常使用，对计算机硬件的要求如下。

● CPU 芯片：一般要求 Pentium3 以上，推荐使用 Intel 公司生产的 Pentium4/1.3GHz 以上的芯片。

● 内存：一般要求为 256MB 以上。如果要装配大型部件或产品，进行结构、运动仿真分析或产生数控加工程序，则建议使用 1024MB 以上的内存。

● 显卡：一般要求支持 Open_GL 的 3D 显卡，分辨率为 1024×768 以上，推荐使用 64MB 以上的显卡。如果显卡性能太低，打开软件后，其会自动退出。

● 网卡：以太网卡。

● 硬盘：安装 UG NX 8.0 软件系统的基本模块，需要 3.5GB 左右的硬盘空间，考虑到软件启动后虚拟内存及获取联机帮助的需要，建议在硬盘上准备 4.2GB 以上的空间。

● 鼠标：强烈建议使用三键（带滚轮）鼠标，如果使用二键鼠标或不带滚轮的三键鼠标，会极大地影响工作效率。

- 显示器：一般要求使用 15in 以上显示器。
- 键盘：标准键盘。

2．操作系统要求

- 操作系统：操作系统为 Windows 2000 以上的 Workstation 或 Server 版均可，要求安装 SP3（Windows 补丁）以上版本，XP 系统要求安装 SP1 以上版本。对于 UNIX 系统，要求 HP-UX（64-bit）的 11 版、Sun Solaris（64-bit）的 Solaris 82/02、IBM-AIX 的 4.3.3、Maintenance Lecel 8 和 SGI-IRIX 的 6.5.11。
- 硬盘格式：建议 NTFS 格式，FAT 也可。
- 网络协议：TCP/IP 协议。
- 显卡驱动程序：分辨率为 1024×768 以上，真彩色。

1.3.2　安装前的准备

1．安装前的计算机设置

为了更好地使用 UG NX 8.0，在软件安装前需要对计算机系统进行设置，主要是操作系统的虚拟内存设置。设置虚拟内存的目的是为软件系统进行几何运算预留临时存储数据的空间。各类操作系统的设置方法基本相同，下面以 Windows XP Professional 操作系统为例说明设置过程。

　　Step1. 选择 Windows 的 开始 ➡ 设置(S)▶ ➡ 控制面板(C) 命令。

　　Step2. 在控制面板中双击 系统 图标。

　　Step3. 在"系统属性"对话框中单击 高级 选项卡，在 性能 区域中单击 设置(S) 按钮。

　　Step4. 在"性能选项"对话框中单击 高级 选项卡，在 虚拟内存 区域中单击 更改(C) 按钮。

　　Step5. 系统弹出"虚拟内存"对话框，可在 初始大小(MB)(I): 文本框中输入虚拟内存的最小值，在 最大值(MB)(X): 文本框中输入虚拟内存的最大值。虚拟内存的大小可根据计算机硬盘空间的大小进行设置，但初始大小至少要达到物理内存的 2 倍，最大值可达到物理内存的 4 倍以上。例如，用户计算机的物理内存为 256MB，初始值一般设置为 512MB，最大值可设置为 1024MB；如果装配大型部件或产品，建议将初始值设置为 1024MB，最大值设置为 2048MB。单击 设置(S) 和 确定 按钮后，计算机会提示用户重新启动计算机后设置才生效，然后一直单击 确定 按钮。重新启动计算机后，完成设置。

2．查找计算机的名称

下面介绍查找计算机名称的操作。

Step1. 选择 Windows 的 开始 ➡ 设置(S) ➡ 控制面板(C) 命令。

Step2. 在控制面板中双击 系统 图标。

Step3. 在图 1.3.1 所示的"系统属性"对话框中单击 计算机名 选项卡，即可看到在 完整的计算机名称: 位置显示出当前计算机的名称。

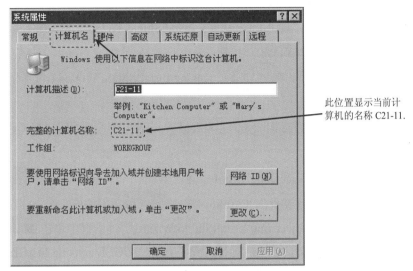

图 1.3.1　"系统属性"对话框

1.3.3　安装的一般过程

Stage1. 在服务器上准备好许可证文件

Step1. 首先将合法获得的 UG NX 8.0 许可证文件 NX8.0.lic 复制到计算机中的某个位置，例如 C:\ug8.0\NX8.0.lic。

Step2. 修改许可证文件并保存，如图 1.3.2 所示。

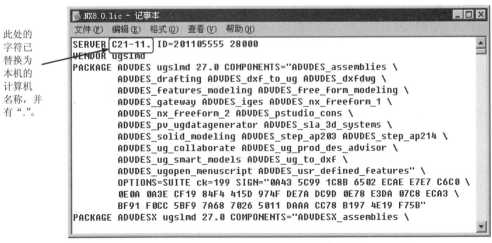

图 1.3.2　修改许可证文件

Stage2．安装许可证管理模块

Step1．将 UG NX 8.0 软件（NX 8.0.25 版本）安装光盘放入光驱内（如果已经将系统安装文件复制到硬盘上，可双击系统安装目录下的 ▶ Launch.exe 文件），等待片刻后，会弹出"NX 8.0 Software Installation"对话框，在此对话框中单击 Install License Server 按钮。

Step2．系统弹出 "UGSLicensing – InstallShield Wizard"对话框，接受系统默认的语言 中文（简体） ▾ ，单击 确定(O) 按钮。

Step3．等待片刻后，在 "UGSLicensing InstallShield Wizard"对话框中单击 下一步(N) > 按钮。

Step4．在 "UGSLicensing InstallShield Wizard"对话框中的接受系统默认安装路径，单击 下一步(N) > 按钮。

Step5．在 "UGSLicensing InstallShield Wizard"对话框单击 浏览... 按钮，找到目录 C:\ug8.0 下的许可证文件 NX8.0.lic，单击 下一步(N) > 按钮。

Step6．在 "UGSLicensing InstallShield Wizard"对话框中单击 安装(I) 按钮。

Step7．系统显示安装进度，等待片刻后，在"UGSLicensing InstallShield Wizard"对话框中单击 完成(F) 按钮，完成许可证的安装。

Stage3．安装 UG NX 8.0 软件主体

Step1．在"NX 8.0 Software Installation"对话框中单击 Install NX 按钮。

Step2．系统弹出"Siemens NX 8.0 – InstallShield Wizard"对话框，接受系统默认的语言 中文（简体） ▾ ，单击 确定(O) 按钮。

Step3．数秒钟后，单击其中的 下一步(N) > 按钮。

Step4．采用系统默认的安装类型 ⊙ 典型 单选项，单击 下一步(N) > 按钮。

Step5．接受系统默认的路径，单击 下一步(N) > 按钮。

Step6．系统弹出图 1.3.3 所示的"Siemens NX 8.0 – InstallShield Wizard"对话框，确认 输入服务器名或许可证文件。 文本框中的"28000@"后面已是本机的计算机名称，单击 下一步(N) > 按钮。

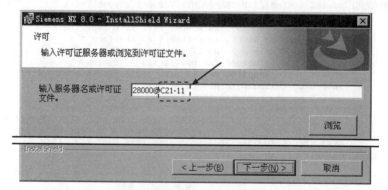

图 1.3.3　"Siemens NX 8.0 – InstallShield Wizard"对话框

Step7. 选中 ◉简体中文 单选项，单击 下一步(N) > 按钮。

Step8. 在"Siemens NX 8.0 – InstallShield Wizard"对话框中，单击 安装(I) 按钮。

Step9. 系统显示安装进度，等待片刻后，在"Siemens NX 8.0 – InstallShield 向导"对话框中单击 完成(F) 按钮，完成安装。

1.4　创建用户工作文件目录

使用 UG NX 8.0 软件时，应该注意文件的目录管理。如果文件管理混乱，会造成系统找不到正确的相关文件，从而严重影响 UG NX 8.0 软件的全相关性，同时也会使文件的保存、删除等操作产生混乱，因此应按照操作者的姓名、产品名称（或型号）建立用户文件目录，如本书要求在 E 盘上创建一个名为 ug-course 的文件目录（如果用户的计算机上没有 E 盘，在 C 盘或 D 盘上创建也可）。

1.5　启动 UG NX 8.0 软件

一般来说，有两种方法可启动并进入 UG NX 8.0 软件环境。

方法一：双击 Windows 桌面上的 NX 8.0 软件快捷图标。

说明：如果软件安装完毕后，桌面上没有 NX 8.0 软件快捷图标，请参考采用下面介绍的方法二启动软件。

方法二：从 Windows 系统"开始"菜单进入 UG NX 8.0，操作方法如下。

Step1. 单击 Windows 桌面左下角的 开始 按钮。

Step2. 选择 程序(P) ➡ Siemens NX 8.0 ➡ NX 8.0 命令，系统进入 UG NX 8.0 软件环境。

1.6　UG NX 8.0 工作界面

1.6.1　用户界面简介

在学习本节时，请先打开文件 D:\ug8\work\ch01\down_base.prt。

UG NX 8.0 用户界面包括标题栏、下拉菜单区、顶部工具条按钮区、消息区、图形区、部件导航器区、资源工具条及底部工具条按钮区，如图 1.6.1 所示。

1．工具条按钮区

工具条中的命令按钮为快速选择命令及设置工作环境提供了极大的方便，用户可以根据具体情况定制工具条。

注意：用户会看到有些菜单命令和按钮处于非激活状态（呈灰色，即暗色），这是因为它们目前还没有处在发挥功能的环境中，一旦它们进入有关的环境，便会自动激活。

2．下拉菜单区

下拉菜单中包含创建、保存、修改模型和设置 UG NX 8.0 环境的所有命令。

3．资源工具条区

资源工具条区包括"装配导航器"、"约束导航器"、"部件导航器"、"Internet Explorer"、"历史记录"和"系统材料"等导航工具。用户通过该工具条可以方便地进行一些操作。对于每一种导航器，都可以直接在其相应的项目上右击，快速地进行各种操作。

资源工具条区主要选项的功能说明如下。

- "装配导航器"显示装配的层次关系。
- "约束导航器"显示装配的约束关系。
- "部件导航器"显示建模的先后顺序和父子关系。父对象（活动零件或组件）显示在模型树的顶部，其子对象（零件或特征）位于父对象之下。在"部件导航器"中右击，从弹出的快捷菜单中选择 时间戳记顺序 命令，则按"模型历史"显示。"模型历史树"中列出了活动文件中的所有零件及特征，并按建模的先后顺序显示模型结构。若打开多个 UG NX 8.0 模型，则"部件导航器"只反映活动模型的内容。
- "Internet Explorer"可以直接浏览网站。
- "历史记录"中可以显示曾经打开过的部件。
- "系统材料"中可以设定模型的材料。

说明：本书在编写过程中用 首选项(P) ➡ 用户界面(I)... 命令，将"资源工具条"显示在左侧。

4．消息区

执行有关操作时，与该操作有关的系统提示信息会显示在消息区。消息区中间有一个可见的边线，左侧是提示栏，用来提示用户如何操作；右侧是状态栏，用来显示系统或图形当前的状态，例如显示选取结果信息等。执行每个操作时，系统都会在提示栏中显示用户必须执行的操作，或者提示下一步操作。对于大多数的命令，用户都可以利用提示栏的提示来完成操作。

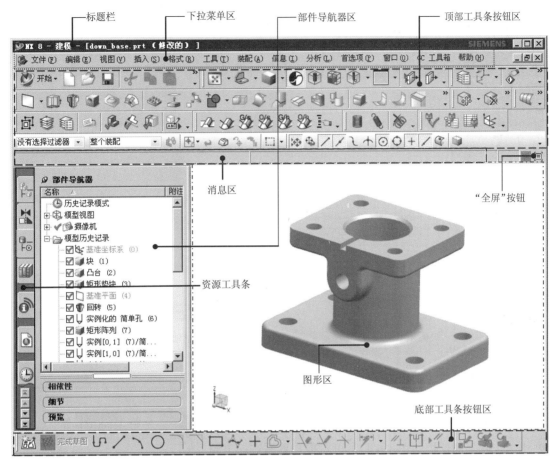

图 1.6.1　UG NX 8.0 中文版界面

5．图形区

图形区是 UG NX 8.0 用户主要的工作区域，建模的主要过程、绘制前后的零件图形、分析结果和模拟仿真过程等都在这个区域内显示。用户在进行操作时，可以直接在图形区中选取相关对象进行操作。

同时还可以选择多种视图操作方式。

方法一：右击图形区，弹出快捷菜单，如图 1.6.2 所示。

方法二：按住右键，弹出挤出式菜单，如图 1.6.3 所示。

6．"全屏"按钮

在 UG NX 8.0 中使用"全屏"按钮 ，允许用户将可用图形窗口最大化。在最大化窗口模式下再次单击"全屏"按钮 ，即可切换到普通模式。

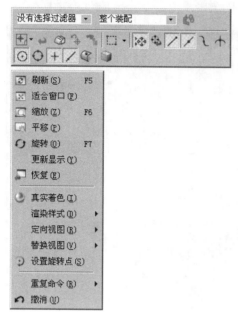

图 1.6.2　快捷菜单　　　　　　　　　图 1.6.3　挤出式菜单

1.6.2　用户界面的定制

进入 UG NX 8.0 系统后，在建模环境下选择下拉菜单 工具(T) ➡ 定制(Z)... 命令，系统弹出"定制"对话框（图 1.6.4），可对用户界面进行定制。

1．工具条设置

在图 1.6.4 所示的"定制"对话框中单击 工具条 选项卡，即可打开工具条定制选项卡。通过此选项卡可改变工具条的布局，可以将各类工具条按钮放在屏幕的顶部、左侧或下侧。下面以图 1.6.4 所示的 □ 标准 选项（这是控制基本操作类工具按钮的选项）为例说明定制过程。

Step1．单击 □ 标准 选项中的□，出现 √ 号，此时可看到标准类的命令按钮出现在界面上。

Step2．单击 关闭 按钮。

Step3．添加工具按钮。

（1）单击工具条中的"工具条选项" 按钮（图 1.6.5），系统弹出图 1.6.6 所示的工具条。

（2）单击 添加或移除按钮 按钮，弹出一个下拉列表，把鼠标移到相应的列表项（一般是当前工具条的名称），会在后面显示出列表项包含的工具按钮（图 1.6.7），单击每个按钮可以对按钮进行显示或隐藏操作。

Step4．拖动工具条到合适的位置，完成设置。

图 1.6.4　"定制"对话框

图 1.6.5　"工具条选项"按钮　　　　　　图 1.6.6　工具条

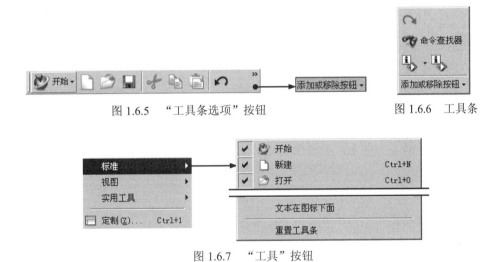

图 1.6.7　"工具"按钮

2．在下拉菜单中定制（添加）命令

在图 1.6.8 所示的"定制"对话框中单击 命令 选项卡，即可打开定制命令的选项卡。通过此选项卡可改变下拉菜单的布局，可以将各类命令添加到下拉菜单中。下面以下拉菜单 插入(S) ➜ 基准/点(D) ➜ 平面(L)... 命令为例说明定制过程。

Step1. 在图 1.6.8 中的 类别: 列表框中选择按钮的种类 插入(S)，在 命令: 选项组中出现该种类的所有按钮。

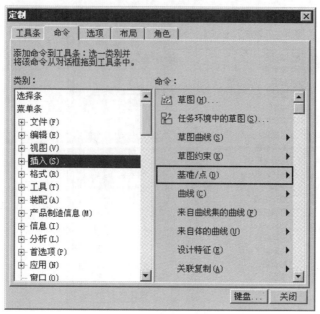

图 1.6.8　"定制"对话框

Step2. 右击 基准/点(D) 选项，在系统弹出的快捷菜单中选择 添加或移除按钮 中的 平面(L)... 命令。

Step3. 单击 关闭 按钮，完成设置。

Step4. 选择下拉菜单 插入(S) ➡ 基准/点(D) 选项，可以看到 平面(L)... 命令已被添加。

说明："定制"对话框弹出后，可将下拉菜单中的命令添加到工具条中成为按钮，方法是单击下拉菜单中的某个命令，并按住鼠标左键不放，将鼠标指针拖到屏幕的工具条中。

3．选项设置

在"定制"对话框中单击 选项 选项卡，可以对菜单的显示、工具条图标大小以及菜单图标大小进行设置。

4．布局设置

在"定制"对话框中单击 布局 选项卡，可以保存和恢复菜单、工具条的布局，还可以设置提示/状态的位置以及窗口融合优先级。

5．角色设置

在"定制"对话框中单击 角色 选项卡，可以载入和创建角色（角色就是满足用户需求的工作界面）。

6．图标下面的文本

在"定制"对话框的列表框中，单击其中任何一个选项（如），可激活复选框，选中该复选框可以出现图标下面的文本显示，如图 1.6.9 所示。

a）选中时　　　　　　　　　　　　　b）取消选中时

图 1.6.9　图标下面的文本显示

1.7　鼠标的操作

用鼠标可以控制图形区中的模型显示状态。

● 滚动鼠标中键滚轮，可以缩放模型：向前滚，模型缩小；向后滚，模型变大。

● 按住鼠标中键，移动鼠标，可旋转模型。

● 先按住键盘上的 Shift 键，然后按住鼠标中键，移动鼠标可移动模型。

注意：采用以上方法对模型进行缩放和移动操作时，只是改变模型的显示状态，而不能改变模型的真实大小和位置。

1.8　UG NX 8.0 软件的参数设置

在学习本节时，请先打开文件 D:\ug8\work\ch01\down_base.prt。

参数设置主要用于设置系统的一些控制参数，通过 首选项(P) 下拉菜单可以进行参数设置。下面介绍一些常用的设置。

注意：进入到不同的模块时，在预设置菜单上显示的命令有所不同，且每一个模块还有其相应的特殊设置。

1.8.1　"对象"首选项

选择下拉菜单 首选项(P) ➡ 对象(O)... 命令，系统弹出"对象首选项"对话框，如图 1.8.1 所示。该对话框主要用于设置对象的属性，如颜色、线型和线宽等（新的设置只对以后创建的对象有效，对以前创建的对象无效）。

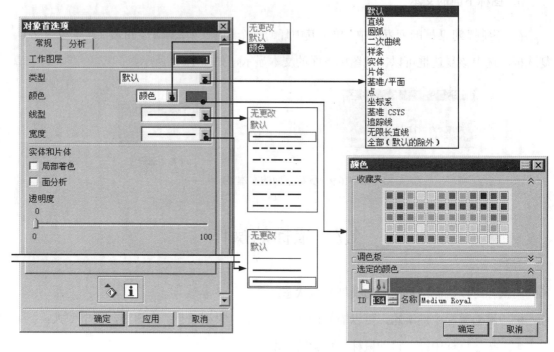

图 1.8.1　"对象首选项"对话框

图 1.8.1 所示的"对象首选项"对话框中包括 常规 和 分析 选项卡，以下分别说明。

- 常规 选项卡

  - 工作图层 文本框：用于设置新对象的工作图层。当输入图层号后，以后创建的对象将存储在该图层中。

  - 类型 下拉列表：用于选择需要设置的对象类型。

  - 颜色 下拉列表：设置对象的颜色。

  - 线型 下拉列表：设置对象的线型。

  - 宽度 下拉列表：设置对象显示的线宽。

  - 实体和片体 选项区域

    - ☑ 局部着色 复选框：用于确定实体和片体是否局部着色。

    - ☑ 面分析 复选框：用于确定是否在面上显示该面的分析效果。

  - 透明度 滑块：用来改变物体的透明状态。可以通过移动滑块来改变透明度。

- 分析 选项卡：主要用于设置分析对象的颜色和线型。

1.8.2　"用户界面"首选项

选择下拉菜单 首选项(P) ➡ 用户界面(I)... 命令，系统弹出图 1.8.2 所示的"用户界面首选项"对话框。该对话框中的 常规 选项卡主要用来设置窗口位置、数值精度和宏选项等。

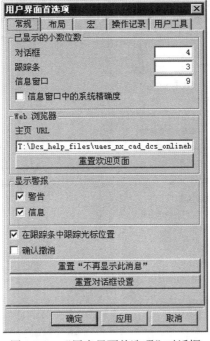

图 1.8.2　"用户界面首选项"对话框

图 1.8.2 所示"用户界面首选项"对话框中的 常规 选项卡主要选项的功能说明如下（其余选项卡不作介绍）。

- 对话框 文本框：用于设置文本框中数据的小数点位数，一般情况下，系统显示的位数不大于 7。如果位数多于系统设定的值，则显示时系统会舍掉多余的部分，如系统设定的值是 3，而输入的是 4.6518，则当切换到其他功能时，该数值会显示为 4.651。

- 信息窗口 文本框：用于设置信息窗口中显示数据的小数点位数。 信息窗口中的系统精确度 复选框可以设置对话框中的小数点位数是否使用系统精度显示，只有在取消选择该选项时， 信息窗口 文本框才处于激活状态，此时可以自定义精度。 信息窗口 文本框用于设置对象信息对话框中数据的精度，其设定范围为 1~16，如果实际数字小于设定值，系统会以 0 补齐。

- 确认撤消 复选框：用于设置当执行撤销命令时，让用户确认是否执行。

1.8.3　"选择"首选项

选择下拉菜单 首选项(P) ➡ 选择(E)... 命令，系统弹出"选择首选项"对话框（图 1.8.3），主要用来设置光标预选对象后，选择球大小、高亮显示的对象、尺寸链公差和矩形选取方式等选项。

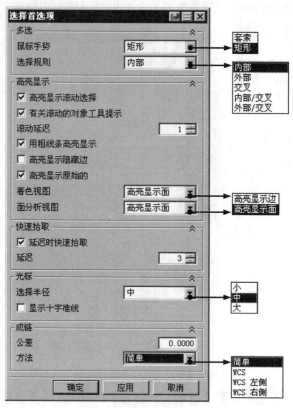

图 1.8.3   "选择首选项"对话框

图 1.8.3 所示的"选择首选项"对话框中主要选项的功能说明如下。

● 选择规则 下拉列表：设置矩形框选择方式。

  ☑ 内部：用于选择矩形框内部的对象。

  ☑ 外部：用于选择矩形框外部的对象。

  ☑ 交叉：用于选择与矩形框相交的对象。

  ☑ 内部/交叉：用于选择矩形框内部和相交的对象。

  ☑ 外部/交叉：用于选择矩形框外部和相交的对象。

● ☑ 高亮显示滚动选择 复选项：用于设置预选对象是否高亮显示。当选择该复选框，选择球接触到对象时，系统会以高亮的方式显示，以提示可供选取。复选框下方的滚动延迟滑块用于设置预选对象时，高亮显示延迟的时间。

● ☑ 延迟时快速拾取 复选框：用于设置确认选择对象的有关参数。选中该复选框，在选择多个可能的对象时，系统会自动判断。复选框下方的延迟滑块用来设置出现确认光标的时间。

● 选择半径 下拉列表：用于设置选择球的半径大小，包括小、中和大三种半径方式。

● 公差 文本框：用于设置链接曲线时，彼此相邻的曲线端点间允许的最大间隙。尺寸链公差的值越小，选取就越精确；公差值越大，就越不精确。

- `方法` 下拉列表: 设置自动链接所采用的方式。
  - ☑ `简单`: 用于选择彼此首尾相连的曲线串。
  - ☑ `WCS`: 用于在当前 X-Y 坐标平面上选择彼此首尾相连的曲线串。
  - ☑ `WCS 左侧`: 用于在当前 X-Y 坐标平面上, 从链接开始点至结束点沿左侧路线选择彼此首尾相连的曲线链。
  - ☑ `WCS 右侧`: 用于在当前 X-Y 坐标平面上, 从链接开始点至结束点沿右侧路线选择彼此首尾相连的曲线链。

第2章 二维草图

2.1 二维草图环境中的主要术语

下面列出了 UG NX 8.0 软件草图中经常使用的术语。

对象：二维草图中的任何几何元素（如直线、中心线、圆弧、圆、椭圆、样条曲线、点或坐标系等）。

尺寸：对象大小或对象之间位置的量度。

约束：定义对象几何关系或对象间的位置关系。约束定义后，单击"显示所有约束"按钮 ，其约束符号会出现在被约束的对象旁边。例如，在约束两条直线垂直后，再单击"显示所有约束"按钮 ，垂直的直线旁边将分别显示一个垂直约束符号。默认状态下，约束符号显示为白色。

参照：草图中的辅助元素。

过约束：两个或多个约束可能会产生矛盾或多余约束。出现这种情况，必须删除一个不需要的约束或尺寸以解决过约束。

2.2 草图环境的进入与退出

1. 进入草图环境的操作方法

Step1. 打开 UG NX 8.0 后，选择下拉菜单 文件(F) ➡ 新建(N)... 命令（或单击"新建"按钮 ），系统弹出"新建"对话框，在 模板 选项卡中选取模板类型为 模型 ，在 名称 文本框中输入文件名（例如：modell.prt），在 文件夹 文本框中输入模型的保存目录，然后单击 确定 按钮，进入 UG NX 8.0 建模环境。

Step2. 选择下拉菜单 插入(S) ➡ 任务环境中的草图(S)... 命令（或单击"草图"按钮 ），系统弹出"创建草图"对话框，采用默认的草图平面，单击该对话框中的 确定 按钮，系统进入草图环境。

2. 选择草图平面

进入草图工作环境以后，在创建新草图之前，一个特别要注意的事项就是要为新草图选择草图平面，也就是要确定新草图在三维空间的放置位置。草图平面是草图所在的某个空间平面，它可以是基准平面，也可以是实体的某个表面。

　　"创建草图"对话框的作用就是用于选择草图平面，利用"创建草图"对话框选择某个平面作为草图平面，然后单击 〈 确定 〉 按钮予以确认。

　　"创建草图"对话框的说明如下。

- **类型** 区域
  - ☑ **在平面上**：选取该选项后，用户可以在绘图区选择任意平面为草图平面（此选项为系统默认选项）。
  - ☑ **基于路径**：选取该选项后，系统在用户指定的曲线上建立一个与该曲线垂直的平面，作为草图平面。
- **草图平面** 区域
  - ☑ **现有平面**：选取该选项后，用户可以选择基准面或者图形中现有的平面作为草图平面。进入草图环境后，系统默认的平面为 XY 平面，单击 **确定** 按钮后，系统默认 XY 平面为草图平面。
  - ☑ **创建平面**：选取该按钮后，用户可以通过"平面"按钮 ，创建一个基准面作为草图平面。
  - ☑ **创建基准坐标系**：选取该按钮后，可通过"创建基准坐标系"按钮 ，创建一个坐标系，用户可以选取该坐标系中的基准面作为草图平面。
  - ☑ （反向）：单击该按钮可以切换基准轴法线的方向。
- **草图方位** 区域
  - ☑ **水平**：选取该选项后，用户可定义参考平面与草图平面的位置关系为水平。
  - ☑ **竖直**：选取该选项后，用户可定义参考平面与草图平面的位置关系为竖直。

3．退出草图环境的操作方法

单击 **完成草图** 按钮，退出草图环境。

4．直接草图工具

　　在 UG NX 8.0 中，系统还提供了另一种草图创建的环境——直接草图，进入直接草图环境的具体操作步骤如下。

　　Step1. 新建模型文件，进入 UG NX 8.0 建模环境。

　　Step2. 选择下拉菜单 插入 (S) ➡ **草图(H)...** 命令（或单击"直接草图"工具栏中的"草图"按钮 ），系统弹出"创建草图"对话框，选择 XY 平面为草图平面，单击该对话框中的 〈 确定 〉 按钮，系统进入直接草图环境，此时可以使用屏幕下方的"直接草图"工具栏（图 2.2.1）绘制草图。

　　Step3. 单击工具栏中的"完成草图"按钮 **完成草图** ，即可退出直接草图环境。

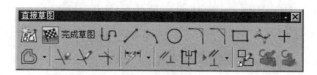

图 2.2.1　　"直接草图"工具栏

说明：

● "直接草图"工具创建的草图，在部件导航器中同样会显示为一个独立的特征，也能作为特征的截面草图使用。此方法本质上与"任务环境中的草图"没有区别，只是实现方式较为"直接"。

● 在"直接草图"创建环境中，系统不会自动将草图平面与屏幕对齐，需要将草图平面旋转到大致与屏幕对齐的位置，然后使用快捷键 F8 对齐草图平面。

● 单击"直接草图"工具栏中的"在草图任务环境中打开"按钮，系统即可进入"任务环境中的草图"环境。

● 在三维建模环境下，双击已绘制的也能进入直接草图环境。

为保证内容的一致性，本书中的草图均以"任务环境中的草图"来创建。

2.3　UG 草图新功能介绍

在 UG NX 8.0 中绘制草图时，在工具条中单击"连续自动标注尺寸"按钮（图 2.3.1），系统可自动给绘制的草图添加尺寸标注。如图 2.3.2 所示，在草图环境中任意绘制一个矩形，系统会自动添加矩形所需的定型和定位尺寸，使矩形全约束。

说明：默认情况下 按钮是激活的，即绘制的草图系统会自动添加尺寸标注；单击该按钮，使其弹起（即取消激活），这时绘制的草图，系统就不会自动添加尺寸标注了。由于系统自动标注的尺寸比较凌乱，而且当草图比较复杂时，有些标注可能不符合标注要求，所以在绘制草图时，最好是不使用自动标注尺寸功能，在本书的写作中，都没有采用自动标注。

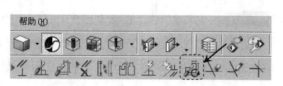

图 2.3.1　　"连续自动标注尺寸"按钮

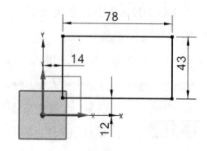

图 2.3.2　　自动标注尺寸

2.4　草图环境中的下拉菜单简介

在 UG NX 8.0 的二维草图环境中，"插入"与"编辑"两个下拉菜单十分常用，这两个下拉菜单几乎包含了草图环境中的所有命令，下面将对这两个下拉菜单进行详细的说明。

2.4.1　"插入"下拉菜单

插入(S) 下拉菜单是草图环境中的主要菜单（图 2.4.1），它的功能主要包括草图的绘制、标注和添加约束等。

选择该下拉菜单，即可弹出其中的命令，其中绝大部分命令都以快捷按钮的方式出现在屏幕的工具栏中。

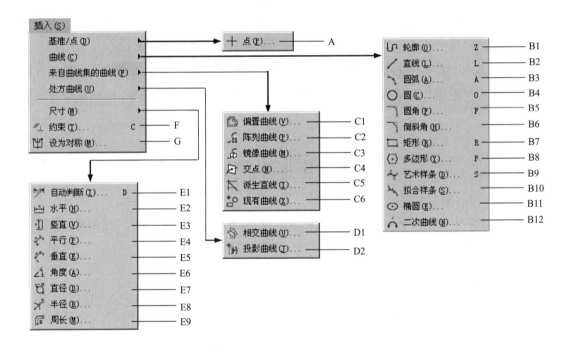

图 2.4.1　"插入"下拉菜单

2.4.2　"编辑"下拉菜单

这是草图环境中对草图进行编辑的菜单。选择该下拉菜单，即可弹出其中的选项，其中绝大部分选项都以快捷按钮方式出现在屏幕的工具栏中。

2.5　添加\删除草图工具条

进入草图环境后，屏幕上会出现绘制草图时所需要的各种工具条，其中常用工具条有"草图约束"工具条和"草图曲线"工具条，对于它们中的按钮的具体用法，下面会详细介绍。还有很多按钮在界面上没有显示，需要进行添加，操作步骤如下。

Step1. 单击工具条中的工具条选项按钮，弹出 添加或移除按钮▾ 按钮，如图 2.5.1 所示。

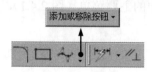

图 2.5.1　添加或移除按钮

Step2. 添加工具按钮。单击 添加或移除按钮▾ 按钮，弹出一个下拉菜单，把鼠标移到相应的菜单命令（一般是在窗口中已经打开的工具条的名称），会在后面显示出菜单命令所对应的工具按钮，选择每个命令可以对按钮进行显示\隐藏操作。

Step3. 添加工具条。在 添加或移除按钮▾ 按钮弹出的下拉菜单中有 □ 定制(Z)... 命令，选择此命令，系统弹出"定制"对话框，在该对话框的"工具条"选项卡中可以添加或删除相应的工具条。

2.6　坐标系简介

UG NX 8.0 中有三种坐标系：绝对坐标系、工作坐标系和基准坐标系。在使用软件的过程中经常要用到坐标系，下面对这三种坐标系作简单的介绍。

1. 绝对坐标系（ACS）

绝对坐标系是原点在（0，0，0）的坐标系，是固定不变的。

2. 工作坐标系（WCS）

工作坐标系包括坐标原点和坐标轴，如图 2.6.1 所示。它的轴通常是正交的（即相互间为直角），并且遵守右手定则。

说明：

- 工作坐标系不受修改操作（删除、平移等）的影响，但允许非修改操作，如隐藏和分组。
- UG NX 8.0 的部件文件可以包含多个坐标系，但是其中只有一个是 WCS。

● 用户可以随时挑选一个坐标系作为"工作坐标系"（WCS）。系统用 XC、YC 和 ZC 表示工作坐标系的坐标。工作坐标系的 XC-YC 平面称为工作平面。

3. 基准坐标系（CSYS）

基准坐标系（CSYS）由单独的可选组件组成，如图 2.6.2 所示。

● 整个基准 CSYS。

● 三个基准平面。

● 三个基准轴。

● 原点。

可在基准 CSYS 中选择单个基准平面、基准轴或原点。可隐藏基准 CSYS 以及其单个组成部分。

a) 俯视图　　　　　　　　　　b) 正二测视图

图 2.6.1　工作坐标系（WCS）　　　　图 2.6.2　基准坐标系（CSYS）

4. 右手定则

● 常规的右手定则。

如果坐标系的原点在右手掌，拇指向上延伸的方向对应于某个坐标轴的方向，则可以利用常规的右手定则确定其它坐标轴的方向。例如，假设拇指指向 ZC 轴的正方向，食指伸直的方向对应于 XC 轴的正方向，中指向外延伸的方向则为 YC 轴的正方向。

● 旋转的右手定则。

旋转的右手定则用于将矢量和旋转方向关联起来。

当拇指伸直并且与给定的失量对齐时，则弯曲的其它四指就能确定该矢量关联的旋转方向。反过来，当弯曲手指表示给定的旋转方向时，则伸直的拇指就确定关联的矢量。

例如，如果要确定当前坐标系的旋转反方向，那么拇指就应该与 ZC 轴对齐，并指向其正方向，这时逆时针方向即为四指从 XC 轴正方向向 YC 轴正方向旋转。

2.7　设置草图参数

进入草图环境后，选择下拉菜单 首选项(P) ➡ 草图(S)... 命令，弹出"草图首选项"对话框，在该对话框中可以设置草图的显示参数和默认名称前缀等参数。

"草图首选项"对话框（图 2.7.1）的 草图样式 和 会话设置 选项卡的主要选项及其功能说明如下

- 捕捉角 文本框：绘制直线时，如果起点与光标位置连线接近水平或垂直，捕捉功能会自动捕捉到水平或垂直位置。捕捉角是自动捕捉的最大角度，例如捕捉角为 3，当起点与光标位置连线，与 XC 轴或 YC 轴夹角小于 3 时，会自动捕捉到水平或垂直位置。

- 文本高度 文本框：控制草图尺寸数值的文本高度。在标注尺寸时，可以根据图形大小适当在该文本框中输入数值来调整文本高度，以便于用户观察。

- 尺寸标签 下拉列表：控制草图标注文本的显示方式。

- ☑ 保持图层状态 复选项：如果选中该复选框，当进入某一草图对象时，该草图所在图层自动设置为当前工作图层，退出时恢复原图层为当前工作图层，否则，退出时保持草图所在图层为当前工作图层。

- ☑ 显示自由度箭头 复选项：如果选中该复选框，当进行尺寸标注时，在草图曲线端点处用箭头显示自由度，否则不显示。

- ☑ 动态约束显示 复选项：如果选中该复选框，当相关几何体很小，则不会显示约束符号。如果要忽略相关几何体的尺寸查看约束，则可以关闭该选项。

- 名称前缀 选项组：在此选项组中可以指定多种草图几何元素的名称前缀。默认前缀及其相应几何元素类型，如图 2.7.1 所示。

"草图预设置"对话框中的 部件设置 选项卡包括了曲线、尺寸和参考曲线等的颜色设置，这些设置和用户默认设置中的草图生成器的颜色相同。一般情况下，我们都采用系统默认的颜色设置。

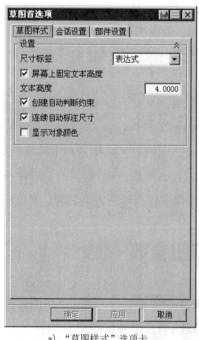

a）"草图样式"选项卡

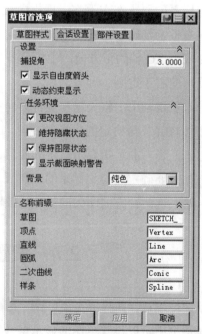

b）"会话设置"选项卡

图 2.7.1 "草图首选项"对话框

2.8　绘制二维草图

要绘制草图，应先从草图环境的工具条按钮区或 插入 (S) ➡ 曲线 (C)▶ 下拉菜单中选取一个绘图命令（由于工具条按钮简明而快捷，因此推荐优先使用），然后可通过在图形区选取点来创建对象。在绘制对象的过程中，当移动鼠标指针时，系统会自动确定可添加的约束并将其显示。绘制对象后，用户还可以对其继续添加约束。

在本节中主要介绍利用"草图工具"工具条来创建草图对象。

草图环境中使用鼠标的说明。

- 绘制草图时，可以在图形区单击以确定点，单击中键中止当前操作或退出当前命令。
- 当不处于草图绘制状态时，单击可选取多个对象；选择对象后，右击将弹出带有最常用草图命令的快捷菜单。
- 滚动鼠标中键，可以缩放模型（该功能对所有模块都适用）：向前滚，模型缩小；向后滚，模型变大。
- 按住鼠标中键，移动鼠标，可旋转模型（该功能对所有模块都适用）。
- 先按住键盘上的 Shift 键，然后按住鼠标中键，移动鼠标可移动模型（该功能对所有模块都适用）。

2.8.1　认识"草图工具"工具条

进入草图环境后，屏幕上会出现图 2.8.1 所示绘制草图时所需要的"草图工具"工具条。

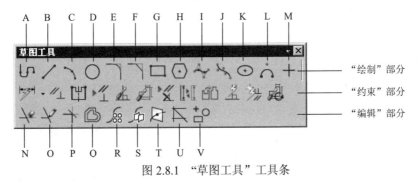

图 2.8.1　"草图工具"工具条

图 2.8.1 所示"草图工具"工具条中各工具按钮的说明如下

A（轮廓线）：单击该按钮，可以创建一系列相连的直线或线串模式的圆弧，即上一条曲线的终点作为下一条曲线的起点。

B（直线）：绘制直线。

C（圆弧）：绘制圆弧。

D（圆）：绘制圆。

E（圆角）：在两曲线间创建圆角。

F（倒斜角）：在两曲线间创建倒斜角。

G（矩形）：绘制矩形。

H（多边形）：绘制多边形。

I（艺术样条）：通过定义点或者极点来创建样条曲线。

J（拟合样条）：通过已经存在的点创建样条曲线。

K（椭圆）：根据中心点和尺寸创建椭圆。

L（二次曲线）：创建二次曲线。

M（点）：绘制点。

N（快速修剪）：单击该按钮，则可将一条曲线修剪至任一方向上最近的交点。如果曲线没有交点，可以将其删除。

O（快速延伸）：快速延伸曲线到最近的边界。

P（制作拐角）：延伸或修剪两条曲线到一个交点处创建制作拐角。

Q（偏置曲线）：偏置位于草图平面上的曲线链。

R（阵列曲线）：阵列现有草图，创建草图副本。

S（镜像曲线）：通过现有的草图，创建草图几何的副本。

T（交点）：在曲线和草图平面之间创建一个交点。

U（派生直线）：单击该按钮，则可以从已存在直线的复制得到新的直线。

V（添加现有曲线）：将现有的共面曲线和点添加到草图中。

2.8.2　直线的绘制

Step1. 进入草图环境以后，采用默认的平面（XY 平面）为草图平面，单击 确定 按钮。

说明：

● 进入草图工作环境以后，如果是创建新草图，则首先必须选取草图平面，也就是要确定新草图在空间的哪个平面上绘制。

● 以后在创建新草图时，如果没有特别的说明，则草图平面为默认的 XY 平面。

Step2. 选择命令。选择下拉菜单 插入(S) ➡ 曲线(C) ➡ 直线(L)... 命令（或单击工具栏中的"直线"按钮 ），系统弹出图 2.8.2 所示的"直线"工具条。

图 2.8.2 所示"直线"工具条的说明如下

● XY （坐标模式）：选中该按钮（默认），系统弹出图 2.8.3 所示的动态输入框（一），可以通过输入 XC 和 YC 的坐标值来精确绘制直线，坐标值以工作坐标系（WCS）为参照。要在动态输入框的选项之间切换，可按 Tab 键。要输入值，可在文本框内输入值，然后按 Enter 键。

- （参数模式）：选中该按钮，系统弹出图 2.8.4 所示的动态输入框（二），可以通过输入长度值和角度值来绘制直线。

图 2.8.2 "直线"工具条　　图 2.8.3 动态输入框（一）　　图 2.8.4 动态输入框（二）

Step3. 定义直线的起始点。在系统 选择直线的第一点 的提示下，在图形区中的任意位置单击左键，以确定直线的起始点，此时可看到一条"橡皮筋"线附着在鼠标指针上。

说明：系统提示 选择直线的第一点 显示在消息区，有关消息区的具体介绍请参见"用户界面简介"的相关内容。

Step4. 定义直线的终止点。在系统 选择直线的第二点 的提示下，在图形区中的另一位置单击左键，以确定直线的终止点，系统便在两点间创建一条直线（在终点处再次单击，在直线的终点处出现另一条"橡皮筋"线）。

Step5. 单击中键，结束直线创建。

说明：

- 直线的精确绘制可以利用动态输入框实现，其他曲线的精确绘制也一样。
- "橡皮筋"是指操作过程中的一条临时虚构线段，它始终是当前鼠标光标的中心点与前一个指定点的连线。因为它可以随着光标的移动而拉长或缩短并可绕前一点转动，所以我们形象地称为"橡皮筋"。
- 在绘制或编辑草图时，单击"标准"工具条上的 按钮，可撤销上一个操作；单击 按钮（或者选择下拉菜单 编辑(E) ➡ 重做(R) 命令），可以重新执行被撤销的操作。

2.8.3　圆的绘制

选择下拉菜单 插入(S) ➡ 曲线(C)▶ ➡ 圆(C)... 命令（或单击工具条中的"圆"按钮 ），系统弹出图 2.8.5 所示的"圆"工具条，有以下两种绘制圆的方法。

方法一：中心和半径决定的圆——通过选取中心点和圆上一点来创建圆。其一般操作步骤如下。

Step1. 选择方法。选中"圆心和直径定圆"按钮 。

Step2. 定义圆心。在系统 选择圆的中心点 的提示下，在某位置单击，放置圆的中心点。

Step3. 定义圆的半径。在系统 在圆上选择一个点 的提示下，拖动鼠标至另一位置，单击确定圆的大小。

Step4. 单击中键，结束圆的创建。

方法二：通过三点的圆——通过确定圆上的三个点来创建圆。

2.8.4　圆弧的绘制

选择下拉菜单 插入(S) ➡️ 曲线(C)▶ ➡️ 圆弧(A)... 命令（或单击工具条中的"圆弧"按钮），系统弹出图 2.8.6 所示的"圆弧"工具条，有以下两种绘制圆弧的方法。

图 2.8.5　"圆"工具条　　　　　　　图 2.8.6　"圆弧"工具条

方法一：通过三点的圆弧——确定圆弧的两个端点和弧上的一个附加点来创建一个三点圆弧。其一般操作步骤如下。

Step1. 选择方法。选中"三点定圆弧"按钮。

Step2. 定义端点。在系统 选择圆弧的起点 的提示下，在图形区中的任意位置单击左键，以确定圆弧的起点；在系统 选择圆弧的终点 的提示下，在另一位置单击，放置圆弧的终点。

Step3. 定义附加点。在系统 在圆弧上选择一个点 的提示下，移动鼠标，圆弧呈"橡皮筋"样变化，在图形区另一位置，单击以确定圆弧。

Step4. 单击中键，完成圆弧的创建。

方法二：用中心和端点确定圆弧。其一般操作步骤如下。

Step1. 选择方法。选中"中心和端点决定的圆弧"按钮。

Step2. 定义圆心。在系统 选择圆弧的中心点 的提示下，在图形区中的任意位置单击，以确定圆弧中心点。

Step3. 定义圆弧的起点。在系统 选择圆弧的起点 的提示下，在图形区中的任意位置单击，以确定圆弧的起点。

Step4. 定义圆弧的终点。在系统 选择圆弧的终点 的提示下，在图形区中的任意位置单击，以确定圆弧的终点。

Step5. 单击中键，结束圆弧的创建。

2.8.5　矩形的绘制

选择下拉菜单 插入(S) ➡️ 曲线(C)▶ ➡️ 矩形(R)... 命令（或单击"矩形"按钮），系统弹出图 2.8.7 所示的"矩形"工具条，可以在草图平面上绘制矩形。在绘制草图时，使用该命令可省去绘制四条线段的麻烦。共有三种绘制矩形的方法，下面将分别介绍。

方法一：按两点——通过选取两对角点来创建矩形，其一般操作步骤如下。

Step1. 选择方法。选中"按 2 点"按钮 。

Step2. 定义第一个角点。在图形区某位置单击，放置矩形的第一个角点。

Step3. 定义第二个角点。单击 XY 按钮，再次在图形区另一位置单击，放置矩形的另一个角点。

Step4. 单击中键，结束矩形的创建，结果如图 2.8.8 所示。

图 2.8.7　"矩形"工具条　　　　　　　　　　　图 2.8.8　两点方式

方法二：通过三点来创建矩形，其一般操作步骤如下。

Step1. 选择方法。单击"按 3 点"按钮 。

Step2. 定义第一个顶点。在图形区某位置单击，放置矩形的第一个顶点。

Step3. 定义第二个顶点。单击 XY 按钮，在图形区另一位置单击，放置矩形的第二个顶点（第一个顶点和第二个顶点之间的距离即矩形的宽度），此时矩形呈"橡皮筋"样变化。

Step4. 定义第三个顶点。单击 XY 按钮，再次在图形区单击，放置矩形的第三个顶点（第二个顶点和第三个顶点之间的距离即矩形的高度）。

Step5. 单击中键，结束矩形的创建，结果如图 2.8.9 所示。

方法三：从中心——通过选取中心点、一条边的中点和顶点来创建矩形，其一般操作步骤如下。

Step1. 选择方法。单击"从中心"按钮 。

Step2. 定义中心点。在图形区某位置单击，放置矩形的中心点。

Step3. 定义第二个点。单击 XY 按钮，在图形区另一位置单击，放置矩形的第二个点（一条边的中点），此时矩形呈"橡皮筋"样变化。

Step4. 定义第三个点。单击 XY 按钮，再次在图形区单击，放置矩形的第三个点。

Step5. 单击中键，结束矩形的创建，结果如图 2.8.10 所示。

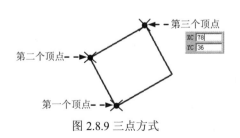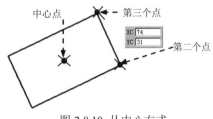

图 2.8.9 三点方式　　　　　　　　　　　图 2.8.10 从中心方式

2.8.6 圆角的绘制

选择下拉菜单 插入(S) ➡ 曲线(C)▶ ➡ ⌐ 圆角(F)... 命令（或单击"圆角"按钮 ⌐），可以在指定两条或三条曲线之间创建一个圆角。系统弹出图 2.8.11 所示的"圆角"工具条。该工具条中包括四个按钮："修剪"按钮 ⌐、"取消修剪"按钮 ⌐、"删除第三条曲线"按钮 ⌐ 和"创建备选圆角"按钮 ⌐。

创建圆角的一般操作步骤如下。

Step1. 选择下拉菜单 插入(S) ➡ 曲线(C)▶ ➡ ⌐ 圆角(F)... 命令。系统弹出"圆角"工具条，在工具条中单击"修剪"按钮 ⌐。

Step2. 定义圆角曲线。单击选取图 2.8.12 所示的两条直线。

Step3. 定义圆角半径。拖动鼠标至适当位置，单击确定圆角的大小（或者在动态输入框中输入圆角半径，以确定圆角的大小）。

Step4. 单击中键，结束圆角的创建。

说明：

● 如果取消选中"取消修剪"按钮 ⌐，则绘制的圆角如图 2.8.13 所示。

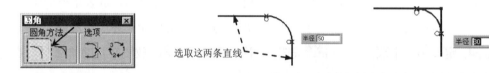

图 2.8.11 "圆角"工具条   图 2.8.12 "修剪"的圆角   图 2.8.13 "取消修剪"的圆角

● 如果选中"创建备选圆角"按钮 ⌐，则可以生成每一种可能的圆角（或按 Page Down 键选择所需的圆角），如图 2.8.14 和图 2.8.15 所示。

图 2.8.14 "创建备选圆角"的选择（一）   图 2.8.15 "创建备选圆角"的选择（二）

2.8.7 轮廓线的绘制

选择下拉菜单 插入(S) ➡ 曲线(C)▶ ➡ ⌐ 轮廓(O)... 命令（或单击 ⌐ 按钮），系统弹出图 2.8.16 所示的"轮廓"工具条。

图 2.8.16 "轮廓"工具条

具体操作过程参照前面直线和圆弧的绘制，不再赘述。

绘制轮廓线的说明：

● 轮廓线与直线和圆弧的区别在于，轮廓线可以绘制连续的对象，如图 2.8.17 所示。

● 绘制时，按下、拖动并释放鼠标左键，直线模式变为圆弧模式，如图 2.8.18 所示。

● 利用动态输入框可以绘制精确的轮廓线。

图 2.8.17　绘制连续的对象

图 2.8.18　用"轮廓线"命令绘制弧

2.8.8　派生直线的绘制

派生直线的绘制是将现有的参考直线偏置生成另外一条直线，或者通过选择两条参考直线，可以在此两条直线之间创建角平分线。

选择下拉菜单 插入(S) ➡ 来自曲线集的曲线(F)▶ ➡ 派生直线(I)... 命令（或单击 ⊾ 按钮），可绘制派生直线，其一般操作步骤如下。

Step1. 打开文件 D:\ug8\work\ch02.08\derive_line.prt。

Step2. 进入草绘环境后，选择下拉菜单 插入(S) ➡ 来自曲线集的曲线(F)▶ ➡ 派生直线(I) 命令。

Step3. 定义参考直线。单击选取直线为参考。

Step4. 定义派生直线的位置。拖动鼠标至另一位置单击，以确定派生直线的位置。

Step5. 单击中键，结束派生直线的创建，结果如图 2.8.19 所示。

说明：

● 如需要偏置多条直线，可以在上述 Step2 中，在图形区合适的位置继续单击，然后单击中键完成，结果如图 2.8.20 所示。

● 如果选择两条平行线时，系统会在这两条平行线的中点处创建一条直线。可以通过拖动鼠标以确定直线长度，也可以在动态输入框中输入值，如图 2.8.21 所示。

图 2.8.19　直线的偏置（一）　　　　　　　图 2.8.20　直线的偏置（二）

● 如果选择两条不平行的直线时（不需要相交），系统将构造一条角平分线。可以通过拖动鼠标以确定直线长度（或在动态输入框中输入一个值），也可以在成角度两条直线的任意象限放置平分线，如图 2.8.22 所示。

图 2.8.21　派生两平行线中间的直线　　　　图 2.8.22　派生角平分线

2.8.9　艺术样条曲线的绘制

艺术样条曲线是指利用给定的若干个点拟合出的多项式曲线，样条曲线采用的是近似的拟和方法，但可以很好地满足工程需求，因此得到了较为广泛的应用。下面通过创建图 2.8.23a 所示的曲线来说明创建艺术样条的一般过程。

Step1. 选择命令。选择下拉菜单 插入(S) ➡ 曲线(C)▸ ➡ ⌃艺术样条(I)... 命令（或单击 ⌃ 按钮），弹出"艺术样条"对话框。

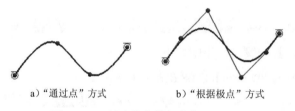

a)"通过点"方式　　　　b)"根据极点"方式

图 2.8.23　创建艺术样条曲线

"艺术样条"对话框中按钮的说明如下。

● 通过点 （通过点）：创建的艺术样条曲线通过所选择的点。

● 根据极点 （根据极点）：创建的艺术样条曲线由所选择点的极点方式来约束。

Step2. 选择方法。单击"通过点"按钮 通过点 ，依次在图 2.8.23a 所示的各点位置单击，系统生成图 2.8.23a 所示的"通过点"方式创建的样条。

说明：如果单击"根据极点"按钮 根据极点 ，依次在图 2.8.23b 所示的各点位置单击，系统则生成图 2.8.23b 所示的"根据极点"方式创建的样条。

Step3. 在"艺术样条"对话框中单击 确定 按钮（或单击中键）完成样条曲线的创建。

2.8.10　将草图对象转化为参考线

在为草图对象添加几何约束和尺寸约束的过程中，有些草图对象是作为基准、定位来使用的，或者有些草图对象在创建尺寸时可能引起约束冲突，此时可利用"草图约束"工具条中的"转换至/自参考对象"按钮将草图对象转换为参考线；当然必要时，也可利用该按钮将其激活，即从参考线转化为草图对象。下面以图 2.8.24 为例，说明其操作方法及作用。

Step1. 打开文件 D:\ug8\work\ch02.08\reference.prt。

Step2. 进入草图工作环境。在部件导航器中右击 ☑🗂️ 草图 (1)，选择 🧩 可回滚编辑... 命令。

Step3. 选择下拉菜单 工具(T) ➡ 约束(T) ➡ 📊 转换至/自参考对象(V)... 命令（或单击"草图约束"工具条中的"转换至/自参考对象"按钮 📊），弹出"转换至/自参考对象"对话框，选中 ⊙ 参考曲线或尺寸 单选项。

Step4. 根据系统 选择要转换的曲线或尺寸 的提示，选取图 2.8.24a 中的线，单击 应用 按钮，被选取的对象就转换成参考对象，结果如图 2.8.24b 所示。

a）创建参考对象前　　　　　　　　　　　　b）创建参考对象后

图 2.8.24　转换参考对象

Step5. 在"转换至/自参考对象"对话框中选中 ⊙ 活动曲线或驱动尺寸 单选项，然后选取图 2.8.24b 中创建的参考对象，单击 应用 按钮，参考对象被激活，变回图 2.8.24a 所示的形式，然后单击 取消 按钮。

2.8.11　点的创建

使用 UG NX 8.0 软件草图时，经常需要构造点来定义草图平面上的某一位置。下面通过图 2.8.25 来说明点的创建过程。

a）构造点前　　　　　　　　　　　　b）构造点后

图 2.8.25　构造点

Step1. 打开文件 D:\ug8\work\ch02.08\point.prt。

Step2. 进入草图环境。在部件导航器中右击 ☑🗂️ 草图 (1)，选择 🧩 可回滚编辑... 命令。

Step3. 选择命令。选择下拉菜单 插入(S) ➡ 基准/点(D)▶ ➡ ➕ 点(P)... 命令（或单击 ➕ 按钮），系统弹出图 2.8.26 所示的"草图点"对话框。

图 2.8.26　"草图点"对话框

Step4. 选择构造点。在"草图点"对话框中单击"点对话框"按钮 ，系统弹出图 2.8.27 所示的 "点" 对话框，在 "点" 对话框中的 类型 下拉列表中选择 圆弧/椭圆上的角度 选项。

Step5. 定义点的位置。根据系统 选择圆弧或椭圆用作角度参考 的提示，选取图 2.8.25a 所示的圆弧，在 "点" 对话框的 角度 文本框中输入数值-60。

Step6. 单击 "点" 对话框中的 确定 按钮，完成第一点的构造，结果如图 2.8.28 所示。

Step7. 再次单击 "草图点" 对话框中的 按钮，在 "点" 对话框中的 类型 下拉列表中选择 点在曲线/边上 选项，选取图 2.8.25a 所示的圆弧，在 "点" 对话框的 位置 下拉列表中选择 弧长百分比 选项，然后在 弧长百分比 文本框中输入数值 40，单击 确定 按钮，完成第二点的构造，单击 关闭 按钮，退出 "草图点" 对话框，结果如图 2.8.29 所示，

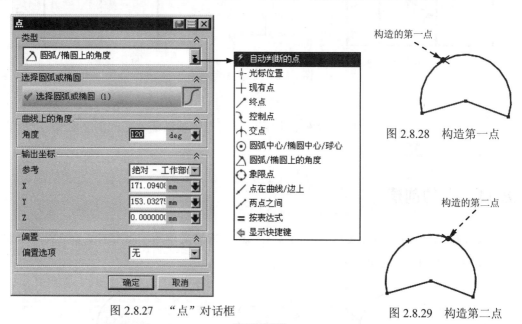

图 2.8.27　 "点" 对话框

图 2.8.28　构造第一点

图 2.8.29　构造第二点

Step8. 单击 完成草图(K) 命令（或单击 完成草图 按钮），完成草图并退出草图环境。

图 2.8.27 所示的 "点" 对话框中的下拉列表各选项说明如下。

- 自动判断的点：根据光标的位置自动判断所选的点。它包括了下面介绍的所有点的选择方式。

- 光标位置：将鼠标光标移至图形区某位置并单击，系统则在单击的位置处创建一个点。如果创建点是在一个草图中进行，则创建的点位于当前草图平面上。

- 现有点：在图形区选择已经存在的点。

- 端点：通过选取已存在曲线（如线段、圆弧、二次曲线及其他曲线）的端点创建一个点。在选取端点时，光标的位置对端点的选取有很大的影响，一般系统会选取曲线上离光标最近的端点。

- 控制点：通过选取曲线的控制点创建一个点。控制点与曲线类型有关，可以是存在点、线段的中点或端点，开口圆弧的端点、中点或中心点，二次曲线的端点和样条曲线的定义点或控制点。

- 交点：通过选取两条曲线的交点、一曲线和一曲面或一平面的交点创建一个点。在选取交点时，若两对象的交点多于一个，系统会在靠近第二个对象的交点创建一个点；若两段曲线并未实际相交，则系统会选取两者延长线上的相交点；若选取的两段空间曲线并未实际相交，则系统会选取最靠近第一对象处创建一个点或规定新点的位置。

- 圆弧中心/椭圆中心/球心：通过选取圆/圆弧、椭圆或球的中心点创建一个点。

- 圆弧/椭圆上的角度：沿弧或椭圆的一个角度（与坐标轴 XC 正向所成的角度）位置上创建一个点。

- 象限点：通过选取圆弧或椭圆弧的象限点，即四分点创建一个点。创建的象限点是离光标最近的那个四分点。

- 点在曲线/边上：通过选取曲线或物体边缘上的点创建一个点。

- 两点之间：在两点之间指定一个位置。

- 按表达式：使用点类型的表达式指定点。

2.9　编辑二维草图

2.9.1　删除草图对象

Step1. 在图形区单击或框选要删除的对象（框选时要框住整个对象），此时可看到选中的对象变成蓝色。

Step2. 按一下键盘上的 Delete 键，所选对象即被删除。

说明：要删除所选的对象，还有下面四种方法。

- 在图形区单击鼠标右键，在弹出的快捷菜单中选择 × 删除(D) 命令。
- 选择 编辑(E) 下拉菜单中的 × 删除(D)... 命令。
- 单击"标准"工具条中的 × 按钮。
- 按一下键盘上的 Ctrl + D 组合键。

注意：如要恢复已删除的对象，可用键盘的 Ctrl+Z 组合键来完成。

2.9.2　操纵草图对象

1．直线的操纵

UG NX 8.0 提供了对象操纵功能，可方便地旋转、拉伸和移动对象。

操纵 1 的操作流程，如图 2.9.1 所示：在图形区，把鼠标指针移到直线端点上，按下左键不放，同时移动鼠标，此时直线以远离鼠标指针的那个端点为圆心转动，达到绘制意图后，松开鼠标左键。

操纵 2 的操作流程，如图 2.9.2 所示：在图形区，把鼠标指针移到直线上，按下左键不放，同时移动鼠标，此时会看到直线随着鼠标移动，达到绘制意图后，松开鼠标左键。

图 2.9.1　操纵 1：直线的转动和拉伸　　　　图 2.9.2　操纵 2：直线的移动

2．圆的操纵

操纵 1 的操作流程，如图 2.9.3 所示：把鼠标指针移到圆的边线上，按下左键不放，同时移动鼠标，此时会看到圆在变大或缩小，达到绘制意图后，松开鼠标左键。

操纵 2 的操作流程，如图 2.9.4 所示：把鼠标指针移到圆心上，按下左键不放，同时移动鼠标，此时会看到圆随着指针一起移动，达到绘制意图后，松开鼠标左键。

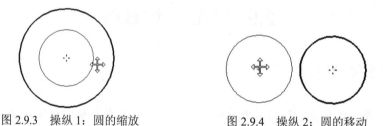

图 2.9.3　操纵 1：圆的缩放　　　　　　图 2.9.4　操纵 2：圆的移动

3．圆弧的操纵

操纵 1 的操作流程，如图 2.9.5 所示：把鼠标指针移到圆弧上，按下左键不放，同时移动鼠标，此时会看到圆弧半径变大或变小，达到绘制意图后，松开鼠标左键。

操纵 2 的操作流程，如图 2.9.6 所示：把鼠标指针移到圆弧的某个端点上，按下左键不放，同时移动鼠标，此时会看到圆弧以另一端点为固定点旋转，并且圆弧的包角也在变化，达到绘制意图后，松开鼠标左键。

操纵 3 的操作流程，如图 2.9.7 所示：把鼠标指针移到圆心上，按下左键不放，同时移动鼠标，此时圆弧随着指针一起移动，达到绘制意图后，松开鼠标左键。

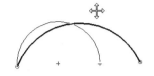
图 2.9.5 操纵 1：改变弧的半径

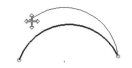
图 2.9.6 操纵 2：改变弧的位置

图 2.9.7 操纵 3：弧的移动

4．样条曲线的操纵

操纵 1 的操作流程，如图 2.9.8 所示：把鼠标指针移到样条曲线的某个端点或定位点上，按下左键不放，同时移动鼠标，此时样条线拓扑形状（曲率）不断变化，达到绘制意图后，松开鼠标左键。

操纵 2 的操作流程，如图 2.9.9 所示：把鼠标指针移到样条曲线上，按下左键不放，同时移动鼠标，此时样条曲线随着鼠标移动，达到绘制意图后，松开鼠标左键。

图 2.9.8 操纵 1：改变曲线的形状

图 2.9.9 操纵 2：曲线的移动

2.9.3 复制/粘贴对象

Step1. 在图形区单击或框选要复制的对象（框选时要框住整个对象）。

Step2. 先选择下拉菜单 编辑(E) ➡ 复制(C) 命令，然后选择下拉菜单 编辑(E) ➡ 粘贴(P) 命令，则图形区出现图 2.9.10 所示的对象。

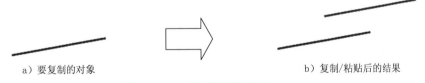
a）要复制的对象　　　　　　　　b）复制/粘贴后的结果

图 2.9.10 对象的复制/粘贴

2.9.4 修剪草图对象

Step1. 选择命令。选择下拉菜单 编辑(E) ➡ 曲线(V) ➡ 快速修剪(Q)... 命令（或单击 按钮）。

Step2. 定义修剪对象。依次单击图 2.9.11a 所示的需要修剪的部分。

Step3. 单击中键。完成对象的修剪，结果如图 2.9.11b 所示。

图 2.9.11　快速裁剪

2.9.5　延伸草图对象

Step1. 选择下拉菜单 编辑(E) ➡ 曲线(V) ➡ 快速延伸(X)...命令（或单击 按钮）。

Step2. 选取图 2.9.12a 中所示的曲线，完成曲线到下一个边界的延伸。

说明：在延伸时，系统自动选择最近的曲线作为延伸边界。

图 2.9.12　快速延伸

2.9.6　制作拐角的绘制

"制作拐角"命令是通过两条曲线延伸或修剪到公共交点来创建的拐角。此命令使用于直线、圆弧、开放式二次曲线和开放式样条等，其中开放式样条仅限修剪。创建"制作拐角"的一般操作步骤如下。

Step1. 选择方法。选中"制作拐角"按钮 。

Step2. 定义要制作拐角的两条曲线。选取图 2.9.13 所示的两条直线。

Step3. 单击中键，完成制作拐角的创建。

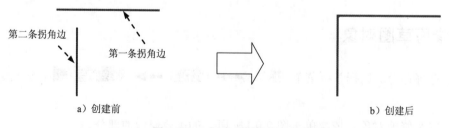

图 2.9.13　创建"制作拐角"特征

2.9.7　镜像草图对象

镜像操作是将草图对象以一条直线为对称中心，将所选取的对象以这条对称中心为轴进行复制，生成新的草图对象。镜像拷贝的对象与原对象形成一个整体，并且保持相关性。"镜像"操作在绘制对称图形时是非常有用的。下面以图 2.9.14 所示的实例来说明"镜像"的一般操作步骤。

Step1.　打开文件 D:\ug8\work\ch02.09\mirror.prt，如图 2.9.14a 所示。

Step2.　双击草图，单击 按钮，进入草图环境。

Step3.　选择命令。选择下拉菜单 插入 (S) ➡ 来自曲线集的曲线 (F)▶ ➡ 镜像曲线 (M)... 命令（或单击 按钮），系统弹出图 2.9.15 所示的"镜像曲线"对话框。

Step4.　定义镜像对象。在"镜像曲线"对话框中单击"曲线"按钮 ，选取图形区中的所有草图曲线。

Step5.　定义中心线。单击"镜像曲线"对话框中的"中心线"按钮 ，选取坐标系的 Y 轴作为镜像中心线。

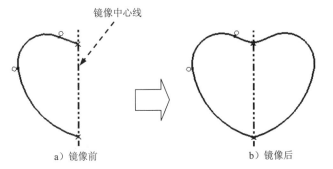

图 2.9.14　镜像操作

图 2.9.15　"镜像曲线"对话框

Step6.　单击 < 确定 > 按钮，完成镜像操作，结果如图 2.9.14b 所示。

图 2.9.15 所示"镜像曲线"对话框中各选项的功能说明如下。

- ● （镜像中心线）：用于选择存在的直线或轴作为镜像的中心线。选择草图中的直线作为镜像中心线时，所选的直线会变成参考线，暂时失去作用。如果要将其转化为正常的草图对象，可用"草图约束"工具条中的"转换为参考的/激活的"功能。

- ● （要镜像的曲线）：用于选择一个或多个要镜像的草图对象。在选取镜像中心线后，用户可以在草图中选取要进行"镜像"操作的草图对象。

2.9.8　偏置曲线

"偏置曲线"就是对当前草图中的曲线进行偏移，从而产生与源曲线相关联、形状相似的新的曲线。可偏移的曲线包括基本绘制的曲线、投影曲线、边缘曲线等。创建图 2.9.16

所示的偏置曲线的具体步骤如下。

Step1. 打开文件 D:\ug8\work\ch02.09\offset.prt。

Step2. 双击草图，单击 按钮，进入草图环境。

Step3. 选择命令。选择下拉菜单 插入(S) ➡ 来自曲线集的曲线(F)▶ ➡ 偏置曲线(V)... 命令，系统弹出图 2.9.17 所示的"偏置曲线"对话框。

Step4. 定义偏置曲线。在图形区选取图 2.9.16a 所示的草图。

Step5. 定义偏置参数。在 距离 后的文本框中输入偏置距离值 5.0，取消选中 □ 创建尺寸 复选框。

Step6. 定义端盖选项。端盖选项 下拉列表中选择将偏置曲线修剪或延伸到它们的交点处的方法（图 2.9.16b 和图 2.9.16c 分别为选取 圆弧帽形体 和 延伸端盖 后生成的效果）。

Step7. 定义偏置距离。在 距离 后的文本框中输入偏置距离 5.0。

Step8. 定义阶次。接受 阶次 文本框中的默认偏置曲线阶次。

Step9. 定义公差。接受 公差 文本框中默认的偏置曲线公差值。

注意：可以单击"偏置曲线"对话框中的 按钮改变偏置的方向。

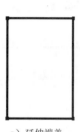
a）延伸端盖

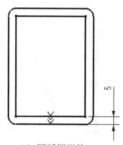
b）圆弧帽形体

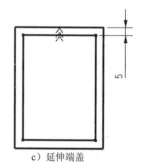
c）延伸端盖

图 2.9.16 偏置曲线的创建

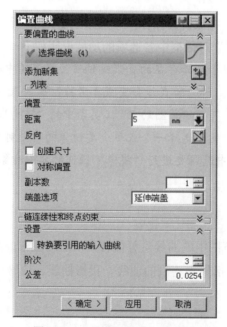

图 2.9.17 "偏置曲线"对话框

图 2.9.17 所示的"偏置曲线"对话框中的  端盖选项 下拉列表中的选项说明如下。

- 圆弧帽形体 ：该选项用于偏置曲线在拐角处自动进行圆角过渡。
- 延伸端盖 ：该选项用于偏置曲线在拐角处不会生成圆角。

2.9.9 编辑定义截面

草图曲线一般可用于拉伸、旋转和扫掠等特征的剖面，如果要改变特征截面的形状，可以通过"编辑定义截面"功能来实现。图 2.9.18 所示的编辑定义截面的具体操作步骤如下。

取消选择的曲线

a）编辑定义线串前　　　　　　　　　　b）编辑定义线串后

图 2.9.18　编辑定义截面

Step1. 打开文件 D:\ug8\work\ch02.09\edit_defined_curve.prt。

Step2. 在特征树中右击草图，在弹出的快捷菜单中选择 可回滚编辑... 命令，进入草图编辑环境。选择下拉菜单 编辑(E) ➡ 编辑定义截面(F)... 命令（或单击"草图工具"工具条中的"编辑定义截面"按钮 ），系统弹出图 2.9.19 所示的"编辑定义截面"对话框（如果当前草图中没有曲线经过拉伸、旋转等操作来生成几何体，系统弹出图 2.9.20 所示"编辑定义截面"对话框中的警告信息）。

注意："编辑定义截面"操作只适合于经过拉伸、旋转生成特征的曲线，如果不符合此要求，此操作就不能实现。

图 2.9.19　"编辑定义截面"对话框

图 2.9.20　警告信息

Step3. 按住 Shift 键，在草图中选取图 2.9.21 所示（曲线以高亮显示）的曲线的任意部分（如矩形），系统则排除整个草图曲线；再选取图 2.9.21 所示的曲线——矩形的 4 条线段（此时不用按住 Shift 键）作为新的草图截面，单击对话框中的"替换助理"按钮 。

说明：用 Shift+左键选择要移除的对象；用左键选择要添加的对象。

Step4. 单击 确定 按钮，完成草图截面的编辑。单击 完成草图 按钮，退出草图环境。

Step5. 更新模型。选择下拉菜单 工具(T) ➡ 更新(U)▸ ➡ 更新以获取外部更改(E) 命令。

说明：此处如果不进行更新就无法看到编辑后的结果。

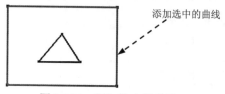

图 2.9.21　添加选中的曲线

2.9.10　相交曲线

"相交曲线"命令可以通过用户指定的面与草图基准平面相交所产生一条曲线。如图 2.9.22 所示的相交操作的步骤如下。

Step1. 打开文件 D:\ug8\work\ch02.09\intersect01.prt。

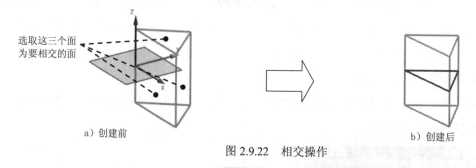

a）创建前　　　　　　　　　　　　　　　　　b）创建后

图 2.9.22　相交操作

Step2. 进入草图环境。选择下拉菜单 插入(S) ➡ 任务环境中的草图(S) 命令，系统弹出"创建草图"对话框，接受系统默认的草图平面，单击对话框中的 确定 按钮，进入草图环境。

Step3. 选择命令。选择下拉菜单 插入(S) ➡ 处方曲线(U)▸ ➡ 相交曲线(U)... 命令（或单击"相交曲线"按钮 ），系统弹出图 2.9.23 所示的"相交曲线"对话框。

Step4. 选取要相交的面。依次选取图 2.9.22a 所示的三个面为要相交的面，即产生图 2.9.22 所示的相交曲线链，接受系统默认的 距离公差 和 角度公差 值。

Step5. 单击"相交曲线"对话中的 < 确定 > 按钮，完成相交曲线的创建。

图 2.9.23 所示"相交曲线"对话框中工具按钮的功能说明如下。

图 2.9.23 "相交曲线"对话框

- 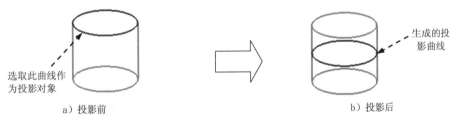（面）：用于选择草图相交的面。
- ☑忽略孔 选项：当选取的"要相交的面"上有孔特征时，勾选此复选框后，系统会在曲线遇到的第一个孔处停止相交曲线。
- ☐连结曲线 选项：用于多个"相交曲线"之间的连结。勾选此复选框后，系统会自动将多个相交曲线连结成一个整体。

2.9.11 投影曲线

"投影曲线"功能是将选取的对象按垂直于草图工作平面的方向投影到草图中，使之成为草图对象。创建图 2.9.24 所示的投影曲线的步骤如下。

a）投影前   b）投影后

图 2.9.24 投影曲线

Step1. 打开文件 D:\ug8\work\ch02.09\projection.prt。

Step2. 进入草图环境。选择下拉菜单 插入(S) ➡️ 任务环境中的草图(S)... 命令，接受系统默认的草图平面，单击 确定 按钮。

Step3. 选择命令。选择下拉菜单 插入(S) ➡️ 处方曲线(U)▶ ➡️ 投影曲线(I)... 命令（或单击"投影" 按钮），系统弹出图 2.9.25 所示的"投影曲线"对话框。

Step4. 定义要投影的对象。在"投影曲线"对话框中单击"曲线"按钮 ⊕，选取图 2.9.24a 所示的曲线为要投影的对象。

Step5. 单击 确定 按钮，完成图 2.9.24b 所示的投影曲线。

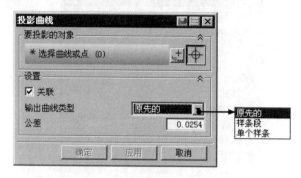

图 2.9.25　"投影曲线"对话框

图 2.9.25 所示的"投影曲线"对话框按钮的功能说明如下。

- ⊕（曲线）：用于选择要投影的对象，默认情况下为按下状态。
- ⊥（点）：单击该按钮后，系统将弹出"点"对话框。
- ☑关联 复选框：定义投影曲线与投影对象之间的关联性。选中该复选框时，投影曲线与投影对象将存在关联性。即投影对象发生改变时，投影曲线也随之改变。
- 输出曲线类型 下拉列表：该下拉列表包括 原先的 、 样条段 和 单个样条 三个选项。

2.10　二维草图的约束

　　"草图约束"主要包括"几何约束"和"尺寸约束"两种类型。"几何约束"是用来定位草图对象和确定草图对象之间的相互关系，而"尺寸约束"是用来驱动、限制和约束草图几何对象的大小和形状的。

　　进入草图环境后，屏幕上会出现绘制草图时所需要的"草图工具"工具条，如图 2.10.1 所示。

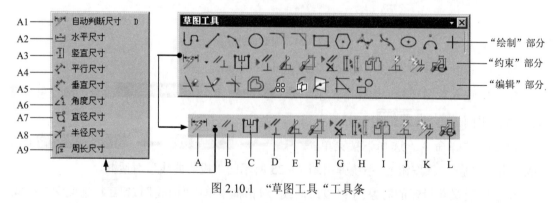

图 2.10.1　"草图工具"工具条

图 2.10.1 所示的"草图工具"工具条中"约束"部分各工具按钮的说明如下。

A1: 自动判断的尺寸。通过基于选定的对象和光标的位置自动判断尺寸类型来创建尺寸约束。

A2: 水平尺寸。该按钮对所选对象进行水平尺寸约束。

A3: 竖直尺寸。该按钮对所选对象进行竖直尺寸约束。

A4: 平行尺寸。该按钮对所选对象进行平行于指定对象的尺寸约束。

A5: 垂直尺寸。该按钮对所选的点到直线的垂直距离进行垂直尺寸约束。

A6: 角度尺寸。该按钮对所选的两条直线进行角度约束。

A7: 直径尺寸。该按钮对所选的圆进行直径尺寸约束。

A8: 半径尺寸。该按钮对所选的圆进行半径尺寸约束。

A9: 周长尺寸。该按钮对所选的多个对象进行周长尺寸约束。

B: 约束。用户自己对存在的草图对象指定约束类型。

C: 设为对称。将两个点或曲线约束为相对于草图上的对称线对称。

D: 显示所有约束。显示施加到草图上的所有几何约束。

E: 自动约束。单击该按钮，系统会弹出图 2.10.2 所示的"自动约束"对话框，用于自动地添加约束。

F: 自动标注尺寸。根据设置的规则在曲线上自动创建尺寸。

G: 显示/移除约束。显示与选定的草图几何图形关联的几何约束，并移除所有这些约束或列出信息。

H: 转换至/自参考对象。将草图曲线或草图尺寸从活动转换为参考，或者反过来。下游命令（如拉伸）不使用参考曲线，并且参考尺寸不控制草图几何体。

I: 备选解。备选尺寸或几何约束解算方案。

J: 自动判断约束和尺寸。控制哪些约束或尺寸在曲线构造过程中被自动判断。

K: 创建自动判断约束。在曲线构造过程中启用自动判断约束。

L: 连续自动标注尺寸。在曲线构造过程中启用自动标注尺寸。

在草图绘制过程中，读者可以自己设定自动约束的类型，单击"自动约束"按钮 ，系统弹出"自动约束"对话框如图 2.10.2 所示，在对话框中可以设定自动约束类型。

图 2.10.2 所示的"自动约束"对话框中所建立的都是几何约束，它们的用法如下。

- → （水平）：约束直线为水平直线（即平行于 XC 轴）。
- ↑ （竖直）：约束直线为竖直直线（即平行于 YC 轴）。
- ○ （相切）：约束所选的两个对象相切。
- // （平行）：约束两直线互相平行。
- ⊥ （垂直）：约束两直线互相垂直。
- ＼ （共线）：约束多条直线对象位于或通过同一直线。

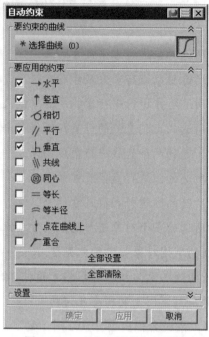

图 2.10.2 "自动约束"对话框

- ◎（同心）：约束多个圆弧或椭圆弧的中心点重合。
- ＝（等长）：约束多条直线为同一长度。
- ⌒（等半径）：约束多个弧有相同的半径。
- ↑（点在曲线上）：约束所选点在曲线上。
- ⌐（重合）：约束多点重合。

在草图中，被添加完约束对象中的约束符号显示方式如表 2.10.1 所示。

表 2.10.1 约束符号显示方式

约束名称	约束显示符号
固定/完全固定	⅂
固定长度	↔
水平	→
竖直	↑
固定角度	∠
等半径	⌒
相切	○
同心的	◎
中点	┼

（续）

约束名称	约束显示符号
点在曲线上	✳
垂直的	⊐
平行的	∦
共线	∥
等长度	=
重合	⌐

在一般绘图过程中，我们习惯于先绘制出对象的大概形状，然后通过添加"几何约束"来定位草图对象和确定草图对象之间的相互关系，再添加"尺寸约束"来驱动、限制和约束草图几何对象的大小和形状，下面将先介绍如何添加"几何约束"，再介绍添加"尺寸约束"的具体方法。

2.10.1 几何约束

在二维草图中，添加几何约束主要有两种方法：手工添加几何约束和自动产生几何约束。一般在添加几何约束时，要先单击"显示所有约束"按钮，则二维草图中所存在的所有约束都显示在图中。

方法一：手工添加约束。是指对所选对象由用户自己来指定某种约束。在"草图约束"工具条中单击 按钮，系统就进入了几何约束操作状态。此时，在图形区中选择一个或多个草图对象，所选对象在图形区中会加亮显示。同时，可添加的几何约束类型按钮将会出现在图形区的左上角。

根据所选对象的几何关系，在几何约束类型中选择一个或多个约束类型，则系统会添加指定类型的几何约束到所选草图对象上，这些草图对象会因所添加的约束而不能随意移动或旋转。

下面通过图 2.10.3 所示的相切约束来说明创建约束的一般操作步骤。

Step1. 打开文件 D:\ug8\work\ch02.10\add_1.prt。

Step2. 双击已有草图，单击 按钮，进入草图工作环境，单击"显示所有约束"按钮和"约束"按钮 。

Step3. 定义约束对象。根据系统 选择要创建约束的曲线 的提示，选取图 2.10.3a 所示的直线和圆，系统弹出图 2.10.4 所示的"约束"工具条。

图 2.10.3　添加相切约束

图 2.10.4　"约束"工具条

Step4. 定义约束类型。单击 ⟨图⟩ 按钮，则直线和圆弧之间会添加"相切"约束。

Step5. 单击中键完成约束的创建，草图中会自动添加约束符号，如图 2.10.3b 所示。

下面通过图 2.10.5 所示的约束来说明创建多个约束的一般操作步骤。

Step1. 打开文件 D:\ug8\work\ch02.10\add_2.prt。

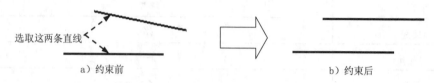

选取这两条直线

a）约束前   b）约束后

图 2.10.5   添加多个约束

Step2. 双击已有草图，单击 ⟨图⟩ 按钮，进入草图工作环境，单击"显示所有约束"按钮 ⟨图⟩ 和"约束"按钮 ⟨图⟩。根据系统 **选择要创建约束的曲线** 的提示，选取图 2.10.5a 所示的两条直线，系统弹出图 2.10.6 所示的"约束"工具条，单击"等长"按钮 ⟨图⟩，则直线之间会添加"等长"约束，再单击选取两条直线，单击"平行"按钮 ⟨图⟩，则直线之间会添加"平行"约束。

图 2.10.6   "约束"工具条

Step3. 单击鼠标中键完成约束的创建，草图中会自动添加约束符号，如图 2.10.5b 所示。

关于其他类型约束的创建，与以上两个范例的创建过程相似，这里就不再赘述，读者可以自行研究。

方法二： 自动产生几何约束，是指系统根据选择的几何约束类型以及草图对象间的关系，自动添加相应约束到草图对象上。一般都利用"自动约束"按钮 ⟨图⟩ 来让系统自动添加约束，其操作步骤如下。

Step1. 单击"约束"工具条中的"自动约束"按钮 ⟨图⟩，系统弹出"自动约束"对话框。

Step2. 在"自动约束"对话框中单击要自动创建的约束的相应按钮，然后单击 **确定** 按钮。通常用户一般都选择自动创建所有的约束，这样只需在对话框单击 **全部设置** 按钮，则对话框中的约束复选项全部被选中，然后单击 **确定** 按钮，完成自动创建约束的设置。

这样，在草图中画任意曲线，系统会自动添加相应的约束，而系统没有自动添加的约束就需要用户利用手工添加约束的方法来自己添加。

2.10.2   尺寸约束

尺寸约束就是在草图上标注尺寸，并设置尺寸标注线的形式与尺寸大小，来驱动、限制和约束草图几何对象。选择下拉菜单 **插入 (S)** ➡ **尺寸 (M)** 中的命令。主要包括以下几种标注方式。

1. 标注水平距离

标注水平距离是标注直线或两点之间的水平投影长度。下面通过标注图 2.10.7b 所示的尺寸来说明创建水平距离的一般操作步骤。

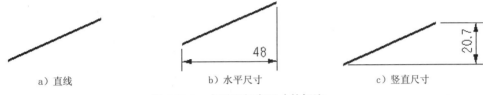

a）直线　　　　　　　　　b）水平尺寸　　　　　　　　c）竖直尺寸

图 2.10.7　水平和竖直尺寸的标注

Step1. 打开文件 D:\ug8\work\ch02.10\add_dimension_1.prt。

Step2. 双击图 2.10.7a 所示的直线，单击 🔲 按钮，进入草图工作环境，选择下拉菜单 插入(S) ➡ 尺寸(M) ▶ ➡ 水平(H)... 命令。

Step3. 定义标注尺寸的对象。选取图 2.10.7a 所示的直线，系统生成水平尺寸。

Step4. 定义尺寸放置的位置。移动鼠标至合适位置，单击放置尺寸。如果要改变直线尺寸，则可以在弹出的动态输入框中输入所需的数值。

Step5. 单击中键完成水平尺寸的标注，如图 2.10.7b 所示。

2. 标注竖直距离

标注竖直距离是标注直线或两点之间的垂直投影长度。下面通过标注图 2.10.7c 所示的尺寸来说明创建竖直距离的步骤。

Step1. 选择刚标注的水平距离，单击鼠标右键，在弹出的快捷菜单中选择 ✕ 删除(D) 命令，删除该水平距离。

Step2. 选择下拉菜单 插入(S) ➡ 尺寸(M) ➡ 竖直(V)... 命令，单击选取图 2.10.7a 所示的直线，系统生成竖直尺寸。

Step3. 移动鼠标至合适位置，单击放置尺寸。如果要改变距离，则可以在弹出的动态输入框中输入所需的数值。

Step4. 单击中键完成竖直尺寸的标注，如图 2.10.7c 所示。

3. 标注平行距离

标注平行距离是标注所选直线两端点之间的平行投影长度。下面通过标注图 2.10.8b 所示的尺寸来说明创建平行距离的步骤。

Step1. 打开文件 D:\ug8\work\ch02.10\add_dimension_2.prt。

Step2. 双击图 2.10.8a 所示的直线，单击 🔲 按钮，进入草图工作环境。选择下拉菜单 插入(S) ➡ 尺寸(M) ➡ 平行(P)... 命令，选择两条直线的两个端点，系统生成平行距离。

Step3. 移动鼠标至合适位置，单击放置尺寸。

Step4. 单击中键完成平行距离的标注，如图 2.10.8b 所示。

图 2.10.8 平行距离的标注

4．标注垂直距离

标注垂直距离是标注所选点与直线之间的垂直距离。下面通过标注图 2.10.9 所示的尺寸来说明创建垂直距离的步骤。

图 2.10.9 垂直距离的标注

Step1. 打开文件 D:\ug8\work\ch02.10\add_dimension_3.prt。

Step2. 双击图 2.10.9a 所示的直线，单击 ⬚ 按钮，进入草图工作环境，选择下拉菜单 插入(S) ➡ 尺寸(M) ➡ 垂直(E)... 命令，标注点到直线的距离，先选择直线，然后再选择点，系统生成垂直距离。

Step3. 移动鼠标至合适位置，单击左键放置尺寸。

Step4. 单击中键完成垂直距离的标注，如图 2.10.9b 所示。

注意：要标注点到直线的距离，必须先选择直线，然后再选择点。

5．标注两条直线间的角度

标注两条直线间的角度是标注所选直线之间夹角的大小，且角度有锐角和钝角之分。下面通过标注图 2.10.10 所示的角度来说明标注直线间角度的步骤。

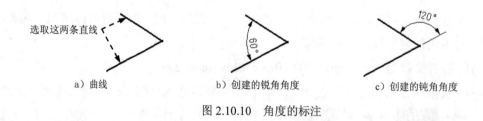

图 2.10.10 角度的标注

Step1. 打开文件 D:\ug8\work\ch02.10\add_angle.prt。

Step2. 双击已有草图，单击 ![按钮] 按钮，进入草图工作环境，选择下拉菜单 插入(S) ➡
尺寸(M) ➡ ∠角度(A)...命令，选取两条直线（图 2.10.10a），系统生成角度。

Step3. 移动鼠标至合适位置（移动的位置不同，生成的角度可能是锐角或钝角，如图
2.10.10 所示），单击放置尺寸。

Step4. 单击中键完成角度的标注，如图 2.10.10c 所示。

6. 标注直径

标注直径是标注所选圆直径的大小。下面通过标注如图 2.10.11 所示圆的直径来说明标
注直径的步骤。

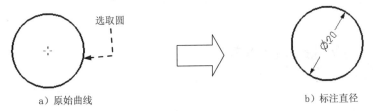

图 2.10.11　直径的标注

Step1. 打开文件 D:\ug8\work\ch02.10\add_d.prt。

Step2. 双击已有草图，单击 ![按钮] 按钮，进入草图工作环境，选择下拉菜单 插入(S) ➡
尺寸(M) ➡ 直径(D)...命令，选取图 2.10.11a 所示的圆，系统生成直径尺寸。

Step3. 移动鼠标至合适位置，单击放置尺寸。

Step4. 单击中键完成直径的标注，如图 2.10.11b 所示。

7. 标注半径

标注半径是标注所选圆或圆弧半径的大小。下面通过标注图 2.10.12 所示圆弧的半径来
说明标注半径的步骤。

图 2.10.12　半径的标注

Step1. 打开文件 D:\ug8\work\ch02.10\add_arc.prt。

Step2. 双击已有草图，单击 ![按钮] 按钮，进入草图工作环境，选择下拉菜单 插入(S) ➡
尺寸(M) ➡ 半径(R)...命令，选择圆弧（图 2.10.12a），系统生成半径尺寸。

Step3. 移动鼠标至合适位置，单击放置尺寸。如果要改变圆的半径尺寸，则在弹出的动态输入框中输入所需的数值。

Step4. 单击中键完成半径的标注，如图 2.10.12b 所示。

2.10.3　显示/移除约束

单击"草图约束"工具条中的 按钮，将显示施加到草图上的所有几何约束。

"显示/移除约束"主要是用来查看现有的几何约束，设置查看的范围、查看类型和列表方式以及移除不需要的几何约束。

单击"草图约束"工具条中的 按钮，使所有存在的约束都显示在图形区中，然后单击"草图约束"工具条中的 按钮，系统弹出如图 2.10.13 所示的"显示/移除约束"对话框。

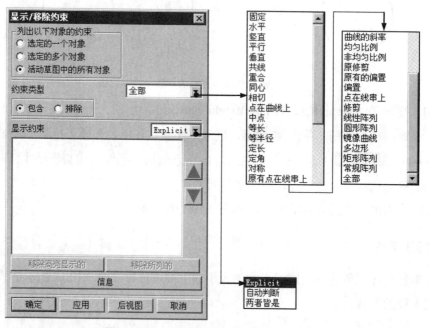

图 2.10.13　"显示/移除约束"对话框

图 2.10.13 所示"显示/移除约束"对话框中各选项用法的说明如下。

● 列出以下对象的约束 区域：控制在显示约束列表窗口中要列出的约束。它包含了 3 个复选框。

　　☑ ⊙ 选定的一个对象 复选框：允许每次仅选择一个对象。选择其他对象将自动取消选择以前选定的对象。该列表窗口显示了与选定对象相关的约束。这是默认设置。

　　☑ ⊙ 选定的多个对象 复选框：可选择多个对象，选择其他对象不会取消选择以前选定的对象，它允许用户选取多个草图对象，在约束列表框中显示它们所包含的几何约束。

- ☑ ◉ 活动草图中的所有对象 复选框：在约束列表框中列出当前草图对象中所有的约束。

- 约束类型 下拉列表：过滤在下拉列表中显示的约束类型。当选择此下拉列表时，系统会列出可选的约束类型（图 2.10.13），用户从中选择要显示的约束类型名称即可。在它的 ◉ 包含 和 ◉ 排除 两个单选项中只能选一个，通常都选中 ◉ 包含 单选项。

- 显示约束 下拉列表：控制显示约束列表窗口中显示指定类型的约束，还是显示指定类型以外的所有其他约束。该下拉列表中用于显示当前选定的草图几何对象的几何约束。当在该列表框中选择某约束时，约束对应的草图对象在图形区中会高亮显示，并显示出草图对象的名称。列表框右边的上下箭头是用来按顺序选择约束的。

- 显示约束 下拉列表包含了三种选项。

  - ☑ Explicit：显示所有由用户显示或非显示创建的约束，包括所有非自动判断的重合约束，但不包括所有系统在曲线创建期间自动判断的重合约束。

  - ☑ 自动判断：显示所有自动判断的重合约束，它们是在曲线创建期间由系统自动创建的。

  - ☑ 两者皆是：包括 Explicit 和 自动判断 两种类型的约束。

- 移除高亮显示的 按钮：用于移除一个或多个约束，方法是在约束列表窗口中选择需要移除的约束，然后单击此按钮。

- 移除所列的 按钮：用于移除显示在约束列表窗口中所有的约束。

- 信息 按钮：在"信息"窗口中显示有关活动的草图的所有几何约束信息。如果要保存或打印出约束信息，该选项很有用。

2.10.4 约束的备选解

当用户对一个草图对象进行约束操作时，同一约束条件可能存在多种满足约束的情况，"备选解"操作正是针对这种情况的，它可从约束的一种解法转为另一种解法。

"草图约束"工具条中没有备选解按钮，读者可以在工具条中加入此 按钮，也可通过定制的方法在下拉菜单中添加该命令（以下如有添加命令或按钮的情况将不再说明）。单击此按钮，则会弹出"备选解"对话框（图 2.10.14），在系统 选择一个尺寸或圆/圆弧 的提示下选择对象，系统会将所选对象直接转换为同一约束的另一种约束表现形式，单击 应用 按钮之后还可以继续对其他操作对象进行约束方式的"备选解"操作；如果没有，则单击 确定 按钮完成"备选解"操作。

下面用一个具体的实例来说明一下"备选解"的操作。如图 2.10.15 所示，绘制的是两个相切的圆。我们知道两圆相切有"外切"和"内切"两种情况。我们如果不想要图中所示的"外切"的图形，就可以通过"备选解"操作，把它们转换为"内切"的形式，具体步骤如下。

　　Step1. 打开文件 D:\ug8\work\ch02.10\alternation.prt。

　　Step2. 双击草图，单击 ⊞ 按钮，进入草图工作环境。

　　Step3. 选择命令。选择下拉菜单 工具(T) ➡ 约束(T) ➡ 🔲 备选解算方案(0)... 命令（或单击"草图约束"工具条中的"备选解"按钮 🔲），系统弹出"备选解"对话框，如图 2.10.14 所示。

　　Step4. 定义对象。分别选取图 2.10.15 所示的任意一个圆，则实现"备选解"操作，如图 2.10.15 所示。

　　Step5. 单击 关闭 按钮，关闭"备选解"对话框。

图 2.10.14   "备选解"对话框

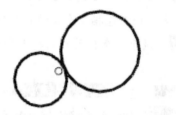

图 2.10.15   备选解

2.10.5　尺寸的移动

　　为了使草图的布局更清晰合理，可以移动尺寸文本的位置，操作步骤如下。

　　Step1. 将鼠标移至要移动的尺寸处，按住鼠标左键。

　　Step2. 左右或上下移动鼠标，可以移动尺寸箭头和文本框的位置。

　　Step3. 在合适的位置松开鼠标左键，完成尺寸位置的移动。

2.10.6　尺寸值的修改

　　修改草图的标注尺寸有如下两种方法。

　　打开文件 D:\ug8\work\ch02.10\edit_dimension.prt。

　　方法一

　　Step1. 双击要修改的尺寸，如图 2.10.16 所示。

　　Step2. 系统弹出动态输入框，如图 2.10.17 所示。在动态输入框中输入新的尺寸值，并按鼠标中键，完成尺寸的修改，如图 2.10.18 所示。

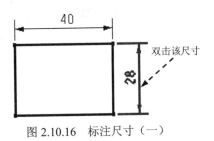

图 2.10.16 标注尺寸（一）

图 2.10.17 标注尺寸（二）

方法二

Step1. 将鼠标移至要修改的尺寸处右击。

Step2. 在弹出的快捷菜单中选择 编辑值(U)... 命令（图 2.10.19）。

Step3. 在弹出的动态输入框中输入新的尺寸值，单击中键完成尺寸的修改。

图 2.10.18　标注尺寸（三）

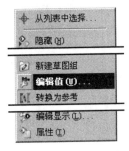

图 2.10.19　快捷菜单

2.10.7　动画尺寸

动画尺寸就是使草图中指定的尺寸在规定的范围内变化，从而观察其他相应的几何约束变化情形，以此来判断草图设计的合理性并及时发现错误。但必须注意在进行动画模拟操作之前，必须在草图对象上进行尺寸的标注和添加必要的几何约束。下面以一个实例来说明动画尺寸的一般操作步骤。

Step1. 打开文件 D:\ug8\work\ch02.10\cartoon.prt。

Step2. 双击已有草图，单击 按钮，进入草图工作环境，草图如图 2.10.20 所示。

Step3. 选择下拉菜单 工具(T) ➞ 约束(T) ➞ 动画尺寸(M)... 命令，系统弹出图 2.10.21 所示的"动画"对话框（一）。

Step4. 根据系统 选择动画尺寸 的提示，在"动画"对话框（一）的图形区选择尺寸"35"，并分别在 下限 和 上限 文本框中输入数值 31.5 和 38.5，在 步数/循环 文本框中输入循环的步数为 100，如图 2.10.21 所示。

说明：步数/循环 文本框中输入的值越大，动画模拟时尺寸的变化越慢，反之亦然。

Step5. 选中 ☑ 显示尺寸 复选项，单击 应用 按钮启动动画，同时弹出"动画"对话框（二）（图 2.10.22），此时可以看到所选尺寸的动画模拟效果。

Step6. 单击"动画"对话框（二）中的 停止(S) 按钮，草图恢复到原来的状态，然后单击 取消 按钮。

注意：草图动画模拟尺寸显示并不改变草图对象的尺寸，当动画模拟显示结束时，草图又回到原来的显示状态。

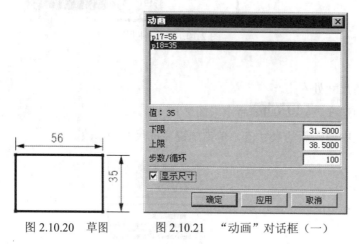

图 2.10.20 草图   图 2.10.21 "动画"对话框（一）

图 2.10.22 "动画"对话框（二）

2.11 管理二维草图

在草图绘制完成后，可通过图 2.11.1 所示的"草图"工具条来管理草图。下面简单介绍工具条中的各工具按钮功能。

图 2.11.1 "草图"工具条

1. 定向视图到草图

"定向视图到草图"按钮为 ，用于使草图平面与屏幕平行，方便草图的绘制。

2. 定向视图到模型

"定向视图到模型"按钮为 ，用于将视图定向到当前的建模视图，即在进入草图环境之前显示的视图。

3. 重新附着

"重新附着"按钮为 ，该按钮有以下三个功能。

● 移动草图到不同的平面、基准平面或路径。

- 切换原位上的草图到路径上的草图，反之亦然。
- 沿着所附着到的路径，更改路径上的草图的位置。

注意：目标平面、面或路径必须有比草图更早的时间戳记（即在草图前创建）。对于原位上的草图，重新附着也会显示任意的定位尺寸，并重新定义它们参考的几何体。

4．创建定位尺寸

利用 中的各下拉选项，可以创建、编辑、删除或重定义草图定位尺寸，并且相对于已存在几何体（边缘、基准轴和基准平面）定位草图。

单击 后的下三角箭头，会弹出图 2.11.2 所示的下拉选项，它们分别为："创建定位尺寸"按钮 、"编辑定位尺寸"按钮 、"删除定位尺寸"按钮 和"重新定义定位尺寸"按钮 。单击"创建定位尺寸"按钮 ，弹出图 2.11.3 所示的"定位"对话框，可以创建草图的定位尺寸。

图 2.11.2　下拉选项

图 2.11.3　"定位"对话框

5．延迟计算

"延迟计算"按钮为 ，选择该按钮后，系统将延迟草图约束的评估（即创建曲线时，系统不显示约束；指定约束时，系统不会更新几何体），直到单击"评估草图"按钮 后可查看草图自动更新的情况。

6．更新模型

"更新模型"按钮为 ，用于模型的更新，以反映对草图所做的更改。如果存在要进行的更新，并且退出了草图环境，则系统会自动更新模型。

2.12　二维草图范例 1

范例概述：

本范例主要介绍草图的绘制、编辑和标注的过程，读者要重点掌握约束与尺寸的标注，如图 2.12.1 所示，其绘制过程如下。

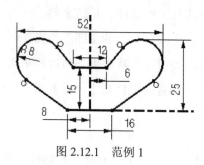

图 2.12.1　范例 1

Step1. 新建一个文件。

（1）选择下拉菜单 文件(F) ➡ 新建(N)... 命令，系统弹出"新建"对话框。

（2）在"文件新建"对话框中的 模板 选项栏中，选取模板类型为 模型 ，在 名称 文本框中输入文件名为 spsk01，然后单击 确定 按钮。

Step2. 选择下拉菜单 插入(S) ➡ 任务环境中的草图(S)... 命令，系统弹出"创建草图"对话框，选择 XY 平面为草图平面，单击该对话框中的 确定 按钮，系统进入草图环境。

Step3. 选择下拉菜单 插入(S) ➡ 曲线(C) ➡ 轮廓(O) 命令，大致绘制图 2.12.2 所示的草图。

Step4. 添加几何约束。

（1）单击"显示所有约束"按钮 和"约束"按钮 。根据系统 选择要创建约束的曲线 的提示，选取图 2.12.3 所示的直线和圆弧，系统弹出图 2.12.4 所示的"约束"工具条，单击 按钮，则在直线和圆弧之间添加图 2.12.5 所示的"相切"约束。

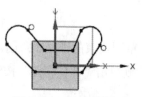

图 2.12.2　绘制草图

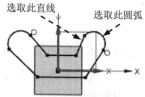

图 2.12.3　定义约束对象

图 2.12.4　"约束"工具条

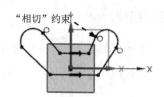

图 2.12.5　添加约束（一）

（2）参照上述步骤完成图 2.12.6 所示"相切"约束。

（3）选取图 2.12.7 所示的两条直线，系统弹出图 2.12.8 所示的"约束"工具条，单击 按钮，则添加"相等"约束（图 2.12.9）。

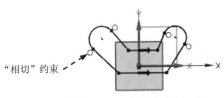

图 2.12.6 添加约束（二）

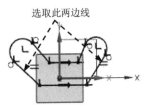

图 2.12.7 添加约束（三）

（4）参照上述步骤完成图 2.12.9 所示的"相等"约束。

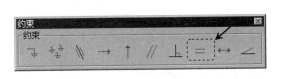

图 2.12.8 "约束"工具条

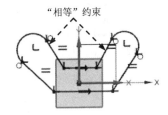

图 2.12.9 添加约束（四）

（5）选取图 2.12.10 所示的两圆弧，系统弹出图 2.12.11 所示的"约束"工具条，单击"等半径"按钮 ⌒，则添加"等半径"约束。

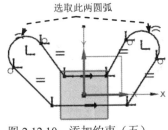

图 2.12.10 添加约束（五）

图 2.12.11 "约束"工具条

（6）选取图 2.12.12 所示的直线和水平轴线，系统弹出图 2.12.13 所示的"约束"工具条，单击"共线"按钮 ⧵，则添加"共线"约束。

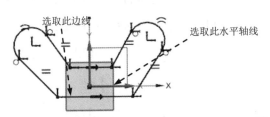

图 2.12.12 添加约束（六）

图 2.12.13 "约束"工具条

Step5. 添加尺寸约束

（1）标注竖直尺寸。

① 选择下拉菜单 插入(S) ➡ 尺寸(M) ▸ ➡ 竖直(V)... 命令，分别选取图 2.12.14 所示的两条直线的竖直距离。

② 单击图 2.12.14 所示的一点，确定标注位置。

③ 在弹出的动态输入框中输入尺寸值 15，单击中键。

④ 参照上述步骤标注圆弧 1 和水平轴线，尺寸值 25。

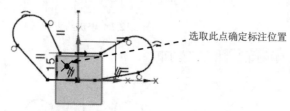　　　　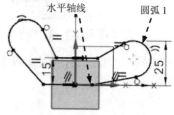

图 2.12.14　竖直标注（一）　　　　　图 2.12.15　竖直标注（二）

（2）标注水平尺寸。

① 选择下拉菜单 插入(S) ➡ 尺寸(M) ▶ 水平(H)... 命令，可标注直线 1 的长度。

② 单击图 2.12.16 所示的一点确定标注位置。

③ 在弹出的动态输入框中输入尺寸值 16，单击中键。

④ 参照上述步骤可标注直线 2 的长度（图 2.12.17），尺寸值为 12。

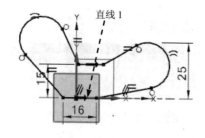　　　　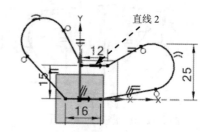

图 2.12.16　水平标注（一）　　　　　图 2.12.17　水平标注（二）

⑤ 参照上述步骤可标注直线 1 的端点和竖直轴之间的距离（图 2.12.18），尺寸值为 8。

⑥ 参照上述步骤可标注直线 2 的端点和竖直轴之间的距离（图 2.12.19），尺寸值为 6。

⑦ 参照上述步骤可标注圆弧 1 和圆弧 2 之间的距离（图 2.12.19），尺寸值为 52。

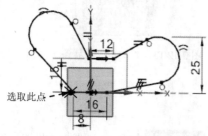　　　　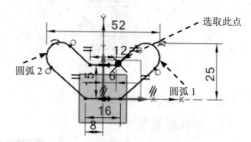

图 2.12.18　水平标注（三）　　　　　图 2.12.19　水平标注（四）

（3）标注半径尺寸（图 2.12.20）。

① 选择下拉菜单 插入(S) ➡ 尺寸(M) ▶ ➡ ⚞ 半径(R)... 命令，标注圆弧 2，标注半径尺寸为 8。完成后的模型如图 2.12.21 所示。

② 此时系统提示 草图已完全约束 。

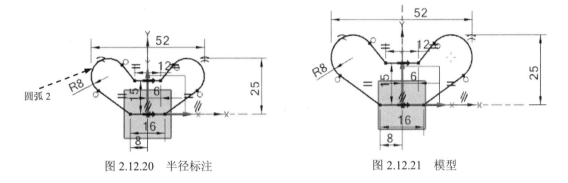

图 2.12.20 半径标注   图 2.12.21 模型

2.13 二维草图范例 2

范例概述:

本范例详细介绍草图的绘制、编辑和标注的过程、镜像特征及修剪等特征，重点在于对简单的特征的综合运用，从而达到由复杂到简单的效果。本节主要绘制图 2.13.1 所示的图形，其具体绘制过程如下。

Stage1. 新建一个草图文件

Step1. 选择下拉菜单 文件(F) ➡ 🗋 新建(N)... 命令，系统弹出"新建"对话框，在 模板 选项栏中，选取模板类型为 🗋 模型 ，在 名称 文本框中输入文件名为 spsk02，然后单击 确定 按钮。

Step2. 选择下拉菜单 插入(S) ➡ 🔡 任务环境中的草图(S)... 命令，系统弹出"创建草图"对话框，接受系统默认的草图平面，单击对话框中的 确定 按钮，进入草图环境。

Stage2. 绘制草图

Step1. 选择下拉菜单 插入(S) ➡ 曲线(C)▶ ➡ ○ 圆(C)... 命令，大致绘制图 2.13.2 所示的草图。

Step2. 选择下拉菜单 插入(S) ➡ 曲线(C)▶ ➡ ⮎ 轮廓(O)... 命令，大致绘制图 2.13.3 所示的草图。

图 2.13.1　范例 2　　　　图 2.13.2　绘制圆　　　　图 2.13.3　绘制草图

Step3. 选择下拉菜单 编辑(E) ➡️ 曲线(V) ➡️ 快速修剪(Q)... 命令，选取图 2.13.4a 所示的要剪切的部分，修剪后的图形如图 2.13.4b 所示。

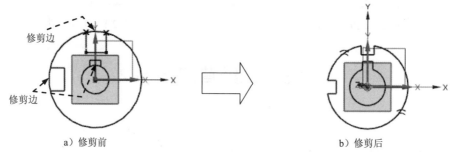

a）修剪前　　　　　　　　　　　　　b）修剪后

图 2.13.4　修剪曲线 1

Stage3. 添加几何约束

Step1. 单击"显示所有约束"按钮 和"约束"按钮 。根据系统 选择要创建约束的曲线 的提示，选取图 2.13.5 所示的边线，系统弹出图 2.13.6 所示的"约束"工具条，单击"竖直"按钮，则添加"竖直"约束。

Step2. 参照上述步骤完成图 2.13.7 所示的其余四个竖直约束。

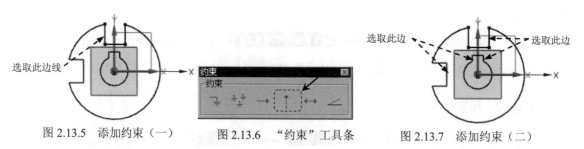

图 2.13.5　添加约束（一）　　　图 2.13.6　"约束"工具条　　　图 2.13.7　添加约束（二）

Step3. 选取图 2.13.8 所示的边线，系统弹出图 2.13.9 所示的"约束"工具条，单击"水平"按钮，则添加"水平"约束。

Step4. 参照上述步骤完成图 2.13.10 所示的其余三个水平约束。

Step5. 选取图 2.13.11 所示的两条直线，系统弹出图 2.13.12 所示的"约束"工具条，单击 按钮，则添加"相等"约束。

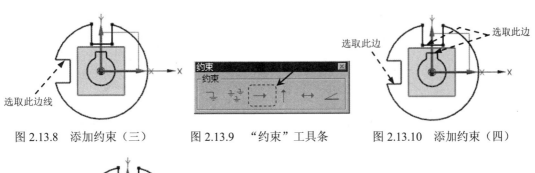

图 2.13.8　添加约束（三）　　　图 2.13.9　"约束"工具条　　　图 2.13.10　添加约束（四）

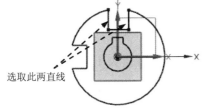

图 2.13.11　添加约束（五）

图 2.13.12　"约束"工具条

Step6. 参照上述步骤完成图 2.13.13 所示的"相等"约束。

Step7. 参照上述步骤完成图 2.13.14 所示的"相等"约束。

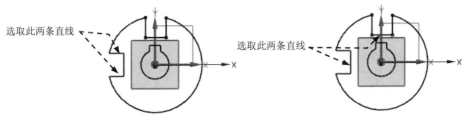

图 2.13.13　添加约束（六）　　　　图 2.13.14　添加约束（七）

Step8. 参照上述步骤完成图 2.13.15 所示的"相等"约束。

Step9. 参照上述步骤完成图 2.13.16 所示的"相等"约束。

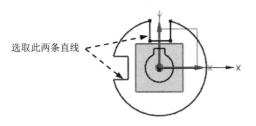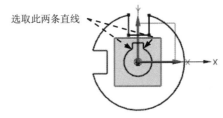

图 2.13.15　添加约束（八）　　　　图 2.13.16　添加约束（九）

Stage4. 添加尺寸约束

Step1. 标注水平尺寸。

（1）选择下拉菜单 插入(S) ➡ 尺寸(M) ▶ ➡ 水平(H)... 命令，选取图 2.13.17 所示的直线 1，在弹出的动态输入框中输入尺寸值 1.5，单击中键，完成直线 1 的水平标注。

（2）参照上述步骤可标注直线 2 水平长度（图 2.13.18），尺寸值为 1.2。

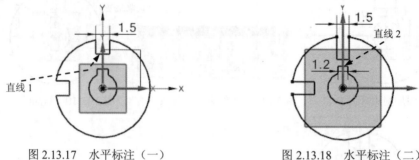

图 2.13.17　水平标注（一）　　　　　　图 2.13.18　水平标注（二）

（3）参照上述步骤可标注直线 3 水平长度（图 2.13.19），尺寸值为 1。

Step2. 标注竖直尺寸。

选择下拉菜单 插入(S) ➡ 尺寸(M)▶ ➡ 自动判断(I)... 命令，分别选取图 2.13.20 所示的直线 4 和水平轴线，在弹出的动态输入框中输入尺寸值 2，单击中键，完成直线 4 和水平轴线之间的竖直距离标注。

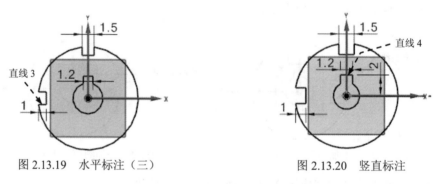

图 2.13.19　水平标注（三）　　　　　　图 2.13.20　竖直标注

Step3. 标注半径尺寸。

（1）选择下拉菜单 插入(S) ➡ 尺寸(M)▶ ➡ 半径(R)... 命令，标注圆弧 1，标注半径尺寸为 1.5。（图 2.13.21）

（2）参照上述步骤可标注圆弧 2（图 2.13.22），半径尺寸为 5。

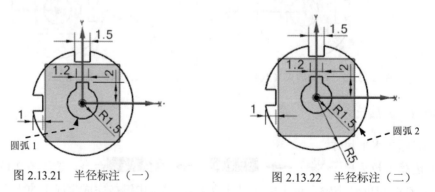

图 2.13.21　半径标注（一）　　　　　　图 2.13.22　半径标注（二）

（3）此时系统提示 草图已完全约束 。

Stage5．草图特征操作

Step1．镜像曲线特征 1。选择下拉菜单 插入(S) ➡ 来自曲线集的曲线(F)▶ ➡ 镜像曲线(M) 命令。系统弹出"镜像曲线"对话框，选取图 2.13.23a 所示的直线 1、直线 2 和直线 3 三条直线为"要镜像的曲线"，选取图 2.13.23a 所示的水平轴线为镜像中心线，单击对话框中的 〈 确定 〉 按钮，完成镜像曲线特征 1 的操作。

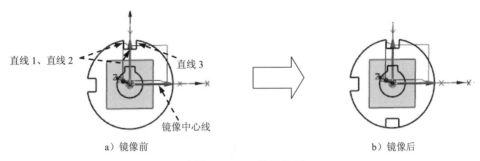

图 2.13.23　镜像特征 1

Step2．镜像曲线特征 2。选择下拉菜单 插入(S) ➡ 来自曲线集的曲线(F)▶ ➡ 镜像曲线(M) 命令。系统弹出"镜像曲线"对话框，选取图 2.13.24a 所示的直线 1、直线 2 和直线 3 三条直线为"要镜像的曲线"，选取图 2.13.24a 所示的竖直轴线为镜像中心线，单击对话框中的 〈 确定 〉 按钮，完成镜像曲线特征 2 的操作。

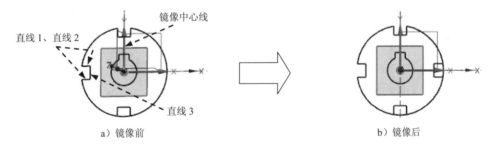

图 2.13.24　镜像特征 2

Step3．修剪曲线。选择下拉菜单 编辑(E) ➡ 曲线(V) ➡ 快速修剪(Q)... 命令，选取图 2.13.25 所示的要剪切的部分，修剪后的图形如图 2.13.25 所示。

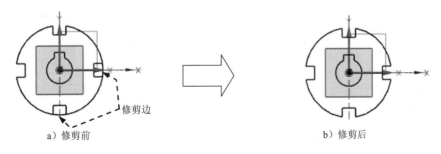

图 2.13.25　修剪曲线 2

2.14　二维草图范例 3

范例概述：

　　范例从新建一个草图开始，详细介绍草图的绘制、编辑和标注的过程、镜像特征，要重点掌握的是绘图前的设置、约束的处理，镜像特征的操作过程与细节。本节主要绘制图 2.14.1 所示的图形，其具体绘制过程如下。

　　说明：本范例的详细操作过程请参见随书光盘中 video\ch02.14\文件下的语音视频讲解文件。模型文件为 D:\ug8\work\ch02.14\spsk03.prt。

2.15　二维草图范例 4

范例概述：

　　本范例主要介绍图 2.15.1 所示的截面草图绘制过程，该截面中主要是圆弧与圆弧构成的，在绘制过程中要特别注意圆弧之间端点的连接以及约束技巧。

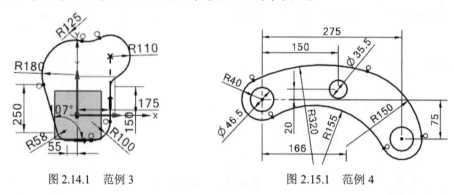

　　　　　图 2.14.1　范例 3　　　　　　　　　图 2.15.1　范例 4

　　说明：本范例的详细操作过程请参见随书光盘中 video\ch02.15\文件下的语音视频讲解文件。模型文件为 D:\ug8\work\ch02.15\yingyong02.prt。

2.16　二维草图范例 5

范例概述：

　　本范例主要介绍图 2.16.1 所示的截面草图绘制过程，该截面中主要是由圆弧与直线构成的，在绘制过程中要特别注意绘制的技巧以及约束添加。

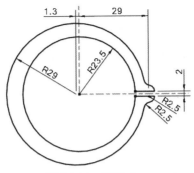

图 2.16.1 范例 5

说明：本范例的详细操作过程请参见随书光盘中 video\ch02.16\文件下的语音视频讲解文件。模型文件为 D：\ug8\work\ch02.16\yingyong03.prt。

第 3 章 零 件 设 计

用 UG NX 进行零件设计，其方法灵活多样，一般而言，有以下四种。

1．显式建模

显式建模对象是相对于模型空间而不是相对于彼此建立的，属于非参数化建模方式。对某一个对象所做的改变不影响其他对象或最终模型，例如过两个存在点建立一条线，或过三个存在点建立一个圆，若移动其中的一个点，已建立的线或圆不会改变。

2．参数化建模

为了进一步编辑一个参数化模型，应将定义模型的参数值随模型一起存储，且参数可以彼此引用，以建立模型各个特征间的关系。例如一个孔的直径或深度，或一个矩形凸垫的长度、宽度和高度。设计者的意图可以是孔的深度总是等于凸垫的高度。将这些参数链接在一起可以获得设计者需要的结果，这是显式建模很难完成的。

3．基于约束的建模

在基于约束的建模中，模型的几何体是从作用到定义模型几何体的一组设计规则，这组规则称之为约束，用于驱动或求解。这些约束可以是尺寸约束（如草图尺寸或定位尺寸）或几何约束（如平行或相切）。

4．复合建模

复合建模是上述三种建模技术的发展与选择性组合。UG NX 复合建模支持传统的显式几何建模、基于约束的建模和参数化特征建模，将所有工具无缝地集成在单一的建模环境内，设计者在建模技术上有更多的灵活性。复合建模也包括新的直接建模技术，允许设计者在非参数化的实体模型表面上施加约束。

对于每一个基本体素特征、草图特征、设计特征和细节特征，在 UG NX 中都提供了相关的特征参数编辑，可以随时通过更改相关参数来更新模型形状。这种通过尺寸进行驱动的方式为建模及更改带来了很大的便利，这将在后续的章节中结合具体的例子加以介绍。

本节还将简要介绍"特征添加"建模的方法，这种方法的使用十分普遍，UG NX 也将它运用到了软件中。一般来说，"特征"是构成一个零件或者装配件的单元，虽然从几何形状上看，它也包含作为一般三维模型的点、线、面或者实体单元，但更重要的是，它具有工程制造意义，也就是说基于特征的三维模型具有常规几何模型所没有的附加的工程制造等信息。

用"特征添加"的方法创建三维模型的优点如下：

- 表达更符合工程技术人员的习惯，并且三维模型的创建过程与其加工过程十分相近，软件容易上手和深入。
- 添加特征时，可附加三维模型的工程制造等信息。
- 在模型的创建阶段，特征结合于零件模型中，并且采用来自数据库的参数化通用特征来定义几何形状，这样在设计进行阶段就可以很容易地做出一个更为丰富的产品工艺，并且能够有效地支持下游活动的自动化，如模具和刀具等的准备以及加工成本的早期评估等。

3.1 零件模型文件的操作

3.1.1 新建一个零件模型文件

新建一个部件文件，可以采用以下步骤。

Step1. 选择下拉菜单 文件(F) ➡ 新建(N)... 命令（或单击"新建"按钮 ）。

Step2. 系统弹出图 3.1.1 所示的建立"新建"对话框；在 模板 选项栏中，选取模板类型为 模型 ，在 名称 文本框中输入文件名称（如 aaa），单击文本框后的"打开"按钮 ，设置文件存放路径（或者在 文件夹 文本框中输入文件保存路径，或单击文本框后的"打开"按钮 设置文件保存路径）。

Step3. 单击 确定 按钮，完成新部件的创建。

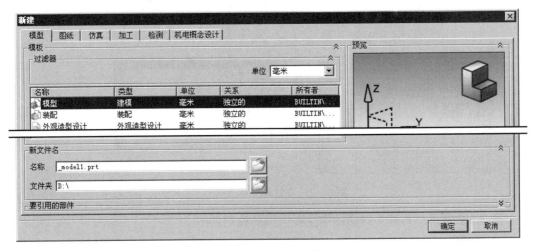

图 3.1.1 "新建"对话框

注意：UG NX 8.0 不支持含中文字符的目录，即在保存和打开文件时文件的路径不能含有任何中文字符。

3.1.2　打开一个零件模型文件

打开一个部件文件，一般采用以下步骤。

Step1. 选择下拉菜单 文件(F) ➡ 打开(O)... 命令，（或单击"打开" 按钮 ）。系统弹出图 3.1.2 所示的"打开"对话框。

Step2. 在对话框的 查找范围(I): 下拉列表中，选择需打开文件所在的目录（如 D:\ug8\work\ch03.02），在 文件名(N): 文本框中输入部件名称（如 pagoda），文件类型(T): 下拉列表中保持系统默认选项。

Step3. 单击 OK 按钮，即可打开部件文件。

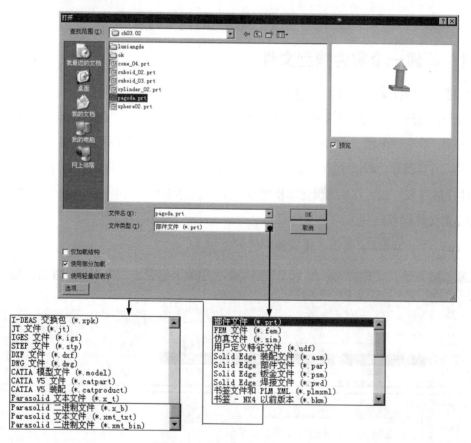

图 3.1.2　"打开"对话框

图 3.1.2 所示"打开"对话框中主要选项的说明如下。

● ☑预览 复选框：选中该复选项，将显示选择部件文件的预览图像。利用此功能观看部件文件而不必在 UG NX 8.0 软件中一一打开，这样可以很快地找到所需要的部件文件。"预览"功能仅对存储在 UG NX 8.0 中的部件，在 Windows 平台上有效。如果不想预览，取消选中该复选框即可。

- 文件名(N): 文本框：显示选择的部件文件，也可以输入一部件文件的路径名，路径名长度最多为 256 个字符。
- 文件类型(T): 下拉列表：用于选择文件的类型。选择了某类型后，在 "打开部件文件" 对话框的列表框中仅显示该类型的文件，系统也自动地用显示在此区域中的扩展名存储部件文件。
- □ 不加载组件 复选框：仅加载选择的组件，不加载未选的组件。
- 选项... : 单击此按钮，系统弹出 "装配加载选项" 对话框，利用该对话框可以对加载方式、加载组件和搜索路径等进行设置。

3.1.3　打开多个零件模型文件

在同一进程中，UG NX 8.0 允许同时创建和打开多个部件文件，可以在几个文件中不断切换并进行操作，很方便地同时创建彼此有关系的零件。选择下拉菜单 窗口(O) ➡️ 2. body_ok.prt 命令（或其他选项），每次选中不同的文件即可互相切换，窗口(O) 下拉菜单如果打开的文件超过 10 个，选择下拉菜单 窗口(O) ➡️ 更多(M)... 命令，则弹出 "更改窗口" 对话框，可以在该对话框中选择所需的部件。

3.1.4　零件模型文件的保存

1．保存

在 UG NX 8.0 中，选择下拉菜单 文件(F) ➡️ ■ 保存(S) 命令，即可保存文件。

2．另存为

选择下拉菜单 文件(F) ➡️ 另存为(A)... 命令，系统弹出 "另存为" 对话框，可以利用不同的文件名存储一个已有的部件文件作为备份。

3.1.5　关闭部件

选择下拉菜单 文件(F) ➡️ 关闭(C) ▶ ➡️ 选定的部件(P)... 命令，弹出图 3.1.3 所示的 "关闭部件" 对话框，通过此对话框可以关闭选择的一个或多个打开的部件文件，也可以通过单击 关闭所有打开的部件 按钮，关闭系统当前打开的所有部件，此方式关闭部件文件时不存储部件，它仅从工作站的内存中清除部件文件。

注意：

- 选择下拉菜单 文件(F) ➡️ 关闭(C) ▶ 命令后，系统弹出图 3.1.4 所示的 "关闭" 子菜单。

● 对于旧的 UG NX 8.0 版本中保存的部件，在新版本中加载时，系统将其作为已修改的部件来处理，因为在加载过程中进行了基本的转换，而这个转换是自动的。这意味着当从先前的版本中加载部件且未曾保存该部件，在关闭该文件时将得到一条信息，指出该部件已修改，即使根本就没有修改过文件也是如此。

图 3.1.4 所示"关闭"子菜单中相关命令的说明如下。

A1：关闭当前所有的部件。

A2：以当前名称和位置保存并关闭当前显示的部件。

A3：以不同的名称和（或）不同的位置保存当前显示的部件。

A4：以当前名称和位置保存并关闭所有打开的部件。

A5：保存所有修改过的已打开部件（不包括部分加载的部件），然后退出 UG NX 8.0。

图 3.1.3 "关闭部件"对话框

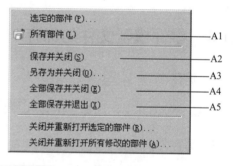

图 3.1.4 "关闭"子菜单

3.2 体 素 建 模

3.2.1 创建基本体素

特征是组成零件的基本单元。一般而言，长方体、圆柱体、圆锥体和球体四个基本体素特征常常作为零件模型的第一个特征（基础特征）使用，然后在基础特征之上通过添加新的特征，以得到所需的模型，因此体素特征对零件的设计而言是最基本的特征。下面分别介绍以上四种基本体素特征的创建方法。

1．创建长方体

进入建模环境后，选择下拉菜单 插入(S) ➡ 设计特征(E)▶ ➡ 长方体(K) 命令（或单击工具条中的 按钮），系统弹出图 3.2.1 所示的"长方体"对话框，在该对话框的 类型 选项组中可以选择三种创建长方体的方法。

注意：如果下拉菜单 插入(S) ➡ 设计特征(E)▶ 中没有 长方体(K)... 命令，则需要定制，具体定制过程请参见"UG NX8.0 用户界面"的相关内容。在后面的章节中如有类似情况，将不再做具体说明。

方法一："原点，边长度"方法。

下面以图 3.2.2 所示的长方体为例，来说明使用"原点，边长度"方法创建长方体的一般过程。

Step1．新建一个三维零件文件，文件名为 cuboid_01。

Step2．选择命令。选择下拉菜单 插入(S) ➡ 设计特征(E)▶ ➡ 长方体(K)... 命令，系统弹出图 3.2.1 所示的"长方体"对话框。

Step3．选择创建长方体的方法。在 类型 选项组中选择 原点和边长 选项（图 3.2.1）。

Step4．定义长方体的原点（即长方体的一个顶点）。选择坐标原点为长方体顶点（系统默认选择坐标原点为长方体顶点）。

Step5．定义长方体的参数。在 长度(XC) 文本框中输入数值 140，在 宽度(YC) 文本框中输入数值 90，在 高度(ZC) 文本框中输入数值 16。

Step6．单击 确定 按钮，完成长方体的创建。

说明：长方体创建完成后，如果要对其进行修改，可直接双击该长方体，然后根据系统信息提示编辑其参数。

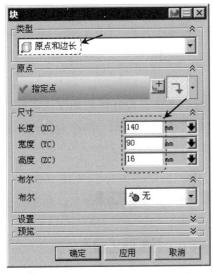

图 3.2.1　"长方体"对话框（一）

图 3.2.2　长方体特征 1

方法二："两个点，高度"方法。

"两个点，高度"方法要求指定长方体在 Z 轴方向上的高度和其底面两个对角点的位置，以此创建长方体。下面以图 3.2.3 所示的长方体为例，来说明使用"两个点，高度"方法创建长方体的一般过程。

Step1. 打开文件 D:\ug8\work\ch03.02\cuboid_02。

Step2. 选择命令。选择下拉菜单 插入(S) ➡ 设计特征(E)▶ ➡ 长方体(K)...命令，系统弹出"长方体"对话框。

Step3. 选择创建长方体的方法。在 类型 选项组中选择 两点和高度 选项，此时"长方体"对话框如图 3.2.4 所示。

Step4. 定义长方体的底面对角点。在图形区中单击图 3.2.5 所示的两个点作为长方体的底面对角点。

Step5. 定义长方体的高度。在 高度(ZC) 文本框中输入数值 100。

Step6. 单击 确定 按钮，完成长方体的创建。

图 3.2.3　长方体特征 2

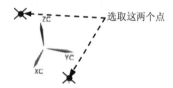

图 3.2.5　选取两个点作为底面对角点

图 3.2.4　"长方体"对话框（二）

方法三："两个对角点"方法。

该方法要求设置长方体两个对角点的位置，而不用设置长方体的高度，系统即可从对角点创建长方体。下面以图 3.2.6 所示的长方体为例，来说明使用"两个对角点"方法创建长方体的一般过程。

Step1. 打开文件 D:\ug8\work\ch03.02\cuboid_03。

Step2. 选择下拉菜单 插入(S) ➡ 设计特征(E)▶ ➡ 长方体(K)...命令，系统弹出"长方体"对话框。

Step3. 选择创建长方体的方法。在 类型 选项组中选择 两个对角点 选项。

Step4. 定义长方体的对角点。在图形区中单击图 3.2.7 所示的两个点作为长方体的对角点。

Step5. 单击 确定 按钮，完成长方体的创建。

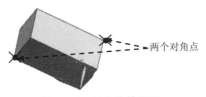

图 3.2.6 长方体特征 3

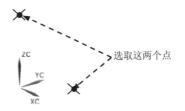

图 3.2.7 选取两个点作为对角点

2. 创建圆柱体

创建圆柱体有"直径，高度"和"高度，圆弧"两种方法，下面将分别介绍。

方法一："直径，高度"方法。

"直径，高度"方法要求确定一个矢量方向作为圆柱体的轴线方向，再设置圆柱体的直径和高度参数，以及设置圆柱体底面中心的位置。下面以图 3.2.8 所示的零件基础特征（圆柱体）为例来说明使用"直径，高度"方法创建圆柱体的一般操作过程。

Step1. 新建一个三维零件文件，文件名为 cylinder_01。

Step2. 选择命令。选择下拉菜单 插入(S) ➡ 设计特征(E)▶ ➡ 圆柱体(C)... 命令（或单击 按钮），系统弹出图 3.2.9 所示的"圆柱"对话框。

Step3. 选择创建圆柱体的方法。在 类型 下拉菜单中选取圆柱的创建类型为 轴、直径和高度 。

图 3.2.9 "圆柱"对话框

图 3.2.8 圆柱体 1

图 3.2.10 "矢量"对话框（一）

Step4. 定义圆柱体轴线方向。单击"矢量构造器" 按钮，系统弹出"矢量"对话框

（图 3.2.10）。单击 **ZC 轴** 选项，单击 **确定** 按钮，"矢量"对话框如图 3.2.10 所示。

Step5. 定义圆柱体参数。在"圆柱"对话框中的 **直径** 文本框中输入数值 100，在 **高度** 文本框中输入数值 100。

Step6. 单击 **确定** 按钮，完成圆柱体的创建。

方法二："高度，圆弧"方法。

"高度，圆弧"方法就是通过设置高度和所选取的圆弧来创建圆柱体。下面以图 3.2.11 所示的零件基础特征（圆柱体）为例来说明使用"高度，圆弧"方法创建圆柱体的一般操作过程。

Step1. 打开文件 D:\ug8\work\ch03.02\cylinder_02。

Step2. 选择命令。选择下拉菜单 **插入(S)** ➡ **设计特征(E)▶** ➡ **圆柱体(C)...** 命令（或单击 **圆柱体** 按钮），系统弹出"圆柱"对话框。

Step3. 选择创建圆柱体的方法。在 **类型** 下拉菜单中选取圆柱的创建类型为 **圆弧和高度** 。

Step4. 定义圆柱的截面圆弧。选取如图 3.2.12 所示的圆弧为圆柱截面。

Step5. 定义圆柱体参数。在"圆柱"对话框中的 **高度** 文本框输入数值 100。

Step6. 单击 **确定** 按钮，完成圆柱体 2 的创建。

图 3.2.11   圆柱体 2

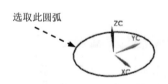

图 3.2.12   定义圆弧

3．创建圆锥体

圆锥体的创建方法有五种，下面一一介绍。

方法一："直径，高度"方法。

"直径，高度"方法就是通过设置圆锥体的底部直径、顶部直径、高度以及圆锥轴线方向来创建圆锥体。下面以图 3.2.13 所示的圆锥体为例，来说明使用"直径，高度"方法创建圆锥体的一般操作过程。

图 3.2.13   圆锥体 1

Step1. 新建一个三维零件文件，文件名为 cone_01。

Step2. 选择命令。选择下拉菜单 插入(S) ➡ 设计特征(E)▶ ➡ ⚠ 圆锥(O)... 命令，系统弹出图 3.2.14 所示的"圆锥"对话框（一）。

Step3. 选择创建圆锥体的方法。在 类型 下拉列表中选择 ▲ 直径和高度 选项。

Step4. 定义圆锥体轴线方向。在该对话框中单击 ↥ 按钮，系统弹出图 3.2.15 所示的"矢量"对话框，在"矢量"对话框的 类型 下拉列表中选择 ZC 轴 选项。

Step5. 定义圆锥体底面原点（圆心）。接受系统默认的原点（0，0，0）为底圆原点。

Step6. 定义圆锥体参数。在 底部直径 文本框中输入数值 50，在 顶部直径 文本框中输入数值 0，在 高度 文本框中输入数值 25。单击 确定 按钮。

图 3.2.14 "圆锥"对话框（一）

图 3.2.15 "矢量"对话框（二）

方法二："直径，半角"方法。

"直径，半角"方法就是通过设置底部直径、顶部直径、半角以及圆锥轴线方向来创建圆锥体。下面以图 3.2.16 所示的圆锥体为例，来说明使用"直径，半角"方法创建圆锥体的一般操作过程。

图 3.2.16 圆锥体 2

Step1. 新建一个三维零件文件，文件名为 cone_02。

Step2. 选择命令。选择下拉菜单 插入(S) ➡ 设计特征(E) ➡ ⚠ 圆锥(O)... 命令，系统弹出"圆锥"对话框（一）。

Step3. 选择创建圆锥体的方法。在 类型 下拉列表中选择 ⚠ 直径和半角 选项，此时"圆锥"对话框（二），如图 3.2.17 所示。

Step4. 定义圆锥体轴线方向。在该对话框中单击 按钮，系统弹出"矢量"对话框，在"矢量"对话框的 类型 下拉列表中选择 ZC 轴 选项。

Step5. 定义圆锥体底面原点（圆心）。选择系统默认的坐标原点（0，0，0）为底面原点。

Step6. 定义圆锥体参数。在 底部直径 文本框输入数值 50.0，在 顶部直径 文本框输入数值 0.0，在 半角 文本框输入数值为 30.0，单击 确定 按钮，完成圆锥体特征的创建。

图 3.2.17 "圆锥"对话框（二）

方法三："底部直径，高度，半角"方法。

"底部直径，高度，半角"方法是通过设置底部直径、高度和半角参数以及圆锥轴线方向来创建圆锥体。下面以图 3.2.18 所示的圆锥体为例，来说明使用"底部直径，高度，半角"方法创建圆锥体的一般操作过程。

Step1. 新建一个三维零件文件，文件名为 cone_03。

Step2. 选择命令。选择下拉菜单 插入(S) ➡ 设计特征(E) ➡ ⚠ 圆锥(O)... 命令，系统弹出"圆锥"对话框。

Step3. 选择创建圆锥体的方法。在 类型 下拉列表中选择 ⚠ 底部直径，高度和半角 选项，此时"圆锥"对话框（三）如图 3.2.19 所示。

Step4. 定义圆锥体轴线方向。在该对话框中单击 按钮，系统弹出"矢量"对话框，在"矢量"对话框的 类型 下拉列表中选择 ZC 轴 选项。

Step5. 定义圆锥体底面原点（圆心）。选择系统默认的坐标原点（0，0，0）为底面原点。

Step6. 定义圆锥体参数。在 底部直径 、 高度 、 半角 文本框中分别输入数值 100.0、86.6、30.0。单击 确定 按钮，完成圆锥体特征的创建。

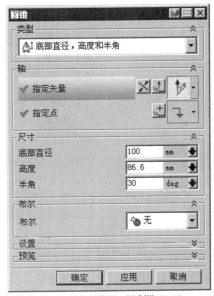

图 3.2.18　圆锥体 3　　　　　　图 3.2.19　　"圆锥"对话框（三）

方法四："顶部直径，高度，半角"方法。

"顶部直径，高度，半角"方法是通过设置顶部直径、高度和半角参数以及圆锥轴线方向来创建圆锥体的。其操作和"底部直径，高度，半角"方法基本一致，可参照其创建的步骤，在此不再赘述。

方法五："两个共轴的圆弧"方法。

"两个共轴的圆弧"方法是通过选取两个圆弧对象来创建圆锥体。下面以图 3.2.20 所示的圆锥体为例，来说明使用"两个共轴的圆弧"方法创建圆锥体的一般操作过程。

Step1. 打开文件 D:\ug8\work\ch03.02\cone_04。

Step2. 选择命令。选择下拉菜单 插入(S) ➡ 设计特征(E)▶ ➡ 圆锥(O)... 命令（或单击 按钮），系统弹出"圆锥"对话框。

Step3. 选择创建圆锥体的方法。在 类型 下拉列表中选择 两个共轴的圆弧 选项，此时"圆锥"对话框（四）如图 3.2.21 所示。

Step4. 选取图 3.2.22 所示的两条弧，完成圆锥体特征的创建。

注意：创建圆锥特征中的"两个共轴的圆弧"方法，所选的这两个弧（或圆）必须共轴。两个弧（圆）的直径不能相等，否则创建出错。

4．创建球体

球体特征的创建可以通过"直径，圆心"和"选择圆弧"这两种方法，下面分别介绍。

方法一："直径，圆心"方法。

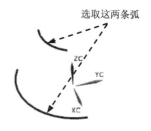

图 3.2.20　圆锥体 4 　　　图 3.2.21　"圆锥"对话框（四）　　　图 3.2.22　选取圆弧

　　"直径，圆心"方法就是通过设置球体的直径和球体圆心点位置的方法来创建球特征。下面以图 3.2.23 所示的零件基础特征——球体为例，来说明使用"直径，圆心"方法创建球体的一般操作过程。

　　Step1．新建一个三维零件文件，文件名为 sphere_01。

　　Step2．选择命令。选择下拉菜单 插入(S) ➡ 设计特征(E)▶ ➡ 球(S)… 命令，系统弹出图 3.2.24 所示的"球"对话框。

　　Step3．选择创建球体的方法。在 类型 下拉列表中选择 中心点和直径 选项。

图 3.2.23　球体 1 　　　图 3.2.24　"球"对话框（一）　　　图 3.2.25　"点"对话框

Step4. 定义球中心点位置。在该对话框中单击 按钮，系统弹出图 3.2.25 所示的"点"对话框，接受系统默认的坐标原点（0，0，0）为球心。

Step5. 定义球体直径。在 直径 文本框输入数值 100.0。单击 确定 按钮，完成球体特征的创建。

方法二："选择圆弧"方法。

"选择圆弧"方法就是通过选取的圆弧来创建球体特征，选取的圆弧可以是一段弧也可以是圆。下面以图 3.2.26 所示的零件基础特征——球体为例，来说明使用"选择圆弧"方法创建球体的一般操作过程。

Step1. 打开文件 D:\ug8\work\ch03.02\sphere_02。

Step2. 选择命令。选择下拉菜单 插入(S) ➡ 设计特征(E)▶ ➡ ⬤ 球(S)... 命令，弹出"球"对话框（图 3.2.27）。

Step3. 选择创建球体的方法。在 类型 下拉列表中选择 ⬤ 圆弧 选项，此时"球"对话框，如图 3.2.27 所示。

Step4. 根据系统 选择圆弧 的提示，在图形区选取图 3.2.28 所示的圆弧，完成球特征的创建。

图 3.2.26　球体 2

图 3.2.27　"球"对话框（二）

图 3.2.28　选取圆弧

3.2.2　在基础体素上添加其他体素

本节以图 3.2.29 所示的实体模型的创建过程为例，来说明在基本体素特征上添加其他特征的一般过程。

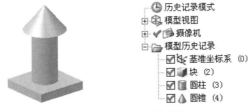

图 3.2.29　模型及模型树

Step1. 新建一个三维零件文件，文件名为 pagoda。

Step2. 创建图 3.2.30 所示的基本长方体特征。

（1）选择命令。选择下拉菜单 插入(S) ➡️ 设计特征(E)▶ ➡️ 长方体(K)... 命令，系统弹出图 3.2.31 所示的"块"对话框。

（2）选择创建长方体的方法。在 类型 下拉列表中选择 原点和边长 选项。

（3）定义长方体参数。在 长度(XC) 文本框中输入数值 60，在 宽度(YC) 文本框中输入数值 60，在 高度(ZC) 文本框中输入数值 10。

（4）单击 确定 按钮，完成长方体的创建。

Step3. 添加图 3.2.32 所示的圆柱体特征。

图 3.2.30　长方体特征

图 3.2.32　添加圆柱体特征

图 3.2.31　"块"对话框

（1）选择命令。选择下拉菜单 插入(S) ➡️ 设计特征(E)▶ ➡️ 圆柱体(C)... 命令，弹出"圆柱"对话框。

（2）选择创建圆柱体的方法。在 类型 下拉菜单中选取圆柱的创建类型为 轴、直径和高度 。

（3）定义圆柱体轴线方向。单击"矢量对话框"按钮 ，系统弹出"矢量"对话框。在 类型 下拉列表中选择 ZC 轴 选项，单击 确定 按钮，系统返回到"圆柱"对话框。

（4）定义圆柱底面圆心位置。在"圆柱"对话框中单击"点对话框"按钮 ，弹出"点"对话框。在该对话框中设置圆心的坐标，在 XC 文本框中输入数值 30，在 YC 文本框中输入数值 30，在 ZC 文本框中输入数值 0。单击 确定 按钮，系统返回到"圆柱"对话框。

（5）定义圆柱体参数。在 直径 文本框中输入数值 30，在 高度 文本框中输入值 70。

（6）对圆柱体和长方体特征进行布尔运算。在 布尔 下拉列表中选择 求和 选项，采用系统默认的求和对象。单击 确定 按钮，完成圆柱体的创建。

Step4. 添加图 3.2.33 所示的圆锥体特征。

（1）选择下拉菜单 插入(S) ➡ 设计特征(E)▶ ➡ ⚠ 圆锥(O)... 命令，弹出图 3.2.34 所示的"圆锥"对话框。

（2）选择创建圆锥体的方法。在 类型 下拉列表中选择 ⬆ 直径和高度 选项。

（3）定义圆锥体轴线方向。在该对话框中单击 ⬆ 按钮，系统弹出"矢量"对话框，在"矢量"对话框的 类型 下拉列表中选择 ZC 轴 选项。"矢量"对话框如图 3.2.35 所示。

图 3.2.33　添加圆锥体特征　　　　图 3.2.34　"圆锥"对话框　　　　图 3.2.35　"矢量"对话框

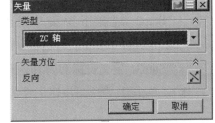

（4）定义圆锥体底面圆心位置。在"圆锥"对话框中单击"点"按钮 ⬆，弹出"点"对话框。在该对话框中设置圆心的坐标，在 XC 文本框中输入数值 30，在 YC 文本框中输入数值 30，在 ZC 文本框中输入数值 70。单击 确定 按钮，系统返回到"圆锥"对话框。

（5）定义圆锥体参数。在 底部直径 文本框中输入数值 50，在 顶部直径 文本框中输入数值 0，在 高度 文本框中输入数值 30。

（6）对圆锥体和前面已求和的实体进行布尔运算。在 布尔 下拉列表中选择 ⬆ 求和 选项，采用系统默认的求和对象。单击 确定 按钮，完成圆锥体的创建。

3.3　布尔操作功能

布尔操作可以对两个或两个以上已经存在的实体进行求和、求差及求交运算。注意：编辑拉伸、旋转、变化的扫掠特征时，用户可以直接进行布尔运算操作。它可以将原先存在的多个独立的实体进行运算，以产生新的实体。进行布尔运算时，首先选择目标体（即被执行布尔运算的实体，只能选择一个），然后选择工具体（即在目标体上执行操作的实体，可以选择多个），运算完成后工具体成为目标体的一部分，而且如果目标体和工具体具有不同的图层、颜色、线型等特性，产生的新实体具有与目标体相同的特性。如果部件文件中已存有实体，当建立新特征时，新特征可以作为工具体，已存在的实体作为目标体。布尔操作主要包括以下三部分内容：

- 布尔求和操作。
- 布尔求差操作。
- 布尔求交操作。

3.3.1 布尔求和操作

布尔求和操作用于将工具体和目标体合并成一体。下面以图 3.3.1 所示的模型为例，来介绍布尔求和操作的一般过程。

Step1. 打开文件 D:\ug8\work\ch03.03.01\unite.prt。

Step2. 选择下拉菜单 插入(S) ➡ 组合体(B) ➡ 求和(U)... 命令，系统弹出图 3.3.2 所示的"求和"对话框。

Step3. 定义目标和刀具。在图 3.3.1a 中，依次选择目标体（长方体）和工具体（圆柱体），单击 〈 确定 〉 按钮，完成该布尔操作，结果如图 3.3.1b 所示。

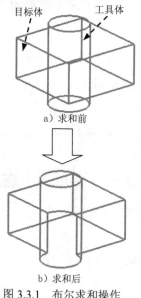

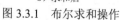

图 3.3.1　布尔求和操作

图 3.3.2　"求和"对话框

注意：布尔求和操作要求工具和刀具必须在空间上接触才能进行运算，否则将提示出错。

图 3.3.2 所示的"求和"对话框中各复选框的功能说明如下。

- ☑ 保持工具 复选框：为求和操作保存工具体。如果需要在一个未修改的状态下保存所选工具体的副本时，选中该复选框。在编辑"求和"特征时，取消选中该复选框。

- ☐ 保持目标 复选框：为求和操作保存目标体。如果需要在一个未修改的状态下保存所选目标体的副本时，选中该复选框。

3.3.2 布尔求差操作

布尔求差操作用于将工具体从目标体中移除。下面以图 3.3.3 所示的模型为例，来介绍布尔求差操作的一般过程。

Step1. 打开文件 D:\ug8\work\ch03.03.02\subtract.prt。

Step2. 选择下拉菜单 插入(S) ➡ 组合体(B) ➡ 求差(S)... 命令，系统弹出图 3.3.4 所示的"求差"对话框。

Step3. 定义目标体和工具体。依次选取图 3.3.3a 所示的目标体和工具体，单击 <确定> 按钮，完成该布尔操作。

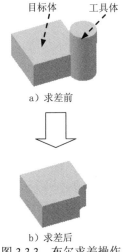

图 3.3.3 布尔求差操作

图 3.3.4 "求差"对话框

3.3.3 布尔求交操作

布尔求交操作用于创建包含两个不同实体的共有部分。进行布尔求交运算时，工具体与目标体必须相交。下面以图 3.3.5 所示的模型为例，来介绍布尔求交操作的一般过程。

Step1. 打开文件 D:\ug8\work\ch03.03.03\intersection.prt。

Step2. 选择下拉菜单 插入(S) ➡ 组合体(B) ➡ 求交(I)... 命令，系统弹出图 3.3.6 所示的"求交"对话框。

　　Step3. 定义目标体和工具体。依次选取如图 3.3.5a 所示的实体作为目标体和工具体，单击 < 确定 > 按钮，完成该布尔操作。

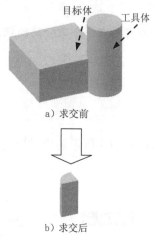

a）求交前

b）求交后

图 3.3.5　布尔求交操作

图 3.3.6　"求交"对话框

3.3.4　布尔出错消息

　　如果布尔运算的使用不正确，可能出现错误，其出错信息如下。

- 在进行实体的求差和求交运算时，所选工具体必须与目标体相交，否则系统会发布警告信息："工具体完全在目标体外"。
- 如果刀具横断目标体，将目标体一分为二，则系统会发布警告信息："操作使产生的实体非参数化"。
- 在进行操作时，如果没有使用复制目标，且没有创建一个或多个特征，则系统会发布警告信息："仅为选定的（数量）刀具创建了（数量）特征"。
- 在进行操作时，如果使用复制目标，且没有创建一个或多个特征，则系统会发布警告信息："不能创建任何特征"。
- 在进行操作时，如果不能创建任何特征，则系统会发布警告信息："不能创建任何特征"。
- 如果在执行一个片体与另一个片体求差操作时，则系统会发布警告信息："非歧义实体"。
- 如果在执行一个片体与另一个片体求交操作时，则系统会发布警告信息："无法执行布尔运算"。

　　注意：如果创建的是第一个特征，此时不会存在布尔运算，"布尔操作"的列表框为灰色。从创建第二个特征开始，以后加入的特征都可以选择"布尔操作"，而且对于一个独立的部件，每一个添加的特征都需要选择"布尔操作"，系统默认选中"创建"类型。

3.4 拉 伸 特 征

3.4.1 概述

拉伸特征是将截面沿着某一特定方向拉伸而成的特征，它是最常用的零件建模方法。下面以一个简单实体三维模型（图 3.4.1）为例，说明拉伸特征的基本概念及其创建方法，同时介绍用 UG 软件创建零件三维模型的一般过程。

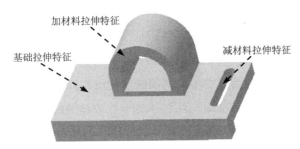

图 3.4.1 实体三维模型

3.4.2 创建基础拉伸特征

下面以创建图 3.4.2 所示的拉伸特征为例，说明创建拉伸特征的一般步骤。创建前请先新建一个模型文件命名为 base_block。

图 3.4.2 拉伸特征

1．选取拉伸特征命令

选取特征命令一般有如下两种方法。

方法一：从下拉菜单中获取特征命令。选择下拉菜单 插入(S) ➡ 设计特征(E)▸ ➡
拉伸(E)...命令。

方法二：从工具栏中获取特征命令。直接单击"成形特征"工具栏中的 按钮。

2．定义拉伸特征的截面草图

定义拉伸特征截面草图的方法有两种：选择已有草图作为截面草图；创建新草图作为截面草图。本例中，介绍定义拉伸特征截面草图的第二种方法，具体定义过程如下。

Step1. 选取新建拉伸命令。选择特征命令后，系统弹出图 3.4.3 所示的"拉伸"对话框，在该对话框中单击 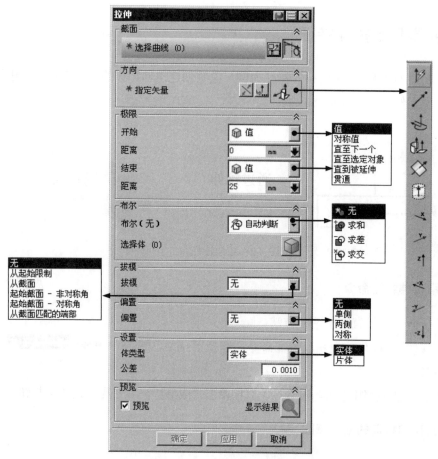 按钮，创建新草图。

Step2. 定义草图平面。

对草图平面的概念和有关选项介绍如下。

- 草图平面是特征截面或轨迹的绘制平面。
- 选择的草图平面可以是 XC-YC 平面、YC-ZC 平面和 ZC-XC 平面中的一个，也可以是模型的某个表面。

完成上步操作后，采用默认的平面（XC-YC 平面）作为草图平面，单击 确定 按钮，进入草图环境。

图 3.4.3 所示的"拉伸"对话框中相关选项的功能说明如下。

- （曲线）：选择已有的草图或几何体边缘作为拉伸特征的截面。
- （草图截面）：创建一个新草图作为拉伸特征的截面。完成草图并退出草图环境后，系统自动选择该草图作为拉伸特征的截面。

图 3.4.3   "拉伸"对话框

- 　体类型下拉列表：用于指定拉伸生成的是片体（即曲面）特征还是实体特征。
- 　布尔下拉列表：如果拉伸之前图形区已经创建了其他实体，则可以在进行拉伸的同时，与这些实体进行布尔操作包括创建、求和、求差和求交。

Step3. 绘制截面草图。

基础拉伸特征的截面草图图形是图 3.4.4 所示的阴影（着色）部分的边界。绘制特征截面草图图形的一般步骤如下。

（1）设置草图环境，调整草图区。

① 进入草图环境后，若图形被移动至不方便绘制的方位，应单击"草图生成器"工具栏中的"定向视图到草图"按钮，调整到正视于草图的方位（即使草图基准面与屏幕平行）。

② 除可以移动和缩放草图区外，如果用户想在三维空间绘制草图或希望看到模型截面图在三维空间的方位，可以旋转草图区，方法是按住中键并移动鼠标，此时可看到图形跟着鼠标旋转。

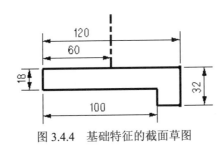

图 3.4.4　基础特征的截面草图

（2）创建截面草图。下面将介绍创建截面草图的一般流程，在以后的章节中，创建截面草图时，可参照这里的内容。

① 绘制截面几何图形的大体轮廓。

注意：绘制草图时，开始没有必要很精确地绘制截面的几何形状、位置和尺寸，只要大概的形状与图 3.4.5 相似就可以。

② 建立几何约束。建立图 3.4.6 所示的水平、竖直、相等和共线约束。

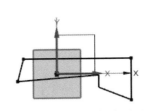

图 3.4.5　草图截面的初步图形

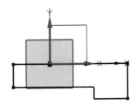

图 3.4.6　建立几何约束

③ 建立尺寸约束。单击"草图约束"工具栏中的"自动判断的尺寸"按钮，标注图 3.4.7 所示的五个尺寸，建立尺寸约束。

④ 修改尺寸。将尺寸修改为设计要求的尺寸，如图 3.4.8 所示。其操作提示与注意事项如下：

- 　尺寸的修改应安排在建立完约束以后进行。

- 注意修改尺寸的顺序，先修改对截面外观影响不大的尺寸。

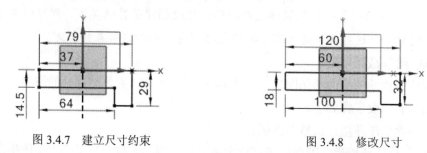

图 3.4.7　建立尺寸约束　　　　　　　　　　图 3.4.8　修改尺寸

Step4. 完成草图绘制后，选择下拉菜单 [任务(K)] ➡ [完成草图(K)] 命令（或单击工具栏中的 [完成草图] 按钮）退出草图环境。

3．定义拉伸类型

退出草图环境后，图形区出现拉伸的预览，在对话框中不进行选项操作，创建系统默认的实体类型。

说明：

- 利用"拉伸"对话框可以创建实体和薄壁两种类型的特征，下面分别介绍。
  - ☑ 实体类型：创建实体类型时，实体特征的草图截面完全由材料填充，如图 3.4.9 所示。
  - ☑ 薄壁类型：在"拉伸"对话框 [偏置] 下拉列表中，通过设置起始值与结束值可以创建拉伸薄壁类型特征（图 3.4.10），起始值与结束值之差的绝对值为薄壁的厚度。

图 3.4.9　实体类型　　　　　　　　　　　　图 3.4.10　薄壁类型

4．定义拉伸深度属性

Step1. 定义拉伸方向。拉伸方向采用系统默认的矢量方向（图 3.4.11）。

说明："拉伸"对话框中的 [⤴] 选项用于指定拉伸的方向，单击对话框中的 [⤴] 按钮，从系统弹出的下拉列表中选取相应的方式，即可指定拉伸的矢量方向，单击 [⤢] 按钮，系统就会自动使当前的拉伸方向反向。

Step2. 定义拉伸深度类型。在"拉伸"对话框的 [开始] 下拉列表中选择 [对称值] 选项。

Step3. 定义拉伸深度值。在 [距离] 文本框中输入数值 120（图 3.4.12）。

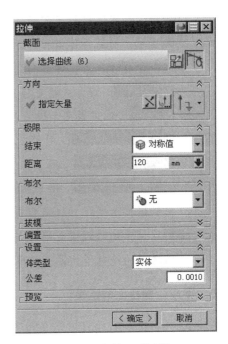

图 3.4.12 "拉伸"对话框

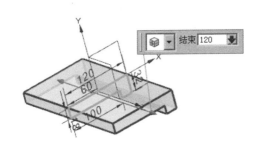

图 3.4.11 定义拉伸方向

说明

- 限制区域：包括六种拉伸控制方式。

    - ☑ 值：在起始/结束文本框输入具体的数值（可以为负值）来确定拉伸的高度，起始值与结束值之差的绝对值为拉伸的高度。

    - ☑ 对称值：特征将在截面所在平面的两侧进行拉伸，且两侧的拉伸深度值相等。

    - ☑ 直至下一个：特征拉伸至下一个障碍物的表面处终止。

    - ☑ 直至选定对象：特征拉伸到选定的实体、平面、辅助面或曲面为止。

    - ☑ 直至延伸部分：把特征拉伸到选定的曲面，但是选定面的大小不能与拉伸体完全相交，系统就会自动按照面的边界延伸面的大小，然后再切除生成拉伸体。

    - ☑ 贯通：延指定方向，使其完全贯通所有（图 3.4.13 显示了凸台特征的有效深度选项）。

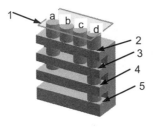

a.值
b.直至下一个
c.直至选定对象
d.贯穿

1.草图基准平面
2.下一个曲面（平面）
3、4、5.模型的其他曲面（平面）

图 3.4.13 拉伸深度选项示意图

- 布尔区域：如果图形区在拉伸之前已经创建了其他实体，则可以在进行拉伸的同时，与这些实体进行布尔操作，包括求和、求差和求交。

- **草图** 区域：对拉伸体沿拉伸方向进行拔模。角度大于 0 时，沿拉伸方向向内拔模；角度小于 0 时，沿拉伸方向向外拔模。

  - ☑ **从起始限值**：该方式将直接从设置的起始位置开始拔模。
  - ☑ **从截面**：该方式用于设置拉伸特征拔模的起始位置为拉伸截面处。
  - ☑ **从截面－不对称角**：用于在拉伸截面两侧进行不对称的拔模。
  - ☑ **起始截面－对称角**：用于在拉伸截面两侧进行对称的拔模。
  - ☑ **从截面匹配的终止处**：用于在拉伸截面两侧进行拔模，所输入的角度为"结束"侧的拔模角度，且起始面与结束面的大小相同。

- **偏置** 区域：通过设置起始值与结束值，可以创建拉伸薄壁类型特征，起始值与结束值之差的绝对值为薄壁的厚度。

5. 完成拉伸特征的定义

Step1. 特征的所有要素被定义完毕后，预览所创建的特征，以检查各要素的定义是否正确。

说明：预览时，可按住鼠标中键进行旋转查看，如果所创建的特征不符合设计意图，可选择对话框中的相关选项重新定义。

Step2. 预览完成后，单击"拉伸"对话框中的 **＜确定＞** 按钮，完成特征的创建。

3.4.3　添加其他特征

1. 添加加材料拉伸特征

在创建零件的基本特征后，可以增加其他特征。现在要添加图 3.4.14 所示的添加材料拉伸特征，操作步骤如下。

Step1. 打开文件 D:\ug8\work\ch03.04\base_block。

Step2. 选择下拉菜单 **插入(S)** ➡ **设计特征(E)▶** ➡ **⬚拉伸(E)...** 命令（或单击"成形特征"工具栏中的 ⬚ 按钮），系统弹"拉伸"对话框。

图 3.4.14　添加材料拉伸特征

Step3. 创建截面草图。

（1）选取草图基准面。在"拉伸"对话框中单击 ⬚ 按钮，然后选取图 3.4.15 所示的模型表面作为草图基准面，单击 确定 按钮，进入草图环境。

（2）绘制特征的截面草图。

① 绘制草图轮廓。绘制图 3.4.16 所示的截面草图的大体轮廓。

② 建立约束。建立图 3.4.16 所示的圆弧弧心在竖直轴线上的约束，并标注图 3.4.16 所示的尺寸。

③ 完成草图绘制后，单击"草图生成器"工具栏中的 完成草图 按钮，退出草图环境。

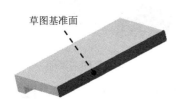

图 3.4.15　选取草图基准面

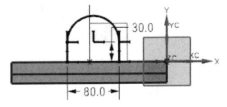

图 3.4.16　截面草图

Step4. 定义拉伸属性。

（1）定义拉伸深度方向。单击对话框中的 按钮，反转深度方向。

（2）定义拉伸深度类型。在"拉伸"对话框的 开始 下拉列表中选择 值 选项。

（3）定义拉伸深度值。设置 开始 的 距离 文本框中输入数值 0，在 终点 的 距离 文本框中输入数值 70，在 偏置 区域的下拉列表中选择 两侧 选项，在 开始 文本框输入数值-8，在 结束 文本框输入数值 8，其他采用系统默认设置值。在 布尔 区域中选择 求和 选项，采用系统默认的求和对象。

Step5. 单击"拉伸"对话框中的 确定 按钮，完成特征的创建。

注意：此处进行布尔操作是将基础拉伸特征与加材料拉伸特征合并为一体，如果不进行此操作，基础拉伸特征与加材料拉伸特征将是两个独立的实体。

2．添加减材料拉伸特征

减材料拉伸特征的创建方法与加材料拉伸基本一致，只不过加材料拉伸是增加实体，而减材料拉伸则是减去实体。现在要添加图 3.4.17 所示的减材料拉伸特征，具体操作步骤如下。

Step1. 选择命令。选择下拉菜单 插入(S) ➡ 设计特征(E)▶ ➡ 拉伸(E)... 命令（或单击"成形特征"工具栏中的 按钮），系统弹出"拉伸"窗口。

Step2. 创建截面草图。

（1）选取草图基准面。在"拉伸"对话框中单击 按钮，然后选取图 3.4.18 所示的模型表面作为草图基准面，单击 确定 按钮，进入草图环境。

（2）绘制特征的截面草图。

① 绘制草图轮廓。绘制图 3.4.19 所示的截面草图的大体轮廓。

② 建立尺寸约束。标注图 3.4.19 所示的四个尺寸。

③ 完成草图绘制后，选择下拉菜单  任务(K) ━━➤ ▓ 完成草图(K) 命令（或单击工具栏中的 ▓ 完成草图 按钮）退出草图环境。

Step3. 定义拉伸属性。

（1）定义拉伸深度方向。单击对话框中的 ╱ 按钮，反转深度方向。

减材料拉伸特征

图 3.4.17　添加减材料拉伸特征

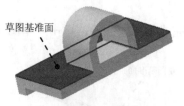

草图基准面

图 3.4.18　选取草图基准面

（2）定义拉伸深度类型和深度值。在"拉伸"对话框的 开始 下拉列表中选择 ⬛ 值 选项，并在其下的 距离 文本框中输入数值 0，在 终点 下拉列表中选择 贯通 选项。在 布尔 下拉列表中单击"求差" ▓ 求差 选项，进行求差操作。

注意： 此处进行布尔操作是将已有实体与减材料拉伸特征合并为一体，如果不进行此操作，已有实体与减材料拉伸特征将是两个独立的实体，系统也不会进行减材料操作。

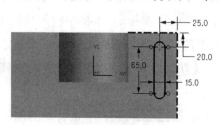

图 3.4.19　截面草图

Step4. 单击"拉伸"对话框中的 〈 确定 〉 按钮，完成特征的创建。

Step5. 选择下拉菜单 文件(F) ━━➤ 🖫 保存(S) 命令，保存模型文件。

3.5　UG NX 的部件导航器

部件导航器提供了在工作部件中特征父-子关系的可视化表示，允许在那些特征上执行各种编辑操作。

单击资源板中的 🖵 按钮，可以打开部件导航器。部件导航器是 UG NX 8.0 资源板中的一个部分，它可以用来组织、选择和控制数据的可见性，以及通过简单浏览来理解数据，也可以在其中更改现存的模型参数以得到所需的形状和定位表达，另外，"制图"和"建模"数据也包括在"部件导航器"中。

"部件导航器"被分隔成四个面板："名称"面板、"相关性"面板、"细节"面板以及"预览"面板。构造模型或图纸时，数据被填充到这些面板窗口中，使用这些面板导航部件，并执行各种操作。

3.5.1　部件导航器界面简介

"部件导航器名称面板"提供了最全面的部件视图。可以使用它的树状结构（简称"模型树"）查看和访问实体、实体特征和所依附的几何体、视图、图样、表达式、快速检查以及模型中的引用集。打开文件 D:\ug8\work\ch03.05\base_block.prt，模型如图 3.5.1 所示，在与之相应的模型树中，圆括号内的时间戳记跟在各特征名称的后面。在"部件导航器"内右击后弹出的菜单如图 3.5.2 所示。"部件导航器名称板"有两种模式："时间戳记次序"和"设计视图"模式。

（1）在"部件导航器"中右击，在弹出的快捷菜单中选择 ☑ 时间戳记次序 命令，可以在两种模式间进行切换，如图 3.5.3 所示。

（2）在"设计视图"模式下，工作部件中的所有特征在模型节点下显示，包括它们的特征和操作，先显示最近创建的特征（按相反的时间戳记次序）；在"时间戳记次序"模式下，工作部件中的所有特征都按它们创建的时间戳记显示为一个节点的线性列表，"时间戳记次序"模式不包括"设计视图"模式中可用的所有节点。

"部件导航器相依性面板"可以查看部件中特征几何体的父子关系，可以帮助修改计划对部件的潜在影响。单击 相依性 选项，可以打开和关闭"相依性"面板，选择其中一个特征，其界面如图 3.5.4 所示。

图 3.5.1　模型

图 3.5.3　在"部件导航器"内右击后弹出的菜单

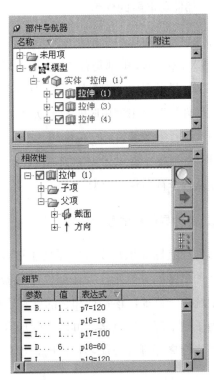

图 3.5.2　"部件导航器"界面

　　"部件导航器细节面板"显示属于当前所选特征的特征和定位参数。如果特征被表达式抑制，则特征抑制也将显示。单击细节选项，可以打开和关闭"细节"面板，选择其中一个特征，其界面如图3.5.5所示。

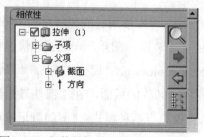 

图 3.5.4　部件导航器"相依性"面板　　　　　　图 3.5.5　部件导航器"细节"面板

　　"细节"面板有三列：参数、值和表达式△。在此仅显示单个特征的参数，可以直接在"细节"面板中编辑相应值：双击要编辑的值进入编辑模式，可以更改表达式的值，按Enter键结束编辑。可以通过右击，在弹出的快捷菜单中选择导出至浏览器或导出到电子表格命令，将"细节"面板的内容导出至浏览器或电子表格，并且可以按任意列排序。

　　"部件导航器预览面板"显示可用的预览对象的图像。单击预览选项，可以打开和关闭该面板。"预览面板"的性质与上述"部件导航器细节面板"类似，不再赘述。

3.5.2　部件导航器的作用与操作

1．部件导航器的作用

　　部件导航器可以用来抑制或释放特征和改变它们的参数或定位尺寸等，部件导航器在所有UG NX应用环境中都是有效的，而不只是在建模环境中。可以在建模环境执行特征编辑操作。在部件导航器中，编辑特征可以引起一个在模型上执行的更新。

　　在部件导航器中使用时间戳记次序，可以按时间序列排列建模所用到的每个步骤，并且可以对其进行参数编辑、定位编辑、显示设置等各种操作。

　　部件导航器中提供了正等测、前、后和右等八个模型视图，用于选择当前视图的方向，以方便从各个视角观察模型。

2．部件导航器的显示操作

　　部件导航器对识别模型特征是非常有用的。在部件导航器窗口中选择一个特征，该特征将在图形区高亮显示，并在部件导航器窗口中高亮显示其父特征和子特征。反之，在图形区中选择一特征，该特征和它的父、子层级也会在部件导航器窗口中高亮显示。

　　为了显示部件导航器，可以在图形区右侧的资源条上单击按钮，弹出部件导航器界面。当光标离开部件导航器窗口时，部件导航器窗口立即关闭，以方便图形区的操作，如

果需要固定部件导航器窗口的显示,单击 🔧 按钮,使之变为 📌 状态,则窗口始终固定显示,直到再次单击 📌 按钮。

如果需要以某个方向观察模型,可以在部件导航器中双击 🔧 模型视图 下的选项,可以得到图 3.5.6 中八个方向的视角,当前应用视图后有"(工作)"字样。

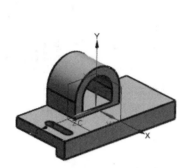
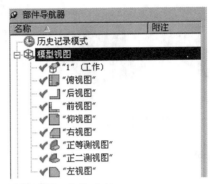

图 3.5.6 "模型视图"中的选项

3. 在部件导航器中编辑特征

在"部件导航器"中,有多种方法可以选择和编辑特征,在此列举两种。

方法一

Step1. 双击树列表中的特征,打开其编辑对话框。

Step2. 在创建时的对话框控制中编辑其特征。

方法二

Step1. 在树列表中选择一个特征。

Step2. 右击,选择弹出菜单中的 🔧 编辑参数 (P)... 命令,打开其编辑对话框。

Step3. 在创建时的对话框控制中编辑其特征。

4. 显示表达式

在"部件导航器"中会显示"用户表达式"文件夹内定义的表达式,且其名称前会显示表达式的类型(即距离、长度或角度等)。

5. 抑制与取消抑制

通过抑制(Suppressed)功能可使已显示的特征临时从图形区中移去。取消抑制后,该特征显示在图形区中,例如,图 3.5.7a 中的拉伸特征处于抑制的状态,此时其模型如图 3.5.7a 所示;图 3.5.7b 中的拉伸特征处于取消抑制的状态,此时其模型树如图 3.5.8b 所示。

说明:

● 选取 🔧 抑制(S) 命令可以使用另外一种方法,即在模型树中选择某个特征后,右击,在弹出的快捷菜单中选择 🔧 抑制(S) 命令。

● 在抑制某个特征时，其子特征也将被抑制；在取消抑制某个特征时，其父特征也将被取消抑制。

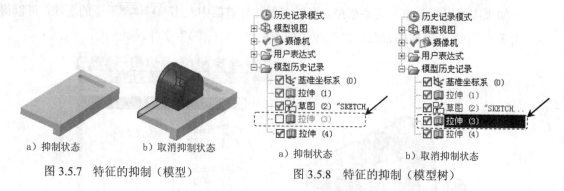

　　a）抑制状态　　b）取消抑制状态　　　　　　a）抑制状态　　b）取消抑制状态

　　图 3.5.7　特征的抑制（模型）　　　　图 3.5.8　特征的抑制（模型树）

6．特征回放

用户使用下拉菜单 编辑(E) ➡ 特征(F)▶ ➡ 回放(B)... 命令，可以一次显示一个特征，逐步表示模型的构造过程。

注意：被抑制的特征在回放的过程中是不显示的；如果草图是在特征内部创建的，则在回放过程中不显示，否则草图会显示。

7．信息获取

信息（Information）下拉菜单提供了获取有关模型信息的选项。

信息窗口显示所选特征的详细信息，包括特征名、特征表达式、特征参数和特征的父子关系等。特征信息的获取方法：在部件导航器中选择特征并右击，然后选择 信息(I) 命令，系统弹出"信息"窗口。

说明：

● 在"信息"窗口中可以选择下拉菜单 文件(F) ➡ 另存为...(A) 命令或 打印...(P) 命令。 另存为...(A) 命令用于以文本格式保存在信息窗口中列出的所有信息， 打印...(P) 命令用于将信息列表打印。

● 编辑(E) 下拉菜单中的 查找...(F) 命令用于搜索特定表达式。

8．细节

在模型树中选择某个特征后，在"细节"面板中会显示该特征的参数、值和表达式，对某个表达式右击，在弹出的快捷菜单中选择 编辑 命令，可以对表达式进行编辑，以便对模型进行修改。例如，在图 3.5.9 所示的"细节"面板中显示的是一个拉伸特征的细节，右击表达式 P3＝25，选择 编辑 命令，在文本框中输入新值 40 并按 Enter 键，则该拉伸特征会立即变化。

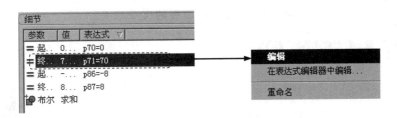

图 3.5.9　"表达式"编辑的操作

3.6　UG NX 中图层的使用

所谓图层，就是在空间中选择不同的图层面来存放不同的目标对象。UG NX 中的图层功能类似于设计师在透明覆盖图层上建立模型的方法，一个图层就类似于一个透明的覆盖图层；不同的是，在一个图层上的对象可以是三维空间中的对象。

在一个 UG NX 8.0 部件中，最多可以含有 256 个图层（系统已经把默认基准存放到了 61 层），每个图层上可含任意数量的对象，因此在一个图层上可以含有部件中的所有对象，而部件中的对象也可以分布在任意一个或多个图层中。

在一个部件的所有图层中，只有一个图层是当前工作图层，所有操作只能在工作图层上进行，而其他图层则可以对它们的可见性、可选择性等进行设置和辅助工作。如果要在某图层中创建对象，则应在创建对象前使其成为当前工作图层。

3.6.1　设置图层

UG NX 8.0 提供了 256 个图层供使用，这些图层都必须通过选择 格式(R) 下拉菜单中的 图层设置(S)... 命令来完成所有的设置。图层的应用对于建模工作有很大的帮助。选择 图层设置(S)... 命令后，系统弹出图 3.6.1 所示的"图层设置"对话框，利用该对话框，用户可以根据需要设置图层的名称、分类、属性和状态等，也可以查询图层的信息，还可以进行有关图层的一些编辑操作。

图 3.6.1 所示"图层设置"对话框中部分选项的主要功能说明如下。

- 工作图层 文本框：在该文本框中输入某图层号并按 Enter 键后，则系统自动将该图层设置为当前的工作图层。
- 按范围/类别选择图层 文本框：在该文本框中输入层的种类名称后，系统会自动选取所有属于该种类的图层。
- ☑ 类别显示 选项：选中此选项图层，列表中将按对象的类别进行显示。
- 类别过滤器 文本框：文本框主要用于输入已存在的图层种类名称来进行筛选，该文本框中系统默认为"＊"，此符号表示所有的图层种类。

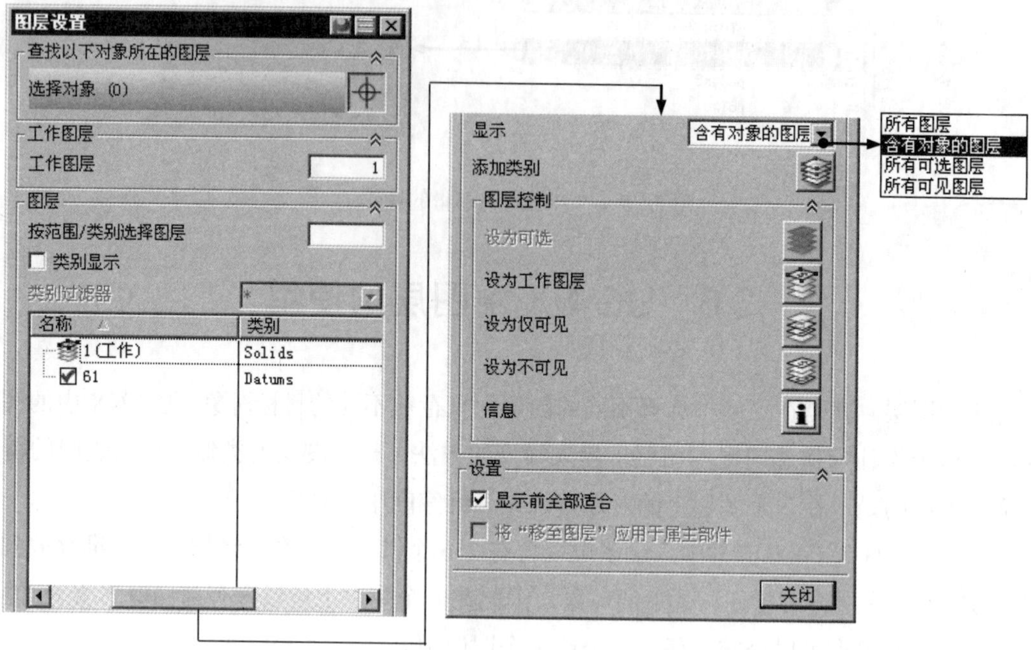

图 3.6.1　"图层设置"对话框

- ![显示]下拉列表：用于控制图层列表框中图层显示的情况。
  - ☑ ![所有图层]选项：图层状态列表框中显示所有的图层（1～256 层）。
  - ☑ ![含有对象的图层]选项：图层状态列表框中仅显示含有对象的图层。
  - ☑ ![所有可选图层]选项：图层状态列表框中仅显示可选择的图层。
  - ☑ ![所有可见图层]选项：图层状态列表框中仅显示可见的图层。

  注意：当前的工作图层在以上情况下，都会在图层列表框中显示。
- ![按钮]按钮：单击此按钮可以添加新的类别层。
- ![按钮]按钮：单击此按钮将被隐藏的图层设置为可选。
- ![按钮]按钮：单击此按钮可将选中的图层作为工作层。
- ![按钮]按钮：单击此按钮可以将选中的图层设为可见。
- ![按钮]按钮：单击此按钮可以将选中的图层设为不可见。
- ![按钮]按钮：单击此按钮，系统弹出"信息"窗口，该窗口能够显示此零件模型中所有图层的相关信息，如图层编号、状态和图层种类等。
- ![☑显示前全部适合]选项：选中此选项，模型将充满整个图形区。

在 UG NX 8.0 系统中，可对相关的图层分类进行管理，以提高操作的效率。例如可设置 MODELING、DRAFTING 和 ASSEMBLY 等图层组种类，图层组 MODELING 包括 1～20 层，图层组 DRAFTING 包括 21～40 层，图层组 ASSEMBLY 包括 41～60 层。当然可以根据自己的习惯来进行图层组种类的设置。当需要对某一层组中的对象进行操作时，可以很方便地通过层组来实现对其中各图层对象的选择。

图层组的种类设置可以通过选择下拉菜单 格式(R) ➡ 🔲 图层类别(C)... 命令来实现。选择该命令后，弹出"图层类别"对话框，在该对话框的 类别 文本框中输入新种类的名称，单击 创建/编辑 按钮。

"图层类别"对话框中主要选项的功能说明如下。

- 过滤器 文本框：用于输入已存在的图层种类名称来进行筛选，该文本框下方的列表框用于显示已存在的图层组种类或筛选后的图层组种类，可在该列表框中直接选取需要进行编辑的图层组种类。

- 类别 文本框：用于输入图层组种类的名称，可输入新的种类名称来建立新的图层组种类，或是输入已存在的名称进行该图层组的编辑操作。

- 创建/编辑 按钮：用于创建新的图层组或编辑现有的图层组。单击该按钮前，必须要在 类别 文本框中输入名称。如果输入的名称已经存在，则可对该图层组进行编辑操作；如果所输入的名称不存在，则创建新的图层组。

- 删除 按钮和 重命名 按钮：主要用于图层组种类的编辑操作。 删除 按钮用于删除所选取的图层组种类； 重命名 按钮用于对已存在的图层组种类重新命名。

- 描述 文本框：用于输入某图层相应的描述文字，解释该图层的含义。当输入的文字长度超出文本框的规定长度时，系统则会自动进行延长匹配，所以在使用中也可以输入比较长的描述语句。

在进行图层组种类的建立、编辑和更名的操作时，可以按照以下的方式进行。

1．建立一个新的图层

在图 3.6.2 所示的"图层类别"对话框（一）的 类别 文本框中输入新图层的名称，还可在 描述 文本框中输入相应的描述信息，单击 确定 按钮，在系统弹出的图 3.6.3 所示的"图层类别"对话框（二）中，从图层列表框中选取该种类需要包括的层，先单击 添加 按钮，然后单击 确定 按钮完成操作，即可创建一个新的图层组。

2．修改所选图层的描述信息

在图 3.6.2 所示的"图层类别"对话框中选择需修改描述信息的图层，在 描述 文本框中输入相应的描述信息，然后单击 确定 按钮，系统便可修改所选图层的描述信息。

3．编辑一个存在图层种类

在图 3.6.2 所示的"图层类别"对话框的 类别 选项组中输入图层名称，或直接在图层组种类列表框中选择欲编辑的图层，便可对其进行编辑操作。

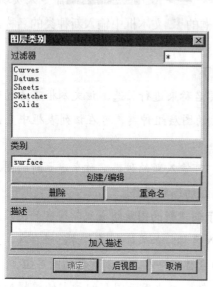

图 3.6.2　"图层类别"对话框（一）

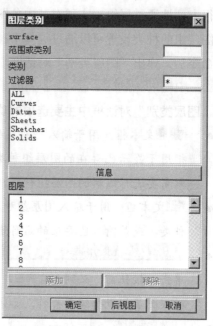

图 3.6.3　"图层类别"对话框（二）

3.6.2　视图中的可见图层

选择 格式(R) ➡ 视图中的可见层(V)... 命令，可以设置图层的可见与不可见。选择 视图中的可见层(V)... 命令后，系统弹出图 3.6.4 "视图中的可见图层"对话框（一），在该对话框中选取某个视图，单击 确定 按钮，系统弹出图 3.6.5 所示的"视图中的可见图层"对话框（二），单击 可见 按钮或 不可见的 按钮，可以设置该图层的可见性。

图 3.6.4　"视图中的可见图层"对话框（一）

图 3.6.5　"视图中的可见图层"对话框（二）

3.6.3 移动对象至图层

"移动至图层"功能用于把对象从一个图层移出并放置到另一个图层，其一般操作步骤如下。

　　Step1. 选择下拉菜单 格式(R) ➡ 移动至图层(M)... 命令，系统弹出"类选取"工具条。

　　Step2. 选取目标特征。先选取目标特征，然后单击"类选择"对话框中的 确定 按钮，系统弹出图 3.6.6 所示的"图层移动"对话框。

　　Step3. 选择目标图层或输入目标图层的编号，单击 确定 按钮，完成该操作。

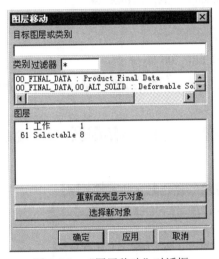

图 3.6.6　"图层移动"对话框

3.6.4 复制对象至图层

"复制至图层"功能用于把对象从一个图层复制到另一个图层，且源对象依然保留在原来的图层上，其一般操作步骤如下。

　　Step1. 选择下拉菜单 格式(R) ➡ 复制至图层(O)... 命令，系统弹出"类选取"工具条。

　　Step2. 定义目标特征。先单击目标特征，然后单击 确定 按钮，系统弹出"图层复制"对话框。

　　Step3. 定义目标图层。从图层列表框中选择一个目标图层，或在数据输入字段中输入一个图层编号。单击 确定 按钮，完成该操作。

　　说明：组件、基准轴和基准平面类型不能在图层之间复制，只能移动。

3.6.5 图层的应用实例

通过本章前几节的基本介绍，我们对图层的创建有了大致的了解，下面以图 3.6.7 中的模型为例对其加以说明。

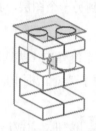
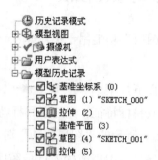

图 3.6.7　　模型及其模型树

Stage1. 创建图层组

Step1. 打开文件 D:\ug8\work\ch03.06\layer.prt。

Step2. 选择下拉菜单 格式 ⒭ ➡ 图层类别 ⒞...命令，系统弹出如图"图层类别"对话框。

Step3. 定义图层组名。在 过滤器 列表中选择 SKETCHES 选项（或直接在 类别 文本框中输入 SKETCHES），如图 3.6.8 所示。

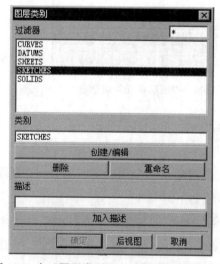

图 3.6.8 在"图层类别"对话框中定义图层组名

Step4. 添加图层。单击 创建/编辑 按钮，选取图层 21～30，单击 添加 按钮，单击对话框中的 确定 按钮。

Step5. 定义其他图层组。参照 Step3、Step4 添加图层组 DATUM 和图层组 CURVE。图层组 DATUM 包括图层 31～40；图层组 CURVE 包括图层 61～70，然后单击 确定 按钮。

Stage2. 将各对象移至图层组

图 3.6.9 所示为将对象移至图层组后的模型及相应的模型树。

图 3.6.9　模型及模型树

Step1. 选择下拉菜单 格式(R) ➡ 移动至图层(M)... 命令，系统弹出的"类选择"对话框。

Step2. 选择对象类型。在"类选择"对话框中单击"类型过滤器"按钮 ，系统弹出"根据类型选择"对话框；选择 草图 选项，单击 确定 按钮，系统重新弹出"类选择"对话框；单击此对话框中的"全选"按钮 ，可看到图形区中的所有草图被选中；单击 确定 按钮，系统弹出图 3.6.10 所示的"图层移动"对话框。

Step3. 选择图层组。在"图层移动"对话框的列表框中选择 SKETCHES（图 3.6.10），然后单击 确定 按钮。

Step4. 参照 Step1～Step3 将图形区中的基准平面和基准轴添加到图层组 DATUM。

Stage3. 设置图层组

Step1. 选择下拉菜单 格式(R) ➡ 图层设置(S)... 命令，系统弹出图 3.6.11 所示的"图层设置"对话框。

图 3.6.10　在"图层移动"对话框选择图层组   图 3.6.11　"图层设置"对话框

Step2. 设置图层组状态。选中图 3.6.11 所示的选项，单击 按钮，将图层组 21 和 31 设置为不可见，然后单击 确定 按钮，完成图层的设置。

3.7 　对　象　操　作

往往在对模型特征操作时，需要对目标对象进行显示、隐藏、分类和删除等操作，使用户能更快捷、更容易地达到目的。

3.7.1 　对象与模型的显示控制

模型的显示控制主要通过图 3.7.1 所示的"视图"工具条来实现，也可通过 视图(V) 下拉菜单中的命令来实现。

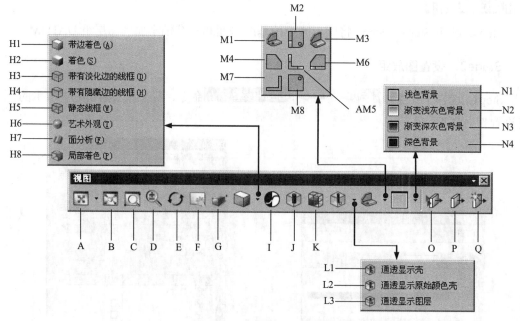

图 3.7.1 　"视图"工具条

图 3.7.1 所示的"视图"工具条中各工具按钮的说明如下。

A: 自动将对象充满整个屏幕。　　　　B: 将选中的对象充满整个屏幕。

C: 自动拟合到鼠标选中的区域。　　　D: 缩放对象。

E: 旋转对象。　　　　　　　　　　　F: 平移对象。

G: 在透视与非透视显示之间切换。

H1: 以带线框的着色图显示。　　　　H2: 以纯着色图显示。

H3: 不可见边用虚线表示的线框图。　　H4: 隐藏不可见边的线框图。

H5: 可见边和不可见边都用实线表示的线框图。

H6: 艺术外观。在此显示模式下，选择下拉菜单 视图(V) ➡ 可视化(V)▶ ➡ 材料/纹理(M)... 命令，可以给它们指定的材料和纹理特性来进行实际渲染。没有指定材料或纹理特性的对象，看起来与"着色"渲染样式下所进行的着色相同。

H7: 在"面分析"渲染样式下，选定的曲面对象由小平面几何体表示并渲染小平面以指示曲面分析数据，剩余的曲面对象由边缘几何体表示。

H8: 在"局部着色"渲染样式中，选定曲面对象由小平面几何体表示，这些几何体通过着色和渲染显示，剩余的曲面对象由边缘几何体显示。

I: 在带线框的着色图显示模式与纯着色图显示模式之间切换。

J: 全部通透显示。

K: 透明显示已取消着重表示的对象。

L1: 使用指定的颜色将较不重要的着色几何体显示为透明壳。

L2: 将着色几何体显示为透明壳，保留原始的着色几何体颜色。

L3: 使用指定的颜色将较不重要的着色几何体显示为透明图层。

M1: 正二测视图。　　　　　　　　　　M2: 顶部。

M3: 等轴测视图。　　　　　　　　　　M4: 左视图。

M5: 前视图。　　　　　　　　　　　　M6: 右视图。

M7: 背景色。　　　　　　　　　　　　M8: 底部。

N1: 浅色背景。　　　　　　　　　　　N2: 渐变浅灰色背景。

N3: 渐变深灰色背景。　　　　　　　　N4: 深色背景。

O: 剪切工作截面。　　　　　　　　　P: 编辑工作截面。

Q: 新建截面。

3.7.2　删除对象

利用 编辑(E) 下拉菜单中的 ✕ 删除(D)... 命令可以删除一个或多个对象。下面以图 3.7.2 所示的模型为例，来说明删除对象的一般操作过程。

Step1. 打开文件 D:\ug8\work\ch03.07\delete.prt。

Step2. 选择命令。选择下拉菜单 编辑(E) ➡ ✕ 删除(D)... 命令，系统弹出"类选择"对话框。

Step3. 定义删除对象。选取图 3.7.2a 所示的实体。

Step4. 单击 确定 按钮，完成对象的删除。

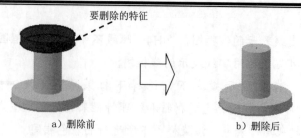

a）删除前 b）删除后

图 3.7.2　删除对象

3.7.3　隐藏与显示对象

对象的隐藏就是通过一些操作，使该对象在零件模型中不显示。下面以图 3.7.3 所示的模型为例，来说明隐藏与显示对象的一般操作过程。

Step1. 打开文件 D:\ug8\work\ch03.07\hide.prt。

Step2. 选择命令。选择下拉菜单 编辑(E) ➡ 显示和隐藏(H) ➡ 隐藏(H)... 命令，系统弹出"类选择"对话框。

Step3. 定义隐藏对象。单击图 3.7.3a 所示的实体。

Step4. 单击 确定 按钮，完成对象的隐藏。

说明：显示被隐藏的对象。选择下拉菜单 编辑(E) ➡ 显示和隐藏(H) ➡ 显示(S)... 命令（或按快捷键 Ctrl+Shift+U），选择要显示的对象，即可将隐藏的对象显示。

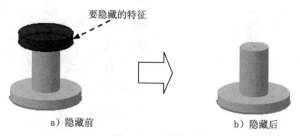

a）隐藏前 b）隐藏后

图 3.7.3　隐藏对象

3.7.4　编辑对象的显示

编辑对象的显示就是修改对象的层、颜色、线型和宽度等。下面以图 3.7.4 所示的模型为例，来说明编辑对象显示的一般过程。

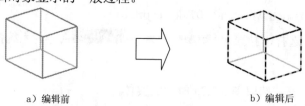

a）编辑前 b）编辑后

图 3.7.4　编辑对象显示

Step1. 打开文件 D:\ug8\work\ch03.07\display.prt。

Step2. 选择命令。选择下拉菜单 编辑(E) ➡ 对象显示(J)... 命令，系统弹出"类选择"对话框。

Step3. 定义需编辑的对象。选取图 3.7.4a 所示的实体，单击 确定 按钮，系统弹出"编辑对象显示"对话框。

Step4. 修改对象显示属性。在"编辑对象显示"对话框中的 颜色 下拉列表中选择 ■ 选项，在 线型 下拉列表中选择 ------- 选项，在 宽度 下拉列表中选择 —— 选项，如图 3.7.5 所示。

Step5. 单击 确定 按钮，完成对象显示的编辑。

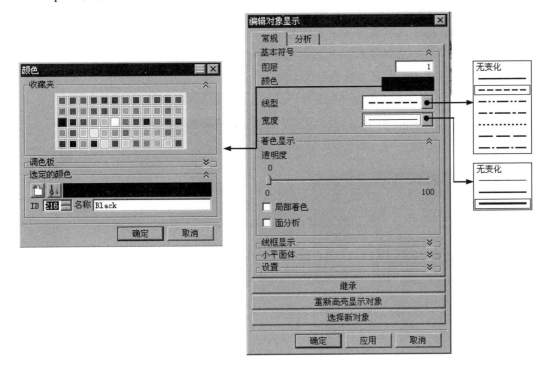

图 3.7.5 "编辑对象显示"对话框

3.7.5 分类选择

UG NX 8.0 提供了一个分类选择的工具，即根据图 3.7.6 所示的"类选择"对话框，利用选择对象类型和设置过滤器的方法，以达到快速选取对象的目的。选取对象时，可以直接选取对象，也可以利用"类选择"对话框中的对象类型过滤功能，来限制选择对象的范围。选中的对象以高亮方式显示。

注意：在选取对象的操作中，如果光标短暂停留后，后面出现"…"的提示，则表明在光标位置有多个可供选择的对象。

图 3.7.6 所示"类选择"对话框中各选项功能的说明如下。

● 根据名称选择 文本框：用于输入预选对象的名称，系统会自动选取对象。

- **过滤器**区域：用于设置选取对象的类型。
  - ☑ **+** 按钮：通过指定对象的类型来选取对象。单击该按钮，系统弹出图 3.7.7 所示的"根据类型选择"对话框，可以在列表中选择所需的对象类型。
  - ☑ **≣** 按钮：用来指定图层来选取对象。
  - ☑ **⬚** 按钮：利用其他形式进行对象选取。单击该按钮，系统弹出"按属性选择"对话框，可以在列表中选择对象所具有的属性，也允许自定义某种对象的属性。
  - ☑ **↵** 按钮：取消之前设置的所有过滤方式，恢复到系统默认的设置。
  - ☑ **▬▬▬** 按钮：根据指定的颜色选取对象。
- **⊕** 按钮：用于选取图形区中全部选中的所有对象。
- **⊕** 按钮：用于选取图形区中选择类型之外的全部对象。
- **⊕** 按钮：用于用户选择对象。

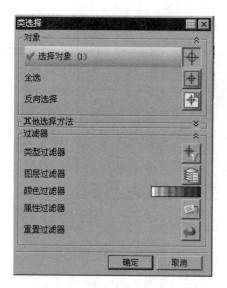

图 3.7.6　"类选择"对话框

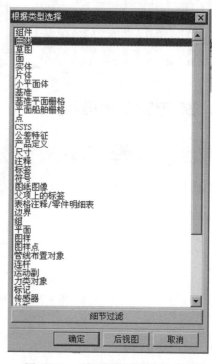

图 3.7.7　"根据类型选择"对话框

下面以图 3.7.8 所示选取圆弧的操作为例，来介绍如何选择对象。

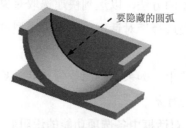

图 3.7.8　选取圆弧

Step1. 打开文件 D:\ug8\work\ch03.07\display_2.prt。

Step2. 选择命令。选择下拉菜单 编辑(E) ➡ 对象显示(T)... 命令，系统弹出"类选择"对话框。

Step3. 定义对象类型。单击"类选择"对话框中的 按钮，系统弹出"根据类型选择"对话框，选择 曲线 选项，单击 确定 按钮，系统重新弹出"类选择"对话框。

Step4. 根据系统 选择要编辑的对象 的提示，在图形区选取图 3.7.8 所示的曲线目标对象，单击 确定 按钮。

Step5. 系统弹出"编辑对象显示"对话框，单击 确定 按钮，完成对象的选取。

注意：这里主要是介绍对象的选取，编辑对象显示的操作不再赘述。

3.7.6 对象的视图布局

视图布局是指在图形区同时显示多个视角的视图，一个视图布局最多允许排列九个视图。用户可以创建系统已有的视图布局，也可以自定义视图布局。

选择下拉菜单 视图(V) ➡ 布局(L)▶ 命令，弹出布局子菜单，可以对布局进行新建、打开、删除、保存和重新生成等操作。

下面通过图 3.7.9 所示的视图布局，来说明创建视图布局的一般操作过程。

Step1. 打开文件 D:\ug8\work\ch03.07\layout.prt。

Step2. 选择命令。选择下拉菜单 视图(V) ➡ 布局(L)▶ ➡ 新建(N)... 命令，系统弹出"新建布局"对话框，如图 3.7.10 所示。

Step3. 设置视图属性。在 名称 文本框中输入新布局的名称 LAY4，在 布置 下拉列表中选择图 3.7.10 所示的布局方式。单击 确定 按钮。

Step4. 保存视图布局。选择下拉菜单 视图(V) ➡ 布局(L)▶ ➡ 保存(S) 命令，保存当前视图布局。

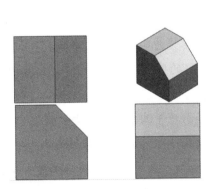

图 3.7.9 创建的视图布局

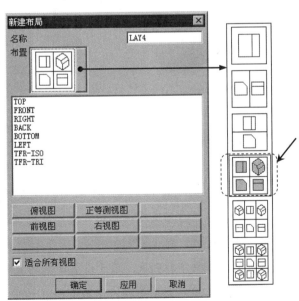

图 3.7.10 "新建布局"对话框

3.8　回转特征

3.8.1　概述

回转特征是将截面绕着一条中心轴线旋转一定的角度而形成的特征（图 3.8.1）。选择下拉菜单 插入(S) ➡ 设计特征(E)▶ ➡ 回转(R)... 命令（或单击"成形特征"工具栏中的 按钮），系统弹出图 3.8.2 所示的"回转"对话框。

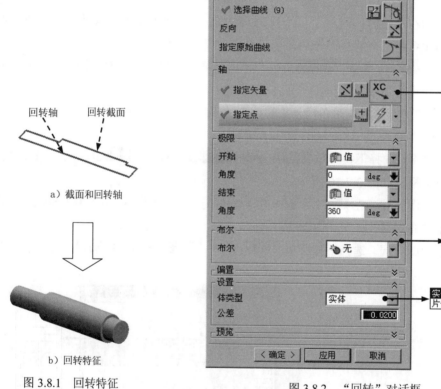

a）截面和回转轴

b）回转特征

图 3.8.1　回转特征

图 3.8.2　"回转"对话框

图 3.8.2 所示"回转"对话框中各选项的功能说明如下。

- （选择截面）：选择已有的草图或几何体边缘作为回转特征的截面。

- （草图截面）：创建一个新草图作为回转特征的截面。完成草图并退出草图环境后，系统自动选择该草图作为回转特征的截面。

- 极限 区域：包含 开始 和 结束 两个下拉列表及两个位于其下的 角度 文本框。

  - ☑ 开始 下拉列表：用于设置回转的类项，角度 文本框用于设置回转的起始角度，其值的大小是相对于截面所在的平面而言的，其方向以与回转轴成右手定则的方向为准。在 开始 下拉列表中选择 值 选项，则需设置起始角度和终止角度；在 开始 下拉列表中选择 直至选定对象 选项，则需选择要开始或停止回转的面或相对基准平面。

☑ 结束 文本框：用于设置回转的类项，角度 文本框设置回转对象回转的终止角度，其值的大小也是相对于截面所在的平面而言的，其方向也是以与回转轴成右手定则为准。

- 偏置 区域：利用该区域可以创建回转薄壁类型特征。

- ☑ 预览 复选项：使用预览可确定创建回转特征之前参数的正确性。系统默认选中该复选项。

- 按钮：可以选取已有的直线或者轴作为回转轴矢量，也可以使用"矢量构造器"方式构造一个矢量作为回转轴矢量。

- 按钮：如果用于指定回转轴的矢量方法需要单独再选定一点，例如用于平面法向时，此选项将变为可用。

- 布尔 区域：如果创建回转特征时，如果已经存在其他实体，则可以与其进行布尔操作，包括无、求和、求差和求交。

注意：在如图 3.8.2 所示的"回转"对话框中单击 按钮，系统将弹出"矢量"对话框，其应用将在下一节中详细介绍。

3.8.2　关于矢量构造器

在建模的过程中，矢量构造器的应用十分广泛，如对定义对象的高度方向、投影方向和回转中心轴等进行设置。单击"矢量构造器"按钮 ，系统弹出图 3.8.3 所示的"矢量"对话框，下面将对"矢量"对话框的使用进行详细的介绍。

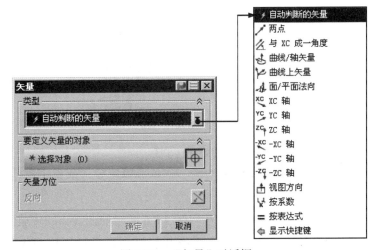

图 3.8.3　"矢量"对话框

图 3.8.3 所示的"矢量"对话框中的 类型 下拉列表中的部分选项功能说明如下。

- **⚡ 自动判断的矢量**：可以根据选取的对象自动判断所定义矢量的类型。
- **两点**：利用空间两点创建一个矢量，矢量方向为由第一点指向第二点。
- **与 XC 成一角度**：用于在 XC-YC 平面上创建与 XC 轴成一定角度的矢量。
- **面/平面法向**：用于创建与实体表面（必须是平面）法线或圆柱面的轴线平行的矢量。
- **曲线/轴矢量**：通过选取曲线上某点的切向矢量来创建一个矢量。
- **曲线上矢量**：在曲线上的任一点指定一个与曲线相切的矢量。可按照圆弧长或百分比圆弧长指定位置。
- **XC 轴**：用于创建与 XC 轴平行的矢量。注意这里的"与 XC 轴平行的矢量"不是 XC 轴，例如，在定义回转特征的回转轴时，如果选择此项，只是表示回转轴的方向与 XC 轴平行，并不表示回转轴就是 XC 轴，所以这时要完全定义回转轴还必须再选取一点定位回转轴。下面五项与此相同。
- **YC 轴**：用于创建与 YC 轴平行的矢量。
- **ZC 轴**：用于创建与 ZC 轴平行的矢量。
- **-XC 轴**：用于创建与-XC 轴平行的矢量。
- **-YC 轴**：用于创建与-YC 轴平行的矢量。
- **-ZC 轴**：用于创建与-ZC 轴平行的矢量。
- **视图方向**：指定与当前工作视图平行的矢量。
- **按系数**：按系数指定一个矢量。
- **按表达式**：使用矢量类型的表达式来指定矢量。

3.8.3 回转特征创建的一般过程

下面以图 3.8.4 所示的模型为例，说明创建回转特征的一般操作过程。

图 3.8.4 模型及模型树

Step1. 打开文件 D:\ug8\work\ch03.08\revolve.prt。

Step2. 选择 插入(S) ➡ 设计特征(E)▶ ➡ 回转(R)... 命令（或单击 按钮），弹出图 3.8.5 所示的"回转"对话框。

Step3. 定义回转截面。单击 按钮，选取图 3.8.6 所示的曲线为回转截面。

Step4. 定义回转轴。单击 按钮，在系统弹出"矢量"对话框中的 类型 下拉列表中选项，选取图 3.8.6 所示的直线为回转轴，然后单击"矢量"对话框中的 确定 按钮。

Step5. 确定回转角度的开始值和结束值。在"回转"对话框 开始 下的 角度 文本框中输入数值 0，在 终点 下的 角度 文本框中输入数值 360。

Step6. 单击 < 确定 > 按钮，完成回转特征的创建。

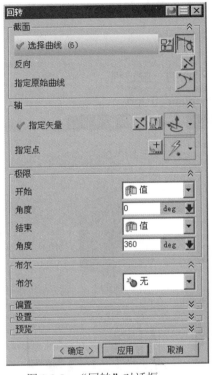

图 3.8.5　"回转"对话框

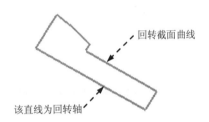

回转截面曲线

该直线为回转轴

图 3.8.6　定义回转截面和回转轴

3.9　基 准 特 征

3.9.1　基准平面

基准平面也称基准面。是用户在创建特征时的一个参考面，同时也是一个载体。如果在创建一般特征时，模型上没有合适的平面，用户可以创建基准平面作为特征截面的草图平面或参照平面；也可以根据一个基准平面进行标注，此时它就好像是一条边。并且基准平面的大小是可以调整的，以使其看起来更适合零件、特征、曲面、边、轴或半径。UG NX 8.0 中有两种类型的基准平面：相对的和固定的。

相对基准平面：相对基准平面是根据模型中的其他对象而创建的。可使用曲线、面、边缘、点及其他基准作为基准平面的参考对象，可创建跨过多个体的相对基准平面。

　　固定基准平面：固定基准平面不参考，也不受其他几何对象的约束，在用户定义特征中使用除外。可使用任意相对基准平面方法创建固定基准平面，方法是：取消选择"基准平面"对话框中的 ☑关联 复选框；还可根据 WCS 和绝对坐标系并通过改变方程式中的系数，使用一些特殊方法创建固定基准平面。

　　要选择一个基准平面，可以在模型树中单击其名称，也可在图形区中选择它的一条边界。

1.基准平面的创建方法：成一角度

　　下面以图 3.9.1 所示的实例来说明创建基准平面的一般过程。

　　Step1. 打开文件 D:\ug8\work\ch03.09\datum_plane_01.prt。

　　Step2. 选择下拉菜单 插入(S) ➡ 基准/点(D) ▶ ➡ ▢ 基准平面(D)... 命令，系统弹出图 3.9.2 所示的"基准平面"对话框（可创建各种形式的基准平面）。

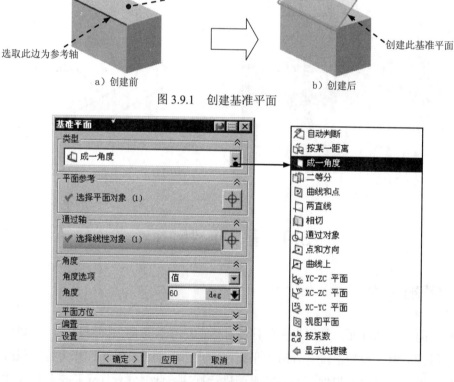

选取此面为参考面

选取此边为参考轴

a）创建前

创建此基准平面

b）创建后

图 3.9.1　　创建基准平面

图 3.9.2　　"基准平面"对话框

　　Step3. 定义创建方式。在"基准平面"对话框中的 类型 下拉列表中，选择 ▢成一角度 选项（图 3.9.2）。

　　Step4. 定义参考对象。分别选取图 3.9.1a 所示的平面和边线分别为基准平面的参考平面和参考轴。

Step5. 定义参数。在弹出的 角度 动态输入框中输入数值 45，单击"基准平面"对话框中的 〈 确定 〉 按钮，完成基准平面的创建。

图 3.9.2 所示"基准平面"对话框中部分选项及按钮的功能说明如下。

- 自动判断：通过选择的对象自动判断约束条件。例如选取一个表面或基准平面时，系统自动生成一个预览基准平面，可以输入偏置值和数量来创建基准平面。

- 点和方向：通过定义一个点和一个方向来创建基准平面。定义的点可以是使用点构造器创建的点，也可以是曲线或曲面上的点；定义的方向可以通过选取的对象自动判断，也可以使用矢量构造器来构建。

- 在曲线上：创建一个过曲线上的点并在此点与曲线法向方向垂直或相切的基准平面。

- 按某一距离：通过输入偏置值创建与已知平面（基准平面或零件表面）平行的基准平面。

- 成一角度：通过输入角度值创建与已知平面成一角度的基准平面。先选择一个平的面或基准平面，然后选择一个与所选面平行的线性曲线或基准轴，以定义旋转轴。

- 曲线和点：用此方法创建基准平面的步骤为，先指定一个点，然后指定第二个点或者一条直线、线性边、基准轴、面等。如果选择直线、基准轴、线性曲线或特征的边缘作为第二个对象，则基准平面同时通过这两个对象；如果选择一般平面或基准平面作为第二个对象，则基准平面通过第一个点，但与第二个对象平行；如果选择两个点，则基准平面通过第一个点并垂直于这两个点所定义的方向；如果选择三个点，则基准平面通过这三个点。

- 两直线：通过选择两条现有直线，或直线与线性边、面的法向向量或基准轴的组合，创建的基准平面包含第一条直线且平行于第二条线。如果两条直线共面，则创建的基准平面将同时包含这两条直线。否则，还会有下面两种可能的情况。
  - ☑ 这两条线不垂直。创建的基准平面包含第二条直线且平行于第一条直线。
  - ☑ 这两条线垂直。创建的基准平面包含第一条直线且垂直于第二条直线，或是包含第二条直线且垂直于第一条直线（可以使用循环解实现）。

- 通过对象：根据选定的对象平面创建基准平面，对象包括曲线、边缘、面、基准、平面、圆柱、圆锥或回转面的轴、基准坐标系、坐标系以及球面和回转曲面。如果选择圆锥面或圆柱面，则在该面的轴线上创建基准平面。

- 视图平面：创建平行于视图平面并穿过绝对坐标系（ACS）原点的固定基准平面。

- **XC-YC 平面**：沿工作坐标系（WCS）或绝对坐标系（ABS）的 XC-YC 轴创建一个固定的基准平面。

- **XC-ZC plane**：沿工作坐标系（WCS）或绝对坐标系（ABS）的 XC-ZC 轴创建一个固定的基准平面。

- **YC-ZC plane**：沿工作坐标系（WCS）或绝对坐标系（ABS）的 YC-ZC 轴创建一个固定的基准平面。

- **系数**：通过使用系数 a、b、c 和 d 指定一个方程的方式，创建固定基准平面，该基准平面由方程 ax+ by+cz=d 确定。

2. 基准平面的创建方法：点和方向

用"点和方向"创建基准平面是指通过定义一点和平面的法向方向来创建基准平面。下面通过一个实例来说明用"点和方向"创建基准平面的一般过程。

Step1. 打开文件 D:\ug8\work\ch03.09\datum_plane_02.prt。

Step2. 选择命令。选择下拉菜单 **插入(S)** ➡ **基准/点(D)** ➡ **基准平面(D)...** 命令（或单击 □ 按钮），系统弹出"基准平面"对话框。

Step3. 定义创建方式。在 **类型** 区域的下拉列表中选择 **点和方向** 选项（或单击"点和方向"按钮 ），选取图 3.9.3a 所示曲线的端点，在 **指定矢量** 下拉列表中选择 **XC** 选项为平面的方向，单击 **〈确定〉** 按钮，完成基准平面的创建，如图 3.9.3b 所示。

a）选取点　　　　　　　　　　　b）创建基准平面

图 3.9.3　利用"点和方向"选项创建基准平面

3. 基准平面的创建方法：在曲线上

用"在曲线上"创建基准平面是通过指定在曲线上的位置和方位确定相对位置的基准平面。下面通过一个实例来说明用"在曲线上"创建基准平面的一般过程。

Step1. 打开文件 D:\ug8\work\ch03.09\datum_plane_03.prt。

Step2. 选择命令。选择下拉菜单 **插入(S)** ➡ **基准/点(D)** ➡ **基准平面(D)...** 命令（或单击 □ 按钮），系统弹出"基准平面"对话框。

Step3. 定义创建方式。在 **类型** 区域的下拉列表中选择 **在曲线上** 选项（或单击"在曲线上"按钮 ），选取图 3.9.4a 所示曲线上的任意位置，在 **曲线上的位置** 区域的 **位置** 下拉列表中选择 **弧长** 选项，在 **弧长** 文本框中输入数值 30。

Step4. 在"基准平面"对话框中单击 <确定> 按钮，完成基准平面的创建，如图 3.9.4b 所示。

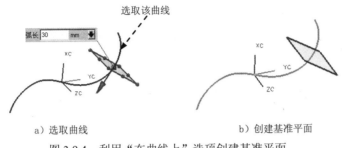

a）选取曲线　　　　　　　　　　　b）创建基准平面

图 3.9.4　利用"在曲线上"选项创建基准平面

说明：此例中创建的基准平面的法向方向为曲线在曲线与基准平面的交点处的切线方向。读者可以通过选择 方向 下拉列表中的其他选项来改变基准平面的法向方向的类型。单击"反向"按钮 ，可以改变曲线的起始方向，而单击法向平面法向按钮 ，可以改变基准平面的法向方向。

4. 基准平面的创建方法：按某一距离

用"按某一距离"创建基准平面是指创建一个与指定平面平行且相距一定距离的基准平面。下面通过一个实例来说明用"按某一距离"创建基准平面的一般过程。

Step1. 打开文件 D:\ug8\work\ch03.09\datum_plane_04.prt。

Step2. 选择命令。选择下拉菜单 插入(S) ➡ 基准/点(D) ➡ 基准平面(D)... 命令（或单击 按钮），系统弹出"基准平面"对话框。

Step3. 定义创建方式。在 类型 区域的下拉列表中选择 按某一距离 选项，选取图 3.9.5a 所示的平面为参照面。

Step4. 在弹出的 距离 动态输入框内输入数值 10，单击"基准平面"对话框的 <确定> 按钮，完成基准平面的创建，如图 3.9.5b 所示。

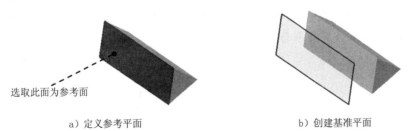

选取此面为参考面

a）定义参考平面　　　　　　　　　　　b）创建基准平面

图 3.9.5　利用"按某一距离"选项创建基准平面

5. 基准平面的创建方法：平分平面

用"平分平面"创建基准平面是指创建一个与指定两平面相距相等距离的基准平面。下面通过一个实例来说明用"平分平面"创建基准平面的一般过程。

Step1. 打开文件 D:\ug8\work\ch03.09\datum_plane_05.prt。

Step2. 选择命令。选择下拉菜单 插入(S) ➡ 基准/点(D) ➡ □ 基准平面(D)... 命令（或单击 □ 按钮），系统弹出"基准平面"对话框。

Step3. 定义创建方式。在 类型 区域的下拉列表中选择 自动判断 选项，选取图 3.9.6a 所示的平面为参照面。

Step4. 单击 < 确定 > 按钮，完成基准平面的创建，如图 3.9.6b 所示。

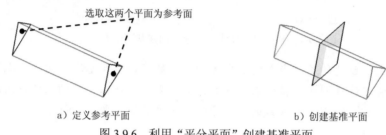

a）定义参考平面   b）创建基准平面

图 3.9.6 利用"平分平面"创建基准平面

6. 基准平面的创建方法：曲线和点

用"曲线和点"创建基准平面是指通过指定点和曲线而创建的基准平面。下面通过一个实例来说明用"曲线和点"创建基准平面的一般过程。

Step1. 打开文件 D:\ug8\work\ch03.09\datum_plane_06.prt。

Step2. 选择命令。选择下拉菜单 插入(S) ➡ 基准/点(D) ➡ □ 基准平面(D)... 命令（或单击 □ 按钮），系统弹出"基准平面"对话框。

Step3. 定义创建方式。在 类型 区域的下拉列表中选择 曲线和点 选项，选取图 3.9.7a 所示的点和曲线为参照对象。

Step4. 单击 < 确定 > 按钮，完成基准平面的创建，如图 3.9.7b 所示。

说明：通过单击"基准平面"对话框中的"循环解"按钮可以改变基准平面与曲线的相对位置，图 3.9.8 所示为基准平面与曲线垂直的情况。

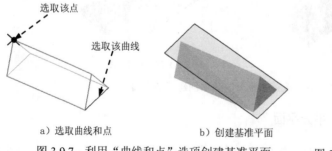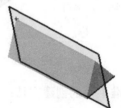

a）选取曲线和点   b）创建基准平面

图 3.9.7 利用"曲线和点"选项创建基准平面   图 3.9.8 基准平面与曲线垂直

7．基准平面的创建方法：两直线

用"两直线"创建基准平面可以创建通过两相交直线的基准平面，也可以创建包含一条直线平行或垂直于另一条直线的基准平面。下面通过一个实例来说明用"两直线"创建基准平面的一般过程。

Step1．打开文件 D:\ug8\work\ch03.09\datum_plane_07.prt。

Step2．选择命令。选择下拉菜单 插入(S) ➡ 基准/点(D) ➡ 基准平面(D)... 命令（或单击 按钮），系统弹出"基准平面"对话框。

Step3．定义创建方式。在 类型 区域的下拉列表中选择 两直线 选项，选取图 3.9.9a 所示两条直线为参照对象。

Step4．单击 < 确定 > 按钮，完成基准平面的创建，如图 3.9.9b 所示。

选取直线1

选取直线2

a）选取直线　　　　　　　　　　　　b）创建基准平面

图 3.9.9　利用"两直线"选项创建基准平面

8．基准平面的创建方法：通过对象

用"通过对象"创建基准平面是指通过指定模型的表面为参照对象来创建基准平面。

下面通过一个实例来说明用"通过对象"创建基准平面的一般过程。

Step1．打开文件 D:\ug8\work\ch03.09\datum_plane_09.prt。

Step2．选择命令。选择下拉菜单 插入(S) ➡ 基准/点(D) ➡ 基准平面(D)... 命令（或单击 按钮），系统弹出"基准平面"对话框。

Step3．定义创建方式。在 类型 区域的下拉列表中选择 通过对象 选项，选取图 3.9.10a 所示的模型表面为参照对象。

Step4．单击 < 确定 > 按钮，完成基准平面的创建，如图 3.9.10b 所示。

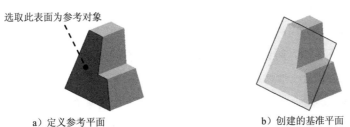

选取此表面为参考对象

a）定义参考平面　　　　　　　　　　b）创建的基准平面

图 3.9.10　利用"通过对象"选项创建基准平面

9．控制基准平面的显示大小

尽管基准平面实际上是一个无穷大的平面，但在默认情况下，系统根据模型大小对其进行缩放显示。显示的基准平面的大小随零件尺寸而改变。除了那些即时生成的平面以外，其他所有基准平面的大小都可以调整，以适应零件、特征、曲面、边、轴或半径。改变基准平面大小的方法是：双击基准平面，用鼠标拖动基准平面的控制点即可改变其大小（图3.9.11）。

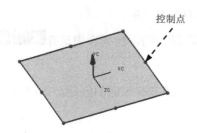

图 3.9.11 控制基准平面的大小

3.9.2 基准轴

基准轴既可以是相对的，也可以是固定的。以创建的基准轴为参考对象，可以创建其他对象，比如基准平面、回转体和拉伸特征等。

下面通过图 3.9.12 所示的实例来说明创建基准轴的一般操作步骤。

Step1．打开文件 D:\ug8\work\ch03.09\datum_axis01.prt。

Step2．选择下拉菜单 插入(S) ➡ 基准/点(D)▶ ➡ ↑ 基准轴(A)... 命令，弹出图 3.9.13 所示的"基准轴"对话框。

1．基准轴的创建方法：两点

Step1．单击"两个点"按钮 ，选择"两点"方式来创建基准轴（图 3.9.13）。

Step2．定义参考点。选取图 3.9.12a 所示的两边线的端点为参考点。

注意：创建的基准轴与选择点的先后顺序有关，可以通过单击"基准轴"对话框中的"反向"按钮 调整其方向。

Step3．单击 < 确定 > 按钮，完成基准轴的创建。

图 3.9.13 所示"基准轴"对话框中有关选项功能的说明如下。

- **⚡ 自动判断**：根据所选的对象自动判断基准轴类型。

- **点和方向**：通过定义一个点和一个矢量方向来创建基准轴。通过曲线、边或曲面上的一点，可以创建一条平行于线性几何体或基准轴、面轴，或垂直于一个曲面的基准轴。

- ⬛ **两点**：通过定义轴的两点来创建基准轴。第一点为基点，第二点定义了从第一点到第二点的方向。
- ⬛ **交点**：通过两个平面相交，在相交处产生的基准轴。
- ⬛ **曲线/面轴**：创建一个起点在选择曲线上的基准轴。
- ⬛ **在曲线矢量上**：（在曲线矢量上）：通过选择曲线上一点并确定与曲线的方位关系（法向垂直或相切或与某一对象平行或垂直等）而创建的基准轴。
- ⬛ **XC 轴**：沿用于通过沿 XC 轴创建固定基准轴。
- ⬛ **YC 轴**：沿用于通过沿 YC 轴创建固定基准轴。
- ⬛ **ZC 轴**：沿用于通过沿 ZC 轴创建固定基准轴。

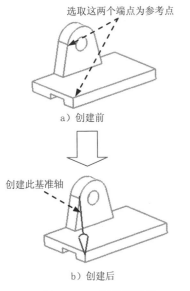

a）创建前

创建此基准轴

b）创建后

图 3.9.12　创建基准轴

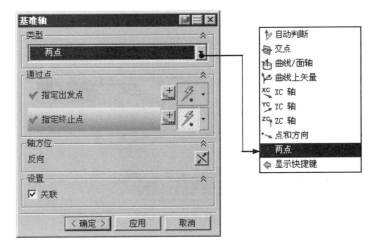

图 3.9.13　"基准轴"对话框

2. 基准轴的创建方法：点和方向

用"点和方向"创建基准轴是指通过定义一个点和矢量方向来创建基准轴，下面通过图 3.9.14 所示的范例来说明用"点和方向"创建基准轴的一般过程。

a）创建前　　　　　　　　　　　　　　　b）创建后

图 3.9.14　利用"点和方向"创建基准轴

Step1. 打开文件 D:\ug8\work\ch03.09\datum_ axis02.prt。

Step2. 选择下拉菜单 插入(S) ➡ 基准/点(D) ➡ ↑ 基准轴(A)... 命令，系统弹出图 3.9.15 所示的"基准轴"对话框。

Step3. 在基准平面对话框 类型 区域中的下拉列表中选取 选项，选择图 3.9.16 所示的点为参考对象。

Step4. 在对话框 方向 区域的 方位 下拉列表中选择 平行于矢量 选项；在 ✔ 指定矢量 下拉列表中选择 ᶻᶜ↑ 选项。

Step5. 单击 < 确定 > 按钮，完成基准轴的创建。

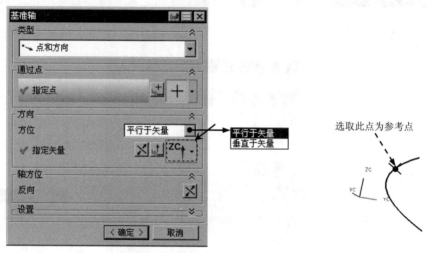

图 3.9.15　"基准轴"对话框　　　　　　　图 3.9.16　定义参考

3. 基准轴的级创建方法：曲线/面轴

用"曲线/面轴"可以创建一个与选定的曲线/面轴共线的基准轴，下面通过图 3.9.17 所示的实例来说明用"曲线/面轴"创建基准轴的一般过程。

a）创建前　　　　　　　　　　　　b）创建后

图 3.9.17　利用"曲线/面轴"创建基准

Step1. 打开文件 D:\ug8\work\ch03.09\datum_ axis03.prt。

Step2. 选择下拉菜单 插入(S) ➡ 基准/点(D) ➡ ↑ 基准轴(A)... 命令，系统弹出图 3.9.18 所示的"基准轴"对话框。

Step3. 选择对话框 类型 区域的下拉列表中选择 曲线/面轴 选项，选取图 3.9.19 所示的曲面为参考对象；调整基准轴的方向使其与 ZC 轴正方向同向。

Step4. 单击 < 确定 > 按钮，完成基准轴的创建。

创建此曲面

图 3.9.18　"基准轴"对话框　　　图 3.9.19　定义参照

说明：在"基准轴"对话框 轴方位 区域的"反向"按钮 可以改变创建的基准轴的方向。

4. 基准轴的创建方法：在曲线矢量上

用"在曲线矢量上"可以通过指定在曲线上的相对位置和方位来创建基准轴。下面通过图 3.9.20 所示的实例来说明用"在曲线矢量上"创建基准轴的一般过程。

创建此基准轴

a）创建前　　　　　　　　　　b）创建后

图 3.9.20　利用"在曲线矢量上"创建基准轴

Step1. 打开文件 D:\ug8\work\ch03.09\datum_ axis04.prt。

Step2. 选择下拉菜单 插入(S) ➡ 基准/点(D) ➡ 基准轴(A)... 命令，系统弹出图 3.9.21 所示的"基准轴"对话框。

Step3. 在基准轴对话框 类型 区域的下拉列表中选择 在曲线矢量上 选项，选取图 3.9.22 所示的曲线为参考对象。

Step4. 在对话框 曲线上的位置 区域的 位置 下拉列表中选择 弧长 选项，在 弧长 文本框中输入数值 30。

Step5. 在对话框中 曲线上的方位 区域的 方位 下拉列表中选择 相切 选项。

Step6. 单击 < 确定 > 按钮，完成基准轴的创建。

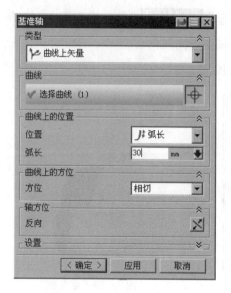

图 3.9.21 "基准轴"对话框

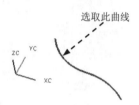

图 3.9.22 定义参考曲线

说明：定义基准轴在曲线上的相对位置时有两种方式供选择，分别是： 和 。即"基准轴"对话框 曲线上的位置 区域的 位置 下拉列表中的两个选项： 选项和 选项。如选取的参照是直线则可以更精确的确定基准轴的位置。另外，确定基准轴的方向时在 曲线上的方位 区域的 方位 下拉列表中有五种方式可供选择，分别是：、、、 和 。其中前三种方式的参考对象是曲线的切线，后两种方式则要求再选择新的参照对象。图 3.9.23 和图 3.9.24 所示分别是选择"垂直于对象"和"平行于对象"方式创建的基准轴。

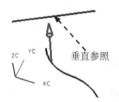

图 3.9.23 "垂直于对象"方式创建的基准轴

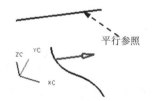

图 3.9.24 "平行于对象"方式创建的基准轴

3.9.3 基准点

基准点用来为网格生成加载点、在绘图中连接基准目标和注释、创建坐标系及管道特征轨迹，也可以在基准点处放置轴、基准平面、孔和轴肩。

默认情况下，UG NX 8.0 将一个基准点显示为加号"+"，其名称显示为 point（n），其中 n 是基准点的编号。要选取一个基准点，可选择基准点自身或其名称。

1. 通过给定坐标值创建点

无论用哪种方式创建点，得到的点都有其唯一的坐标值与之相对应。只是不同方式的操作步骤和简便程度不同。在可以通过其他方式方便快捷的创建点时就没有必要再通过给定点的坐标值来创建。仅推荐在读者确定点的坐标值时使用此方式。

本节将创建如下几个点：坐标值分别是（10.0，-10.0，0.0）、（0.0，8.0，8.0）和（12.0，12.0，12.0），操作步骤如下。

Step1. 打开文件 D:\ug8\work\ch03.09\point_01.prt。

Step2. 选择下拉菜单 插入(S) ➡ 基准/点(D)▶ ➡ ╋ 点(P)... 命令，系统弹出"点"对话框。

Step3. 在"点"对话框的 X 、 Y 、 Z 文本框中输入相应的坐标值，单击 ＜ 确定 ＞ 按钮，完成三个点的创建，结果如图 3.9.25 所示。

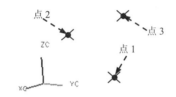

图 3.9.25　利用坐标值创建点

2. 在端点上创建点

在端点上创建点是指在直线或曲线的末端可以创建点。下面以一个范例来说明在端点创建点的一般过程，如图 3.9.26b 所示。现要在模型的顶点处创建一个点，其操作步骤如下。

Step1. 打开文件 D:\ug8\work\ch03.09\point_02.prt。

Step2. 选择下拉菜单 插入(S) ➡ 基准/点(D)▶ ➡ ╋ 点(P)... 命令，系统弹出"点"对话框（在对话框 设置 区域中系统的默认设置是 ☑ 关联 选项被选中，即所创建的点与所选对象参数相关）。

Step3. 选择"端点"的方式创建点。在对话框 类型 区域的下拉列表中选择 终点 选项，选取图 3.9.26a 所示的模型边线，单击 ＜ 确定 ＞ 按钮，完成点的创建，如图 3.9.26b 所示。

说明：系统默认的线的端点是离鼠标点选位置最近的点，读者在选取边线时应注意点选位置，以免所创建的点不是读者所需的点。

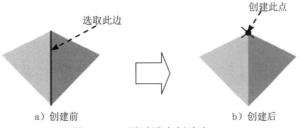

　　　　a）创建前　　　　　　　　　　　　　b）创建后
图 3.9.26　通过端点创建点

3. 在曲线上创建点

用位置的参数值在曲线或边上创建点，该位置参数值确定从一个顶点开始沿曲线的长度。下面通过图 3.9.27 所示的实例来说明"点在曲线/边上"创建点的一般过程。

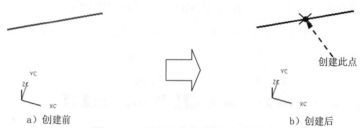

a）创建前　　　　　　　　　　b）创建后

图 3.9.27　"点在曲线/边上"创建点

Step1.　打开文件 D：\ug8\work\ch03.09\point_03.prt。

Step2.　选择命令。选择下拉菜单 插入(S) ➡ 基准/点(D) ➡ ✛ 点(P)... 命令，系统弹出如图 3.9.28 所示的"点"对话框。

Step3.　定义点的类型。在基准点对话框 类型 区域的下拉列表中选择 点在曲线/边上 选项。

Step4.　定义参考曲线。选取图 3.9.29 所示的直线为参考曲线。

Step5.　定义点的位置。在对话框 曲线上的位置 区域的 位置 中选择 弧长百分比 并在 弧长百分比 中输入数值 50。

Step6.　单击 < 确定 > 按钮，完成点的创建。

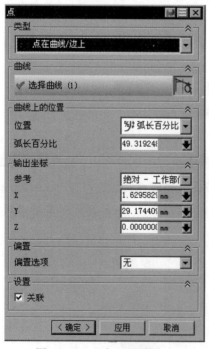

图 3.9.28　"点"对话框

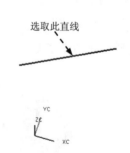

选取此直线

图 3.9.29　定义参考曲线

说明："点"对话框的 设置 区域中的 ☑ 关联 复选框控制所创建的点与所选取的参考曲线是否参数相关联。选中此选项则创建的点与参考直线参数相关，取消此选项的选取则创建的点与参考曲线参数不相关联。以下如不作具体说明，都为接受系统默认，即选中 ☑ 关联 选项。

4. 过中心点创建点

过中心点创建点是指在一条弧、一个圆或一个椭圆图元的中心处可以创建点。下面以一个范例来说明过中心点创建点的一般过程，如图 3.9.30b 所示，现需要在模型表面孔的圆心处创建一个点，操作步骤如下。

Step1. 打开文件 D:\ug8\work\ch03.09\point_04.prt。

Step2. 选择下拉菜单 插入(S) ➡ 基准/点(D)▶ ➡ ┼ 点(P)... 命令，系统弹出"点"对话框。

Step3. 在对话框 类型 区域的下拉列表中选择 圆弧中心/椭圆中心/球心 选项，选取图 3.9.30a 所示的模型边缘，单击 < 确定 > 按钮，完成点的创建，如图 3.9.30b 所示。

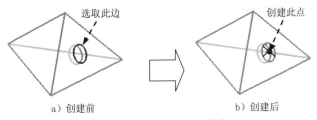

a) 创建前   b) 创建后

图 3.9.30 过中心创建点

5. 通过选取象限点创建点

当用户需要借助圆弧、圆、椭圆弧和椭圆等图元的象限点时需要用到此命令。

下面通过一个实例说明其操作步骤。

Step1. 打开文件 D:\ug8\work\ch03.09\point_05.prt。

Step2. 选择下拉菜单 插入(S) ➡ 基准/点(D)▶ ➡ ┼ 点(P)... 命令，系统弹出"点"对话框。

Step3. 在对话框 类型 区域的下拉列表中选择 象限点 选项，选取图 3.9.31a 所示的椭圆，结果如图 3.9.31b 所示，单击 < 确定 > 按钮，完成点的创建。

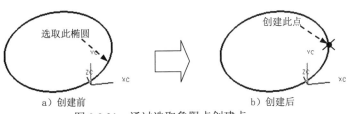

a) 创建前   b) 创建后

图 3.9.31 通过选取象限点创建点

说明：系统默认的象限点是离鼠标点选位置最近的象限点，读者点选时需要注意。

6. 在曲面上创建基准点

在现有的曲面上可以创建基准点。下面以图 3.9.32 所示的实例来说明在曲面上创建基准点的一般过程。

Step1. 打开文件 D:\ug8\work\ch03.09\point_06.prt。

Step2. 选择下拉菜单 插入(S) ➡ 基准/点(D)▶ ➡ ┼ 点(P)... 命令，系统弹出"点"对话框。

Step3. 在基准点对话框的下拉列表中选取 ▦ 选项，选取图 3.9.32a 所示的模型表面，在 面上的位置 区域的 U 向参数 文本框中输入数值 0.8，在 V 向参数 文本框中输入数值 0.8，单击 〈 确定 〉 按钮，完成点的创建，如图 3.9.32b 所示。

说明：在面上创建点时也可以通过给定点的绝对坐标来创建所需的点。

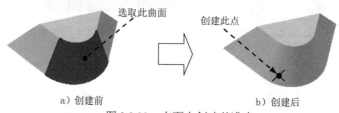

图 3.9.32　在面上创建基准点

7. 利用曲线与曲面相交创建点

在一条曲线和一个曲面的交点处可以创建基准点。曲线可以是零件边、曲面特征边、基准曲线、轴或输入的基准曲线；曲面可以是零件曲面、曲面特征或基准平面。如图 3.9.33 所示，现需要在曲面与模型边线的相交处创建一个点，其操作步骤如下。

Step1. 打开文件 D:\ug8\work\ch03.09\point_07.prt。

Step2. 选择下拉菜单 插入(S) ➡ 基准/点(D)▶ ➡ ┼ 点(P)... 命令，系统弹出"点"对话框。

Step3. 在基准点对话框的下拉列表中选取 ✕ 选项，选取图 3.9.33a 所示的曲面和直线，单击 〈 确定 〉 按钮，完成点的创建（图 3.9.33b）。

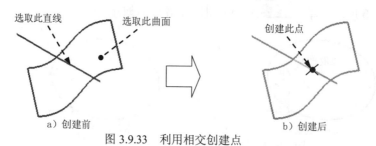

图 3.9.33　利用相交创建点

说明：（1）本例中的相交面是一个独立的片体，同样也可以是基准平面和体的面等曲面特征。当然所选的相交对象同样可以是线性图元如直线、曲线等。

（2）线性图元的相交不一定是实际相交，只要在空间存在相交点即可。

8. 在草图中创建基准点

在草图环境下可以创建基准点。下面以一个范例来说明创建草图基准点的一般过程，现需要在模型的表面上创建一个草图基准点，操作步骤如下。

Step1. 打开文件 D:\ug8\work\ch03.09\point_08.prt。

Step2. 选择下拉菜单 插入(S) ➡ 任务环境中的草图(S)... 命令。

Step3. 选取图 3.9.34 所示的模型表面为草图平面，接受系统默认的方向，单击"创建草图"对话框中的 确定 按钮，进入草图环境。

Step4. 选择下拉菜单 插入(S) ➡ 点(P)... 命令，系统弹出"点"对话框。

Step5. 在对话框 类型 区域的下拉列表中选择 光标位置 选项，在图 3.9.35 所示的三角形区域内创建一点，单击对话框中的 取消 按钮。

Step6. 对点添加图 3.9.35 所示的尺寸约束。

Step7. 单击 完成草图(K) 按钮，退出草图环境完成点的创建（图 3.9.34）。

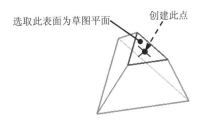

图 3.9.34　创建草图基准点

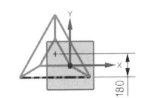

图 3.9.35　草图约束

9. 创建点集

"创建点集"是指在现有的几何体上创建一系列的点，它可以是曲线上的点也可以是曲面上的点。本小节将介绍一些常用的点集的创建方法。

Task1．曲线上的点

下面以图 3.9.36 所示的范例来说明创建点集的一般过程，操作步骤如下。

Step1. 打开文件 D:\ug8\work\ch03.09\point_09_01.prt。

Step2. 选择命令。选择下拉菜单 插入(S) ➡ 基准/点(D)▶ ➡ 点集(S)... 命令，系统弹出图 3.9.37 所示的"点集"对话框。

Step3. 定义点集的类型。选择"点集"对话框中 类型 区域中的 曲线点 选项，在对话框的 子类型 下的 曲线点产生方法 的下拉列表中选择 等弧长 选项。

Step4. 在图形区中选取图 3.9.36a 所示的曲线。

Step5. 设置参数。在点数文本框中输入数值 6，其余选项接受系统默认的设置值，单击< 确定 >按钮，完成点的创建，隐藏原曲线后的结果如图 3.9.36b 所示。

a）创建前　　b）创建后

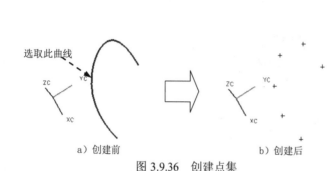

图 3.9.36　创建点集

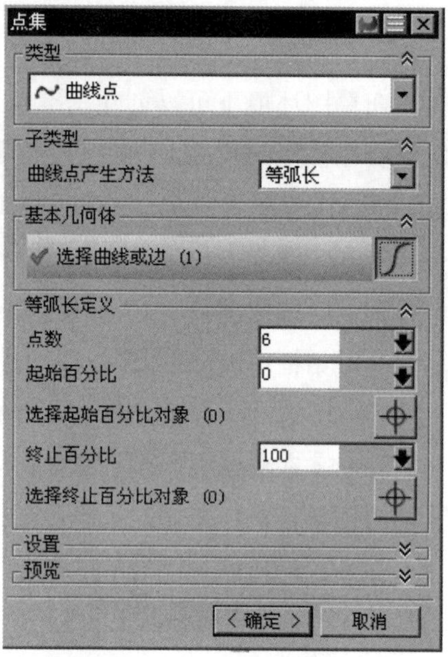

图 3.9.37　“点集”对话框

Task2. 曲线上的百分点

“曲线上的百分点”是指在曲线上某个百分比位置添加一个点。下面以图 3.9.38 所示的实例来说明用“曲线上的百分点”创建点集的一般过程。

Step1. 打开文件 D:\ug8\work\ch03.09\point_09_02.prt。

Step2. 选择下拉菜单插入(S) ➡ 基准/点(D) ➡ 点集(S)...命令，系统弹出“点集”对话框，选择“点集”对话框中类型区域中的曲线点选项，在对话框的子类型下的曲线点产生方法的下拉列表中选择曲线百分比选项。

Step3. 选取图 3.9.38a 所示的曲线，在曲线百分比文本框中输入数值 60.0，单击< 确定 >按钮，完成点的创建，隐藏原曲线后的结果如图 3.9.38b 所示。

a）创建前　　b）创建后

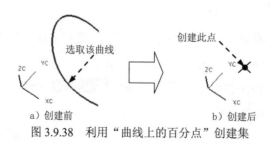

图 3.9.38　利用“曲线上的百分点”创建集

Task3. 面上的点

"面上的点"是指在现有的面上创建点集。下面以一个范例来说明用"面上的点"创建点集的一般过程，如图 3.9.39 所示，其操作步骤如下。

Step1. 打开文件 D:\ug8\work\ch03.09\point_09_03.prt。

Step2. 选择下拉菜单 插入(S) ➡️ 基准/点(D)▶ ➡️ 点集(S)... 命令，系统弹出"点集"对话框，选择"点集"对话框中 类型 区域中的 面的点 选项。

Step3. 选取图 3.9.39a 所示的曲面，在 U 文本框中输入数值 6.0，在 V 文本框中输入数值 6.0，其余选项保持系统默认的设置。

Step4. 在"面上的点"对话框中单击 < 确定 > 按钮，完成点的创建，如图 3.9.39b 所示。

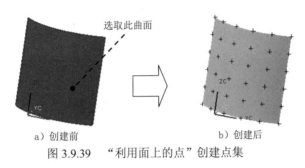

a) 创建前　　　　　　　　b) 创建后

图 3.9.39 "利用面上的点"创建点集

Task4. 曲面上的百分点

"曲面上的百分点"是指在现有面上的 U 向和 V 向指定位置创建的点。下面以一个实例来说明用曲面上的百分点创建点集的一般过程，操作步骤如下。

Step1. 打开文件 D:\ug8\work\ch03.09\point_09_04.prt。

Step2. 选择下拉菜单 插入(S) ➡️ 基准/点(D)▶ ➡️ 点集(S)... 命令，系统弹出"点集"对话框。选择"点集"对话框中 类型 区域中的 面的点 选项，在对话框的 子类型 下的 面的点按照 下拉列表中选择 面百分比 选项。

Step3. 选取如图 3.9.40a 所示的曲面，在 U 向百分比 文本框中输入数值 60.0，在 V 向百分比 文本框中输入数值 60.0。

Step4. 单击 < 确定 > 按钮，完成点的创建（图 3.9.40b）。

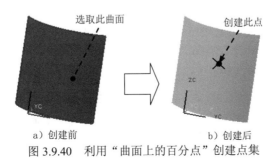

a) 创建前　　　　　　　　b) 创建后

图 3.9.40 利用"曲面上的百分点"创建点集

3.9.4　基准坐标系

坐标系是可以增加到零件和装配件中的参照特征，它可用于：

● 　计算质量属性。

● 　装配元件。

● 　为"有限元分析（FEA）"放置约束。

● 　为刀具轨迹提供制造操作参照。

● 　用于定位其他特征的参照（坐标系、基准点、平面和轴线、输入的几何等）。

在 UG NX 8.0 系统中，可以使用下列三种形式的坐标系：

● 　绝对坐标系（ACS）。系统默认的坐标系，其坐标原点不会变化，在新建文件时系统会自动产生绝对坐标系。

● 　工作坐标系（WCS）。系统提供给用户的坐标系，用户可根据需要移动它的位置来设置自己的工作坐标系。

● 　基准坐标系（CSYS）。该坐标系常用于模具设计和数控加工等操作。

1. 使用三个点创建坐标系

根据所选的三个点来定义坐标系，X 轴是从第一点到第二点的矢量，Y 轴是第一点到第三点的矢量，原点是第一点。下面以一个范例来说明用三点创建坐标系的一般过程，其操作步骤如下。

Step1. 打开文件 D:\ug8\work\ch03.09\csys_create_01.prt。

Step2. 选择下拉菜单 插入(S) ➡ 基准/点(D)▶ ➡ 基准 CSYS... 命令，系统弹出图 3.9.41 所示的"基准 CSYS"对话框。

Step3. 在"基准 CSYS"对话框的 类型 下拉列表中选择 原点,X点,Y点 选项，选取图 3.9.42a 所示的三点，创建基准坐标系，其中 X 轴是从第一点到第二点的矢量；Y 轴是从第一点到第三点的矢量；原点是第一点。

Step4. 单击 〈 确定 〉 按钮，完成基准坐标系的创建，如图 3.9.42b 所示。

图 3.9.41 所示"基准 CSYS"对话框中部分选项功能的说明如下。

● 　 ⚡自动判断 （自动判断）：创建一个与所选对象相关的 CSYS，或通过 x、y 和 z 分量的增量来创建 CSYS。实际所使用的方法是基于所选择的对象和选项。要选择当前的 CSYS，可选择自动判断的方法。

● 　 原点,X点,Y点 （原点、X 点、Y 点）：根据选择的三个点或创建三个点来创建 CSYS。要想指定三个点，可以使用点方法选项或使用相同功能的菜单，打开"点构造器"对话框。X 轴是从第一点到第二点的矢量；Y 轴是从第一点到第三点的矢量；原点是第一点。

- **三平面**（三平面）：根据所选择的三个平面来创建CSYS。X轴是第一个"基准平面/平的面"的法线；Y轴是第二个"基准平面/平的面"的法线；原点是这三个基准平面/面的交点。

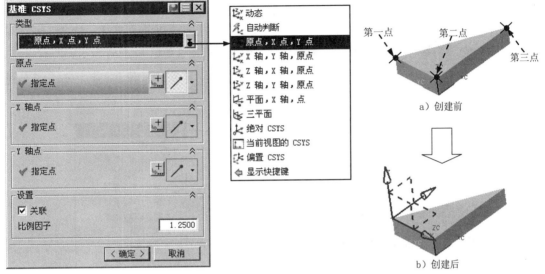

图 3.9.41 "基准 CSYS"对话框　　　　图 3.9.42 创建基准坐标系

- **X轴,Y轴,原点**（X轴、Y轴、原点）：根据所选择或定义的一点和两个矢量来创建CSYS。选择的两个矢量作为坐标系的X轴和Y轴；选择的点作为坐标系的原点。

- **Z轴,X轴,原点**：根据所选择或定义的一点和两个矢量来创建CSYS。选择的两个矢量作为坐标系的Z轴和X轴；选择的点作为坐标系的原点。

- **Z轴,Y轴,原点**：根据所选择或定义的一点和两个矢量来创建CSYS。选择的两个矢量作为坐标系的Z轴和Y轴；选择的点作为坐标系的原点。

- **平面,X轴,点**：根据所选择的一个平面、X轴和原点来创建CSYS。其中选择的平面为Z轴平面，选取的X轴方向即为CSYS中X轴方向，选取的原点为CSYS的原点。

- **绝对 CSYS**（绝对坐标系）：指定模型空间坐标系作为坐标系。X轴和Y轴是"绝对CSYS"的X轴和Y轴，原点为"绝对CSYS"的原点。

- **当前视图的 CSYS**（当前视图的CSYS）：将当前视图的坐标系设置为坐标系。X轴平行于视图底部；Y轴平行于视图的侧面；原点为视图的原点（图形屏幕中间）。如果通过名称来选择，CSYS将不可见或在不可选择的层中。

- **偏置 CSYS** （偏置 CSYS）：根据所选择的现有基准 CSYS 的 x、y 和 z 的增量来创建 CSYS。

- **比例因子** （比例因子）：使用此选项更改基准 CSYS 的显示尺寸。每个基准 CSYS 都可具有不同的显示尺寸。显示大小由比例因子参数控制，1 为基本尺寸。如果指定比例因子为 0.5，则得到的基准 CSYS 将是正常大小的一半；如果指定比例因子为 2，则得到的基准 CSYS 将是正常比例大小的两倍。

说明：在建模过程中，经常需要对工作坐标系进行操作，以便于建模。选择下拉菜单 **格式(R)** ➡️ **WCS ▶** ➡️ **定向(N)...** 命令，系统弹出图 3.9.43 所示的"CSYS"对话框，对所建的工作坐标系进行操作。该对话框的上部为创建坐标系的各种方式的按钮，其他选项为涉及的参数。其创建的操作步骤和创建基准坐标系一致。

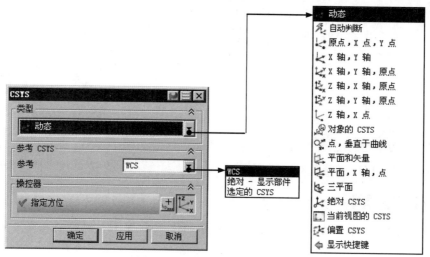

图 3.9.43　"CSYS"对话框

图 3.9.43 所示"CSYS"对话框的 **类型** 下拉列表中部分选项说明如下。

- **X 轴，Y 轴**：通过两个矢量来创建一个坐标系。坐标系的原点为第一矢量与第二矢量的交点，XC-YC 平面为第一矢量与第二个矢量所确定的平面，X 轴正向为第一矢量方向，从第一矢量至第二矢量按右手螺旋法则确定 Z 轴的正向。

- **Z 轴，X 点**：通过选择或创建一个矢量和一个点来创建一个坐标系。Z 轴正向为矢量的方向，X 轴正向为沿点和矢量的垂线指向定义点的方向，Y 轴正向由从 Z 轴至 X 轴按右手螺旋法则确定，原点为三个矢量的交点。

- **对象的 CSYS**：用选择的平面曲线、平面或工程图来创建坐标系，XC-YC 平面为对象所在的平面。

- **点，垂直于曲线**：利用所选曲线的切线和一个点的方法来创建一个坐标系。原点为切点，曲线切线的方向即为 Z 轴矢量，X 轴正向为沿点到切线的垂线指向点的方向，Y 轴正向由从 Z 轴至 X 轴矢量按右手螺旋法则确定。

- ■ **平面和矢量**：通过选择一个平面、选择或创建一个矢量来创建一个坐标系。X 轴正向为面的法线方向，Y 轴为矢量在平面上的投影，原点为矢量与平面的交点。

- ⚡ **自动判断**：通过选择的对象或输入坐标分量值来创建一个坐标系。

- ■ **原点，X 点，Y 点**：通过三个点来创建一个坐标系。这三点依次是原点、X 轴方向上的点和 Y 轴方向上的点。第一点到第二点的矢量方向为 X 轴正向，Z 轴正向由第二点到第三点按右手法则来确定。

- ■ **X 轴，Y 轴，原点**：创建一点作为坐标系原点，再选取或创建两个矢量来创建坐标系。X 轴正向平行于第一矢量方向，XC-YC 平面平行于第一矢量与第二矢量所在平面，Z 轴正向由从第一矢量在 XC-YC 平面上的投影矢量至第二矢量在 XC-YC 平面上的投影矢量，按右手法则确定。

- ■ **三平面**：通过依次选择三个平面来创建一个坐标系。三个平面的交点为坐标系的原点，第一个平面的法向为 X 轴，第一个平面与第二个平面的交线为 Z 轴。

- ■ **绝对 CSYS**：在绝对坐标原点（0，0，0）处创建一个坐标系，即与绝对坐标系重合的新坐标系。

- ■ **当前视图的 CSYS**：用当前视图来创建一个坐标系。当前视图的平面即为 XC-YC 平面。

说明："CSYS" 对话框中的一些选项与 "基准 CSYS" 对话框中的相同，此处不再赘述。

2. 使用三个平面创建坐标系

用三个平面创建坐标系是指选择三个平面（模型的表平面或基准面），其交点成为坐标原点，选定的第一个平面的法向定义一个轴的方向，第二个平面的法向定义另一轴的大致方向，系统会自动按右手定则确定第三轴。

如图 3.9.44b 所示，现需要在三个垂直平面（平面 1、平面 2 和平面 3）的交点上创建一个坐标系，操作步骤如下。

Step1. 打开文件 D:\ug8\work\ch03.09\csys_create_02.prt。

Step2. 选择下拉菜单 **插入(S)** ➡ **基准/点(D)▶** ➡ **基准 CSYS...** 命令，系统弹出 "基准 CSYS" 对话框。

Step3. 在对话框 **类型** 区域的下拉列表中选择 **三平面** 选项。选取图 3.9.44a 所示的三个平面为基准坐标系的参考平面，其中 X 轴是平面 1 的法向矢量，Y 轴是平面 2 的法向矢量，原点为三个平面的交点。

Step4. 单击 **< 确定 >** 按钮，完成基准坐标系的创建（图 3.9.44b）。

图 3.9.44　创建基准坐标系

3. 使用两个相交的轴（边）创建坐标系

选取两条直线（或轴线），作为坐标系的 X 轴和 Y 轴，选取一点作为坐标系的原点，然后就可以定义坐标系的方向。如图 3.9.45b 所示，现需要通过模型的两条边线创建一个坐标系，操作步骤如下。

Step1. 打开文件 D:\ug8\work\ch03.09\csys_create_03.prt。

Step2. 选择下拉菜单 插入(S) ➡ 基准/点(D)▶ ➡ 基准 CSYS... 命令，系统弹出 "基准 CSYS" 对话框。

Step3. 在基准 CSYS 对话框中的下拉列表中选取 X 轴, Y 轴, 原点 选项，选取图 3.9.45a 所示的边 1 和边 2 为基准坐标系的 X 轴和 Y 轴，然后选取边 3 的端点作为基准坐标系的原点。

注意：坐标轴的方向与点选边的位置有关，选择时需注意区别。

Step4. 单击 < 确定 > 按钮，完成基准坐标系的创建，如图 3.9.45b 所示。

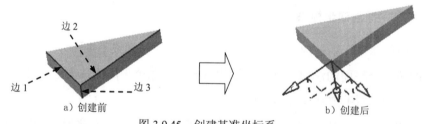

图 3.9.45　创建基准坐标系

4. 创建偏距坐标系

通过参照坐标系的偏移和旋转可以创建一个坐标系。图 3.9.46 所示现要通过参照坐标系创建一个偏距坐标系，操作步骤如下。

Step1. 打开文件 D:\ug8\work\ch03.09\offset_cycs.prt。

Step2. 选择下拉菜单 插入(S) ➡ 基准/点(D)▶ ➡ 基准 CSYS... 命令，系统弹出 "基准 CSYS" 对话框。

Step3. 在基准 CSYS 对话框中的下拉列表中选取 偏置 CSYS 选项；在对话框 参考 CSYS 区域的 参考 下拉列表中选择 绝对 - 显示部件 选项。

Step4. 设置参数。在 "基准 CSYS" 对话框 平移 区域的 X 、 Y 、 Z 文本框中分别输入数值 100，如图 3.9.47 所示；其余选项保持系统默认设置值。

Step5. 单击 < 确定 > 按钮，完成基准坐标系的创建，如图 3.9.46b 所示。

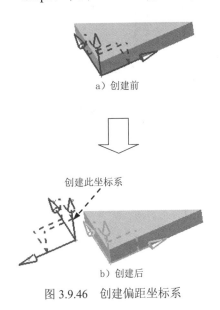

a）创建前

创建此坐标系

b）创建后

图 3.9.46　创建偏距坐标系

图 3.9.47　"基准 CSYS"对话框

5. 创建绝对坐标系

在绝对坐标系的原点处可以定义一个新的坐标系，X 轴和 Y 轴分别是绝对坐标系的 X 轴和 Y 轴，原点为绝对坐标系的原点。在 UG NX 8.0 中创建绝对坐标系时可以选择下拉菜单 插入(S) ➡ 基准/点(D)▶ ➡ 基准 CSYS... 命令，在系统弹出的"基准 CSYS"对话框中 类型 区域的下拉列表中选择 绝对 CSYS 选项；然后单击 < 确定 > 按钮即可。

6. 创建当前视图坐标系

在当前视图中可以创建一个新的坐标系，X 轴平行于视图底部；Y 轴平行于视图的侧面；原点为视图的原点，即图形屏幕的中间位置。当前视图的创建方法也是选择下拉菜单 插入(S) ➡ 基准/点(D)▶ ➡ 基准 CSYS... 命令，在系统弹出的"基准 CSYS" 对话框中 类型 区域的下拉列表中选择 当前视图的 CSYS 选项；然后单击 < 确定 > 按钮即可。

3.10　倒　斜　角

构建特征不能单独生成，而只能在其他特征上生成，孔特征、倒角特征和圆角特征等都是典型的构建特征。使用"倒斜角"命令可以在两个面之间创建用户需要的倒角。下面以图 3.10.1 所示的实例来说明创建倒斜角的一般过程。

Step1. 打开文件 D:\ug8\work\ch03.10\chamfer.prt。

Step2. 选择下拉菜单 插入(S) ➡ 细节特征(L) ➡ 倒斜角(C). 命令，系统弹出图 3.10.2 所示的"倒斜角"对话框。

a）倒斜角前

b）倒斜角后

图 3.10.1　创建倒斜角

图 3.10.2　"倒斜角"对话框

图 3.10.2 所示"倒斜角"对话框中部分选项的说明如下。

- 横截面：该下拉列表用于定义横截面的形状。
  - ☑ 对称选项：用于创建沿两个表面的偏置值相同的斜角。
  - ☑ 非对称选项：用于创建指定不同偏置值的斜角，对于不对称偏置可利用 按钮反转倒角偏置顺序从边缘一侧到另一侧。
  - ☑ 偏置和角度选项：用于创建由偏置值和角度决定的斜角。
- 偏置方法：该下拉列表用于定义偏置面的方式。
  - ☑ 偏置面并修剪选项：倒角的面很复杂，此选项可延伸用于修剪原始曲面的每个偏置曲面。
- ☐ 对所有阵列实例进行倒斜角复选框：用于当正被倒角的特征是一引用阵列集的一部分时。

Step3. 选择倒斜角方式。选中 对称 方式选项（图 3.10.2）。

Step4. 选取图 3.10.1a 所示的边线为倒角的参照边。

Step5. 定义倒角参数。在弹出的动态输入框中，输入偏置值 3（可拖动屏幕上的拖拽手柄至用户需要的偏置值）。

Step6. 单击"倒斜角"对话框中的 <确定> 按钮，完成偏置倒角的创建。

3.11　边　倒　圆

如图 3.11.1 所示，使用"边倒圆"（倒圆角）命令可以使多个面共享的边缘变光滑。既可以创建圆角的边倒圆（对凸边缘则去除材料），也可以创建倒圆角的边倒圆（对凹边缘则添加材料）。下面以图 3.11.1 所示的实例说明边倒圆的一般创建过程。

1. 创建等半径边倒圆

下面以图 3.11.1 所示的模型为例，来说明创建等半径边倒圆的一般操作过程。

Step1. 打开文件 D:\ug8\work\ch03.11\round_01.prt。

Step2. 选择下拉菜单 插入(S) ➡️ 细节特征(L) ➡️ 边倒圆(E)...命令，系统弹出图 3.11.2 所示的"边倒圆"对话框。

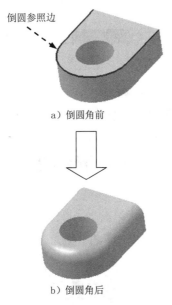

a）倒圆角前

b）倒圆角后

图 3.11.1 "边倒圆"模型

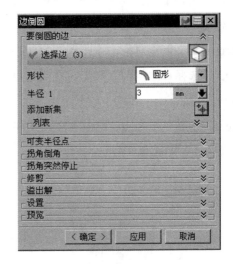

图 3.11.2 "边倒圆"对话框

图 3.11.2 所示"边倒圆"对话框中有关按钮和选项的说明如下。

- （边）：该按钮用于创建一个恒定半径的圆角，恒定半径的圆角是最简单的、也是最容易生成的圆角。

- 形状 下拉列表：用于定义倒圆角的形状，包括以下两个形状。
  - ☑ 圆形：选择此选项，倒圆角的截面形状为圆形。
  - ☑ 二次曲线：选择此选项，倒圆角的截面形状为二次曲线。

- 可变半径点：通过定义边缘上的点，然后输入各点位置的圆角半径值，沿边缘的长度改变倒圆半径。在改变圆角半径时，必须至少已指定了一个半径恒定的边缘，才能使用该选项对它添加可变半径点。

- 拐角倒角：添加回切点到一倒圆拐角，通过调整每一个回切点到顶点的距离，对拐角应用其他的变形。

- 拐角突然停止：通过添加突然停止点，可以在非边缘端点处停止倒圆，进行局部边缘段倒圆。

Step3. 定义圆角形状。在对话框中的 形状 下拉列表中选择 圆形 选项，如图 3.11.2 所示。

Step4. 选取要倒圆的边。单击 要倒圆的边 区域中的 按钮，选取要倒圆的边，输入倒圆参数，输入圆角半径值 3。

Step5. 单击 〈 确定 〉按钮，完成倒圆特征的创建。

2. 创建变半径边倒圆

下面以图 3.11.3 所示的模型为例，来说明创建变半径边倒圆的一般操作过程。

Step1. 打开文件 D:\ug8\work\ch03.11\round_02.prt。

Step2. 选择下拉菜单 插入(S) ➡ 细节特征(L) ➡ 边倒圆(E)...命令，系统弹出"边倒圆"对话框。

Step3. 定义倒圆对象。单击图 3.11.3a 所示的倒圆参照边。

Step4. 选择"边倒圆"类型。在对话框中的 可变半径点 一栏中单击"点构造器"按钮，如图 3.11.4 所示。

Step5. 定义变半径点。单击参照边上任意一点，在动态文本框的 弧长百分比 文本框中输入数值 0，如图 3.11.5 所示。

a）倒圆角前   b）倒圆角后

图 3.11.3　变半径边倒圆

Step6. 输入参数。在弹出的动态输入框中输入半径值 3。

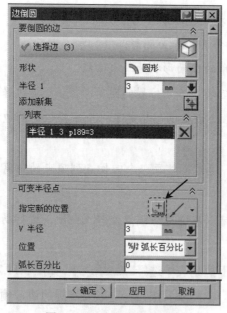

图 3.11.4　选取边倒圆参照点

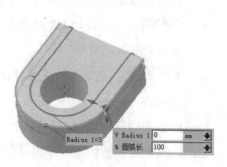

图 3.11.5　定义半径点

Step7. 定义另一个变半径点。其圆角半径值为 5，弧长百分比值 100，详细步骤同 Step4～
Step5。

Step8. 单击"边倒圆"对话框中的 〈 确定 〉 按钮，完成可变半径倒圆特征的创建。

3.12　抽　　　壳

使用"抽壳"命令可以利用指定的壁厚值来抽空一实体，或绕实体建立一壳体。可以
指定不同表面的厚度，也可以移除单个面。图 3.12.1 所示为长方体底面抽壳和体抽壳后的
模型。

a）表面抽壳

b）体抽壳

图 3.12.1　抽壳特征模型

1. 面抽壳操作

下面以图 3.12.2 所示的模型为例，来说明面抽壳的一般操作过程。

Step1. 打开文件 D:\ug8\work\ch03.12\shell_01.prt。

Step2. 选择下拉菜单 插入(S) ➡ 偏置/缩放(O)▶ ➡ 抽壳(H)... 命令，系统弹出图
3.12.3 所示的"抽壳"对话框。

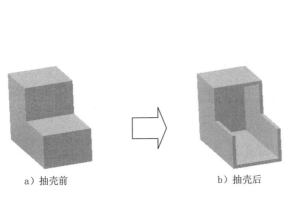

a）抽壳前　　　　　　　b）抽壳后

图 3.12.2　创建面抽壳

图 3.12.3　"抽壳"对话框

Step3. 在对话框中的 类型 下拉列表中选取 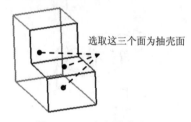 移除面，然后抽壳 选项（图 3.12.3）。

Step4. 选取要抽壳的表面，如图 3.12.4 所示。

Step5. 输入参数。在"抽壳"对话框中的 厚度 文本框内输入数值 2，或者可以拖动抽壳手柄至需要的数值，如图 3.12.5 所示。

Step6. 单击 〈 确定 〉 按钮，完成抽壳操作。

图 3.12.3 所示"抽壳"对话框中有关选项的说明如下。

- 移除面，然后抽壳 选项：指几何实体中指定的面进行抽壳，且不保留抽壳面。
- 对所有面抽壳 选项：指对几何实体的所有面进行抽壳，且保留抽壳面。

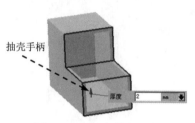

图 3.12.4　选取抽壳表面　　　　　　图 3.12.5　定义抽壳厚度

2. 体抽壳操作

下面以图 3.12.6 所示的模型为例，说明体抽壳的一般操作过程。

Step1. 打开文件 D:\ug8\work\ch03.12\shell_02.prt。

Step2. 选择下拉菜单 插入(S) ➡ 偏置/缩放(O) ➡ 抽壳(H)... 命令，系统弹出图 3.12.7 所示的"抽壳"对话框。

a）抽壳前　　　　　　　　　　　　　　b）抽壳后

图 3.12.6　创建体抽壳

Step3. 在对话框中的 类型 下拉列表中选取 对所有面抽壳 选项。

Step4. 定义抽壳对象。选择长方体为要抽壳的体。

Step5. 输入参数。在 厚度 文本框中输入厚度值 2（或者可以拖动抽壳手柄至需要的数值），如图 3.12.8 所示。

Step6. 单击 〈 确定 〉 按钮，完成抽壳操作。

图 3.12.7　"抽壳"对话框

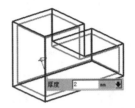

图 3.12.8　定义抽壳厚度

3.13　孔

在 UG NX 8.0 中，可以创建以下三种类型的孔特征（Hole）。

- 简单孔：具有圆截面的切口，它始于放置曲面并延伸到指定的终止曲面或用户定义的深度。创建时要指定"直径""深度"和"尖端尖角"。
- 埋头孔：该选项允许用户创建指定"孔直径""孔深度""尖角""埋头直径"和"埋头深度"的埋头孔。
- 沉头孔：该选项允许用户创建指定"孔直径""孔深度""尖角""沉头直径"和"沉头深度"的沉头孔。

下面以图 3.13.1 所示的零件为例，说明在一个模型上添加孔特征（简单孔）的一般操作过程。

Stage1．打开一个已有的零件模型

打开文件 D:\ug8\work\ch03.13\hole.prt。

Stage2．添加孔特征（简单孔）

Step1．选择下拉菜单 插入(I) ➡ 设计特征(E)▶ ➡ 孔(H)... 命令（或在"成形特征"工具条中单击 按钮），系统弹出"孔"对话框，如图 3.13.2 所示。

Step2．选取孔的类型。在"孔"对话框的 类型 下拉列表中选择 常规孔 选项。

Step3．定义孔的放置面。首先确认"选择条"工具条中的 按钮被按下，选取图 3.13.3 所示的端面为放置面，此时系统以当前默认值自动生成孔的轮廓。

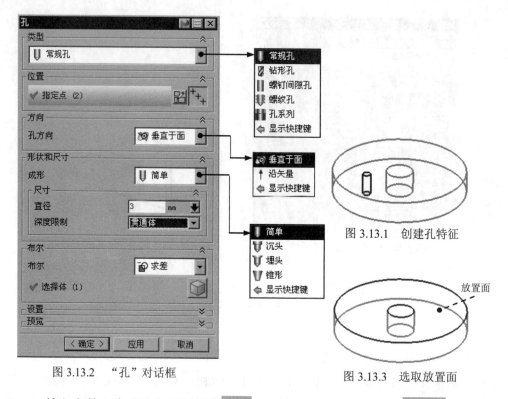

图 3.13.2　"孔"对话框

图 3.13.1　创建孔特征

图 3.13.3　选取放置面

　　Step4. 输入参数。在"孔"对话框的 直径 文本框中输入数值 3，在 深度限制 下拉列表中选择 贯通体 选项。

　　Step5. 完成孔的创建。对话框中的其余参数采用系统默认值，单击 〈确定〉 按钮，完成孔特征的创建。

　　图 3.13.2 所示的"孔"对话框中部分选项的功能说明如下。

- 类型 下拉列表。
  - ☑ 常规孔：创建指定尺寸的简单孔、沉头孔、埋头孔或锥形孔特征等，常规孔可以是不通孔、通孔或指定深度条件的孔。
  - ☑ 钻形孔：根据 ANSI 或 ISO 标准创建简单钻形孔特征。
  - ☑ 螺钉间隙孔：创建简单、沉头或埋头通孔，它们是为具体应用而设计的，例如螺钉间隙孔。
  - ☑ 螺纹孔：创建螺纹孔，其尺寸标注由标准、螺纹尺寸和径向进给等参数控制。
  - ☑ 孔系列：创建起始、中间和结束孔尺寸一致的多形状、多目标体的对齐孔。
- 位置 下拉列表。
  - ☑ 按钮：单击此按钮，打开"创建草图"对话框，并通过指定放置面和方位来创建中心点。
  - ☑ 按钮：可使用现有的点来指定孔的中心。可以是"选择条"工具条中提供的选择意图下的现有点或点特征。

- 孔方向 下拉列表：此下拉列表用于指定将创建的孔的方向，有 垂直于面 和 沿矢量 两个选项。
  - ☑ 垂直于面 选项：沿着与公差范围内每个指定点最近的面法向的反向定义孔的方向。
  - ☑ 沿矢量 选项：沿指定的矢量定义孔方向。
- 成形 下拉列表：此下拉列表由于指定孔特征的形状，有 简单 、 沉头 、 埋头 和 锥形 四个选项。
  - ☑ 简单 选项：创建具有指定直径、深度和尖端顶锥角的简单孔。
  - ☑ 沉头 选项：创建具有指定直径、深度、顶锥角、沉头孔径和沉头孔深度的沉头孔。
  - ☑ 埋头 选项：创建有指定直径、深度、顶锥角、埋头孔径和埋头孔角度的埋头孔。
  - ☑ 锥形 选项：创建具有指定斜度和直径的孔，此项只有在 类型 下拉列表中选择 常规孔 选项时可用。
- 直径 文本框：此文本框用于控制孔直径的大小，可直接输入数值。
- 深度限制 下拉列表：此下拉列表用于控制孔深度类型，包括 值 、 直至选定对象 、 直至下一个 和 贯通体 四个选项。
  - ☑ 值 选项：给定孔的具体深度值。
  - ☑ 直至选定对象 选项：创建一个深度为直至选定对象的孔。
  - ☑ 直至下一个 选项：对孔进行扩展，直至孔到达下一个面。
  - ☑ 贯通体 选项：创建一个通孔，贯通所有特征。
- 布尔 下拉列表：此下拉列表用于指定创建孔特征的布尔操作，包括 无 和 求差 两个选项。
  - ☑ 无 选项：创建孔特征的实体表示，而不是将其从工作部件中减去。
  - ☑ 求差 选项：从工作部件或其组件的目标体减去工具体。

3.14　螺　　纹

在 UG NX 8.0 中，可以创建两种类型的螺纹。

- 符号螺纹：以虚线圆的形式显示在要攻螺纹的一个或几个面上。符号螺纹可使用外部螺纹表文件（可以根据特殊螺纹要求来定制这些文件），以确定其参数。
- 详细螺纹：比符号螺纹看起来更真实，但由于其几何形状的复杂性，创建和更新都需要较长的时间。详细螺纹是完全关联的，如果特征被修改，则螺纹也相应更新。可以选择生成部分关联的符号螺纹，或指定固定的长度。部分关联是指如果螺纹被修改，则特征也将更新（但反过来则不行）。

在产品设计时，当需要制作产品的工程图时，应选择符号螺纹；如果不需要制作产品的工程图，而是需要反映产品的真实结构（如产品的广告图、效果图），则选择详细螺纹。

说明：详细螺纹每次只能创建一个，而符号螺纹可以创建多组，而且创建时需要的时间较少。

下面以图 3.14.1b 所示的零件为例，说明在一个模型上添加螺纹特征（详细螺纹）的一般操作过程。

a）添加螺纹前　　　　　　　　　　　　　　　　　　b）添加螺纹后

图 3.14.1　添加螺纹特征

Stage1．打开一个已有的零件模型

打开文件 D:\ug8\work\ch03.14\thread.prt。

Stage2．添加螺纹特征（详细螺纹）

Step1．选择下拉菜单 插入(I) ➡ 设计特征(E) ➡ 螺纹(T)... 命令（或在"特征操作"工具条中单击 按钮），系统弹出图 3.14.2 所示的"螺纹"对话框（一）。

Step2．选取螺纹的类型。在"螺纹"对话框中选中 ⦿ 详细 单选按钮，"螺纹"对话框（二）如图 3.14.3 所示。

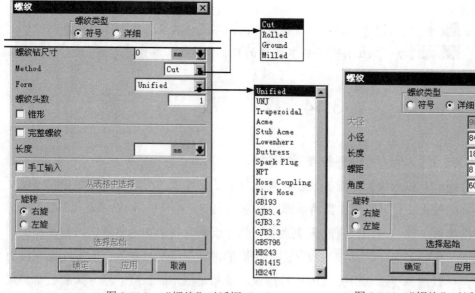

图 3.14.2　"螺纹"对话框（一）　　　　　图 3.14.3　"螺纹"对话框（二）

Step3. 定义螺纹的放置。

（1）定义螺纹的放置面。选取图 3.14.4 所示的柱面为放置面。

（2）定义螺纹的起始面。此时系统自动生成螺纹的方向矢量，系统弹出"螺纹"对话框如图 3.14.5 所示，此时系统自动生成螺纹的方向矢量；选取图 3.14.6 所示的端面为螺纹的起始面，此时"螺纹"对话框如图 3.14.7 所示。

Step4. 单击"螺纹"对话框（图 3.14.7）中的 螺纹轴反向 按钮，然后在"螺纹"对话框中设置图 3.14.7 所示的参数。

Step5. 单击"螺纹"对话框（图 3.14.3）中的 确定 按钮，完成螺纹特征的创建。

图 3.14.4　选取放置面

图 3.14.5　"螺纹"对话框（三）

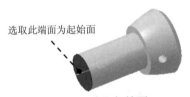

图 3.14.6　选取起始面

图 3.14.7　"螺纹"对话框（四）

3.15　特征的操作与编辑

特征的编辑是在完成特征的创建以后，对其中的一些参数进行修改的操作。可以对特征的尺寸、位置和先后次序等参数进行重新编辑，在一般情况下，保留其与别的特征建立起来的关联性质。它包括编辑参数、编辑定位、特征移动、特征重排序、替换特征、抑制特征、取消抑制特征、去除特征参数以及特征回放等。

3.15.1　编辑参数

编辑参数用于在创建特征时使用的方式和参数值的基础上编辑特征。选择下拉菜单 编辑(E) ➡ 特征(F)▶ ➡ 编辑参数(P)... 命令，在系统弹出的"编辑参数"对话框中选取需要编辑的特征或在已绘图形中选择需要编辑的特征，系统会由用户所选择的特征弹出不

同的对话框来完成对该特征的编辑。下面以一个范例来说明编辑参数的过程，如图 3.15.1
所示。

选取编辑特征

a）编辑参数前　　　　　　　　　　　　　　　　　　　b）编辑参数后

图 3.15.1　编辑参数

Step1. 打开文件 D:\ug8\work\ch03.15\edit_01.prt。

Step2. 选择下拉菜单 编辑(E) ➡ 特征(F) ▸ ➡ 编辑参数(P)...命令，弹出图 3.15.2 所
示的"编辑参数"对话框。

Step3. 定义编辑对象。从图形区或"编辑参数"对话框中选择要编辑的第一个拉伸特
征，然后单击对话框中的 确定 按钮，特征参数值显示在图形区域（图 3.15.3），系统弹出
"拉伸"对话框。

图 3.15.2　"编辑参数"对话框

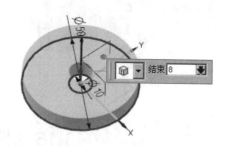

图 3.15.3　显示特征参数值

Step4. 编辑特征参数。在"拉伸"对话框的 开始 下拉列表中选择 值 选项，并在其
下的 距离 文本框中输入数值 0，在 终点 下拉列表中选择 值 选项，并在其下的 距离 文
本框中输入数值 20，并按 Enter 键。

Step5. 依次单击"拉伸"对话框和"编辑参数"对话框中的 确定 按钮，完成编辑参
数的操作。

3.15.2　编辑位置

编辑位置(O)... 命令用于对目标特征重新定义位置，包括修改、添加和删除定位尺寸，
下面以一个范例来说明特征编辑定位的过程，如图 3.15.4 所示。

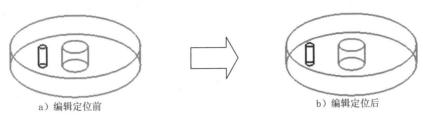

a）编辑定位前　　　　　　　　　　　　b）编辑定位后

图 3.15.4　编辑位置

Step1. 打开文件 D:\ug8\work\ch03.15\edit_02.prt。

Step2. 选择下拉菜单 编辑(E) ➡ 特征(F)▶ ➡ ↵ 编辑位置(O)... 命令，系统弹出如图 3.15.5 所示的"编辑位置"对话框。

Step3. 定义编辑对象。选取图 3.15.6 所示的孔特征，单击 确定 按钮。

Step4. 编辑特征参数。单击 编辑尺寸值 按钮，系统弹出"编辑位置"对话框，选取尺寸"12.5"，此时弹出"编辑表达式"对话框，在文本框中输入数值 15，单击四次 确定 按钮，完成编辑特征的定位。

图 3.15.5　"编辑位置"对话框

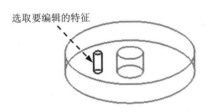

选取要编辑的特征

图 3.15.6　选取要编辑的特征

3.15.3　特征移动

特征移动用于把无关联的特征移到需要的位置。下面以一个范例来说明特征移动的操作步骤，如图 3.15.7 所示。

Step1. 打开文件 D:\ug8\work\ch03.15\move.prt。

Step2. 选择下拉菜单 编辑(E) ➡ 特征(F)▶ ➡ 移动(M)... 命令，系统弹出图 3.15.8 所示的"移动特征"对话框。

Step3. 定义移动对象。在"移动特征"对话框（一）中选取图 3.15.9 所示的特征，单击 确定 按钮。

Step4. 编辑移动参数。"移动特征"对话框（二）如图 3.15.10 所示，分别在 DXC 文本框输入数值 15，在 ^{DYC} 文本框输入数值 15，在 ^{DZC} 文本框中输入数值 15，单击对话框中的 确定 按钮，完成特征的移动操作。

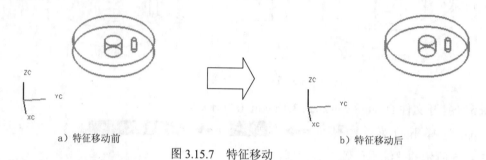

a）特征移动前　　　　　　　　　　　　　　　b）特征移动后

图 3.15.7　特征移动

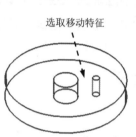

图 3.15.8　"移动特征"对话框（一）　图 3.15.9　选取移动特征

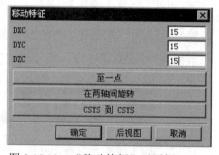

图 3.15.10　"移动特征"对话框（二）

图 3.15.10 所示"移动特征"对话框中各选项的功能说明如下。

- ^{DXC} 文本框：用于编辑沿 XC 坐标方向上移动的距离。如在 ^{DXC} 文本框中输入数值 -5，则表示特征沿 XC 负方向移动 5mm。

- ^{DYC} 文本框：用于编辑沿 YC 坐标方向上移动的距离。

- ^{DZC} 文本框：用于编辑沿 ZC 坐标方向上移动的距离。

- 至一点 按钮：可将所选特征从参考点移动到目标点。

- 在两轴间旋转 按钮：可通过在参考轴与目标轴之间的旋转来移动特征。

- CSYS 到 CSYS 按钮：将所选特征由参考坐标系移动到目标坐标系。

3.15.4　特征重排序

特征重排序可以改变特征应用于模型的次序，即将重定位特征移至选定的参考特征之前或之后。对具有关联性的特征重排序以后，与其关联特征也被重排序。下面以一个范例来说明"特征重排序"的操作步骤，其模型树如图 3.15.11 所示。

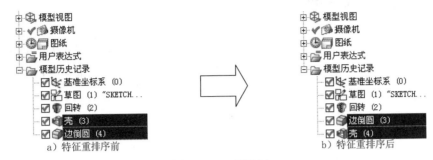

a) 特征重排序前　　　　　　　　　　b) 特征重排序后

图 3.15.11　模型树

Step1. 打开文件 D:\ug8\work\ch03.15\cap.prt。

Step2. 选择下拉菜单 编辑(E) ➡ 特征(F)▶ ➡ 重排序(R)... 命令，弹出"特征重排序"对话框，如图 3.15.12 所示。

Step3. 根据系统 选择参考特征 的提示，在该对话框中的 过滤器 列表框中选取 壳(3) 选项为参考特征（图 3.15.12），或在图形中选择需要重排序的特征（图 3.15.13），在 选择方法 区域中选中 ⊙ 之前 单选按钮。

Step4. 在 重定位特征 列表框中将会出现位于该特征后面的所有特征，根据系统 选择重定位特征 的提示，在该列表框中选取 边倒圆(4) 选项为需要重排序的特征（图 3.15.12）。

Step5. 单击 确定 按钮，完成特征的重排序。

图 3.15.12 所示的"特征重排序"对话框中 选择方法 区域的选项说明如下。

- ⊙ 之前 单选按钮：选中的重定位特征被移动到参考特征之前。
- ⊙ 之后 单选按钮：选中的重定位特征被移动到参考特征之后。

图 3.15.12　"特征重排序"对话框

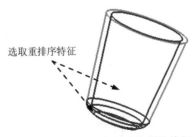

图 3.15.13　选取重排序的特征

3.15.5　特征的抑制与取消抑制

特征的抑制操作可以从目标特征中移除一个或多个特征，当抑制相互关联的特征时，关联的特征也将被抑制。当取消抑制后，特征及与之关联的特征将显示在图形区。下面以一个范例来说明应用抑制特征和取消抑制操作的过程，如图 3.15.14 所示。

Stage1.　抑制特征

Step1. 打开文件 D:\ug8\work\ch03.15\repress.prt。

Step2. 选择下拉菜单 编辑(E) ➡ 特征(F) ▶ ➡ 抑制(S)... 命令，系统弹出"抑制特征"对话框（图 3.15.15）。

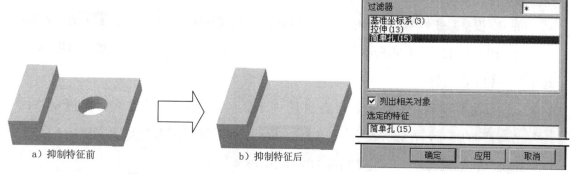

a）抑制特征前　　　　b）抑制特征后

图 3.15.14　抑制特征　　　　　　　图 3.15.15　"抑制特征"对话框

Step3. 定义抑制对象。选取图 3.15.16 所示的特征。

Step4. 单击 确定 按钮，完成抑制特征的操作，如图 3.15.14b 所示。

Stage 2.　取消抑制特征

Step1. 选择下拉菜单 编辑(E) ➡ 特征(F) ▶ ➡ 取消抑制(U)... 命令，弹出"取消抑制特征"对话框，如图 3.15.17 所示。

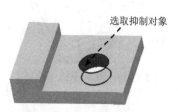

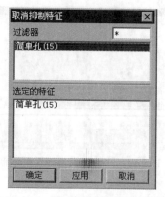

图 3.15.16　选取抑制对象　　　　　图 3.15.17　"取消抑制特征"对话框

Step2. 在该对话框中选取需要取消抑制的特征，单击 确定 按钮，完成取消抑制特征的操作（图 3.15.14a），模型恢复到初始状态。

3.16 拔 模

使用"拔模"命令可以使面相对于指定的拔模方向成一定的角度。拔模通常用于对模型、部件、模具或冲模的竖直面添加斜度，以便借助拔模面将部件或模型与其模具或冲模分开。用户可以为拔模操作选择一个或多个面，但它们必须都是同一实体的一部分。下面分别以面拔模和边拔模为例介绍拔模过程。

1. 面拔模

下面以图 3.16.1 所示的模型为例，来说明面拔模的一般操作过程。

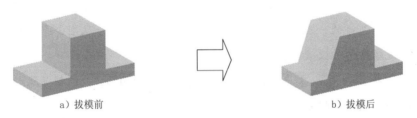

a) 拔模前   b) 拔模后

图 3.16.1 创建面拔模

Step1. 打开文件 D:\ug8\work\ch03.16\draft_01.prt。

Step2. 选择下拉菜单 插入(S) ➡ 细节特征(L) ➡ 拔模(T)... 命令，弹出图 3.16.2 所示的"拔模"对话框。

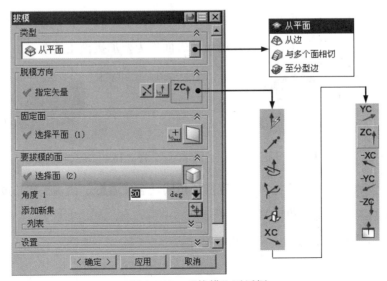

图 3.16.2 "拔模"对话框

图 3.16.2 所示"拔模"对话框中有关按钮的说明如下。

- 类型区域：该区域用于定义拔模类型。

  ☑ 从平面：选择该选项，在静止平面上实体的横截面通过拔模操作维持不变。

  ☑ 从边：选择该选项，使整个面在回转过程中保持通过部件的横截面是平的。

  ☑ 与多个面相切：在拔模操作之后，拔模的面仍与相邻的面相切。此时，固定边未被固定，而是移动的，以保持与选定面之间的相切约束。

  ☑ 至分型边：在整个面回转过程中保留通过该部件中平的横截面，并且根据需要在分型边缘创建突出部分。

☑ （自动判断的矢量）：单击该按钮，可以从所有的 NX 矢量创建选项中进行选择，如图 3.16.2 所示。

☑ （固定平面）：单击该按钮，允许通过选择的平面、基准平面或与拔模方向垂直的平面所通过的一点来选择该面。此选择步骤仅可用于从固定平面拔模和拔模到分型边缘这两种拔模类型。

☑ （要拔模的面）：单击该按钮，允许选择要拔模的面。此选择步骤仅在创建从固定平面拔模类型时可用。

☑ （反向）：单击该按钮，将显示的方向矢量反向。

Step3. 选择拔模方式。在对话框中的类型下拉菜单中，选取 从平面 选项。

Step4. 指定开模（拔模）方向。单击 按钮下的子按钮 ZC↑，选取 ZC 正向作为拔模方向。

Step5. 定义拔模固定平面。选取图 3.16.3 所示的长方体的一个表面作为拔模固定平面。

Step6. 定义拔模面。选取图 3.16.4 所示的表面作为要加拔模角的面。

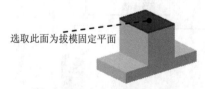

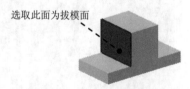

图 3.16.3　定义拔模固定平面　　　　　　图 3.16.4　定义拔模面

Step7. 定义拔模角。系统将弹出设置拔模角的动态文本框，输入拔模角度值 20（也可拖动拔模手柄至需要的拔模角度）。

Step8. 单击 < 确定 > 按钮，完成拔模操作。

2．边拔模

下面以图 3.16.5 所示的模型为例，来说明边拔模的一般操作过程。

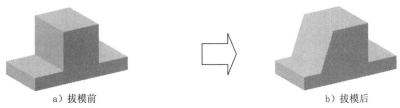

　　　　a）拔模前　　　　　　　　　　　　　　　　　　　　　　b）拔模后

图 3.16.5　创建边拔模

Step1. 打开文件 D:\ug8\work\ch03.16\draft_02.prt。

Step2. 选择下拉菜单 插入(S) ➡ 细节特征(L) ➡ 拔模(T)... 命令，系统弹出"拔模角"对话框。

Step3. 选择拔模类型。在对话框中的 类型 下拉菜单中，选取 从边 选项。

Step4. 指定开模（拔模）方向。单击 按钮下的子按钮 ZC 。

Step5. 定义拔模边缘。选取图 3.16.6 所示长方体的一个边线作为要拔模的边缘线。

Step6. 定义拔模角。系统弹出设置拔模角的动态文本框，在动态文本框内输入拔模角度值 20（也可拖动拔模手柄至需要的拔模角度），如图 3.16.7 所示。

Step7. 单击 < 确定 > 按钮，完成拔模操作。

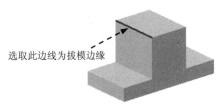

选取此边线为拔模边缘

图 3.16.6　选择拔模边缘线

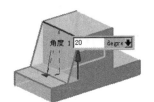

图 3.16.7　输入拔模角

3.17　扫 掠 特 征

扫掠特征是用规定的方法沿一条空间的路径移动一条曲线而产生的体。移动曲线称为截面线串，其路径称为引导线串。下面以图 3.17.1 所示的模型为例，说明创建扫掠特征的一般操作过程。

Stage1．打开一个已有的零件模型

打开文件 D:\ug8\work\ch03.17\sweep.prt。

Stage2. 添加扫描特征

Step1. 选择下拉菜单 插入(S) ➡ 扫掠(W) ➡ ◇ 扫掠(S)… 命令，弹出图 3.17.2 所示的 "扫掠" 对话框。

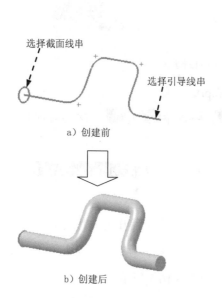

选择截面线串

选择引导线串

a）创建前

b）创建后

图 3.17.1　创建扫掠特征

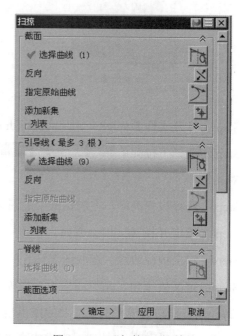

图 3.17.2　"扫掠" 对话框

图 3.17.2 所示 "扫掠" 对话框中有关按钮的说明如下。

- 截面 区域中的相关按钮。
  - ☑ 🔲：用于选取截面曲线。
  - ☑ 🔲：用于选择封闭环时，可以改变起始曲线。
  - ☑ 🔲：可以重新排序或删除线串来修改现有截面串集。
- 引导线（最多 3 根）区域中的相关按钮。
  - ☑ 🔲：用于选取引导线。
  - ☑ 🔲：用于选择封闭环时，可以改变起始曲线。
  - ☑ 🔲：可以重新排序或删除线串来修改现有截面串集。

Step2. 定义截面线串。在对话框中的 截面 中选取图 3.17.1a 所示的截面线串。

Step3. 定义引导线串。在对话框中的 引导线（最多 3 根）中选取图 3.17.1a 所示的引导线串。

Step4. 在 "扫掠" 对话框中采用系统默认的设置，单击 〈确定〉 按钮或者单击鼠标中键，完成扫描的特征操作。

3.18　三角形加强筋

用户可以使用"三角形加强筋"命令沿着两个面集的交叉曲线来添加三角形加强筋（肋）特征。要创建三角形加强筋特征，首先必须指定两个相交的面集，面集可以是单个面，也可以是多个面；其次要指定三角形加强筋的基本定位点，可以是沿着交叉曲线的点，也可以是交叉曲线和平面相交处的点。下面以图 3.18.1 所示的模型为例，说明创建三角形加强筋的一般操作过程。

a）创建前　　　　　　　　　　　　　　　　　　　　　b）创建后

图 3.18.1　创建三角形加强筋

Step1.　打开文件 D：\ug8\work\ch03.18\heatedly.prt。

Step2.　选择下拉菜单 插入(I) ➡ 设计特征(E)▶ ➡ 三角形加强筋(D)… 命令，系统弹出图 3.18.2 所示的"三角形加强筋"对话框，可以沿着两个面的交叉曲线来添加三角形加强筋特征。

Step3.　定义面集 1。选取放置三角形加强筋的第一组面，如图 3.18.3 所示。

Step4.　定义面集 2。单击"第二组"按钮 （图 3.18.2），选取放置三角形加强筋的第二组面，系统出现加强筋的预览，如图 3.18.3 所示。

Step5.　在 方法 选项组中选择 沿曲线 方式。

Step6.　定义放置位置。在"三角形加强筋"对话框中选中 ⊙ ×圆弧长 单选按钮，输入需要放置加强筋的位置值 50（放在正中间）。

Step7.　输入参数。在尺寸选项组中的文本框中分别输入角度数值 45，深度数值 20，半径数值 3。

Step8.　单击 确定 按钮，完成三角形加强筋特征的创建。

图 3.18.2 所示"三角形加强筋"对话框中主要选项的说明如下。

● 选择步骤：用于选择操作步骤。

　☑ （第一组）：用于选择第一组面。可以为面集选择一个或多个面。

　☑ （第二组）：用于选择第二组面。可以为面集选择一个或多个面。

　☑ （位置曲线）：用于在有多条可能的曲线时选择其中一条位置曲线。

☑　▱(位置平面)：用于选择相对于平面或基准平面的三角形加强筋特征的位置。

☑　▰(方位平面)：用于对三角形加强筋特征的方位选择平面。

- 方法区域：用于定义三角形加强筋的位置。

  ☑　沿曲线：在交叉曲线的任意位置交互式地定义三角形加强筋基点。

  ☑　位置：定义一个可选方式，以查找三角形加强筋的位置，即可以输入坐标或单击位置平面、方位平面。

- ◉ %圆弧长 单选按钮：该选项用于选择加强筋在交叉曲线上的位置。

- "尺寸"区域：用于指定三角形加强筋特征的尺寸。

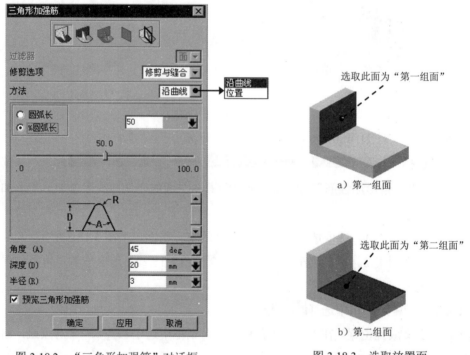

图 3.18.2　"三角形加强筋"对话框　　　　　图 3.18.3　选取放置面

3.19　凸　　台

"凸台"功能用于在一个已经存在的实体面上创建一圆形凸台。下面以图 3.19.1 所示的圆台为例，说明创建圆台的一般操作步骤。

Step1. 打开文件 D:\ug8\work\ch03.19\protruding.prt。

Step2. 选择下拉菜单 插入(I) ➡ 设计特征(E)▸ ➡ ◩ 凸台(B)... 命令（或在"成形特征"工具条中单击 ◪ 按钮），系统弹出图 3.19.2 所示的"凸台"对话框。

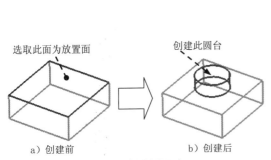

a）创建前　　　　　b）创建后

图 3.19.1　创建圆凸台

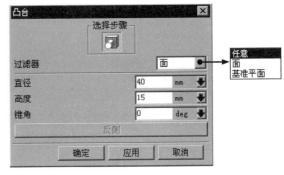

图 3.19.2　"凸台"对话框

Step3. 选取图 3.19.1a 所示的实体表面为放置面。

Step4. 输入圆台参数。在"凸台"对话框中输入直径值 40、高度值 15（图 3.19.2），单击 确定 按钮，系统弹出图 3.19.3 所示的"定位"对话框。

Step5. 创建定位尺寸来确定圆台放置位置。

（1）定义参照 1。单击 按钮，选取图 3.19.4 所示的边线作为基准 1，然后在"定位"对话框中输入数值 40，单击 应用 按钮。

（2）定义参照 2。单击 按钮，选取图 3.19.5 所示的边线作为基准 2，然后在"定位"对话框中输入数值 40，单击 确定 按钮完成圆台的创建。

图 3.19.3　"定位"对话框

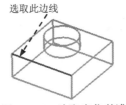

图 3.19.4　选取定位基准 1

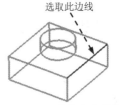

图 3.19.5　选取定位基准 2

3.20　腔　体

腔体就是在已有的实体模型中切减材料而形成的特征。腔体特征的创建过程与孔类似，不同的是孔是圆柱形的，而腔体可以是多种几何形状。在 UG NX 8.0 中可以创建三种类型的腔体：圆柱形腔体、矩形腔体和常规腔体（图 3.20.1）。下面将详细介绍这三种腔体的创建方法。

1. 圆柱形腔体

下面以图 3.20.2 所示的模型为例，说明创建圆柱形腔体的一般操作过程。

Step1. 打开文件 D:\ug8\work\ch03.20\lacuna_01.prt。

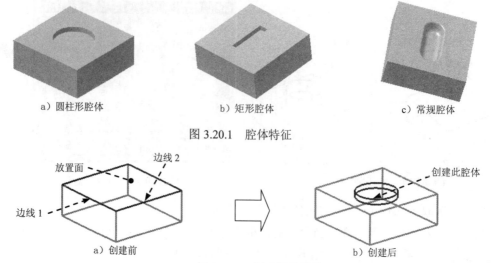

a）圆柱形腔体　　　　　　b）矩形腔体　　　　　　c）常规腔体

图 3.20.1　腔体特征

a）创建前　　　　　　　　　　　　　　b）创建后

图 3.20.2　创建圆柱形体

Step2. 选择下拉菜单 插入(I) ➡ 设计特征(E)▶ ➡ ▦ 腔体(P)... 命令，弹出图 3.20.3 所示的"腔体"对话框。

Step3. 选择腔体类型。单击 柱 按钮，系统弹出图 3.20.4 所示的"圆柱形腔体"对话框。

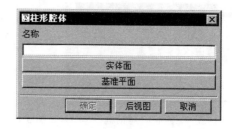

图 3.20.3　"腔体"对话框　　　　　图 3.20.4　"圆柱形腔体"对话框

Step4. 定义放置面。选取图 3.20.2a 所示的立方体上表面，系统弹出"圆柱形腔体"对话框，如图 3.20.5 所示。

Step5. 输入腔体参数（图 3.20.5），单击 确定 按钮，系统弹出"定位"对话框。

Step6. 确定放置位置。单击"定位"对话框中的 ⋰ 按钮，选取图 3.20.2a 所示的边线 1，选择图形区出现的圆，系统弹出"设置圆弧的位置"对话框，单击其中的 圆弧中心 按钮，在弹出的"创建表达式"对话框中的文本框中输入数值 40，单击 确定 按钮，再次弹出"定位"对话框，单击 ⋰ 按钮，选取图 3.20.2a 所示的边线 2，选取图形区的圆，系统再次弹出"设置圆弧的位置"对话框，单击其中的 圆弧中心 按钮，在弹出的"创建表达式"对话框中的文本框中输入数值 40，单击 确定 按钮，完成腔体的创建。

图 3.20.5 "圆柱形腔体"对话框

图 3.20.5 所示"圆柱形腔体"对话框中各项的说明如下。

- 腔体直径 文本框：用于设置圆柱形腔体的直径。

- 深度 文本框：用于设置圆柱形腔体的深度。

- 底面半径 文本框：用于设置圆柱形腔体底面的圆弧半径。它的值必须在 0 和深度之间。

- 锥角 文本框：用于设置圆柱形腔体的拔模角度。拔模角度值不能为负值。

2．矩形腔体

下面以图 3.20.6 所示的模型为例，说明创建矩形腔体的一般操作过程。

Step1. 打开文件 D:\ug8\work\ch03.20\lacuna_02.prt。

Step2. 选择命令。选择下拉菜单 插入(I) ➡ 设计特征(E) ➡ 腔体(P)... 命令（或在"成形特征"工具条中单击 按钮），系统弹出"腔体"对话框。

Step3. 选择腔体类型。单击 矩形 按钮，系统弹出图 3.20.7 所示的"矩形腔体"对话框。

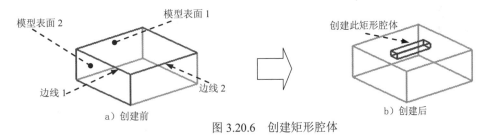

图 3.20.6　创建矩形腔体

Step4. 定义放置面。选取图 3.20.6a 所示的模型表面 1 作为放置面，系统弹出图 3.20.8 所示的"水平参考"对话框。

Step5. 定义水平参考。选取图 3.20.6a 所示的模型表面 2 作为水平参考，系统弹出图 3.20.9 所示的"矩形腔体"对话框。

说明：可选择实体的边、面或基准轴等对象作为矩形腔体的水平参考方向。指定参考方向后，系统会出现一个箭头，即水平参考方向，也就是将要创建的矩形腔体长度方向。

图 3.20.7 "矩形腔体"对话框（一）

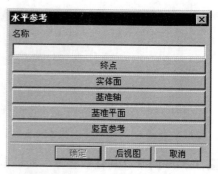

图 3.20.8 "水平参考"对话框

图 3.20.9 "矩形腔体"对话框（二）

图 3.20.9 所示的"矩形腔体"对话框中各项的说明如下。

- 长度 文本框：用于设置矩形腔体的长度。
- 宽度 文本框：用于设置矩形腔体的宽度。
- 深度 文本框：用于设置矩形腔体的深度。
- 拐角半径 文本框：用于设置矩形腔体竖直边的圆半径（大于或等于零）。
- 底面半径 文本框：用于设置矩形腔体底边的圆半径。它的值必须大于或等于零。
- 锥角 文本框：用于设置矩形腔体的拔模角度。腔体的四壁以这个角度向内倾斜。拔模角度值不能为负值。
- 拔模角度值不能为负值。

Step6. 输入腔体参数（图 3.20.9）。单击 确定 按钮，系统弹出"定位"对话框。

Step7. 确定放置位置。单击"定位"对话框中的 按钮，选取图 3.20.6a 所示的边线 1，选取图形中与边线 1 平行的虚线，在弹出的"创建表达式"对话框的文本框中输入数值 40，单击 确定 按钮，系统重新弹出"定位"对话框；单击 按钮，选取图 3.20.6a 所示的边线 2，选取图形中与边线 2 平行的虚线，在弹出"创建表达式"对话框的文本框中输入数值 40，单击 确定 按钮，系统重新弹出"定位"对话框；单击 确定 按钮，完成腔体的创建。

3. 常规腔体

常规腔体是指形状特殊的腔体，要创建常规腔体，必须先创建腔体的轮廓草图。单击 常规 按钮，系统弹出图 3.20.10 所示的"常规腔体"对话框。

图 3.20.10 所示的"常规腔体"对话框中主要选项的说明如下。

● [选择步骤]区域：用于选择操作步骤。

☑ [图标]（放置面）：用于选择常规腔体的放置面。放置面可以是实体的任何一个表面，所选择的放置面是将要创建的腔体顶面。由于放置面是第一个操作步骤，所以选择放置面时必须考虑到其他步骤，比如由于放置面轮廓线必须投影在放置面上，因此要考虑到放置面轮廓曲线的投影方向。

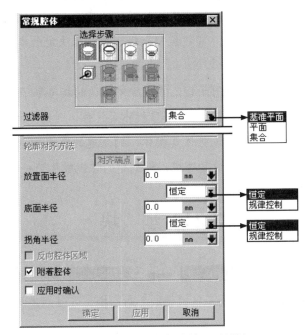

图 3.20.10　"常规腔体"对话框

☑ [图标]（放置面轮廓）：用于定义放置面轮廓线，即在放置面上的顶面轮廓。可以直接从模型中选择曲线或边缘来定义放置面轮廓，也可用转换底面轮廓线的方式来定义放置面轮廓。

☑ [图标]（底面）：用于定义常规腔体的底面。

☑ [图标]（底面轮廓曲线）：用于定义常规腔体的底面轮廓曲线，可以直接从模型中选择曲线或边缘来定义底面轮廓曲线，也可通过转换放置面轮廓线来定义底面轮廓曲线。

☑ [图标]（目标体）：用于选取目标实体，即常规腔体将在所选取的实体上创建。当目标体不是放置面所在的实体或片体时，应单击该按钮以指定放置常规腔体的目标体。当定义面时，如果选择的第一个面为基准平面，则必须指定目标体。

☑ [图标]（放置面）：用于选择常规腔体的放置面。放置面可以是实体的任何一个表面，所选择的放置面是将要创建的腔体顶面。由于放置面是第一个操作步骤，所以选择放置面时必须考虑到其他步骤，比如由于放置面轮廓线必须投影在放置面上，因此要考虑到放置面轮廓曲线的投影方向。

- 放置面半径 文本框：该文本框用于指定常规腔体的顶面与侧面间的圆角半径。可以利用其下拉列表中的选项：常数控制或规则控制来决定腔体的放置面半径，其值必须大于或等于 0。

- 底面半径 文本框：该文本框用于指定常规腔体的底面与侧面间的圆角半径，也可以利用其下拉列表中的选项：常数控制或规则控制来决定腔体的底面半径，其值必须大于或等于 0。

- 拐角半径 文本框：该文本框用于指定常规腔体侧边的拐角半径。

- ☑ 附着腔体 复选框：选中该复选项，若目标体是片体，则创建的常规腔体为片体，并与目标片体自动缝合；若目标体是实体，则创建的常规腔体为实体，并从实体中删除常规腔体。取消选中该复选框，则创建的常规腔体为一个独立的实体。

3.21　垫　块

选择下拉菜单 插入(I) ➡ 设计特征(E)▶ ➡ 🔲 垫块(A)... 命令（或在"特征"工具条中单击 🔲 按钮），系统弹出图 3.21.1 所示的"垫块"对话框。可以创建两种类型的垫块：矩形垫块和常规垫块。

垫块和腔体基本上是一致的，唯一的区别就是一个是添加，一个是切除。其操作方法可以参考 3.20 节中创建腔体的操作方法。操作结果如图 3.21.2 所示。

图 3.21.1　"垫块"对话框

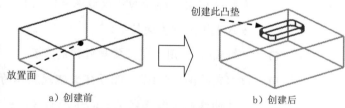

图 3.21.2　创建垫块

3.22　键　槽

用户可以使用"键槽"命令创建一个直槽穿过实体或通到实体内部，而且在当前目标实体上自动执行布尔运算。可以创建五种类型的键槽：矩形键槽、球形键槽、U 形槽、T 形键槽和燕尾形键槽（图 3.22.1）。下面分别详细介绍五种键槽。

| a）矩形键槽 | b）球形键槽 | c）U 形键槽 | d）T 形键槽 | e）燕尾形键槽 |

图 3.22.1　键槽的几种类型

1. 矩形键槽

下面以图 3.22.2 所示的模型为例，说明创建矩形键槽的一般操作过程。

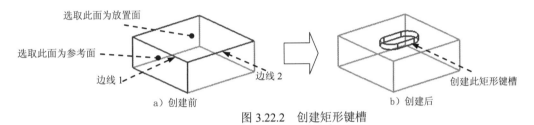

a）创建前　　　　　　　　　　　　b）创建后

图 3.22.2　创建矩形键槽

Step1. 打开文件 D:\ug8\work\ch03.22\slot.prt。

Step2. 选择下拉菜单 插入(I) ➡ 设计特征(E)▸ ➡ 键槽(L)... 命令（或在"成形特征"工具条中单击 按钮），系统弹出图 3.22.3 所示的"键槽"对话框。

Step3. 选择键槽类型。在"键槽"对话框中选中 ⊙ 矩形槽 单选按钮，单击 确定 按钮。

Step4. 定义放置面和水平参考。选取图 3.22.2a 所示的放置面和水平参考，系统弹出图 3.22.4 所示的"矩形键槽"对话框。

说明：水平参考方向即为矩形键槽的长度方向。

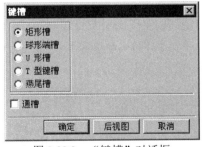

图 3.22.3　"键槽"对话框

图 3.22.4　"矩形键槽"对话框

图 3.22.4 所示的"矩形键槽"对话框中各项的说明如下。

● 长度 文本框：用于设置矩形键槽的长度。按照平行于水平参考的方向测量。长度值必须是正的。

● 宽度 文本框：用于设置矩形键槽的宽度，即形成键槽的刀具宽度。

● 深度 文本框：用于设置矩形键槽的深度。按照与槽的轴相反的方向测量，是从原点到槽底面的距离。深度值必须是正的。

Step5. 定义键槽参数。在"矩形键槽"对话框中输入图 3.22.4 所示的数值，单击 确定 按钮，系统弹出"定位"对话框。

Step6. 确定放置位置。单击"定位"对话框中的 按钮，选取图 3.22.2a 所示的边线 1，选取图形中与边线 1 平行的虚线，在弹出"创建表达式"对话框的文本框中输入数值 40，单击 确定 按钮，系统重新弹出"定位"对话框；单击 按钮，选取图 3.22.2a 所示的边线 2，选取图形中与边线 2 平行的虚线，在弹出"创建表达式"对话框的文本框中输入数值 40，单击 确定 按钮，系统重新弹出"定位"对话框；单击 确定 按钮，完成键槽的创建。

2. 球形键槽

在"键槽"对话框中选中 ⊙ 球形端 单选按钮；在选择放置面和指定水平参考后，系统弹出图 3.22.5 所示的"球形键槽"对话框；输入图 3.22.5 所示的参数；确定定位尺寸。创建的球形键槽如图 3.22.6 所示。

说明：水平参考方向即为球形键槽的长度方向。

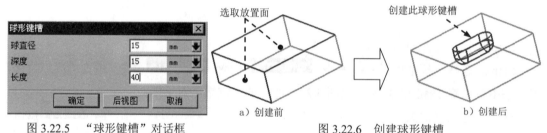

图 3.22.5 "球形键槽"对话框　　　　图 3.22.6 创建球形键槽

3. U 形槽

在"键槽"对话框中选中 ⊙ U 形槽 单选按钮；在选择放置面和指定水平参考后，系统弹出图 3.22.7 所示的"U 形槽"对话框；输入图 3.22.7 所示的参数；确定定位尺寸。创建的 U 形槽如图 3.22.8 所示。

说明：水平参考方向即 U 形槽的长度方向。

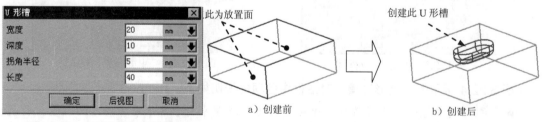

图 3.22.7 "U 形槽"对话框　　　　图 3.22.8 创建 U 形槽

4. T形键槽

在"键槽"对话框中选中 ⊙T型键槽 单选按钮；在选择放置面和指定水平参考后，系统弹出图 3.22.9 所示的"T形键槽"对话框；输入图 3.22.9 所示的参数；确定定位尺寸。创建的 T 形键槽如图 3.22.10 所示。

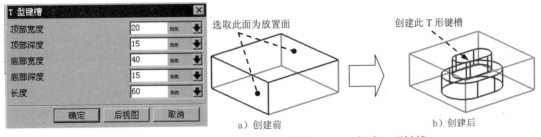

图 3.22.9　"T形键槽"对话框　　　　图 3.22.10　创建 T 形键槽

说明：水平参考方向即为 T 形键槽的长度方向。

5. 燕尾槽

在"键槽类型"对话框中选中 ⊙燕尾 单选按钮；在选择放置平面和指定水平参考后，系统弹出图 3.22.11 所示的"燕尾槽"对话框；输入图 3.22.11 所示的参数；确定定位尺寸。创建的燕尾槽如图 3.22.12 所示。

说明：水平参考方向即为燕尾槽的长度方向。

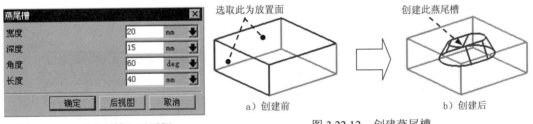

图 3.22.11　"燕尾槽"对话框　　　　图 3.22.12　创建燕尾槽

3.23　开　槽

用户可以使用"开槽"命令在实体上创建一个沟槽，如同车削的操作一样，将一个成形工具在回转部件上向内（从外部定位面）或向外（从内部定位面）移动来形成沟槽。在 UG NX 中可以创建三种类型的沟槽：矩形沟槽、球形端槽和 U 形槽（图 3.23.1）。

a）矩形沟槽　　　　　　　b）球形沟槽　　　　　　　c）U 形沟槽

图 3.23.1　创建沟槽特征

下面以图 3.23.2 所示的矩形沟槽为例，说明创建沟槽特征一般操作过程。

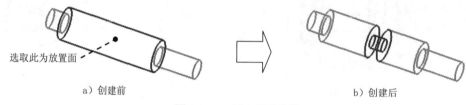

选取此为放置面

a）创建前　　　　　　　　　　　　　　b）创建后

图 3.23.2　创建矩形沟槽

Step1. 打开文件 D:\ug8\work\ch03.23\groove.prt。

Step2. 选择下拉菜单 插入(I) ➡ 设计特征(E)▶ ➡ 🛢 槽(G)... 命令（或在"成形特征"工具条中单击 🛢 按钮），系统弹出"槽"对话框，如图 3.23.3 所示。

Step3. 选择槽类型。单击 矩形 按钮，系统弹出"矩形槽"对话框（一），如图 3.23.4 所示。

Step4. 定义放置面。选取图 3.23.2a 所示的放置面，此时"矩形槽"对话框（二）如图 3.23.5 所示。

图 3.23.3　"槽"对话框

图 3.23.4　"矩形槽"对话框（一）

Step5. 输入参数。在"矩形槽"对话框（二）中输入图 3.23.5 所示的参数，单击 确定 按钮，系统弹出图 3.23.6 所示的"定位槽"对话框，并且沟槽预览将显示为一个圆盘，如图 3.23.7 所示。

图 3.23.5　"矩形槽"对话框（二）

图 3.23.6　"定位槽"对话框

Step6. 定义目标边和刀具边。选取图 3.23.7 所示的目标边和刀具边，系统弹出图 3.23.8 所示的"创建表达式"对话框。

Step7. 定义表达式参数。输入定位值 20，单击 确定 按钮，完成沟槽的创建。

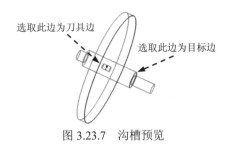

图 3.23.7 沟槽预览

图 3.23.8 "创建表达式"对话框

球形端槽和 U 形槽的创建与矩形沟槽相似，不再赘述。

关于创建沟槽的几点说明。

- 槽只能在圆柱形或圆锥形面上创建。回转轴是选中面的轴。在选择该面的位置（选择点）附近创建槽，并自动连接到选中的面上。
- 槽的定位面可以是实体的外表面，也可以是实体的内表面。
- 槽的轮廓垂直于回转轴，并对称于通过选择点的平面。
- 槽的定位和其他的成形特征的定位稍有不同。只能在一个方向上定位槽，即沿着目标实体的轴，并且不能利用"定位"对话框定位槽，而是通过选择目标实体的一条边及工具的边或中心线来定位槽。

3.24 缩 放 体

使用"缩放体"命令可以在"工作坐标系"（WCS）中按比例缩放实体和片体。可以使用均匀比例，也可以在 XC、YC 和 ZC 方向上独立地调整比例。比例类型有均匀、轴对称和通用比例。下面以图 3.24.1 所示的模型，说明使用"缩放"命令的一般操作过程。

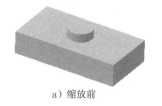 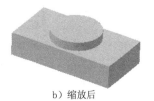

a）缩放前　　　　　　　　　　　　　　　　b）缩放后

图 3.24.1 缩放操作

Step1. 打开文件 D:\ug8\work\ch03.24\scale.prt。

Step2. 选择下拉菜单 插入(S) ➡ 偏置/缩放(O) ➡ 缩放体(S)... 命令，系统弹出图 3.24.2 所示的"缩放体"对话框。

图 3.24.2 "缩放体"对话框

图 3.24.2 所示"缩放"对话框中有关选项的说明如下。

- 类型 区域：缩放类型有四个基本类型，但对每一种比例"类型"方法而言，不是所有的操作步骤都可用。

  - ☑ 均匀：在所有方向上均匀地按比例缩放。

  - ☑ 轴对称：以指定的比例因子（或乘数）沿指定的轴对称缩放。

  - ☑ 常规：在 X、Y 和 Z 三个方向上以不同的比例因子缩放。

- （选择体）：允许用户为比例操作选择一个或多个实体或片体。所有的三个"类型"方法都要求此步骤。

Step3. 选择类型。在 类型 选项组中选择 均匀 选项（图 3.24.2）。

Step4. 定义"缩放体"对象。选择图 3.24.3 所示的圆柱体。

Step5. 定义参考点。单击 按钮，然后选取图 3.24.4 所示点。

Step6. 输入参数。在 均匀 文本框中输入比例因子 2，单击 应用 按钮，完成均匀比例操作。

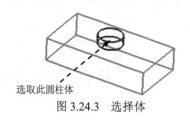

选取此圆柱体

图 3.24.3 选择体

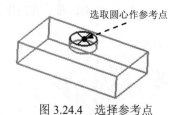

选取圆心作参考点

图 3.24.4 选择参考点

3.25 模型的关联复制

模型的关联复制主要包括 抽取体(E)... 和 对特征形成图样(A)... 两种，这两种方式都是对已有的模型特征进行操作，可以创建与已有模型特征相关联的目标特征，从而减少许多重复的操作，节约大量的时间。

3.25.1 抽取体

抽取体是用来创建所选取特征的关联副本。抽取体操作的对象包括面、面区域和体。如果抽取一个面或一个区域，则创建一个片体；如果抽取一个体，则新体的类型将与原先的体相同（实体或片体）。当更改原来的特征时，可以决定抽取后得到的特征是否需要更新。在零件设计中，常会用到抽取模型特征的功能，它可以充分地利用已有的模型，大大地提高工作效率。下面以几个实例来说明如何使用抽取体功能。

1．抽取面特征

图 3.25.1 所示的抽取曲线的操作过程如下（图 3.25.1b 中的实体模型已隐藏）。

Step1. 打开文件 D:\ug8\work\ch03.25\extracted_01.prt。

Step2. 选择下拉菜单 插入(S) ➡ 关联复制(A)▶ ➡ 抽取体(E)... 命令，弹出图 3.25.2 所示的"抽取体"对话框。

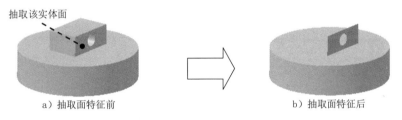

a）抽取面特征前   b）抽取面特征后

图 3.25.1　抽取面特征

Step3. 定义抽取对象。在 类型 下拉列表中选取 面 选项，选取图 3.25.3 所示的面。

Step4. 完成抽取。单击 确定 按钮，完成对面的抽取。

Step5. 查看抽取的面。隐藏抽取该面的实体特征，只显示所抽取的面。

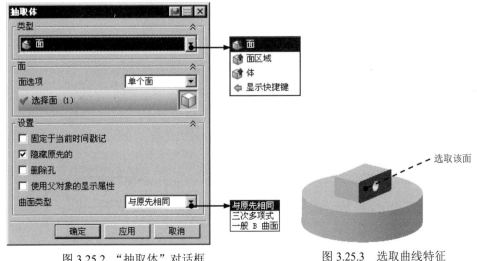

图 3.25.2　"抽取体"对话框　　　　图 3.25.3　选取曲线特征

图 3.25.2 所示的"抽取体"对话框中部分选项功能的说明如下。

- **面**：用于从实体或片体模型中抽取曲面特征，能生成三种类型的曲面。
- **面区域**：抽取区域曲面时，是通过定义种子曲面和边界曲面来创建片体，创建的片体是从种子面开始向四周延伸到边界面的所有曲面构成的片体（其中包括种子曲面，但不包括边界曲面）。
- **体**：用于生成与整个所选特征相关联的实体。
- **与原先相同**：从模型中抽取的曲面特征保留原来的曲面类型。
- **三次多项式**：用于将模型的选中面抽取为三次多项式 B 曲面类型。
- **一般 B 曲面**：用于将模型的选中面抽取为一般的 B 曲面类型。

2．抽取面区域特征

抽取区域特征用于创建一个片体，该片体是一组和"种子面"相关的且被边界面限制的面。

用户根据系统提示选取种子面和边界面后，系统会自动选取从种子面开始向四周延伸直到边界面的所有曲面（包括种子面，但不包括边界面）。

抽取区域特征的具体操作在后面的"曲面的复制"中有详细的介绍，在此就不再赘述。

3．抽取体特征

抽取体特征可以创建整个体的关联副本，并将各种特征添加到抽取体特征上，而不在原先的体上出现。当更改原先的体时，还可以决定"抽取体"特征是否更新。

Step1. 打开文件 D:\ug8\work\ch03.25\extracted_02.prt。

Step2. 选择下拉菜单 插入(S) ➡ 关联复制(A) ➡ 抽取体(E)... 命令，系统弹出图 3.25.4 所示的"抽取体"对话框。

Step3. 定义抽取对象。在 类型 下拉列表中选取 体 选项（图 3.25.4），选取图 3.25.5 所示的体特征。

图 3.25.4　"抽取体"对话框

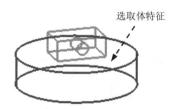

图 3.25.5　选取体特征

Step4. 隐藏源特征。选中 ☑ 隐藏原先的 复选框，单击 确定 按钮，完成对体特征的抽取。结果如图 3.25.1a 所示（建模窗口中所显示特征是原来特征的关联副本）。

注意：所抽取的体特征与原特征相互关联，类似于复制功能。

3.25.2　复合曲线

复合曲线用来复制实体上的边线和要抽取的曲线。下面以图 3.25.6 所示的模型，说明复合曲线的一般操作过程。

图 3.25.6 所示的复合曲线的操作过程如下（图 3.25.6b 中的实体模型已隐藏）。

a）复合曲线特征前　　　　　　　　　　　　b）复合特征后

图 3.25.6　复合曲线特征

Step1. 打开文件 D:\ug8\work\ch03.25\rectangular.prt。

Step2. 选择下拉菜单 插入(S) ➡ 关联复制(A)▶ ➡ ┌─┐ 复合曲线(C)... ，弹出图 3.25.7 所示的"复合曲线"对话框。

Step3. 定义复合对象。系统默认选中 ┌─┐ 按钮，选取图 3.25.8 所示曲线。

Step4. 完成复合。单击 < 确定 > 按钮，完成复合曲线特征的创建。

Step5. 查看复合曲线。隐藏其他特征，只显示所复合的曲线。

图 3.25.7　"复合曲线"对话框

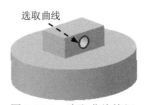

选取曲线

图 3.25.8　选取曲线特征

3.25.3　对特征形成图样

"对特征形成图样"操作是对模型特征的关联复制，类似于副本。可以生成一个或者多个特征组，而且对于一个特征来说，其所有的实例都是相互关联的，可以通过编辑原特征的参数来改变其所有的实例。对特征形成图样功能可以定义线性阵列、圆形阵列和多边形阵列、螺旋式阵列、沿曲线阵列、常规阵列和参考阵列等。

1．线性阵列

线性阵列功能可以把一个或者多个所选的模型特征生成实例的线性阵列。下面以一个范例来说明创建矩形阵列的过程，如图 3.25.9 所示。

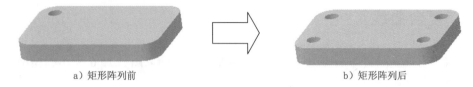

a）矩形阵列前　　　　　　　　　　　b）矩形阵列后

图 3.25.9　创建矩形阵列

Step1. 打开文件 D:\ug8\work\ch03.25\array_01.prt。

Step2. 选择下拉菜单 插入(S) ➡ 关联复制(A)▶ ➡ 对特征形成图样(A)... 命令，系统弹出图 3.25.10 所示的"对特征形成图样"对话框。

Step3. 定义关联复制的对象。在 阵列定义 下的 布局 中选择 线性 ，选取孔特征为要复制的特征。

图 3.25.10　"对特征形成图样"对话框

Step4. 定义方向 1 阵列参数。在对话框中的 方向 1 区域中单击 按钮，选择 XC 轴为第一阵列方向；在 间距 下拉列表中选择 数量和节距 选项，然后在 数量 文本框中输入阵列数量为 2，在 节距 文本框中输入阵列节距 66。

Step5. 定义方向 2 阵列参数。在对话框的 方向1 区域中选中 ☑ 使用方向2 复选框，然后单击 ↓· 按钮，选择-YC 轴为第二阵列方向；在 间距 下拉列表中选择 数量和节距 选项，然后在 数量 文本框中输入阵列数量为 2，在 节距 文本框中输入阵列节距为 33。

- ☑ 线性 选项：选中此选项，可以根据指定的一个或两个线性方向进行阵列。
- ☑ 圆形 选项：选中此选项，可以绕着一根指定的旋转轴进行环形阵列，阵列实例绕着旋转轴圆周分布。
- ☑ 多边形 选项：选中此选项，可以沿着一个正多边形进行阵列。
- ☑ 螺旋式 选项：选中此选项，可以沿着螺旋线进行阵列。
- ☑ 沿 选项：选中此选项，可以沿着一条曲线路径进行阵列。
- ☑ 常规 选项：选中此选项，可以根据空间的点或由坐标系定义的位置点进行阵列。
- ☑ 参考 选项：选中此选项，可以参考模型中已有的阵列方式进行阵列。

- 间距 下拉列表：用于定义各阵列方向的数量和间距。
  - ☑ 数量和节距 选项：选中此选项，通过输入阵列的数量和每两个实例的中心距离进行阵列。
  - ☑ 数量和跨距 选项：选中此选项，通过输入阵列的数量和每两个实例的间距进行阵列。
  - ☑ 节距和跨距 选项：选中此选项，通过输入阵列的数量和每两个实例的中心距离及间距进行阵列。
  - ☑ 列表 选项：选中此选项，通过定义的阵列表格进行阵列。

Step6. 单击 确定 按钮，完成线性阵列的创建。

2．圆形阵列

圆形阵列功能可以把一个或者多个所选的模型特征生成实例的圆周阵列。下面以一个范例来说明创建圆形实例阵列的过程，如图 3.25.11 所示。

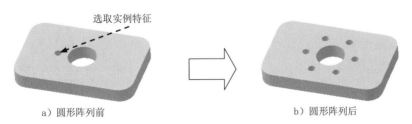

a）圆形阵列前　　　　　　　　b）圆形阵列后

图 3.25.11 创建圆形阵列

Step1. 打开文件 D:\ug8\work\ch03.25\ array_02.prt。

Step2. 选择下拉菜单 插入(S) ➡ 关联复制(A)▶ ➡ 对特征形成图样(A)... 命令，弹出"对特征形成图样"对话框，如图 3.25.12 所示。

Step3. 选取阵列的对象。在特征树中选取简单孔特征为要阵列的特征。

Step4. 定义阵列方法。在对话框的 布局 下拉列表中选择 圆形 选项。

Step5. 定义旋转轴和中心点。在对话框的 旋转轴 区域中单击 * 指定矢量 后面的 ZC↑ 按钮，选择 ZC 轴为旋转轴；然后选取坐标系原点为指定点。

Step6. 定义阵列参数。在对话框的 角度方向 区域的 间距 下拉列表中选择 数量和节距 选项，然后在 数量 文本框中输入阵列数量为 6，在 节距角 文本框中输入阵列角度为 60。

Step7. 单击 确定 按钮，完成圆形阵列的创建。

3.25.4　镜像特征

镜像特征功能可以将所选的特征相对于一个平面或基准平面（称为镜像中心平面）进行镜像，从而得到所选特征的一个副本。使用此命令时，镜像平面可以是模型的任意表面，也可以是基准平面。下面以一个范例来说明创建镜像特征的一般过程，如图 3.25.13 所示。

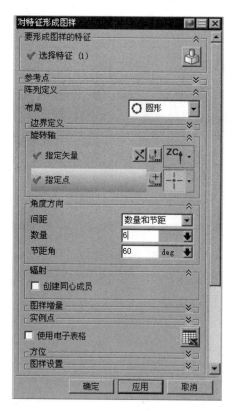

图 3.25.12 "对特征形成图样"对话框

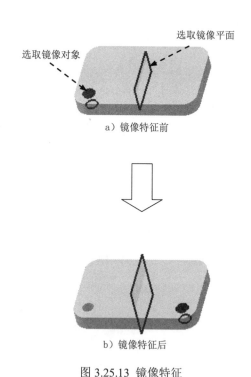

图 3.25.13 镜像特征

Step1. 打开文件 D:\ug8\work\ch03.25\mirror.prt。

Step2. 选择下拉菜单 插入(S) ➡ 关联复制(A) ➡ 镜像特征(M)... 命令，系统弹出"镜像特征"对话框。

Step3. 定义镜像对象。接受系统默认选中"特征"按钮 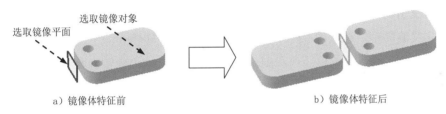，选取图 3.25.13a 所示的孔特征为要镜像的特征。

Step4. 定义镜像基准面。在 平面 列表中选择 现有平面 选项，单击"平面"按钮 ，选取图 3.25.13a 所示的基准平面为镜像平面。

Step5. 然后单击对话框中的 确定 按钮，完成镜像的创建。

3.25.5 镜像体

镜像体特征命令可以以基准平面为对称面镜像部件中的整个体，其镜像基准面只能是基准平面。下面以一个范例来说明创建镜像体特征的一般过程，如图 3.25.14 所示。

选取镜像对象

选取镜像平面

a）镜像体特征前   b）镜像体特征后

图 3.25.14 镜像体特征

Step1. 打开文件 D:\ug8\work\ch03.25\mirror_body.prt。

Step2. 选择下拉菜单 插入(S) ➡ 关联复制(A) ➡ 镜像体(B)... 命令，系统弹出"镜像体"对话框。

Step3. 定义镜像对象。接受系统默认选中"体"按钮 ，选取图 3.25.14a 所示的实体为要镜像的特征。

Step4. 定义镜像基准面。单击"平面"按钮 ，选取图 3.25.14a 所示的基准平面为镜像平面。

Step5. 然后单击对话框中的 确定 按钮，完成镜像体的创建。

3.25.6 引用几何体

用户可以通过使用"引用几何体"命令创建对象的副本，其可以复制几何体、面、边、曲线、点、基准平面和基准轴。可以在镜面、线性、圆形和不规则图样中以及沿相切连续截面创建副本。通过它，可以轻松地复制几何体和基准，并保持引用与其原始体之间的关联性。当图样关联时，编辑父对象可以重新放置引用。下面以一个范例来说明创建镜像特征的一般过程，如图 3.25.15 所示。

Step1. 打开文件 D:\ug8\work\ch03.25\adduction_geometry.prt。

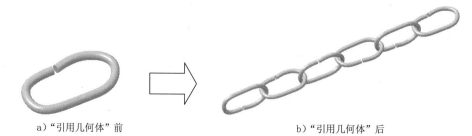

a）"引用几何体"前   b）"引用几何体"后

图 3.25.15   "引用几何体"特征

Step2. 选择下拉菜单 插入(S) ➡️ 关联复制(A)▸ ➡️ 生成实例几何特征(G)... 命令，系统弹出图 3.25.16 所示的"实例几何体"对话框。

Step3. 定义引用类型。在 类型 下拉列表中选取 旋转 选项。

Step4. 定义引用几何体对象。选取图 3.25.15a 所示的实体为要引用的几何体。

Step5. 定义旋转轴。选取图 3.25.17 所示的基准轴为旋转轴。

Step6. 定义旋转角度、偏移距离和副本数。在 角度 文本框中输入角度值 90，在 距离 文本框中输入偏移距离 40，在 副本数 文本框中输入副本数量值 5。

Step7. 单击对话框中的 〈确定〉 按钮，完成引用几何体特征的操作。

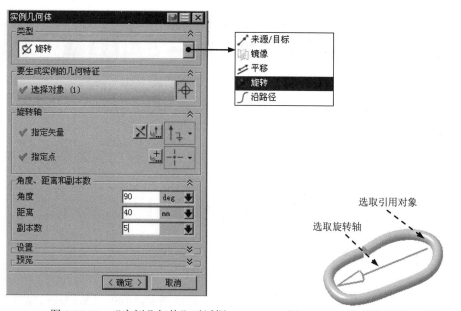

图 3.25.16   "实例几何体"对话框   图 3.25.17   定义旋转轴和引用对象

图 3.25.16 所示"实例几何体"对话框中，各选项的功能说明如下。

● 类型 下拉列表。

　　☑ 来源/目标 选项：用于通过将对象从原先位置复制到指定位置的这种方式来创建引用几何体。

　　☑ 镜像 选项：用于通过镜像的方式来创建引用几何实体。

- ☑ **平移**选项：用于通过一个指定的方向来复制对象从而创建引用几何实体。
- ☑ **旋转**选项：用于通过围绕指定旋转轴旋转产生副本。
- ☑ **沿路径**选项：用于沿指定的曲线或边的路径复制对象。
- **角度**文本框：用于定义围绕旋转轴旋转的角度值。
- **距离**文本框：用于定义偏移的距离。
- **副本数**文本框：用于定义副本的数量值。

3.26 变 换

"变换"命令允许用户进行平移、旋转、比例或复制等操作，但是不能用于变换视图、布局、图样或当前的工作坐标系。通过变换生成的特征与源特征不相关联。

选择下拉菜单 **编辑(E)** ➡ **变换(M)...** 命令（或单击 **变换** 按钮），系统弹出"类选择"对话框，选取特征后，单击 **确定** 按钮，系统弹出"变换"对话框。

说明：如果在选择 **变换(M)...** 命令之前，已经在图形区选取了某对象，则选择 **变换(M)...** 命令后，系统直接弹出"变换"对话框。

3.26.1 比例变换

比例变换用于对所选对象进行成比例的放大或缩小。下面以一个范例来说明比例变换的操作步骤，如图 3.26.1 所示。

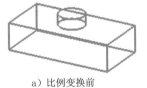
a）比例变换前

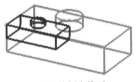
b）比例变换后

图 3.26.1 比例变换

Step1. 打开文件 D:\ug8\work\ch03.26\zoom.prt。

Step2. 选择下拉菜单 **编辑(E)** ➡ **变换(M)...** 命令，系统弹出"变换"对话框，在图形区选取图 3.26.1a 所示的特征后，单击 **确定** 按钮，系统弹出图 3.26.2 所示的"变换"对话框（一）。

Step3. 根据系统 **选择选项** 的提示，单击 **比例** 按钮，系统弹出"点"对话框。

Step4. 以系统默认的点作为参考点，单击 **确定** 按钮，此时"变换"对话框如图 3.26.3（二）所示的。

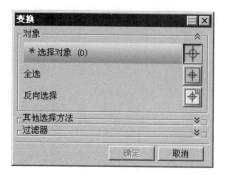

图 3.26.2　"变换"对话框（一）

图 3.26.3　"变换"对话框（二）

图 3.26.3 所示的"变换"对话框（二）中按钮的功能说明如下。

- 比例 按钮：通过指定参考点和缩放类型及缩放比例值来缩放对象。

- 通过一直线镜像 按钮：通过指定一直线为镜像中心线来复制选择的特征。

- 矩形阵列 按钮：对选定的对象进行矩形阵列操作。

- 圆形阵列 按钮：对选定的对象进行圆形阵列操作。

- 通过一平面镜像 按钮：通过指定一平面为镜像中心线来复制选择的特征。

- 点拟合 按钮：将对象从引用集变换到目标点集。

Step5. 定义比例参数。"变换"对话框（三）如图 3.26.4 所示，在 比例 文本框输入数值 0.5，单击 确定 按钮，此时"变换"对话框如图 3.26.5（四）所示。

图 3.26.4　"变换"对话框（三）

图 3.26.5　"变换"对话框（四）

图 3.26.4 所示的"变换"对话框（三）中按钮的功能说明如下。

- 比例 文本框：在此文本框中输入要缩放的比例值。

- 非均匀比例 按钮：此按钮用于对模型的非均匀比例缩放设置。单击此按钮，系统弹出图 3.26.6 所示的"变换"对话框（五），对话框中的 XC-比例 、 YC-比例 和 ZC-比例 文本框中分别输入各自方向上要缩放的比例值。

图 3.26.6   "变换"对话框（五）

图 3.26.5 所示的"变换"对话框（四）中按钮的功能说明如下。

- 重新选择对象 按钮：用于通过"类选择"工具条来重新选择对象。
- 变换类型 -比例 按钮：用于修改变换的方法。
- 目标图层 -原来的 按钮：用于在完成变换以后，选择生成的对象所在的图层。
- 追踪状态 -关 按钮：用于设置跟踪变换的过程，但是对于原对象是实体、片体或边界时不可用。
- 分割 -1 按钮：用于把变换的距离、角度分割成相等的等份。
- 移动 按钮：用于移动对象的位置。
- 复制 按钮：用于复制对象。
- 多个副本 -可用 按钮：用于复制多个对象。
- 撤消上一个 -不可用 按钮：用于取消刚建立的变换。

Step6. 根据系统 选择操作 的提示，单击 移动 按钮，系统弹出图 3.26.7 所示的"变换"对话框(六)。

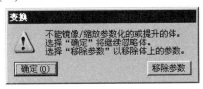

图 3.26.7   "变换"对话框（六）

Step7. 单击 移除参数 按钮，系统返回到"变换"对话框（四）。单击 取消 按钮，关闭"变换"对话框（四），完成比例变换的操作。

3.26.2   通过一直线镜像

用直线作镜像是将所选模型相对于选定的一条直线（镜像中心线）作镜像。下面以一个范例来说明用直线作镜像的操作步骤，如图 3.26.8 所示。

Step1. 打开文件 D:\ug8\work\ch03.26\mirror.prt。

Step2. 双击已有草图，进入草绘环境。选择下拉菜单 编辑(E) ➞ 变换(M)... 命令，选取图 3.26.8a 所示除镜像线以外的所有边线，单击 确定 按钮，系统弹出的"变换"对话框如图 3.26.3 所示。

图 3.26.8 用直线完成镜像

Step3. 定义镜像中心线。在"变换"对话框（二）中单击 [通过一直线镜像] 按钮，"变换"对话框（七）如图 3.26.9 所示，单击 [现有的直线] 按钮，系统弹出"变换"对话框（八），选取图 3.26.8a 所示的直线，系统弹出图 3.26.10 所示的"变换"对话框（八）。

图 3.26.9 "变换"对话框（七）

图 3.26.10 "变换"对话框（八）

图 3.26.9 所示的"变换"对话框（七）中各按钮的功能说明如下。

- [两 点] 按钮：选中两个点，该两点之间的连线即为参考线。
- [现有的直线] 按钮：选取已有的一条直线作为参考线。
- [点和矢量] 按钮：选取一点，再指定一个矢量，将通过给定的点的矢量作为参考线。

Step4. 根据系统 [选择操作] 的提示，单击 [复制] ，完成通过一直线作镜像的操作。

Step5. 单击 [取消] 按钮，关闭"变换"对话框（九），如图 3.26.11 所示。

图 3.26.11 "变换"对话框（九）

3.26.3 变换命令中的矩形阵列

矩形阵列主要用于将选中的对象从指定的原点开始，沿所给方向生成一个等间距的矩形阵列，下面以一个范例来说明用使用变换命令中的矩形阵列的操作步骤，如图 3.26.12 所示。

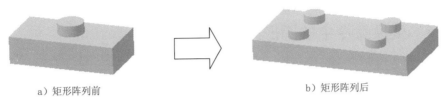

a）矩形阵列前　　　　　　　　　　　　　　b）矩形阵列后

图 3.26.12　矩形阵列

Step1. 打开文件 D:\ug8\work\ch03.26\rectange_array.prt。

Step2. 选择下拉菜单 编辑(E) ➡ 变换(N)... 命令，系统弹出"变换"对话框，选取整个模型，单击 确定 按钮，系统弹出"变换"对话框。

Step3. 根据系统 选择选项 的提示，在"变换"对话框中单击 矩形阵列 按钮，系统弹出"点"对话框。

Step4. 根据系统 选择对象以自动判断点，或单击"确定"以在坐标位置指定点 的提示，在图形区选取坐标原点为矩形阵列参考点，根据系统 选择对象以自动判断点，或单击"确定"以在坐标位置指定点 的提示，再次选取原点为阵列原点，此时"变换"对话框（十）如图 3.26.13 所示。

Step5. 定义阵列参数。在"变换"对话框（十）中输入变换参数（图 3.26.13），单击 确定 按钮，此时"变换"对话框（十一）如图 3.26.14 所示。

Step6. 根据系统 选择操作 的提示，单击 复制 按钮，完成矩形阵列操作。

Step7. 单击 取消 按钮，关闭"变换"对话框（十一）。

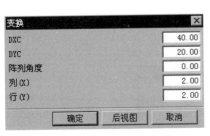

图 3.26.13　"变换"对话框（十）

图 3.26.14　"变换"对话框（十一）

图 3.26.13 所示的"变换"对话框（十）中各文本框的功能说明如下。

- DXC 文本框：表示沿 XC 方向上的间距。
- DYC 文本框：表示沿 YC 方向上的间距。
- 阵列角度 文本框：生成矩形阵列所指定的角度。
- 列(X) 文本框：表示在 XC 方向上特征的个数。
- 行(Y) 文本框：表示在 YC 方向上特征的个数。

3.26.4　变换命令中的圆形阵列

环形阵列用于将选中的对象从指定的原点开始，绕阵列的中心生成一个等角度间距的环形阵列，下面以一个范例来说明使用变换命令中的圆形阵列的操作步骤，如图 3.26.15 所示。

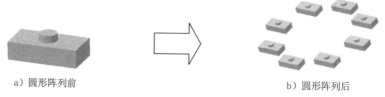

a）圆形阵列前　　　　　　　　　　　　　b）圆形阵列后

图 3.26.15　圆形阵列

Step1. 打开文件 D:\ug8\work\ch03.26\round_array.prt。

Step2. 选择下拉菜单 编辑(E) ➡ 变换(M)... 命令，系统弹出"变换"对话框，选取整个模型，单击 确定 按钮，系统弹出"变换"对话框。

Step3. 根据系统 选择选项 提示，在"变换"对话框（二）中单击 圆形阵列 按钮，系统弹出"点"对话框。

Step4. 在"点"对话框中设置圆形阵列参考点的坐标值为（0，-80，0），阵列原点的坐标值为（0，0，0），单击 确定 按钮，系统弹出图 3.26.16 所示的"变换"对话框（十一）。

Step5. 定义阵列参数。在"变换"对话框（十二）中输入所需参数（图 3.26.16），单击 确定 按钮，系统弹出"变换"对话框（十二）。

Step6. 根据系统 选择操作 的提示，单击 复制 按钮，完成圆形阵列操作。

Step7. 单击 取消 按钮，关闭"变换"对话框（十二）。

图 3.26.16　"变换"对话框（十二）

图 3.26.16 所示"变换"对话框（十二）中各文本框的功能说明如下。

● 半径 文本框：用于设置圆形阵列的半径。

● 起始角 文本框：用于设置圆形阵列的起始角度。

● 角度增量 文本框：用于设置圆形阵列中角度的增量。

● 数字 文本框：用于设置圆形阵列中特征的个数。

3.27　模型的测量与分析

3.27.1　测量距离

下面以一个简单的模型为例，来说明测量距离的方法以及相应的操作过程。

Step1. 打开文件 D:\ug8\work\ch03.27\distance.prt。

Step2. 选择下拉菜单 分析(L) ➡ 测量距离(D)... 命令，系统弹出图 3.27.1 所示的"测量距离"对话框。

Step3. 测量面到面的距离。

（1）定义测量类型。在对话框中的 类型 下拉列表中，接受系统默认的 距离 选项（图 3.27.1）。

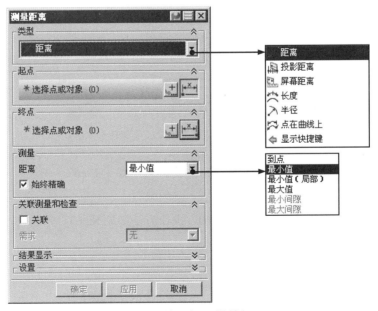

图 3.27.1　"测量距离"对话框

图 3.27.1 所示"测量距离"对话框中的 类型 下拉列表中的各选项说明如下。

● 距离 ：该选项用于测量点、线、面之间的任意距离。

● 投影距离 ：该选项用于测量空间上的点、线投影到同一个面上，它们之间的距离。

- ██长度██：该选项用于测量任意线段的距离。
- ██半径██：该选项用于测量任意圆的半径值。
- ██ 屏幕距离██选项：可以测量图形区的任意位置距离。
- ██ 点在曲线上██选项：用于测量在曲线上两点之间的最短距离。

（2）定义测量几何对象。测量面与面的距离，选取图 3.27.2a 所示的模型表面 1，再选取模型表面 2，测量结果如图 3.27.2b 所示。

a）测量平面距离　　　　　　　　　　　　b）测量结果

图 3.27.2　　测量面与面的距离

Step4. 测量点到面的距离（图 3.27.3），操作方法参见 Step3，先选取点 1，后选取模型表面。

注意：选取要测量的几何对象的先后顺序不同，测量结果就不相同。

Step5. 测量点到线的距离（图 3.27.4），操作方法参见 Step3，先选取点 1，后选取边线。

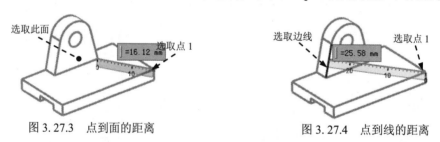

图 3.27.3　点到面的距离　　　　　　　　图 3.27.4　点到线的距离

Step6. 测量线到线的距离（图 3.27.5），操作方法参见 Step3，先选取边线 1，后选取边线 2。

Step7. 测量点到点的距离（图 3.27.6），操作方法参见 Step3，先选取点 1，后选取点 2。

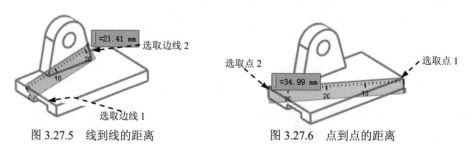

图 3.27.5　线到线的距离　　　　　　　　图 3.27.6　点到点的距离

Step8. 测量点与点的投影距离（投影参照为平面），如图 3.27.7 所示。

（1）定义测量类型。在"测量距离"对话框中的 类型 下拉列表中选取 投影距离 选项。

（2）定义投影表面。选取图 3.27.7a 中的模型表面 1。

（3）定义测量几何对象。先选取图 3.27.7a 所示的模型点 1，然后选取图 3.27.7a 所示的模型点 2，测量结果如图 3.27.7b 所示。

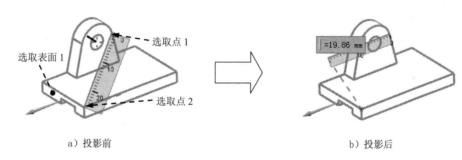

a）投影前   b）投影后

图 3.27.7　测量点与点的投影距离

3.27.2　测量角度

下面以一个简单的模型为例，来说明测量角度的方法以及相应的操作过程。

Step1. 打开文件 D:\ug8\work\ch03.27\angle.prt。

Step2. 选择下拉菜单 分析(L) ➡ 测量角度(A) 命令，系统弹出图 3.27.8 所示的"测量角度"对话框。

Step3. 测量面与面间的角度。

（1）定义测量类型。在"测量角度"对话框中的 类型 下拉列表中，接受系统默认的 按对象 选项。

（2）定义测量几何对象。选取图 3.27.9a 所示的模型表面 1，再选取图 3.27.9a 所示的模型表面 2，测量结果如图 3.27.9b 所示。

Step4. 测量线与面间的角度。选取图 3.27.10a 所示的边线 1，再选取图 3.27.10a 所示的模型表面 1，测量结果如图 3.27.10b 所示。

注意：选取线的位置不同，即线上标示的箭头方向不同，所显示的角度值可能也会不同，两个方向的角度值之和为 180°。

Step5. 测量线与线间的角度。选取图 3.27.11a 所示的边线 1，再选取图 3.27.11a 所示的边线 2，测量结果如图 3.27.11b 所示。

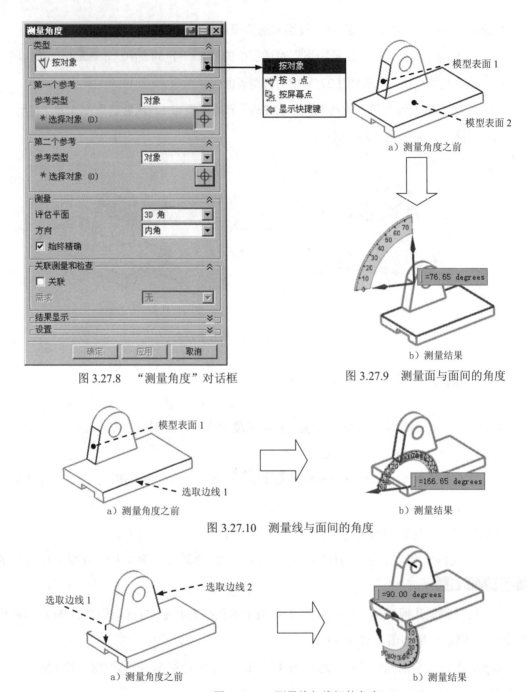

图 3.27.8 "测量角度"对话框

图 3.27.9 测量面与面间的角度

a）测量角度之前

b）测量结果

图 3.27.10 测量线与面间的角度

a）测量角度之前

b）测量结果

图 3.27.11 测量线与线间的角度

3.27.3 测量曲线长度

下面以一个简单的模型为例，说明测量曲线长度的方法以及相应的操作过程。

Step1. 打开文件 D:\ug8\work\ch03.27\curve.prt。

Step2. 选择下拉菜单 分析(L) ➡ 测量长度(L)... 命令，系统弹出"测量长度"对话框。

Step3. 定义要测量的曲线。根据系统 选择对象来测量长度 的提示，选取图 3.27.12a 所示的曲线 1，系统显示这条曲线的长度结果，如图 3.27.12b 所示。

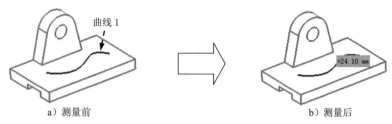

a）测量前　　　　　　　　　　　　　　　　b）测量后

图 3.27.12　测量曲线长度

3.27.4　测量面积及周长

下面以一个简单的模型为例，说明测量面积及周长的方法以及相应的操作过程。

Step1. 打开文件 D:\ug8\work\ch03.27\area.prt。

Step2. 选择下拉菜单 分析(L) ➡ 测量面(E)... 命令，系统弹出"测量面"对话框。

Step3. 测量模型表面面积。选取图 3.27.13 所示的模型表面 1，系统显示这个曲面的面积结果。

Step4. 测量曲线的周长。在图 3.27.13 显示的结果中，选择 面积 下拉列表中的 周长 选项，测量周长的结果如图 3.27.14 所示。

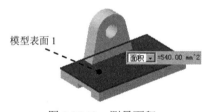

图 3.27.13　测量面积

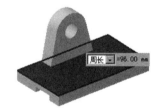

图 3.27.14　测量周长

3.27.5　测量最小半径

下面以一个简单的模型为例，说明测量最小半径的方法以及相应的操作过程。

Step1. 打开文件 D:\ug8\work\ch03.27\mini_radius.prt。

Step2. 选择下拉菜单 分析(L) ➡ 最小半径(R)... 命令，系统弹出"最小半径"对话框，选中 ☑ 在最小半径处创建点 复选框，如图 3.27.15 所示。

Step3. 测量多个曲面的最小半径。

（1）如图 3.27.16 所示，连续选取模型表面 1 和模型表面 2。

（2）单击 确定 按钮，最小半径位置如图 3.27.17 所示，半径值在"信息"窗口中显示，如图 3.27.18 所示。

图 3.27.15　"最小半径"对话框

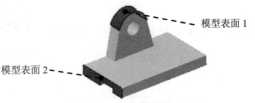

图 3.27.16　选取模型表面

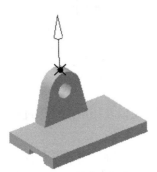

图 3.27.17　最小半径位置

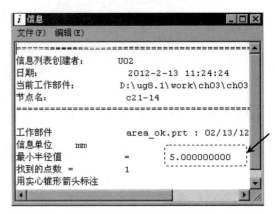

图 3.27.18　"信息"窗口

3.27.6　模型的质量属性分析

通过模型质量属性分析，可以获得模型的体积、曲面区域、质量、回转半径和重量等数据。下面以一个模型为例，简要说明其操作过程。

Step1. 打开文件 D:\ug8\work\ch03.27\mass.prt。

Step2. 选择下拉菜单 分析(L) ➡ 测量体(B)... 命令，系统弹出"测量体"对话框。

Step3. 根据系统 选择实体来测量质量属性 的提示。选取图 3.27.19a 所示的模型实体 1，体积分析结果如图 3.27.19b 所示。

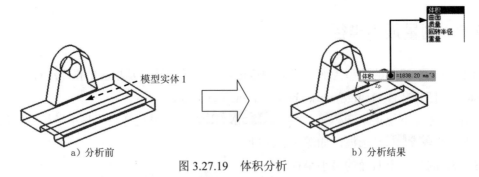

a）分析前　　　　　　　　　　　b）分析结果

图 3.27.19　体积分析

Step4. 选择 体积 下拉列表中的 曲面 选项，系统显示该模型的曲面区域的面积。

Step5. 选择 体积 下拉列表中的 质量 选项，系统显示该模型的质量。

Step6. 选择 体积 下拉列表中的 回转半径 选项，系统显示该模型的回转半径。

Step7. 选择 体积 ▾ 下拉列表中的 重量 选项，系统显示该模型的重量。

3.27.7 模型的偏差分析

通过模型的偏差分析，可以检查所选的对象是否相接、相切，以及边界是否对齐等，并得到所选对象的距离偏移值和角度偏移值。下面以一个模型为例，简要说明其操作过程。

Step1. 打开文件 D:\ug8\work\ch03.27\deviation.prt。

Step2. 选择下拉菜单 分析(L) ➡ 偏差(V)▸ ➡ ◈ 检查(C)... 命令，系统弹出"偏差检查"对话框。

Step3. 检查曲线至曲线的偏差。

（1）在该对话框的 类型 下拉列表中选取 曲线到曲线 选项，在 设置 区域的 偏差选项 下拉列表中选择 所有偏差 选项。

（2）依次选取如图 3.27.20 所示的曲线 1、边线。

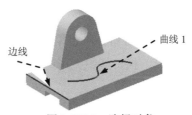
曲线 1
边线

图 3.27.20 选择对象

（3）在该对话框中单击 检查 按钮，系统弹出图 3.27.21 所示的"信息"窗口，在弹出的"信息"窗口中会列出指定的信息，包括分析点的个数、两个对象的最小距离误差、最大距离误差、平均距离误差、最小角度误差、最大角度误差、平均角度误差以及各检查点的数据。完成曲线至曲线的偏差检查。

```
ℹ 信息                                    _ □ ✕
文件(F)  编辑(E)

检查的点数 =          7
距离公差          =          0.025400000
数目超过距离公差 =    7
最小距离误差      =          12.179775613
最大距离误差      =          13.526143763
平均距离误差      =          12.845095873
角度公差（度）    =          0.500000000
超过角度公差数   =    7
最小角度误差      =          35.847842895
最大角度误差      =          39.557667997
平均角度误差      =          37.666229495
```

图 3.27.21 "信息"窗口

Step4. 检查曲线至面的偏差。根据经过点斜率的连续性，检查曲线是否真的位于模型表面上。在 类型 下拉列表中选取 曲线到面 选项，操作方法参见检查曲线至曲线的偏差。

说明：进行曲线至面的偏差检查时，选取图 3.27.22 所示的曲线 1 和曲面为检查对象。曲线至面的偏差检查只能选取非边缘的曲线，所以只能选择曲线 1。

图 3.27.22　对象选择

Step5. 对于边到面偏差、面至面偏差、边缘至边缘偏差的检测，操作方法参见检查曲线至曲线的偏差。

3.27.8　模型的几何对象检查

"模型的几何对象检查"功能可以分析各种类型的几何对象，找出错误的或无效的几何体；也可以分析面和边等几何对象，找出其中无用的几何对象和错误的数据结构。下面以一个模型为例，简要说明其操作过程。

Step1. 打开文件 D:\ug8\work\ch03.27\examgeo.prt。

Step2. 选择下拉菜单 分析(L) ➡ 检查几何体(X)... 命令，系统弹出"检查几何体"对话框。

Step3. 定义检查项。按 Ctrl+A 组合键选择模型中的所有对象，单击 全部设置 按钮，选择所有的检查项，单击"检查几何体"对话框中的 检查几何体 按钮。

Step4. 单击"信息"按钮 ⓘ，系统弹出"信息"窗口，可查看检查结果。

3.28　零件设计范例 1——机座

范例概述：

本范例介绍了一个简单机座的设计过程。主要是讲述实体拉伸特征命令的应用。其中还运用到了孔特征、边倒圆及镜像等命令。所建的零件模型及模型树如图 3.28.1 所示。

Step1. 新建文件。

选择下拉菜单 文件(F) ➡ 新建(N)... 命令，系统弹出"新建"对话框。在 模型 选项卡的 模板 区域中选取模板类型为 模型，在 名称 文本框中输入文件名称 base，单击 确定 按钮，进入建模环境。

　　　　　　　　　　　　　　　　　　　┌─⊕ 历史记录模式
　　　　　　　　　　　　　　　　　　　├─⊞ 模型视图
　　　　　　　　　　　　　　　　　　　├─✔ 摄像机
　　　　　　　　　　　　　　　　　　　└─ 模型历史记录
　　　　　　　　　　　　　　　　　　　　　├☑ 基准坐标系 (0)
　　　　　　　　　　　　　　　　　　　　　├☑ 拉伸 (1)
　　　　　　　　　　　　　　　　　　　　　├☑ 拉伸 (2)
　　　　　　　　　　　　　　　　　　　　　├☑ 拉伸 (3)
　　　　　　　　　　　　　　　　　　　　　├☑ 简单孔 (4)
　　　　　　　　　　　　　　　　　　　　　├☑ 镜像特征 (5)
　　　　　　　　　　　　　　　　　　　　　├☑ 拉伸 (7)
　　　　　　　　　　　　　　　　　　　　　├☑ 拉伸 (8)
　　　　　　　　　　　　　　　　　　　　　├☑ 简单孔 (9)
　　　　　　　　　　　　　　　　　　　　　├☑ 求和 (10)
　　　　　　　　　　　　　　　　　　　　　└☑ 边倒圆 (11)

图 3.28.1　零件模型及模型树

Step2. 创建图 3.28.2 所示的零件拉伸特征 1。

　　选择下拉菜单 插入(S) ➡ 设计特征(E) ➡ 拉伸(E)... 命令，选取 XY 平面为草图平面，绘制图 3.28.3 所示的截面草图；在 指定矢量 下拉列表中选择 ZC↑ 选项；在 极限 区域的 开始 下拉列表中选择 值 选项，并在其下的 距离 文本框中输入数值 0，在 极限 区域的 结束 下拉列表中选择 值 选项，并在其下的 距离 文本框中输入数值 14，其他参数采用系统默认值。

图 3.28.2　拉伸特征 1

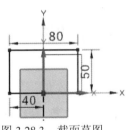

图 3.28.3　截面草图

Step3. 创建图 3.28.4 所示的零件拉伸特征 2。

　　选择下拉菜单 插入(S) ➡ 设计特征(E) ➡ 拉伸(E)... 命令，选取 XZ 平面为草图平面，绘制图 3.28.5 所示的截面草图；在 指定矢量 下拉列表中选择 YC↘ 选项；在 极限 区域的 开始 下拉列表中选择 值 选项，并在其下的 距离 文本框中输入数值 0，在 极限 区域的 结束 下拉列表中选择 值 选项，并在其下的 距离 文本框中输入数值 26，采用系统默认的参数设置值。

图 3.28.4　拉伸特征 2

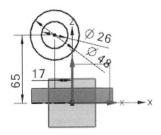

图 3.28.5　截面草图

Step4. 创建图 3.28.6 所示的零件拉伸特征 3。

选择下拉菜单 插入(S) ➡ 设计特征(E) ➡ 拉伸(E)... 命令，选取 XZ 平面为草图平面，绘制图 3.28.7 所示的截面草图；在 指定矢量 下拉列表中选择 YC 选项；在 极限 区域的 开始 下拉列表中选择 值 选项，并在其下的 距离 文本框中输入数值 0，在 极限 区域的 结束 下拉列表中选择 值 选项，并在其下的 距离 文本框中输入数值 15，在 布尔 区域的下拉列表中选择 求和 选项，采用系统默认的求和对象。

图 3.28.6 拉伸特征 3

图 3.28.7 截面草图

图 3.28.8 孔特征 1

Step5. 创建图 3.28.8 所示的孔特征 1。

选择下拉菜单 插入(S) ➡ 设计特征(E) ➡ 孔(H)... 命令。在 类型 下拉列表中选择 常规孔 选项，指定孔的位置坐标为（19，40，14）在"孔"对话框 直径 文本框中输入数值 12，在 深度限制 文本框中的下拉菜单中选择 贯通体，对话框中的其他设置保持系统默认值；在 布尔 区域的下拉列表中选择 求差 选项，采用系统默认的求差对象。单击 < 确定 > 按钮，完成孔特征 1 的创建。

Step6. 创建图 3.28.9 所示的零件镜像特征。

选择下拉菜单 插入(S) ➡ 关联复制(A) ➡ 镜像特征(M)... 命令，在绘图区中选取图 3.28.9 所示的孔特征 1 为要镜像的特征。在 镜像平面 区域中单击 按钮，在绘图区中选取 YZ 基准平面作为镜像平面。单击"镜像特征"对话框中的 确定 按钮，完成镜像特征的创建，如图 3.28.10 所示。

选取此特征为镜像对象

图 3.28.9 镜像特征

图 3.28.10 定义镜像对象

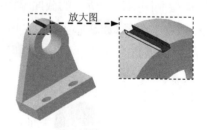

放大图

图 3.28.11 拉伸特征 4

Step7. 创建图 3.28.11 所示的零件基础拉伸特征 4。

选择下拉菜单 插入(S) ➡ 设计特征(E) ➡ 拉伸(E)... 命令，选取图 3.28.12 的模型表面为草图平面，绘制图 3.28.13 所示的截面草图；在 指定矢量 下拉列表中选择 YC 选项；

在 极限 区域的 开始 下拉列表中选择 值 选项，并在其下的 距离 文本框中输入数值 0，在 极限 区域的 结束 下拉列表中选择 贯通 选项，在 布尔 区域的下拉列表中选择 求差 选项，采用系统默认的求差对象。单击 < 确定 > 按钮，完成拉伸特征 4 的创建。

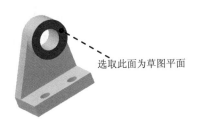

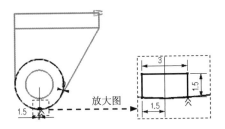

图 3.28.12　定义草图平面　　　　图 3.28.13　截面草图

Step8. 创建图 3.28.14 所示的零件基础拉伸特征 5。

选择下拉菜单 插入(S) ➡ 设计特征(E) ➡ 拉伸(E)... 命令，选取图 3.28.15 的模型表面为草图平面，绘制图 3.28.16 所示的截面草图；在 指定矢量 下拉列表中选择 YC 选项；在 极限 区域的 开始 下拉列表中选择 值 选项，并在其下的 距离 文本框中输入数值 0，在 极限 区域的 结束 下拉列表中选择 贯通 选项，在 布尔 区域的下拉列表中选择 求差 选项，采用系统默认的求差对象。单击 < 确定 > 按钮，完成拉伸特征 5 的创建。

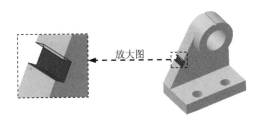

图 3.28.14　拉伸特征 5

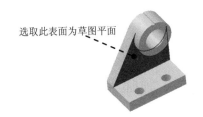
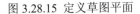

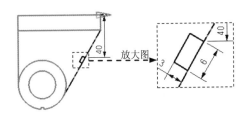

图 3.28.15　定义草图平面　　　　图 3.28.16　截面草图

Step9. 创建图 3.28.17 所示的孔特征 2。

选择下拉菜单 插入(S) ➡ 设计特征(E)▶ ➡ 孔(H)... 命令。在 类型 下拉列表中选择 常规孔 选项，指定孔的位置坐标为（-17，26，83）在"孔"对话框 直径 文本框中输入数值 4，在 深度限制 文本框中的下拉菜单中选择 贯通体，对话框中的其他选项采用系统默认设置值；

在 布尔 区域的下拉列表中选择 求差 选项，采用系统默认的求差对象。单击 〈 确定 〉 按钮，完成孔特征 2 的创建。

Step10. 创建求和特征。

选择下拉菜单 插入(S) ➡ 组合(B) ▶ ➡ 求和(U)... 命令（或单击 按钮），选取图 3.28.18 所示的实体特征为目标体，选取图 3.28.19 所示的镜像特征为工具体，单击 确定 按钮，完成该求和操作。

图 3.28.17　孔特征 2

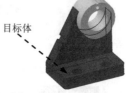

图 3.28.18　定义目标体

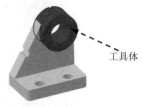

图 3.28.19　定义工具体

Step11. 创建图 3.28.20 所示的边倒圆特征。

选择下拉菜单 插入(S) ➡ 细节特征(L) ▶ ➡ 边倒圆(E). 命令，在 要倒圆的边 区域中单击 按钮，选取图 3.28.21 所示的两条边链为边倒圆参照，并在 半径 1 文本框中输入数值 5。单击"边倒圆"对话框中的 〈 确定 〉 按钮，完成圆角特征的创建。

图 3.28.20　圆角特征

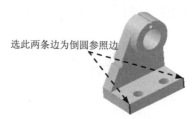

图 3.28.21　定义参照边

Step12. 保存零件模型。至此，零件模型制作完成。选择下拉菜单 文件(F) ➡ 保存(S) 命令，即可保存零件模型。

3.29　零件设计范例 2——咖啡杯

范例概述:

本范例介绍了咖啡杯的设计过程。通过练习本例，读者可以掌握实体的拉伸、抽壳、扫掠和倒圆角等特征的应用。在创建特征的过程中，需要注意在特征的定位过程中用到的技巧和注意事项。零件模型如图 3.29.1 所示。

说明：本范例的详细操作过程请参见随书光盘中 video\ch03.29\文件下的语音视频讲解文

件。模型文件为 D:\ug8\work\ch03.29\coffee_cup.prt。

3.30 零件设计范例 3——制动踏板

范例概述：

本范例介绍了制动踏板的设计过程。通过练习本例，读者可以掌握实体的拉伸、回转、孔、阵列和倒圆角等特征的应用。在创建特征的过程中，需要注意在特征的定位过程中用到的技巧和注意事项。零件模型如图 3.30.1 所示。

说明：本范例的详细操作过程请参见随书光盘中 video\ch03.30\文件下的语音视频讲解文件。模型文件为 D:\ug8\work\ch03.30\footplate_braket.prt。

3.31 零件设计范例 4——支架

范例概述：

本范例介绍了支架的设计过程。通过练习本例，读者可以对拉伸、孔、边倒圆和创建基准平面等特征的创建方法有进一步的了解。零件模型如图 3.31.1 所示。

图 3.29.1　零件模型　　　　图 3.30.1　零件模型　　　　图 3.31.1　零件模型

说明：本范例的详细操作过程请参见随书光盘中 video\ch03.31\文件下的语音视频讲解文件。模型文件为 D:\ug8\work\ch03.31\pole.prt。

3.32 零件设计范例 5——箱壳

范例概述：

本范例介绍了箱壳的设计过程。通过练习本例，读者可以熟练掌握拉伸特征、孔特征、边倒圆特征及扫掠特征的应用。零件模型如图 3.32.1 所示。

从 A 向查看

图 3.32.1　零件模型

说明：本范例的详细操作过程请参见随书光盘中 video\ch03.32\文件下的语音视频讲解文件。模型文件为 D:\ug8\work\ch03.32\tank_shell.prt。

3.33　零件设计范例 6——手柄

范例概述：

本范例介绍了手柄的设计过程。通过练习本例，可以熟练掌握拉伸特征、回转特征、圆角特征、倒斜角特征和镜像特征的创建。零件模型如图 3.33.1 所示。

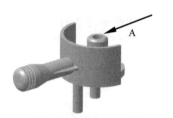

从 A 向查看

图 3.33.1　零件模型

说明：本范例的详细操作过程请参见随书光盘中 video\ch03.33\文件下的语音视频讲解文件。模型文件为 D:\ug8\work\ch03.33\handle_body.prt。

3.34　零件设计范例 7——下控制臂

范例概述：

本范例介绍了下控制臂的设计过程。通过练习本例，读者可以熟练主要讲述拉伸、拔模体、孔、边倒圆等特征命令的应用。零件模型如图 3.34.1 所示。

图 3.34.1　零件模型

说明：本范例的详细操作过程请参见随书光盘中 video\ch03.34\文件下的语音视频讲解文件。模型文件为 D:\ug8\work\ch03.34\footrest_connector.prt。

第4章 曲面设计

4.1 曲线设计

曲线是曲面的基础，是曲面造型设计中必须用到的基础元素，并且曲线质量的好坏直接影响到曲面质量的高低。因此，了解和掌握曲线的创建方法，是学习曲面设计的基本要求。利用 UG 的曲线功能可以建立多种曲线，其中基本曲线包括点及点集、直线、圆及圆弧、倒圆角、倒斜角等，特殊曲线包括样条、二次曲线、螺旋线和规律曲线等。

4.1.1 基本空间曲线

UG 基本曲线的创建包括直线、圆弧、圆等规则曲线的创建，以及曲线的倒圆角等操作。下面一一对其进行介绍。

1. 直线

下面将分别介绍几种创建直线的方法。

方法一：点—相切

选择下拉菜单 插入(S) ➡ 曲线(C) ➡ / 直线(L)... 命令，弹出图 4.1.1 所示的"直线"对话框。通过该对话框可以创建多种类型的直线，创建的直线类型取决于在该对话框的 起点选项 下拉列表中和 终点选项 下拉列表中选择不同选项的组合类型。

直线的创建只要确定两个端点的约束，就可以快速完成。下面通过图 4.1.2 所示的例子来说明创建"点—相切"直线的一般过程。

图 4.1.1 "直线"对话框

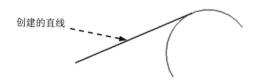

图 4.1.2 创建的直线

　　说明：在不打开"直线"对话框的情况下，要迅速创建简单的关联或非关联的直线，可以选择下拉菜单 插入(S) ➡ 曲线(C) ➡ 直线和圆弧(A) ▶ 命令下的相关子命令。

　　Step1. 打开文件 D:\ug8\work\ch04.01\line01.prt。

　　Step2. 选择下拉菜单 插入(S) ➡ 曲线(C) ➡ ╱ 直线(L)... 命令，系统弹出"直线"对话框。

　　Step3. 定义起点。在对话框 起点 区域的 起点选项 下拉列表中选择 点 选项，如图 4.1.3 所示。此时系统将在鼠标处弹出图 4.1.4 所示的动态文本输入框，在 XC 、 YC 、 ZC 文本框中分别输入数值 0、30、0，并分别按 Enter 键确认，并在绘图区域单击左键确认。

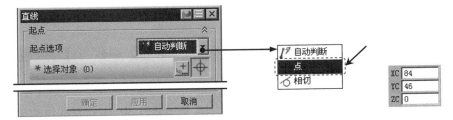

图 4.1.3　"直线"对话框　　　　　　　　　図 4.1.4　动态文本输入框

　　说明：按 F3 键可以将动态文本输入框隐藏，之后按一次将"直线"对话框隐藏，再按一次则显示"直线"对话框和动态文本输入框。

　　Step4. 设置终点选项。在图 4.1.5 所示的"直线"对话框 终点或方向 区域的 终点选项 下拉列表中选择 相切 选项（或者在图形区右击，在弹出的图 4.1.6 所示的快捷菜单中选择 ✔ 相切 命令）。

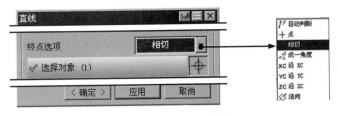

图 4.1.5　"直线"对话框

　　Step5. 定义终点。在图形中选取图 4.1.7 所示的曲线，单击"直线"对话框中的 〈 确定 〉 按钮完成直线的创建。

图 4.1.6　快捷菜单

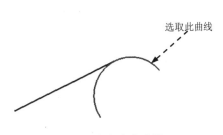

图 4.1.7　定义参考曲线

方法二：点—点

使用 ✏ **直线(点-点)(P)...** 命令绘制直线时，用户可以在系统弹出的动态输入框中输入起始点和终点相对于原点的坐标值来完成直线的创建。下面以创建图 4.1.8 所示的直线为例说明利用"直线（点—点）"命令创建直线的一般过程。

a）创建前　　　　　图 4.1.8　直线的创建　　　　　b）创建后

Step1. 打开文件 D:\ug8\work\ch04.01\line02.prt。

Step2. 选择下拉菜单 **插入(S)** ➡ **曲线(C)** ➡ **直线和圆弧(A)** ▶ ➡ ✏ **直线(点-点)(P)...** 命令，系统弹出"直线（点-点）"对话框和动态文本框（一）。

Step3. 在动态文本框（一）中输入直线起始点的坐标值（0，0，0），分别按 Enter 键确认（图 4.1.9），并在图形区域中单击左键确认；系统弹出动态文本框（二）。

Step4. 在动态文本框（二）中输入直线终点的坐标值（20，20，0），并在图形区中单击左键确认（图 4.1.10），同时完成此直线的创建。

Step5. 按鼠标中键（或键盘上的 Esc 键），退出"直线（点—点）"命令。

图 4.1.9　动态文本框（一）　　　　　　图 4.1.10　动态文本框（二）

方法三：点—平行

使用 ✏ **直线(点-平行)(R)...** 命令可以创建一条直线的平行线，下面通过图 4.1.11 所示的例子来说明利用"直线（点—平行）"命令创建直线的一般操作步骤。

Step1. 打开文件 D:\ug8\work\ch04.01\line03.prt。

Step2. 选 择 下 拉 菜 单 **插入(S)** ➡ **曲线(C)** ➡ **直线和圆弧(A)** ▶ ➡ ✏ **直线(点-平行)(R)...** 命令，系统弹出"直线（点-平行）"对话框和动态文本框（一）。

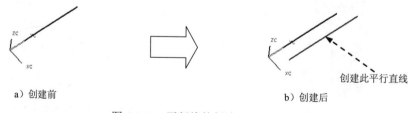

a）创建前　　　　　　　　　　b）创建后

图 4.1.11　平行线的创建

Step3. 在动态文本框（三）中输入直线起始点的坐标值（10，10，0），并在图形区域中单击左键确认（图 4.1.12），系统弹出动态文本框（图 4.1.13）。

Step4. 选取图 4.1.13 所示的直线；在动态文本框（图 4.1.13）中输入直线的长度值 60，按 Enter 键确认，系统自动创建一条平行线（即完成此直线的创建）。

Step5. 按鼠标中键（或键盘上的 Esc 键），退出"直线（点—平行）"命令。

图 4.1.12　动态文本框（三）

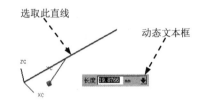

图 4.1.13　定义参考直线和直线长度

2．圆弧/圆

选择下拉菜单 插入(S) ➡ 曲线(C) ➡ 圆弧/圆(C)... 命令，系统弹出图 4.1.14 所示的"圆弧/圆"对话框。通过该对话框可以创建多种类型的圆弧或圆，创建的圆弧或圆的类型取决于对与圆弧或圆相关的点的不同约束。

说明：在不必打开此对话框的情况下，要迅速创建简单的关联或非关联的圆弧，可以选择下拉菜单 插入(S) ➡ 曲线(C) ➡ 直线和圆弧(A) ▶ 命令下的相关子命令。

方法一：三点画圆弧

下面通过图 4.1.15 所示的例子来介绍利用"相切—相切—相切"方式创建圆的一般过程。

图 4.1.14　"圆弧/圆"对话框

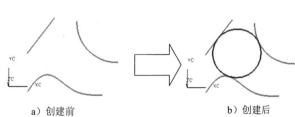

图 4.1.15　圆弧/圆的创建

Step1. 打开文件 D:\ug8\work\ch04.01\circul01.prt。

Step2. 选择下拉菜单 插入(S) ➡ 曲线(C) ➡ 圆弧/圆(C)... 命令，系统弹出"圆弧/圆"对话框。

Step3. 设置类型。在图 4.1.16 所示的"圆弧/圆"对话框 类型 区域的下拉列表中选择 三点画圆弧 选项。

Step4. 选择起点参照。在 起点 区域的 起点选项 下拉列表中选择 相切 选项，如图 4.1.16 所示（或者在图形区右击，在弹出的图 4.1.17 所示的快捷菜单中选择 ✔ 相切 命令）；然后选取图 4.1.18 所示的曲线 1。

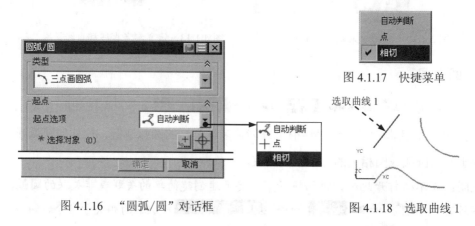

图 4.1.16　"圆弧/圆"对话框

图 4.1.17　快捷菜单

图 4.1.18　选取曲线 1

Step5. 选择端点参照。在 端点 区域的 终点选项 下拉列表中选择 相切 选项，如图 4.1.19 所示；然后选取图 4.1.20 所示的曲线 2。

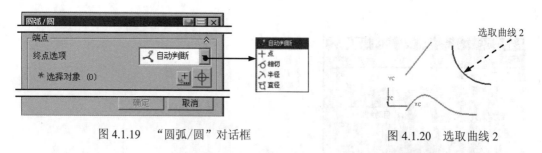

图 4.1.19　"圆弧/圆"对话框

图 4.1.20　选取曲线 2

Step6. 选择中点参照。在 中点 区域的 中点选项 下拉列表中选择 相切 选项，如图 4.1.21 所示；然后选取图 4.1.22 所示的曲线 3。

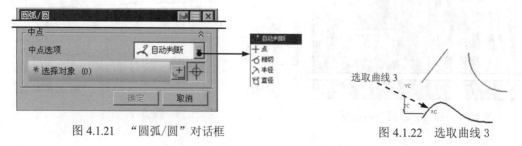

图 4.1.21　"圆弧/圆"对话框

图 4.1.22　选取曲线 3

Step7. 设置圆周类型。选中对话框 限制 区域的 ☑ 整圆 复选项。如图 4.1.23 所示。

Step8. 完成圆弧的创建。单击对话框的 < 确定 > 按钮，完成圆弧的创建。如图 4.1.24 所示。

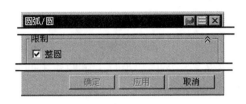

图 4.1.23 "圆弧/圆"对话框

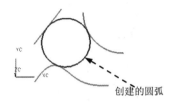

图 4.1.24 创建完成的圆弧

方法二：点—点—点

使用"圆弧（点—点—点）"命令绘制圆弧时，用户可以分别在系统弹出的动态文本框中输入三个点的坐标值来完成圆弧的创建。下面通过创建图 4.1.25b 所示的圆弧来说明使用"圆弧（点—点—点）"命令创建圆弧的一般过程。

a）创建前 b）创建后

图 4.1.25 圆弧的创建

Step1. 打开文件 D:\ug8\work\ch04.01\circul02.prt。

Step2. 选择下拉菜单 插入(S) ➡ 曲线(C) ➡ 直线和圆弧(A) ▶ ➡ 圆弧(点-点-点)(0)... 命令，系统弹出"圆弧（点—点—点）"对话框和动态文本框（一）。

Step3. 在动态文本框（四）中输入直线起始点的坐标值（0，0，0），并分别按 Enter 键确认（图 4.1.26），并在绘图区域中单击左键确认；系统弹出动态文本框（五）。

Step4. 在动态文本框（五）中输入直线终点的坐标值（10，10，10），并分别按 Enter 键确认（图 4.1.27），并在绘图区域中单击左键确认；系统弹出动态文本框（六）。

Step5. 在动态文本框（六）中输入直线中点的坐标值（10，-5，0），并分别按 Enter 键确认（图 4.1.28），并在绘图区域中单击左键确认，完成此圆弧的创建。

Step6. 按鼠标中键（或键盘上的 Esc 键），退出"圆弧（点—点—点）"命令。

图 4.1.26 动态文本框（四） 图 4.1.27 动态文本框（五） 图 4.1.28 动态文本框（六）

4.1.2 高级空间曲线

高级空间曲线在曲面建模中的使用非常频繁，主要包括螺旋线、样条曲线、二次曲线、规律曲线和文本曲线等。下面将分别对其进行介绍。

1. 样条曲线

样条曲线的创建方法有四种：根据极点、通过点、拟合和垂直于平面。下面将对"根据极点"和"通过点"两种方法进行说明，通过下面的两个例子可以观察出两种方法创建的样条曲线——"根据极点"和"通过点"两个命令对曲线形状的控制不同。

方法一：根据极点

"根据极点"是指样条曲线不通过极点，其形状由极点形成的多边形控制。用户可以对曲线类型、曲线阶次等相关参数进行编辑。下面通过创建图 4.1.29 所示的样条曲线，来说明使用"根据极点"命令创建样条曲线的一般过程。

Step1. 打开文件 D:\ug8\work\ch04.01\spline1.prt。

Step2. 选择命令。选择下拉菜单 插入(S) ➡ 曲线(C) ➡ ～ 样条(S)...命令，系统弹出"样条"对话框。

Step3. 定义方式。在"样条"对话框中单击 根据极点 按钮，系统弹出"根据极点生成样条"对话框。

a）极点生成的多边形   b）创建的样条曲线

图 4.1.29 使用"根据极点"命令创建样条曲线

Step4. 在"根据极点生成样条"对话框中单击 确定 按钮，系统弹出"点"对话框。

Step5. 定义极点。在"点"对话框的 类型 区域下拉列表中选择 现有点 选项，依次选择图 4.1.30 所示的点（点 1、点 2、点 3、点 4 和点 5，点的顺序不同生成的曲线形状也不同。如图 4.1.31 所示），单击 确定 按钮；系统弹出"指定点"对话框。

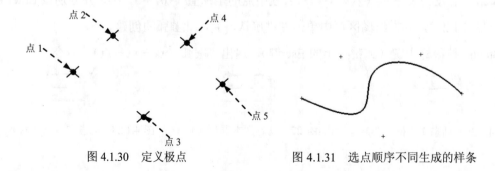

图 4.1.30 定义极点   图 4.1.31 选点顺序不同生成的样条

Step6. 在"指定点"对话框中单击 是 按钮。系统重新弹出"点"对话框，单击 取消 按钮，完成样条曲线的创建。

说明： 在本例中点的组合顺序还有多种，在此仅以一种情况说明选点顺序对样条曲线形状的影响。本例中的极点是通过现有点选取的，同样也可通过输入点的坐标值来确定点的位置。

方法二：通过点

样条曲线的形状除了可以通过极点来控制外还可以通过样条曲线所通过的点（即样条曲线的定义点）来更精确地控制。下面通过创建图 4.1.32 所示的样条曲线来说明利用"通过点"命令创建样条曲线的一般步骤。

Step1. 打开文件 D:\ug8\work\ch04.03\spline2.prt。

Step2. 选择命令。选择下拉菜单 插入(S) ➡ 曲线(C) ➡ ～ 样条(S)... 命令，系统弹出 "样条"对话框。

Step3. 定义方式。在对话框中单击 通过点 按钮，系统弹出"通过点生成样条"对话框。

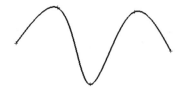

图 4.1.32　使用"通过点"命令创建样条曲线

Step4. 在"通过点生成样条"对话框中单击 确定 按钮，系统弹出"通过点生成样条"命令下的"样条"对话框，单击 点构造器 按钮，系统弹出"点"对话框。

Step5. 定义点。在"点"对话框的 类型 区域下拉列表中选择 现有点 选项，依次选择图 4.1.33 所示的点（点 1、点 2、点 3、点 4 和点 5，点的顺序不同生成的曲线形状也不同。如图 4.1.34 所示），单击 确定 按钮；系统弹出"指定点"对话框。

Step6. 在"指定点"对话框中单击 是 按钮，系统重新弹出"通过点生成样条"对话框，单击 确定 按钮，完成样条曲线的创建；单击 取消 按钮退出对话框。

说明： 在 "样条" 对话框中还可以通过 全部成链 、 在矩形内的对象成链 、 在多边形内的对象成链 命令选取

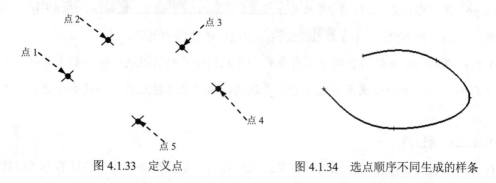

图 4.1.33　定义点　　　　　　　　图 4.1.34　选点顺序不同生成的样条

点；以上三种命令只是在选点的方式上有所不同；在选择点后都要指定起点和终点，依此系统生成不同的曲线。选点的多少、起点、终点的不同也都有不同的曲线生成。以下是利用 ▓▓▓▓▓▓▓▓ 全部成链 ▓▓▓▓▓▓▓▓ 命令创建的曲线，起点、终点的选择不同（图4.1.35、图 4.1.36）。

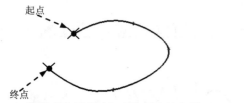

图 4.1.35　利用"全部成链"命令创建的曲线（一）　　图 4.1.36　利用"全部成链"命令创建的曲线（二）

2. 螺旋线

在建模或者造型过程中，螺旋线经常被用到。UG NX 8.0 通过定义转数、螺距、半径方式、旋转方向和方位等参数来生成螺旋线。创建螺旋线的方法有两种：分别是输入半径方法和使用规律曲线方法。下面分别对这两种方式进行介绍。

方法一：输入半径

图 4.1.37 所示螺旋线的一般创建过程如下。

Step1. 新建文件 D:\ug8\work\ch04.01\helix.prt。

Step2. 选择命令。选择下拉菜单 插入(S) ➡ 曲线(C) ➡ 螺旋线(X)... 命令，系统弹出"螺旋线"对话框。

Step3. 设置参数。在"螺旋线"对话框中输入图 4.1.38 所示的参数，其他采用默认设置，单击 确定 按钮完成螺旋线的创建。

说明：因为本例中使用当前的 WCS 作为螺旋线的方位，使用当前的 XC=0、YC=0 和 ZC=0 作为默认基点，所以在此没有定义方位和基点的操作。

图 4.1.38 所示"螺旋线"对话框的部分选项说明如下。

- 圈数：该文本框用于定义螺旋线的圈数。
- 螺距：该文本框用于定义螺旋线的螺距。
- 半径方式区域：用于选择螺旋线外形的参数方式。
  - ☑ ⊙ 使用规律曲线：使用规律函数的方式构造螺旋线。
  - ☑ ⊙ 输入半径：使用输入半径的方式构造螺旋线。
- 半径：该文本框在选择⊙ 输入半径情况下有效，用于定义螺旋线的半径。
- 旋转方向区域：用于定义螺旋线的旋转向。
  - ☑ ⊙ 右手：选择该选项创建的螺旋线是右旋的。
  - ☑ ⊙ 左手：选择该选项创建的螺旋线是左旋的。
- 定义方位：定义螺旋线的轴线方向。
- 点构造器：定义螺旋线的基点，即起始中心位置点。

图 4.1.37　螺旋线

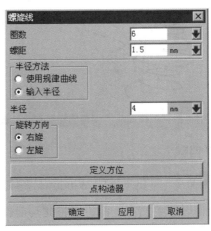

图 4.1.38　"螺旋线"对话框

方法二：使用规律曲线

图 4.1.39 所示的使用规律曲线方式创建的螺旋线的一般步骤如下。

Step1. 新建文件 D:\ug8\work\ch04.01\helix_1.prt。

Step2. 选择下拉菜单 插入(S) ➡ 曲线(C) ➡ 螺旋线(X)...命令，系统弹出"螺旋线"对话框。

Step3. 在对话框 半径方式 区域选中⊙ 使用规律曲线选项，弹出图 4.1.40 所示的"规律函数"对话框，该对话框包括七种规律函数。

图 4.1.39　使用规律曲线创建的螺旋线

图 4.1.40　"规律函数"对话框

Step4. 在"规律函数"对话框中单击 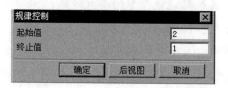 （三次）按钮，在弹出的"规律控制"的对话框中输入图 4.1.41 所示的参数。

图 4.1.41   "规律控制"对话框

Step5. 单击 确定 按钮返回"螺旋线"对话框，单击 确定 按钮完成螺旋线的创建。

说明：使用其他规律函数创建螺旋线的方法和上面介绍的例子大体相同，只是有的命令在操作过程中需要选定参照对象（图 4.1.42 和图 4.1.43），在此不再赘述。

图 4.1.42   使用"根据规律曲线"创建的螺旋线   图 4.1.43   使用"沿着脊线的值—三次"创建的螺旋线

3. 文本曲线

使用 **A** 命令，可将本地的 Windows 字体库中的 True Type 字体中的"文本"生成 NX 曲线。无论何时需要文本，都可以将此功能作为部件模型中的一个设计元素使用。在"文本"对话框中，允许用户选择 Windows 字体库中的任何字体，指定字符属性（粗体、斜体、类型、字母）；在"文本"对话框字段中输入文本字符串，并立即在 NX 部件模型内将字符串转换为几何体。文本将跟踪所选 True Type 字体的形状，并使用线条和样条生成文本字符串的字符外形，可以在平面、曲线或曲面上放置生成的几何体。下面通过创建图 4.1.44 所示的文本曲线来说明创建文本曲线的一般步骤。

Step1. 打开文件 D:\ug8\work\ch04.01\text_line.prt。

Step2. 选择下拉菜单 插入(S) ➡ 曲线(C) ➡ A 文本(T)... 命令，系统弹出"文本"对话框（图 4.1.45）。

Step3. 在 类型 区域的下拉列表中选择 曲线上 选项；选取图 4.1.46 所示的曲线为文本放置曲线。

Step4. 在对话框 文本属性 区域的文本框中输入文本字符串"兆迪科技"；在 字体 下拉列表中选择 隶书 选项；对话框中的其他设置保持系统默认参数设置值。调整文本曲线的控制手柄（图 4.1.47），使其更贴合放置曲线。

图 4.1.45 "文本"对话框

图 4.1.44 创建的文本曲线

Step5. 单击对话框中的 < 确定 > 按钮，完成文本曲线的创建。

图 4.1.46 定义放置曲线

图 4.1.47 调整文本曲线

图 4.1.45 所示"文本"对话框中的部分按钮说明如下。

- **类型** 区域：该区域的下拉列表中包括 **平面副**、**面上** 和 **曲线上** 三个选项，用于定义文本的放置类型。

  - ☑ **平面副** （平面副）：该选项用于创建在平面上的文本。

  - ☑ **曲线上** （曲线上）：该选项用于沿曲线创建文本。

  - ☑ **面上** （面上）：该选项用于在一个或多个相连面上创建文本。

4.1.3 来自曲线集的曲线

来自曲线集的曲线是指利用现有的曲线，通过不同的方式而创建的新曲线。在 UG NX 8.0 中，主要是通过 插入(S) 下拉菜单的 来自曲线集的曲线(F) ▶ 子菜单中选择相应的命令来进行操作。下面将分别对镜像、偏置、在面上偏置和投影等方法进行介绍。

1.镜像

曲线的镜像是指利用一个平面或基准平面（称为镜像中心平面）将源曲线进行复制，从而得到一个与源曲线关联或非关联的曲线。下面通过图 4.1.48b 所示的例子来说明创建镜像曲线的一般过程。

Step1. 打开文件 D:\ug8\work\ch04.01\mirror_curves.prt。

Step2. 选择下拉菜单 插入(S) ➡ 来自曲线集的曲线(F) ▸ ➡ 🔲 镜像(M)...命令，系统弹出"镜像曲线"对话框。

Step3. 定义镜像曲线。在图形区选取图 4.1.49 所示的曲线，单击鼠标中键确认。此时对话框中的 平面 下拉列表被激活。

Step4. 选取镜像平面。在对话框中的 平面 下拉列表中选择 现有平面 选项，定义图中平面为镜像平面。

Step5. 单击 确定 按钮（或单击中键），完成镜像曲线的创建。

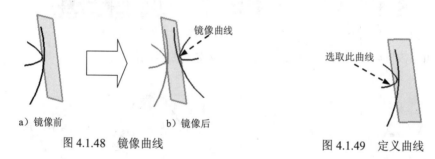

a）镜像前   b）镜像后   选取此曲线

图 4.1.48　镜像曲线   图 4.1.49　定义曲线

2. 偏置

偏置曲线是通过移动选中的曲线对象来创建新的曲线。使用下拉菜单 插入(S) ➡ 来自曲线集的曲线(F) ▸ ➡ 🔲 偏置(O)...命令可以偏置由直线、圆弧、二次曲线、样条及边缘组成的线串。曲线可以在选中曲线所定义的平面内偏置，也可以使用 拔模 方法偏置到一个平行平面上，或者沿着使用 3D 轴向 方法时指定的矢量进行偏置。下面将对"拔模"和"3D 轴向"两种偏置方法分别进行介绍。

方式一：草图

通过图 4.1.50 所示的例子来说明用"草图"方式创建偏置曲线的一般过程。

a）偏置前   b）偏置后

图 4.1.50　偏置曲线的创建

Step1. 打开文件 D:\ug8\work\ch04.01\offset_curve1.prt。

Step2. 选择下拉菜单 插入(S) ➡ 来自曲线集的曲线(F) ▶ ➡ 偏置(O)... 命令，系统弹出图 4.1.51 所示的 "偏置曲线" 对话框。

Step3. 在对话框 类型 区域的下拉列表中选择 拔模 选项；选取图 4.1.52 所示的曲线为偏置对象。

Step4. 在对话框 偏置 区域的 高度 文本框中输入数值 10；在 角度 文本框中输入数值 10；在 副本数 文本框中输入数值 1。

注意：可以单击对话框中的 ✕ 按钮改变偏置的方向。

Step5. 在对话框中，单击 确定 按钮完成偏置曲线的创建。

图 4.1.51 "偏置曲线" 对话框

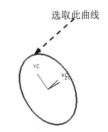

图 4.1.52 定义偏置曲线

方式二：3D 轴向

通过图 4.1.53 所示的例子来说明用 "3D 轴向" 方式创建偏置曲线的一般过程。

Step1. 打开文件 D:\ug8\work\ch04.01\offset_curve2.prt。

Step2. 选择下拉菜单 插入(S) ➡ 来自曲线集的曲线(F) ▶ ➡ 偏置(O)... 命令，系统弹出图 4.1.54 所示的 "偏置曲线" 对话框。

Step3. 在对话框 类型 区域的下拉列表中选择 3D 轴向 选项；选取图 4.1.55 所示的曲线为偏置对象。

Step4. 在对话框 偏置 区域的 距离 文本框中输入数值 8；在 ✓ 指定方向 (1) 下拉列表中选择 ᶻᶜ↑ 选项，定义 ZC 轴为偏置方向。

注意：可以单击对话框中的 ✕ 按钮改变偏置的方向，以达到用户想要的方向。

Step5. 在对话框中，单击 确定 按钮完成偏置曲线的创建。

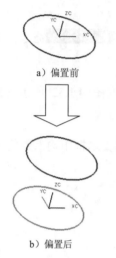

a）偏置前

b）偏置后

图 4.1.53　偏置曲线的创建

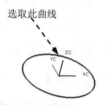

选取此曲线

图 4.1.54　"偏置曲线"对话框

图 4.1.55　定义偏置曲线

3．在面上偏置曲线

"在面上偏置"是指通过偏置片体上的曲线或片体边界而创建曲线的方法。通过创建图 4.1.56 所示的曲线的创建来说明在"在面上偏置"一般过程。

Step1．打开文件 D:\ug8\work\ch04.01\offset_serface.prt。

Step2．选择下拉菜单 插入(S) ➡ 来自曲线集的曲线(F) ▶ ➡ 在面上偏置… 命令，系统弹出图 4.1.57 所示的"面中的偏置曲线"对话框。

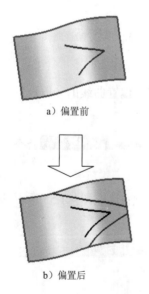

a）偏置前

b）偏置后

图 4.1.56　创建在面上偏置曲线

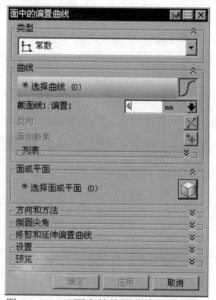

图 4.1.57　"面中的偏置曲线"对话框

Step3．选择面上的曲线为偏置对象；在对话框 曲线 区域的 截面线1：偏置1 文本框中输入偏置值 4。在 面或平面 区域选取图 4.1.56 所示的曲面为参照。

Step4. 在 修剪和延伸偏置曲线 区域选中 ☑ 修剪至面的边 和 ☑ 延伸至面的边 两个复选框，单击 < 确定 > 按钮，完成曲线的偏置。

图 4.1.57 所示的"面中的偏置曲线"对话框中部分选项的功能说明如下。

● 修剪和延伸偏置曲线 区域：此区域包括 ☑ 修剪到面的边缘 、 ☑ 延伸至面的边 、 ☑ 在截面内修剪至彼此 和 ☑ 在截面内延伸至彼此 四个复选项。

　☑ ☑ 在截面内修剪至彼此 ：对于偏置的曲线相互之间进行修剪。

　☑ ☑ 在截面内延伸至彼此 ：对于偏置的曲线相互之间进行延伸。

　☑ ☑ 修剪到面的边缘 ：对于偏置曲线裁剪到边缘。

　☑ ☑ 延伸至面的边 ：对于偏置曲线延伸到曲面边缘。

　☑ ☑ 移除偏置曲线内的自相交 ：将偏置曲线中出现自相交的部分移除。

图 4.1.58 和图 4.1.59 所示是分别取消 ☑ 修剪到面的边缘 和 ☑ 延伸至面的边 复选框得到的曲线。

 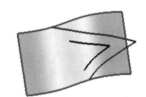

图 4.1.58　取消选中"修剪到面的边　　　　　图 4.1.59　取消选中"延伸至面的边"
缘"复选项得到的曲线　　　　　　　　　复选项得到的曲线

4. 投影

投影可以将曲线、边缘和点映射到片体、面、平面和基准平面上。投影曲线在孔或面边缘处都要进行修剪，投影之后，可以自动合并输出的曲线。创建图 4.1.60 所示的投影曲线的一般操作过程如下。

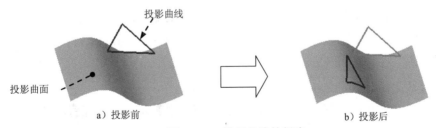

a）投影前　　　　　　　　　　　　b）投影后
图 4.1.60　投影曲线的创建

Step1. 打开文件 D:\ug8\work\ch04.01\project.prt。

Step2. 选择下拉菜单 插入(S) ➡ 来自曲线集的曲线(F) ▶ ➡ 投影(P)... 命令，系统弹出"投影曲线"对话框（图 4.1.61）。

Step3. 在图形区选取如图 4.1.60a 所示的曲线，单击中键确认。

Step4. 定义投影面。在对话框 投影方向 区域的 方向 下拉列表中选择 沿面的法向 选项，然后选取图 4.1.60 所示的曲面作为投影曲面。

Step5. 在"投影曲线"对话框中单击 〈 确定 〉 按钮，完成投影曲线的创建。

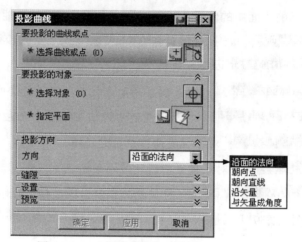

图 4.1.61　"投影曲线"对话框

图 4.1.61 所示"投影曲线"对话框的 投影方向 下拉列表中部分选项的说明如下。

● 沿面的法向 ：此方式是沿所选投影面的法向，向投影面投影曲线。

● 朝向点 ：此方式用于从原定义曲线朝着一个点，向选取的投影面投影曲线。

● 沿矢量 ：此方式用于沿设定的矢量方向，向选取的投影面投影曲线。

● 朝向直线 ：此方式用于从原定义曲线朝着一条现有曲线，向选取的投影面投影曲线。

● 与矢量所成的角度 ：此方式用于沿与设定矢量方向成一角度的方向，向选取的投影面投影曲线。

5. 组合投影

组合投影曲线是将两条不同的曲线沿着指定的方向进行投影和组合，而得到的第三条曲线。两条曲线的投影必须相交。在创建过程中，可以指定新曲线是否与输入曲线关联，以及对输入曲线作保留、隐藏等方式的处理。创建图 4.1.62 所示的组合投影曲线的一般过程如下。

Step1. 打开文件 D:\ug8\work\ch04.01\project_1.prt。

Step2. 选择下拉菜单 插入(S) ➡ 来自曲线集的曲线(F) ➡ 组合投影(C)... 命令，系统弹出"组合投影"对话框，如图 4.1.63 所示。

Step3. 在图形区选取如图 4.1.62 所示的曲线 1 作为第一曲线串，单击鼠标中键确认。

Step4. 选取图 4.1.62a 所示的曲线 2 作为第二曲线串。

Step5. 定义投影矢量。在投影方向 1 和投影方向 2 的下拉列表中选择 垂直于曲线平面 。

Step6. 单击 确定 按钮，完成组合投影曲线的创建。

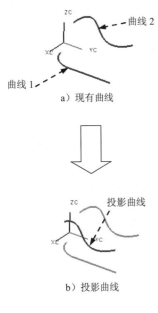

a) 现有曲线

b) 投影曲线

图 4.1.62 组合投影

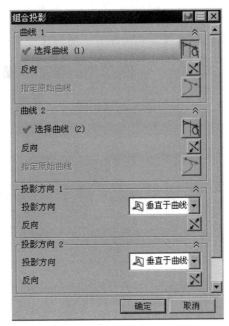

图 4.1.63 "组合投影"对话框

6. 桥接

桥接(B)...命令可以创建位于两曲线上用户定义点之间的连接曲线。输入曲线可以是片体或实体的边缘。生成的桥接曲线可以在两曲线确定的面上，或者在自行选择的约束曲面上。

下面通过创建图 4.1.64 所示的桥接曲线的来说明创建桥接曲线的一般过程。

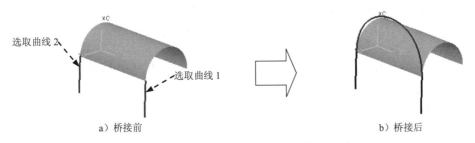

a) 桥接前

b) 桥接后

图 4.1.64 创建桥接曲线

Step1. 打开文件 D:\ug8\work\ch04.01\bridge_curve.prt。

Step2. 选择下拉菜单 插入(S) ➡ 来自曲线集的曲线(F) ➡ 桥接(B)...命令，系统弹出 "桥接曲线" 对话框，如图 4.1.65 所示。

Step3. 定义桥接曲线。在图形区依次选取图 4.1.64a 所示的曲线 1 和曲线 2。

Step4. 完成曲线桥接的操作。其他均采用系统默认参数设置值，单击 "桥接曲线" 对话框中的 < 确定 > 按钮，完成曲线桥接的操作。

说明：通过在 形状控制 区域中的⊙ 开始 、○ 终点 文本框中输入数值或拖动相对应的滑块，可以调整桥接曲线端点的位置,图形区中显示的图形也会随之改变。

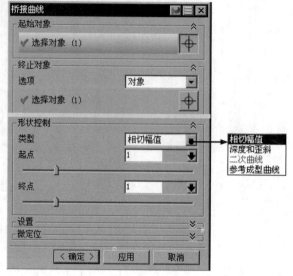

图 4.1.65　"桥接曲线"对话框

图 4.1.65 所示"桥接曲线"对话框中"形状控制"区域的部分选项说明如下。

- 相切幅值 :用户通过使用滑块推拉第一条曲线及第二条曲线的一个或两个端点，或在文本框中键入数值来调整桥接曲线。滑块范围表示相切的百分比。初始值在 0.0 和 3.0 之间变化。如果在一个文本框中输入大于 3.0 的数值，则几何体将作相应的调整，并且相应的滑块将增大范围以包含这个较大的数值。

- 深度和歪斜 :该滑块用于控制曲线曲率影响桥接的程度。在选中两条曲线后，可以通过移动滑块来更深度和歪斜度。歪斜 滑块的值为曲率影响程度的百分比; 深度 滑块控制最大曲率的位置。滑块的值是沿着桥接从曲线 1 到曲线 2 之间的距离数值。

- 参考成型曲线 :所创建的桥接曲线部分将继承参考曲线的特性（如斜率、形状等）。

说明：此例中创建的桥接曲线可以约束在选定的曲面上。其操作步骤要增加：在"桥接曲线"对话框 约束面 区域中单击 按钮，选取图 4.1.66a 所示的曲面为约束面。结果如图 4.1.66b 所示。

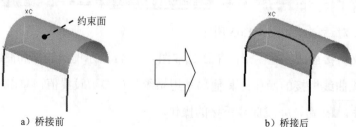

a）桥接前　　　　　　　　　　　　b）桥接后

图 4.1.66　添加约束面的桥接曲线

4.1.4 来自体的曲线

来自体的曲线主要是从已有模型的边，相交线等提取出来的曲线，主要类型包括：相交曲线、截面曲线和抽取曲线等。

1. 相交曲线

利用 命令可以创建两组对象之间的相交曲线。相交曲线可以是关联的或不关联的，关联的相交曲线会根据其定义对象的更改而更新。用户可以选择多个对象来创建相交曲线。下面以图 4.1.67 所示的例子来介绍创建相交曲线的一般过程。

图 4.1.67 相交曲线的创建

Step1. 打开文件 D:\ug8\work\ch04.01\inter_curve.prt。

Step2. 选择下拉菜单 插入(S) ➡ 来自体的曲线(U)▶ ➡ 求交(I)...命令，系统弹出"相交曲线"对话框，如图 4.1.68 所示。

Step3. 定义相交曲面。在图形区选取图 4.1.67a 所示的曲面 1，单击中键确认，然后选取曲面 2，其他选项均采用默认设置值。

图 4.1.68 "相交曲线"对话框

Step4. 单击"相交曲线"对话框中的 <确定> 按钮，完成相交曲线的创建。

2. 截面曲线

使用 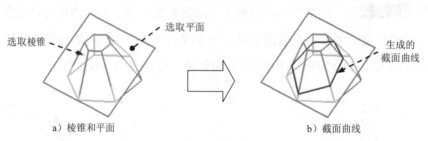 截面(S)命令可在指定平面与体、面、平面和（或）曲线之间创建相关或不相关的截面曲线。平面与曲线相交可以创建一个或多个点。下面以图 4.1.69 所示的例子来介绍创建截面曲线的一般过程。

Step1. 打开文件 D:\ug8\work\ch04.01\plane_curve.prt。

a）棱锥和平面　　　　　　　　　　b）截面曲线

图 4.1.69　创建截面曲线

Step2. 选择下拉菜单 插入(S) ➡ 来自体的曲线(U) ➡ 截面(S)命令，系统弹出"截面曲线"对话框，如图 4.1.70 所示。

Step3. 在图形区选取图 4.1.69a 所示的棱锥体，单击中键。

Step4. 在对话框 剖切平面 区域中单击 * 指定平面 按钮，选取图 4.1.70 所示的平面，其他选项均采用默认设置。

Step5. 单击"截面曲线"对话框中的 确定 按钮，完成截面曲线的创建。

图 4.1.70 所示"截面曲线"对话框中的部分选项的说明如下。

- 类型 区域：该区域的下拉列表中包括 选定的平面 选项、 平行平面 选项、 径向平面 选项和 垂直于曲线的平面 选项，用于设置创建截面曲线的类型。

  ☑ 选定的平面 选项：该方法可以通过选定的单个平面或基准平面来创建截面曲线。

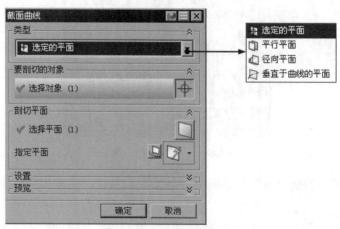

图 4.1.70　"截面曲线"对话框

☑　█ 平行平面 选项：使用该方法可以通过指定平行平面集的基本平面、步长值和起始及终止距离来创建截面曲线。

☑　█ 径向平面 选项：使用该方法可以指定定义基本平面所需的矢量和点、步长值以及径向平面集的起始角和终止角。

☑　█ 垂直于曲线的平面 选项：该方法允许用户通过指定多个垂直于曲线或边缘的剖截平面来创建截面曲线。

● 设置 区域的 ☑ 关联 复选框：如果选中该选项，则创建的截面曲线与其定义对象和平面相关联。

3. 抽取曲线

使用 ████ 抽取(E)... 命令可以通过一个或多个现有体的边或面创建直线、圆弧、二次曲线和样条曲线，而体不发生变化。大多数抽取曲线是非关联的，但也可选择创建相关的等斜度曲线或阴影外形曲线。选择下拉菜单 插入(S) ➡️ 来自体的曲线(U)▶ ➡️ ████ 抽取(E)... 命令，系统弹出"抽取曲线"对话框。

"抽取曲线"对话框中按钮的说明如下。

● ████ 边曲线 ████：从指定边抽取曲线。

● ████ 轮廓线 ████：利用轮廓边缘创建曲线。

● ████ 完全在工作视图中 ████：利用工作视图中体的所有可视边（包括轮廓边缘）创建曲线。

● ████ 等斜度曲线 ████：创建在面集上的拔模角为常数的曲线。

● ████ 阴影轮廓 ████：在工作视图中创建仅显示体轮廓的曲线。

下面以图 4.1.71 所示的例子来介绍利用"边缘曲线"创建抽取曲线的一般过程。

　　a）特征体　　　　　　　　　　　　　　　b）创建的抽取曲线

图 4.1.71　抽取曲线的创建

Step1. 打开文件 D:\ug8\work\ch04.01\solid _curve.prt。

Step2. 选择下拉菜单 插入(S) ➡️ 来自体的曲线(U)▶ ➡️ ████ 抽取(E)... 命令，系统弹出"抽取曲线"对话框。

Step3. 单击 边曲线 按钮，弹出如图4.1.72所示的"单边曲线"对话框。

Step4. 在"单边曲线"对话框中单击 All of Solid 按钮，弹出图4.1.73所示的"实体中的所有边"对话框，选取图4.1.71a所示的拉伸体。

Step5. 单击 确定 按钮，返回"单边曲线"对话框。

Step6. 单击"单边曲线"对话框中的 确定 按钮，完成抽取曲线的创建。单击 取消 按钮退出对话框。

图 4.1.72   "单边曲线"对话框

图 4.1.73   "实体中的所有边"对话框

图 4.1.72 所示"单个边曲线"对话框中各按钮的说明如下。

- All in Face ：所选表面的所有边。
- All of Solid ：所选实体的所有边。
- 所有名为 ：所有命名相似的曲线。
- 边缘成链 ：所选链的起始边与结束边按某一方向连接而成的曲线。

4.2   曲线曲率分析

曲线质量的好坏对该曲线产生的曲面、模型等的质量有重大的影响。曲率梳依附曲线存在，最直观地反映了曲线的连续特性。曲率梳是指系统用梳状图形的方式来显示样条曲线上各点的曲率变化情况。显示曲线的曲率梳后，能方便地检测曲率的不连续性、突变和拐点，在多数情况下这些是不希望存在的。显示曲率梳后，在对曲线进行编辑时，可以很直观地调整曲线的曲率，直到得出满意的结果为止。

下面以图4.2.1所示的曲线为例，说明显示样条曲线曲率梳的操作过程。

Step1. 打开文件 D:\ug8\work\ch04.02\combs.prt。

Step2. 选取图 4.2.1 所示的曲线。

Step3. 选择下拉菜单 分析(L) ➡ 曲线(C)▶ ➡ 曲率梳(C) 命令，在绘图区显示图 4.2.2 所示的曲率梳。

图 4.2.1　样条曲线　　　　　　　　　　图 4.2.2　显示曲率梳

说明： 再次选择下拉菜单 分析(L) ➡ 曲线(C)▶ ➡ 曲率梳(C) 命令，则绘图区中不再显示曲率梳。

Step4. 选择下拉菜单 分析(L) ➡ 曲线(C)▶ ➡ 曲线分析(U) 命令，系统弹出图 4.2.3 所示的“曲线分析”对话框。

Step5. 在图中输入以下数值，如图 4.2.3 所示。

Step6. 在“曲线分析”对话框中单击 确定 按钮，完成曲率梳分析，如图 4.2.4 所示。

图 4.2.3　“曲线分析”对话框

图 4.2.4　显示曲率梳

4.3   创建简单曲面

UG NX 8.0 具有强大的曲面功能，并且对曲面的修改、编辑等非常方便。本节主要介绍一些简单曲面的创建，主要内容包括：曲面网格显示、有界平面的创建、拉伸/旋转曲面的创建、偏置曲面的创建以及曲面的抽取。

4.3.1   曲面网格显示

曲面的显示样式除了常用的着色、线框等还可以用网格线的形式显示出来，与其他显示样式相同，网格显示仅仅是对特征的显示，而对特征没有丝毫的修改或变动。下面以图4.3.1 所示的模型为例，来说明曲面网格显示的一般操作过程。

Step1. 打开文件 D:\ug8\work\ch04.03\static_wireframe.prt。

a）选取曲面   b）网格显示

图 4.3.1   曲面网格显示

Step2. 调整视图显示。在图形区右击，在弹出的图 4.3.2 所示的快捷菜单中选择 渲染样式(D)▶ ━━▶ 静态线框(W) 命令，图形区中的模型变成线框状态。

说明：模型在"着色"状态下是不显示网格线的，网格线只在"静态线框"、"面分析"和"局部着色"三种状态下才可以显示出来。

Step3. 选择命令。选择下拉菜单 编辑(E) ━━▶ 对象显示(J)... 命令时，弹出"类选择"对话框。

Step4. 选取网格显示的对象。在图形区选取图 4.3.1a 所示的曲面，单击"类选择"对话框中的 确定 按钮，系统弹出"编辑对象显示"对话框。

Step5. 定义参数。在"编辑对象显示"对话框中设置图 4.3.3 所示的参数，其他参数采用默认设置值。

Step6. 单击"编辑对象显示"对话框中的 确定 按钮，完成曲面网格显示的设置。

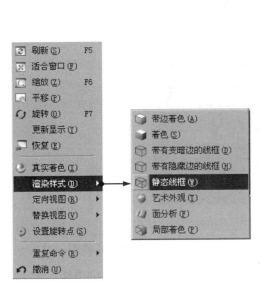

图 4.3.2　快捷菜单　　　　图 4.3.3　"编辑对象显示"对话框

4.3.2　创建拉伸和回转曲面

拉伸曲面和回转曲面的创建方法与相应的实体特征相同只是要求生成特征的类型不同。下面将对这两种方法作简单介绍。

1. 创建拉伸曲面

拉伸曲面是将截面草图沿着某一方向拉伸而成的曲面（拉伸方向多为草图平面的法线方向）。下面以图 4.3.4 所示的模型为例，来说明创建拉伸曲面特征的一般操作过程。

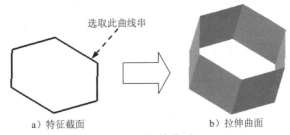

a）特征截面　　　　b）拉伸曲面
图 4.3.4　拉伸曲面

Step1. 打开文件 D:\ug8\work\ch04.03\extrude_surf.prt。

Step2. 选择下拉菜单 插入(S) ➡ 设计特征(E) ➡ 拉伸(E)... 命令，系统弹出图 4.3.5 所示的"拉伸"对话框。

图 4.3.5　"拉伸"对话框

Step3. 定义拉伸截面。在图形区选取图 4.3.4a 所示的曲线串为特征截面。

Step4. 确定拉伸开始值和终点值。在"拉伸"对话框的 极限 区域中的 开始 下拉列表中选择 值 选项，并在其下的 距离 文本框中输入数值 0；在 极限 区域的 终点 下拉列表中选择 值 选项，并其下的 距离 文本框中输入数值 30。

Step5. 定义拉伸特征的体类型。在对话框 设置 区域的 体类型 下拉列表中选择 图纸页 选项，其他选用默认设置。

Step6. 单击"拉伸"对话框中的 < 确定 > 按钮，完成拉伸曲面的创建。

说明： 在设置拉伸方向时可以与草图平面成一定的角度。如图 4.3.6b 所示的拉伸特征。

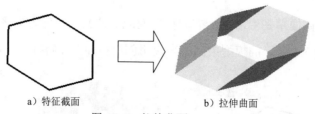

　　a）特征截面　　　　　　　　　　　　　　b）拉伸曲面

图 4.3.6　拉伸曲面

2. 创建回转曲面

图 4.3.7 所示的回转曲面特征的创建过程如下。

　　a）特征截面　　　　　　　　　　　　　　b）旋转曲面

图 4.3.7　回转曲面

Step1. 打开文件 D:\ug8\work\ch04.03\rotate_surf.prt。

Step2. 选择 插入(S) ➡ 设计特征(E) ➡ 回转(R)... 命令，系统弹出"回转"对话框。

Step3. 定义回转截面。在图形区选取图 4.3.7a 所示的曲线为回转截面。

Step4. 定义回转轴。在图形区选择 YC 轴为回转轴。选取坐标系原点为指定点。

Step5. 定义回转角度。在 极限 区域 开始 的下拉列表中选择 值 选项，并在其下的 角度 文本框中输入数值 0；在 终点 下拉列表中选择 值 选项，并在其下的 角度 文本框中输入数值 180。

Step6. 定义回转特征的体类型。在对话框 设置 区域的 体类型 下拉列表中选择 图纸页 选项，其他选用默认参数设置值。

Step7. 单击"回转"对话框中的 < 确定 > 按钮，完成回转曲面的创建。

说明：在定义回转轴时如选择系统的基准轴则不再需要选取定义点，而可以直接创建回转特征。

4.3.3　有界平面的创建

使用"有界平面"命令可以创建平整曲面，利用拉伸也可以创建曲面，但拉伸创建的是有深度参数的二维或三维曲面，而有界平面创建的是没有深度参数的二维曲面。下面以图 4.3.8a 所示的模型为例，来说明创建有界平面的一般操作过程。

Step1. 打开文件 D:\ug8\work\ch04.03\ambit_surf.prt。

Step2. 选择命令。选择下拉菜单 插入(S) ➡ 曲面(R)▶ ➡ 有界平面(P)... 命令，系统弹出"有界平面"对话框。

a）有界平面　　　　　b）相同的特征截面　　　　　c）拉伸曲面

图 4.3.8　有界平面与拉伸曲面的比较

Step3. 在图形区选取图 4.3.8b 所示的曲线串，在"有界曲面"对话框中单击 < 确定 > 按钮，完成有界曲面的创建。

说明：在创建"有界平面"时所选取的曲线串必须由同一个平面做载体。即"有界平面"的边界线要求共面。否则不能创建曲面。

4.3.4　曲面的偏置

曲面的偏置用于创建一个或多个现有面的偏置曲面；从而得到新的曲面。下面分别对创建偏置曲面和偏移曲面进行介绍。

1. 创建偏置曲面

下面以图 4.3.9 所示的偏置曲面为例，来说明其一般创建过程。

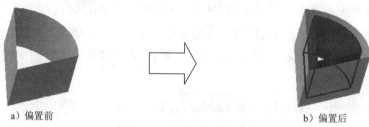

a）偏置前　　　　　　　　　　　　　　　　　　b）偏置后

图 4.3.9　偏置曲面的创建

Step1. 打开文件 D:\ug8\work\ch04.03\offset_surface.prt。

Step2. 选择下拉菜单 插入(S) ➡ 偏置/缩放(O) ➡ 偏置曲面(O)... 命令，系统弹出图 4.3.10 所示的"偏置曲面"对话框。

Step3. 在图形区选取图 4.3.11 所示的曲面，系统弹出 偏置 1 文本框，同时图形区中出现曲面的偏置方向（图 4.3.11）。此时"偏置曲面"对话框中的"反向"按钮 被激活。

Step4. 定义偏置方向。单击"偏置曲面"对话框中的"反向"按钮，偏置曲面预览，如图 4.3.12 所示。

Step5. 定义偏置的距离。在弹出的 偏置 1 文本框中输入偏置距离值 100，单击鼠标中键确认。在"偏置曲面"对话框中单击 < 确定 > 按钮，完成偏置曲面的创建。

图 4.3.10　"偏置曲面"对话框

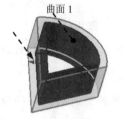

图 4.3.11　偏置方向（一）

图 4.3.12　偏置方向（二）

2. 偏置面

偏置面是将用户选定的面沿着其法向方向偏置一段距离，这一过程不会产生新的曲面。下面以图 4.3.13 所示的模型为例，来说明偏置面的一般操作过程。

Step1. 打开文件 D:\ug8\work\ch04.03\offset_surf.prt。

Step2. 选择下拉菜单 插入(S) ➡️ 偏置/缩放(O) ➡️ 偏置面(F)... 命令，系统弹出图 4.3.14 所示的"偏置面"对话框。

Step3. 在图形区选取图 4.3.14 所示的曲面，然后在"偏置面"对话框中的 偏置 文本框中输入数值 100，单击 确定 按钮，完成曲面的偏置操作。

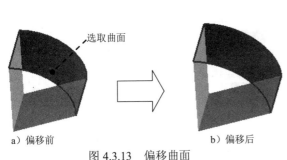

a）偏移前   b）偏移后

图 4.3.13 偏移曲面

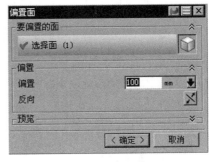

图 4.3.14 "偏置面"对话框

4.3.5 曲面的抽取

曲面的抽取即从一个实体抽取曲面来创建片体，曲面的抽取就是复制曲面的过程。抽取独立曲面时，只需单击此面即可；抽取区域曲面时，是通过定义种子曲面和边界曲面来创建片体，创建的片体是从种子面开始向四周延伸到边界曲面的所有曲面构成的片体（其中包括种子面，但不包括边界曲面），这种方法在加工中定义切削区域时特别重要。下面分别介绍抽取独立曲面和抽取区域曲面。

1. 抽取独立曲面

下面以图 4.3.15 所示的模型为例，来说明创建抽取曲面一般操作过程（图 4.3.15b 中实体模型已隐藏）。

Step1. 打开文件 D:\ug8\work\ch04.03\extracted_region.prt。

Step2. 选择下拉菜单 插入(S) ➡️ 关联复制(A) ➡️ 抽取体(E)... 命令，系统弹出图 4.3.16 所示的"抽取体"对话框。

a）抽取前   b）抽取后

图 4.3.15 抽取选定曲面

Step3. 定义抽取类型。在"抽取体"对话框 类型 区域的下拉列表中选择 面 选项。

Step4. 定义选取类型。在"抽取体"对话框 面 区域中的 面选项 下拉列表中选择 单个面 选项。

Step5. 选取图 4.3.17 所示的曲面。

Step6. 在"抽取体"对话框 设置 区域中选中 ☑ 隐藏原先的 复选项，其他参数采用默认的设置值。单击"抽取体"对话框中的 确定 按钮，完成对选中曲面的抽取。

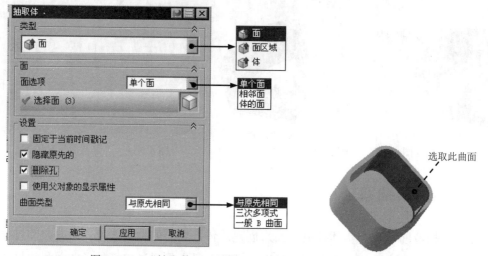

图 4.3.16   "抽取体"对话框   图 4.3.17   选取曲面

图 4.3.16 所示"抽取体"对话框中各选项的说明如下。

- 类型 区域的下拉列表：用于选择生成曲面的类型。
  - ☑ 面（面）：该选项用于从实体模型中抽取曲面特征。
  - ☑ 面区域（区域）：该选项用于从实体模型中抽取一组曲面，这组曲面和种子面相关联，且被边界面所制约。
  - ☑ 体（体）：该选项用于生成与整个所选特征相关联的实体。
- 面选项 下拉列表：用于选择生成曲面的类型。
  - ☑ 单个面：该选项用于从模型中选取单独面进行抽取（可以是多个单独面）。
  - ☑ 相邻面：该选项定义一个面从而选中与它相连的面进行抽取。
  - ☑ 体的面：该选项定义抽取对象未选取体的表面。
- □删除孔：该复选框用于表示是否删除选择曲面中的破孔（即未连接面）。
- □固定于当前时间戳记：该复选框用于改变特征编辑过程中，是否影响在此之前发生的特征抽取。
- ☑ 使用父对象的显示属性 复选框：选中该复选框，则父特征显示该抽取特征，子特征也显示，父特征隐藏该抽取特征，子特征也隐藏。

- **☐ 隐藏原先的**：该复选框用于在生成抽取特征的时候，是否隐藏原来的实体。
- **曲面类型** 下拉列表：用于选择生成曲面的类型。
  - ☑ **与原先相同**：该选项用于从模型中抽取的曲面特征保留原来的曲面类型。
  - ☑ **一般 B 曲面**：该选项用于将模型的选中面抽取为一般的自由曲面类型。
  - ☑ **三次多项式**：该选项用于将模型的选中面抽取为三次多项式自由曲面类型。

2. 抽取区域曲面

抽取区域曲面就是通过定义种子曲面和边界曲面来选择曲面，这种方法将选取从种子曲面开始向四周延伸，直到边界曲面的所有曲面（其中包括种子曲面，但不包括边界曲面）。下面以图 4.3.18 所示的模型为例，来说明创建抽取区域曲面的一般操作过程（图 4.3.18b 中的实体模型已隐藏）。

a）抽取前　　　　　　　　　　　　　　　　b）抽取后

图 4.3.18　抽取区域曲面

Step1. 打开文件 D:\ug8\work\ch04.03\extracted_region01.prt。

Step2. 选择下拉菜单 **插入(S)** ➡ **关联复制(A)** ➡ **抽取体(E)...** 命令，系统弹出"抽取体"对话框如图 4.3.19 所示。

Step3. 定义抽取类型。在"抽取体"对话框 **类型** 区域的下拉列表中选择 **面区域** 选项。

Step4. 定义种子面。在图形区选取图 4.3.20 所示的曲面作为种子面。

Step5. 定义边界曲面。选取图 4.3.21 所示的边界曲面。

Step6. 在"抽取体"对话框 **设置** 区域中选中 ☑ **隐藏原先的** 复选项，其他参数采用默认设置值。单击 **确定** 按钮，完成对区域特征的抽取。

图 4.3.19 所示"抽取体"对话框中部分选项的说明如下。

- **区域选项** 区域：包括 ☐ **遍历内部边** 复选项和 ☐ **使用相切边缘角度** 复选项。
  - ☑ **☐ 遍历内部边** 复选项：该选项用于控制所选区域的内部结构的组成面是否属于选择区域。
  - ☑ **☐ 使用相切边缘角度** 复选项：如果选中该选项，则系统根据沿种子面的相邻面邻接边缘的法向矢量的相对角度，确定"曲面区域"中要包括的面。该功能主要用在 Manufacturing 模块中。

图 4.3.19　"抽取体"对话框

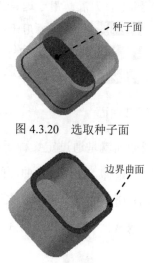

图 4.3.20　选取种子面

图 4.3.21　选取边界曲面

4.4　创建自由曲面

自由曲面的创建是 UG 建模模块的重要组成部分。本节中将学习 UG 中常用且较重要的曲面创建方法，其中包括：网格曲面、扫掠曲面、桥接曲面、艺术曲面、截面体曲面、N 边曲面和弯边曲面。

4.4.1　网格曲面

在创建曲面的方法中网格曲面较为重要，尤其是四边面的创建。在四边面的创建中能够很好地控制面的连续性并且容易避免收敛点的生成，从而保证面的质量较高。这在后续的产品中尤为重要。下面分别介绍几种网格面的创建方法。

1. 直纹面

直纹面可以理解为通过一系列直线连接两组线串而形成的一张曲面。在创建直纹面时只能使用两组线串，这两组线串可以是封闭的，也可以不封闭。下面以图 4.4.1 为例，来说明创建直纹面的一般操作过程。

a）选取曲线串　　　　　　　　　　　　　　b）创建的直纹面

图 4.4.1　直纹面的创建

Step1. 打开文件 D:\ug8\work\ch04.04\ruled.prt。

Step2. 选择命令。选择下拉菜单 插入(S) ➡ 网格曲面(M)▶ ➡ 直纹(R)... 命令，系统弹出图 4.4.2 所示的"直纹"对话框。

Step3. 选取截面线串 1。在图形区中选取图 4.4.1a 所示的曲线串 1，单击中键确认。

Step4. 选取截面线串 2。在图形区中选取图 4.4.1a 所示的曲线串 2，此时"直纹"对话框。

Step5. 设置对齐方式。在"直纹"对话框 对齐 区域中的 对齐 下拉列表中选择 参数 选项。在"直纹"对话框 设置 区域中的 体类型 下拉列表中选择 图纸页 选项。

Step6. 在"直纹"对话框中单击 <确定> 按钮，完成直纹面的创建。

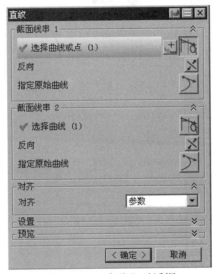

图 4.4.2 "直纹"对话框

2. 通过曲线组

使用 通过曲线组(T)... 命令可以通过同一方向上的一组曲线轮廓线创建曲面（当轮廓线封闭时，生成的则为实体）。曲线轮廓线称为截面线串，截面线串可由单个对象或多个对象组成，每个对象都可以是曲线、实体边等。图 4.4.3 所示"通过曲线"创建曲面的过程如下。

a）截面特征   b）创建的曲面

图 4.4.3 "通过曲线"创建曲面

Step1. 打开文件 D:\ug8\work\ch04.04\through_curves.prt。

Step2. 选择命令。选择下拉菜单 插入(S) ➡ 网格曲面(M)▶ ➡ 通过曲线组(T)... 命令，系统弹出图 4.4.4 所示的"通过曲线组"对话框（一）。

　　Step3. 定义截面线串。在图形区中依次选取图 4.4.5 所示的曲线串 1、曲线串 2 和曲线串 3，并分别单击中键确认。

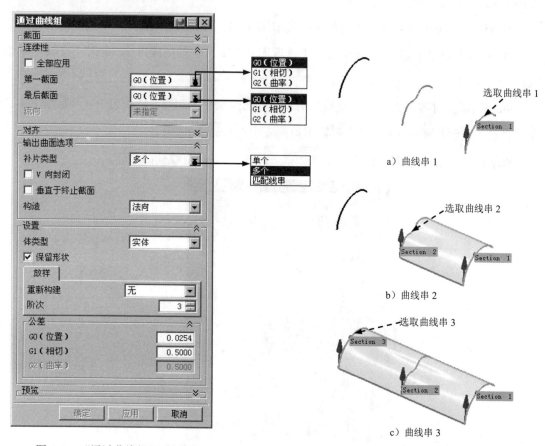

图 4.4.4 "通过曲线组"对话框（一）　　　　　图 4.4.5 定义截面线串

　　注意：选取截面线串后，图形区显示的箭头矢量应该处于截面线串的同侧（图 4.4.5c），否则生成的片体将被扭曲。后面介绍的通过曲线网格创建曲面也有类似问题。

　　Step4. 设置参数。在"通过曲线组"对话框 设置 区域中取消选中 □保留形状 复选项；其他均采用默认设置值，单击 〈 确定 〉 按钮完成曲面的创建。

　　图 4.4.4 所示"通过曲线组"对话框（一）中的部分选项说明如下。

- 截面 区域中的 列表 区域：用于显示被选取的截面线串。
- 连续性 区域下拉列表：用于对所生成曲面的起始端和终止端定义约束条件。
  - ☑ G0（位置）：生成的曲面与指定面点连续。
  - ☑ G1（相切）：生成的曲面与指定面相切连续。
  - ☑ G2（曲率）：生成的曲面与指定面曲率连续。
  - ☑ 调整 下拉列表：该下拉列表中的选项与"直纹面"命令中的相似，除了包括 参数 、圆弧长、根据点、距离、角度和脊线六种对齐方法外，还有一个根据分段选项，该选项中包含段数最多的截面曲线，按照每一段曲面的长度比例划分其余的截面曲线，并建立连接对应点。

- 阶次文本框：该文本框用于设置生成曲面的 v 向阶次。当选取了截面线串后，在列表区域中选择一组截面线串，系统弹出图 4.4.6 所示的"通过曲线组"对话框（二）。

图 4.4.6 所示"通过曲线组"对话框（二）中的部分按钮说明如下。

- ✕（移除线串）：单击该按钮，选中的截面线串被删除。
- ⬆（向上移动串）：单击该按钮，选中的截面线串移至上一个截面线串的上级。
- ⬇（向下移动串）：单击该按钮，选中的截面线串移至下一个截面线串的下级。

图 4.4.6　"通过曲线组"对话框（二）

3. 通过曲线网格

使用"通过曲线网格"命令可以沿着不同方向的两组线串创建曲面。一组同方向的线串定义为主曲线，另外一组和主线串不在同一平面的线串定义为交叉线串，定义的主曲线与交叉线串必须在设定的公差范围内相交。这种创建曲面的方法定义了两个方向的控制曲线，可以很好地控制曲面的形状，因此它也是最常用的创建曲面的方法之一。下面将以图 4.4.7 为例说明通过曲线网格创建曲面的一般过程。

Step1. 打开文件 D:\ug8\work\ch04.04\through_curves_mesh.prt。

Step2. 选择下拉菜单插入(S) ➡ 网格曲面(M) ➡ 通过曲线网格(M)...命令，系统弹出图 4.4.8 所示的"通过曲线网格"对话框。

Step3. 定义主线串。在图形区中依次选取图 4.4.7a 所示的曲线串 1 和曲线串 2 为主线串，并分别单击中键确认。

Step4. 定义交叉线串。单击中键完成主线串的选取，在图形区选取图 4.4.7a 所示的曲线串 3 和曲线串 4 为交叉线串，分别单击中键确认。

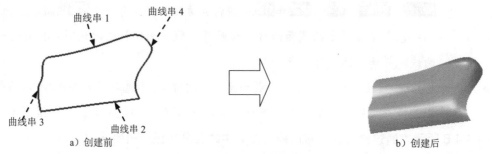

图 4.4.7   通过曲线网格创建曲面

Step5. 单击 〈 确定 〉 按钮完成"通过曲线网格"曲面的创建。

图 4.4.8 所示"通过曲线网格"对话框的部分选项说明如下。

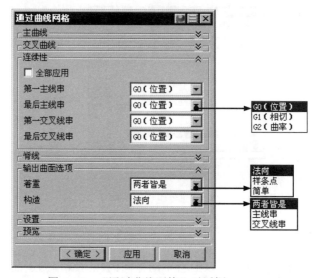

图 4.4.8   "通过曲线网格"对话框

- 著重 下拉列表：该下拉列表用于控制系统在生成曲面的时候更强调主线串还是交叉线串，或者在两者有同样效果。

  - ☑ 两者皆是：系统在生成曲面的时候，主线串和交叉线串有同样效果。

  - ☑ 主线串：系统在生成曲面的时候，更强调主线串。

  - ☑ 交叉线串：系统在生成曲面的时候，交叉线串更有影响。

- 构造 下拉列表

  - ☑ 法向：使用标准方法构造曲面，该方法比其他方法建立的曲面有更多的补片数。

  - ☑ 样条点：利用输入曲线的定义点和该点的斜率值来构造曲面。要求每条线串都要使用单根 B 样条曲线，并且有相同的定义点，该方法可以减少补片数，简化曲面。

☑ 简单：用最少的补片数构造尽可能简单的曲面。

4.4.2 一般扫掠曲面

一般扫掠曲面就是用规定的方式沿一条（或多条）空间路径（引导线串）移动轮廓线（截面线串）而生成的曲面。

截面线串可以由单个或多个对象组成，每个对象可以是曲线、边缘或实体面，每组截面线串内的对象的数量可以不同。截面线串的数量可以是 1~150 之间的任意数值。

引导线串在扫掠过程中控制着扫掠体的方向和比例。在创建扫掠体时，必须提供一条、两条或三条引导线串。提供一条引导线不能完全控制剖面大小和方向变化的趋势，需要进一步指定截面变化的方法；提供两条引导线时，可以确定截面线沿引导线扫掠的方向趋势，但是尺寸可以改变，还需要设置截面比例变化；提供三条引导线时，完全确定了截面线被扫掠时的方位和尺寸变化，无需另外指定方向和比例就可以直接生成曲面。

下面将介绍扫掠曲面特征的一般创建过程。

1. 选取一组引导线的方式进行扫掠

下面通过创建图 4.4.9b 所示的曲面，来说明用选取一组引导线方式进行扫掠的一般操作过程。

Step1. 打开文件 D:\ug8\work\ch04.04\swept.prt。

Step2. 选择下拉菜单 插入(S) ➡ 扫掠(W)▶ ➡ ◆ 扫掠(S)… 命令，系统会弹出图 4.4.10 所示的"扫掠"对话框。

Step3. 定义截面线串。 在图形区选取图 4.4.9a 所示的曲线 1 作为截面线串，单击中键确认，本例中只选择一条截面线串，再次单击中键完成截面线串的选取，准备选取引导线。

Step4. 定义引导线串。在图形区选取图 4.4.9b 所示的曲线 2 作为引导线串，单击中键确认（本例中只选择一条引导线）。

Step5. 完成扫掠曲面的创建。对话框的其他设置采用系统默认设置值，单击对话框中的 < 确定 > 按钮，完成曲面的创建。

图 4.4.10 所示"扫掠"对话框中各个选项的说明如下。

● 截面选项 区域的 截面位置 下拉列表：包括 沿引导线任何位置 和 引导线末端 两个选项，用于定义截面的位置。

    ☑ 沿引导线任何位置 选项：截面位置可以在引导线的任意位置。

    ☑ 引导线末端 选项：截面位置位于引导线末端。

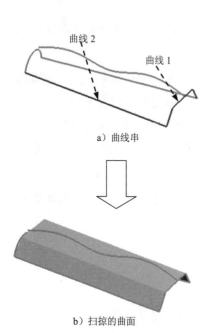

a）曲线串

b）扫掠的曲面

图 4.4.9　通过一条引导线扫掠

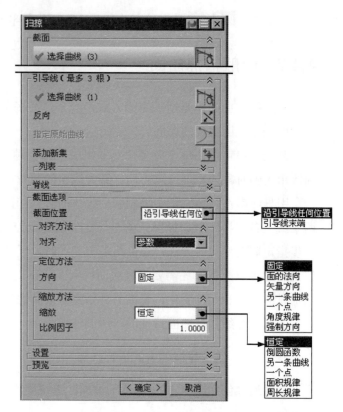

图 4.4.10　"扫掠"对话框

- 在扫掠时，截面线串的方向无法唯一确定，所以需要通过添加约束来确定。"扫掠"对话框 定位方法 区域的 方位 下拉列表的各选项即用来设置不同约束，下面是对此下拉列表各选项的说明。

  ☑ 固定：在截面线串沿着引导线串移动时，保持固定的方向，并且结果是简单平行的或平移的扫掠。

  ☑ 面的法向：局部坐标系的第二个轴与一个或多个沿着引导线串每一点指定公有基面的法向向量一致，这样约束截面线串保持和基面的固定联系。

  ☑ 矢量方向：局部坐标系的第二个轴和用户在整个引导线串上指定的矢量一致。

  ☑ 另一条曲线：通过连接引导线串上相应的点和另一条曲线来获得局部坐标系的第二个轴（就好像在它们之间建立了一个直纹片体）。

  ☑ 一个点：与另一条曲线相似，不同之处在于第二个轴的获取是通过引导线串和点之间的三面直纹片体的等价对象实现的。

  ☑ 角度规律：让用户使用规律函数定义一个规律来控制方向。旋转角度规律的方向控制具有一个最大值（限制），为 100 圈（转），36000°。

  ☑ 强制方向：在沿导线串扫掠截面线串时，用户使用一个矢量固定截面的方向。

- 除了对要创建的曲面可以添加约束外还可以控制要创建面的大小，这一控制是通

过对话框 缩放方法 区域的 缩放 下拉列表及 比例因子 文本框来实现的。下面是对 缩放 下拉列表各选项及 比例因子 文本框的说明。

☑ 恒定 ：在扫掠过程中，使用恒定的比例对截面线串进行放大或缩小。

☑ 倒圆函数 ：定义引导线串的起点和终点的比例因子，并且在指定的起始和终止比例因子之间允许线性或三次比例。

☑ 另一条曲线 ：使用比例线串与引导线串之间的距离作为比例参考值，但是此处在任意给定点的比例是以引导线串和其他的曲线或实边之间的直纹线长度为基础的。

☑ 一个点 ：使用选择点与引导线串之间的距离作为比例参考值，选择此种形式的比例控制的同时，还可以（在构造三面扫掠时）使用同一个点作方向的控制。

☑ 面积规律 ：用户使用规律函数定义剖面线串的面积来控制截面线比例缩放，截面线串必须是封闭的。

☑ 周长规律 ：用户使用规律函数定义截面线串的周长来控制剖面线比例缩放。

● 比例因子 文本框：用于输入比例参数，大于 1 则是放大曲面。小于 1 则是缩小曲面。

注意： 比例因子 文本框只有在引导线只有一条的情况下才能编辑。

2．选取两组引导线的方式进行扫掠

下面通过创建图 4.4.11b 所示的曲面，来说明用选取两组引导线的方式进行扫掠的一般操作过程。

a）曲线串　　　　　　　　　　　　　　　　b）扫掠的曲面

图 4.4.11　通过两组引导线扫掠

Step1. 打开文件 D:\ug8\work\ch04.04\swept01.prt。

Step2. 选择下拉菜单 插入(S) ➡ 扫掠(W) ➡ 扫掠(S)… 命令，系统会弹出"扫掠"对话框。

Step3. 定义截面线串。在图形区中选取图 4.4.11a 所示的曲线 1 为截面线串，单击中键确认，本例只有一条截面线串，再次单击中键完成截面线串的选取。

Step4. 定义引导线串。在图形区选取图 4.4.11a 所示的曲线 2 和曲线 3 分别为一条引导线串，并分别单击中键确认。

Step5. 完成曲面的创建。其他设置保持系统默认值，单击对话框中的 ＜ 确定 ＞ 按钮，完成曲面的创建。

3. 选取三组引导线的方式进行扫掠

下面通过创建图 4.4.12b 所示的曲面，来说明用选取三组引导线的方式进行扫掠的一般操作过程。

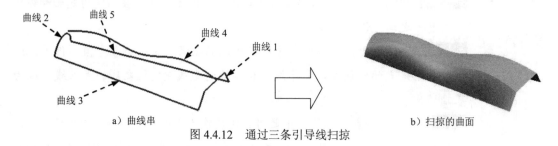

a）曲线串　　　　　　　　　　　　　　　b）扫掠的曲面

图 4.4.12　通过三条引导线扫掠

Step1. 打开文件 D:\ug8\work\ch04.04\swept02.prt。

Step2. 选择下拉菜单 插入(S) ➡ 扫掠(W)▶ ➡ ◆ 扫掠(S)… 命令，系统会弹出"扫掠"对话框。

Step3. 定义截面线串。在图形区中选取图 4.4.12a 所示的曲线 1 和曲线 2 分别为截面线串，并分别单击中键确认，再次单击中键完成截面线串的选取。

Step4. 定义引导线串。在图形区依次选取图 4.4.12a 所示的曲线 3、曲线 4 和曲线 5 为引导线串，并分别单击中键确认。

注意：在选择截面线串时，一定要保证两个截面的方向相同，不然不能生成正确的曲面；同时引导线串的方向也应一致，避免扭曲曲面的产生或不能构建曲面（比例截面线串和引导线串方向如图 4.4.13 和图 4.4.14 所示）。

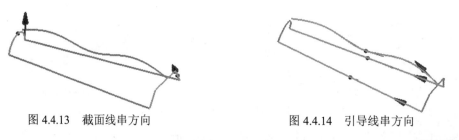

图 4.4.13　截面线串方向　　　　　　　图 4.4.14　引导线串方向

Step5. 完成曲面创建。对话框的其他设置保持系统默认值，单击对话框中的 ＜ 确定 ＞ 按钮，完成曲面的创建。

4. 扫掠脊线的作用

在扫掠过程中使用脊线的作用是为了更好地控制截面线串的方向。下面通过创建图 4.4.15b 所示的曲面来说明选取扫掠过程中脊线的作用。

Step1. 打开文件 D:\ug8\work\ch04.04\swept03.prt。

Step2. 选择下拉菜单 插入(S) ➡ 扫掠(W)▶ ➡ ◆ 扫掠(S)… 命令，系统会弹出"扫掠"

对话框。

Step3. 定义截面线串。在图形区中选取图 4.4.15a 所示的曲线 1 和曲线 2 分别为截面线串，并分别单击中键确认，再次单击中键完成截面线串的选取。

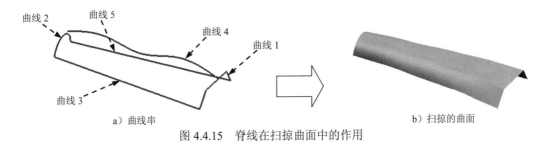

a）曲线串

b）扫掠的曲面

图 4.4.15 脊线在扫掠曲面中的作用

Step4. 定义引导线串。在图形区依次选取图 4.4.15a 所示的曲线 3 和曲线 5 为引导线串，并分别单击中键确认。

Step5. 定义脊线串。单击对话框 脊线 区域中的 按钮，选取图 4.4.15a 所示的曲线 4 为脊线串。

Step6. 完成曲面创建。对话框的其他设置保持系统默认值，单击对话框中的 ＜确定＞ 按钮，完成曲面的创建。

4.4.3 沿引导线扫掠

"沿引导线扫掠"命令是通过沿着引导线串移截面线串来创建曲面（当截面线串封闭时，生成的则为实体）。其中引导线串可以由一个或一系列曲线、边或面的边缘线构成；截面线串可以由开放的或封闭的边界草图、曲线、边缘或面构成。下面通过创建图 4.4.16 所示的曲面来说明沿引导线扫掠的一般操作步骤。

Step1. 打开文件 D:\ug8\work\ch04.04\sweep.prt。

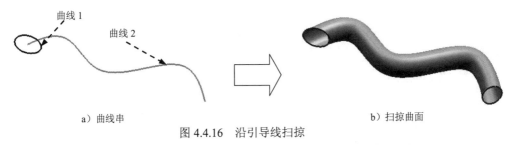

a）曲线串

b）扫掠曲面

图 4.4.16 沿引导线扫掠

Step2. 选择下拉菜单 插入(S) ➡ 扫掠(W) ➡ 沿引导线扫掠(G)... 命令，系统会弹出图 4.4.17 所示的"沿引导线扫掠"对话框。

Step3. 选取图 4.4.16a 所示的曲线 1 为截面线串，单击鼠标中建。

Step4. 选取图 4.4.16a 所示的曲线 2 为引导线串，单击 < 确定 > 按钮。

说明：在操作此例前要将"建模首选项"对话框中的 图纸页 选项选中。通过选择下拉菜单 首选项 (P) ➡️ 建模 (G)... 命令，在"建模首选项"对话框中进行设置。

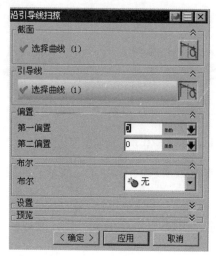

图 4.4.17 "沿引导线扫掠"对话框

4.4.4 样式扫掠

使用 ✿ 样式扫掠 (Y)... 命令可以根据一组曲线快速制定精确、光顺的自由曲面，最多可以选取两组引导线串和两组剖面线串。定义样式扫掠的方式是一个或两个剖面沿指定的引导线串移动，也可以使用接触曲线或脊曲线来定义曲面的方位。动态编辑工具可以帮助用户浏览即时更改设计，这样用户就可以体会所生成曲面的美学或实践意义。下面通过创建图 4.4.18 所示的曲面来说明样式扫掠的一般操作步骤。

Step1. 打开文件 D:\ug8\work\ch04.04\styled_swept.prt。

Step2. 选择下拉菜单 插入 (S) ➡️ 扫掠 (H)▶ ➡️ ✿ 样式扫掠 (Y)... 命令，系统弹出图 4.4.19 所示的"样式扫掠"对话框。

图 4.4.19 所示"样式扫掠"对话框中各个选项的说明如下。

- 样式扫掠的 类型 下拉列表：此列表包括 1 条引导线串 、 1 条引导线串，1 条接触线串 、 1 条引导线串，1 条方位线串 和 2 条引导线串 四个选项。仅对常用的 1 条引导线串 和 2 条引导线串 做一简单说明。
  - ☑ 1 条引导线串 选项：通过一条引导线定义扫掠的方向。
  - ☑ 2 条引导线串 选项：通过定义两条引导线来控制扫掠方向。
- 形状控制 区域：包括 枢轴点位置 、 缩放 和 部分扫掠 三个按钮。点选不同按钮对话框会有相应的变化。

- ☑ 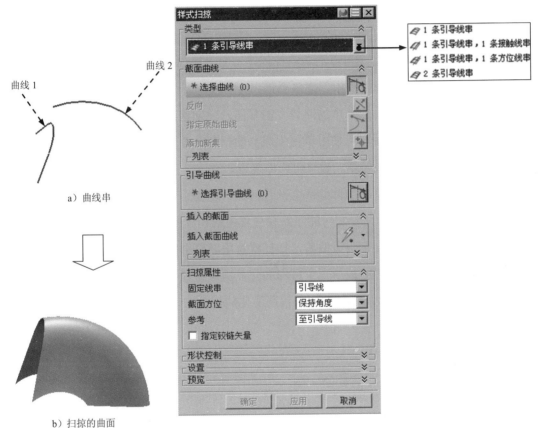（枢轴点定位）：用于定义曲面截面线串和引导线串上开始扫掠的位置。
- ☑ （旋转）：设置曲面的旋转位置和角度。
- ☑ （缩放）：通过参数调节可控制生成的曲面的大小比例。
- ☑ （部分扫掠）：通过 U、V 方向参数的设定来控制学要扫掠的部分。

● 设置区域中的重新构建区域：使用"重新构建"可以提高曲面品质，方法是重定义引导线和截面线串的阶次和节点。

曲线 1

曲线 2

a）曲线串

b）扫掠的曲面

图 4.4.18　样式扫掠创建曲面　　　　　图 4.4.19　"样式扫掠"对话框

Step3. 设置扫掠类型。在对话框类型的下拉拉列表中选择 1 条引导线串选项。

Step4. 定义截面线串。单击对话框截面曲线区域的按钮，在图形区选取图 4.4.18a 所示的曲线 1 为截面线串，单击中键确认。

Step5. 定义引导线串。单击对话框引导曲线区域的按钮，在图形区选取图 4.4.18a 所示的曲线 2 为引导线串，单击中键确认，图形区域出现扫略曲面的预览图（图 4.4.20）。

Step6. 设置曲面参数。单击对话框形状控制区域的方法的下拉列表中选择缩放按钮，在缩放区域的值、深度和位置三个文本框中分别输入数值 100、300 和 0.5，此时扫掠曲面如图 4.4.21 所示。

Step7. 在"样式扫掠"对话框中单击  按钮，完成样式扫掠曲面的创建。

图 4.4.20　曲面预览　　　　　　　　图 4.4.21　设置参数

4.4.5　变化的扫掠

使用  命令可以沿着路径创建有变化地扫掠主截面线的实体或曲面。用户可从单个主横截面在一个特征中创建多个体。

主横截面是使用草图生成器中的路径上的草图选项创建的草图。为草图选择的路径定义草图在路径上的原点。用户可使用草图生成器的相交命令，添加可选导轨，以便在主横截面沿路径扫掠时用作其引导线，导轨可为曲线或边缘。

用户可定义路径上的草图的部分或全部几何体，以便用作扫掠的主横截面。在扫掠过程中，主横截面不能保持恒定；它可能随路径位置函数和草图内部约束而更改其几何形状。

只要参与操作的导轨没有明显偏离，扫掠就将跟随整个路径。如果导轨偏离过多，则系统能通过导轨和路径之间的最后一个可用的交点确定路径长度，系统可根据需要延伸导轨。下面通过创建图 4.4.22 所示的曲面来说明变化的扫掠的一般步骤。

a）曲线串

b）扫掠曲面

图 4.4.22　根据变化的扫掠创建曲面

Step1. 打开文件 D:\ug8\work\ch04.04\variational_sweep.prt。

Step2. 选择下拉菜单 插入(S) ➡ 扫掠(W) ➡ 变化扫掠(V) 命令，系统会弹出图 4.4.23 所示的"变化扫掠"对话框。

图 4.4.23 所示"变化扫掠"对话框中部分按钮的说明如下。

- （曲线）：选择存在的截面作为扫掠截面。
- （草图截面）：定义新草图截面作为扫掠截面。

Step3. 选择绘制草图截面命令。在"变化扫掠"对话框中单击"草图截面"按钮 。

Step4. 定义路径。在图形区较大圆上任意单击一点，在系统弹出的图 4.4.24 所示的 圆弧长 文本框中输入参数 0，单击 确定 按钮，进入草图环境。

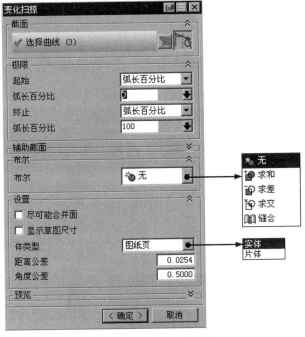

图 4.4.23 "变化扫掠"对话框

Step5. 选择下拉菜单 插入(S) ➡ 来自曲线集的曲线(F)▶ ➡ 交点(N)...命令，在图形区选取小圆弧线，创建图 4.4.25 所示的点。

Step6. 绘制截面线串。选择下拉菜单 插入(S) ➡ 曲线(C)▶ ➡ 轮廓(O)...命令，绘制如图 4.4.26 所示的截面线串。

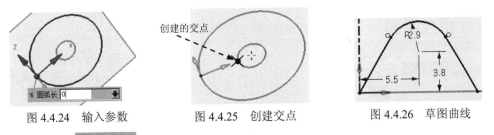

图 4.4.24 输入参数   图 4.4.25 创建交点   图 4.4.26 草图曲线

Step7. 单击 完成草图 按钮，完成草图定义。

Step8. 在"变化扫掠"对话框中单击 < 确定 > 按钮，完成扫掠曲面的创建。

4.4.6 管道

使用 管道(T)...命令可以通过沿着一个或多个曲线对象扫掠用户指定的圆形剖面来创建实体。系统允许用户定义剖面的外径值和内径值。用户可以使用此选项来创建线捆、电气线路、管、电缆或管路应用。图 4.4.27b 所示的管道创建步骤如下。

图 4.4.27　创建管道

Step1. 打开文件 D:\ug8\work\ch04.04\tube.prt。

Step2. 选择下拉菜单 插入(S) ➡ 扫掠(W)▶ ➡ 管道(T)... 命令，系统弹出图 4.4.28 所示的"管道"对话框。

Step3. 定义引导线。在图形区选取图 4.4.27a 所示的曲线作为引导线。

Step4. 设置内外直径的大小。在"管道"对话框 横截面 区域中的 外径 文本框中输入数值 6，在 内径 文本框中输入数值 5，单击 确定 按钮，完成管道的创建。

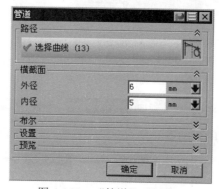

图 4.4.28　"管道"对话框

4.4.7　桥接曲面

使用 桥接(B)... 命令可以在两个曲面间建立一张过渡曲面，且可以在桥接和定义面之间指定相切连续性或曲率连续性。

下面通过创建图 4.4.29b 所示的桥接曲面，来说明拖动控制桥接操作的一般步骤。

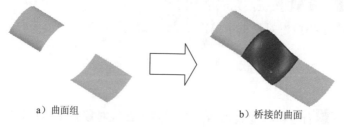

a）曲面组　　　　　　　　　　b）桥接的曲面

图 4.4.29　拖动控制方式创建桥接曲面

Step1. 打开文件 D:\ug8\work\ch04.04\bridge_surface01.prt。

Step2. 选择下拉菜单 插入(S) ➡ 细节特征(L)▶ ➡ 桥接(B)... 命令，系统弹出图 4.4.30

所示的"桥接曲面"对话框。

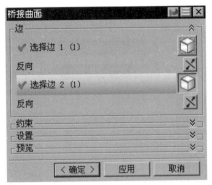

图 4.4.30　"桥接曲面"对话框

Step3. 分别选取两曲面相临近的两条边分别作为"边 1"和"边 2"。

Step4. 定义相切约束。在"桥接"对话框中的 连续性 区域中分别选择 G1（相切） 单选项（一般情况此项为系统默认）。

Step5. 单击 〈 确定 〉 按钮完成"桥接曲面"的创建。

4.4.8　艺术曲面

UG NX 8.0 允许用户使用预设置的曲面构造方法快速、简捷地创建艺术曲面。创建艺术曲面之后，通过添加或删除截面线串和引导线串，可以重新构造曲面。该工具还提供了连续性控制和方向控制选项。UG NX 8.0 较之之前的版本在艺术曲面的命令上有较大的改动，将之前的几个命令融合在一个命令当中，使操作更为简便。

下面通过图 4.4.31b 所示的实例来说明艺术曲面的一般操作过程。

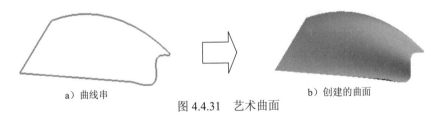

a）曲线串　　　　　　　　　　　　　　b）创建的曲面

图 4.4.31　艺术曲面

Step1. 打开文件 D:\ug8\work\ch04.04\stidio_surface.prt。

Step2. 选择下拉菜单 插入(S) ➝ 网格曲面(M)▸ ➝ ◈ 艺术曲面(U)... 命令，系统弹出图 4.4.32 所示的"艺术曲面"对话框（一）。

Step3. 定义截面线。在图形区依次选取图 4.4.33 所示的曲线 1 和曲线 2 为截面线，并分别单击中键确认。

Step4. 定义引导线。单击对话框 引导（交叉）曲线 区域中的 按钮，依次选取图 4.4.33 所示的曲线 3 和曲线 4 为引导线，并分别单击中键确认。

Step5. 完成曲面创建。对话框中的其他设置保持系统默认值，单击 < 确定 > 按钮，完成曲面的创建。

图 4.4.32 所示"艺术曲面"对话框（一）中部分选项说明如下。

- 截面（主要）曲线 区域：用于选取 ◆ 艺术曲面(U)... 命令中需要的截面线串。
- 引导（交叉）曲线 区域：用于选取 ◆ 艺术曲面(U)... 命令中需要的引导线串。

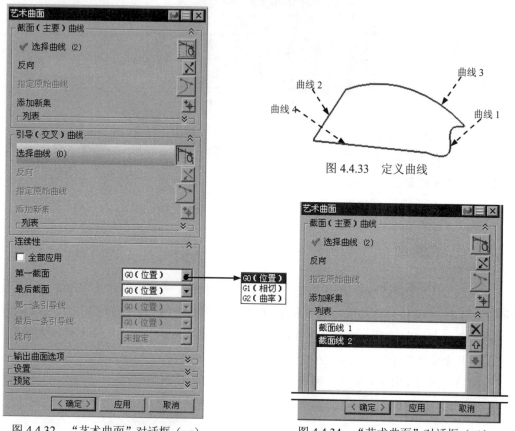

图 4.4.33 定义曲线

图 4.4.32 "艺术曲面"对话框（一）　　　图 4.4.34 "艺术曲面"对话框（二）

- 列表 区域：分为"截面曲线"和"引导线"两个区域。分别用于显示所选中的截面线串和引导线串；其中的按钮功能相同，列表中的按钮只有在选择线串后被激活，如图 4.4.34 所示的"艺术曲面"对话框（二）。

  - ☑ ✕（移除线串）：单击该图标可从滚动窗口的线串列表中删除当前选中的线串。
  - ☑ ⬆（向上移动）：每次单击该图标时，当前选中的剖面线串就会在滚动窗口中的线串列表中向上移动一层。
  - ☑ ⬇（向下移动）：每次单击该图标时，当前选中的剖面线串就会在滚动窗口中的线串列表中向下移动一层。

- 连续性 区域：此区域用于设置艺术曲面边界的约束情况，包括四个下拉列表分别是：第一截面 下拉列表、最后截面 下拉列表、第一条引导线 下拉列表和 最后一条引导线 下拉列表。四个下拉列表中的选项相同分别是 `G0（位置）`、`G1（相切）`和 `G2（曲率）`选项。

- `输出曲面选项` 区域：用于控制曲面的生成控制。此区域中的 `调整` 下拉列表包括"参数"、"圆弧长"和"根据点"三个选项。

说明：在选择截面线串和引导线串时可以选取多条，也可以分别选一条；甚至有时可以不选择引导线串。选择多条截面线串是为了更好的控制曲面的形状，而选择或选择多条引导线串是为了更好的控制面的走势。这里要求截面线串没有必要一定光顺但必须连续（即 G0 连续）；引导线必须光顺（即 G1 连续）。图 4.4.35、图 4.4.36、图 4.4.37 和图 4.4.38 是以本例曲线为基础但所选取的截面线串和引导线串各有不同而创建的曲面。

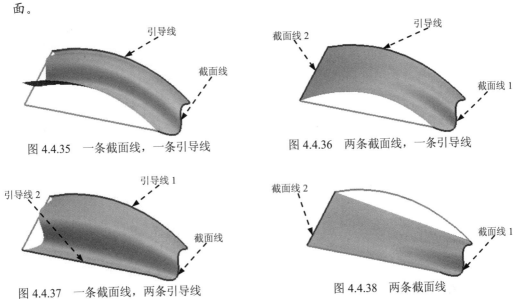

图 4.4.35　一条截面线，一条引导线　　　　　图 4.4.36　两条截面线，一条引导线

图 4.4.37　一条截面线，两条引导线　　　　　图 4.4.38　两条截面线

4.4.9　截面体曲面

截面可以看成是一系列截面线的集合，这些截面线位于指定的平面内，根据用户定义的控制曲线创建一张二次曲面，创建截面的方法有 20 种。

下面将对这 20 种方法中较为常用的做一简单介绍。

- （1）（端线－顶点－肩线）：可以使用这个选项创建起始于第一条选定曲线、通过一条称为肩曲线的内部曲线，并且终止于第三条选定曲线的截面自由曲面特征。每个终点的斜率由选定顶线定义。
- （2）（端线－斜率－肩线）：这个选项可以创建起始于第一条选定曲线、通过一条内部曲线（称为肩曲线）并且终止于第三条曲线的截面自由曲面特征。斜率在起点和终点由两个不相关的斜率控制曲线定义。
- （3）（圆角－肩线）：可以使用这个选项创建截面自由曲面特征，该特征在分别位于两个体上的两条曲线间形成光顺的圆角。体起始于第一条选定曲线，与第一个选定体相切，终止于第二条曲线，与第二个体相切，并且通过肩曲线。

- （4）（三点－圆弧）：这个选项可以通过选择起始边曲线、内部曲线、终止边曲线和脊线曲线来创建截面自由曲面特征。片体的截面是圆弧。

- （5）（端线－顶线－Rho）：可以使用这个选项来创建起始于第一条选定曲线并且终止于第二条曲线的截面自由曲面特征。每个终点的斜率由选定顶线定义。每个二次截面的丰满度由相应的 rho 值控制。

- （6）（端线－斜率－Rho）：这个选项可以创建起始于第一条选定边曲线并且终止于第二条边曲线的截面自由曲面特征。斜率在起点和终点由两个不相关的斜率控制曲线定义。每个二次截面的丰满度由相应的 rho 值控制。

- （7）（圆角－Rho）：可以使用这个选项创建截面自由曲面特征，该特征在分别位于两个体上的两条曲线间形成光顺的圆角。每个二次截面的丰满度由相应的 rho 值控制。

- （8）（二点－半径）：这个选项创建带有指定半径圆弧截面的体。对于脊线方向，从第一条选定曲线到第二条选定曲线以逆时针方向创建体。半径必须至少是每个截面的起始边与终止边之间距离的一半。

- （9）（端线－顶点－高亮显示）：这个选项可以创建带有起始于第一条选定曲线并终止于第二条曲线而且与指定直线相切的二次截面的体。每个终点的斜率由选定顶线定义。

- （10）（端线－斜率－高亮显示）：这个选项可以创建带有起始于第一条选定边曲线并终止于第二条边曲线而且与指定直线相切的二次截面的体。斜率在起点和终点由两个不相关的斜率控制曲线定义。

- （11）（圆角－高亮显示）：可以使用这个选项创建带有在分别位于两个体上的两条曲线之间构成光顺圆角并与指定直线相切的二次截面的体。

- （12）（端线－斜率－圆弧）：这个选项可以创建起始于第一条选定边曲线并且终止于第二条边曲线的截面自由曲面特征。斜率在起始处由选定的控制曲线决定。片体的截面是圆弧。

- （13）（四点－斜率）：这个选项可以创建起始于第一条选定曲线、通过两条内部曲线并且终止于第四条曲线的截面自由曲面特征。也可选择定义起始斜率的斜率控制曲线。

- （14）（端线－斜率－三次）：这个选项创建带有截面的 S 形的体，该截面在两条选定边曲线之间构成光顺的三次圆角。斜率在起点和终点由两个不相关的斜率控制曲线定义。

- （15）（圆角－桥接）：该选项可以创建体，该体具有在位于两组面上的两条曲线之间构成桥接的截面。

- （16）（点－半径－角度－圆弧）：这个选项可以通过在选定边缘、相切面、体的曲率半径和体的张角上定义起点来创建带有圆弧截面的体。

- （17）（五点）：这个选项可以使用五条现有曲线作为控制曲线来创建截面自由曲面特征。体起始于第一条选定曲线，通过三条选定的内部控制曲线，并且终止于第五条选定的曲线。

- （18）（线性－相切）：这个选项可以创建与一个或多个面相切的线性截面曲面。选择其相切面、起始曲面和脊线来创建这个曲面。

- （19）（圆相切）：这个选项可以创建与面相切的圆弧截面曲面。通过选择其相切面、起始曲线和脊线并定义曲面的半径来创建这个曲面。

- （20）（圆）：可以使用这个选项创建整圆截面曲面。选择引导线串、可选方向线串和脊线来创建圆截面曲面，然后定义曲面的半径。

1．端线－顶线－肩线

使用"端线－顶线－肩线"命令进行创建曲面时，用户需要指定起始边、肩、结束边、顶点和脊线五组曲线。下面通过创建图 4.4.39b 所示的曲面，来说明创建截面体曲面的一般步骤。

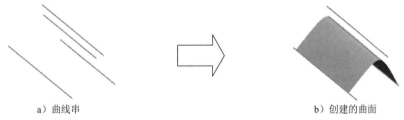

a）曲线串　　　　　　　　　　　　　　　　b）创建的曲面

图 4.4.39　端线－顶线－肩线方式创建截面体曲面

Step1. 打开文件 D:\ug8\work\ch04.04\section_surface_01.prt。

Step2. 选择下拉菜单 插入(S) ➡ 网格曲面(M) ➡ 截面(S) 命令，系统弹出图 4.4.40 所示的"剖切曲面"对话框。

Step3. 在"剖切曲面"对话框的 类型 中单击 端线-顶线-肩线 。

Step4. 选取图 4.4.41 所示的曲线 1 作为起始边，单击中键确认；选取曲线 2 作为肩，单击鼠标中键确认；选取曲线 3 作为结束边，单击鼠标中键确认；选取曲线 4 作为顶点，单击鼠标中键确认；选取曲线 4 作为脊线，单击鼠标中键确认，图形区生成曲面形状。

Step5. 在"剖切曲面"对话框中单击 < 确定 > 按钮，完成曲面的创建。

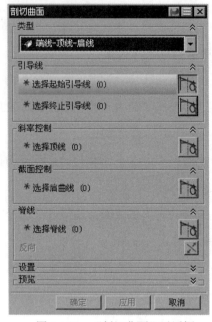

图 4.4.40   "剖切曲面"对话框

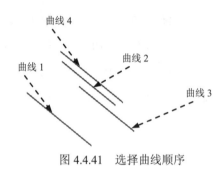

图 4.4.41   选择曲线顺序

2．二点－半径

使用"二点－半径"命令创建截面体曲面时，用户需要指定起始边、结束边、样条和截面半径，创建出的曲面为圆弧曲面，即垂直于样条的平面与曲面的交线为圆弧。下面通过创建图 4.4.42b 所示的曲面来说明创建截面体曲面的一般步骤。

Step1. 打开文件 D:\ug8\work\ch04.04\section_surface_02.prt。

Step2. 选择下拉菜单 插入(S) ➡ 网格曲面(M)▶ ➡ 截面(S)..命令，系统弹出"剖切曲面"对话框。

Step3. 在"剖切曲面"对话框的 类型 中单击 二点－半径。

Step4. 选取图 4.4.43 所示的曲线 1 作为起始边，单击鼠标中键确认；选取曲线 2 作为终止边，单击鼠标中键确认；在 半径规律 下的 规律类型 的下拉菜单中选择 恒定，并在 值 中添入 30；选取曲线 1 作为脊线，单击鼠标中键确定或单击 < 确定 > 按钮，完成曲面的创建。

a）曲线串   b）创建的曲面

图 4.4.42   两点－半径方式创建截面体曲面   图 4.4.43   选择曲线

3. 圆相切

使用"圆相切"命令创建截面体曲面时，用户需要指定相切面组、起始和样条、还需要定义半径参数。创建出的曲面为圆弧面，相切于相切面组，通过起始边。下面通过创建图 4.4.44b 所示的曲面来说明创建截面体曲面的一般步骤。

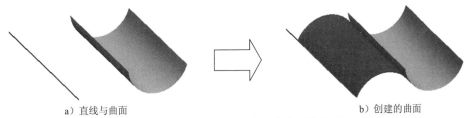

a）直线与曲面   b）创建的曲面

图 4.4.44 圆形—相切方式创建截面体曲面

Step1. 打开文件 D:\ug8\work\ch04.04\section_surface_03.prt。

Step2. 选择下拉菜单 插入(S) ➡️ 网格曲面(M) ➡️ 截面(S)... 命令，系统弹出"剖切曲面"对话框。

Step3. 在"剖切曲面"对话框的 类型 中单击 圆相切。

Step4. 选取图 4.4.45 所示的曲面作为起始面，单击鼠标中键确认；选取曲线 1 作为起始曲线，单击鼠标中键确认；选取曲线 1 作为脊线。

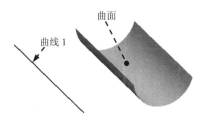

图 4.4.45 选择曲面与直线

Step5. 在 半径规律 下的 规律类型 的下拉菜单中选择 恒定，并在 值 中输入数值 15。

Step6. 其他设置保持系统默认值，单击"剖切曲面"对话框中的 〈确定〉 按钮，完成曲面的创建。

说明："截面"命令中的其他命令选项和以上三个命令的选择条件和约束条件类似，这里不再一一赘述。

4.4.10. N 边曲面

使用 N 边曲面(N)... 命令可以通过使用不限数目的曲线或边建立一个曲面，并指定其与外部曲面的连续性，所用的曲线或边组成一个简单的、封闭的环，可以用来移除曲面上的洞。形状控制选项可用来修复中心点处的尖角，同时保持与原曲面之间的连续性约束。该操作有两种生成曲面的类型，下面分别对其进行介绍。

1. 已修剪的单个片体类型

已修剪的单个片体类型用于创建单个曲面，并且覆盖选定曲面的封闭环内的整个区域。下面通过创建图 4.4.46 所示的曲面来说明单个片体类型创建 N 边曲面的步骤。

Step1. 打开文件 D:\ug8\work\ch04.04\N_side_surface01.prt。

Step2. 选择下拉菜单 插入(S) ➡ 网格曲面(M)▶ ➡ N 边曲面(N)...命令，系统弹出图 4.4.47 所示的"N 边曲面"对话框。

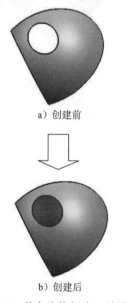

a）创建前

b）创建后

图 4.4.46　单个片体创建 N 边曲面

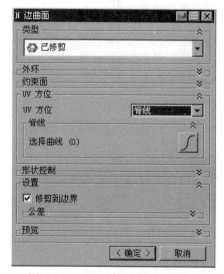

图 4.4.47　"N 边曲面"对话框

Step3. 在 类型 区域下单击 已修剪，在图形区选取图 4.4.48 所示的曲线作为边界曲线。选取图 4.4.49 所示的曲面作为边界面。

Step4. 在 UV 方位 区域选项组中选择 脊线 选项，在 设置 区域中选中 ☑ 修剪到边界 复选框。

Step5. 在"N 边曲面"对话框中单击 < 确定 > 按钮，完成 N 边曲面的创建。

图 4.4.47 所示"N 边曲面"对话框中各个选项的说明如下。

- 类型 区域：包括"已修剪"和"三角形"两个选项。
  - ☑ "已修剪"：用于创建单个曲面，覆盖选定曲面中封闭环内的整个区域。
  - ☑ "三角形"：用于创建一个由单独的、三角形补片构成的曲面，每个补片由各条边和公共中心点之间的三角形区域组成。
- UV 方位 区域：包含脊线、矢量和面积三个选项。
  - ☑ 脊线：启用"UV 方向-脊线"选择步骤。
  - ☑ 矢量：启用"UV 方向-矢量"选择步骤。

☑ 面积：启用"UV 方向-面积"选择步骤。

● ☑ 修剪到边界：指定是否按边界曲线对所生成的曲面进行修剪。

● ☑ 尽可能合并面：系统把环上相切连续的部分视为单个的曲线，并为每个相切连续的截面建立一个面。

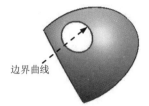

图 4.4.48　选取边界曲线　　　　　图 4.4.49　选取边界面

2. 多个三角补片类型

多个三角补片类型可以创建一个由单独的、三角形补片构成的曲面，每个补片由各条边和公共中心点之间的三角形区域组成。下面通过创建图 4.4.50b 所示的曲面来说明多个三角补片类型创建 N 边曲面的步骤。

a）曲面　　　　　　　　　　　　　　　　　b）N 边曲面

图 4.4.50　多个三角补片创建 N 边曲面

Step1. 打开文件 D:\ug8\work\ch04.04\N_side_surface02.prt。

Step2. 选择下拉菜单 插入(S) ➡ 网格曲面(M)▶ ➡ N 边曲面(N)...命令，在系统弹出的"N 边曲面"对话框的 类型 区域下单击 三角形，对话框改变为图 4.4.51 所示。

Step3. 在图形区选取图 4.4.52 所示的曲线作为边界曲线，在图形区选取图 4.4.53 所示的曲面作为边界面，并在 形状控制 中选择图 4.4.54 所示的选项。

Step4. 单击 < 确定 > 按钮，完成 N 边曲面的创建。

图 4.4.54 所示 形状控制 对话框中选项的说明如下。

☑ G0（位置）：通过仅基于位置的连续性（忽略外部边界约束）连接轮廓曲线和曲面。

☑ G1（相切）：通过基于相切于边界曲面的连续性连接曲面的轮廓曲线。

☑ G2（曲率）：在延续边界曲面（仅限于多个三角补片）基础上，根据连续性连接曲面的轮廓曲线。

连续性下各个选项生成曲面的不同形状，如图 4.4.55～图 4.4.57 所示。

图 4.4.51 "N 边曲面"对话框

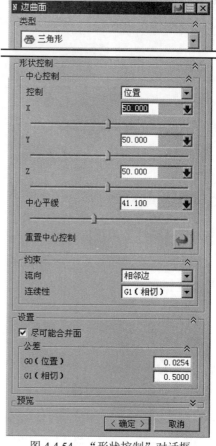

图 4.4.54 "形状控制"对话框

图 4.4.52 选取边界曲线

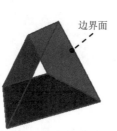

图 4.4.53 选取边界面

图 4.4.55 G0 连续

图 4.4.56 G1 连续

图 4.4.57 G2 连续

- 中心控制选项组：包含"位置"和"倾斜"两个选项。
  - ☑ 位置：将 X、Y、Z 滑块设定为"位置"模式来移动曲面中心点的位置，当拖动 X、Y 或 Z 滑块时，中心点在指明的方向上移动。
  - ☑ 倾斜：将 X 滑块和 Y 滑块设定为"倾斜"模式，用来倾斜曲面中心点所在的 X 平面和 Y 平面。当拖动 X 滑块或 Y 滑块时，中心点的平面法向在指明的方向倾斜，中心点的位置不改变。在使用"倾斜"模式时，Z 滑块不可用。

- X：沿着曲面中心点的 X 法向轴重定位或倾斜。
- Y：沿着曲面中心点的 Y 法向轴重定位或倾斜。
- Z：沿着曲面中心点的 Z 法向轴重定位或倾斜。
- 中心平缓：用户可借助此滑块使曲面上下凹凸，如同泡沫的效果。如果用"多个三角补片"，则中心点不受此选项的影响。
- 外壁上的流动方向 下拉列表：包含未指定、垂直、等 U/V 线和相邻边四个选项。
  - ☑ 未指定：生成片体的 UV 参数和中心点等距。
  - ☑ 垂直：生成曲面的 V 方向等参数的直线，以垂直于该边的方向开始于外侧边。只有当环中的所有的曲线或边至少连续相切时，才可用。
  - ☑ 等 U/V 线：生成曲面的 V 方向等参数直线开始于外侧边并沿着外侧表面的 U/V 方向，只有当边界约束为斜率或曲率且已经选取了面时，才可用。
  - ☑ 相邻边：生成曲面的 V 方向等参数线将沿着约束面的侧边。

4.4.11　弯边曲面

弯边曲面可以利用参考曲面的边线或者曲面上的曲线，按照指定的方向拉伸形成一张曲面，曲面的形状可以根据用户定制的规律变化。弯边曲面包括规律延伸和轮廓线弯边两种，下面对这两种操作分别进行介绍。

1. 规律延伸

使用 规律延伸(L)... 命令可以动态地或根据距离和角度规律为现有的基本片体创建规律控制的延伸曲面。当某特殊方向很重要或有必要参考现有的面时（例如，在模具设计中，拔模方向在创建分型面时起着重要作用），就可以创建弯边或延伸。

下面以图 4.4.58 所示的曲面为例，说明通过"参考面"方式延伸曲面的一般操作过程。

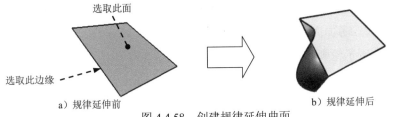

a) 规律延伸前　　　　　　　　　　　b) 规律延伸后

图 4.4.58　创建规律延伸曲面

Step1.　打开文件 D:\ug8\work\ch04.04\law_extension.prt。

Step2.　选择下拉菜单 插入(S) ➡ 弯边曲面(G) ➡ 规律延伸(L) 命令，弹出"规律延伸"对话框（图 4.4.59）。

Step3. 在"规律延伸"对话框中，在 类型 的下拉菜单中选择 面，其他参数采用默认设置值。

Step4. 在图形区中选取图 4.4.58a 所示的曲面边缘，单击中键确认；选取图 4.4.58a 所示的曲面，此时图形区中显示图 4.4.60 所示的起始手柄和终止手柄。

Step5. 在 长度规律 中的 规律类型 的下拉菜单中选择 线性，并在 起点 和 终点 中分别输入数值 0、−70；在 角度规律 中的 规律类型 的下拉菜单中选择 线性，并在 起点 和 终点 中分别输入数值 200、−85，其他参数采用默认设置值。

Step6. 单击"规律延伸"对话框中的 < 确定 > 按钮，完成延伸曲面的创建。

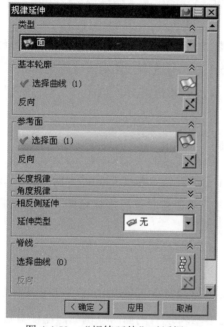

图 4.4.59　"规律延伸"对话框

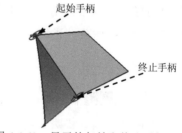

图 4.4.60　显示的起始和终止手柄

2. 轮廓线弯边

轮廓线弯边就是用参考曲面的边缘或者曲面上的曲线按照指定的方向拉伸生成一张面，并且在拉伸面与参考面之间创建一个圆角过渡曲面。

创建图 4.4.61b 所示轮廓线弯边的一般操作过程如下。

Step1. 打开文件 D:\ug8\work\ch04.04\silhouette_flange.prt。

Step2. 选择下拉菜单 插入(S) ➡ 弯边曲面(G) ➡ 轮廓线弯边(F)... 命令，弹出"轮廓线弯边"对话框（图 4.4.62）。

　　　a）创建前　　　　　　　　　　　　　　　　　　　b）创建后

图 4.4.61　创建轮廓线弯边曲面

Step3. 在"轮廓线弯边"对话框中，单击 类型 选项组中的 基本尺寸 ，其他均采用默认设置值。

Step4. 在图形区中选取图 4.4.63 所示的曲面边缘，单击中键，然后选取图 4.4.63 所示的曲面，单击中键，此时 方向 区域被激活，在区域的 指定矢量 下拉列表中选择 YC 选项。

Step5. 单击"反转弯边侧" 按钮，图形区中显示图 4.4.64 所示的预览曲面及长度和角度手柄。

Step6. 单击起始端或终止端处的长度手柄，在弹出的长度动态文本输入框（图 4.4.65）中输入数值 5，按 Enter 键确认。

图 4.4.62 所示"轮廓线弯边"对话框中部分选项按钮的说明如下。

● 类型 区域：用于选择轮廓线弯边的类型。

　☑ 基本尺寸 ：用于选择片体边缘或曲线创建弯边曲面。

　☑ 绝对缝隙 ：相对于现有的弯边创建弯边曲面，且采用恒定间隙来分隔弯边元素。

　☑ 视觉差 ：相对于现有的弯边创建弯边曲面，且采用视觉差来分隔弯边元素。

● 选择区域：用于定义圆角过渡曲面的起始位置、基本面和参考方向等。

　☑ 基础曲线：用于选择一个片体边缘、曲面上的曲线或者修剪边界，来定义圆角过渡曲面的起始位置。

　☑ 基本面：用于选择放置管道（圆角过渡曲面）的面。

　☑ 参考方向：指定弯边延伸的方向。

　☑ 形状轮廓线弯边：使用图形窗口预览轮廓线弯边并修改其形状。

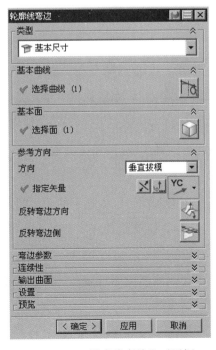

图 4.4.62 　"轮廓线弯边"对话框

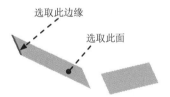

图 4.4.63 　选取曲面和边缘

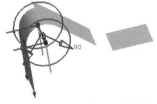

图 4.4.64 　预览曲面及长度和角度手柄

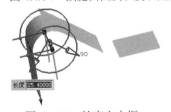

图 4.4.65 　长度文本框

Step7. 在"轮廓线弯边"对话框的 半径 文本框中输入数值 10，单击 < 确定 > 按钮，完成轮廓边弯边的操作。

说明：在 类型 区域还有 绝对缝隙 和 视觉差 两种类型可以选择，这两种类型与"类型"的最大不同点在于在创建这两种类型的弯边曲面时要有可以参考的弯边特征存在。图 4.4.66 和图 4.4.67 分别是利用 绝对缝隙 和 视觉差 两种类型创建的弯边曲面。

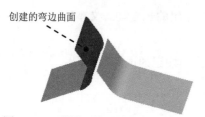

图 4.4.66　利用"绝对缝隙"创建的曲面　　　图 4.4.67　利用"视觉差"创建的曲面

4.4.12　整体突变

整体突变用于快速动态地创建、定形和编辑光顺的曲面。下面举例说明"整体突变"操作的一般过程。

Step1. 新建文件。选择下拉菜单 文件(F) ➡ 新建(N)... 命令，系统弹出"新建"对话框。在 模型 选项卡的 模板 区域中选取模板类型为 模型，在 名称 文本框中输入文件名称 swoop，进入建模环境。

Step2. 选择下拉菜单 插入(S) ➡ 曲面(R) ➡ 整体突变(S)... 命令，弹出"点"对话框。

Step3. 采用系统默认的原点（0，0，0）为矩形拐点 1，在"点"对话框中单击 确定 按钮。定义点（50，50，0）为矩形拐点 2，单击 确定 按钮，系统弹出"整体突变形状控制"对话框，同时图形区中显示图 4.4.68 所示的矩形面。

Step4. 在"整体突变形状控制"对话框中选中 选择控制 选项组中的 ⊙ V-左 单选项，选中 阶次 选项组中的 ⊙ 五次 单选项。

Step5. 分别拖动 拉长、折弯 和 歪斜 下的滑块（可以看到图形区中显示的曲面随之更新），使滑块上方显示的参数分别为 19.35、23.39 和 88.31，单击 确定 按钮，系统再次弹出"点"对话框。

Step6. 单击"点"对话框中的 取消 按钮，完成曲面的创建与编辑，结果如图 4.4.69 所示。

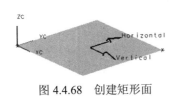

图 4.4.68　创建矩形面

图 4.4.69　创建曲面

4.5　曲面分析

曲面设计过程中或设计完成后要对曲面进行必要的分析，以检查是否达到设计过程的要求以及设计完成后的要求。曲面分析工具用于评估曲面品质，找出曲面的缺陷位置，从而方便修改和编辑曲面，以保证曲面的质量。下面将具体介绍 UG NX 8.0 中的一些曲面分析功能。

4.5.1　曲面连续性分析

曲面的连续性分析功能主要用于分析曲面之间的位置连续、斜率连续、曲率连续和曲率斜率的连续性。下面以图 4.5.1 所示的曲面为例，介绍如何分析曲面连续性。

Step1. 打开文件 D:\ug8\work\ch04.05\continuity.prt。

Step2. 选择下拉菜单 分析(L) ➡ 形状(S) ➡ 曲面连续性(C)... 命令，系统弹出图 4.5.2 所示的"曲面连续性"对话框。

Step3. 在"曲面连续性"对话框中，选中 类型 区域中的 边到面 。

Step4. 在图形区选取图 4.5.1 所示的曲线作为第一个边缘集，单击中键，然后选取图 4.5.1 所示的曲面作为第二个边缘集。

Step5. 定义连续性分析类型。在 连续性检查 区域中，单击"位置"按钮 G0（位置），取消位置连续性分析；单击"曲率" 按钮 G2（曲率），开启曲率连续性分析。

Step6. 定义显示方式。在 显示标签 区域中，选择 按钮，则两曲面的交线上自动显示曲率梳，单击 确定 按钮完成曲面连续性分析，如图 4.5.3 所示。

图 4.5.2 所示"曲面连续性"对话框的选项及按钮说明如下。

- 类型 区域：包括"边到边"按钮 和"边到面"按钮 ，用于设置偏差类型。
  - ☑ 边到边 ：分析边缘与边缘之间的连续性。
  - ☑ 边到面 ：分析边缘与曲面之间的连续性。
- 连续性检查 区域：包括"位置"按钮 G0（位置）、"相切"按钮 G1（相切）、"曲率"按钮 G2（曲率）和"加速度"按钮 G3（流），用于设置连续性检查的类型。
  - ☑ G0（位置）（位置）：分析位置连续性，显示两条边缘线之间的距离分布。

☑ G1（相切）（相切）：分析斜率连续性，检查两组曲面在指定边缘处的斜率连续性。

☑ G2（曲率）（曲率）：分析曲率连续性，检查两组曲面之间的曲率误差分布。

☑ G3（流）（加速度）：分析曲率的斜率连续性，显示曲率变化率的分布。

● 连续性检查 下拉列表：当检查 G2（曲率）连续性时，用于指定曲率分析的类型。

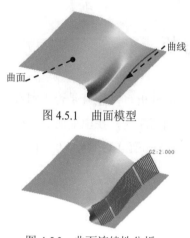

图 4.5.1　曲面模型

图 4.5.3　曲面连续性分析

图 4.5.2　"曲面连续性"对话框

4.5.2　反射分析

反射分析主要用于分析曲面的反射特性（从面的反射图中我们能观察曲面的光顺程度，通俗的理解是：面的光顺度越好面的质量就越高），使用反射分析可显示从指定方向观察曲面上自光源发出的反射线。下面以图 4.5.4 所示的曲面为例，介绍反射分析的方法。

Step1. 打开文件 D:\ug8\work\ch04.05\reflection.prt。

Step2. 选择下拉菜单 分析(L) ➡ 形状(S) ➡ 反射(F)... 命令，系统弹出图 4.5.5 所示的"面分析－反射"对话框。

Step3. 选取图 4.5.4 所示的曲面作为反射分析的对象。

Step4. 选中 图像类型 区域中的"直线图像" 选项，然后在颜色条纹类型中选择条纹，其他选项均采用系统默认设置值。

Step5. 在"面分析－反射"对话框中单击 确定 按钮，完成反射分析（图 4.5.6）。

图 4.5.5 所示"面分析－反射"对话框中的部分选项及按钮说明如下。

● 图像类型 区域：用于指定图像显示的类型，包括、和三种类型。

☑ （直线图像）：用直线图形进行反射分析。

☑ （场景图像）：使用场景图像进行反射分析。

☑ （用户指定的图像）：使用用户自定义的图像进行反射分析。

图 4.5.4 曲面模型

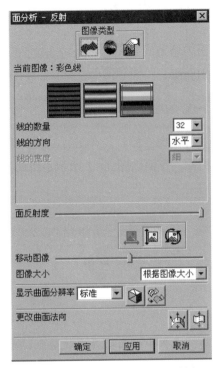

图 4.5.5 "面分析－反射"对话框

图 4.5.6 反射分析

- 面反射度 滑块：拖动其后的滑块，可以改变曲面反射的强度。

- 移动图像 滑块：拖动其后的滑块，可以对反射图象进行水平、竖直的移动或旋转。

- 图像大小 下拉列表：该下拉列表用于指定是图像的大小。

- 显示曲面分辨率 下拉列表：该下拉列表设置面分析显示的公差。

- （显示小平面边缘）：使用高亮显示边界来显示所选择的面。

- （重新高亮显示面）：重新高亮显示被选择的面。

- 更改曲面法向 区域：设置分析面的法向方向。

  - ☑ （指定内部位置）：使用单点定义全部所选的分析面的面法向。

  - ☑ （面法向反向）：反向分析面的法向矢量。

说明：图 4.5.6 所示的结果与其所处的视图方位有关，如果调整模型的方位，会得到不同的显示结果。

4.6　曲面的编辑

完成曲面的分析，我们只是对曲面的质量有了了解。要想真正得到高质量、符合要求的曲面，就要在进行完分析后对面进行修整，这就涉及了曲面的编辑。本节我们将学习 UG NX 8.0 中曲面编辑的几种工具。

4.6.1　曲面的修剪

曲面的修剪（Trim）就是将选定曲面上的某一部分去除。曲面的修剪有多种方法，下面将分别介绍。

1. 一般的曲面修剪

一般的曲面修剪就是在进行拉伸、旋转等操作时，通过布尔求差运算将选定曲面上的某部分去除。下面以图 4.6.1 所示手机的盖曲面的修剪为例，说明一般的曲面修剪的操作过程。

a）修剪前   b）修剪后

图 4.6.1　一般的曲面修剪

说明：本例中的曲面存在收敛点，无法直接加厚，所以在加厚之前必须通过修剪、补片和缝合等操作去除收敛点。

Step1. 打开文件 D:\ug8\work\ch04.06\trim.prt。

Step2. 选择下拉菜单 插入(S) ➡ 设计特征(E) ➡ 拉伸(E)...命令，弹出"拉伸"对话框。

Step3. 在"拉伸"对话框中，在 截面 区域中的"草图"按钮，选取 XY 基准平面为草图平面，接受系统默认的方向。单击"创建草图"对话框中的 确定 按钮，进入草图环境。

Step4. 绘制图 4.6.2 所示的截面草图。

Step5. 选择下拉菜单 任务 ➡ 完成草图(K) 命令。

Step6. 在"拉伸"对话框 极限 区域的 开始 下拉列表中选择 值 选项，并在其下的 距离 文本框中输入数值 0；在 极限 区域的 终点 下拉列表中选择 值 选项，并在其下的 距离 文本框中输入数值 15，在 方向 区域的 *指定矢量 (0) 下拉列表中选择 ZC 选项；在 布尔 区域的下拉列表中选择 求差 选项，单击 < 确定 > 按钮完成曲面的修剪。

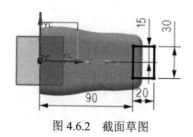

图 4.6.2　截面草图

　　说明：用"旋转"命令也可以对曲面进行修剪，读者可以参照"拉伸"命令自行操作，这里就不再赘述。

2. 修整片体

　　修整片体就是通过一些曲线和曲面作为边界，对指定的曲面进行修剪，形成新的曲面边界。所选的边界可以在将要修剪的曲面上，也可以在曲面之外通过投影方向来确定修剪的边界。图 4.6.3 所示的修整片体的一般过程如下。

　　Step1. 打开文件 D:\ug8\work\ch04.06\trim_surface.prt。

　　Step2. 选择命令。选择下拉菜单 插入(S) ➡ 修剪(T) ➡ 🔲 修剪片体(R)... 命令，系统弹出图 4.6.4 所示的"修剪片体"对话框。

　　图 4.6.4 所示"修剪片体"对话框中的部分选项说明如下。

- 投影方向 下拉列表：定义要做标记的曲面的投影方向。该下拉列表包含 🔘 垂直于面、
  🔳 垂直于曲线平面 和 沿矢量 选项。
  - ☑ 🔘 垂直于面：定义修剪边界投影方向是选定边界面的垂直投影。
  - ☑ 🔳 垂直于曲线平面：定义修剪边界投影方向是选定边界曲面的垂直投影。
  - ☑ 沿矢量：定义修剪边界投影方向是用户指定方向投影。
- 区域 区域：定义所选的区域是被保留还是被舍弃。
  - ☑ 🔘 保持：定义修剪曲面是选定的区域保留。
  - ☑ 🔘 舍弃：定义修剪曲面是选定的区域舍弃。

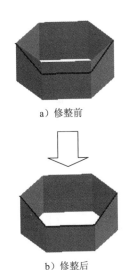

a）修整前

b）修整后

图 4.6.3　修整片体

图 4.6.4　"修剪片体"对话框

　　Step3. 设置对话框选项。在"修剪片体"对话框中 投影方向 区域 投影方向 的下拉列表中选择 🔘 垂直于面 选项，选择 区域 区域中的 🔘 保持 单选项（图 4.6.4）。

Step4. 定义目标片体和修剪边界。在图形区选取图 4.6.5 所示的曲面作为目标片体，然后选取图 4.6.5 所示的曲线作为修剪边界。

选取此曲面为目标片体　　　　　　　　　　选取此曲线为修剪边界

图 4.6.5　选取曲面和裁剪曲线

Step5. 在"修剪片体"对话框中单击 确定 按钮，完成曲面的修剪操作（图 4.6.3）。

3. 分割表面

分割表面就是用多个分割对象，如曲线、边缘、面、基准平面或实体，把现有体的一个面或多个面进行分割。在这个操作中，要分割的面和分割对象是关联的，即如果任一输入对象被更改，那么结果也会随之更新。图 4.6.6 所示的曲面分割的一般步骤如下。

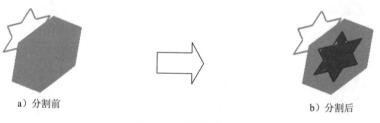

a）分割前　　　　　　　　　　　　　b）分割后

图 4.6.6　分割表面

Step1. 打开文件 D:\ug8\work\ch04.06\divide_face.prt。

Step2. 选择下拉菜单 插入(S) ➡ 修剪(T) ➡ 分割面(D)... 命令，系统弹出图 4.6.7 所示的"分割面"对话框。

Step3. 定义需要分割的面。在图形区选取图 4.6.8 所示的曲面为被分割的曲面，单击鼠标中键确认。

图 4.6.7　"分割面"对话框

选取分割曲面

图 4.6.8　选择要分割的曲面

Step4. 定义分割对象。在图形区选取图 4.6.9 所示的曲线串为分割对象，生成图 4.6.10 所示的曲面分割预览。

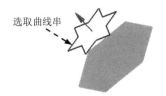

图 4.6.9 选择曲线串

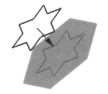

图 4.6.10 曲面分割预览

Step5. 在"分割面"对话框中单击 < 确定 > 按钮，完成曲面的分割操作。

4. 修剪与延伸

使用 修剪与延伸(N)... 命令可以创建修剪曲面，也可以通过延伸所选定的曲面创建拐角，以达到修剪或延伸的效果。选择下拉菜单 插入(S) ➡ 修剪(T)▶ ➡ 修剪与延伸(N)... 命令，系统弹出图 4.6.11 所示的"修剪和延伸"对话框。该对话框提供了"距离"、"百分比"和"直至选定对象"三种修剪与延伸方式。"距离"和"百分比"方式与下一节中"相切的"延伸用法相同，这里不作介绍。下面将以图 4.6.12 所示的修剪与延伸曲面为例，来说明"直至选定对象"修剪与延伸方式的一般操作过程。

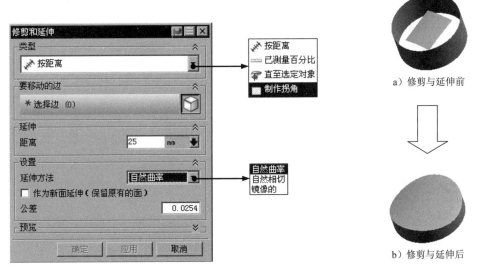

图 4.6.11 "修剪和延伸"对话框

图 4.6.12 修剪与延伸曲面

Step1. 打开文件 D:\ug8\work\ch04.06\trim_and_extend.prt。

Step2. 选择下拉菜单 插入(S) ➡ 修剪(T)▶ ➡ 修剪与延伸(N)... 命令，系统弹出"修剪和延伸"对话框，如图 4.6.11 所示。

Step3. 设置对话框选项。在 类型 区域的下拉列表中选择 制作拐角 选项，在 设置 区域 延伸方法 下拉列表中选择 自然曲率 选项，如图 4.6.11 所示。

Step4. 定义目标边缘。在"选择杆"工具条的下拉列表中选择 片体边 选项，如图 4.6.13 所示，然后在图形区选取图 4.6.14 所示的片体边缘，单击中键确定。

Step5. 定义刀具面。在图形区选取图 4.6.15 所示的曲面。

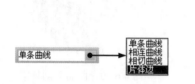

图 4.6.13　　"选择杆"工具条　　　　　　图 4.6.14　　选取片体边缘

Step6. 定义修剪方向。在图形区中出现了修剪与延伸预览和修剪方向箭头。双击图 4.6.16 所示的箭头，改变修剪的方向。在"修剪和延伸"对话框中单击 ＜ 确定 ＞ 按钮，完成曲面的修剪与延伸操作（图 4.6.12b）。

图 4.6.15　　选取曲面　　　　　　图 4.6.16　　改变修剪与延伸的方向

4.6.2　曲面的延伸

曲面的延伸就是在现有曲面的基础上，通过曲面的边界或曲面上的曲线进行延伸，扩大曲面。

1."相切的"延伸

"相切的"延伸是以参考曲面（被延伸的曲面）的边缘拉伸一个曲面，所生成的曲面与参考曲面相切。图 4.6.17 所示的曲面延伸的一般创建过程如下。

a）延伸前　　　　　　　　　　　　　b）延伸后

图 4.6.17　　曲面延伸的创建

Step1. 打开文件 D：\ug8\work\ch04.06\extension_1.prt。

Step2. 选择下拉菜单 插入(S) ➡ 弯边曲面(G) ▶ ➡ 延伸(E)... 命令，系统弹出图 4.6.18 所示的"延伸曲面"对话框。

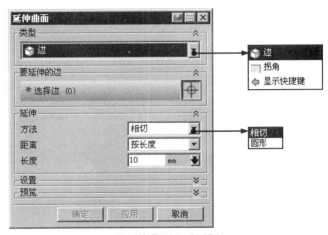

图 4.6.18 "延伸曲面"对话框

Step3. 定义延伸类型。在"延伸曲面"对话框的 类型 下拉列表中选择 边 选项。

Step4. 选取要延伸的边。在图形区选取图 4.6.19 所示的曲面边线作为延伸边线。

Step5. 定义延伸方式。在"延伸曲面"对话框中的 方法 下拉列表中选择 相切 选项，在 距离 下拉列表中选择 按长度 选项。

Step6. 定义延伸长度。在"延伸曲面"对话框中单击 长度 文本框后的 按钮，系统弹出图 4.6.20 所示的快捷菜单。在快捷菜单中选择 测量(M)... 命令，系统弹出"测量距离"对话框。在图形区选取图 4.6.21 所示的曲面边缘和基准平面 1 作为测量对象，单击"测量距离"对话框中的 〈确定〉 按钮，系统返回到"延伸曲面"对话框。单击 〈确定〉 按钮，完成延伸曲面的操作。

图 4.6.19 选取特征　　　图 4.6.20 快捷菜单　　　图 4.6.21 选择延伸曲面

2. 扩大曲面

使用 扩大(A)... 命令可以更改未修剪过的曲面的大小，编辑后的曲面将丢失参数，属于非参数化编辑命令。用户也可以设定"编辑一个副本"选项使创建的新曲面与源曲面相关联，而且允许改变各个未修剪边的尺寸。图 4.6.22 所示创建扩大曲面的一般操作过程如下。

Step1. 打开文件 D:\ug8\work\ch04.06\enlarge.prt。

Step2. 选择下拉菜单 编辑(E) ➡ 曲面(R)▶ ➡ ◇ 扩大(A)... 命令，弹出"扩大"对话框。

Step3. 在图形区选取图 4.6.22a 所示的曲面，图形区中显示图 4.6.23 所示的 U、V 方向。

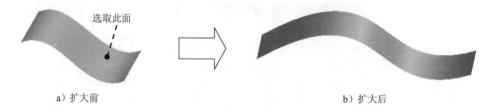

a）扩大前   b）扩大后

图 4.6.22 曲面的扩大

Step4. 在"扩大"对话框中设置图 4.6.24 所示的参数，单击 ＜确定＞ 按钮，完成曲面的扩大操作。

图 4.6.24 所示"扩大"对话框中的各选项按钮说明如下。

- 类型 区域：定义扩大曲面的方法。
  - ☑ ◉ 线性：用于在单一方向上线性地延伸扩大片体的边。选择该单选项，则只能增大曲面，而不能减小曲面。
  - ☑ ◉ 自然：用于自然地延伸扩大片体的边。选择该单选项，可以增大曲面，也可以减小曲面。
- ☑ 全部：选中该复选项后，移动下面的任一单个的滑块，所有的滑块会同时移动且文本框中显示相同的数值。

图 4.6.23 U、V 方向   图 4.6.24 "扩大"对话框

4.6.3　X－成形

在 UG NX 8.0 中，使用 X-成形功能可以对样条曲线、曲面的极点和点进行平移、旋转、缩放，也可以锁定样条或者曲面的区域以保持曲面的形状。用 X 成形 命令编辑后的曲面将丢失参数，属于非参数化编辑命令。

1. 平移

平移功能是指用户可以通过拖动鼠标对单个或多个点进行移动。下面以图 4.6.25 所示的曲面为例，说明用平移功能来编辑曲面的操作步骤。

Step1. 打开文件 D:\ug8\work\ch04.06\xform1.prt，如图 4.6.25 所示。

Step2. 选择下拉菜单 编辑(E) ➡ 曲面(R)▶ ➡ X 成形... 命令，系统弹出图 4.6.26 所示的"X-成形"对话框（一）。

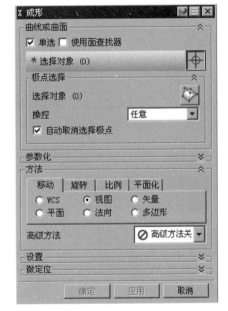

图 4.6.25　曲面模型　　　　　图 4.6.26　"X-成形"对话框（一）

图 4.6.26 所示"X-成形"对话框中的选项及按钮说明如下。

● **方法**区域：指定变换点的方式。

  ☑ 平移：通过鼠标拖动点来编辑曲面。

  ☑ 旋转：绕指定的枢轴和矢量方向来旋转点。

  ☑ 比例：绕指定的中心点来对点进行缩放。

  ☑ 平面化：把所选极点移动到指定平面上。

● **高级方法**区域：包含衰减、按比例、保持连续性、锁定区域、插入结点五个选项。

  ☑ 衰减：在影响凹度和凸度但不影响极点的情况下，对所选的极点组进行变形。

  ☑ 按比例：相对于指定的点作成比例的运动。

☑ 保持连续性：在保持边缘处曲率不变的情况下，沿切矢方向对极点进行变换。

☑ 锁定区域：设定一个区域，使该区域的极点不能被编辑。

☑ 插入结点：在指定的 U、V 方向上插入结点。

● 微定位：沿指定的矢量方向微移极点。

Step3. 在"X-成形"对话框（一）中，选中 移动 选项，选取图 4.6.25 所示的曲面作为编辑的曲面。

说明： 如果用户选中的曲面为具有参数性，系统会弹出如图 4.6.27 所示的"X-成形"对话框（二），此时需单击 是(Y) 按钮。

Step4. 在"X-成形"对话框（一）的 参数化 区域中输入以下数值，如图 4.6.28 所示的"X-成形"对话框（三）。

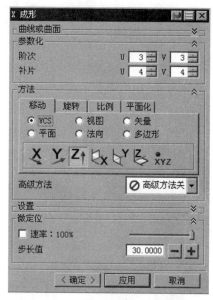

图 4.6.27 "X-成形"对话框(二)　　　　图 4.6.28 "X-成形"对话框(三)

Step5. 选取图 4.6.29 所示的曲面边界点作为要平移的点（单击极点之间的连线即可选中列和整行的极点，并在 极点选择 下的 操控 中选择 任意 选项）。

Step6. 在"X-成形"对话框（三）中单击 Z↑ 按钮，拖动所选中的曲面边界点对极点进行编辑。

Step7. 单击 〈确定〉 按钮，完成曲面的编辑（图 4.6.30）。

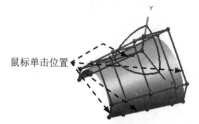

图 4.6.29 选择平移点

图 4.6.30 编辑曲面

2. 旋转

旋转功能允许用户通过指定枢轴和矢量方向来旋转极点。下面以图 4.6.31 所示的曲面为例，说明用旋转功能来编辑曲面的操作步骤。

Step1. 打开文件 D:\ug8\work\ch04.06\xform2.prt。

Step2. 选择下拉菜单 编辑(E) ➡ 曲面(R)▶ ➡ ◈ X 成形... 命令，系统弹出"X-成形"对话框（一）。

Step3. 在"X-成形"对话框（一）中，选中 旋转 选项，选取图 4.6.31 所示的曲面作为编辑的曲面。

Step4. 选取图 4.6.32 所示的曲面边界点作为要旋转的点（单击极点之间的连线，即可选中列和整行的极点，并在 极点选择 下的 操控 中选择 任意 选项）。

Step5. 在"X-成形"对话框（三）中单击 Y 按钮，拖动所选中的曲面边界点对极点进行编辑。

Step6. 单击 < 确定 > 按钮，完成图 4.6.33 所示的曲面编辑。

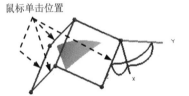

图 4.6.31　曲面模型　　　　　图 4.6.32　选择旋转点　　　　　图 4.6.33　编辑曲面

3. 比例

比例功能是指用户可以通过指定一个中心点来对极点进行缩放。下面以图 4.6.34 所示的曲面为例，说明用比例功能来编辑曲面的操作步骤。

Step1. 打开 D:\ug8\work\ch04.06\xform3.prt。

Step2. 选择下拉菜单 编辑(E) ➡ 曲面(R)▶ ➡ ◈ X 成形... 命令，系统弹出"X-成形"对话框（一）。

Step3. 在"X-成形"对话框（一）中，选中 比例 选项，选取图 4.6.34 所示的曲面作为编辑的曲面。

Step4. 选取图 4.6.35 所示的曲面边界点作为要进行缩放的点（单击极点之间的连线，即可选中列和整行的极点）。

Step5. 在"X-成形"对话框（三）中单击 YC 按钮，分别拖动所选中的曲面边界点对极点进行缩放，单击 < 确定 > 按钮，完成后的结果如图 4.6.36 所示。

图 4.6.34　曲面模型

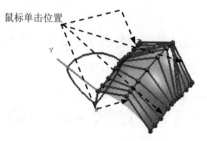
图 4.6.35　选择缩放点

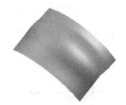
图 4.6.36　编辑曲面

4. 沿控制多边形平移

沿控制多边形平移功能是指用户可以沿着极点所在的控制多边形段平移。下面以图 4.6.37 所示的曲面为例，说明用沿控制多边形平移功能来编辑曲面的操作步骤。

Step1. 打开 D:\ ug8\work\ch04.06\xform4.prt 文件。

Step2. 选择下拉菜单 编辑(E) ➡ 曲面(R)▶ ➡ ◇ X 成形... 命令。

Step3. 在"X-成形"对话框（一）的 移动 选项，并选中 ⊙ 多边形 单选项。选取图 4.6.37 所示的曲面作为编辑的曲面。

Step4. 选取图 4.6.38 所示的点，作为要进行移动的点。

Step5. 用鼠标拖动所选取点的 X 轴正向箭头拖动进行编辑。

Step6. 单击 〈 确定 〉 按钮，完成图 4.6.39 所示的编辑曲面。

图 4.6.37　曲面模型

图 4.6.38　选取平移点

图 4.6.39　编辑曲面

4.6.4　曲面的变形与变换

曲面的变形与变换包括曲面的变形、曲面的变换和整体突变等，下面将分别介绍。

1.　曲面的变形

曲面的变形用于动态快速地修改曲面，可以使用拉伸、折弯、歪斜和扭转等操作来得到需要的曲面，用此命令编辑后的曲面将丢失参数，属于非参数化编辑命令。下面以图 4.6.40 所示的曲面变形为例来说明其一般操作过程。

Step1. 打开文件 D:\ug8\work\ch04.06\distortion.prt。

a）变形前　　　　　　图 4.6.40　曲面的变形　　　　　　b）变形后

Step2. 选择下拉菜单 编辑(E) ➡ 曲面(R) ➡ 变形(O)... 命令，弹出图 4.6.41 所示的"使曲面变形"对话框（一）。

Step3. 在绘图区选取图 4.6.40a 所示的曲面，弹出图 4.6.42 所示的"使曲面变形"对话框（二）。

图 4.6.41　"使曲面变形"对话框（一）

图 4.6.42 所示"使曲面变形"对话框（二）中的各选项按钮说明如下。

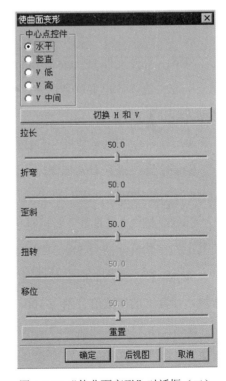

- 中心点控件 选项组：用于设置进行变形的参考位置和方向。
  - ☑ ◉ 水平 ：曲面在水平方向上变形。
  - ☑ ◉ 竖直 ：曲面在竖直方向上变形。
  - ☑ ◉ V 低 ：变形从曲面的最低位置开始。
  - ☑ ◉ V 高 ：变形从曲面的最高位置开始。
  - ☑ ◉ V 中间 ：变形从曲面的中间位置开始。

- 切换 H 和 V ：重置滑块设置，且在水平模式和竖直模式之间切换中心点控制。

- 拉长 ：用于拉伸曲面使其变形。

- 折弯 ：用于折弯曲面使其变形。

- 歪斜 ：用于歪斜曲面使其变形。

- 扭转 ：用于扭转曲面使其变形。

图 4.6.42　"使曲面变形"对话框（二）

- 移位 ：用于移动曲面。
- 重置 ：取消所有滑块的设置，重置曲面使其返回到原始状态。

说明：在曲面变形的过程中，各种"中心点控制"类型产生的变形可以叠加。

Step4. 分别拖动 拉长 、折弯 、歪斜 下面的滑块，使滑块上方显示的参数分别为 61.7、84.8、29.7，单击 确定 按钮，完成曲面的变形操作。

2. 曲面的变换

使用 变换(T)... 命令可以动态地缩放、旋转及平移单个 B 曲面，同时实时地从显示内容中获取反馈。缩放、旋转和平移变换及其组合组成了所谓的仿射映射，该功能通常用于 CAD 或其他计算机图形环境中，该命令编辑后的曲面将丢失参数，属于非参数化编辑命令。下面以图 4.6.43 为例来说明使用"变换"命令编辑曲面的一般过程。

选取此面

a）变换前　　　　　　　　　　　　　　　　　b）变换后

图 4.6.43　曲面的变换

Step1. 打开文件 D:\ug8\work\ch04.06\transform.prt。

Step2. 选择下拉菜单 编辑(E) ➡ 曲面(R) ➡ 变换(T)... 命令，弹出"变换曲面"对话框。

Step3. 在绘图区选取图 4.6.43a 所示的曲面，单击 确定 按钮，系统弹出"点"对话框。

Step4. 在"点"对话框中采用系统默认的原点为基点，单击 确定 按钮，系统弹出图 4.6.44 所示的"变换曲面"对话框。

Step5. 在"变换曲面"对话框中，选中 ⊙ 缩放 单选项，分别拖动 XC 轴 、YC 轴 、ZC 轴 滑使其上的参数值分别为 34.8、26.6 和 50。

Step6. 在"变换曲面"对话框中，选中 ⊙ 旋转 单选项，分别拖动 XC 轴 、YC 轴 和 ZC 轴 滑块，使其上的参数值分别为 100.0、50 和 50。

Step7. 在"变换曲面"对话框中，选中 ⊙ 平移 单选项，分别拖动 XC 轴 、YC 轴 和 ZC 轴 滑块，使其上的参数值分别为 62.1、59.4 和 50。

Step8. 在"变换曲面"对话框中，单击 确定 按钮，完成曲面的变换操作。

图 4.6.44 所示"变换曲面"对话框中的各选项按钮说明如下。

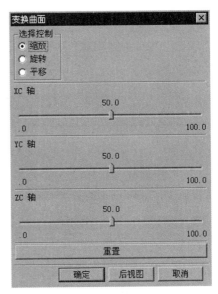

图 4.6.44 "变换曲面"对话框

- `选择控制` 选项组：用于选择变换的控制类型。

  - ☑ ⦿ `缩放`：绕选定的轴或点缩放曲面。
  - ☑ ⦿ `旋转`：绕选定的轴或点旋转曲面。
  - ☑ ⦿ `平移`：绕选定的方向移动曲面。

- `XC 轴`：沿 X 轴方向缩放、旋转或平移曲面。

- `YC 轴`：沿 Y 轴方向缩放、旋转或平移曲面。

- `ZC 轴`：沿 Z 轴方向缩放、旋转或平移曲面。

4.6.5 曲面的边缘

UG NX 8.0 中提供了匹配边、编辑片体边界、更改片体边缘等方法，对曲面边缘进行修改和编辑。使用这些命令编辑后的曲面将丢失参数，属于非参数化编辑命令。

1. 匹配边

使用 `匹配边(M)` 命令可以修改选中的曲面，使它与参考对象的边界保持几何连续，并且能去除曲面间的缝隙，但只能用于编辑未修剪过的曲面，否则系统弹出"警告"信息。下面以图 4.6.45 为例来说明使用"匹配边"编辑曲面的一般操作过程。

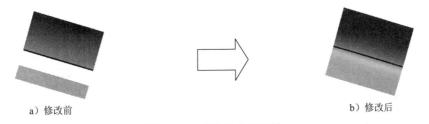

a）修改前　　　　　　　　　　　　　　　　　　　b）修改后

图 4.6.45 从片体中匹配边

Step1. 打开文件 D:\ug8\work\ch04.06\matching_edge.prt。

Step2. 选择下拉菜单 `编辑(E)` ➡ `曲面(R)` ➡ `匹配边(M)` 命令，弹出图 4.6.46 所示的"匹配边"对话框。

Step3. 在绘图区选取图 4.6.47 所示的边缘，然后选取图 4.6.47 所示的曲面，其他选项采用默认设置值，在"匹配边"对话框中单击 `< 确定 >` 按钮，完成匹配边操作。

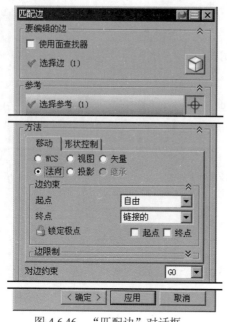

图 4.6.46　"匹配边"对话框

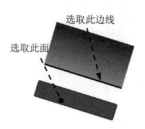

图 4.6.47　选取边缘和曲面

2.　编辑片体边界

边界 (B)... 命令用于修改或替换片体的现有边界，也可以移除修剪、移除片体上独立的孔和延伸边界，使用此命令编辑后的曲面将丢失参数，属于非参数化编辑命令，下面将具体介绍。

方式一：移除孔

使用"移除孔"功能允许用户移除曲面上的孔。下面以图 4.6.48 为例来说明从片体中移除孔的一般操作过程。

a）移除前

b）移除后

图 4.6.48　从片体中移除孔

Step1.　打开文件 D:\ug8\work\ch04.06\boundary_1.prt。

Step2.　选择下拉菜单 编辑 (E) ➡ 曲面 (R) ➡ 边界 (B)... 命令，系统弹出"编辑片体边界"对话框。

Step3.　在图形区选取图 4.6.48a 所示的曲面，单击其对话框中的 移除孔 按钮，系统弹出"警告"信息。

Step4. 单击 确定(0) 按钮，系统弹出"选择要移除的孔"对话框。

Step5. 在绘图区选取图 4.6.48a 所示的曲面边缘，单击 确定 按钮，单击其对话框中的 取消 按钮，完成移除孔操作。

方式二：移除修剪

使用"移除修剪"功能可以移除在片体上所做的修剪（如边界修剪和孔），并将片体恢复至参数四边形的形状。下面以图 4.6.49 为例来说明从片体中移除修剪的一般操作过程。

Step1. 打开文件 D:\ug8\work\ch04.06\boundary_2.prt。

Step2. 选择下拉菜单 编辑(E) ➡ 曲面(R) ➡ 边界(B)... 命令，系统弹出"编辑片体边界"对话框（一）。

Step3. 在图形区选取图 4.6.50 所示的面，系统弹出"编辑片体边界"对话框（二）。单击其对话框中的 移除修剪 按钮，系统弹出"警告"信息。

Step4. 在系统弹出"警告"信息对话框中单击 确定(0) 按钮，弹出"编辑片体边界"对话框（一），单击其对话框中的 取消 按钮，完成曲面的移除修剪操作。

a）移除修剪前　　　　　　　b）移除修剪后
图 4.6.49　从片体中移除修剪

选取此面
图 4.6.50　从片体中移除修剪

方式三：替换边

替换边就是用片体内或片体外的新边来替换原来的边缘。下面以图 4.6.51 为例来说明利用片体替换边的一般操作过程。

选取该平面

a）替换前　　　　　　　　　　b）替换后
图 4.6.51　片体替换边

Step1. 打开文件 D:\ug8\work\ch04.06\boundary_3.prt。

Step2. 选择下拉菜单 编辑(E) ➡ 曲面(R) ➡ 边界(B)... 命令，系统弹出"编辑片体边界"对话框（一）。

Step3. 在图形区选取图 4.6.51a 所示的曲面，系统弹出"编辑片体边界"对话框（二）。单击其对话框中的 替换边 按钮，系统弹出"警告"信息。

Step4. 单击 确定(0) 按钮，系统弹出"类选择"对话框。在图形区选取图 4.6.52 所示的曲面边缘，然后单击 確定 按钮，系统弹出图 4.6.53 所示的"编辑片体边界"对话框。

　　Step5. 在"编辑片体边界"对话框中单击 指定平面 按钮，系统弹出"平面"对话框，在绘图区选取 XZ 基准平面，在 偏置 区域的 距离 文本框中输入数值 50，单击其对话框中的 確定 按钮，系统弹出"编辑片体边界"对话框。

　　Step6. 单击"编辑片体边界"对话框中的 確定 按钮，系统再次弹出"类选择"对话框。

　　Step7. 单击"类选择"对话框中的 確定 按钮，在绘图区选取图 4.6.54 所示的曲面为保留部分，然后单击 確定 按钮，系统弹出"编辑片体边界"对话框。

　　Step8. 单击"编辑片体边界"对话框中的 取消 按钮，完成替换边操作。

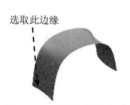

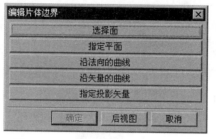

图 4.6.52　选取边缘曲线　　　图 4.6.53　"编辑片体边界"对话框　　　图 4.6.54　选取保留部分

图 4.6.53 所示"编辑片体边界"对话框中的各按钮说明如下。

- 选择面：用于选择实体的面作为约束对象。
- 指定平面：单击该按钮，弹出"平面"对话框，可利用此对话框指定平面作为片体边界的一部分。
- 沿法向的曲线：沿片体的法向投影曲线和边，从而确定片体的边界。
- 沿矢量的曲线：沿指定的方向矢量投影曲线和边，从而确定片体的边界。
- 指定投影矢量：用于指定投影的方向。

3. 更改片体边缘

　　使用 更改边缘(C)... 命令可以用于修改曲面的边。下面以图 4.6.55 为例来说明更改片体边缘的一般操作过程。

　　Step1. 打开文件 D:\ug8\work\ch04.06\change_edge.prt。

　　Step2. 选择下拉菜单 编辑(E) ➡ 曲面(R) ➡ 更改边(C)... 命令，系统弹出"更改边"对话框。

　　Step3. 在图形区选取图 4.6.55a 所示的曲面，系统弹出"更改边"对话框。在图形区选取图 4.6.56 所示的曲面边缘，系统弹出图 4.6.57 所示的"更改边"对话框（一）。单击其对

话框中的 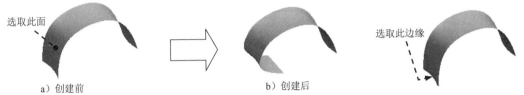 按钮，系统弹出图 4.6.58 所示的"更改边"对话框（二）。

Step4. 在"更改边"对话框（四）对话框中单击 匹配到平面 按钮，系统弹出"平面"对话框。在绘图区选取 XZ 基准平面，在 偏置 区域的 距离 文本框中输入数值 30，单击其对话框中的 确定 按钮，系统弹出"更改边"对话框。

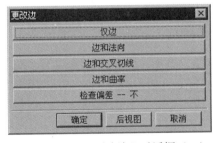

图 4.6.55 更改片体边缘

图 4.6.56 选取边缘曲线

选取此面
a）创建前
b）创建后
选取此边缘

Step5. 单击"更改边"对话框中的 取消 按钮，完成片体边缘的更改。

图 4.6.57 所示"更改边"对话框（一）中的各按钮说明如下。

- 仅边 ：用于修改选中的边。
- 边和法向 ：用于修改选中的边及其法向。
- 边和交叉切线 ：用于修改选中的边及它的横向斜率。
- 边和曲率 ：将选中的边及它的横向斜率与其他对象

相匹配，且可以使曲面间的曲率连续。

图 4.6.57 "更改边"对话框（一）

图 4.6.58 "更改边"对话框（二）

- 检查偏差 -- 不 ：当匹配用于定位和相切的自由曲面时，

选择"检查偏差"可提供曲面变形程度的信息。

图 4.6.58 所示"更改边"对话框（二）中的各按钮说明如下。

- 匹配到曲线 ：用于将曲面的边缘与选定的曲线匹配。
- 匹配到边 ：用于将曲面的边缘与其他实体的边缘匹配。
- 匹配到体 ：用于将实体的边缘与其他实体匹配。
- 匹配到平面 ：使实体边缘位于指定平面内。

4.6.6　曲面的缝合与实体化

1. 曲面的缝合

曲面的缝合功能可以将两个或两个以上的曲面连接形成一张曲面。图 4.6.59 所示的曲面缝合的一般过程如下。

Step1. 打开文件 D:\ug8\work\ch04.06\sew.prt。

Step2. 选择下拉菜单 插入(S) ➡ 组合(B) ▶ ➡ 缝合(W)... 命令，系统弹出"缝合"对话框。

Step3. 定义目标片体和工具片体。在图形区选取图 4.6.59 所示的曲面 1 作为目标片体，选取曲面 2 为工具片体。

Step4. 设置对话框选项。在"缝合"对话框中 设置 选项组中选中 ☑ 输出多个片体 复选项，在 公差 文本框中输入数值 3。单击 确定 按钮，完成曲面的缝合操作。

图 4.6.59　曲面的缝合

2. 曲面的实体化

曲面的创建最终是为了生成实体，所以曲面的实体化在设计过程中是非常重要的。曲面的实体化有多种类型，下面将分别介绍。

类型一：封闭曲面的实体化

封闭曲面的实体化就是将一组封闭的曲面转化为实体特征。图 4.6.60 所示的封闭曲面实体化的操作过程如下。

Step1. 打开文件 D:\ug8\work\ch04.06\surface_solid.prt。

Step2. 选择下拉菜单 视图(V) ➡ 截面(S) ▶ ➡ 新建截面(T)... 命令，系统弹出"视图截面"对话框。在 类型 选项组中选取 一个平面 选项；然后单击 剖切平面 区域的"设置平面至 X"按钮 ，此时可看到在图形区中显示的特征为片体（图 4.6.61）。单击此对话框中的 取消 按钮。

图 4.6.60　封闭曲面的实体化

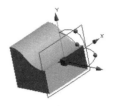

图 4.6.61　剖面视图

Step3. 选择下拉菜单 插入(S) ➡ 组合(B) ▶ ➡ 缝合(W)... 命令，系统弹出"缝合"对话框。在绘图区选取图 4.6.62 所示的曲面和片体特征，其他均采用默认设置值。单击"缝合"对话框中的 确定 按钮，完成实体化操作。

Step4. 选择下拉菜单 视图(V) ➡ 截面(S) ▶ ➡ 新建截面(T)... 命令，系统弹出"视图截面"对话框。在 类型 选项组中选取 一个平面 选项；在 剖切平面 区域中单击 按钮，此时可看到在图形区中显示的特征为实体（图 4.6.63）。单击此对话框中的 取消 按钮。

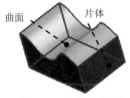

图 4.6.62　选取特征

图 4.6.63　剖面视图

类型二：使用补片创建实体

曲面的补片功能就是使用片体替换实体上的某些面，或者将一个片体补到另一个片体上。图 4.6.64 所示的使用补片创建实体的一般过程如下。

Step1. 打开文件 D:\ug8\work\ch04.06\surface_solid_replace.prt。

Step2. 选择下拉菜单 插入(S) ➡ 组合(B) ▶ ➡ 补片(C)... 命令，系统弹出"补片"对话框。

Step3. 在绘图区选取图 4.6.64a 所示的实体为要修补的体特征，选取图 4.6.64a 所示的片体为用于修补的体特征。单击单击"反向"按钮 ，使其与图 4.6.65 所示的方向一致。

Step4. 单击"补片"对话框中的 确定 按钮，完成补片操作。

注意： 在进行补片操作时，工具片体的所有边缘必须在目标体的面上，而且工具片体必须在目标体上创建一个封闭的环，否则系统会提示出错。

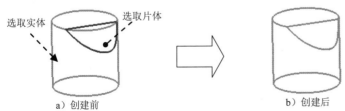

a）创建前　　　　　　　　　　b）创建后

图 4.6.64　创建补片实体

图 4.6.65　移除方向

类型三：开放曲面的加厚

曲面加厚功能可以将曲面进行偏置生成实体，并且生成的实体可以和已有的实体进行布尔运算。图 4.6.66 所示的曲面加厚的一般过程如下。

a）加厚前   b）加厚切平后

图 4.6.66   曲面的加厚

Step1. 打开文件 D:\ug8\work\ch04.06\thicken.prt。

Step2. 选择下拉菜单 插入(S) ➡ 偏置/缩放(O) ➡ 加厚(T)... 命令，系统弹出"加厚"对话框。

"加厚"对话框中的部分选项说明如下。

- 📦（面）：选取需要加厚的面。

- 偏置 1：该选项用于定义加厚实体的起始位置。

- 偏置 2：该选项用于定义加厚实体的结束位置。

Step3. 在"加厚"对话框中的 偏置 1 文本框中输入数值-2，其他采用默认设置值，在绘图区选取图 4.6.66a 所示的曲面为加厚的面，定义 ZC 基准轴的反方向为加厚方向。单击 〈 确定 〉 按钮完成曲面加厚操作。

说明：曲面加厚完成后，它的剖面是不平整的，所以加厚后一般还需切平。

4.7　曲面中的倒圆角

倒圆角在曲面建模中具有相当重要的地位。倒圆角功能可以在两组曲面或者实体表面之间建立光滑连接的过渡曲面，创建过渡曲面的截面线可以是圆弧、二次曲线和等参数曲线等。在 UG NX 8.0 中，可以创建四种不同类型的圆角：边倒圆、面倒圆、软倒圆和样式圆角。在创建圆角时，应注意：为了避免创建从属于圆角特征的子项，标注时，不要以圆角创建的边或相切边为参照；在设计中要尽可能晚些添加圆角特征。

倒圆角的类型主要包括边倒圆、面倒圆、软倒圆和样式圆角四种。下面介绍这几种倒圆角的具体用法。

4.7.1　边倒圆

边倒圆可以使至少由两个面共享的选定边缘变光滑。倒圆时，就像它沿着被倒圆角的边缘（圆角半径）滚动一个球，同时使球始终与在此边缘处相交的各个面接触。边倒圆的方式有以下四种：恒定半径方式、变半径方式、空间倒角方式和突然停止点边倒圆方式。

下面通过创建图 4.7.1 所示的模型对这四种方式一一进行说明。

a）倒圆前　　　　　　　　　　　　　　　　　　　　b）倒圆后

图 4.7.1　边倒圆实例

1．恒定半径方式

创建图 4.7.2 所示的恒定半径边倒圆的一般过程如下。

a）倒圆角前　　　　　　　　　　　　　　　　　　　　b）倒圆角后

图 4.7.2　恒定半径方式边倒圆

Step1.　打开文件 D:\ug8\work\ch04.07\blend.prt。

Step2.　选择下拉菜单 插入(S) ➡ 细节特征(L) ▶ ➡ 边倒圆(E) 命令，系统弹出"边倒圆"对话框。

Step3.　在对话框的 形状 下拉列表中选择 圆形 选项，在绘图区选取图 4.7.2a 所示的边线，在 要倒圆的边 区域中 半径 1 文本框中输入数值 5。

Step4.　单击"边倒圆"对话框中的 ＜ 确定 ＞ 按钮，完成恒定半径方式的边倒圆操作。

2．变半径方式

下面通过变半径方式创建图 4.7.3 所示的边倒圆（接上例继续操作）。

Step1.　选择下拉菜单 插入(S) ➡ 细节特征(L) ▶ ➡ 边倒圆(E) 命令，系统弹出"边倒圆"对话框。

Step2.　在绘图区选取图 4.7.3a 所示的边线，在 可变半径点 区域中单击 指定新的位置 (0) 按钮，选取图 4.7.3a 所示的边线的上端点，在 V 半径 文本框中输入数值 5，在 位置 文本框中选择 弧长百分比 选项，在 弧长百分比 文本框中输入数值 100。

Step3. 单击图 4.7.3a 所示的边线的中点，在系统弹出的 **V 半径** 文本框中输入数值 10，在 **弧长百分比** 文本框中输入数值 50。

Step4. 单击图 4.7.3a 所示的边线的下端点，在系统弹出的 **V 半径** 文本框中输入数值 5，在 **弧长百分比** 文本框中输入数值 0。

Step5. 单击"边倒圆"对话框中的 **< 确定 >** 按钮，完成变半径边倒圆操作。

图 4.7.3　变半径方式边倒圆

3．空间倒角和拐角突然停止点边倒圆

下面通过空间角倒圆和拐角突然停止点创建图 4.7.4 所示的边倒圆（接上例继续操作）。

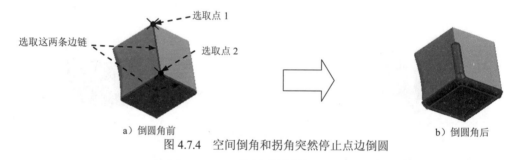

图 4.7.4　空间倒角和拐角突然停止点边倒圆

Step1. 选择下拉菜单 **插入(S)** ➡ **细节特征(L) ▸** ➡ **边倒圆(E)** 命令，系统弹出"边倒圆"对话框。

Step2. 在绘图区选取图 4.7.4a 所示的三条边线，在 **拐角突然停止** 区域中单击 **选择端点** 按钮，选取图 4.7.4a 所示的点 1，在 **停止位置** 文本框中选择 **按某一距离** 选项，在 **位置** 文本框中选择 **弧长百分比** 选项，在 **弧长百分比** 文本框中输入数值 15。

Step3. 在 **拐角倒角** 区域中单击 **选择端点** 按钮，选取图 4.7.4a 所示的点 2，分别在 **拐角倒角** 区域 **点 1 倒角 1**、**点 1 倒角 2** 和 **点 1 倒角 3** 文本框中输入数值 2.5、5 和 3.5。

Step4. 单击"边倒圆"对话框中的 **< 确定 >** 按钮，完成空间倒角和拐角突然停止点边倒圆操作。

4.7.2　面倒圆

面倒圆(F)... 命令可用于创建复杂的圆角面，该圆角面与两组输入曲面相切，并且可以对两组曲面进行裁剪和缝合。圆角面的横截面可以是圆弧或二次曲线。

1. 用圆形横截面创建面倒圆

创建图 4.7.5 所示的圆形横截面面倒圆的一般步骤如下。

Step1. 打开文件 D:\ug8\work\ch04.07\face_blend01.prt。

Step2. 选择下拉菜单 插入(S) ➡ 细节特征(L) ▶ ➡ 面倒圆(F)... 命令，系统弹出图 4.7.6 所示的"面倒圆"对话框。

Step3. 定义面倒圆类型。在"面倒圆"对话框的 类型 下拉列表中选择 两个定义面链 选项。

Step4. 在图形区选取图 4.7.5 所示的曲面 1 和曲面 2。

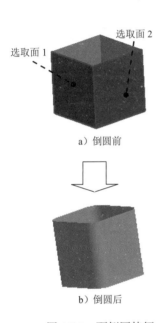

a）倒圆前

b）倒圆后

图 4.7.5 面倒圆特征

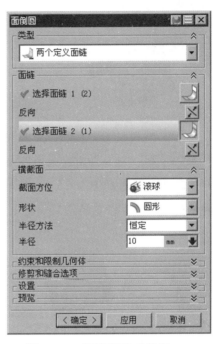

图 4.7.6 "面倒圆"对话框

Step5. 定义面倒圆横截面。在 截面方位 下拉列表中选择 滚球 选项，在 形状 下拉列表中选择 圆形 选项，在 半径方法 下拉列表中选择 恒定 选项，在 半径 文本框中输入数值 10。

Step6. 单击"面倒圆"对话框中的 ＜确定＞ 按钮，完成面倒圆的创建。

图 4.7.6 所示"面倒圆"对话框中的各个选项的说明如下。

- 类型 选项组：可以定义 滚球 和 扫掠截面 两种面倒圆的方式。
  - ☑ 滚球 （滚动）：使用滚动的球体创建倒圆面，倒圆截面线由球体与两组曲面的交点确定。
  - ☑ 扫掠截面 （扫掠截面）：沿着脊线曲线扫掠横截面，倒圆横截面的平面始终垂直于脊线曲线。
- 形状 下拉列表：用于控制倒圆角横截面的形状。
  - ☑ 圆形：横截面形状为圆弧。

- ☑ **对称二次曲**：横截面形状为对称二次曲线。
- ☑ **不对称二次曲线**：横截面形状为不对称二次曲线。

● 圆时半径为恒定的、规律控制的，或者为相切约束。

- ☑ **恒定**：使用恒定半径（正值）进行倒圆。
- ☑ **规律控制**：依照规律函数在沿着脊线曲线的单个点处定义可变的半径。
- ☑ **相切约束**：控制倒圆半径，其中倒圆面与选定曲线/边缘保持相切约束。

● ☑ **修剪输入面至倒圆面**：修剪输入曲面，使其终止于倒圆曲面。选中与不选中该复选框的区别如图 4.7.7 所示。

　　a）选中修剪复选框　　　　　　　　　　　　　b）不选中修剪复选框

图 4.7.7　选择修剪复选框的区别

● ☑ **缝合所有面**：缝合所有输入曲面和倒圆曲面。

对于 ☑ **修剪输入面至倒圆面** 和 ☑ **缝合所有面** 复选框被选中后，选择 **圆角面** 下拉列表中的四种不同选项时，修剪的结果如图 4.7.8 所示。

a）修剪所有输入面　　b）修剪至短输入面　　c）修剪至长输入面　　d）不要修剪圆角面

图 4.7.8　圆角面下拉列表选项区别

2．用规律控制创建面倒圆

创建图 4.7.9 所示的规律控制的面倒圆的一般步骤如下。

Step1. 打开文件 D：\ug8\work\ch04.07\face_blend02.prt。

Step2. 选择下拉菜单 **插入(S)** ➡ **细节特征(L)** ➡ **面倒圆(F)...** 命令，系统弹出"面倒圆"对话框。

Step3. 在绘图区选取图 4.7.10 所示的面 1，单击鼠标中键，选取图 4.7.10 所示的面 2，在对话框 **倒圆横截面** 区域的 **形状** 下拉列表中选取 **圆形** 选项，在 **半径方式** 下拉列表中选取 **规律控制** 选项，在 **规律类型** 下拉列表中选取 **三次** 选项，在 **起点** 文本框中输入数值 20，在 **终点** 文本框中输入数值 10，选取图 4.7.9a 所示的边线作为脊线。

Step4. 单击"面倒圆"对话框中的 **〈 确定 〉** 按钮，完成面倒圆操作。

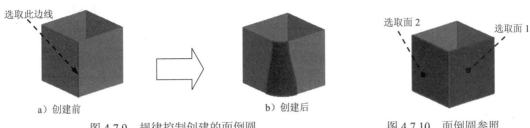

图 4.7.9 规律控制创建的面倒圆 图 4.7.10 面倒圆参照

说明：在选取图 4.7.9a 所示的边线时，显示的边线的方向会根据单击的位置不同而不同，单击位置靠上时，直线方向朝下；靠下的时候，方向是朝上的。边线的方向和在"规律控制的"对话框中输入的起始值和终止值是相对应的。

3. 用二次曲线横截面创建面倒圆

创建图 4.7.11 所示的二次曲线横截面方式的面倒圆的一般步骤如下。

Step1. 打开文件 D:\ug8\work\ch04.07\face_blend03.prt。

Step2. 选择下拉菜单 插入(S) ➡ 细节特征(L) ▶ ➡ 面倒圆(F)... 命令，系统弹出图 4.7.12 所示的"面倒圆"对话框。

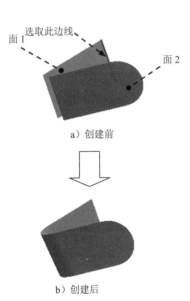

图 4.7.11 二次曲线方式创建面倒圆

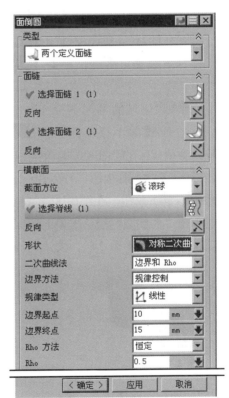

图 4.7.12 "面倒圆"对话框

Step3. 在 横截面 区域的 形状 下拉列表中选取 对称二次曲 选项。在绘图区选取图 4.7.11 所示的面 1，单击鼠标中键确认；选取面 2；在 二次曲线法 的下拉菜单中选择 边界和 Rho ，在 边界方法 的下拉菜单中选择 规律控制 ，在 规律类型 下拉列表中选取 线性 选项，在 边界起点 中输入数值 10，在 边界终点 中输入数值 15，在 Rho 方法 下拉列表中选取 恒定 选项；单击 ＊ 选择脊曲线 (0) 按钮，在绘图区选取图 4.7.11a 所示的边线，在 Rho 文本框中输入数值 0.5。

Step4. 单击"面倒圆"对话框中的 < 确定 > 按钮，完成面倒圆操作。

注意：在选取图 4.7.11 所示的面 1 和面 2，可通过单击"反向"按钮 ⤢ ，使箭头指向另一个方向。

4．用重合边缘创建面倒圆

创建图 4.7.13 所示的重合边缘方式的面倒圆的一般步骤如下。

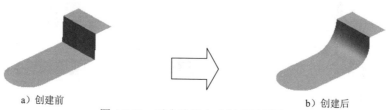

a）创建前   b）创建后

图 4.7.13　重合边缘方式创建面倒圆

Step1. 打开文件 D:\ug8\work\ch04.07\face_blend04.prt。

Step2. 选择下拉菜单 插入(S) ➡ 细节特征(L) ▸ ➡ 面倒圆(F)... 命令，系统弹出"面倒圆"对话框。

Step3. 在 横截面 区域的 形状 下拉列表中选取 圆形 选项；在 半径方式 下拉列表中选取 规律控制 选项；在 规律类型 下拉列表中选取 三次 选项；在 起点 文本框中输入数值 20，在 终点 文本框中输入数值 13；在绘图区选取图 4.7.14 所示的面 1，单击鼠标中键，选取面 2；在 横截面 区域中单击 ＊ 选择脊曲线 (0) 按钮，在绘图区选取图 4.7.15 所示的边线 1；在 约束和限制几何体 区域中单击 选择重合曲线 按钮，在绘图区选取图 4.7.15 所示的边线 2。

Step4. 单击"面倒圆"对话框中的 < 确定 > 按钮，完成面倒圆操作。

注意：在选取面 1 和面 2 时，要注意调整面的方向，要使箭头指向另一个曲面。

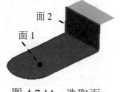

面 2
面 1

图 4.7.14　选取面

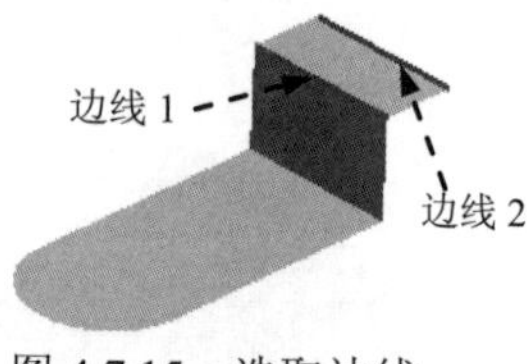

边线 1
边线 2

图 4.7.15　选取边线

5．用相切曲线创建面倒圆

创建图 4.7.16 所示的相切曲线面倒圆的一般步骤如下。

Step1. 打开文件 D:\ug8\work\ch04.07\face_blend05.prt。

Step2. 选择下拉菜单 插入(S) ➡ 细节特征(L) ▶ ➡ 面倒圆(F)... 命令，系统弹出"面倒圆"对话框。

Step3. 在绘图区选取图 4.7.17 所示的面 1，单击鼠标中键，选取面 2；在 横截面 区域中 形状 下拉列表中选取 圆形 选项；在 半径方式 下拉列表中选取 相切约束 选项；在 约束和限制几何体 区域中单击 选择相切曲线(0) 按钮，在绘图区选取图 4.7.17 所示的曲线 2。

Step4. 单击"面倒圆"对话框中的 < 确定 > 按钮，完成面倒圆操作。

注意：在选取面 1 和面 2 时，要注意调整面的方向，要使箭头指向另一个曲面。

a）创建前　　　　　　b）创建后

图 4.7.16　相切曲线方式创建面倒圆　　　　　图 4.7.17　曲线和曲面的选择

4.7.3　软倒圆

软倒圆(S)... 命令用于创建其横截面形状不是圆弧的圆角，这可以避免有时产生的与圆弧圆角相关的生硬的"机械"外观。这个功能可以对横截面形状有更多的控制，并允许创建比其他圆角类型更美观悦目的设计。调整圆角的外形可以产生具有更小重量或更好的抗应力属性的设计。下面通过创建图 4.7.18b 所示的圆角，来说明创建软倒圆的一般步骤。

Step1. 打开文件 D:\ug8\work\ch04.07\soft_blend.prt。

Step2. 选择下拉菜单 插入(S) ➡ 细节特征(L) ▶ ➡ 软倒圆(S)... 命令，系统弹出图 4.7.19 所示的"软倒圆"对话框。

a）创建前

b）创建后

图 4.7.18　软倒圆的创建

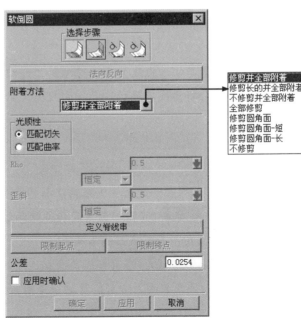

图 4.7.19　"软倒圆"对话框

Step3. 在绘图区选取图 4.7.20 所示的面 1，单击 `法向反向` 按钮调整方向，使其与图 4.7.20 所示的方向一致；单击鼠标中键，选取面 2，单击 `法向反向` 按钮调整方向向内；单击第一相切曲线按钮，在绘图区选取图 4.7.20 所示的曲线 1；单击第二条相切曲线，在绘图区选取图 4.7.20 所示的曲线 2。

Step4. 在"软倒圆"对话框中 `附着方式` 下拉列表中选择 `修剪并全部附着` 选项，在 `光顺性` 选项组中选取 `⊙ 匹配切矢` 单选项。

Step5. 定义脊线串。单击 `定义脊线` 按钮，选取图 4.7.21 所示的边线。单击"软倒圆"对话框中的 `确定` 按钮，完成软倒圆操作。

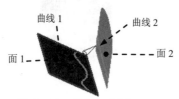

图 4.7.20 曲线与曲面

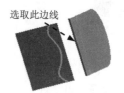

图 4.7.21 脊线

图 4.7.19 所示"软倒圆"对话框中各个选项的说明如下。

- `选择步骤` 区域：定义软倒圆命令中的输入面和相切曲线。
  - ☑ （第一组）：用于选取软倒圆的第一组面，选取此面后，会显示倒圆矢量的箭头，单击"法向反向"按钮可以改变倒圆矢量箭头的方向。
  - ☑ （第二组）：用于选取软倒圆的第二组面，选取此面后，会显示倒圆矢量的箭头，单击"法向反向"按钮可以改变倒圆矢量箭头的方向。
  - ☑ （第一相切曲线）：用于选取第一组相切曲线，如果曲线不在第一组曲面上，系统会将曲线沿面的法向方向投影至第一组曲面上的线串作为第一组相切曲线。
  - ☑ （第二相切曲线）：用于选取第二组相切曲线，如果曲线不在第二组曲面上，系统会将曲线沿面的法向方向投影至第二组曲面上的线串作为第二组相切曲线。
- `法向反向` ：单击此按钮，将改变面集后显示的矢量方向。
- `附着方式` 下拉列表：定义软倒圆角曲面的修剪和附着方式。
  - ☑ `修剪并全部附着`：修剪与圆角面相连的两组曲面，软圆角曲面也被修剪，并且修剪的圆角附着到底层的面集上。
  - ☑ `修剪长的并全部附着`：修剪与圆角面相连的两组曲面，根据较长的一组曲面的长度修剪软圆角曲面，并且修剪的圆角附着到底层的面集上。

☑ **不修剪并全部附着**：修剪与圆角面相连的两组曲面，不对软圆角曲面进行修剪，软圆角将被附着到底层的面集上。

☑ **全部修剪**：修剪与圆角面相连的两组曲面，软圆角曲面也被修剪，但不将圆角附着到面上。

☑ **修剪圆角面**：只将软圆角曲面修剪到底层面集的限制边上或指定的限制平面上。

☑ **修剪圆角面-短**：根据较短的一组曲面的长度只对软圆角曲面进行修剪。

☑ **修剪圆角面-长**：根据较长的一组曲面的长度只对软圆角曲面进行修剪。

☑ **不修剪**：即不修剪与圆角面相连的两组曲面，也不修剪软圆角曲面。

对于选择不同的 **附着方式** 下拉选项后，生成的软倒圆的形状如图 4.7.22 所示。

- **光顺性** 选项组：定义软倒圆角连续方式是"切矢匹配"或者是"曲率连续"。

  ☑ ⊙ **匹配切矢**：只与相邻曲面的切线匹配。这种情况下，圆角的横截面的外形是椭圆形，并且 Rho 和"扭曲"字段以灰色显示。

  ☑ ⊙ **曲率连续**：斜率和曲率都连续。这种情况下，有两个外形控制参数：Rho 和扭曲。

- **Rho** 下拉列表：定义 Roh 值来控制截面的形状。

  ☑ **恒定**：对软倒圆 Roh 值使用恒定值。

  ☑ **规律控制**：允许用户依照规律函数在沿着脊线曲线的单个点处定义可变软倒圆 Roh 值。

- **歪斜** 下拉列表：定义歪斜值来控制截面的形状。

  ☑ **恒定的**：对软倒圆歪斜值使用恒定值。

  ☑ **规律控制**：允许用户依照规律函数在沿着脊线曲线的单个点处定义软倒圆歪斜值。

- **定义脊线**：用户通过定义软倒圆的脊线串，使软倒圆的截面线均垂直于脊线的法向平面。

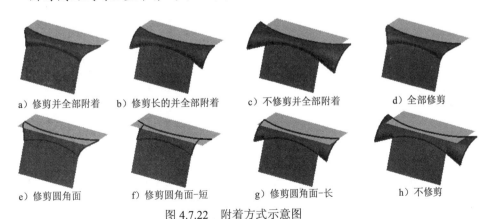

a）修剪并全部附着　b）修剪长的并全部附着　c）不修剪并全部附着　d）全部修剪

e）修剪圆角面　f）修剪圆角面-短　g）修剪圆角面-长　h）不修剪

图 4.7.22 附着方式示意图

4.7.4　样式圆角

创建样式圆角的类型有三种，分别是根据规律方式、根据曲线方式和根据配置文件方式。下面分别对这三种类型进行介绍。

1. 根据规律方式

下面以图 4.7.23 为例来说明根据规律方式创建样式圆角的一般过程。

Step1. 打开文件 D:\ug8\work\ch04.07\styled_blend.prt。

Step2. 选择下拉菜单 插入 (S) ➡ 细节特征 (L) ▶ ➡ 样式倒圆 (Y) ... 命令，系统弹出图 4.7.24 所示的"样式圆角"对话框。

Step3. 在绘图区选取图 4.7.25 所示的曲面 1 作为第一组曲面，此时曲面上出现图 4.7.25 所示的法向箭头，单击 按钮法向反向，再单击鼠标中键确认。

Step4. 在图形区中选取图 4.7.26 所示的曲面 2 作为第二组曲面，单击鼠标中键确认。此时系统自动生成图 4.7.27 所示的中心曲线，即两曲面的交线。单击"样式圆角"对话框中的 按钮（只有在完成面 1 和面 2 的选择后此按钮才被激活），使其方向如图 4.7.27 所示。

注意：在选取面 1 和面 2 时，通过单击 使面法向反向，调整面的法向方向。

a）创建前

b）创建后

图 4.7.23　样式圆角的创建

图 4.7.24　"样式圆角"对话框

Step5. 在"样式圆角"对话框中 形状控制 区域中的 控制类型 的下拉列表中选取 深度 选项，在 规律类型 的下拉列表中选取 多重过渡 选项。

Step6. 在"样式圆角"对话框中 圆角输出 区域中选择 修剪并附着 选项，单击 〈确定〉 按钮，完成圆角的创建。

图 4.7.28 所示"样式圆角"对话框中各个选项的说明如下。

● 类型选项组：包含"规律"、"曲线"和"轮廓"三种创建过渡曲面的方式。

　☑ 规律：使用圆管道与曲面的相交线作为相切约束线来创建过渡曲面。

　☑ 曲线：使用用户定义的相切线来创建过渡曲面。

　☑ 轮廓：使用通过轮廓曲线的圆管道与两组曲面的相交线作为相切约束线来创建过渡曲面。

 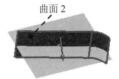 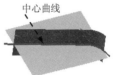

图 4.7.25　选取曲面 1　　　　图 4.7.26　选取曲面 2　　　　图 4.7.27　中心曲线

2．根据曲线方式

下面以图 4.7.28 为例来说明根据曲线方式创建样式圆角的一般过程。

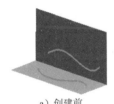 

a）创建前　　　　　　　　　　　　　　　　　　　b）创建后

图 4.7.28　根据曲线方式创建样式圆角

Step1.　打开文件 D:\ug8\work\ch04.07\styled_blend01.prt。

Step2.　选择下拉菜单 插入(S) ➡ 细节特征(L) ▶ ➡ 样式倒圆(Y) ... 命令，系统弹出图 4.7.29 "样式圆角"对话框。

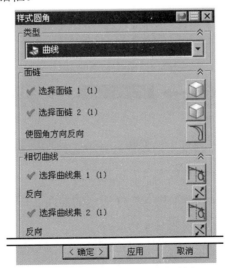

图 4.7.29　"样式圆角"对话框

Step3. 在"样式圆角"对话框中的 类型 区域中选择 🌀曲线 选项在绘图区选取图 4.7.30 所示的曲面 1 作为第一组曲面，单击中键确认；选取图 4.7.31 所示的曲面 2 作为第二组曲面，单击中键确认。

Step4. 定义曲线集。绘图区选取图 4.7.32 所示的曲线集 1 作为第一面上的样式圆角轮廓线，单击中键确认；选取图 4.7.33 所示的曲线集 2 作为第二面上的样式圆角轮廓线。

Step5. 在"样式圆角"对话框中单击 〈 确定 〉 按钮，完成圆角的创建。

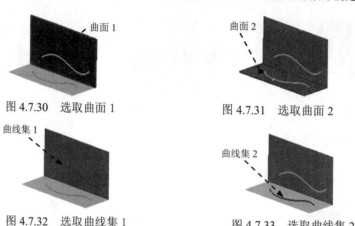

图 4.7.30　选取曲面 1　　　　　　图 4.7.31　选取曲面 2

图 4.7.32　选取曲线集 1　　　　　　图 4.7.33　选取曲线集 2

3. 根据配置文件方式

下面以图 4.7.34 为例来说明根据曲线方式创建样式圆角的一般过程。

a）创建前　　　　　　　　　　　b）创建后

图 4.7.34　根据配置文件创建样式圆角

Step1. 打开文件 D:\ug8\work\ch04.07\styled_blend02.prt。

Step2. 选择下拉菜单 插入(S) ➡ 细节特征(L) ▶ ➡ 🌀样式倒圆(Y)... 命令，系统弹出图 4.7.35 "样式圆角"对话框。

Step3. 在"样式圆角"对话框中的 类型 区域中选择 🌀轮廓 选项。

Step4. 定义曲面。在图形区选取图 4.7.36 所示的曲面 1 作为第一组曲面，单击 ✕ 按钮使面法向反向，单击中键确认；选取图 4.7.37 所示的曲面 2 作为第二组曲面，单击 ✕ 按钮使面法向反向，调整曲面的方向如图 4.7.37 所示。

Step5. 定义轮廓线。在图形区选取图 4.7.38 所示的轮廓线，选取图 4.7.39 所示的中心曲线。

Step6. 在"样式圆角"对话框中单击 < 确定 > 按钮，完成圆角的创建。

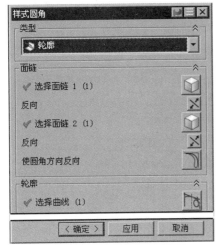

图 4.7.36　选取曲面 1

图 4.7.37　选取曲面 2

图 4.7.35　"样式圆角"对话框

图 4.7.38　选取轮廓线

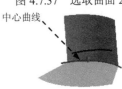

图 4.7.39　选取中心曲线

4.8　曲面设计范例 1——笔帽的设计

范例概述

本范例主要运用了"回转"、"投影曲线"、"扫掠"、"有界平面"、"修剪和延伸"和"缝合"等命令，在设计此零件的过程中应注意基准面的创建，便于特征截面草图的绘制。零件模型和模型树如图 4.8.1 所示。

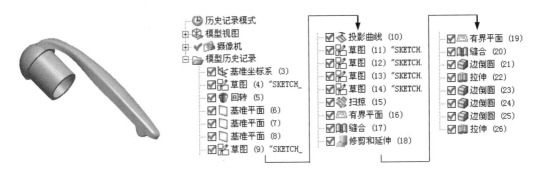

图 4.8.1　零件模型及模型树

Step1. 新建文件。选择下拉菜单 文件(F) ➡ 新建(N)... 命令，系统弹出"新建"对话框。在 模型 选项卡的 模板 区域中选取模板类型为 模型，在 名称 文本框中输入文件名称

CAP_PEN，单击 确定 按钮，进入建模环境。

Step2. 创建图 4.8.2 所示的回转特征。选择 插入(S) ➡ 设计特征(E) ➡ 回转(R)... 命令，单击 截面 区域中的 按钮，在绘图区选取 XY 基准平面为草图平面，选中 设置 区域的 ☑ 创建中间基准 CSYS 复选框，绘制图 4.8.3 所示的截面草图。在绘图区中选取 Y 轴为旋转轴。在"回转"对话框的 极限 区域的 开始 下拉列表中选择 值 选项，并在 角度 文本框中输入值 0，在 结束 下拉列表中选择 值 选项，并在 角度 文本框中输入值 360；在 设置 区域选择 图纸页 选项，单击 < 确定 > 按钮，完成回转特征的创建。

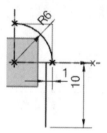

图 4.8.2　回转特征　　　　　　　图 4.8.3　截面草图 1

Step3. 创建图 4.8.4 所示的基准平面 1。选择下拉菜单 插入(S) ➡ 基准/点(D) ➡ 基准平面(D)...命令，系统弹出"基准平面"对话框。在 类型 区域的下拉列表中选择 按某一距离 选项，在绘图区选取 XZ 基准平面，输入偏移值 3。单击"反向"按钮 ，单击 < 确定 > 按钮，完成基准平面 1 的创建。

Step4. 创建图 4.8.5 所示的基准平面 2。在 类型 区域的下拉列表中选择 按某一距离 选项，在绘图区选取基准平面 1，输入偏移值 15。单击 < 确定 > 按钮，完成基准平面 2 的创建。

图 4.8.4　基准平面 1　　　　　　图 4.8.5　基准平面 2

Step5. 创建图 4.8.6 所示的基准平面 3。在 类型 区域的下拉列表中选择 按某一距离 选项，在绘图区选取基准平面 2，输入偏移值 25。单击 < 确定 > 按钮，完成基准平面 3 的创建。

Step6. 创建图 4.8.7 所示的草图 1。选择下拉菜单 插入(S) ➡ 任务环境中的草图(S)... 命令；选取 YZ 为草图平面；进入草图环境绘制。绘制完成后单击 完成草图 按钮，完成草图特征 1 的创建。

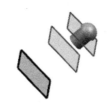

图 4.8.6 基准平面 3

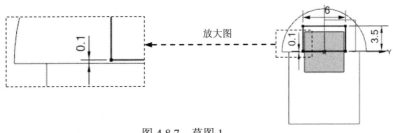

图 4.8.7 草图 1

Step7. 创建图 4.8.8 所示零件特征—投影。选择下拉菜单 插入(S) ➡ 来自曲线集的曲线(F)▶ ➡ 投影(P)...命令；在要投影的曲线或点区域选择图 4.8.7 所示的曲线为要投影的曲线，选取图 4.8.9 所示的平面为投影面；在投影方向的方向下拉列表中选择沿矢量选项，在指定矢量选择 X 轴的正方向，其他采用系统默认对象，单击 〈 确定 〉 按钮，完成投影特征的创建。

图 4.8.8 投影特征

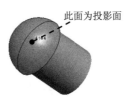

图 4.8.9 定义投影面

Step8. 创建图 4.8.10 所示的草图 2。选择下拉菜单 插入(S) ➡ 任务环境中的草图(S)... 命令；选取基准平面 1 为草图平面；进入草图环境绘制。绘制完成后单击 完成草图 按钮，完成草图 2 的创建。

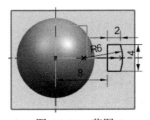

图 4.8.10 草图 2

Step9. 创建图 4.8.11 所示的草图 3。选择下拉菜单 插入(S) ➡ 🔡 任务环境中的草图(S)... 命令；选取基准平面 2 为草图平面；进入草图环境绘制。绘制完成后单击 🏁 完成草图 按钮，完成草图特征 3 的创建。

Step10. 创建图 4.8.12 所示的草图 4。选择下拉菜单 插入(S) ➡ 🔡 任务环境中的草图(S)... 命令；选取基准平面 3 为草图平面；进入草图环境绘制。绘制完成后单击 🏁 完成草图 按钮，完成草图特征 4 的创建。

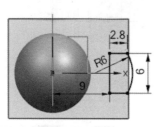

图 4.8.11 草图 3

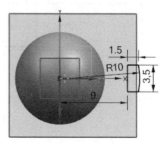

图 4.8.12 草图 4

Step11. 创建图 4.8.13 所示的草图 5。选择下拉菜单 插入(S) ➡ 🔡 任务环境中的草图(S)... 命令；选取 XY 面为草图平面；进入草图环境绘制。绘制完成后单击 🏁 完成草图 按钮，完成草图特征 5 的创建。

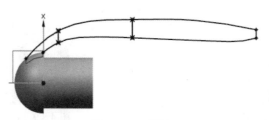

图 4.8.13 草图 5

Step12. 创建图 4.8.14 所示的扫掠特征。选择下拉菜单 插入(S) ➡ 扫掠(W) ➡ 🔷 扫掠(S)... 命令，在绘图区选取草图 1 为扫掠的截面曲线串，单击鼠标中键；选取草图 2，单击鼠标中键；选取草图 3，单击鼠标中键；选取草图 4，单击鼠标中键；在绘图区选取图 4.8.13 所示的草图 5 为扫掠的引导线串。采用系统默认的扫掠偏置值，单击"沿引导线扫掠"对话框中的 ＜ 确定 ＞ 按钮。完成扫掠特征的创建。

图 4.8.14 扫掠特征

Step13. 创建图 4.8.15 所示的零件特征——有界平面 1。选择下拉菜单 插入(S) ➡️ 曲面(R) ➡️ 有界平面(B)... 命令；依次选取图 4.8.12 所示曲线，单击 < 确定 > 按钮，完成有界平面 1 的创建。

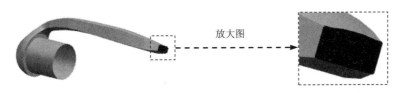

放大图

图 4.8.15　有界平面 1

Step14. 创建图 4.8.16 所示的缝合特征 1。选择下拉菜单 插入(S) ➡️ 组合(B) ▸ ➡️ 缝合(W)... 命令，选取图 4.8.16 所示的片体特征为目标体，选取图 4.8.16 所示的有界平面 1 特征为刀具体。单击 < 确定 > 按钮，完成缝合特征 1 的创建。

目标体　　刀具体

图 4.8.16　缝合特征 1

Step15. 创建修剪特征。选择下拉菜单 插入(S) ➡️ 修剪(T) ▸ ➡️ 修剪与延伸(N)... 命令，在 类型 下拉列表中选择 制作拐角 选项，选取图 4.8.17 所示的回转特征为目标体，选取图 4.8.17 所示的缝合特征 1 特征为工具体。调整方向作为保留的部分，单击 < 确定 > 按钮，完成修剪特征的创建。

工具体　　　　　　　　　　目标体

图 4.8.17　修剪特征

Step16. 创建图 4.8.18 所示的零件特征——有界平面 2。选择下拉菜单 插入(S) ➡️ 曲面(R) ➡️ 有界平面(B)... 命令；依次选取图 4.8.19 所示边线，单击 < 确定 > 按钮，完成有界平面 2 的创建。

图 4.8.18　有界平面 2

图 4.8.19　定义参照边 1

Step17. 创建图 4.8.20 所示的缝合特征 2。选择下拉菜单 插入(S) ➡ 组合(B) ▶ ➡ ⊞ 缝合(W)... 命令，选取图 4.8.20 所示的特征为目标体，选取图 4.8.20 所示的特征为刀具体。单击 < 确定 > 按钮，完成缝合特征 2 的创建。

图 4.8.20　缝合特征 2

Step18. 创建图 4.8.21 所示的面倒圆特征。选择下拉菜单 插入(S) ➡ 细节特征(L) ▶ ➡ 🔲 面圆角(F)... 命令，在 类型 下拉列表中选择 🔳 三个定义面链 选项，在 面链 区域选择图 4.8.22 所示的面链 1，在图 4.8.22 所示的面链 2，在图 4.8.22 所示的中间面，在 横截面 的 截面方位 的下拉列表中选择 🔳 滚球 选项，单击 < 确定 > 按钮，完成面倒圆特征的创建。

图 4.8.21　面倒圆特征

图 4.8.22　定义参照面

Step19. 创建图 4.8.23 所示的零件基础特征——拉伸特征 1。选择下拉菜单 插入(S) ➡ 设计特征(E) ➡ 🔲 拉伸(E)... 命令，系统弹出"拉伸"对话框。选取图 XY 平面为草图平面，取消选中 设置 区域的 □ 创建中间基准 CSYS 复选框，绘制图 4.8.24 所示的截面草图；在 ✓ 指定矢量 下拉列表中选择 ᶻᶜ↑ 选项；在 极限 区域的 开始 下拉列表中选择 ⊞ 对称值 选项，并在其下的 距离 文本框中输入值 1，在 布尔 区域的下拉列表中选择 ⊞ 求和 选项，采用系统默认的求和对象。单击 < 确定 > 按钮，完成拉伸特征 1 的创建。

图 4.8.23　拉伸特征 1

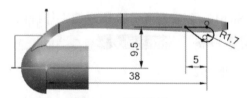

图 4.8.24　截面草图 2

Step20. 创建图 4.8.25 所示的边倒圆特征 1。选择如图 4.8.26 所示的边链为边倒圆参照，并在 半径 1 文本框中输入值 1。单击 〈 确定 〉 按钮，完成边倒圆特征 1 的创建。

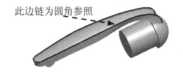

此边链为圆角参照

图 4.8.25　边倒圆特征 1　　　　　　图 4.8.26　定义参照边 2

Step21. 创建图 4.8.27 所示的边倒圆特征 2。选择如图 4.8.28 所示的边链为边倒圆参照，并在 半径 1 文本框中输入值 0.2。单击 〈 确定 〉 按钮，完成边倒圆特征 2 的创建。

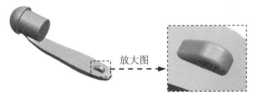

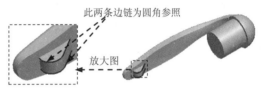

放大图

此两条边链为圆角参照

放大图

图 4.8.27　边倒圆特征 2　　　　　　图 4.8.28　定义参照边 3

Step22. 创建图 4.8.29 所示的边倒圆特征 3。选择如图 4.8.30 所示的边链为边倒圆参照，并在 半径 1 文本框中输入值 0.5。单击 〈 确定 〉 按钮，完成边倒圆特征 3 的创建。

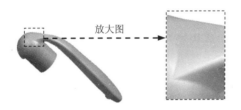

放大图

此条边链为圆角参照

图 4.8.29　边倒圆特征 3　　　　　　图 4.8.30　定义参照边 4

Step23. 创建图 4.8.31 所示的零件基础特征——拉伸 2。选择下拉菜单 插入(S) ➡ 设计特征(E) ➡ 拉伸(E)... 命令，系统弹出"拉伸"对话框。选取图 4.8.32 所示的平面为草图平面，绘制图 4.8.33 所示的截面草图；在 指定矢量 下拉列表中选择 ZC 选项；在 极限 区域的 开始 下拉列表中选择 值 选项，并在其下的 距离 文本框中输入值 0，在 极限 区域的 结束 下拉列表中选择 值 选项，并在其下的 距离 文本框中输入值 10。在 布尔 区域的下拉列表中选择 求差 选项，采用系统默认的求差对象。单击 〈 确定 〉 按钮，完成拉伸 2 的创建。

此平面为草绘平面

图 4.8.31　拉伸特征 2　　　图 4.8.32　草绘平面　　　图 4.8.33　截面草图 3

Step24. 保存零件模型。选择下拉菜单 文件(F) ➡ 保存(S) 命令，即可保存零件模型。

4.9 曲面设计范例 2——勺子的设计

范例概述

本范例主要讲述勺子实体建模，建模过程中包括基准点、基准面、草绘、曲线网格、曲面合并和抽壳特征的创建。其中曲线网格的操作技巧性较强，需要读者用心体会。勺子模型如图 4.9.1 所示。

说明： 本范例的详细操作过程请参见随书光盘中 video\ch04.09\文件下的语音视频讲解文件。模型文件为 D:\ug8\work\ch04.09\scoop.prt。

图 4.9.1　勺子模型

4.10 曲面设计范例 3——充电器的设计

范例概述

本范例介绍了充电器上壳的设计过程。该设计过程是先创建一系列草图曲线和空间曲线，然后利用所创建的曲线构建几个独立的曲面，再利用求和、缝合等工具将独立的曲面变成一个整体面组，最后对整体面组进行加厚，使其变为实体模型。本范例详细讲解了采用辅助线的设计方法。充电器上壳模型如图 4.10.1 所示。

图 4.10.1　充电器
上壳模型

说明： 本范例的详细操作过程请参见随书光盘中 video\ch04.10\文件下的语音视频讲解文件。模型文件为 D:\ug8\work\ch04.10\upper_cover.prt。

4.11 曲面设计范例 4——门把手的设计

范例概述

本范例是一个综合性曲面建模的范例，通过练习本例，读者可以掌握修剪片体、缝合、通过网格曲面、缝合等特征命令的应用，同时可以把握曲面建模的大体思路。所建零件的实体模型如图 4.11.1 所示。

图 4.11.1　门把手模型

说明： 本范例的详细操作过程请参见随书光盘中 video\ch04.11\

文件下的语音视频讲解文件。模型文件为 D:\ug8\work\ch04.11\hand.prt。

4.12　曲面设计范例 5——玩具车身的设计

范例概述

图 4.12.1　玩具车身模型

本范例介绍了玩具车身的设计过程。通过练习本范例，读者可以了解扫掠、修剪、延伸和偏置曲面等特征在产品设计中的应用，其中需要读者注意第一个草图的绘制，因为它直接影响镜像体后曲面的光滑连接。玩具车身模型如图 4.12.1 所示。

说明：本范例的详细操作过程请参见随书光盘中 video\ch04.12\文件下的语音视频讲解文件。模型文件为 D:\ug8\work\ch04.12\toy_car.prt。

4.13　曲面设计范例 6——异型环装饰曲面造型的设计

范例概述

图 4.13.1　异型环装饰
曲面造型模型

本范例介绍了一个异型环装饰曲面造型的整个设计过程，通过练习本例，读者可以了解拉伸特征、通过曲线网格特征、镜像特征等的应用及其模型的设计技巧。异型环装饰曲面造型模型如图 4.13.1 所示。

说明：本范例的详细操作过程请参见随书光盘中 video\ch04.13\文件下的语音视频讲解文件。模型文件为 D:\ug8\work\ch04.13\allotype_adornment_surf.prt。

第 5 章　装 配 设 计

　　一个产品（组件）往往是由多个部件组合（装配）而成的，装配模块用来建立部件间的相对位置关系，从而形成复杂的装配体。部件间位置关系的确定主要通过添加约束实现。

　　一般的 CAD/CAM 软件包括两种装配模式：多组件装配和虚拟装配。多组件装配是一种简单的装配，其原理是将每个组件的信息复制到装配体中，然后将每个组件放到对应的位置。虚拟装配是建立各组件的链接，装配体与组件是一种引用关系。

　　相对于多组件装配，虚拟装配有明显的优点：

- 虚拟装配中的装配体是引用各组件的信息，而不是拷贝复制其本身，因此改动组件时，相应的装配体也自动更新；这样当对组件进行变动时，就不需要对与之相关的装配体进行修改，同时也避免了修改过程中可能出现的错误，提高了效率。

- 虚拟装配中，各组件通过链接应用到装配体中，比复制节省了存储空间。

- 控制部件可以通过引用集的引用，下层部件不需要在装配体中显示，简化了组件的引用，提高了显示速度。

UG NX 8.0 的装配模块具有下面一些特点：

- 利用装配导航器可以清晰地查询、修改和删除组件以及约束。

- 提供了强大的爆炸图工具，可以方便地生成装配体的爆炸图。

- 提供了很强的虚拟装配功能，有效地提高了工作效率。提供了方便的组件定位方法，可以快捷地设置组件间的位置关系。系统提供了八种约束方式，通过对组件添加多个约束，可以准确地把组件装配到位。

相关术语和概念

　　装配：是指在装配过程中建立部件之间的相对位置关系，由部件和子装配组成。

　　组件：在装配中按特定位置和方向使用的部件。组件可以是独立的部件，也可以是由其他较低级别的组件组成的子装配。装配中的每个组件仅包含一个指向其主几何体的指针，在修改组件的几何体时，装配体将随之发生变化。

　　部件：任何 prt 文件都可以作为部件添加到装配文件中。

工作部件：可以在装配模式下编辑的部件。在装配状态下，一般不能对组件直接进行修改，要修改组件，需要将该组件设为工作部件。部件被编辑后，所作修改的变化会反映到所有引用该部件的组件。

子装配：子装配是在高一级装配中被用作组件的装配，子装配也可以拥有自己的子装配。子装配是相对于引用它的高一级装配来说的，任何一个装配部件可在更高级装配中用作子装配。

引用集：定义在每个组件中的附加信息，其内容包括了该组件在装配时显示的信息。每个部件可以有多个引用集，供用户在装配时选用。

5.1　装配环境中的下拉菜单及工具条

装配环境中的下拉菜单中包含了进行装配操作的所有命令，而装配工具条包含了进行装配操作的常用按钮。工具条中的按钮都能在下拉菜单中找到与其对应的命令，这些按钮是进行装配的主要工具。

新建任意一个文件（如 work.prt）；选择 **开始▼** 下拉菜单中的 **装配(L)** 命令，进入装配环境，并显示图 5.1.1 所示的"装配"工具条，如果没有显示，用户可以通过在"定制"对话框中选中 ☑**装配** 命令，调出"装配"工具条；选择 **装配(A)** 下拉菜单（图 5.1.2）。

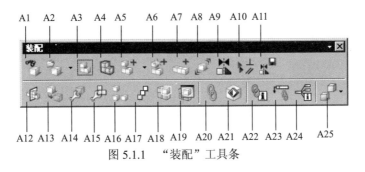

图 5.1.1　"装配"工具条

图 5.1.1 所示　"装配"工具条中各选项的说明如下。

A1（查找组件）：该按钮用于查找组件。单击该按钮，系统弹出图 5.1.3 所示的"查找组件"对话框，利用该对话框中的 **根据属性** 、 **从列表** 、 **根据大小** 、 **按名称** 和 **根据状态** 五个选项卡可以查找组件。

A2（打开组件）：该按钮用于打开某一关闭的组件。例如在装配导航器中关闭某组件时，该组件在装配体中消失，此时在装配导航器中选中该组件，单击 按钮，组件被打开。

A3（按邻近度打开）：该按钮用于按邻近度打开一个范围内的所有关闭组件。单击此按钮，系统弹出"类选择"对话框，选择某一组件后，单击 确定 按钮，系统弹出图 5.1.4 所示的"按邻近度打开"对话框。用户在"按邻近度打开"对话框中可以拖动滑块设定范围，主对话框中会显示该范围的图形，应用后会打开该范围内的所有关闭组件。

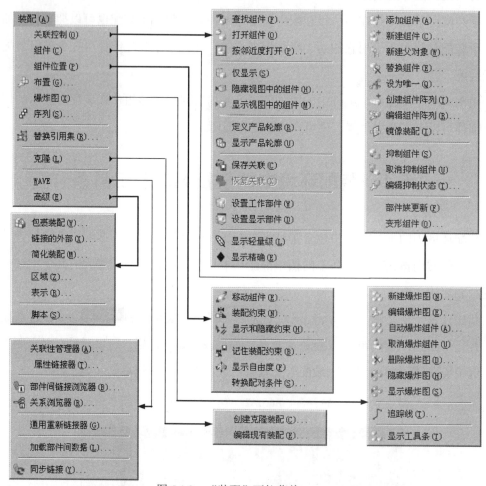

图 5.1.2 "装配"下拉菜单

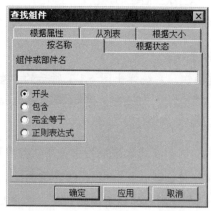

图 5.1.3 "查找组件"对话框

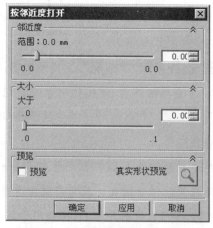

图 5.1.4 "按邻近度打开"对话框

A4（显示产品轮廓）：该按钮用于显示产品轮廓。单击此按钮，显示当前定义的产品轮廓。如果在选择显示产品轮廓选项时没有现有的产品轮廓，系统会弹出一条消息，选择是否创建新的产品轮廓。

A5（添加组件）：该按钮用于加入现有的组件。在装配中经常会用到此按钮，其功能是向装配体中添加已存在的组件，添加的组件可以是未载入系统中的部件文件，也可以是已载入系统中的组件。用户可以选择在添加组件的同时定位组件，设定与其他组件的装配约束，也可以不设定装配约束。

A6（新建组件）：该按钮用于创建新的组件，并将其添加到装配中。

A7（创建组件阵列）：该按钮用于创建组件阵列。

A8（移动组件）：该按钮用于移动组件。

A9（装配约束）：该按钮用于在装配体中添加装配约束，使各零部件装配到合适的位置。

A10（显示和隐藏约束）：该按钮用于显示和隐藏约束及使用其关系的组件。

A11（记住装配约束）：该按钮用于记住部件中的装配约束，以供其他组件重复使用。

A12（镜像装配）：该按钮用于镜像装配。对于含有很多组件的对称装配，此命令是很有用的，只需要装配一侧的组件，然后进行镜像即可。镜像功能可以对整个装配进行镜像，也可以选择个别组件进行镜像，还可指定要从镜像的装配中排除的组件。

A13（抑制组件）：该按钮用于抑制组件。抑制组件将组件及其子项从显示中移去，但不删除被抑制的组件，它们仍存在于数据库中。

A14（编辑抑制状态）：该按钮用于编辑抑制状态。选择一个或多个组件，单击此按钮，系统弹出"抑制"对话框，其中可以定义所选组件的抑制状态。对于装配有多个布置，或选定组件有多个控制父组件，则还可以对所选的不同布置或父组件定义不同的抑制状态。

A15（装配布置）：该按钮用于编辑排列。单击此按钮，系统弹出"编辑布置"对话框，可以定义装配布置来为部件中的一个或多个组件指定备选位置，并将这些备选位置和部件保存在一起。

A16（爆炸图）：该按钮用于调出"爆炸视图"工具条，然后可以进行创建爆炸图、编辑爆炸图以及删除爆炸图等操作。

A17（装配序列）：该按钮用于查看和更改创建装配的序列。单击此按钮，系统弹出"序列导航器"和"装配序列"工具条。

A18（设置工作部件）：该按钮用于将选定的组件设置为工作组件。

A19（设置显示部件）：该按钮用于将选定的组件设置为显示组件。

A20（WAVE 几何链接器）：该按钮用于 WAVE 几何链接器。允许在工作部件中创建关联的或非关联的几何体。

A21（产品接口）：该按钮用于定义其他部件可以引用的几何体和表达式、设置引用规则并列出引用工作部件的部件。

A22（部件间链接浏览器）：该按钮用于提供部件之间的链接信息，并修改这些链接。

A23（WAVE PMI 连接器）：将 PMI 从一个部件复制到另一个部件，或从一个部件复制到装配中。

A24（关系浏览器）：该按钮用于提供有关部件间链接的图形信息。

A25（装配间隙）：该按钮用于快速分析组件间的干涉，包括软干涉、硬干涉和接触干涉。如果干涉存在，单击此按钮，系统会弹出干涉检查报告。在干涉检查报告中，用户可以选择某一干涉，隔离与之无关的组件。

5.2 装配导航器

为了便于用户管理装配组件，UG NX 8.0 提供了装配导航器功能。装配导航器在一个单独的对话框中以图形的方式显示出部件的装配结构，并提供了在装配中操控组件的快捷方法。可以使用装配导航器选择组件进行各种操作，以及执行装配管理功能，如更改工作部件、更改显示部件、隐藏和不隐藏组件等。

装配导航器将装配结构显示为对象的树型图。每个组件都显示为装配树结构中的一个节点。

5.2.1 概述

打开文件 D:\ug8\work\ch05.02\general_assembly.prt；单击用户界面资源工具条区中的"装配导航器"选项卡，显示"装配导航器"窗口。在装配导航器的第一栏，可以方便地查看和编辑装配体和各组件的信息。

1. 装配导航器的按钮

装配导航器的模型树中各部件名称前后有很多图标，不同的图标表示不同的信息。

- ☑：选中此复选标记，表示组件至少已部分打开且未隐藏。
- ☑：取消此复选标记，表示组件至少已部分打开，但不可见。不可见的原因可能是由于被隐藏、在不可见的层上或在排除引用集中。单击该复选框，系统将完全显示该组件及其子项，图标变成☑。
- □：此复选标记表示组件关闭，在装配体中将看不到该组件，该组件的图标将变为（当该组件为非装配或子装配时）或（当该组件为子装配时）。单击该复选框，系统将完全或部分加载组件及其子项，组件在装配体中显示，该图标变成☑。
- ⬚：此标记表示组件被抑制。不能通过单击该图标编辑组件状态，如果要消除抑制状态，可右击，从弹出的快捷菜单中选择 抑制... 命令，然后进行相应操作。

- ▣：此标记表示该组件是装配体。
- ▣：此标记表示装配体中的单个模型。

2．装配导航器的操作

- 装配导航器窗口的操作。

  ☑ 显示模式控制：通过单击右上角的 ▣ 按钮，可以使装配导航器窗口在浮动和固定之间切换。

  ☑ 列设置：装配导航器默认的设置只显示几列信息，大多数都被隐藏了。在装配导航器空白区域右键单击，在快捷菜单中选择 列 ▸，系统会展开所有列选项供用户选择。

- 组件操作。

  ☑ 选择组件：单击组件的节点，可以选择单个组件。按住 Ctrl 键可以在装配导航器中选择多个组件。如果要选择的组件是相邻的，可以按住 Shift 键单击选择第一个组件和最后一个组件，则这中间的组件全部被选中。

  ☑ 拖放组件：可在按住鼠标左键的同时选择装配导航器中的一个或多个组件，将他们拖到新位置。松开鼠标左键，目标组件将成为包含该组件的装配体，其按钮也将变为 ▣。

  ☑ 将组件设为工作组件：双击某一组件，可以将该组件设为工作组件，装配体中的非工作组件将变为浅蓝色，此时可以对工作组件进行编辑。这与在图形区域双击某一组件的效果是一样的。如果要取消工作组件状态，只需在根节点处双击即可。

5.2.2 预览面板和依附性面板

1．预览面板

在"装配导航器"窗口中单击 预览 标题栏，可展开或折叠面板。选择装配导航器中的组件，可以在预览面板中查看该组件的 预览。添加新组件时，如果该组件已加载到系统中，预览面板也会显示该组件的预览。

2．依附性面板

在"装配导航器"窗口中单击 相依性 标题栏，可展开或折叠面板。选择装配导航器中的组件，可以在依附性面板中查看该组件的相关性关系。

在依附性面板中，每个装配组件下都有两个文件夹：子级和父级。以选中组件为基础组件，定位其他组件时所建立的约束和配对对象属于子级；以其他组件为基础组件，定位选中的组件时所建立的约束和配对对象属于父级。单击"局部放大图"按钮 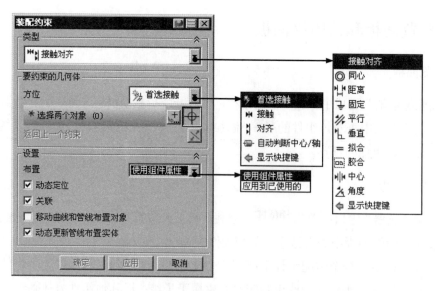，系统详细列出了其中所有的约束条件和配对对象。

5.3 组件的配对条件说明

配对条件用于在装配中定位组件，可以指定一个部件相对于装配体中另一个部件（或特征）的放置方式和位置。例如，可以指定一个螺栓的圆柱面与一个螺母的内圆柱面共轴。UG NX 8.0 中配对条件的类型包括配对、对齐和中心等。每个组件都有唯一的配对条件，这个配对条件由一个或多个约束组成。每个约束都会限制组件在装配体中的一个或几个自由度，从而确定组件的位置。用户可以在添加组件的过程中添加配对条件，也可以在添加完成后添加约束。如果组件的自由度被全部限制，可称为完全约束；如果组件的自由度没有被全部限制，则称为欠约束。

5.3.1 "装配约束"对话框

在 UG NX 8.0 中，配对条件是通过"装配约束"对话框中的操作来实现的，下面对"装配约束"对话框进行介绍。

打开文件 D:\ug8\work\ch05.03\01\paradigm.prt，选择下拉菜单 装配(A) ➡ 组件(C) ▶ ➡ 装配约束(N)... 命令，系统弹出图 5.3.1 所示的"装配约束"对话框。

"装配约束"对话框中主要包括三个区域："类型"区域、"要约束的几何体"区域和"设置"区域。

图 5.3.1 "装配约束"对话框

图 5.3.1 所示 "装配约束" 对话框的 类型 区域中各约束类型按钮的说明如下。

- 接触对齐 : 该约束用于两个组件, 使其彼此接触或对齐。当选择该选项后, 要约束的几何体 区域的 方位 下拉列表中出现四个选项。

  - ☑ 首选接触 : 若选择该选项, 则当接触和对齐解都可能时显示接触约束 (在大多数模型中, 接触约束比对齐约束更常用); 当接触约束过度约束装配时, 将显示对齐约束。

  - ☑ 接触 : 若选择该选项, 则约束对象的曲面法向在相反方向上。

  - ☑ 对齐 : 若选择该选项, 则约束对象的曲面法向在相同方向上。

  - ☑ 自动判断中心/轴 : 该选项主要用于定义两圆柱面、两圆锥面或圆柱面与圆锥面同轴约束。

- 同心 : 该约束用于定义两个组件的圆形边界或椭圆边界的中心重合, 并使边界的面共面。

- 距离 : 该约束用于设定两个接触对象间的最小 3D 距离。选择该选项, 并选定接触对象后, 距离 区域的 距离 文本框被激活, 可以直接输入数值。

- 固定 : 该约束用于将组件固定在其当前位置, 一般用在第一个装配元件上。

- 平行 : 该约束用于使两个目标对象的矢量方向平行。

- 垂直 : 该约束用于使两个目标对象的矢量方向垂直。

- 拟合 : 该约束用于定义将半径相等的两个圆柱面拟合在一起。此约束对确定孔中销或螺栓的位置很有用。如果以后半径变为不等, 则该约束无效。

- 胶合 : 该约束用于组件 "焊接" 在一起。

- 中心 : 该约束用于使一对对象之间的一个或两个对象居中, 或使一对对象沿另一个对象居中。当选取该选项时, 要约束的几何体 区域的 子类型 下拉列表中出现三个选项。

  - ☑ 1 对 2 : 该选项用于定义在后两个所选对象之间使第一个所选对象居中。

  - ☑ 2 对 1 : 该选项用于定义将两个所选对象沿第三个所选对象居中。

  - ☑ 2 对 2 : 该选项用于定义将两个所选对象在两个其他所选对象之间居中。

- 角度 : 该约束用于约束两对象间的旋转角。选取角度约束后, 要约束的几何体 区域的 子类型 下拉列表中出现两个选项。

  - ☑ 3D 角 : 该选项用于约束需要 "源" 几何体和 "目标" 几何体。不指定旋转轴; 可以任意选择满足指定几何体之间角度的位置。

  - ☑ 方向角度 : 该选项用于约束需要 "源" 几何体和 "目标" 几何体, 还特别需要一个定义旋转轴的预先约束, 否则创建定位角约束失败。为此, 希望尽可能创建 3D 角度约束, 而不创建方向角度约束。

5.3.2 "对齐"约束

"对齐"约束可使两个装配部件中的两个平面（图 5.3.2a）重合并且朝向相同方向，如图 5.3.2b 所示；同样，"对齐约束"也可以使其他对象对齐（相应的模型在 D:\ug8\work\ch05.03\02 中可以找到）。

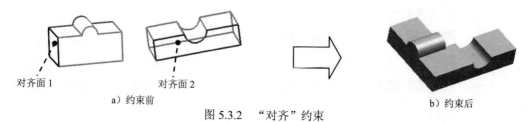

a) 约束前   b) 约束后

图 5.3.2   "对齐"约束

5.3.3 "角度"约束

"角度"约束可使两个装配部件中的以两个平面或实体以固定角度约束，如图 5.3.3 所示（相应的模型在 D:\ug8\work\ch05.03\03 中可以找到）。

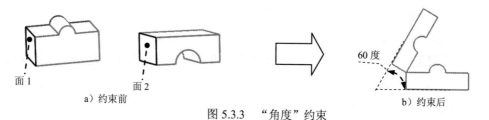

a) 约束前   b) 约束后

图 5.3.3   "角度"约束

5.3.4 "平行"约束

"平行"约束可使两个装配部件中的两个平面进行平行约束，如图 5.3.4 所示（相应的模型在 D:\ug8\work\ch05.03\04 中可以找到）。

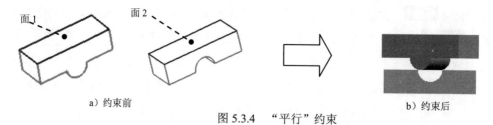

a) 约束前   b) 约束后

图 5.3.4   "平行"约束

说明：图 5.3.4b 所示的约束状态，除添加了"平行"约束以外还添加了"距离"约束，为了能更清楚的表示出"平行"约束。

5.3.5　"垂直"约束

"垂直"约束可使约束两个装配部件中的两个平面进行平行约束，如图 5.3.5 所示（相应的模型在 D:\ug8\work\ch05.03\05 中可以找到）。

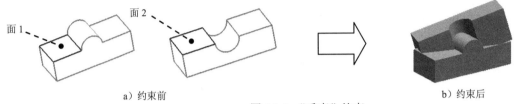

a）约束前　　　　　　　　　　　　　　　　　　　b）约束后

图 5.3.5　"垂直"约束

5.3.6　"中心"约束

"中心"约束可使两个装配部件中的两个旋转面的轴线重合。如图 5.3.6 所示（相应的模型在 D:\ug8\work\ch05.03\06 中可以找到）。

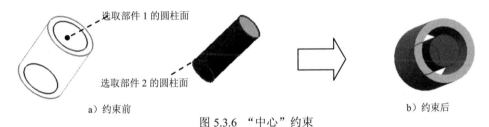

a）约束前　　　　　　　　　　　　　　　　　　　b）约束后

图 5.3.6　"中心"约束

注意：两个旋转曲面的直径不要求相等。当轴线选取无效或不方便选取时，可以用此约束。

5.3.7　"距离"约束

"距离"约束可使两个装配部件中的两个平面保持一定的距离，可以直接输入距离值，如图 5.3.7 所示（相应的模型在 D:\ug8\work\ch05.03\07 中可以找到）。

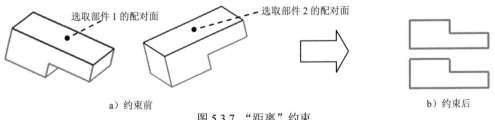

a）约束前　　　　　　　　　　　　　　　　　　　b）约束后

图 5.3.7　"距离"约束

5.4　装配的一般过程

部件的装配一般有两种基本方式：自底向上装配和自顶向下装配。如果首先设计好全部部件，然后将部件作为组件添加到装配体中，则称之为自底向上装配；如果首先设计好装配体模型，然后在装配体中创建组建模型，最后生成部件模型，则称之为自顶向下装配。

UG NX 8.0 提供了自底向上和自顶向下装配功能，并且两种方法可以混合使用。自底向上装配是一种常用的装配模式，本书主要介绍自底向上装配。

下面以两个轴类部件为例，说明自底向上创建装配体的一般过程。

5.4.1　添加第一个部件

Step1. 新建文件，单击 ▢ ➡ 🗔装配，在 名称 后面的文本框中输入 general，文件夹 后面的文本框中输入 D:\ug8\work\ch05.04，单击 确定 按钮。系统弹出图 5.4.1 所示的"添加组件"对话框。

Step2. 添加第一个部件。在"添加组件"对话框中单击 📁 按钮，选择 D:\ug8\work\ch05.04\bush_1.prt，然后单击 OK 按钮。

Step3. 定义放置定位。在"添加组件"对话框的 放置 区域的 定位 下拉列表中选取 绝对原点 选项，单击 应用 按钮。

Step4. 阶梯轴模型 bush_1 被添加到 general assembly 中。

关于"添加组件"对话框说明如下。

● 在"添加组件"对话框中，系统提供了两种添加方式：一种是按照 Step3 中的方法，可以选择没有载入 UG NX 系统中的文件，由用户从硬盘中选择；另一种方式是选择载入的部件，在对话框中列出了所有已载入的部件，可以直接选取。下面将对"添加组件"对话框中的各选项进行说明。

● 部件 区域中是已经选取得部件、最近访问的部件和选择的部件。

☑ 已加载的部件 已经加载的部件：此文本框中的部件是已经加载到此软件中的部件。

☑ 最近访问的部件 最近访问的部件：此文本框中的部件是在装配模式下此软件最近访问过的部件。

☑ 📁：可以从硬盘中选取要装配的部件。

☑ 重复：是指把同一零件（部件）多次装配到装配体中。

☑ 数量：在此文本框中输入重复装配部件的个数。

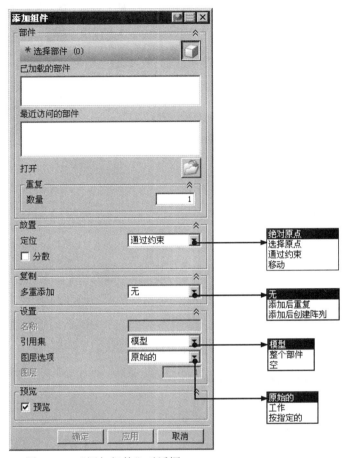

图 5.4.1　"添加组件" 对话框

- 放置 : 指部件在装配体中的定位。

 定位 : 指部件放置在装配体中的具体位置。

☑ 定位 下拉列表: 该下拉列表中包含四个选项: 绝对原点 、 选择原点 、 通过约束 和 移动 。 绝对原点 是指在绝对坐标系下对载入部件进行定位,如果需要添加约束, 可以在添加组件完成后设定; 选择原点 是指在坐标系中给出一定点位置对部件进行定位; 通过约束 是指在把添加组件和添加约束放在一个命令中进行, 选择该选项后, 新加的组件会直接根据设定的约束定位到装配体中; 移动 是指重新指定载入部件的位置。

- 复制 : 可以将选中的部件在装配体中复制多个相同部件或创建此部件的阵列特征。

 多重添加 此下拉列表: 该下拉列表中包含 添加后重复 和 添加后创建阵列 选项。

☑ 添加后创建阵列 是指添加此部件后再排列此部件。

☑ 添加后重复 是指添加此部件后再重复添加此部件。

- 设置 : 此区域是设置部件的 名称 、 引用集 和 图层选项 。

☑ 名称 : 文本框中可以更改部件的名称。

☑ <u>引用集</u>下拉列表：该下拉列表包括<u>空</u>、<u>模型</u>、<u>轻量化</u>和<u>整个部件</u>。

☑ <u>图层选项</u>下拉列表：该下拉列表中包含<u>原始的</u>、<u>工作</u>和<u>按指定的</u>三个选项。<u>原始的</u>是指将新部件放到设计时所在的层；<u>工作</u>是将新部件放到当前工作层；<u>按指定的</u>是指将载入部件放入指定的层中，选择<u>按指定的</u>选项后，其下方的<u>图层</u>文本框被激活，可以输入层名。

☑ <u>预览</u>复选框：选中此复选框，单击"应用"按钮后系统会自动弹出选中部件的预览对话框。

5.4.2　添加第二个部件

Step1. 添加第二个部件。在"添加组件"对话框中单击 按钮，选择 D:\ug8\work\ch05.04\bush_02.prt，然后单击 OK 按钮。系统弹出"添加组件"对话框。

Step2. 定义放置定位。在"添加组件"对话框的<u>放置</u>区域的<u>定位</u>下拉列表中选取<u>通过约束</u>选项；选中<u>预览</u>区域的 <u>✔预览</u>复选框；单击<u>应用</u>按钮。此时系统弹出图 5.4.2 所示的"装配约束"对话框和图 5.4.3 所示的"组件预览"窗口。

图 5.4.2　"装配约束"对话框

图 5.4.3　"组件预览"窗口

说明： 在图 5.4.3 所示的"组件预览"窗口中可单独对要装入的部件进行缩放、旋转和平移，这样就可以将要装配的部件调整到方便选取装配约束参照的位置。

Step3. 添加"接触"约束。在"装配约束"对话框<u>类型</u>下拉列表中选择<u>接触对齐</u>选项，在<u>要约束的几何体</u>区域的<u>方位</u>下拉列表中选择<u>首选接触</u>选项；在"组件预览"窗口中选取图 5.4.4 所示的平面 1，然后在主窗口中选取图 5.4.4 所示的平面 2。单击<u>应用</u>按钮，结果如图 5.4.5 所示。

图 5.4.4　选取配对面　　　　　　　　　图 5.4.5　配对结果

Step4. 添加"自动判断中心/轴"约束。在"装配约束"对话框 要约束的几何体 区域的 方位 下拉列表中选择 🔘 自动判断中心/轴 选项，然后在"组件预览"窗口中选取图 5.4.6 所示的圆柱面 1，在主窗口中选取圆柱面 2，单击 应用 按钮，结果如图 5.4.7 所示。

图 5.4.6　选择"中心"约束对象　　　　图 5.4.7　"中心"约束结果

关于添加组件时定位方式的说明。

按照 Step3 的操作会发现， 定位 下拉列表已变成 配对 ，单击 确定 按钮后，不再弹出 "配对条件"对话框，而是弹出的"点"对话框；如果 定位 下拉列表已变成 绝对原点 或者 重定位 ，单击 确定 按钮后，仍会弹出"点构造器"对话框。

Step5. 添加"平行"约束。在"装配约束"对话框 类型 下拉列表中选择 平行 选项，依次选取图 5.4.8 所示的面 1、面 2，单击"反向" 按钮 ；然后选取图 5.4.8 所示的面 3、面 4，单击 〈 确定 〉 按钮，单击"添加组件"的 取消 按钮，结果如图 5.4.9 所示。

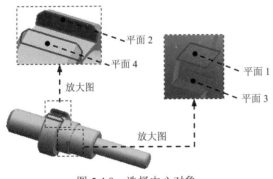

图 5.4.8　选择中心对象　　　　　　　图 5.4.9　约束结果

5.4.3　引用集

在虚拟装配时，一般并不希望将每个组件的所有信息都引用到装配体中，通常只需要部件的实体图形，而很多部件还包含了基准平面、基准轴和草图等其他不需要的信息，这些信息会占用很大的内存空间，也会给装配带来不必要的麻烦。因此，UG NX 8.0 允许用户根据需要选取一部分几何对象作为该组件的代表参加装配，这就是引用集的作用。

　　用户创建的每个组件都包含了默认的引用集，默认的引用集有三种： 模型 、 空 和 整个部件 。此外，用户可以修改和创建引用集，选择 格式(R) 下拉菜单中的 引用集(R)... 命令，弹出图 5.4.10 所示的"引用集"对话框，其中提供了对引用集进行创建、删除和编辑的功能。

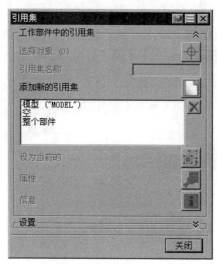

图 5.4.10　"引用集"对话框

5.5　部件的阵列

　　与零件模型中的特征阵列一样，在装配体中，也可以对部件进行阵列。部件阵列的类型主要包括"从实例特征"参照阵列、"线性"阵列和"圆周"阵列。

5.5.1　部件的"从实例特征"参照阵列

　　如图 5.5.1 所示，部件的"从实例特征"阵列是以装配体中某一零件中的特征阵列为参照来进行部件的阵列。如图 5.5.1b 中的 10 个螺钉阵列，是参照装配体中部件 1 上的 10 个阵列孔来进行创建的。所以在创建"从实例特征"之前，应提前在装配体的某个零件中创建某一特征的阵列，该特征阵列将作为部件阵列的参照。

a）阵列前　　　　　　　　　　　　　　　　　　　　b）阵列后

图 5.5.1　部件阵列

下面以图 5.5.1 所示为例说明"从实例特征"阵列的一般操作过程。

Step1. 打开文件 D:\ug8\work\ch05.05\01\circle。

Step2. 选择命令。选择下拉菜单 装配(A) ➡ 组件(C) ▶ ➡ 创建组件阵列(Y)...命令，系统弹出"类选择"对话框。

Step3. 选择要进行阵列的部件。选择部件 2，再单击 确定 按钮，系统弹出"创建组件阵列"对话框。

Step4. 阵列部件。选择"创建组件阵列"对话框中 阵列定义 区域中的 ⊙从实例特征 单选项，单击 确定 按钮，系统自动创建如图 5.5.1b 所示的部件阵列。

说明：如果修改阵列中的某一个部件，系统会自动修改阵列中的每一个部件。

5.5.2　部件的"线性"阵列

部件的"线性"阵列是使用装配中的约束尺寸创建阵列，所以只有使用像"配对"、"对齐"和"偏距"这样的约束类型才能创建部件的"线性"阵列。下面以图 5.5.2 为例，来说明尺寸阵列的一般操作过程如下。

Step1. 打开文件 D:\ug8\work\ch05.05\02\linearity。

Step2. 选择命令。选择下拉菜单 装配(A) ➡ 组件(C) ▶ ➡ 创建阵列(Y)...命令，系统弹出"类选项"对话框。

Step3. 选择要进行阵列的部件。选择部件 1，再单击 确定 按钮，系统弹出"创建组件阵列"的对话框。

Step4. 阵列部件。选择"创建组件阵列"对话框中 阵列定义 区域中的 ⊙线性 单选项，单击 确定 按钮，系统弹出图 5.5.3 所示"创建线性阵列"对话框。

部件 1

部件 2

a) 阵列前

b) 阵列后

图 5.5.2　部件"线性"阵列

Step5. 定义阵列方向。选中"创建线性阵列" 对话框的 方向定义 区域中选中 ⊙边 单选项；然后选取图 5.5.4 所示的部件 2 的边，系统自动激活"创建线性阵列"对话框的 总数 - XC 文本框和 偏置 - XC 文本框。

Step6. 设置阵列参数。在"创建线性阵列" 对话框的 总数 - XC 文本框中输入数值 5；

在 偏置 - XC 文本框中输入数值-20。

Step7. 单击 确定 按钮，完成部件的阵列。

图 5.5.3　"创建线性阵列"对话框

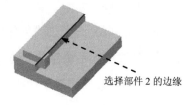

选择部件 2 的边缘

图 5.5.4　定义方向

5.5.3　部件的"圆周"阵列

部件的"圆周"阵列是使用装配中的中心对齐约束创建阵列，所以只有使用像"中心"这样的约束类型才能创建部件的"圆周"阵列。下面以图 5.5.5 为例，来说明"圆周"阵列的一般操作过程。

a）阵列前

b）阵列后

图 5.5.5　部件圆周阵列

Step1. 打开文件 D：\ug8\work\ch05.05\03\circle.prt。

Step2. 选择命令。选择下拉菜单 装配(A) ➡ 组件(C) ▶ ➡ 创建组件阵列(Y)... 命令，系统弹出"类选择"对话框。

Step3. 选择要进行阵列的部件。选择部件 2，再单击 确定 按钮，系统弹出的"创建组件阵列"对话框。

Step4. 阵列部件。选中"创建组件阵列"对话框中 阵列定义 区域中的 ⊙ 圆形 单选项，单击 确定 按钮，系统自动弹出图 5.5.6 所示的"创建圆形阵列" 对话框。

Step5. 定义阵列方向。选择"创建圆形阵列"对话框的 轴定义 区域中选中 ⊙ 边 单选项；然后选取图 5.5.7 所示的部件 1 的边。

Step6. 设置阵列参数。在"创建圆形阵列"对话框的 总数 文本框中输入数值 10； 角度文本框输入数值 36。

Step7. 单击 确定 按钮，完成部件"圆周"阵列的创建。

图 5.5.6 "创建圆形阵列"对话框

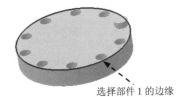

选择部件 1 的边缘

图 5.5.7 定义轴

5.6 编辑装配体中的部件

装配体完成后，可以对该装配体中的任何部件（包括零件和子装配件）进行特征建模、修改尺寸等编辑操作。编辑装配体中部件的一般操作过程如下。

Step1. 打开文件 D:\ug8\work\ch05.06\compile。

注意： 定义工作部件。图 5.6.1 所示工作组件 circle01.prt 为要编辑的组件（如果编辑的部件不是固定在绝对原点上，则双击该组件，将该组件设为工作组件）。

Step2. 选择命令。选择下拉菜单 插入(S) ➡ 设计特征(E)▶ ➡ 孔(H)... 命令。

Step3. 定义编辑参数。添加图 5.6.2 所示的简单孔特征，参数为：直径 20、深度 50、尖角 118，位置为部件中心。

图 5.6.1 设置工作组件

图 5.6.2 添加简单孔特征

5.7 爆 炸 图

爆炸图是指在同一幅图里，把装配体的组件拆分开，使各组件之间分开一定的距离，以便于观察装配体中的每个组件，清楚地反映装配体的结构。UG 具有强大的爆炸图功能，用户可以方便地建立、编辑和删除一个或多个爆炸图。

5.7.1　爆炸图工具条

打开文件 D:\ug8\work\ch05.07\01\accessory.prt。

选择下拉菜单 装配(A) ➡ 爆炸图(X) ➡ 显示工具条(T) 命令，系统显示"爆炸图"工具条，如图 5.7.1 所示；工具条中没有显示的按钮，可以通过下面方法调出：单击右上角的 ▼ 按钮，在其下方弹出 添加或移除按钮▼ 按钮，将鼠标放到该按钮上，会显示 爆炸视图 ▶ 添加项，其中包含了所有供用户选择的按钮。

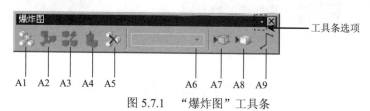

图 5.7.1　"爆炸图"工具条

利用该工具条，用户可以方便地创建、编辑爆炸图，便于爆炸图与无爆炸图之间切换。

图 5.7.1 所示的"爆炸图"工具条中的按钮功能。

A1（新建爆炸图）：如果当前显示的不是一个爆炸图，单击此按钮，系统弹出"创建爆炸"对话框，输入爆炸图名称后单击 确定 按钮，系统创建一个爆炸图；如果当前显示的是一个爆炸图，单击此按钮，弹出的"创建爆炸"对话框会询问是否将当前爆炸图复制到新的爆炸图里。

A2（编辑爆炸图）：单击此按钮，系统弹出"编辑爆炸图"对话框，用户可以指定组件，然后自由移动该组件，或者设定移动的方式和距离。

A3（自动爆炸组件）：利用此按钮可以指定一个或多个组件，使其按照设定的距离自动爆炸。单击此按钮，弹出"类选择"对话框，选择组件后单击 确定 按钮，提示用户指定组件间距，自动爆炸将按照默认的方向和设定的距离生成爆炸图。

A4（取消爆炸组件）：该按钮用于不爆炸组件，此命令和自动爆炸组件刚好相反，操作也基本相同，只是不需要指定数值。

A5（删除爆炸图）：单击该按钮，系统会列出当前装配体的所有爆炸图，选择需要删除的爆炸图后单击 确定 按钮，即可删除。

A6：该下拉列表显示了爆炸图名称，可以在其中选择某个名称。用户利用此下拉列表，可以方便地在各爆炸图以及无爆炸图状态之间切换。

A7（隐藏视图中的组件）：单击此按钮，弹出"类选择"对话框，选择需要隐藏的组件并执行后，该组件被隐藏。

A8（显示视图中的组件）：此命令与隐藏组件刚好相反。如果图中有被隐藏的组件，单击此按钮后，系统会列出所有隐藏的组件，用户选择后，单击 确定 按钮即可恢复组件显示。

A9（追踪线）：该命令可以使组件沿着设定的引导线爆炸。

以上按钮与下拉菜单 装配(A) ➡ 爆炸图(X) 中的命令相对应。

5.7.2　爆炸图的建立和删除

1. 创建爆炸图

Step1. 打开文件 D:\ug8\work\ch05.07\02\accessory.prt。

Step2. 选择命令。选择下拉菜单 装配(A) ➡ 爆炸图(X) ➡ 创建爆炸视图(C)... 命令，系统弹出图 5.7.2 所示的"新建爆炸图"对话框。

Step3. 创建爆炸图。在 名称 文本框处可以输入爆炸名称，接受系统默认的名称 Explosion1，然后单击 确定 按钮，完成爆炸图的创建。

创建爆炸图后，视图切换到刚刚建立的爆炸图，爆炸图工具条中的以下项目被激活："编辑爆炸视图"按钮 、"自动爆炸组件"按钮 、"取消爆炸组件"按钮 和"工作视图爆炸"下拉列表 Explosion 1 ▼。

2. 删除爆炸图

Step1. 在"工作视图爆炸"下拉列表中 Explosion 1 ▼ 选择 （无爆炸） 选项。

Step2. 选择下拉菜单 装配(A) ➡ 爆炸图(X) ➡ 删除爆炸图(D)... 命令，系统会列出所有爆炸视图，选择要删除的视图，单击 确定 按钮。

关于创建与删除爆炸图的说明：

- 如果用户在一个已存在的爆炸视图下创建新的爆炸视图，系统会弹出图 5.7.3 所示的提示消息，提示用户是否将已存在的爆炸图复制到新建的爆炸图，单击 确定(O) 按钮后，新建立的爆炸图和原爆炸图完全一样；如果希望建立新的爆炸图，可以切换到无爆炸视图，然后进行创建即可。

- 可以按照上面方法建立多个爆炸图。

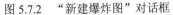

图 5.7.2　"新建爆炸图"对话框

图 5.7.3　提示消息

- 要删除爆炸图，可以选择下拉菜单 装配(A) ➡ 爆炸图(X) ➡ 删除爆炸图(D)... 命令，系统会弹出图 5.7.4 所示的"爆炸图"对话框。选择要删除的爆炸图，单击 确定 按钮即可。如果所要删除的爆炸图正在当前视图中显示，系统会弹出图 5.7.5 所示的"删除爆炸图"对话框，提示爆炸图不能删除。

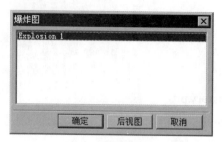

图 5.7.4   "爆炸图"对话框

图 5.7.5   "删除爆炸图"对话框

5.7.3   编辑爆炸图

爆炸图创建完成，创建的结果是产生了一个待编辑的爆炸图，在主窗口中的图形并没有发生变化，爆炸图编辑工具被激活，进行编辑爆炸图。

1. 自动爆炸

自动爆炸只需要用户输入很少的内容，就能快速生成爆炸图（图 5.7.6）。

a）自动爆炸前

图 5.7.6   自动爆炸

b）自动爆炸后

Step1. 打开文件 D:\ug8\work\ch05.07\03\accessory.prt，按照上一节步骤创建爆炸视图。

Step2. 选择命令。选择下拉菜单 装配(A) ➡ 爆炸图(X) ➡ 自动爆炸组件(A)... 命令，弹出"类选择"对话框。

Step3. 选择爆炸组件。选择图中所有组件，单击 确定 按钮，系统弹出"自动爆炸组件"对话框。

Step4. 在 距离 文本框中输入数值 20，单击 确定 按钮，系统会立即生成该组件的爆炸图，如图 5.7.6b 所示。

关于自动爆炸组件的说明：

● 自动爆炸组件可以同时选择多个对象，如果将整个装配体选中，可以直接获得整个装配体的爆炸图。

● "取消爆炸组件"的功能刚好与"自动爆炸组件"相反，因此可以将两个功能放在一起记。选择下拉菜单 装配(A) ➡ 爆炸图(X) ➡ 取消爆炸组件(U) 命令，弹出"类选择"窗口。选择要爆炸的组件后单击 确定 按钮，选中的组件自动回到爆炸前的位置。

2．编辑爆炸图

自动爆炸并不能总是得到满意的效果，因此系统提供了编辑爆炸功能。

Step1．打开文件 D:\ug8\work\ch05.07\03\accessory_ok.prt。

Step2．选择下拉菜单 装配(A) ➡ 爆炸图(X) ➡ 编辑爆炸图(E)... 命令。

Step3．选择要移动的组件。在弹出的"编辑爆炸视图"对话框中，选中 ⦿选择对象 单选项，选取图 5.7.7 所示的轴套模型。

Step4．移动组件。选中 ⦿移动对象 单选项，显示移动手柄，如图 5.7.7 所示；单击手柄上的箭头（图 5.7.7），对话框中的 距离 文本框被激活，供用户选择沿该方向的移动距离；单击手柄上沿轴套轴线方向的箭头，在 距离 文本框中输入距离值 20；在"编辑爆炸视图"对话框中单击 确定 按钮，结果如图 5.7.7 所示。

说明：单击图 5.7.7 所示两箭头间的圆点时，对话框中的 角度 文本框被激活，供用户输入角度值，旋转的方向沿第三个手柄，符合右手定则，也可以直接用左键按住箭头或圆点，移动鼠标实现手工拖动。

Step5．编辑螺栓位置。参照 Step4，输入距离值 20，结果如图 5.7.8 所示。

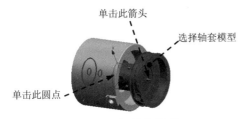

图 5.7.7　编辑轴套模型

图 5.7.8　编辑螺栓

关于编辑爆炸视图的说明：

- 选中 ⦿移动对象 单选项后，🔲 按钮选项被激活。单击 🔲 按钮，手柄被移动到 WCS 位置。
- 单击手柄箭头或圆点后，☑ 捕捉增量 复选框被激活，该选项用于设置手工拖动的最小距离，可以在文本框中输入数值。例如设置为 10mm，则拖动时会跳跃式移动，每次跳跃的距离为 10mm，单击 取消爆炸 按钮，选中的组件移动到没有爆炸的位置。
- 单击手柄箭头后，✏️ 选项被激活，可以直接将选中手柄方向指定为某矢量方向。

3．隐藏和显示爆炸视图

如果当前视图为爆炸图，选择下拉菜单 装配(A) ➡ 爆炸图(X) ➡ 隐藏爆炸图(H) 命令，则视图切换到无爆炸视图。

要显示隐藏的爆炸图，可以选择下拉菜单 装配(A) ➡ 爆炸图(X) ➡ 显示爆炸图(S) 命令，则视图切换到爆炸视图。

4.隐藏和显示组件

要 隐 藏 组 件 ， 可 以 选 择 下 拉 菜 单 装配(A) ➡ 关联控制(D) ➡ 隐藏视图中的组件(D)... 命令，弹出"隐藏视图中的组件"对话框，选择要隐藏的组件后单击 确定 按钮，选中组件被隐藏。

要 显 示 被 隐 藏 的 组 件 ， 可 以 选 择 下 拉 菜 单 装配(A) ➡ 关联控制(D) ➡ 显示视图中的组件(M)... 命令，系统弹出"选择要显示的隐藏组件"对话框，在对话框中列出所有隐藏的组件供用户选择。

5.8 简 化 装 配

5.8.1 简化装配概述

对于比较复杂的装配体，可以使用"简化装配"功能将其简化。被简化后，实体的内部细节被删除，但保留复杂的外部特征。当装配体只需要精确的外部表示时，可以将装配体进行简化，简化后可以减少所需的数据，从而缩短加载和刷新装配体的时间。

内部细节是指对该装配体的内部组件有意义，而对装配体与其他实体关联时没有意义的对象；外部细节则相反。简化装配主要就是区分内部细节和外部细节，然后省略掉内部细节的过程，在这个过程中，装配体被合并成一个实体。

5.8.2 简化装配操作

本节以图 5.8.1 装配体为例，说明简化装配的操作过程。

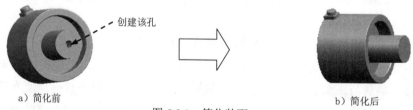

a）简化前

图 5.8.1 简化装配

b）简化后

Step1. 打开文件 D:\ug8\work\ch05.08\predigest.prt。

说明： 为了清楚的表示内部细节被删除，首先在轴上创建一个图 5.8.1a 所示的孔特征（打开的文件中已完成该操作），作为要删除的内部细节。

Step2. 选择命令。选择下拉菜单 装配(A) ➡ 高级(E)▶ ➡ 简化装配(M)... 命令，系统弹出"简化装配"对话框；单击 下一步> 按钮，系统弹出图 5.8.2 所示的"简化装配"对话框（一），对话框的左侧显示操作步骤，右侧有三个单选项和两个复选框，供用户设置简化项。

Step3. 选取装配体中的所有组件，单击 下一步> 按钮，系统弹出图 5.8.3 所示的"简化装配"对话框（二）。

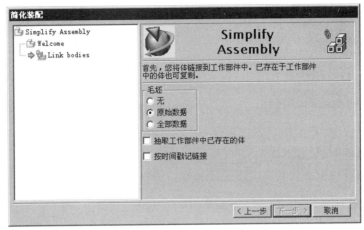

图 5.8.2   "简化装配"对话框（一）

Step4. 合并组件。单击"简化装配"对话框中的"合并全部"按钮 ；选择所有组件；单击 下一步 按钮，所有的组件合并在一起，可以看到组件之间的交线消失图 5.8.4 所示。

图 5.8.3   "简化装配"对话框（二）

图 5.8.3 所示的"简化装配"对话框（二）中的相关选项说明如下。

● 覆盖体 区域包含五个按钮，用于填充要简化的特征。有些孔在"修复边界"步骤（向导的后面步骤）中可以被自动填充，但并不是所有几何体都能被自动填充，因此有时需要用这些按钮进行手工填充。这里由于形状简单，可以自动填充。

● "合并全部"按钮 可以用来合并（或除去）模型上的实体，执行此命令时，系统会重复显示该步骤，供用户继续填充或合并。

Step5. 单击 下一步 按钮，选取图 5.8.5 所示外部面（用户也可以选择除要填充的内部细节之外的任何一个面）。

说明：在执行"修复边界"步骤时，应该先将所有部件合并成一个实体，如果仍有部件未被合并，则该步骤会将其隐藏。

图 5.8.4   轴和轴套合并后

图 5.8.5   选取外部面

Step6. 单击 下一步 > 按钮，选取图 5.8.6 所示的边缘。通过选择一边缘将内部细节与外部细节隔离开。

Step7. 选择裂纹检查选项。单击 下一步 > 按钮；选中 ⊙ 裂隙检查 单选项。

Step8. 选择内部面。单击 下一步 > 按钮；选择要删除的内部细节，选取图 5.8.7 所示的圆柱体内表面。

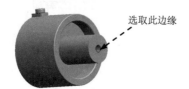

图 5.8.6   选择隔离边缘

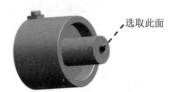

图 5.8.7   选取内表面

Step9. 查看裂纹检查结果。单击 下一步 > 按钮；可以通过选中 高亮显示 区域中的 ⊙ 内部面 单选项，查看在主对话框中的隔离情况。

Step10. 单击 下一步 > 按钮，查看外部面。再单击 下一步 > 按钮，孔特征被移除。

Step11. 单击 完成 按钮，完成操作。

关于内部细节与外部细节的说明：

内部细节与外部细节是用户根据需要确定的，不是由对象在集合体中的位置确定的。读者在本例中可以尝试将孔设为外部面，将轴的外表面设为内部面，结果会将轴和轴套移除，留下孔特征形成的圆柱体。

5.9   装配干涉检查

在实际的产品设计中，当产品中的各个零部件组装完成后，设计人员往往比较关心产品中各个零部件间的干涉情况：有无干涉？哪些零件间有干涉？干涉量是多大？而通过一个简单的装配体模型为例，说明干涉分析的一般操作过程。

Step1. 打开文件 D:\ug8\work\ch05.09\intervene.prt。

Step2. 在装配模块中，选择下拉菜单 分析(L) ➡ 简单干涉(I)... 命令，系统弹出"简单干涉"对话框。

Step3. "创建干涉体"简单干涉检查。

（1）在"简单干涉"对话框中的 干涉检查结果 区域的 结果对象 下拉列表中选择 干涉体 选项。

（2）依次选取图 5.9.1 所示的对象 1 和对象 2，单击"简单干涉"对话框中的 应用 按钮，系统弹出图 5.9.2 示"简单干涉"对话框（一）。

图 5.9.1　创建干涉实体

图 5.9.2　"简单干涉"对话框（一）

（3）单击"简单干涉"对话框 确定(0) 按钮，完成"创建干涉体"简单干涉检查。

Step4.　"高亮显示面"简单干涉检查。

（1）在"简单干涉"对话框中的 干涉检查结果 区域的 结果对象 下拉列表中选择 高亮显示的面对 选项，系统弹出图 5.9.3 示"简单干涉"对话框（二）。

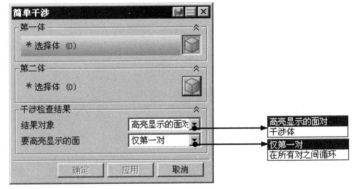

图 5.9.3　"简单干涉"对话框（二）

（2）在"简单干涉"对话框中的 干涉检查结果 区域的 要高亮显示的面 下拉列表中选择 仅第一对 选项，依次选取图 5.9.4a 所示的对象 1 和对象 2。模型中将显示图 5.9.4b 示干涉平面。

a）检查前　　　　　　　　　　　　　　　　　　　　b）检查后

图 5.9.4　"高亮显示面"干涉检查

（3）在"简单干涉"对话框中的 干涉检查结果 区域的 要高亮显示的面 下拉列表中选择 在所有对之间循环 选项，系统将显示 显示下一对 按钮，单击 显示下一对 按钮，模型中将依次显示所有干涉平面。

（4）单击"简单干涉"对话框中的 取消 按钮，完成"高亮显示面"简单干涉检查操作。

5.10　综合实例一

Task 1. 部件装配

下面以图 5.10.1 所示为例，讲述一个多部件的装配实例一般过程，使读者进一步熟悉 UG NX 8.0 的装配操作。

Step1. 新建文件，单击 ▢ ➡ 🖳装配，在 新文件名 区域 名称 后面的文本框中输出 assemblies.prt， 文件夹 后的文本框中输入 D:\ug8\work\ch05.10，单击 确定 按钮。系统弹出"添加组件"对话框，并进入装配环境。

Step2. 添加下基座。

（1）在"添加组件"对话框中单击🗁按钮，选择 D:\ug8\work\ch05.10\down_base.prt，，然后单击 OK 按钮。

（2）定义放置定位。在"添加组件"对话框的 放置 区域的 定位 下拉列表中选取 绝对原点 选项，单击 应用 按钮。

（3）下基模型 down_base.prt，被添加到 assemblies 中。

Step3. 添加轴套并定位，如图 5.10.2 所示。

图 5.10.1　综合装配实例

图 5.10.2　添加轴套

（1）在"添加组件"对话框中单击🗁按钮，选择 D:\ug8\work\ch05.10\sleeve.prt，然后单击 OK 按钮。

（2）定义放置定位。在"添加组件"对话框的 放置 区域的 定位 下拉列表中选取 通过约束 选项；选中 预览 区域的 ☑ 预览 复选框；单击 应用 按钮。此时系统弹出"装配约束"对话框和"组件预览"的窗口。

（3）添加约束。选取图 5.10.3 所示的面 1，在"装配约束"对话框 预览 区域中选中 ☑ 在主窗口中预览组件 复选框；在 类型 下拉列表中选择 接触对齐 选项，在 要约束的几何体 区域的 方位 下拉列表中选择 对齐 选项；在主对话框中选取图 5.10.4 所示的面 2，在"组件预览"窗口中选取图 5.10.3 所示的面 1，单击 应用 按钮，完成平面的对齐操作；在 要约束的几何体 区域的 方位 下拉列表中选择 ⚡首选接触 选项，分别选取图 5.10.3 所示的面 3 和图 5.10.4 所示的面 4，单击 应用 按钮，完成平面的接触操作；在 要约束的几何体 区域的 方位

下拉列表中选择 自动判断中心/轴 选项,分别选取图 5.10.3 所示的面 5 和图 5.10.4 所示的面 6,单击 〈 确定 〉 按钮,完成同轴的接触操作。

说明:方向不对可以单击反向 ✕ 按钮来调整。

Step4. 添加楔块并定位,如图 5.10.5 所示。

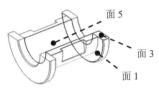

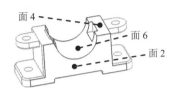

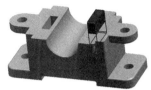

图 5.10.3　选择配对面 2　　　　图 5.10.4　选择配对面 1　　　　图 5.10.5　添加楔块

(1)　在 "添加组件" 对话框中单击 🖱 按钮,选择 D:\ug8\work\ch05.10\chock.prt 然后单击 OK 按钮。

(2)　定义放置定位。在 "添加组件" 对话框中 放置 区域 定位 的下拉列表中选取 通过约束 选项;选中 预览 区域的 ☑ 预览 复选框;单击 应用 按钮。此时系统弹出 "装配约束" 对话框和 "组件预览" 的窗口。

(3)　添加约束。在 "装配约束" 对话框 预览 区域中选中 ☑ 在主窗口中预览组件 复选框;在 类型 下拉列表中选择 接触对齐 选项,在 要约束的几何体 区域的 方位 下拉列表中选择 ⚡ 首选接触 选项,选取图 5.10.6 所示的面 1 与面 4、面 2 与面 5、面 3 与面 6,完成接触操作,单击 "添加组件" 对话框中的 取消 按钮。

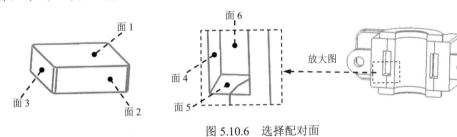

图 5.10.6　选择配对面

Step5. 镜像图 5.10.7 所示楔块。

图 5.10.7　镜像楔块

(1)　选择命令。选择下拉菜单 装配(A) ➜ 组件(C) ▶ 镜像装配(I)... 命令,弹出 "镜像装配向导" 对话框,单击 下一步 〉 按钮。

(2)　选择要镜像的组件。选择上一步添加的楔块,单击 下一步 〉 按钮。

（3）选择镜像平面。在系统弹出"镜像装配向导"对话框中，单击"创建基准平面"按钮 ，插入一个图 5.10.8 所示的平面作为对称平面（偏置 YZ 基准平面，偏置值为 80）。单击 下一步 按钮。系统弹出"镜像装配向导"对话框，单击 下一步 按钮，系统再次弹出"镜像装配向导"对话框。

（4）单击 完成 按钮，完成楔块的镜像操作。

Step6. 参照上面的镜像楔块步骤，镜像图 5.10.9 所示的轴套。

Step7. 将组件上基座添加到装配体中并定位，如图 5.10.10 所示。

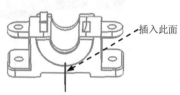
图 5.10.8　插入对称面

图 5.10.9　镜像轴套

图 5.10.10　添加组件上基座

（1）选择命令。选择下拉菜单 装配(A) ➡ 组件(C) ➡ 添加组件(A)... 命令，弹出"添加组件"的对话框。

（2）在"添加组件"对话框中单击 按钮，选择 D:\ug8\work\ch05.10\top_cover.prt，然后单击 OK 按钮。

（3）定义放置定位。在"添加组件"对话框 放置 区域 定位 的下拉列表中选取 通过约束 选项；选中 预览 区域的 ☑ 预览 复选框；单击 应用 按钮。此时系统弹出"装配约束"对话框和"组件预览"的窗口。

（4）添加约束。在"装配约束"对话框 预览 区域中选中 ☑ 在主窗口中预览组件 复选框；在 类型 下拉列表中选择 接触对齐 选项，在 要约束的几何体 区域的 方位 下拉列表中选择 接触 选项；在主对话框中选取图 5.10.11 所示平面 1 和平面 3，在 要约束的几何体 区域的 方位 下拉列表中选择 对齐 选项；在主对话框中选取图 5.10.11 所示平面 2 和平面 4，单击 应用 按钮，完成平面的"接触对齐"操作。在 要约束的几何体 区域的 方位 下拉列表中选择 自动判断中心/轴 选项，分别选择图 5.10.11 所示的圆柱面 1 和圆柱面 2 的中心线，单击 〈确定〉 按钮，完成同轴的接触操作。

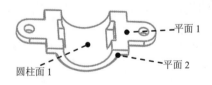

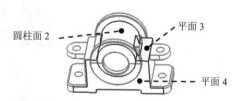

图 5.10.11　选择配对面

Step8. 将组件螺栓添加到装配体中并定位，如图 5.10.12 所示。

（1）在"添加组件"对话框中单击 按钮，选择 D:\ug8\work\ch05.10\bolt.prt，然后

单击 OK 按钮。

（2）定义放置定位。在"添加组件"对话框 放置 区域 定位 的下拉列表中选取 通过约束 选项；选中 预览 区域的 ☑ 预览 复选框；单击 应用 按钮。此时系统弹出"装配约束"对话框和"组件预览"的窗口。

（3）添加约束。在"装配约束"对话框 预览 区域中选中 ☑ 在主窗口中预览组件 复选框；在 类型 下拉列表中选择 接触对齐 选项，在 要约束的几何体 区域的 方位 下拉列表中选择 接触 选项；选择图 5.10.13 所示的平面 1 和平面 2，在 要约束的几何体 区域的 方位 下拉列表中选择 🔳 自动判断中心/轴 选项，分别选取图 5.10.14 所示的圆柱面 1 和圆柱面 2，单击 确定 按钮。完成同轴的接触操作。

Step9. 将组件螺母添加到装配体中并定位，如图 5.10.15 所示。

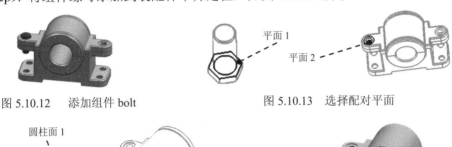

图 5.10.12　添加组件 bolt　　　　　　图 5.10.13　选择配对平面

图 5.10.14　选择配对圆柱面　　　　　　图 5.10.15　添加组件

（1）在 "添加组件"对话框中单击 🔘 按钮，选择 D:\ug8\work\ch05.10\nut.prt, 然后单击 OK 按钮。

（2）定义放置定位。在"添加组件"对话框 放置 区域 定位 的下拉列表中选取 通过约束 选项；选中 预览 区域的 ☑ 预览 复选框；单击 应用 按钮。此时系统弹出"配对条件"对话框和"组件预览"的窗口。

（3）添加约束。在"装配约束"对话框 预览 区域中选中 ☑ 在主窗口中预览组件 复选框；在 类型 下拉列表中选择 接触对齐 选项，在 要约束的几何体 区域的 方位 下拉列表中选择 接触 选项；选取图 5.10.16 所示的平面 1 和平面 2，单击 应用 按钮；在 要约束的几何体 区域的 方位 下拉列表中选择 🔳 自动判断中心/轴 选项，选取图 5.10.17 所示的圆柱面 1 和圆柱面 2，单击 确定 按钮。完成同轴的接触操作。单击"添加组件"对话框中的 取消 按钮。

 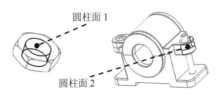

图 5.10.16　选择配对平面　　　　　　图 5.10.17　选择"中心"对齐圆柱面

Step10. 镜像图 5.10.18 所示螺栓和螺母，步骤参照"镜像楔块"，选取"镜像楔块"时创建的基准平面为镜像面。

Step11. 保存装配零件文件，完成组件的装配。

图 5.10.18　镜像螺栓和螺母

Task 2. 创建爆炸图

装配体完成后，可以创建爆炸视图如图 5.10.19 所示，以便清楚查看部件间的装配关系。

Step1. 创建爆炸视图。

（1）选择下拉菜单 装配(A) ➡ 爆炸图(X) ➡ 新建爆炸图(N)... 命令，系统弹出图 5.10.20 所示的"新建爆炸图"对话框。

（2）输入爆炸图名。接受系统默认的爆炸图名 Explosion 1，单击 确定 按钮，完成爆炸图的创建。

Step2. 自动爆炸组件。

（1）选择下拉菜单 装配(A) ➡ 爆炸图(X) ➡ 自动爆炸组件(A)... 命令，弹出"类选择"对话框；选择整个装配体后单击 确定 按钮，系统弹出图 5.10.21 所示的"距离"对话框。

（2）输入爆炸距离。在 距离 文本框中输入数值 100，单击 确定 按钮，系统自动生成爆炸图，如图 5.10.19 所示。

图 5.10.19　爆炸视图

图 5.10.20　"新建爆炸图"对话框

图 5.10.21　"距离"对话框

Step3. 编辑组件的位置。

（1）选择命令。选择下拉菜单 装配(A) ➡ 爆炸图(X) ➡ 编辑爆炸视图(E)... 命令，系统弹出"编辑爆炸图"对话框。

（2）选择要移动的组件。选取图 5.10.22 所示的组件 1。

（3）移动组件。选中 ⊙ 移动对象 单选项，组件 1 上的手柄被激活，单击沿其 Z 轴向的手柄箭头，在 距离 文本框中输入数值 100；单击 确定 按钮，组件 1 被移动到图 5.10.22 所示的位置（编辑所有组件方法雷同,读者根据实际需要进行编辑，这里就不再详述）。

组件 1

图 5.10.22 编辑组件位置

Step4. 保存爆炸图文件。

5.11 综合实例二

下面以图 5.11.1 所示为例，讲述一个多部件的装配实例一般过程，使读者进一步熟悉 UG NX 8.0 的装配操作。

图 5.11.1 装配结果

说明：本实例的详细操作过程请参见随书光盘中 video\ch05.11\文件下的语音视频讲解文件。模型文件为 D:\ug8\work\ch05.11\crusher_assy_asm.prt。

第6章 工程图设计

6.1 工程图概述

使用 UG NX 8.0 的制图环境可以创建三维模型的工程图，且图样与模型相关联。因此，图样能够反映模型在设计阶段中的更改，可以使图样与装配模型或单个零部件保持同步。其主要特点如下：

- 用户界面直观、易用、简洁，可以快速方便地创建图样。
- "在图纸上"工作的画图板模式。此方法类似于制图人员在画图板上绘图。应用此方法可以极大地提高工作效率。
- 支持新的装配体系结构和并行工程。制图人员可以在设计人员对模型进行处理的同时，制作图样。
- 可以快速地将视图放置到图纸上，系统会自动正交对齐视图。
- 具有创建与自动隐藏线和剖面线完全关联的横剖面视图的功能。
- 具有从图形窗口编辑大多数制图对象（如尺寸、符号等）的功能。用户可以创建制图对象，并立即对其进行修改。
- 图样视图的自动隐藏线渲染。
- 在制图过程中，系统的反馈信息可减少许多返工和编辑工作。
- 使用对图样进行更新的用户控件，能有效地提高工作效率。

6.1.1 工程图的组成

在学习本节前，请打开 D:\ug8\work\ch06.01 中的 down_base _ok.prt 文件，然后在该文件夹中调用 A3.prt 图样，UG NX 8.0 的工程图主要由以下三个部分组成。

- 视图：包括六个基本视图（主视图、俯视图、左视图、右视图、仰视图和后视图）、放大图、各种剖视图、断面图、辅助视图等。在制作工程图时，根据实际零件的特点，选择不同的视图组合，以便简单清楚地表达各个设计参数。
- 尺寸、公差、注释说明及表面粗糙度：包括形状尺寸、位置尺寸、形状公差、位置公差、注释说明、技术要求以及零件的表面粗糙度要求。
- 图框、标题栏等。

6.1.2　工程图环境中的下拉菜单与工具条

新建一个文件后，有三种方法进入工程图环境，分别介绍如下。

方法一： 选择图 6.1.1 所示的下拉菜单 ⚙开始 ➡ 🖊制图(D)...命令。

方法二： 在"应用模块"工具条中单击"制图"按钮 🖊（图 6.1.1）。

方法三： 利用组合键 Ctrl+Shift+ D。

进入工程图环境以后，下拉菜单将会发生一些变化，系统为用户提供了一个方便、快捷的操作界面。下面对工程图环境中较为常用的下拉菜单和工具条进行介绍。

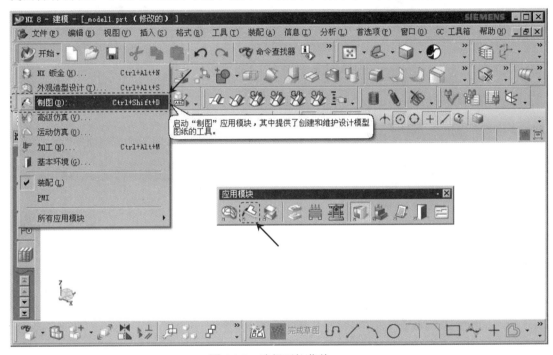

图 6.1.1　选择下拉菜单

1. 下拉菜单

（1）首选项(P) 下拉菜单。该菜单主要用于在创建工程图之前对制图环境进行设置，如图 6.1.2 所示。

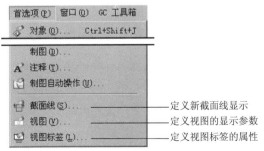

图 6.1.2　"首选项"下拉菜单

（2）**插入(S)** 下拉菜单，如图 6.1.3 所示。

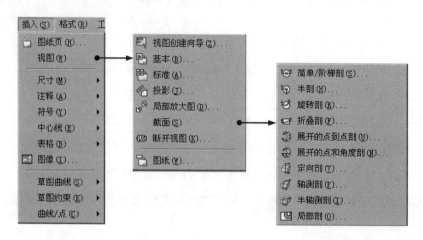

图 6.1.3   "插入"下拉菜单

（3）**编辑(E)** 下拉菜单，如图 6.1.4 所示。

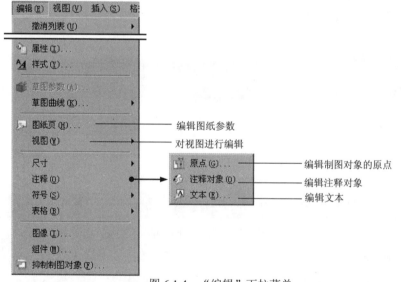

图 6.1.4   "编辑"下拉菜单

2. 工具条

进入工程图环境以后，系统会自动增加许多与工程图操作有关的工具条。下面对工程图环境中较为常用的工具条分别进行介绍。

说明：

- 选择下拉菜单 **工具(T)** ➡ **定制(Z)...** 命令，在弹出的"定制"对话框的 **工具条** 选项卡中进行设置，可以显示或隐藏相关的工具条。

● 工具条中没有显示的按钮，可以通过下面的方法将它们显示出来：单击右上角的 ▪ 按钮，在其下方弹出 添加或移除按钮 ▾ 按钮，将鼠标放到该按钮上，在弹出的"添加选项"中包含了所有供用户选择的按钮。

（1）"图纸"工具条如图 6.1.5 所示。

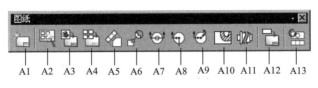

图 6.1.5　　"图纸"工具条

图 6.1.5 所示的"图纸"工具条中各按钮的说明如下。

A1：新建图纸页。　　　　　　　　　　　　A2：视图创建向导。

A3：创建基本视图。　　　　　　　　　　　A4：创建标准视图。

A5：创建投影视图。　　　　　　　　　　　A6：创建局部放大图。

A7：创建剖视图。　　　　　　　　　　　　A8：创建半剖视图。

A9：创建旋转剖视图。　　　　　　　　　　A10：创建局部剖视图。

A11：创建断开视图。　　　　　　　　　　　A12：创建图纸视图。

A13：更新视图。

（2）"尺寸"工具条如图 6.1.6 所示。

图 6.1.6 所示的"尺寸"工具条中各按钮的说明如下。

B1：创建自动判断尺寸。　　　　　　　　　B2：创建圆柱尺寸。

B3：创建直径尺寸。　　　　　　　　　　　B4：创建特征参数。

B5：创建链式尺寸与基线尺寸。　　　　　　B6：创建坐标尺寸。

（3）"注释"工具条如图 6.1.7 所示。

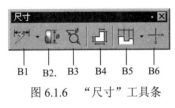

图 6.1.6　　"尺寸"工具条

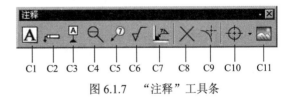

图 6.1.7　　"注释"工具条

图 6.1.7 所示的"注释"工具条中各按钮的说明如下。

C1：创建注释。　　　　　　　　　　　　　C2：创建特征控制框。

C3：创建基准。　　　　　　　　　　　　　C4：创建基准目标。

C5：标识符号。　　　　　　　　　　　　　C6：表面粗糙度符号。

C7: 焊接符号。　　　　　　　　　　　　C8: 目标点符号。

C9: 相交符号。　　　　　　　　　　　　C10: 中心标记。

C11: 图像。

（4）"表"工具条如图 6.1.8 所示。

图 6.1.8 所示的"表"工具条中各按钮的说明如下。

D1: 表格注释。　　　　　　　　　　　　D2: 零件明细表。

D3: 自动符号标注。

（5）"制图编辑"工具条如图 6.1.9 所示。

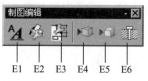

图 6.1.8　"表"工具条　　　　　　　图 6.1.9　"制图编辑"工具条

图 6.1.9 所示的"制图编辑"工具条中各按钮的说明如下。

E1: 编辑样式。　　　　　　　　　　　　E2: 编辑注释。

E3: 编辑尺寸关联。　　　　　　　　　　E4: 隐藏视图中的组件。

E5: 显示视图中的组件。　　　　　　　　E6: 视图中剖切。

6.1.3　部件导航器

在学习本节前，请先打开文件 D:\ug8\work\ch06.01\down_base.prt。

在 UG NX 8.0 中，部件导航器（也可以称为图样导航器）如图 6.1.10 所示，可用于编辑、查询和删除图样（包括在当前部件中的成员视图），模型树包括零件的图纸页、成员视图、剖面线和表格。在工程图环境中，有以下几种方式可以编辑图样或者图样上的视图：

● 　修改视图的显示样式。在模型树中双击某个视图，在系统弹出的"视图样式"对话框中进行编辑。

● 　修改视图所在的图纸页。在模型树中选择视图，并拖至另一张图纸页。

● 　打开某一图纸页。在模型树中双击该图纸页即可。

在部件导航器的模型树结构中，提供了图、图片和视图节点，下面针对不同对象分别进行介绍。

（1）在部件导航器中的 Drawing 节点上右击，系统弹出图 6.1.11 所示的快捷菜单。

图 6.1.10　部件导航器

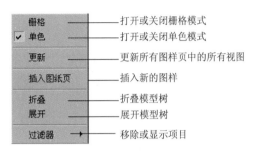

图 6.1.11　"Drawing"快捷菜单

（2）在部件导航器中的 图纸页 节点上右击，系统弹出图 6.1.12 所示的快捷菜单。

（3）在部件导航器中的 导入的 节点上右击，系统弹出图 6.1.13 所示的快捷菜单。

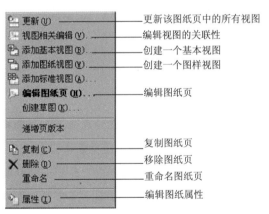

图 6.1.12　"图纸页"快捷菜单

图 6.1.13　"导入的"快捷菜单

6.2　工程图参数预设置

　　UG NX 8.0 的默认设置是国际通用的制图标准，其中很多选项不符合我国国家标准，所以在创建工程图之前，一般先要对工程图参数进行预设置。通过工程图参数的预设置可以控制箭头的大小、线条的粗细、隐藏线的显示与否、标注的字体和大小等。用户可以通过预设置工程图的参数来改变制图环境，使所创建的工程图符合我国国标。

6.2.1　工程图参数设置

选择下拉菜单 首选项(P) ➡ 制图(D)... 命令，系统弹出图 6.2.1 所示的"制图首选项"对话框，该对话框的功能是：

- 设置视图和注释的版本。
- 设置成员视图的预览样式。
- 视图的更新和边界、显示抽取边缘的面及加载组件的设置。
- 保留注释的显示设置。

6.2.2　原点参数设置

选择下拉菜单 编辑(E) ➡ 注释(D) ▶ ➡ 原点(G)... 命令，系统弹出图 6.2.2 所示的"原点工具"对话框。

图 6.2.1　"制图首选项"对话框

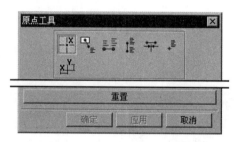

图 6.2.2　"原点工具"对话框

图 6.2.2 所示"原点工具"对话框中的各选项说明如下。

- ☒ （拖动）：通过光标来指示屏幕上的位置，从而定义制图对象的原点。如果选择 ☑关联 选项，可以激活 相对位置 下拉列表，以便用户可以将注释与某个参考点相关联。

- ☒ （相对于视图）：定义制图对象相对于图样成员视图的原点移动、复制或旋转视图时，注释也随着成员视图移动。只有独立的制图对象（如注释、符号等）可以与视图关联。

- ☒ （水平文本对齐）：该选项用于设置在水平方向与现有的某个基本制图对象对齐。此选项允许用户将源注释与目标注释上的某个文本定位位置相关联，让尺寸与选择的文本水平对齐。

- ☒ （竖直文本对齐）：该选项用于设置在竖直方向与现有的某个基本制图对象的对齐。此选项允许用户将源注释与目标注释上的某个文本定位位置相关联。打开时，会让尺寸与选择的文本竖直对齐。

- ☒ （对准箭头）：该选项用来创建制图对象的箭头与现有制图对象的箭头对齐，来指定制图对象的原点。打开时，会让尺寸与选择的箭头对齐。

- （点构造器）：通过"原点位置"下拉菜单来启用所有的点位置选项，以使注释与某个参考点相关联。打开时，可以选择控制点、端点、交点和中心点为尺寸和符号的放置位置。
- （偏置字符）：该选项可设置当前字符大小（高度）的倍数，使尺寸与对象偏移指定的字符数后对齐。

6.2.3　注释参数设置

选择下拉菜单 首选项(P) ➡ A 注释(T)... 命令，系统弹出图 6.2.3 所示的"注释首选项"对话框。

图 6.2.3　"注释首选项"对话框

图 6.2.3 所示"注释首选项"对话框中各选项卡的功能说明如下。

- 尺寸：用于设置箭头和直线格式、放置类型、公差和精度格式、尺寸文本角度和延伸线部分的尺寸关系等参数。
- 直线/箭头：用于设置应用于指引线、箭头以及尺寸的延伸线和其他注释的相关参数。
- 文字：用于设置应用于尺寸、文本和公差等文字的相关参数。
- 符号：用于设置工程图相关符号的参数。
- 单位：用于设置各种尺寸显示的参数。
- 径向：用于设置直径和半径尺寸值显示的参数。
- 坐标：用于设置坐标集和折线的参数。
- 填充/剖面线：用于设置剖面线和区域填充的相关参数。
- 零件明细表：用于设置零件明细表的参数，以便为现有的零件明细表对象设置形式。
- 截面：用于设置零件表区域的参数，表由一个个的行集合组成。
- 单元格：用于设置所选单元的各种参数。
- 层叠：用于设置注释对齐方式。
- 适合方法：用于设置单元适合方法的样式。

- 肋骨线：用于设置造船制图中的肋骨线参数。
- 标题块：用于设置标题栏对齐位置。
- 表格注释：用于设置表格中的注释参数。

6.2.4　剖切线参数设置

图 6.2.4 所示的"截面线首选项"
对话框中各选项的说明如下。

- 标签：用于设置剖视图的标签号。
- 样式：可以进行选择剖切线箭头的样式。
- 箭头显示：通过在(A)、(B)和(C)文本框中输入值以控制箭头的大小。
- 箭头通过部分：通过在(D)文本框中输入值以控制剖切线箭头线段和视图线框之间的距离。
- 短划线长度：用于在(E)文本框中输入短划线长度。
- 标准：用于控制剖切线符号的标准。
- 颜色：用于控制剖切线的颜色。
- 宽度：用于选择剖切线宽度。

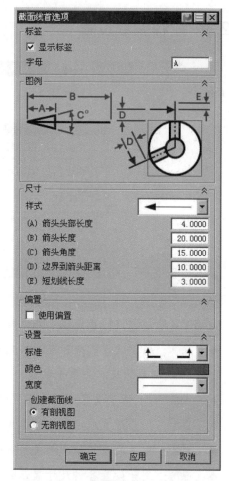

图 6.2.4　"截面线首选项"对话框

6.2.5　视图参数设置

选择下拉菜单 首选项(P) ➡ 视图(V)... 命令，系统弹出图 6.2.5 所示的"视图首选项"对话框。通过对"视图首选项"对话框中参数的设置可以控制图样上的视图显示，包括隐藏线、剖视图背景线、轮廓线和光顺边等。这些设置只对当前文件和设置以后添加的视图有效，而对于在设置之前添加的视图则可通过编辑视图样式修改，因此在创建工程图之前，最好先进行预设置，这样可以减少很多的编辑工作，提高工作效率。

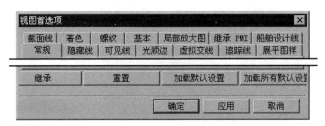

图 6.2.5 "视图首选项"对话框

图 6.2.5 所示"视图首选项"对话框中各选项卡的功能说明如下。

- 截面线：控制剖视图的剖面线。
- 螺纹：用于设置图样成员视图中内、外螺纹的最小螺距。
- 基本：用于设置基本视图的装配布置、小平面表示、剪切边界和注释的传递。
- 继承 PMI：用于设置图样平面中形位公差的继承。
- 常规：用于设置视图的比例、角度、UV 网格、视图标记和比例标记等细节选项。
- 隐藏线：用于设置视图中隐藏线的显示方法。其中的相关选项可以控制隐藏线的显示类别、显示线型和粗细等。
- 可见线：用于设置视图中的可见线的颜色、线型和粗细。
- 光顺边：用于控制光顺边的显示，可以设置光顺边缘是否显示以及设置其颜色、线型和粗细。
- 虚拟交线：用于显示假想的相交曲线。
- 追踪线：用于修改可见和隐藏跟踪线的颜色、线型和深度，或修改可见跟踪线的缝隙大小。
- 展平图样：用于对钣金展开图的设置。
- 船舶设计线：用于对船舶设计线的设置。
- 局部放大图：用于显示控制视图边界的颜色、线型和线宽。
- 着色：用于对渲染样式的设置。

6.2.6 标记参数设置

选择下拉菜单 首选项(P) ➡ 视图标签(L)... 命令，系统弹出图 6.2.6 所示的"视图标签首选项"对话框。利用该对话框可以实现以下功能：

- 控制视图标签的显示，并查看图样上成员视图的视图比例标签。
- 控制视图标签的前缀名、字母、字母格式和字母比例因子的显示。
- 控制视图比例的文本位置、前缀名、前缀文本比例因子、数值格式和数值比例因子的显示。

● 使用"视图标签首选项"对话框设置添加到图样的后续视图的首选项，或者使用该对话框编辑现有视图标签的设置。

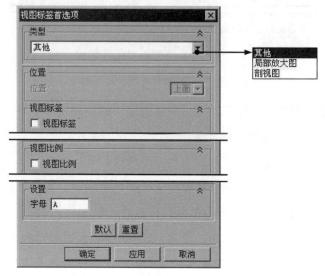

图 6.2.6 "视图标签首选项"对话框

图 6.2.6 所示"视图标签首选项"对话框中各选项卡的功能说明如下。

● 其他：该选项卡用于设置除局部放大图和剖视图之外的其他视图标签的相关参数。

● 局部放大图：该选项卡用于设置局部放大图视图标签的相关参数。

● 剖视图：该选项卡用于设置剖视图视图标签的相关参数。

6.3 图 样 管 理

UG NX 8.0 工程图环境中的图样管理包括工程图样的创建、打开、删除和编辑；下面主要对新建和编辑工程图进行简要介绍。

6.3.1 新建工程图

Step1. 打开零件模型。打开文件 D:\ug8\work\ch06.03\down_base.prt。

Step2. 选择命令。选择下拉菜单 开始 ➡ 制图(D)... 命令，系统进入工程图环境。

Step3. 选择图纸类型。选择下拉菜单 插入(S) ➡ 图纸页(H)... 命令，系统弹出"图纸页"对话框，在对话框中选择图 6.3.1 所示的选项。

Step4. 单击 确定 按钮，完成图样的创建。

说明：在 Step4 中，单击 确定 按钮之前每单击一次 应用 按钮都会多新建一张图样。

图 6.3.1 所示"图纸页"对话框中的选项和按钮说明如下。

- 图纸页名称 文本框: 指定新图样的名称, 可以在该文本框中输入图样名; 图样名最多可以包含 30 个字符; 不允许在名称中使用空格, 并且所有名称都自动转换为大写。默认的图纸名是 SHT1。

- 大小 下拉列表: 用于选择图样大小, 系统提供了 A4、A3、A2、A1 和 A0 五种型号的图纸。 比例: 为添加到图样中的所有视图设定比例。

- 单位: 指定 ○ 英寸 或 ● 毫米 单位。

- 投影: 指定第一象限角投影 或第三象限角投影 ; 按照国标, 应选择 ● 毫米 和第一象限角投影 。

图 6.3.1　"图纸页" 对话框

6.3.2　编辑已存图样

新建一张图样; 在部件导航器中选择图样并右击, 在弹出的图 6.3.2 所示的快捷菜单中选择 编辑图纸页 (H)... 命令, 系统弹出图 6.3.3 所示的 "图纸页" 对话框, 利用该对话框可以编辑已存图样的参数。

图 6.3.2　快捷菜单

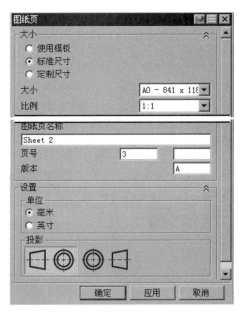

图 6.3.3　"图纸页" 对话框

6.4 视图的创建与编辑

视图是按照三维模型的投影关系生成的，主要用来表达部件模型的外部结构及形状。在 NX 8.0 中，视图分为基本视图、局部放大图、剖视图、半剖视图、旋转剖视图、其他剖视图和局部剖视图。下面分别以具体的实例来说明各种视图的创建方法。

6.4.1 基本视图

下面创建图 6.4.1 所示的基本视图，操作过程如下。

Step1. 打开零件模型。打开文件 D:\ug8\work\ch06.04\base.prt，进入建模环境，零件模型如图 6.4.2 所示。

Step2. 插入图纸页。选择下拉菜单 开始▾ ➡️ 制图(D)... 命令，系统弹出"视图创建向导"对话框，单击 完成 系统进入工程图环境；选择下拉菜单 插入(S) ➡️ 图纸页(H)... 命令，系统弹出"图纸页"对话框，在对话框中选择图 6.4.3 所示的选项，然后单击 确定 按钮。

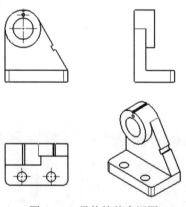

图 6.4.1 零件的基本视图

图 6.4.2 零件模型

Step3. 设置视图显示。选择下拉菜单 首选项(P) ➡️ 视图(V)... 命令，系统弹出"视图首选项"对话框；在 隐藏线 选项卡中设置隐藏线为不可见；单击 确定 按钮。

Step4. 选择视图类型。选择下拉菜单 插入(S) ➡️ 视图(W) ➡️ 基本(B)...，系统弹出图 6.4.4 所示的"基本视图"对话框。定义基本视图参数。在"基本视图"对话框 模型视图 区域的 要使用的模型视图 下拉列表中选择 前视图 选项，在 缩放 区域的 比例 下拉列表中选择 1:1 选项。

Step5. 放置视图。在图 6.4.5 所示的三个位置单击以放置主视图、左视图和俯视图。

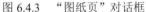

图 6.4.3　"图纸页"对话框　　　　图 6.4.4　"基本视图"对话框

图 6.4.4 所示的"基本视图"对话框中的按钮说明如下。

- 部件 区域：该区域用于加载部件、显示已加载部件和最近访问的部件。

- 视图原点 区域：该区域主要用于定义视图在图形区的摆放位置，例如水平、垂直、鼠标在图形区的点击位置或系统的自动判断等。

- 模型视图 区域：该区域用于定义视图的方向，例如仰视图、前视图和右视图等；单击该区域的"定向视图工具"按钮，系统弹出"定向视图工具"对话框，通过该对话框，可以创建自定义的视图方向。

- 缩放 区域：用于在添加视图之前，为基本视图指定一个特定的比例。默认的视图比例值等于图样比例。

- 设置 区域：该区域主要用于完成视图样式的设置，单击该区域的 按钮，系统弹出"视图样式"对话框。

Step6. 创建正等测视图。

（1）选择命令。选择下拉菜单 插入 (S) ➡ 视图 (W) ➡ 基本 (B)... 命令，系统弹出"基本视图"对话框。

（2）选择视图类型。在"基本视图"对话框 模型视图 区域的 要使用的模型视图 下拉列表中选择 正等测视图 选项。

（3）定义视图比例。在 缩放 区域的 比例 下拉列表中选择 1:1 选项。

（4）放置视图。选择合适的放置位置并单击，结果如图 6.4.5 所示。

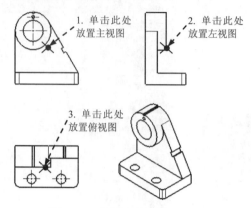

图 6.4.5　视图的放置

6.4.2　局部放大图

下面创建图 6.4.6 所示的局部放大图，操作过程如下。

Step1. 打开文件 D:\ug8\work\ch06.04\magnify_view.prt。

Step2. 选择命令。选择下拉菜单 插入(S) ➡ 视图(W) ➡ 局部放大图(U)... 命令，系统弹出图 6.4.7 所示的"局部放大图"对话框。

Step3. 选择边界类型。在"局部放大图"对话框的 类型 下拉列表中选择 圆形 选项（图 6.4.7）。

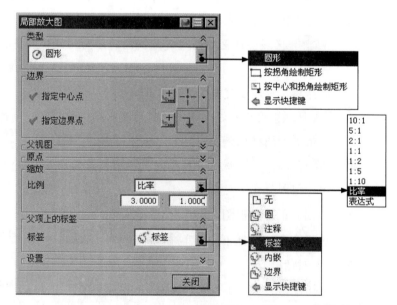

图 6.4.6　局部放大图   图 6.4.7　"局部放大图"对话框

图 6.4.7 所示"局部放大图"工具条的按钮说明如下。

- ● **类型**-区域：该区域用于定义绘制局部放大图边界的类型，包括："圆形"、"按拐角绘制矩形"和"按中心和拐角绘制矩形"。
- ● **边界**-区域：该区域用于定义创建局部放大图的边界位置。
- ● **父项上的标签**-区域：该区域用于定义父视图边界上的标签类型，包括："无"、"圆"、"注释"、"标签"、"内嵌"和"边界"。

Step4. 绘制放大区域的边界（图 6.4.8）。

Step5. 指定放大图比例。在"局部放大图"对话框 **缩放** 区域的 **比例** 下拉列表中选择 **比率** 选项，输入 3：1。

Step6. 定义父视图上的标签。在对话框 **父项上的标签**-区域的 **标签** 下拉列表中选择 **标签** 选项。

Step7. 放置视图。选择合适的位置（图 6.4.9）并单击以放置放大图，然后单击 **关闭** 按钮。

Step8. 设置视图标签样式。双击父视图上放大区域的边界，系统弹出"视图标签样式"对话框，设置图 6.4.10 所示的参数，完成设置后单击 **确定** 按钮。

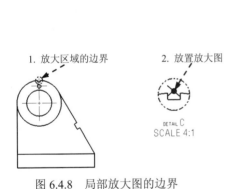

图 6.4.8　局部放大图的边界

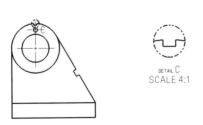

图 6.4.9　局部放大图的位置

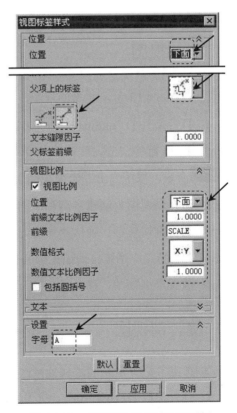

图 6.4.10　"视图标签样式"对话框

6.4.3　全剖视图

下面创建图 6.4.11 所示的全剖视图，操作过程如下。

Step1. 打开文件 D：\ug8\work\ch06.04\section_cut.prt。

Step2. 选择命令。选择下拉菜单 插入(S) ➡ 视图(W) ➡ 截面(S) ➡ 简单/阶梯剖(S)... 命令，系统弹出"剖视图"工具条。

Step3. 在系统 选择父视图 的提示下，选择主视图作为创建全剖视图的父视图（图 6.4.12）。

Step4. 选择剖切位置。确认"捕捉方式"工具条中的 ⊙ 按钮被按下，选取图 6.4.12 所示的圆，系统自动捕捉圆心位置。

Step5. 放置剖视图。在系统 指示图纸页上剖视图的中心 的提示下，在图 6.4.12 所示的位置单击放置剖视图，然后按 Esc 键结束，完成全剖视图的创建。

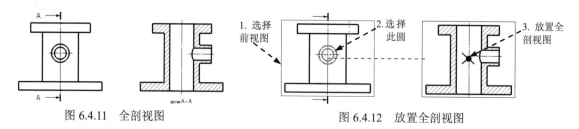

图 6.4.11　全剖视图　　　　　　　　　　图 6.4.12　放置全剖视图

6.4.4　半剖视图

下面创建图 6.4.13 所示的半剖视图，操作过程如下。

Step1. 打开文件 D：\ug8\work\ch06.04\half-section_cut.prt。

Step2. 选择命令。选择下拉菜单 插入(S) ➡ 视图(W) ➡ 截面(S) ➡ 半剖(H)... 命令，系统弹出"半剖视图"工具条。

Step3. 选择俯视图为创建半剖视图的父视图（图 6.4.13）。

Step4. 选择剖切位置。确认"捕捉方式"工具条中的 ⊙ 按钮被按下，选取图 6.4.13 所示的圆弧 1 和圆弧 2，系统自动捕捉圆心位置。

Step5. 放置半剖视图。移动鼠标到合适的位置单击，完成视图的放置。

6.4.5　旋转剖视图

下面创建图 6.4.14 所示的旋转剖视图，操作过程如下。

Step1. 打开文件 D：\ug8\work\ch06.04\revolved-section_cut.prt。

Step2. 选择命令。选择下拉菜单 插入(S) ➡ 视图(W) ➡ 截面(S) ➡ 旋转剖(R)... 命令，系统弹出"旋转剖视图"工具条。

Step3. 选择俯视图为创建旋转剖视图的父视图（图 6.4.14）。

Step4. 选择剖切位置。单击选中"捕捉方式"工具条中的 ⊙ 按钮，选取图 6.4.14 中的 2 所指示的圆弧；然后选取图 6.4.14 中的 3 所指示的圆弧，再选取图 6.4.14 中 4 指示的圆弧。

Step5. 放置剖视图。在系统 指示图纸页上剖视图的中心 的提示下，单击图 6.4.14 所示的位置 5，完成视图的放置。

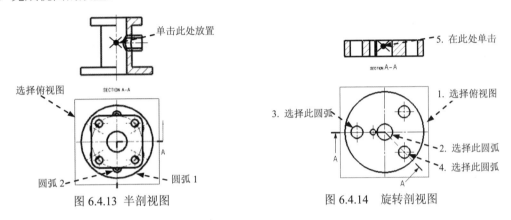

图 6.4.13　半剖视图　　　　　　　　图 6.4.14　旋转剖视图

6.4.6　阶梯剖视图

下面创建阶梯视图，操作过程如下。

Step1. 打开文件 D:\ug8\work\ch06.04\stepped-section_cut.prt。

Step2. 选择命令。选择下拉菜单 插入(S) ➡ 视图(W) ➡ 截面(S) ➡ 轴测剖(P)... 命令，系统弹出"轴测图中的全剖/阶梯剖"对话框（图 6.4.15）。

Step3. 选择图形区中的视图为阶梯剖的父视图。

Step4. 定义剖切线。

（1）定义箭头方向矢量。选取图 6.4.15 所示的下拉列表中的 $\overset{YC}{\diagup}$，单击对话框中的 应用 按钮。

（2）定义剖切方向矢量。选取图 6.4.15 所示的下拉列表中的 $\uparrow^{ZC}$，单击对话框中的 应用 按钮，系统弹出"截面线创建"对话框。

（3）定义剖切位置。选中"剖切线创建"对话框中的 ⊙ 剖切位置 单选项；然后在 选择点 后的下拉列表中选择 ⊙ 选项；依次选取图 6.4.16 所示的圆 1、圆 2 和圆 3；单击"剖切线创建"对话框中的 确定 按钮。

Step5. 放置阶梯剖视图。选择合适的位置并单击以放置阶梯剖视图。

Step6. 单击"轴测图中的全剖/阶梯剖"对话框中的 取消 按钮或按 Esc 键退出，完成阶梯剖视图的创建。

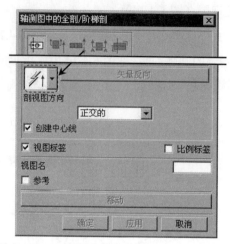

图 6.4.15 "轴测图中的全剖/阶梯剖"对话框

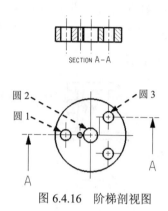

图 6.4.16 阶梯剖视图

6.4.7 局部剖视图

下面创建图 6.4.17 所示的局部剖视图，操作过程如下。

Step1. 打开文件 D:\ug8\work\ch06.04\breakout-section.prt。

Step2. 调整视图显示状态。

（1）在图形区右击，在弹出的快捷菜单中选择 定向视图(R) ➡ 前视图(F) 命令。

（2）在图形区右击，在弹出的快捷菜单中选择 渲染样式(D) ➡ 带有淡化边的线框(D) 命令，将视图调整到线框状态。

Step3. 绘制剖切区域。

选择下拉菜单 插入(S) ➡ 曲线(C) ➡ 艺术样条(D)... 命令，弹出"艺术样条"对话框，取消选中 ☑ 封闭的 复选框，取消选中 设置 区域中的 □ 关联 复选框，绘制图 6.4.18 所示的线，单击 < 确定 > 按钮。

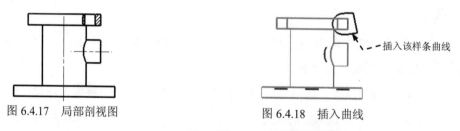

图 6.4.17 局部剖视图　　　　图 6.4.18 插入曲线

Step4. 进入工程图环境。选择下拉菜单 开始▾ ➡ 制图(D)... 命令，系统进入工程图环境。

Step5. 设置视图显示。选择下拉菜单 首选项(P) ➡ 视图(V)... 命令，系统弹出"视图首选项"对话框，在 隐藏线 选项卡中设置隐藏线为不可见，单击 确定 按钮。

Step6. 新建工程图。选择下拉菜单 插入(S) ➡ 图纸页(H)... 命令，系统弹出"图纸页"对话框，然后单击 确定 按钮，选择下拉菜单 插入(S) ➡ 视图(W) ➡ 基本(B)... 命令，系统弹出"基本视图"对话框。在"基本视图"对话框 模型视图 区域的 要使用的模型视图 下拉列表中选择 前视图 选项，在 缩放 区域的 比例 下拉列表中选择 1:1 选项。

Step7. 放置视图。在图形区中的合适位置（图 6.4.19）依次单击以放置前视图和俯视图，单击中键完成视图的放置。

Step8. 编辑视图的关联性。

（1）展开成员视图。选择前视图并右击，在弹出的快捷菜单中选择 扩展(X) 命令。

（2）添加关联曲线。选择下拉菜单 编辑(E) ➡ 视图(W) ➡ 视图相关编辑(E)... 命令，系统弹出"视图相关编辑"对话框；单击"模型转换到视图"按钮 ；选取图 6.4.20 所示的曲线，单击两次 确定 按钮。

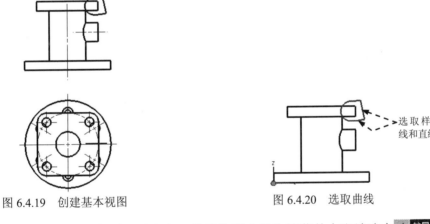

图 6.4.19　创建基本视图　　　　图 6.4.20　选取曲线

（3）退出扩展模式。在图形区右击，从系统弹出的快捷菜单中取消选中 ✔ 扩展(X) 命令。

Step9. 选择命令。选择下拉菜单 插入(S) ➡ 视图(W) ➡ 截面(S) ➡ 局部剖(O)... 命令，系统弹出"局部剖"对话框（图 6.4.21）。

Step10. 创建局部剖视图。

（1）选择生成局部剖的视图。在绘图区选取前视图。

（2）定义基点。单击"捕捉方式"工具条中的 按钮；选取图 6.4.22 所示的基点。

（3）定义拉出的矢量方向。接受系统的默认方向。

（4）选择剖切线。单击"局部剖"对话框中的"选择曲线"按钮 ；选取样条曲线和直线为剖切线；单击 应用 按钮；再单击 取消 按钮，完成局部剖视图的创建。

6.4.8 显示与更新视图

1．视图的显示

选择下拉菜单 视图(V) ➡ 显示图纸页(D) 命令，系统会在模型的三维图形和二维工程图之间进行切换。

2．视图的更新

选择下拉菜单 编辑(E) ➡ 视图(W) ➡ 更新(U)... 命令，可更新图形区中的视图。选择该命令后，系统弹出图 6.4.23 所示的"更新视图"对话框。

图 6.4.23 所示"更新视图"对话框的按钮及选项说明如下。

图 6.4.21 "局部剖"对话框

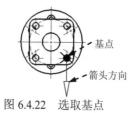

图 6.4.22 选取基点

图 6.4.23 "更新视图"对话框

- □显示图纸中的所有视图：列出当前存在于部件文件中所有图样页面上的所有视图，当该复选项被选中时，部件文件中的所有视图都在该对话框中可见并可供选择。如果取消选中该复选项，则只能选择当前显示的图样上的视图。
- 选择所有过时视图：用于选择工程图中的过期视图。单击 应用 按钮之后，这些视图将进行更新。
- 选择所有过时自动更新视图：用于选择工程图中的所有过期视图并自动更新。

6.4.9 对齐视图

UG NX 8.0 提供了比较方便的视图对齐功能。将鼠标移至视图的视图边界上并按住左键，然后移动，系统会自动判断用户的意图，显示可能的对齐方式，当移动适合的位置时，松开鼠标左键即可。但是如果这种方法不能满足要求的话，用户还可以利用 对齐视图(A)... 命令来对齐视图。下面以图 6.4.24 为例，来说明利用该命令来对齐视图的一般过程。

a）对齐前　　　　　　　　　　　　　　　　　　　b）对齐后

图 6.4.24　对齐视图

Step1. 打开文件 D:\ug8\work\ch06.04\level1.prt。

Step2. 选择命令。选择下拉菜单 编辑(E) ➡ 视图(V) ➡ 对齐(A)... 命令，系统弹出图 6.4.25 所示的"对齐视图"对话框。

Step3. 定义对齐方式。在"对齐视图"对话框中单击 按钮，选择水平对齐的方式。

Step4. 定义静止点。选择 模型点 下拉列表中的 模型点 选项，确认"捕捉方式"工具条中的 按钮已被按下，选取图 6.4.26 所示的静止点。

Step5. 选择要对齐的视图（图 6.4.26）。

Step6. 单击鼠标中键，完成视图的对齐。

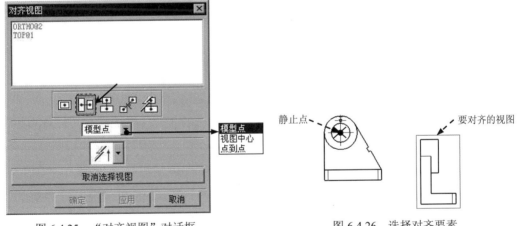

图 6.4.25　"对齐视图"对话框　　　　　　图 6.4.26　选择对齐要素

图 6.4.25 所示"对齐视图"对话框中的选项及按钮说明如下。

- （叠加）：同时水平和垂直对齐视图，以便使它们重叠在一起。

- （水平）：将选定的视图水平对齐。

- （竖直）：将选定的视图垂直对齐。

- （垂直于直线）：将选定视图与指定的参考线垂直对齐。

- （自动判断）：自动判断两个视图可能的对齐方式。

- 模型点 ：用来设置视图的对齐位置。

  ☑ 模型点 ：通过选择一个静止点和一个需要对齐的视图来对齐视图。

☑ 视图中心：通过选择两个视图的中心来对齐视图。

☑ 点到点：通过选择两个视图中的点来对齐视图。

6.4.10　编辑视图

1．编辑整个视图

打开文件 D:\ug8\work\ch06.04\down_base.prt；在视图的边框上右击，从弹出的快捷菜单中选择 样式(T)... 命令（图 6.4.27），系统弹出图 6.4.28 所示的"视图样式"对话框，使用该对话框可以改变视图的显示。

"视图样式"对话框和"视图首选项"对话框基本一致，在此不作具体介绍。

图 6.4.27　选择"样式"命令

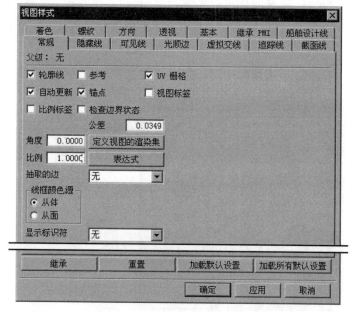

图 6.4.28　"视图样式"对话框

2．视图细节的编辑

（1）编辑剖切线。

下面以图 6.4.29 为例，来说明编辑剖切线的一般过程。

Step1. 打开文件 D:\ug8\work\ch06.04\edit_section.prt。

Step2. 选择命令。选择下拉菜单 编辑(E) ➡ 视图(W) ➡ 截面线(L)... 命令，系统弹出图 6.4.30 所示的"截面线"对话框。

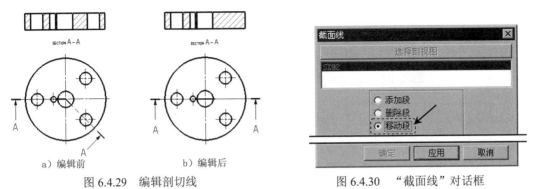

a）编辑前　　　　　　　　b）编辑后

图 6.4.29　编辑剖切线　　　　　　　图 6.4.30　"截面线"对话框

Step3. 单击对话框中的 选择剖视图 按钮，选取图 6.4.31 所示的剖视图，在对话框中选中 ⊙移动段 单选项。

Step4. 选择要移动的段（图 6.4.31 所示的一段剖切线）。

Step5. 选择放置位置（图 6.4.31）。

说明：利用 "截面线" 对话框不仅可以增加、删除和移动剖面线，还可重新定义铰链线、剖切矢量和箭头矢量等。

Step6. 单击"剖切线"对话框中的 应用 按钮，再单击 取消 按钮，此时视图并未立即更新。

Step7. 更新视图。选择下拉菜单 编辑(E) ➡ 视图(W) ➡ 更新(U)... 命令，弹出"更新视图"对话框；单击"选择所有过时视图"按钮 按钮，选择全部视图；再单击 确定 按钮，完成剖面线的编辑。

（2）定义剖切阴影线。

在工程图环境中，用户可以选择现有剖切线或自定义的剖切线为剖切阴影线来填充剖面。与产生剖视图的结果不同，填充剖面不会产生新的视图。下面以图 6.4.32 为例，来说明定义剖切阴影线的一般操作过程。

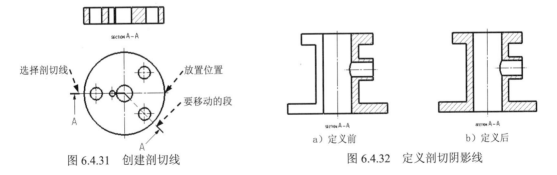

图 6.4.31　创建剖切线　　　　　　　a）定义前　　　　　b）定义后

　　　　　　　　　　　　　　　　　图 6.4.32　定义剖切阴影线

Step1. 打开文件 D：\ug8\work\ch06.04\edit_section2.prt。

Step2. 选择命令。选择下拉菜单 插入(S) ➡ 注释(A) ➡ 剖面线(D)... 命令，弹出图 6.4.33 所示的"剖面线"对话框，在该对话框 边界 区域的 选择模式 下拉列表中选择 边界曲线选项。

Step3. 定义剖面线边界。依次选取图 6.4.34 所示的曲线为剖面线边界。

Step4. 定义剖面线样式。剖面线样式设置图 6.4.33 所示。

Step5. 单击 确定 按钮，完成剖面线的定义。

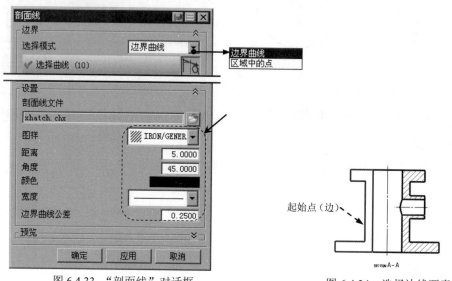

图 6.4.33   "剖面线"对话框

图 6.4.34   选择边线要素

图 6.4.33 所示"剖面线"对话框的按钮及选项说明如下。

● 边界曲线 选项：若选择该选项，则在创建剖面线时是通过在图形上选取一个封闭的
  边界曲线来得到。

● 区域中的点 选项：若选择该选项，则在创建剖面线时，只需要在一个封闭的边界曲
  线内部点击一下，系统自动选取此封闭边界作为创建剖面线边界。

6.5 标注与符号

6.5.1 尺寸标注

尺寸标注是工程图中一个重要的环节，本节将介绍尺寸标注的方法以及注意事项。主
要通过图 6.5.1 所示的"尺寸"工具条进行尺寸标注（工具条中没有的按钮可以定制）。

图 6.5.1 所示"尺寸"工具条的说明如下。

H1：允许用户使用系统功能创建尺寸，以便根据用户选取的对象以及光标位置智能地
判断尺寸类型，其下拉列表中包括了下面的所有标注方式。

H2：允许用户使用系统功能创建尺寸，以便根据用户选取的对象以及光标位置智能地
判断尺寸类型。

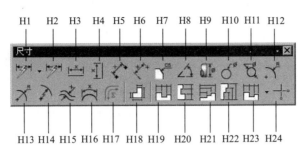

图 6.5.1　"尺寸"工具条

H3：在两个选定对象之间创建一个水平尺寸。

H4：在两个选定对象之间创建一个竖直尺寸。

H5：在两个选定对象之间创建一个平行尺寸。

H6：在一条直线或中心线与一个定义的点之间创建一个垂直尺寸。

H7：创建倒斜角尺寸。

H8：在两条不平行的直线之间创建一个角度尺寸。

H9：创建一个等于两个对象或点位置之间的线性距离的圆柱尺寸。

H10：创建孔特征的直径尺寸。

H11：标注圆或弧的直径的尺寸。

H12：创建半径尺寸，此半径尺寸使用一个从尺寸值到弧的短箭头。

H13：创建一个半径尺寸，此半径尺寸从弧的中心绘制一条延伸线。

H14：对极其大的半径圆弧创建一条折叠的指引线半径尺寸，其中心可以在绘图区之外。

H15：创建厚度尺寸，该尺寸测量两个圆弧或两个样条之间的距离。

H16：创建一个测量圆弧周长的圆弧长尺寸。

H17：创建周长约束以控制选定直线和圆弧的集体长度。

H18：将孔和螺纹的参数（以标注的形式）或草图尺寸继承到图纸页。

H19：允许用户创建一组水平尺寸，其中每个尺寸都与相邻尺寸共享其端点。

H20：允许用户创建一组竖直尺寸，其中每个尺寸都与相邻尺寸共享其端点。

H21：允许用户创建一组水平尺寸，其中每个尺寸都共享一条公共基准线。

H22：允许用户创建一组竖直尺寸，其中每个尺寸都共享一条公共基准线。

H23：允许用户创建一组水平尺寸，其中每个尺寸都与相邻尺寸共享其端点。

H24：包含允许用户创建坐标尺寸的选项。

下面以图 6.5.2 为例，来介绍创建尺寸标注的一般操作过程。

Step1. 打开文件 D：\ug8\work\ch06.05\dimension.prt。

Step2. 标注竖直尺寸。选择下拉菜单 插入(S) ➡ 尺寸(M)▶ ➡ 竖直(V)... 命令，系统弹出图 6.5.3 所示的"竖直尺寸"工具条。

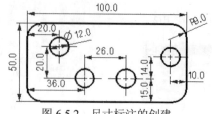

图 6.5.2　尺寸标注的创建

图 6.5.3　"竖直尺寸"工具条

Step3. 单击"捕捉方式"工具条中的 ⟋ 按钮，选取图 6.5.4 所示的边线 1 和边线 2，系统自动显示活动尺寸，单击合适的位置放置尺寸；确认"捕捉方式"工具条中的 ⊙ 按钮被按下，然后选取图 6.5.4 所示的圆 1 和圆 2，系统自动显示活动尺寸，单击合适的位置放置尺寸，结果如图 6.5.5 所示。

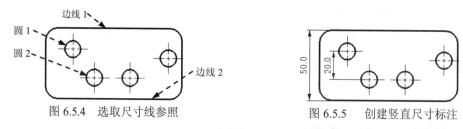

图 6.5.4　选取尺寸线参照　　　　　　图 6.5.5　创建竖直尺寸标注

Step4. 标注水平尺寸。选择下拉菜单 插入(S) ➡️ 尺寸(M)▸ ➡️ 水平(H)... 命令，系统弹出"水平尺寸"工具条。

Step5. 单击"捕捉方式"工具条中的 ⟋ 按钮，选取图 6.5.6 所示的边线 1 和边线 2，系统自动显示活动尺寸，单击合适的位置放置尺寸；确认"捕捉方式"工具条中的 ⊙ 按钮被按下，然后选取图 6.5.6 所示的圆 1 和圆 2，系统自动显示活动尺寸，单击合适的位置放置尺寸，结果如图 6.5.7 所示。

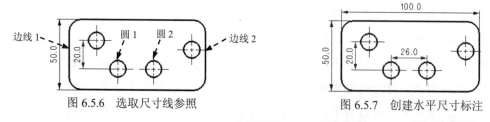

图 6.5.6　选取尺寸线参照　　　　　　图 6.5.7　创建水平尺寸标注

Step6. 标注半径尺寸。选择下拉菜单 插入(S) ➡️ 尺寸(M)▸ ➡️ 半径(R)... 命令，系统弹出"半径尺寸"工具条。

Step7. 选取图 6.5.8 所示的圆弧，单击合适的位置放置半径尺寸，结果如图 6.5.9 所示。

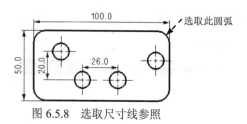

图 6.5.8　选取尺寸线参照

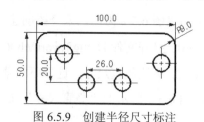

图 6.5.9　创建半径尺寸标注

Step8. 标注直径尺寸。选择下拉菜单 插入(S) ➡ 尺寸(M)▶ ➡ 🔍 直径(D)... 命令，系统弹出"直径尺寸"工具条。

Step9. 选取图 6.5.10 所示的圆，单击合适的位置放置直径尺寸，结果如图 6.5.11 所示。

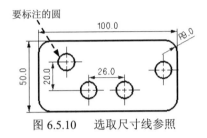

图 6.5.10　选取尺寸线参照

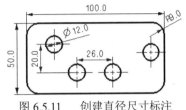

图 6.5.11　创建直径尺寸标注

Step10. 选取其他图元创建尺寸标注，使其完全约束，结果如图 6.5.2 所示。

图 6.5.3 所示"竖直尺寸"工具条的按钮及选项说明如下。

- ᴬ₄: 单击该按钮，系统弹出"尺寸样式"对话框，用于设置尺寸显示和放置等参数。
- 1 ▾: 用于设置尺寸精度。
- 1.00 ▾: 用于设置尺寸公差。
- 🄰: 单击该按钮，系统弹出"注释编辑器"对话框，用于添加注释文本。
- 🖳: 用于重置所有设置，即恢复默认状态。

6.5.2　注释编辑器

制图环境中的形位公差和文本注释都是通过注释编辑器来标注的，因此，在这里先介绍一下注释编辑器的用法。

选择下拉菜单 插入(S) ➡ 注释(A) ➡ 🄰 注释(N)... 命令（或单击"注释"工具条中的 🄰 按钮），弹出图 6.5.12 所示的"注释"对话框。

图 6.5.12 所示"注释"对话框中各按钮的说明如下。

- 编辑文本 区域: 该区域（"编辑文本"工具栏）用于编辑注释，其主要功能和 Word 等软件的功能相似。
- 格式化 区域: 该区域包括"文本字体设置下拉列表 alien ▾"、"文本大小设置下拉列表 0.25 ▾"、"编辑文本按钮"和"多行文本输入区"。
- 符号 区域: 该区域的 类别 下拉列表中主要包括"制图"、"形位公差"、"分数"、"定制符号"、"用户定义"和"关系"几个选项。
  - ☑ 🔹制图 选项: 使用图 6.5.12 所示的 🔹制图 选项可以将制图符号的控制字符输入到编辑窗口。
  - ☑ ⬛形位公差 选项: 图 6.5.13 所示的 ⬛形位公差 选项可以将形位公差符号的控

制字符输入到编辑窗口和检查形位公差符号的语法。形位公差窗格的上面有四个按钮，它们位于一排。这些按钮用于输入下列形位公差符号的控制字符："插入单特征控制框"、"插入复合特征控制框"、"开始下一个框"和"插入框分隔线"。这些按钮的下面是各种公差特征符号按钮、材料条件按钮和其他形位公差符号按钮。

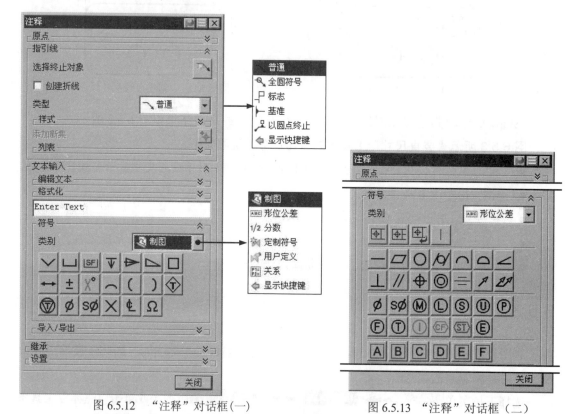

图 6.5.12   "注释"对话框（一）   图 6.5.13   "注释"对话框（二）

☑   **. 分数** 选项：图 6.5.14 所示的 **分数** 选项分为上部文本和下部文本，通过更改分数类型，可以分别在上部文本和下部文本中插入不同的分数类型。

图 6.5.14   "注释"对话框（三）

☑ 定制符号选项：选择此选项后，可以在符号库中选取用户自定义的符号。

☑ 用户定义选项：图 6.5.15 所示为 用户定义 选项。该选项的 符号库 下拉列表中提供了"显示部件"、"当前目录"和"实用工具目录"选项。单击"插入符号"按钮 后，在文本窗口中显示相应的符号代码，符号文本将显示在预览区域中。

☑ 关系选项：图 6.5.16 所示的 关系 选项包括四种， ：插入控制字符，以在文本中显示表达式的值； ：插入控制字符，以显示对象的字符串属性值； ：插入控制字符，以在文本中显示部件属性值。 ：插入控制字符，以显示图纸页的属性值。

图 6.5.15 "注释"对话框（四）　　　图 6.5.16 "注释"对话框（五）

6.5.3 标识符号

标识符号是一种由规则图形和文本组成的符号，在创建工程图中也是必要的。下面来介绍创建标识符号的一般操作过程。

Step1. 打开文件 D:\ug8\work\ch06.05\id_symbol.prt。

Step2. 选择命令。选择下拉菜单 插入(S) ➡ 注释(A) ➡ 标识符号(I)... 命令，系统弹出"标识符号"对话框，如图 6.5.17 所示。

Step3. 设置标识符号的参数（图 6.5.17）。

Step4. 指定指引线。单击工具栏中的 按钮，选取图 6.5.18 所示的边线为引线的放置点。

Step5. 放置标识符号。选取图 6.5.18 所示的位置为标识符号的放置位置，单击 关闭 按钮。

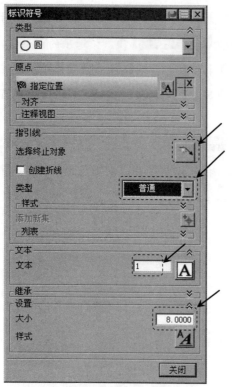

图 6.5.17 "标识符号"对话框

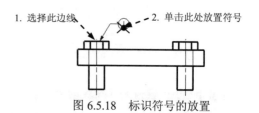

图 6.5.18 标识符号的放置

6.5.4 自定义符号

利用自定义符号命令可以创建用户所需的各种符号，且可将其加入到自定义符号库中。下面将介绍创建自定义符号的一般操作过程。

Step1. 打开文件 D:\ug8\work\ch06.05\user-defined_symbol.prt。

Step2. 选择命令。选择下拉菜单 插入(S) ➡ 符号(Y)▶ ➡ 用户定义(U)... 命令，系统弹出"用户定义符号"对话框。

Step3. 在"用户定义符号"对话框中，设置图 6.5.19 所示的参数。

Step4. 放置符号。单击"用户定义符号"对话框中的 按钮，选取图 6.5.20 所示的尺寸和放置位置。

Step5. 单击 取消 按钮，结果如图 6.5.21 所示。

图 6.5.19 所示"用户定义符号"对话框常用的按钮及选项说明如下。

● 使用的符号来自于：该下拉列表用于从当前部件或指定目录中调用"用户定义符号"。

　　☑ 部件：使用该项将显示当前部件文件中所使用的符号列表。

　　☑ 当前目录：使用该项将显示当前目录的件。

　　☑ 实用工具目录：使用该项可以从"实用工具目录"中的文件选择符号。

- 定义符号大小的方式：在该项中可以使用长度、高度或比例和宽高比来定义符号的大小。

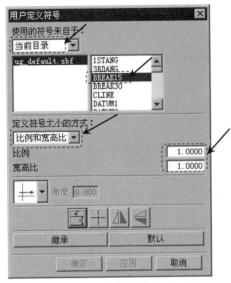

图 6.5.19 "用户定义符号"对话框

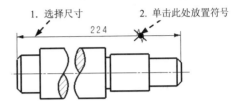

图 6.5.20 用户定义符号的放置

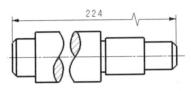

图 6.5.21 创建完的用户定义符号

- 符号方向：使用该项可以对图样上的独立符号进行定位。
    - ☑ ⊞：用来定义与 XC 轴方向平行的矢量方向的角度。
    - ☑ ⊞：用来定义与 YC 轴方向平行的矢量方向的角度。
    - ☑ ⊘：用来定义与所选直线平行的矢量方向。
    - ☑ ⊘：用来定义从一点到另外一点所形成的直线来定义矢量方向。
    - ☑ ⊿：用来在显示符号的位置输入一个角度。
- ⊥：用来将符号添加到制图对象中去。
- ⊞：用来指明符号在图样中的位置。

6.5.5 基准特征符号

利用基准符号命令可以创建用户所需的各种基准符号。下面将介绍创建基准符号的一般操作过程。

Step1. 打开文件 D:\ug8\work\ch06.05\benchmark.prt。

Step2. 选择命令。选择下拉菜单 插入(S) ➞ 注释(A) ➞ ▣ 基准特征符号(R) 命令，系统弹出"基准特征符号"对话框，如图 6.5.22 所示。

Step3. 在"基准特征符号"对话框中的 基准标识符 下的 字母 的文本框中输入字母 A。

Step4. 放置基准特征符号。选取图 6.5.23 所示的边线，然后单击此曲线并拖动，放置基准特征符号如图 6.5.23 所示的位置。

Step5. 单击 关闭 ，完成基准特征符号的创建。

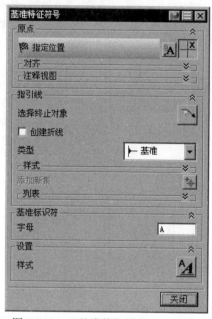

图 6.5.22　"基准特征符号"对话框

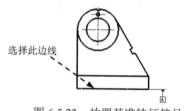

图 6.5.23　放置基准特征符号

6.5.6　形位公差

利用特征控制框命令可以创建用户所需的各种形位公差符号。下面介绍创建公差符号的一般操作过程。

Step1. 打开文件 D:\ug8\work\ch06.05\geometric_tolerance.prt。

Step2. 选择命令。选择下拉菜单 插入(S) ➡ 注释(A) ➡ 特征控制框(E) 命令，系统弹出"特征控制框"对话框，如图 6.5.24 所示。

Step3. 设置公差符号的参数。在 特征 区域的下拉列表中选择 位置度 ，在 公差 区域的文本框中输入数值 0.02，在 第一基准参考 区域的第一个下拉列表中选择第一基准参考字母为 A。

Step4. 指定指引线。在 指引线 中单击 按钮，选取图 6.5.25 所示的边线为引线的放置点，选择适当的位置在图纸中单击，单击 关闭 按钮，完成公差符号的创建。

图 6.5.24　"特征控制框"对话框

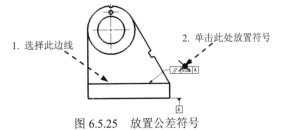

图 6.5.25　放置公差符号

第 7 章　NX 钣金模块

本章提要　本章主要讲解了 NX 钣金模块的菜单、工具栏以及钣金首选项的设置；基本钣金特征、附加钣金特征的各种创建方法及过程；钣金折弯、展开和重新折弯的各种创建方法和技巧；钣金凹坑、冲压除料、百叶窗和加强筋（肋）的各种创建方法和过程；钣金的工程图的创建。读者通过本章的学习，可以对 NX 钣金模块有比较清楚的认识。

7.1　NX 钣金模块导入

本节主要讲解了 NX 钣金模块的菜单、工具栏以及钣金首选项的设置。读者通过本章的学习，可以对 NX 钣金模块有一个初步的了解。

1. NX 钣金模块的菜单及工具栏

打开 UG NX 8.0 软件后，首先选择 文件(F) ➡ 新建(N)... 命令，然后在系统弹出的"新建"对话框中选择 NX 钣金 模板，进入 NX 钣金模块。选择 插入(S) 下拉菜单，系统会弹出 NX 钣金模块中的所有钣金命令（图 7.1.1）。

在工具条按钮区中单击鼠标右键，在系统弹出的快捷菜单中确认 NX 钣金 工具条被激活（ NX 钣金 前有 ✔ 激活状态），屏幕中则出现图 7.1.2 所示的"NX 钣金"工具条。

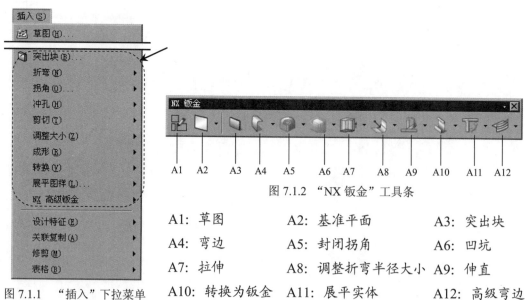

图 7.1.1　"插入"下拉菜单

图 7.1.2　"NX 钣金"工具条

A1：草图	A2：基准平面	A3：突出块
A4：弯边	A5：封闭拐角	A6：凹坑
A7：拉伸	A8：调整折弯半径大小	A9：伸直
A10：转换为钣金	A11：展平实体	A12：高级弯边

2．NX 钣金模块的首选项设置

为了提高钣金件的设计效率以及使钣金件在设计完成后能顺利地加工及精确地展开，UG NX 8.0 提供了一些对钣金零件属性的设置及其平面展开图处理的相关设置。通过对首选项的设置极大提高了钣金零件的设计速度。这些参数设置包括材料厚度、折弯半径、止裂口深度、止裂口宽度和折弯许用半径公式的设置，下面详细讲解这些参数的作用。

进入 NX 钣金模块后，选择下拉菜单 首选项(P) ➡ NX 钣金(H)... 命令，系统弹出"NX钣金首选项"对话框（一），如图 7.1.3 所示。

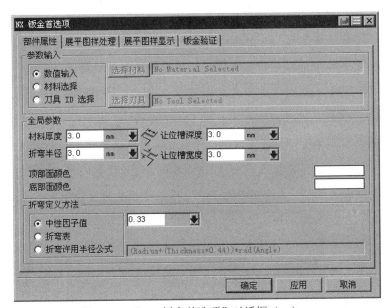

图 7.1.3　"NX 钣金首选项"对话框（一）

图 7.1.3 所示的"NX 钣金首选项"对话框（一）中 部件属性 选项卡各选项的说明如下。

- 参数输入 区域：该区域包含 ⊙ 数值输入 、⊙ 材料选择 和 ⊙ 刀具 ID 选择 单选项，可用于确定钣金折弯的定义方式。
  - ☑ ⊙ 数值输入 单选项：当选中该单选项时，可直接以数值的方式在 折弯定义方法 区域中直接输入钣金折弯参数。
  - ☑ ⊙ 材料选择 单选项：选中该单选项时，可单击右侧的 选择材料 按钮，系统弹出"选择材料"对话框，可在该对话框中选择一材料来定义钣金折弯参数。
  - ☑ ⊙ 刀具 ID 选择 单选项：选中该单选项时，可单击右侧的 选择刀具 按钮，系统弹出"NX 钣金工具标准"对话框，可在该对话框中选择钣金标准工具，以定义钣金的折弯参数。
- 在 全局参数 区域中可以设置以下六个参数。
  - ☑ 材料厚度 文本框：在该文本框中可以输入数值以定义钣金零件的全局厚度。

☑ 折弯半径文本框：在该文本框中可以输入数值以定义钣金件折弯时的默认的折弯半径值。

☑ 让位槽深度文本框：在该文本框中可以输入数值以定义钣金件默认的让位槽的深度值。

☑ 让位槽宽度文本框：在该文本框中可以输入数值以定义钣金件默认的让位槽的宽度值。

☑ 顶部面颜色选择区域：单击其后的颜色选择区域，系统弹出"颜色"对话框，可在该对话框中选择一种颜色来定义钣金件顶部面的颜色。

☑ 底部面颜色选择区域：单击其后的颜色选择区域，系统弹出"颜色"对话框，可在该对话框中选择一种颜色来定义钣金件底部面的颜色。

● 折弯定义方法区域：该区域用于定义折弯定义方法，包含 ⊙ 中性因子值、⊙ 折弯表 和 ⊙ 折弯许用半径公式单选项。

☑ ⊙ 中性因子值单选项：选中该单选项时，采用中性因子定义折弯方法，且其后的文本框可用，可在该文本框中输入数值以定义折弯的中性因子。

☑ ⊙ 折弯表单选项：选中该单选项，可在创建钣金折弯时使用折弯表来定义折弯参数。

☑ ⊙ 折弯许用半径公式单选项：当选中该单选项时，使用半径公式来确定折弯参数。

在"NX 钣金首选项"对话框中单击 展平图样处理选项卡，"NX 钣金首选项"对话框（二）如图 7.1.4 所示。

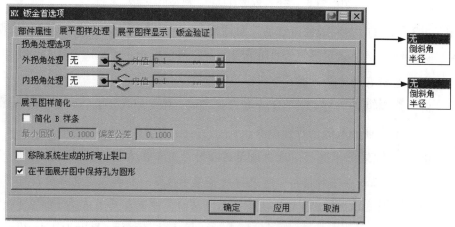

图 7.1.4　"NX 钣金首选项"对话框（二）

图 7.1.4 所示的"NX 钣金首选项"对话框（二）展平图样处理选项卡中各选项的说明如下。

● 拐角处理选项在区域中可以设置在展开钣金后内、外拐角的处理方式。外拐角是去除材料，内拐角是创建材料。

- 外拐角处理下拉列表：该下拉列表中有无、倒斜角和半径三个选项，用于设置钣金展开后外拐角的处理方式。
  - ☑ 无选项：选择该选项时，不对内、外拐角做任何处理。
  - ☑ 倒斜角选项：选择该选项时，对内、外拐角创建一个倒角，倒角的大小在其后的文本框中进行设置。
  - ☑ 半径选项：选择该选项时，对内、外拐角创建一个圆角，圆角的大小在后面的文本框中进行设置。
- 内拐角处理下拉列表：该下拉列表中有无、倒斜角和半径三个选项，用于设置钣金展开后外拐角的处理方式。
- 展平图样简化区域：该区域用于在对圆柱表面或折弯处有裁剪特征的钣金零件进行展开时，设置是否生成 B 样条，当选中简化 B 样条复选框后，可通过最小圆弧及偏差的公差两个文本框对简化 B 样条的最大圆弧和偏差公差进行设置。
- ☑ 移除系统生成的折弯止裂口复选框：选中☑ 移除系统生成的折弯止裂口复选框后，钣金零件展开时将自动移除系统生成的缺口。
- ☑ 在平面展开图中保持孔为圆形复选框：选择该复选框时，在平面展开图中保持折弯曲面上的孔为圆形。

在"NX 钣金首选项"对话框中单击展平图样显示选项卡，"NX 钣金首选项"对话框（三）如图 7.1.5 所示，可设置展平图样的各曲线的颜色以及默认选项的新标注属性。

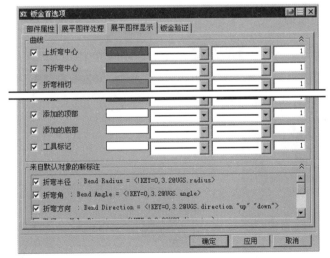

图 7.1.5　"NX 钣金首选项"对话框（三）

在"NX 钣金首选项"对话框中单击钣金验证选项卡，此时"NX 钣金首选项"对话框（四）如图 7.1.6 所示。在该选项卡中可设置钣金件验证的参数。

图 7.1.6　"NX 钣金首选项"对话框（四）

7.2　基础钣金特征

7.2.1　突出块

使用"突出块"命令可以创建出一个平整的钣金壁（图 7.2.1），它是一个钣金零件的"基础"，其他的钣金特征（如冲孔、成形、折弯等）都要在这个"基础"上构建，因此这个平整的薄板就是钣金件最重要的部分。

图 7.2.1　突出块钣金壁

1. 创建"平板"的两种类型

选择下拉菜单 插入(S) ➡ 突出块(B)... 命令后，系统弹出图 7.2.2a 所示的"突出块"对话框（一），创建完成后再次选择下拉菜单 插入(S) ➡ 突出块(B)... 命令时，系统弹出图 7.2.2b 所示的"突出块"对话框（二）。

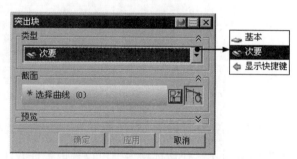

a）"突出块"对话框（一）　　　　　b）"突出块"对话框（二）

图 7.2.2　"突出块"对话框

图 7.2.2 所示的"突出块"对话框的选项的说明如下。

- 类型区域：该区域的下拉列表中有 ■基本 和 ◆次要 选项，用以定义钣金的厚度。
  - ☑ ■基本选项：选择该选项时，用于创建基础突出块钣金壁。
  - ☑ ◆次要选项：选择该选项时，在已有的钣金壁的表面创建突出块钣金壁，其壁厚与基础钣金壁相同。注意只有在部件中已存在基础钣金壁特征时，此选项才会出现。
- 截面区域：该区域用于定义突出块的截面曲线，截面曲线必须是封闭的曲线。
- 厚度区域：该区域用于定义突出块的厚度及厚度方向。
  - ☑ 厚度文本框：可在该区域中输入数值以定义突出块的厚度。
  - ☑ 反向按钮🗙：单击🗙按钮，可使钣金材料的厚度方向发生反转。

2. 创建平板的一般过程

基本突出块是创建一个平整的钣金基础特征，在创建钣金零件时，需要先绘制钣金壁的正面轮廓草图（必须为封闭的线条），然后给定钣金厚度值即可。次要突出块是在已有的钣金壁上创建平整的钣金薄壁材料，其壁厚无需用户定义，系统自动设定为与已存在钣金壁的厚度相同。

Task1. 创建基础突出块

下面以图 7.2.3 所示的模型为例，来说明创建基础突出块钣金壁的一般操作过程。

Step1. 新建文件。

（1）选择下拉菜单 文件(F) ➡ 🗋新建(N)... 命令，系统弹出"新建"对话框。

（2）在 模型 选项卡 模板 区域下的列表中选择 🔷NX 钣金 模板；在 新文件名 对话框区域 名称 文本框中输入文件名称 tack；单击 文件夹 文本框后面的 📁 按钮，选择文件保存路径 D:\ug8\work\ch07.02.01。

Step2. 选择命令。选择下拉菜单 插入(S) ➡ 🗋突出块(B)... 命令，系统弹出"突出块"对话框。

Step3. 定义平板截面。单击 📐 按钮，选取 XY 平面为草图平面，单击 确定 按钮，绘制图 7.2.4 所示的截面草图，选择下拉菜单 任务(K) ➡ 🔷完成草图(K)命令，退出草图环境。

Step4. 定义厚度。厚度方向采用系统默认的矢量方向，在文本框中输入厚度值 3.0。

说明：厚度方向可以通过单击"突出块"对话框中的 🗙 按钮来调整。

Step5. 在"突出块"对话框中单击 < 确定 > 按钮，完成特征的创建。

Step6. 保存零件模型。选择下拉菜单 文件(F) ➡ 🖫保存(S)命令，即可保存零件模型。

图 7.2.3　创建基础突出块钣金壁

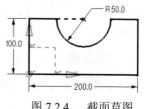

图 7.2.4　截面草图

Task2.　创建次要突出块

下面继续以 Task1 的模型为例，来说明创建次要突出块的一般操作过程。

Step1. 选择命令。选择下拉菜单 插入(S) ➡ 突出块(B)... 命令，系统弹出"突出块"对话框。

Step2. 定义平板类型。在"突出块"对话框的 类型 区域的下拉列表中选择 次要 选项。

Step3. 定义平板截面。单击 按钮，选取图 7.2.5 所示的模型表面为草图平面，单击 确定 按钮，绘制图 7.2.6 所示的截面草图。

Step4. 在"突出块"对话框中单击 〈 确定 〉 按钮，完成特征的创建。

Step5. 保存零件模型。选择下拉菜单 文件(F) ➡ 保存(S) 命令，即可保存零件模型。

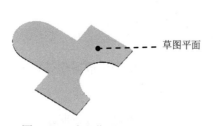

图 7.2.5　选取草图平面

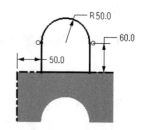

图 7.2.6　截面草图

7.2.2　弯边

钣金弯边是在已存在的钣金壁的边缘上创建出简单的折弯，其厚度与原有钣金厚度相同。在创建弯边特征时，需先在已存在的钣金中选取某一条边线作为弯边钣金壁的附着边，其次需要定义弯边特征的截面、宽度、弯边属性、偏置、折弯参数和让位槽。

1. 弯边特征的一般操作过程

下面以图 7.2.7 所示的模型为例，说明创建弯边钣金壁的一般操作过程。

Step1. 打开文件 D:\ug8\work\ch07.02.02\practice01。

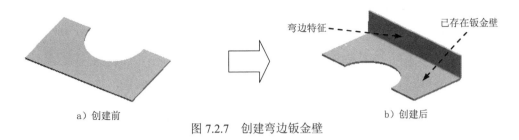

a）创建前　　　　　　　　　　　　　　　b）创建后

图 7.2.7　创建弯边钣金壁

Step2. 选择命令。选择下拉菜单 插入(S) ➡ 折弯(N) ➡ 弯边(F)... 命令，系统弹出图 7.2.8 所示的"弯边"对话框。

Step3. 选取线性边。选取图 7.2.9 所示的模型边线为折弯的附着边。

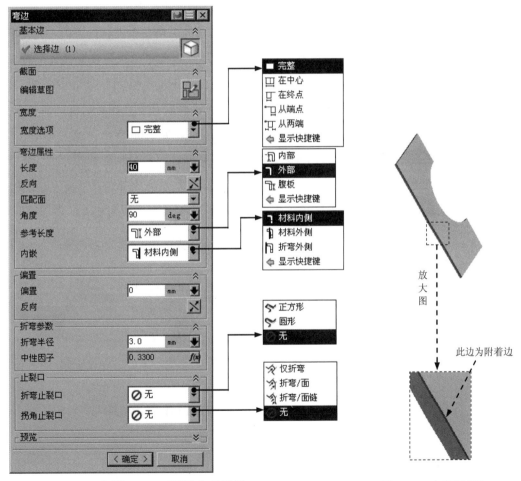

图 7.2.8　"弯边"对话框　　　　　　　　图 7.2.9　定义附着边

Step4. 定义宽度。在宽度区域的宽度选项下拉列表中选择 完整 选项。

Step5. 定义弯边属性。在弯边属性区域中的长度文本框中输入数值 40；在角度文本框中输入数值 90；在参考长度下拉列表中选择 外部 选项；在内嵌下拉列表中选择 材料内侧 选项。

Step6. 定义弯边参数。在 `偏置` 区域的 `偏置` 文本框中输入数值 0；单击 `折弯半径` 文本框右侧的 `⌐` 按钮，在弹出的菜单中选择 `使用本地值` 选项，然后再在 `折弯半径` 文本框中输入数值 3.0；在 `止裂口` 区域中的 `折弯止裂口` 下拉列表中选择 `⊘无` 选项，在 `拐角止裂口` 下拉列表中选择 `⊘无` 选项。

Step7. 在"弯边"对话框中单击 `< 确定 >` 按钮，完成特征的创建。

图 7.2.8 所示的"弯边"对话框中的说明如下。

- `基本边` 区域：该区域用于选取一个或多个边线做为钣金弯边的附着边，当 `*选择边 (0)` 区域没有被激活时，可单击该区域后的 `▣` 按钮将其激活。

- `截面` 区域：该区域用于定义钣金弯边的轮廓形状。当定义完其他参数后可单击 `编辑草图` 后的 `⟋` 按钮进入草图环境，定义弯边的轮廓形状。

- `宽度选项` 下拉列表：该下拉列表用于定义钣金弯边的宽度定义方式。

  ☑ `▣ 完整` 选项：当选择该选项时，在基础特征的整个线性边上都应用弯边。

  ☑ `▣▮ 在中心` 选项：当选择该选项时，在线性边的中心位置放置弯边，然后对称
  ☑ 地向两边拉伸一定的距离，如图 7.2.10a 所示。

  ☑ `▣ 在终点` 选项：当选择该选项时，将弯边特征放置在选定的直边的端点位置，
  ☑ 然后以此端点为起点拉伸弯边的宽度，如图 7.2.10b 所示。

  ☑ `▣ 从两端` 选项：当选择该选项时，在线性边的中心位置放置弯边，然后利用
  ☑ 距离 1 和距离 2 来设置弯边的宽度，如图 7.2.10c 所示。

  ☑ `▣ 从端点` 选项：当选择该选项时，在所选折弯边的端点定义距离来放置弯边，
  ☑ 如图 7.2.10d 所示。

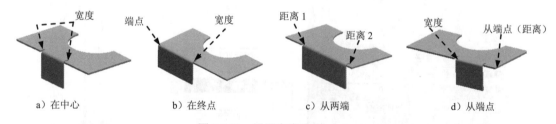

a）在中心   b）在终点   c）从两端   d）从端点

图 7.2.10   设置宽度选项

- `弯边属性` 区域中包括 `长度` 文本框、`⟋` 按钮、`角度` 文本框、`参考长度` 下拉列表和 `内嵌` 下拉列表。

  ☑ `长度`：文本框中输入的值是指定弯边的长度如图 7.2.11 所示。

a）内侧尺寸   b）外侧尺寸

图 7.2.11   设置长度选项

☑ 　：单击"反向"按钮可以改变弯边长度的方向，如图 7.2.12 所示。

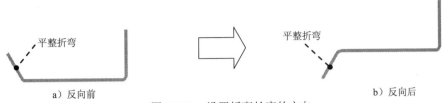

a）反向前　　　　b）反向后

图 7.2.12　设置折弯长度的方向

☑ 角度：文本框输入的值是指定弯边的折弯角度，该值是与原钣金所成角度的补角如图 7.2.13 所示。

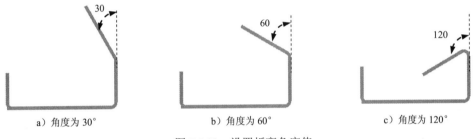

a）角度为 30°　　　b）角度为 60°　　　c）角度为 120°

图 7.2.13　设置折弯角度值

☑ 参考长度：下拉列表中包括 内部 、 外部 和 腹板 选项。 内部 ：选取该选项，输入的弯边长度值是从弯边的内部开始计算长度。 外部 ：选取该选项，输入的弯边长度值是从弯边的外部开始计算长度。 腹板 ：选取该选项，输入的弯边长度值是从弯边圆角后开始计算长度。

☑ 内嵌：下拉列表包括 材料内侧 、 材料外侧 和 折弯外侧 选项。 材料内侧 ：选取该选项，弯边的外侧面与附着边平齐。 材料外侧 ：选取该选项，弯边的内侧面与附着边平齐。 折弯外侧 ：选取该选项，折弯特征直接创建在基础特征而不改变基础特征尺寸。

● 偏置 区域包括 偏置 文本框和 按钮。

☑ 偏置：该文本框中输入值是指定弯边以附着边为基准向一侧偏置一定值，如图 7.2.14 所示。

☑ 　：单击该按钮可以改变"偏置"的方向。

a）没有设置偏移　　　b）设置偏移

图 7.2.14　设置偏置值

- **折弯参数** 区域包括 **折弯半径** 文本框和 **中性因子** 文本框。
  - ☑ **折弯半径**：该文本框中输入的值指定折弯半径。
  - ☑ **中性因子** 文本框中输入的值指定中性因子。
- **止裂口** 区域包括 **折弯止裂口** 下拉列表、**深度** 文本框、**宽度** 文本框、☑ **延伸止裂口** 单选项和 **拐角止裂口** 下拉列表。
  - ☑ **折弯止裂口**：下拉列表包括 **正方形**、**圆形** 和 **无** 三个选项。**正方形**：选取该选项，在附加钣金壁的连接处，将主壁材料切割成矩形缺口来构建止裂口。**圆形**：选取该选项，在附加钣金壁的连接处，将主壁材料切割成圆形缺口来构建止裂口。**无**：选取该选项，在附加钣金壁的连接处，通过垂直切割主壁材料至折弯线处。
  - ☑ ☑ **延伸止裂口**：该复选项定义是否延伸折弯缺口到零件的边。
  - ☑ **拐角止裂口**：用于设置是否在特征相邻的表面创建拐角止裂口。该下拉列表包括 **仅折弯**、**折弯/面**、**折弯/面链** 和 **无** 选项。**仅折弯**：仅在相邻特征的折弯部分创建拐角止裂口，**折弯/面**：仅在相邻的折弯部分和面（平板）部分都创建拐角止裂口。**折弯/面链**：在整个折弯部分及与其相邻的面链上都创建拐角止裂口。**无**：不创建止裂口。选择此选项后将会产生一个小缝隙，但是在展平钣金件时这个缝隙会被移除。

2．创建止裂口

当弯边部分地与附着边相连时，并且折弯角度不为 0 时，在连接处的两端创建止裂口。在 NX 钣金模块中提供的止裂口分为两种：正方形止裂口和圆弧形止裂口。

方式一：正方形止裂口

在附加钣金壁的连接处，将材料切割成正方形缺口来构建止裂口，如图 7.2.15 所示。

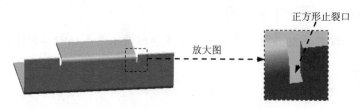

图 7.2.15　正方形止裂口

方式二：圆弧形止裂口

在附加钣金壁的连接处，将主壁材料切割成长圆弧形缺口来构建止裂口，如图 7.2.16 所示。

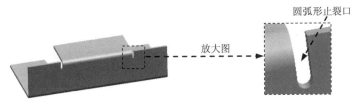

图 7.2.16　圆弧形止裂口

方式三：无止裂口

在附加钣金壁的连接处，通过垂直切割主壁材料至折弯线处，如图 7.2.17 所示。

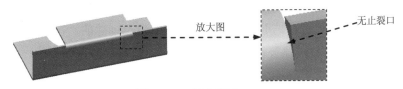

图 7.2.17　无止裂口

下面以图 7.2.18 所示的模型为例，介绍创建止裂口的一般过程。

a）源模型　　　　　　　　　　　　　　　　b）带止裂口的钣金特征

图 7.2.18　创建止裂口

Step1. 打开文件 D:\ug8\work\ch07.02.02\practice02。

Step2. 选择命令。选择下拉菜单 插入(S) ➡ 折弯(N) ▸ ➡ 弯边(F)... 命令，系统弹出"弯边"对话框。

Step3. 选取线性边。选取图 7.2.19 所示的模型边线为折弯的附着边。

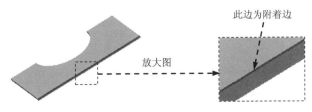

图 7.2.19　定义附着边

Step4. 定义宽度。在 宽度 区域的 宽度选项 下拉列表中选择 在中心 选项。宽度 文本框被激活，在 宽度 文本框中输入宽度值 100。

Step5. 定义弯边属性。在 弯边属性 区域中的 长度 文本框中输入数值 40；在 角度 文本框中输入数值 90；在 参考长度 下拉列表中选择 外部 选项；在 内嵌 下拉列表中选择 材料内侧 选项。

Step6. 定义弯边参数。在 **偏置** **区域的** **偏置** 文本框中输入数值 0；单击 **折弯半径** 文本框右侧的 **℔** 按钮，在弹出的菜单中选择 **使用本地值** 选项，然后再在 **折弯半径** 文本框中输入数值 3；在 **止裂口** 区域的 **折弯止裂口** 下拉列表中选择 **▭ 正方形** ；在 **拐角止裂口** 下拉列表中选择 **仅折弯** 。

Step7. 在"弯边"对话框中单击 **〈 确定 〉** 按钮，完成特征的创建。

Step8. 保存零件模型。

3. 编辑弯边特征的轮廓

当用户在创建"弯边"特征时，"弯边"对话框中的"草绘"按钮为灰色，说明此时不能对其轮廓进行编辑。只有在选取附着边后或重新编辑已创建的"弯边"特征时，"草绘"按钮 **℔** 才能变亮，此时单击该按钮，用户可以重新定义弯边的正面形状。在绘制弯边正面形状截面草图时，系统会默认附着边的两个端点为截面草图的参照，用户还可选取任意线性边为截面草图的参照，草图的起点与终点都需位于附着边上（即与附着边对齐），截面草图应为开放形式（即不需在附着边上创建线条以封闭草图）。

下面以图 7.2.20 为例，说明编辑弯边钣金壁的轮廓的一般过程。

a）编辑前   b）编辑后

图 7.2.20　编辑弯边钣金壁的轮廓

Step1. 打开文件 D:\ug8\work\ch07.02.02\amend。

Step2. 双击图 7.2.20a 所示的弯边特征，在系统弹出的"弯边"对话框中单击 **℔** 按钮，修改弯边截面草图，如图 7.2.21 所示；单击 **完成草图** 按钮，退出草图环境。

Step3. 在"弯边"对话框中单击 **〈 确定 〉** 按钮，完成图 7.2.20b 所示的特征创建。

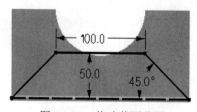

图 7.2.21　修改截面草图

7.2.3　轮廓弯边

NX 钣金模块中的轮廓弯边特征是以扫掠的方式创建钣金壁。在创建轮廓弯边特征需要先绘制钣金壁的侧面轮廓草图，然后给定钣金的宽度值（即扫掠轨迹的长度值），则系统将轮廓草图沿指定方向延伸至指定的深度，形成钣金壁。值得注意的是，轮廓弯边所使用的草图必须是不封闭的。

1. 创建基本轮廓弯边

基本轮廓弯边是创建一个轮廓弯边的钣金基础特征，在创建该钣金特征时，需要先绘制钣金壁的侧面轮廓草图（必须为开放的线条），然后给定钣金厚度值。下面来说明创建基部轮廓弯边的一般操作过程。

Step1. 新建文件。

（1）选择下拉菜单 文件(F) ➡ 新建(N)... 命令，系统弹出"文件新建"对话框。

（2）在 模型 选项卡 模板 区域下的列表中选择 NX 钣金 模板；在 新文件名 对话框区域 名称 文本框中输入文件名称 schema；单击 文件夹 文本框后面的 按钮，选择文件保存路径 D：\ug8\work\ch07.02.03。

Step2. 选择命令。选择下拉菜单 插入(S) ➡ 折弯(N) ➡ 轮廓弯边(C)... 命令，系统弹出图 7.2.22 所示的"轮廓弯边"对话框。

Step3. 定义轮廓弯边截面。单击 按钮，选取 XY 平面为草图平面，选中 设置 区域的 ☑ 创建中间基准 CSYS 复选框，单击 确定 按钮，绘制图 7.2.23 所示的截面草图；单击 完成草图 按钮，退出草图环境。

说明：在绘制轮廓弯边的截面草图时，如果没有将折弯位置绘制为圆弧，系统将在折弯位置自动创建圆弧以作为折弯的半径。

Step4. 定义厚度。厚度方向采用系统默认的矢量方向，单击 厚度 文本框右侧的 按钮，在弹出的菜单中选择 使用本地值 选项，然后在 厚度 文本框中输入数值 3.0。

说明：轮廓弯边的厚度方向可以通过单击 厚度 文本框后面的 按钮来调整。

Step5. 定义宽度类型。在 宽度选项 下拉列表中择 有限 选项；在 宽度 文本框中输入距离值 60.0。

Step6. 在"轮廓弯边"对话框中单击 < 确定 > 按钮，完成图 7.2.24 所示的特征的创建。

图 7.2.22 所示的"轮廓弯边"对话框中部分说明如下。

- 宽度选项：该下拉列表包括 有限 和 对称 两种选项。

  - ☑ 有限：选取该选项，可以创建"定值"深度类型的特征，此时特征将从草图平面开始，按照所输入的数值（即拉伸深度值）向特征创建的方向一侧进行拉伸创建轮廓弯边。

  - ☑ 对称：选取该选项，可以创建"对称"深度类型的特征，此时特征将在草图平面两侧进行拉伸创建轮廓弯边，输入的深度值被草图平面平均分割，草图平面两边的深度值相等。

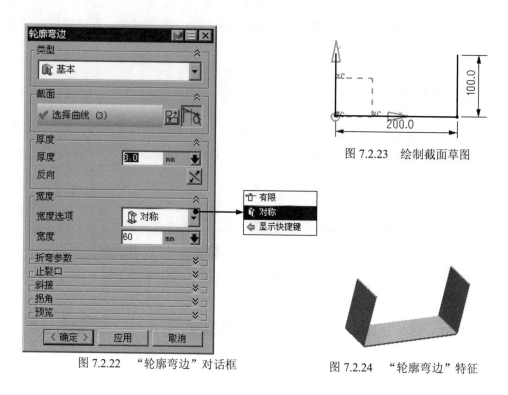

图 7.2.22　"轮廓弯边"对话框

图 7.2.23　绘制截面草图

图 7.2.24　"轮廓弯边"特征

2. 创建第二次轮廓弯边

第二次轮廓弯边是根据用户定义的侧面形状并沿着已存在的钣金体的边缘进行拉伸所形成的钣金特征，其壁厚与原有钣金壁相同。下面以图 Task1 所示的模型为例，来说明创建第二次轮廓弯边的一般操作过程。

Step1. 选择下拉菜单 插入(S) ➡ 折弯(N) ➡ 轮廓弯边(C)... 命令，系统弹出图 7.2.25 所示的"轮廓弯边"对话框。

Step2. 定义轮廓弯边截面。单击 按钮，系统弹出图 7.2.26 所示的"创建草图"对话框，选取图 7.2.27 所示的模型边线为路径，在 平面位置 区域 位置 选项组中选择 弧长百分比 选项，然后在 弧长百分比 后的文本框中输入数值 30；单击 确定 按钮，绘制图 7.2.28 所示的截面草图。

Step3. 定义宽度。在宽度区域的 宽度选项 下拉列表中选择 有限 选项，在 宽度 文本框中输入距离值 100。

Step4. 定义让位槽。在 止裂口 区域的 折弯止裂口 下拉列表中选择 圆形 选项；在 拐角止裂口 下拉列表中选择 仅折弯 选项。

Step5. 在"轮廓弯边"对话框中单击 确定 按钮，完成图 7.2.29 所示的特征创建。

Step6. 保存零件模型。

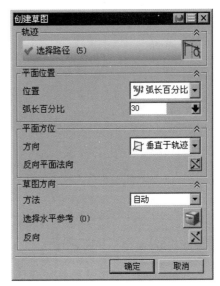

图 7.2.25　"轮廓弯边"对话框　　　　　图 7.2.26　"创建草图"对话框

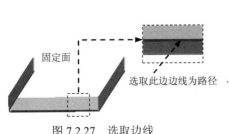

图 7.2.27　选取边线

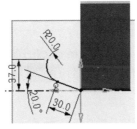

图 7.2.28　截面草图

图 7.2.29　创建二次轮廓弯边

7.2.4　放样弯边

放样弯边是以两条开放的截面线串来形成钣金特征，它可以在两组不相似的形状和曲线之间做光滑过渡连接。

1. 创建基础放样弯边钣金壁

"基础放样弯边"特征是以两组开放的截面线串来创建一个放样弯边的钣金基础特征，然后给定钣金厚度值即可。下面以模型为例，来说明创建基础放样弯边钣金壁的一般操作过程。

Step1. 打开文件 D:\ug8\work\ch07.02.04\blend。

Step2. 选择命令。选择下拉菜单 插入(S) ➡ 折弯(N) ▸ ➡ 放样弯边(L)... 命令，系统弹出"放样弯边"对话框，图 7.2.30 所示。

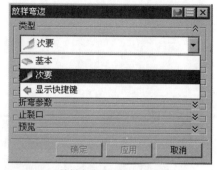

a）"放样弯边"对话框（一）　　　　　　b）"放样弯边"对话框（二）

图 7.2.30　"放样弯边"对话框

图 7.2.30 所示的"放样弯边"对话框的 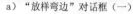 区域的下拉列表各选项功能说明如下。

● 基本：用于创建基础放样弯边钣金壁。

● 次要：该选项是在已有的钣金壁的边缘创建放样弯边钣金壁特征时才出现，其壁厚与基础钣金壁相同，只有在部件中已存在基础钣金壁特征时，此选项才被激活。

Step3. 定义起始截面。选取图 7.2.31a 所示的曲线 1 作为起始截面。

Step4. 定义终止截面。单击选取曲线按钮，选取图 7.2.31a 所示的曲线 2 作为终止截面。

说明：在选取曲线时，起始位置要上下对应。

Step5. 定义厚度。厚度方向采用系统默认的矢量方向，在厚度区域中单击厚度文本框右侧的 $f(x)$ 按钮，在弹出的菜单中选择使用本地值选项，然后在厚度文本框中输入数值 3.0。

Step6. 定义折弯参数。在折弯参数区域中单击折弯半径文本框右侧的 $f(x)$ 按钮，在弹出的菜单中选择使用本地值选项，然后在折弯半径文本框中输入数值 3，在止裂口区域的折弯止裂口下拉列表中选择无选项；在拐角止裂口下拉列表中选择无选项。

Step7. 在"放样弯边"对话框中单击〈确定〉按钮，完成图 7.2.31b 所示的特征创建。

曲线 1　　　　曲线 2

a）创建前　　　　　　　　　　　　　　b）创建后

图 7.2.31　创建基础放样弯边钣金壁

2. 创建二次放样弯边

"二次放样弯边"是在已存在的钣金特征的边缘定义两组开放的截面线串来创建一个钣

金薄壁，其壁厚与基础钣金厚度相同。下面以 Task1 的模型为例，来说明创建二次放样弯边钣金壁的一般操作过程。

Step1. 选择命令。选择下拉菜单 插入(S) ➡ 折弯(N)▸ ➡ 🔲 放样弯边(L)... 命令，系统弹出"放样弯边"对话框。

Step2. 绘制截面。绘制草图起始截面，单击"绘制起始截面" 🔲 按钮；选取图 7.2.32 所示的边线为路径，在 平面位置 区域 位置 选项组中选择 弧长百分比 选项，然后在 弧长百分比 后的文本框中输入数值 10，单击 确定 按钮；绘制图 7.2.33 所示作的曲线 1。单击"绘制终止截面" 🔲 按钮；选取图 7.2.32 所示的边线为路径，在 平面位置 区域 位置 选项组中选择 弧长百分比 选项，然后在 弧长百分比 后的文本框中输入数值 20，单击 确定 按钮；绘制图 7.2.34 所示作的曲线 2。

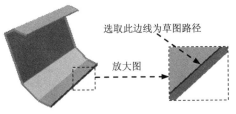

图 7.2.32　定义草图路径

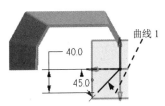

图 7.2.33　起始截面

Step3. 定义折弯参数。在 折弯参数 区域中单击 折弯半径 文本框右侧的 🗺 按钮，在弹出的菜单中选择 使用本地值 选项，然后在 折弯半径 文本框中输入数值 3。在 止裂口 区域中的 折弯止裂口 下拉列表中选择 ◡ 圆形 选项；在 拐角止裂口 下拉列表中选择 ⊘ 无 选项。

Step4. 在"放样弯边"对话框中单击 ＜确定＞ 按钮，完成图 7.2.35 所示的特征创建。

Step5. 保存零件模型。

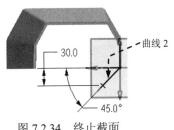

图 7.2.34　终止截面

图 7.2.35　创建二次放样弯边钣金壁

7.2.5　法向除料

法向除料是沿着钣金件表面的法向，以一组连续的曲线作为裁剪的轮廓线进行裁剪。法向除料与实体拉伸切除都是在钣金件上切除材料。当草图平面与钣金面平行时，二者没有区别；当草图平面与钣金面不平行时，二者有很大的不同。法向除料的孔是垂直于该模型的侧面去除材料，形成垂直孔，如图 7.2.36a 所示；实体拉伸切除的孔是垂直于草图平面去除材料，形成斜孔，如图 7.2.36b 所示。

a）法向除料　　　　　　　　　　　　　　b）实体拉伸切除

图 7.2.36　法向除料与实体拉伸切除的区别

1. 用封闭的轮廓线创建法向除料

下面以图 7.2.37 所示的模型为例，说明用封闭的轮廓线创建法向除料的一般创建过程。

Step1. 打开文件 D:\ug8\work\ch07.02.05\remove01。

Step2. 选择命令。选择下拉菜单 插入(S) ➡ 剪切(T) ➡ 法向除料(N)... 命令，系统弹出图 7.2.38 所示的"法向除料"对话框。

图 7.2.37　法向除料模型

图 7.2.38　"法向除料"对话框

Step3. 绘制除料截面草图。单击 按钮，选取图 7.2.39 所示的基准平面 5 为草图平面，取消选中 设置 区域的 □ 创建中间基准 CSYS 复选框，单击 确定 按钮，绘制图 7.2.40 所示的截面草图。

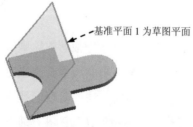

图 7.2.39　选取草图平面

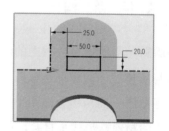

图 7.2.40　截面草图

Step4. 定义除料深度属性。在 切削方法 下拉列表中选择 厚度 选项，在 限制 下拉列表中选择 贯通 选项。

Step5. 在"法向除料"对话框中单击 < 确定 > 按钮，完成特征的创建。

图 7.2.38 所示的"法向除料"对话框中部分选项的功能说明如下。

- 除料属性 区域包括：切削方法 下拉列表、限制 下拉列表和 按钮。
- 切削方法 下拉列表包括 厚度 和 中位面 选项。

  - ☑ 厚度：选取该选项，在钣金件的表面向沿厚度方向进行裁剪。

  - ☑ 中位面：选取该选项，在钣金件的中间面向两侧进行裁剪。

- 限制 下拉列表包括：值 、介于 、直至下一个 和 贯通 选项。

  - ☑ 值：选取该选项，特征将从草图平面开始，按照所输入的数值（即深度值）向特征创建的方向一侧进行拉伸。

  - ☑ 介于：选取该选项，草图沿着草图面向两侧进行裁剪。

  - ☑ 直至下一个：选取该选项，去除材料深度从草图开始直到下一个曲面上。

  - ☑ 贯通：选取该选项，去除材料深度贯穿所有曲面。

2. 用开放的轮廓线创建法向除料

下面以图 7.2.41 所示的模型为例，说明用开放的轮廓线创建法向除料的一般创建过程。

Step1. 打开文件 D:\ug8\work\ch07.02.05\remove02。

Step2. 选择命令。选择下拉菜单 插入(S) ➡ 剪切(T) ▶ ➡ 法向除料(N)... 命令，系统弹出"法向除料"对话框。

Step3. 绘制除料截面草图。单击 按钮，选取图 7.2.42 所示的钣金表平面为草图平面，取消选中 设置 区域的 创建中间基准 CSYS 复选框，单击 确定 按钮，绘制图 7.2.43 所示的截面草图。

Step4. 定义除料属性。在 切削方法 下拉列表中选择 厚度 选项，在 限制 下拉列表中选择 贯通 选项。

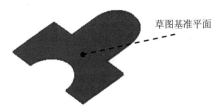

草图基准平面

图 7.2.41　用开放的轮廓线创建法向除料　　　　　图 7.2.42　选取草图平面

Step5. 定义除料的方向。接受图 7.2.44 所示的切削方向。

Step6. 在"法向除料"对话框中单击 确定 按钮，完成特征的创建。

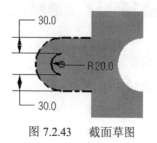

图 7.2.43　截面草图

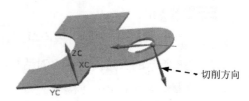

切削方向

图 7.2.44　定义法向除料的切削方向

7.3　钣金的折弯与展开

7.3.1　钣金折弯

钣金折弯是将钣金的平面区域沿指定的直线弯曲某个角度。

钣金折弯特征包括如下三个要素。

- 折弯角度：控制折弯的弯曲程度。
- 折弯半径：折弯处的内半径或外半径。
- 折弯应用曲线：确定折弯位置和折弯形状的几何线。

1. 钣金折弯的一般操作过程

下面以图 7.3.1 所示的模型为例，说明"折弯"的一般过程。

a）折弯前

b）折弯后

图 7.3.1　折弯的一般过程

Step1. 打开文件 D:\ug8\work\ch07.03.01\offsett01。

Step2. 选择命令。选择下拉菜单 插入(S) ➡ 折弯(N) ▶ ➡ 折弯(B)... 命令，系统弹出图 7.3.2 所示的"折弯"对话框。

Step3. 绘制折弯线。单击 按钮，选取图 7.3.3 所示的模型表面为草图平面，取消选中 设置 区域的 □ 创建中间基准 CSYS 复选框，单击 确定 按钮，绘制图 7.3.4 所示的折弯线。

Step4. 定义折弯属性。在"折弯"对话框的 折弯属性 区域的 角度 文本框中输入数值 90；在 内嵌 下拉列表中选择 ✛ 折弯中心线轮廓 选项；选中 ☑ 延伸截面 复选框，折弯方向如图 7.3.5 所示。

说明：在模型中双击图 7.3.5 所示的折弯方向箭头可以改变折弯方向。

Step5. 在"折弯"对话框中单击 < 确定 > 按钮，完成特征的创建。

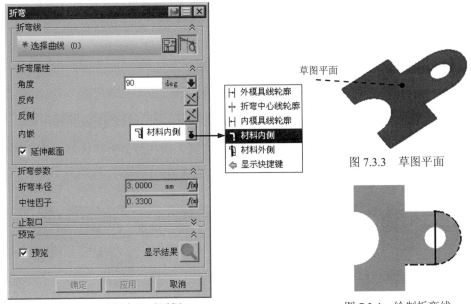

图 7.3.2 "折弯"对话框

图 7.3.3 草图平面

图 7.3.4 绘制折弯线

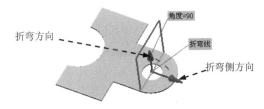

图 7.3.5 折弯方向

图 7.3.2 所示的"折弯"对话框中部分区域功能说明如下。

- **折弯属性** 区域包括**角度**文本框、"反向"按钮 、"反侧"按钮 、**内嵌**下拉列表和 ✓ **延伸截面** 复选框。

  ☑ **角度**：在该文本框输入的数值设置折弯角度值。

  ☑ ："反向"按钮，单击该按钮，可以改变折弯的方向。

  ☑ ："反侧"按钮，单击该按钮，可以改变要折弯部分的方向。

- **内嵌** 下拉列表中包括 **外模具线轮廓** 、 **折弯中心线轮廓** 、 **内模具线轮廓** 、 **材料内侧** 和 **材料外侧** 五个选项。

  ☑ **外模具线轮廓**：选择该选项，在展开状态时，折弯线位于折弯半径的第一相切边缘。

  ☑ **折弯中心线轮廓**：选择该选项，在展开状态时，折弯线位于折弯半径的中心。

  ☑ **内模具线轮廓**：选择该选项，在展开状态时，折弯线位于折弯半径的第二相切边缘。

  ☑ **材料内侧**：选择该选项，在成形状态下，折弯线位于折弯区域的外侧平面。

☑ 　材料外侧　：选择该选项，在成形状态下，折弯线位于折弯区域的内侧平面。

● ☑ 延伸截面：选中该复选框，将弯边轮廓延伸到零件边缘的相交处；取消选择在创
建弯边特征时不延伸。

2．在钣金折弯处创建止裂口

在进行折弯时，由于折弯半径的关系，折弯面与固定面可能会产生互相干涉，此时用
户可创建止裂口来解决干涉问题。下面以图 7.3.6 为例介绍在钣金折弯处加止裂口的操作方
法。

a）折弯前　　　　　　　　　　　　　　　　　　　b）折弯后

图 7.3.6　折弯时创建止裂口

Step1．打开文件 D:\ug8\work\ch07.03.01\offset02。

Step2．选择命令。选择下拉菜单 插入(S) ➡ 折弯(N) ▶ ➡ 　折弯(B)…命令，系统弹出
"折弯"对话框。

Step3．绘制折弯线。单击 按钮，选取图 7.3.7 所示的模型表面为草图平面，取消选中
设置 区域的 □创建中间基准 CSYS 复选框，单击 　确定　 按钮，绘制图 7.3.8 所示的折弯线。

Step4．定义折弯属性。在"折弯"对话框的 折弯属性 区域的 角度 文本框中输入数值 90；
在 内嵌 下拉列表中选择 　材料内侧　 选项；取消选中 □延伸截面 复选框，折弯方向如图 7.3.9
所示。

Step5．定义止裂口。在 止裂口 区域的 折弯止裂口 下拉列表中选择 　圆形　 选项；在 拐角止裂口
下拉列表中选择 　无　 选项。

Step6．在"折弯"对话框中单击 〈确定〉 按钮，完成特征的创建。

图 7.3.7　草图平面

图 7.3.8　绘制折弯线

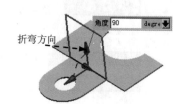

图 7.3.9　折弯方向

7.3.2　二次折弯

二次折弯特征是在钣金的平面上创建两个 90° 的折弯特征，并且在折弯特征上添加材料。二次折弯特征功能的折弯线位于放置平面上，并且必须是一条直线。

下面以图 7.3.10 所示的模型为例，说明"二次折弯"的一般过程。

a）折弯前　　　　　　　　　　　　　　　b）折弯后

图 7.3.10　二次折弯的一般过程

Step1. 打开文件 D:\ug8\work\ch07.03.02\offset。

Step2. 选择命令。选择下拉菜单 插入(S) ➡ 折弯(N) ➡ 二次折弯(T) 命令，系统弹出图 7.3.11 所示的"二次折弯"对话框。

Step3. 绘制折弯线。单击 按钮，选取图 7.3.12 所示的模型表面为草图平面，取消选中 设置 区域的 创建中间基准 CSYS 复选框，单击 确定 按钮，绘制图 7.3.12 所示的折弯线。

Step4. 定义二次折弯属性和折弯参数。在 二次折弯属性 区域的 高度 文本框中输入数值 50，在 参考高度 下拉列表中选择 内部 选项，在 内嵌 下拉列表中选择 材料内侧 选项，取消选中 延伸截面 复选框，折弯方向如图 7.3.13 所示。

Step5. 定义止裂口。在 止裂口 区域的 折弯止裂口 下拉列表中选择 圆形 选项。

Step6. 在"二次折弯"对话框中单击 ＜ 确定 ＞ 按钮，完成特征的创建。

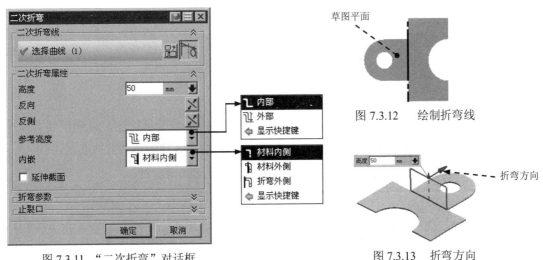

图 7.3.11　"二次折弯"对话框　　　　　　　　图 7.3.13　折弯方向

图 7.3.12　绘制折弯线

图 7.3.11 所示的"二次折弯"对话框的 二次折弯属性 区域各选项功能说明如下。

- 二次折弯属性 选项组包括 高度 文本框、反向按钮 、反侧按钮 、参考高度 下拉列表、 内嵌 下拉列表和 ☑延伸截面 复选框。

- ☑ 高度 ：在该文本框输入的数值设置二次折弯的高度值。

- ☑ ⬆：“反向”按钮，单击该按钮，可以改变折弯的方向。

- ☑ ⬇：“反侧”按钮，单击该按钮，可以改变要折弯部分的方向。

- ☑ 参考高度 下拉列表中包括 ⌐ 外部 、 ⌐ 内部 选项如图 7.3.14 所示。 ⌐ 外部 ：选取改选项，二次折弯的高度距离是从钣金底面开始计算，延伸至总高，再根据材料厚度来偏置距离，如图 7.3.14a 所示。 ⌐ 内部 ：选取改选项，二次折弯的高度距离是从钣金上表面开始计算，延伸至总高，再根据材料厚度来偏置距离，如图 7.3.14b 所示。

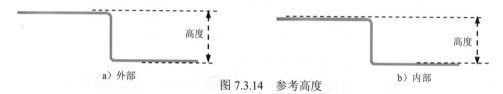

a）外部　　　　　图 7.3.14　参考高度　　　　　b）内部

- ☑ 内嵌 下拉列表中包括 ⌐ 折弯外侧 、 ⌐ 材料内侧 和 ⌐ 材料外侧 选项。 ⌐ 折弯外侧 ：选取改选项，使二次折弯特征的外侧面与折弯线平齐，如图 7.3.15a 所示。 ⌐ 材料内侧 ：选取改选项，使二次折弯特征的内侧面与折弯线平齐，如图 7.3.15b 所示。 ⌐ 材料外侧 ：选取改选项，把折弯特征直接加在父特征面上，并且使二次折弯特征和父特征的平面相切，如图 7.3.15c 所示。

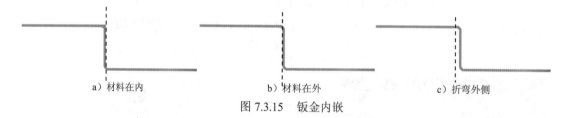

a）材料在内　　　　　b）材料在外　　　　　c）折弯外侧

图 7.3.15　钣金内嵌

7.3.3　伸　直

在钣金设计中，如果需要在钣金件的折弯区域创建裁剪或孔等特征，首先用伸直命令可以取消折弯钣金件的折弯特征，然后就可以在展平的折弯区域创建裁剪或孔等特征。

下面以图 7.3.16 所示的模型为例，介绍创建钣金伸直的一般过程。

a）展开前　　　　　　　　　　　　　　　　　b）展开后

图 7.3.16　钣金伸直

Step1. 打开文件 D:\ug8\work\ch07.03.03\cancel。

Step2. 选择命令。选择下拉菜单 插入(S) ➡ 成形(R) ▶ ➡ 伸直(U)... 命令，系统弹出图 7.3.17 所示的"伸直"对话框。

Step3. 选取固定面。选取图 7.3.18 所示的内表面为固定面。

Step4. 选取折弯特征。选取图 7.3.19 所示的折弯特征。

Step5. 在"伸直"对话框中单击 < 确定 > 按钮，完成特征的创建。

图 7.3.17 所示的"伸直"对话框中按钮的功能说明如下。

- ⬛：**"固定面或边"按钮**在"伸直"对话框中为默认被按下，用来指定选取钣金件的一条边或一个平面作为固定位置来创建展开特征。

- ⬛：**"折弯"按钮**在选取固定面后自动被激活，可以选取将要执行伸直操作的折弯区域（折弯面），当选取折弯面后，折弯区域在视图中将高亮显示。可以选取一个或多个折弯区域圆柱面（选择钣金件的内侧和外侧均可）。

图 7.3.17 "伸直"对话框

图 7.3.18 选取展开固定面

图 7.3.19 选取折弯面

7.3.4 重新折弯

可以将伸直后的钣金壁部分或全部重新折弯回来（图 7.3.20），这就是钣金的重新折弯。

a）原钣金件　　　　　　b）展开钣金件　　　　　　c）钣金的重新折弯

图 7.3.20 钣金的重新折弯

下面以图 7.3.21 所示的模型为例，说明创建"重新折弯"的一般过程。

图 7.3.21　重新折弯

Step1. 打开文件 D:\ug8\work\ch07.03.04\cancel。

Step2. 选择命令。选择下拉菜单 插入 (S) ➡ 成形(R) ➡ 重新折弯(R)... 命令，系统弹出图 7.3.22 所示的"重新折弯"对话框。

Step3. 定义固定面。选取图 7.2.23 所示的面为固定面。

Step4. 选取折弯特征。选取图 7.3.23 所示的折弯特征。

Step5. 在"重新折弯"对话框中单击 〈 确定 〉 按钮，完成特征的创建。

图 7.3.22　"重新折弯"对话框

图 7.3.23　选取折弯特征

图 7.3.22 所示的"重新折弯"对话框中按钮的功能说明如下。

- ⬛（固定面或边）按钮：此按钮用来定义执行"重新折弯"操作时保持固定不动的面或边。

- ⬛："折弯"按钮在"重新折弯"对话框中为默认选项，用来选择"重新折弯"操作的折弯面。可以选择一个或多个取消折弯特征，当选择"取消折弯"面后，所选择的取消折弯特征在视图中将高亮显示。

7.3.5　将实体零件转换到钣金件

实体零件通过创建"壳"特征后，可以创建出壁厚相等的实体零件，若想将此类零件转换成钣金件，则必须使用"转换为钣金"命令。例如图 7.3.24 所示的实体零件通过抽壳方式转换为薄壁件后，其壁是完全封闭的，通过创建转换特征后，钣金件四周产生了裂缝，这样该钣金件便可顺利展开。

下面以图 7.3.25 所示的模型为例，说明"转换为钣金"的一般创建过程。

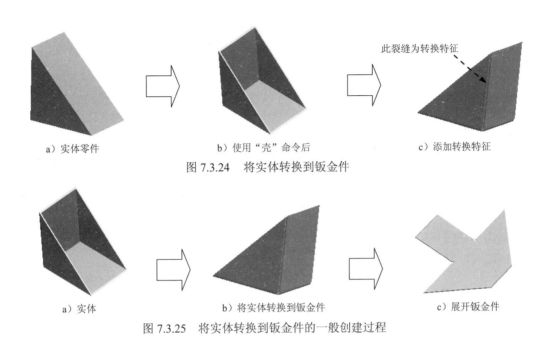

a) 实体零件　　　　　　　b) 使用"壳"命令后　　　　　c) 添加转换特征

图 7.3.24　将实体转换到钣金件

a) 实体　　　　　　　b) 将实体转换到钣金件　　　　　c) 展开钣金件

图 7.3.25　将实体转换到钣金件的一般创建过程

1. 打开一个现有的零件模型，并将实体转换到钣金件

Step1. 打开文件 D:\ug8\work\ch07.03.05\transition。

Step2. 选择命令。选择下拉菜单 插入(S) ➡ 转换(V) ▶ ➡ 转换为钣金... 命令，系统弹出图 7.3.26 所示的"转换为钣金"对话框。

Step3. 选取基本面。确认"转换为钣金"对话框的"基本面"按钮 被按下，在系统 选择基本面 的提示下，选取图 7.3.27 所示的模型表面为基本面。

Step4. 选取要撕裂的边。在 边缘至止口 区域中单击"切边"按钮 ，选取图 7.3.28 所示的两条边线为要撕裂的边。

Step5. 在"转换为钣金"对话框中单击 确定 按钮，完成特征的创建。

图 7.3.26　"转换为钣金"对话框

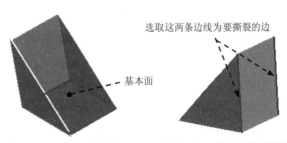

选取这两条边线为要撕裂的边

基本面

图 7.3.27　选取基本面　　　图 7.3.28　选取要撕裂的边

图 7.3.26 所示的"转换为钣金"对话框中按钮的功能说明如下。

- （基本面）：在"转换为钣金"对话框中此按钮默认被激活，用于选择钣金件的表平面作为固定面（基本面）来创建特征。

- （切边）：单击此按钮后，用户可以在钣金件模型中选择要撕裂的边缘。

2．将转换后的钣金件伸直

Step1. 选择下拉菜单 插入(S) ➡ 成形(R) ▶ ➡ 伸直(U)...命令，系统弹出"伸直"对话框。

Step2. 选取固定面。选取图 7.3.29 所示的表面为展开固定面。

Step3. 选取折弯。选取图 7.3.30 所示的三个面为折弯特征。

Step4. 在"伸直"对话框中单击 ＜ 确定 ＞ 按钮，完成特征的创建。

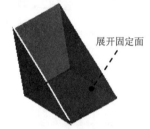

图 7.3.29　选取展开固定面

图 7.3.30　选取折弯

7.3.6　边缘裂口

"边缘裂口"命令可以沿拐角边缘将实体模型转换为钣金部件或沿线性草图切边来分隔一个弯边的两个部件并折弯其中一个。

下面以图 7.3.31 所示的模型为例，来说明"边缘裂口"的一般创建过程。

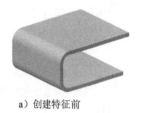

a）创建特征前

b）创建边缘裂口并后

图 7.3.31　创建"边缘裂口"特征

Step1. 打开文件 D:\ug8\work\ch07.03.06\edges_rip。

Step2. 选择命令。选择下拉菜单 插入(S) ➡ 转换(V) ▶ ➡ 边缘裂口(R)...命令，系统弹出图 7.3.32 所示的"切边"对话框。

Step3. 定义截面草图。单击"切边"对话框中的"绘制截面"按钮。选取图 7.3.33

所示的平面为草图平面，取消选中 设置 区域的 □ 创建中间基准 CSYS 复选框，单击 确定 按钮，系统进入草绘环境，绘制图 7.3.34 所示的截面草图。

图 7.3.32　"切边"对话框

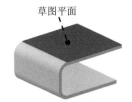

图 7.3.33　定义草图平面

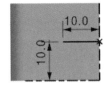

图 7.3.34　截面草图

图 7.3.32 所示的"切边"对话框中的各选项说明如下。

- 🔲 按钮：可选取一条附属于实体的边缘。
- 🔲 按钮：在特征内部创建一个线性的草图作为切边。

说明：切边截面线串的特点如下。

- 所选边线必须至少依附于基体的两个侧面上。
- 截面线串必须为线性曲线段。
- 用户可以选择多条线性曲线，但线性边线不能封闭。
- 用户可以在基体内部创建截面线串，并且不需要和外侧边缘相交。

Step4. 选择下拉菜单 任务(K) ➡ 完成草图(K) 命令（或单击 完成草图 按钮），退出草图环境，系统回到"切边"对话框。

Step5. 单击"切边"对话框中的 〈 确定 〉 按钮，完成图 7.3.35 所示的"边缘裂口"特征的创建。

Step6. 选择命令。选择下拉菜单 插入(S) ➡ 折弯(N) ▸ ➡ 折弯(B)... 命令，系统弹出图 7.3.36 所示的"折弯"对话框。

Step7. 单击"折弯"对话框中的"绘制截面"按钮 🔳，系统弹出"创建草图"对话框；选取图 7.3.33 所示的平面为草图平面，单击 确定 按钮，系统进入草图环境；绘制图 7.3.37 所示的截面草图。

Step8. 选择下拉菜单 任务(K) ➡ 完成草图(K) 命令（或单击 完成草图 按钮），退出草图环境，系统回到"折弯"对话框。

Step9. 定义折弯属性和折弯参数。在"折弯"对话框 折弯属性 区域下的 角度 文本框中输入数值 90，单击 反侧 后的 ✗ 按钮，折弯方向如图 7.3.38 所示；在 内嵌 下拉列表中选择 ▪ 外模具线轮廓 选项；取消选中 □ 延伸截面 复选框；在 折弯参数 区域单击 折弯半径 文本框右侧的 ʄ⊗ 按钮，在弹出的菜单中选择 使用本地值 选项，然后在 折弯半径 文本框中输入数值 2；其他参数采用系统默认设置值。

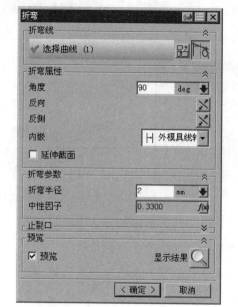

图 7.3.37　截面草图

图 7.3.35　创建"边缘裂口"特征　　　　图 7.3.36　"折弯"对话框　　　　图 7.3.38　折弯方向

Step10. 单击"折弯"对话框的 ＜ 确定 ＞ 按钮，完成"折弯特征"的创建。

7.3.7　展平实体

在钣金零件的设计过程中，将成形的钣金零件展平为二维的平面薄板是非常重要的步骤，钣金件展开的作用如下。

- 钣金展开后，可更容易地了解如何剪裁薄板以及其各部分的尺寸。
- 有些钣金特征（如减轻切口）需要在钣金展开后创建。
- 钣金展开对于钣金的下料和创建钣金的工程图十分有用。

采用"取消折弯实体"命令可以在同一钣金零件中创建平面展开图。取消折弯实体特征与成形特征相关联。当采用展平实体命令展开钣金零件时，将展平实体特征作为"引用集"在"部件导航器"中显示。如果钣金零件包含变形特征，这些特征将保持原有的状态，如果钣金模型更改，平面展开图处理也自动更新并包含了新的特征。

下面以图 7.3.39 所示的模型为例，说明"展平实体"的一般创建过程。

Task1. 展平实体特征的创建

Step1. 打开文件 D:\ug8\work\ch07.03.07\evolve。

a）展平前　　　　　　　图 7.3.39　展平实体　　　　　　　b）展平后

Step2. 选择下拉菜单 插入(S) ➡ 展平图样(L)... ▶ ➡ 展平实体(S)...命令，或在"NX 钣金特征"工具栏中单击"展平实体" 按钮，系统弹出图 7.3.40 所示的"展平实体"对话框。

Step3. 定义固定面。此时"选择面"按钮 处于激活状态，选取图 7.3.41 所示的模型表面为固定面。

Step4. 定义参考边。取消选中 □ 移至绝对坐标系 复选框，使用系统默认的展平方位参考。

Step5. 在"展平实体"对话框中单击 确定 按钮，完成展平特征的创建。

图 7.3.40　"展平实体"对话框

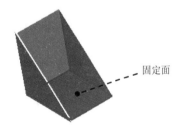

固定面

图 7.3.41　定义固定面

图 7.3.40 所示的"展平实体"对话框中的部分说明如下。

● （选择面）：固定面区域的选择面默认激活，用于选择钣金零件的平表面作为平板实体的固定面，在选定固定面后系统将以该平面为固定面将钣金零件展开。

● （选择边）：方位区域的参考边在选择固定面后被激活，选择实体边缘作为平板实体的参考轴(X 轴)的方向及原点，并在视图区中显示参考轴方向；在选定参考轴后系统将以该参考轴和已选择的固定面为基准将钣金零件展开，形成平面薄板。

Task2．展平实体相关特征的验证

平板实体特征会随着钣金模型的更改发生相应的变化，下面我们通过图 7.3.42 所示在钣金模型上创建一个"法向除料"特征来验证这一特征。

Step1. 选择命令。选择下拉菜单 插入(S) ➡ 剪切(T) ▶ ➡ 法向除料(N)...命令，系统弹出"法向除料"对话框。

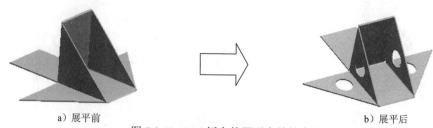

a）展平前

b）展平后

图 7.3.42　NX 钣金的展平实体的变化

Step2. 绘制除料截面草图。单击 ![按钮] 按钮，选取图 7.3.43 所示的模型表面为草图平面，单击 确定 按钮，绘制图 7.3.44 所示的除料截面草图。

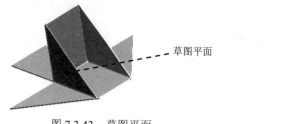

草图平面

图 7.3.43　草图平面

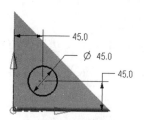

图 7.3.44　除料截面草图

Step3. 定义除料属性。在 除料属性 区域的 切削方法 下拉列表中选择 厚度 选项，在 限制 下拉列表中选择 贯通 选项。

Step4. 单击"法向除料"对话框中的 ＜ 确定 ＞ 按钮，完成法向除料特征。

7.4　钣金拐角的处理方法

在钣金零件的设计过程中，拐角的处理主要以三种：倒角、封闭角和三折弯角，在生产中也是很重要的。本章将对钣金拐角部分的处理方法及技巧进行详细讲解，在讲解每个命令时都配备了相应的范例，

7.4.1　倒 角

"倒角"命令可以在钣金特征的尖边处形成一个圆角或者一个 45°的倒斜角，可以使用这个命令来代替实体建模中的相应操作。该命令可以自动过滤边界类型，只选取厚度边缘，从而防止用户选取错误的边缘。

下面以图 7.4.1 为例，说明创建倒圆角特征的一般操作过程。

Step1. 打开文件 D:\ug8\work\ch07.04.01\break_corner。

a）倒角前

b）倒角后

图 7.4.1　创建倒角

Step2. 选择命令。选择下拉菜单 插入(S) ➡ 拐角(O)... ▸ ➡ 倒角(K)... 命令，系统弹出图 7.4.2 所示的"倒角"对话框。

Step3. 创建倒圆角特征。

（1）选取图 7.4.3 所示的四条模型边线为倒圆角角参照边。

图 7.4.2　"倒角"对话框

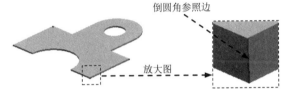

图 7.4.3　定义倒圆角参照边

图 7.4.2 所示的"倒角"对话框中的各项说明如下。

- 方法 下拉列表中包括 圆角 和 倒斜角 选项。

  - ☑ 圆角：选取该选项。在模型边缘上创建的特征为圆角特征。

  - ☑ 倒斜角：选取该选项。在模型边缘上创建的特征为倒斜角特征。

- 距离：该文本框是在选取 倒斜角 选项时才被激活，在该文本框中输入数值决定倒斜角的大小。

- 半径：该文本框是在选取 圆角 选项时才被激活，在该文本框中输入数值决定圆角半径的大小。

(2) 定义倒角属性。在"倒角"对话框中的 倒角属性 区域的 方法 下拉列表中选择 圆角 选项；在 半径 文本框中输入数值 20。

Step4. 单击"倒角"对话框中的 应用 按钮，完成图 7.4.4 所示倒圆角的创建。

Step5. 创建倒斜角特征。

（1）在"倒角"对话框中的 要倒角的边 区域的 *选择边 (0) 提示下，选取图 7.4.5 所示的两条模型边线为圆角放置参照。

图 7.4.4　创建倒圆角

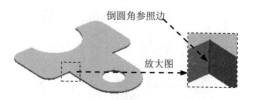

图 7.4.5　定义倒圆角参照边

（2）定义倒角属性。在"倒角"对话框中的 倒角属性 区域的 方法 下拉列表中选择 倒斜角 选项。在 距离 文本框中输入数值 20。

Step6. 单击"倒角"对话框中的 ＜确定＞ 按钮，完成图 7.4.6 所示倒角的创建。

图 7.4.6　创建倒角特征

注意：

● 用户可以选择一个单独的边缘或者选择整个面来施加"倒角"特征。如果面上没有尖锐边，则该面不可以选。

● 当用户在一条边缘上创建了一个"倒斜角"特征后，则该边缘在以后的倒角中并不会被排除在选择范围之外，建议用户在整个钣金设计的最后阶段，完成所有的倒角。

7.4.2　封闭拐角

封闭拐角可以修改两个相邻弯边特征间的缝隙并创建一个止裂口，在创建封闭拐角时需要确定希望封闭的两个折弯中的一个折弯。本节将详细介绍创建"封闭拐角"特征的方法。

下面以图 7.4.7 所示的模型为例，来说明创建封闭角的一般操作过程。

a）封闭前

b）封闭后

图 7.4.7　创建封闭拐角特征

方式一：创建封闭拐角特征 1

Step1. 打开文件 D:\ug8\work\ch07.04.02\fold01。

Step2. 选择命令。选择下拉菜单 插入(S) ➡ 拐角(O)... ▶ ➡ 🔊 封闭拐角... 命令，系统弹出图 7.4.8 所示的"封闭拐角"对话框。

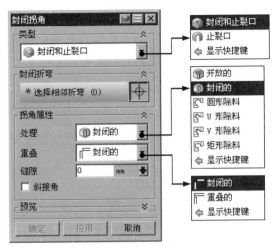

图 7.4.8　"封闭拐角"对话框

图 7.4.8 所示的"封闭拐角"对话框中的各选项说明如下。

- ■ **类型** 区域：用于定义封闭拐角的类型，包含 ● **封闭和止裂口** 和 ◑ **止裂口** 两个选项。当选择 ● **封闭和止裂口** 选项时，在创建止裂口的同时还对钣金壁进行延伸；当选择 ● **封闭和止裂口** 选项时，只创建止裂口。

- ■ **封闭折弯** 区域：用于选取要封闭的折弯。

- ■ **拐角属性** 区域：该区域的 **处理** 下拉列表包括 ● **开放的**、● **封闭的**、■ **圆形除料**、■ **U 形除料**、■ **V 形除料** 和 ■ **矩形除料** 六个选项，用于定义拐角的属性。

  - ☑ ● **开放的** 选项：创建封闭拐角时，选择此选项可以将两个弯边的折弯区域保持其原有状态不变，但平面区域将延伸至相交，如图 7.4.9 所示。

  - ☑ ● **封闭的** 选项：创建封闭拐角时，选择此选项会将整个弯边特征的内壁面封闭，使得边缘彼此之间能够相互衔接。在拐角区域添加一个 45° 的斜接小缝隙，如图 7.4.10 所示。

  - ☑ ■ **圆形除料** 选项：创建封闭拐角时，选择此选项会在弯边区域产生一个圆孔。通过在直径文本框中输入数值来决定孔的大小，如图 7.4.11 所示。

图 7.4.9　开放的　　　　　图 7.4.10　封闭的　　　　　图 7.4.11　圆形除料

  - ☑ ■ **U 形除料** 选项：创建封闭拐角时，单击此按钮会在弯边区域产生一个 U 形孔。通过在直径文本框中输入数值来决定孔的大小，在偏置文本框中输入数值来决定孔向中心移动的大小，如图 7.4.12 所示。

☑　选项：创建封闭拐角时，单击此按钮会在弯边区域产生一个 V 形孔。通过在直径文本框中输入数值来决定孔的大小，在偏置文本框中输入数值来决定孔向中心移动的大小，角度 1 和角度 2 决定 V 形孔向两侧张开的大小如图 7.4.13 所示。

☑　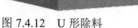选项：创建封闭拐角时，选择此选项会在弯边区域产生一个矩形样式的孔。在偏置文本框中输入数值来决定孔向中心移动的大小，如图 7.4.14 所示。

图 7.4.12　U 形除料　　　　　图 7.4.13　V 形除料　　　　　图 7.4.14　矩形除料

● 　重叠　区域中包括 封闭的 和 重叠的 两个选项。

☑　封闭的 ：选取该选项，创建封闭拐角特征时可以使两个弯边特征之间的边与边封闭，如图 7.4.15 所示。

☑　重叠的 ：选取该选项，创建封闭拐角特征时可以使两个弯边特征对齐并在其间产生一个重叠区域，如图 7.4.16 所示。

图 7.4.15　封闭选项创建封闭角特征　　　　　图 7.4.16　重叠选项创建封闭角特征

☑　缝隙 ：在此文本框中输入的数值用于设置封闭角中两弯边之间的间隙，但输入数值不能大于钣金厚度。

☑　(Ф)直径：选择"圆形除料"选项将激活该文本框，该文本框中输入的数字用于设置生成封闭角圆孔的直径。

☑　重叠比：创建封闭拐角时，选择 重叠的 选项时将激活该文本框，它会强制其中一个弯边特征向着第二个弯边特征的外侧面方向延伸。此数值必须在 0~1 之间。

Step3. 定义封闭拐角。选取图 7.4.17 所示的相邻折弯特征为封闭角参照。

Step4. 定义拐角类型。在 类型 下拉列表中选择 封闭和止裂口 选项；在 拐角属性 区域的 处理 下拉列表中选择 开放的 选项；在 重叠 下拉列表中选择 重叠的 选项；在 缝隙 文本框中输入数值 0；在 重叠比 文本框中输入数值 1.0。

Step5. 单击"封闭拐角"对话框中的 < 确定 > 按钮，完成图 7.4.18 所示"封闭拐角"特征 1 的创建。

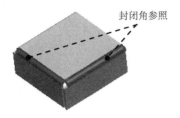
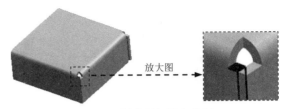

图 7.4.17　定义封闭角参照　　　　　　　　图 7.4.18　创建封闭拐角特征 1

方式二：创建封闭拐角特征 2

Step1. 打开文件 D:\ug8\work\ch07.04.02\fold02。

Step2. 选择命令。选择下拉菜单 插入(S) ➡ 拐角(Q)... ▶ ➡ 封闭拐角...命令，系统弹出"封闭拐角"对话框。

Step3. 定义封闭拐角。选取图 7.4.19 所示的相邻折弯特征为封闭角参照。

Step4. 定义封闭拐角类型。在 类型 下拉列表中选择 封闭和止裂口 选项；在 拐角属性 区域的 处理 下拉列表中选择 开放的 选项；在 重叠 下拉列表中选择 封闭的 选项；在 缝隙 文本框中输入数值 0。

Step5. 单击"封闭拐角"对话框中的 ＜ 确定 ＞ 按钮，完成图 7.4.20 所示的"封闭拐角"特征 2 的创建。

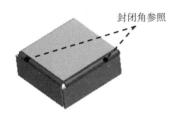
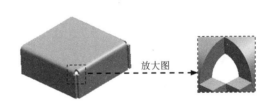

图 7.4.19　定义封闭角参照　　　　　　　　图 7.4.20　创建封闭拐角特征 2

方式三：创建封闭拐角特征 3

Step1. 打开文件 D:\ug8\work\ch07.04.02\fold03。

Step2. 选择命令。选择下拉菜单 插入(S) ➡ 拐角(Q)... ▶ ➡ 封闭拐角...命令，系统弹出"封闭拐角"对话框。

Step3. 定义封闭拐角。选取图 7.4.21 所示的相邻折弯特征为封闭角参照。

Step4. 定义封闭拐角类型。在 类型 下拉列表中选择 封闭和止裂口 选项；在 拐角属性 区域的 处理 下拉列表中选择 封闭的 选项；在 重叠 下拉列表中选择 封闭的 选项；在 缝隙 文本框中输入数值 0。

Step5. 单击"封闭拐角"对话框中的 ＜ 确定 ＞ 按钮，完成图 7.4.22 所示的"封闭拐角"特征 3 的创建。

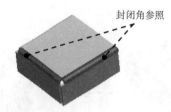

图 7.4.21 定义封闭角参照

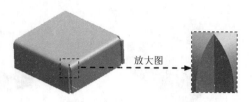

图 7.4.22 创建封闭拐角特征 3

方式四：创建封闭拐角特征 4

Step1. 打开文件 D:\ug8\work\ch07.04.02\fold04。

Step2. 选择命令。选择下拉菜单 插入(S) ➡ 拐角(O)... ▶ ➡ 封闭拐角... 命令，系统弹出"封闭拐角"对话框。

Step3. 定义封闭拐角合。选取图 7.4.23 所示的相邻折弯特征为封闭角参照。

Step4. 定义封闭拐角类型。在 类型 下拉列表中选择 封闭和止裂口 选项；在 拐角属性 区域的 处理 下拉列表中选择 封闭的 选项，在 重叠 下拉列表中选择 重叠的 选项；在 缝隙 文本框中输入数值 0，在 重叠比 文本框中输入数值 1.0。

Step5. 单击"封闭拐角"对话框中的 〈确定〉 按钮，完成图 7.4.24 所示的"封闭拐角"特征 4 的创建。

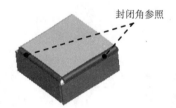

图 7.4.23 定义封闭角参照

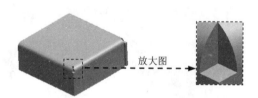

图 7.4.24 创建封闭拐角特征 4

方式五：创建封闭拐角特征 5

Step1. 打开文件 D:\ug8\work\ch07.04.02\fold05。

Step2. 选择命令。选择下拉菜单 插入(S) ➡ 拐角(O)... ▶ ➡ 封闭拐角... 命令，系统弹出"封闭拐角"对话框。

Step3. 定义封闭拐角合。选取图 7.4.25 所示的相邻折弯特征为封闭角参照。

Step4. 定义封闭拐角类型。在 类型 下拉列表中选择 封闭和止裂口 选项；在 拐角属性 区域的 处理 下拉列表中选择 圆形除料 选项，在 (D)直径 文本框中输入数值 2.5；在 重叠 下拉列表中选择 重叠的 选项，在 缝隙 文本框中输入数值 0，在 重叠比 文本框中输入数值 1.0。

Step5. 单击"封闭拐角"对话框中的 〈确定〉 按钮，完成图 7.4.26 所示的"封闭拐角"特征 5 的创建。

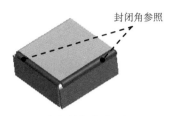

图 7.4.25　定义封闭角参照

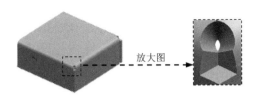

图 7.4.26　创建封闭拐角特征 5

方式六：创建圆形除料拐角特征 6

Step1. 打开文件 D:\ug8\work\ch07.04.02\fold06。

Step2. 选择命令。选择下拉菜单 插入(S) ➡ 拐角(O)... ▶ ➡ 封闭拐角... 命令，系统弹"封闭拐角"对话框。

Step3. 定义封闭拐角。选取图 7.4.27 所示的相邻折弯特征为封闭角参照。

Step4. 定义封闭拐角类型。在 类型 下拉列表中选择 封闭和止裂口 ；在 拐角属性 区域的 处理 下拉列表中选择 圆形除料 选项，在 (D)直径 文本框中输入数值 2.5；在 重叠 下拉列表中选择 封闭的 选项，在 缝隙 文本框中输入数值 0。

Step5. 单击"封闭拐角"对话框中的 〈确定〉 按钮，完成图 7.4.28 所示的"封闭拐角"特征 6 的创建。

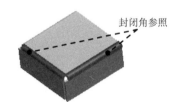

图 7.4.27　定义封闭角参照

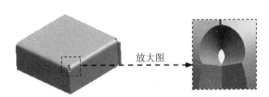

图 7.4.28　创建封闭拐角特征 2

7.4.3　三折弯角

三折弯角是将相邻两个折弯的平面区域延伸至相交，形成封闭或带有圆形切除的拐角，本节将详细介绍三折弯角命令的使用方法及技巧。

下面以图 7.4.29 所示的模型为例，来说明创建三折弯角的一般操作过程。

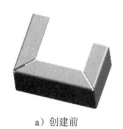

a）创建前

图 7.4.29　创建三折弯角特征

b）创建后

方式一：创建开放的三折弯角特征

Step1. 打开文件 D:\ug8\work\ch07.04.03\cockle01。

Step2. 选择命令。选择下拉菜单 插入(S) ➡ 拐角(O) ➡ 三折弯角(H)...命令，系统弹出图 7.4.30 所示的" 三折弯角"对话框。

图 7.4.30 "三折弯角"对话框

Step3. 定义三折弯角参照。选取图 7.4.31 所示的相邻折弯特征为三折弯角参照。

Step4. 定义封闭拐角类型。在 拐角属性 区域中的 处理 下拉列表中选择 开放的 选项。

Step5. 单击"三折弯角"对话框中的 〈 确定 〉按钮，完成图 7.4.32 所示的"三折弯角"特征的创建。

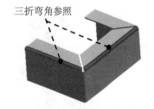

图 7.4.31 定义三折弯角参照

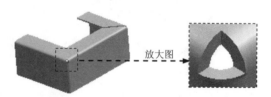

图 7.4.32 创建开放的三折弯角特征

图 7.4.30 所示的"三折弯角"对话框中的各选项说明如下。

- 处理 选项中提供了 开放的 、 封闭的 、 圆形除料 三种类型。
  - ☑ 开放的 选项：将弯边的折弯部分依旧保持原来状态不变并延伸其平面区域来封闭拐角，如图 7.4.33 所示。
  - ☑ 封闭的 选项：封闭整个弯边特征的内侧面，以保证边对边封闭，在每个拐角处都会产生一个匹配的斜接以使得折弯区域连接，并保留一个很小的缝隙，如图 7.4.34 所示。
  - ☑ 圆形除料 选项：在折弯拐角区域创建一个孔，利用直径大小来控制孔的尺寸，如图 7.4.35 所示。

图 7.4.33 开放的三角拐角

图 7.4.34 封闭的三角拐角

图 7.4.35 圆形除料三角拐角

方式二：创建封闭的三折弯角特征

Step1. 打开文件 D:\ug8\work\ch07.04.03\cockle02。

Step2. 选择命令。选择下拉菜单 插入(S) ➡ 拐角(O)... ▶ ➡ 三折弯角(H)... 命令，系统弹出"三折弯角"对话框。

Step3. 定义三折弯角参照。选取图 7.4.36 所示的相邻折弯特征为三折弯角参照。

Step4. 定义封闭拐角类型。在 拐角属性 区域中的 处理 下拉列表中选择 封闭的 选项。

Step5. 单击"三折弯角"对话框中的 < 确定 > 按钮，完成图 7.4.37 所示的"三折弯角"特征的创建。

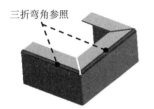
图 7.4.36 定义三折弯角参照

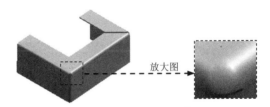
图 7.4.37 创建封闭三折弯角特征

方式三：创建圆形的三折弯角特征

Step1. 打开文件 D:\ug8\work\ch07.04.03\cockle03。

Step2. 选择命令。选择下拉菜单 插入(S) ➡ 拐角(O)... ▶ ➡ 三折弯角(H)... 命令，系统弹出"三折弯角"对话框。

Step3. 定义三折弯角参照。选取图 7.4.38 所示的相邻折弯特征为三折弯角参照。

Step4. 定义封闭拐角类型。在 拐角属性 区域中的 处理 下拉列表中选择 圆形除料 选项，在 (D)直径 文本框中输入数值 3.5。

Step5. 单击"三折弯角"对话框中的 < 确定 > 按钮，完成图 7.4.39 所示的圆形"三折弯角"特征的创建。

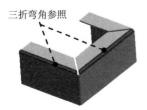
图 7.4.38 定义三折弯角参照

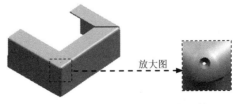
图 7.4.39 创建圆形三折弯角特征

7.4.4　倒斜角

"倒斜角"命令是在钣金特征的棱边处形成一个直边的倒角，与"倒角"命令中的"倒斜角"类型不同的是，它可以灵活的定义相关参数，从而制作非 45°的倒角。该命令可以对钣金件的所有边缘进行倒斜角操作。

下面以图 7.4.40 所示的模型为例，来说明创建"倒斜角"的一般步骤。

a）创建前　　　　　　　　　　　　　　　　b）创建后

图 7.4.40　创建"倒斜角"特征

Task1.　创建"倒斜角"特征 1

Step1.　打开文件 D:\ug8\work\ch07.04.04\bend_corner。

Step2.　选择命令。选择下拉菜单 插入(S) ➡ 拐角(O)... ▶ ➡ 倒斜角(C) 命令，系统弹出图 7.4.41 所示的"倒斜角"对话框。

Step3.　定义偏置类型。在 横截面 下拉列表中选择 对称 选项，在 距离 文本框中输入数值 5。

Step4.　定义倒斜角参照。选取图 7.4.42 所示的模型边线为倒斜角参照。

Step5.　单击"倒斜角"对话框中的 确定 按钮，完成图 7.4.40b 所示的"倒斜角"特征 1 的创建。

图 7.4.41　"倒斜角"对话框

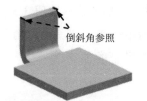

倒斜角参照

图 7.4.42　定义倒斜角参照

图 7.4.42 所示的"倒斜角"对话框中的各选项说明如下。

- 偏置 区域：用于定义倒斜角的类型及基本参数。在该区域内的 横截面 下拉列表中包含 对称 、 非对称 和 偏置和角度 3 个选项。

☑ 　对称　选项：当选择该选项时，在倒角时沿两个表面的偏置值是相同的。

☑ 　非对称　选项：当选择该选项时，在倒角时的切除方向延伸用于修剪原始曲面的每个偏置曲面，可在其下的 距离 1 和 距离 2 文本框中输入数值以定义不同方向上的偏置距离，它的偏置方式有两种，可单击"反向"按钮 ✕ 来调整。

☑ 　偏置和角度　选项：当选择该选项时，倒角的偏置量是由一个偏置值和一个角度决定的。可在其下的 距离 和 角度 文本框中输入数值以定义偏置距离和角度，其偏置方式有两种，可单击"反向"按钮 ✕ 来调整。

● 　设置　区域

☑ 　沿面偏置边　：仅为简单形状生成精确的倒斜角，从倒斜角的边开始，沿着面测量偏置值，这将定义新倒斜角面的边。

☑ 　偏置面并修剪　：如果被倒角的面很复杂，此选项可延伸用于修剪原始曲面的每个偏置曲面。

Task2. 创建"倒斜角"特征 2

Step1. 选择命令。选择下拉菜单 插入(S) ➡ 拐角(O)... ▶ ➡ 🗔 倒斜角(C) 命令，系统弹出"倒斜角"对话框。

Step2. 定义偏置类型。在 横截面 下拉列表中选择 非对称 选项，在 距离 1 文框中输入数值 3，在 距离 2 文本框中输入数值 9。

Step3. 定义倒斜角参照。选取图 7.4.43 所示的模型边线为倒斜角参照。

Step4. 单击"倒斜角"对话框中的 < 确定 > 按钮，完成图 7.4.44 所示的"倒斜角"特征 2 的创建。

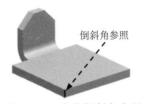

图 7.4.43　定义倒斜角参照

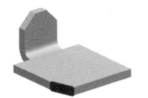

图 7.4.44　"倒斜角"特征 2

Task3. 创建"倒斜角"特征 3

Step1. 选择命令。选择下拉菜单 插入(S) ➡ 拐角(O)... ▶ ➡ 🗔 倒斜角(C) 命令，系统弹出"倒斜角"对话框。

Step2. 定义偏置类型。在 横截面 下拉列表中选择 偏置和角度 选项，在 距离 文本框中输入数值 10，在 角度 文本框中输入数值 60。

Step3. 定义倒斜角参照。选取图 7.4.45 所示的模型边线为倒斜角参照。

Step4. 单击"倒斜角"对话框中的 < 确定 > 按钮，完成图 7.4.46 所示的"倒斜角"特征 3 的创建。

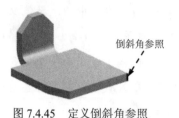

图 7.4.45　定义倒斜角参照　　　　　　　　图 7.4.46　"倒斜角"特征 3

7.5 高级钣金特征

7.5.1 凹坑

凹坑就是用一组连续的曲线作为轮廓沿着钣金件表面的法线方向冲出凸起或凹陷的成形特征，如图 7.5.1 所示。

图 7.5.1　钣金的"凹坑"特征

Task1. 封闭的截面线创建"凹坑"的一般过程

下面以图 7.5.2 所示的模型为例，说明用封闭的截面线创建"凹坑"的一般过程。

a）创建凹坑前　　　　　　　　　　　　b）创建凹坑后

图 7.5.2　用封闭的截面线创建"凹坑"特征

Step1. 打开文件 D:\ug8\work\ch07.05.01\press。

Step2. 选择命令。选择下拉菜单 插入(S) ➡ 冲孔(H) ➡ 凹坑(I)...命令，系统弹出图 7.5.3 所示的"凹坑"对话框。

Step3. 绘制凹坑截面。单击 按钮，选取图 7.5.4 所示的模型表面为草图平面，取消选中 设置 区域的 □ 创建中间基准 CSYS 复选框，单击 确定 按钮，绘制图 7.5.5 所示的"凹坑"截面草图。

说明：凹坑的成形面的截面线可以是封闭的，也可以是开放的。

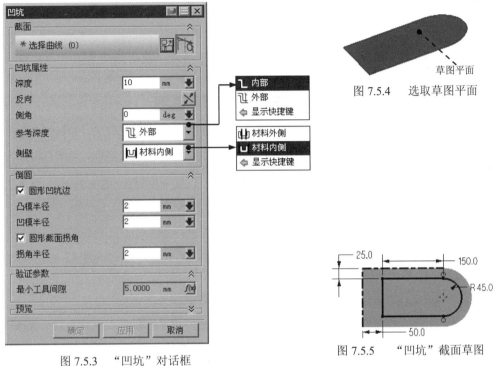

图 7.5.3　"凹坑"对话框

图 7.5.4　选取草图平面

图 7.5.5　"凹坑"截面草图

Step4. 定义凹坑属性。在 凹坑属性 区域的 深度 文本框输入数值 30；在 侧角 文本框中输入数值 10；在 参考深度 下拉列表中选择 内部 选项；在 侧壁 下拉列表中选择 材料内侧 选项。

Step5. 定义倒圆属性。在 倒圆 区域选中 ☑圆形凹坑边 复选框，在 凹模半径 文本框中输入数值 2；在 凸模半径 文本框中输入数值 2；在 倒圆 区域选中 ☑圆形截面拐角 复选框，在 拐角半径 文本框中输入数值 2。

Step6. 在"凹坑"对话框中单击 ＜确定＞ 按钮，完成特征的创建。

图 7.5.3 所示的"凹坑"对话框中各选项的功能说明如下。

● 深度 ：该文本框中输入的数值是从钣金件的放置面到弯边底部的深度距离，如图 7.5.6 所示。

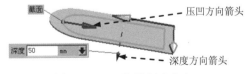

图 7.5.6　凹坑的创建方向

● 侧角 ：该文本框中输入的数值是设定凹坑在钣金件放置面法向的倾斜角度值（即拔模角度）。

- ● 参考深度 下拉列表中包括 ⌐外部 和 ⌐内部 选项。
  - ☑ ⌐外部 ：选取该选项，凹坑的高度距离是从截面线的草图平面开始计算，延伸至总高，再根据材料厚度来偏置距离。
  - ☑ ⌐内部 ：选取该选项，凹坑的高度距离是从截面线的草图平面开始计算，延伸至总高。
- ● 侧壁 下拉列表中包括 ∪材料内侧 和 ⌐材料外侧 两种选项。
  - ☑ ∪材料内侧 ：选取该选项，在截面线的内侧开始生成凹坑，如图 7.5.7a 所示。
  - ☑ ⌐材料外侧 ：选取该选项，在截面线的外侧开始生成凹坑，如图 7.5.7b 所示。

　a）材料内侧　　　　　　　　　　　　　　　　　b）材料外侧

图 7.5.7　设置"侧壁材料"选项

- ● 倒圆 区域包括 ☑圆形截面拐角 和 ☑圆形凹坑边 复选框。
  - ☑ ☑圆形凹坑边 ：选中该复选框，凹模半径 和 凸模半径 文本框被激活。凹模半径 文本框输入数值是指定钣金件的放置面过渡到折弯部分设置倒圆角半径如图 7.5.8 所示；凸模半径 文本框输入数值是指定凹坑底部与深度壁过渡圆角半径如图 7.5.8 所示。
  - ☑ ☑圆形截面拐角 ：选中该复选框，拐角半径 文本框被激活。拐角半径 文本框输入数值是指定凹坑壁之间过渡的圆角半径。

图 7.5.8　定义倒圆设置

Task2. 开放截面线创建"凹坑"的一般过程

下面以上一步创建的模型图 7.5.9 所示为例，说明用开放的截面线创建"凹坑"的一般过程。

　a）创建凹坑前　　　　　　　　　　　　　　　　b）创建凹坑后

图 7.5.9　用开放的截面线创建"凹坑"特征

Step1. 选择命令。选择下拉菜单 插入(S) ➡ 冲孔(H) ▶ ➡ ⬤ 凹坑(D)... 命令，系统弹出"凹坑"对话框。

Step2. 绘制凹坑截面。单击 ▨ 按钮，选取图 7.5.10 所示的模型表面为草图平面，绘制图 7.5.11 所示的截面草图。

图 7.5.10　选取草图平面

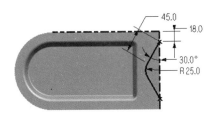

图 7.5.11　"凹坑"截面草图

Step3. 定义凹坑属性。在"凹坑"对话框的 凹坑属性 区域的 深度 文本框输入数值 30，深度方向如图 7.5.12 所示；在 侧角 文本框中输入数值 10；在 参考深度 下拉列表中选择 ⌐ 内部 选项；在 侧壁 下拉列表中选择 ⊔ 材料内侧 选项。

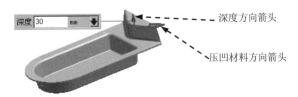

图 7.5.12　凹坑的创建方向

Step4. 定义倒圆属性。在 倒圆 区域选中 ☑ 圆形凹坑边 复选框，在 凹模半径 文本框中输入数值 2；在 凸模半径 文本框中输入数值 2；在 倒圆 区域选中 ☑ 圆形截面拐角 复选框，在 拐角半径 文本框中输入数值 2。

Step5. 在"凹坑"对话框中单击 < 确定 > 按钮，完成特征的创建。

7.5.2　冲压除料

冲压除料就是用一组连续的曲线作为轮廓沿着钣金件表面的法向方向进行裁剪，同时在轮廓线上建立弯边，如图 7.5.13 所示。

说明：冲压除料的成形面的截面线可以是封闭的，也可以是开放的。

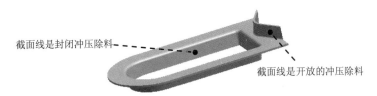

图 7.5.13　钣金的"冲压除料"特征

Task1. 封闭的截面线创建"冲压除料"

下面以图 7.5.14 所示的模型为例，说明用封闭的截面线创建"冲压除料"的一般过程。

a）创建冲压除料前　　　　　　　　　　　　　　　b）创建冲压除料后

图 7.5.14　用封闭的截面线创建"冲压除料"特征

Step1. 打开文件 D:\ug8\work\ch07.05.02\press。

Step2. 选择命令。选择下拉菜单 插入(S) ➡ 冲孔(H) ▸ ➡ 冲压除料(C)... 命令，系统弹出图 7.5.15 所示的"冲压除料"对话框。

Step3. 绘制冲压除料截面草图。单击 按钮，选取图 7.5.16 所示的模型表面为草图平面，取消选中 设置 区域的 创建中间基准 CSYS 复选框，单击 确定 按钮，绘制图 7.5.17 所示的截面草图。

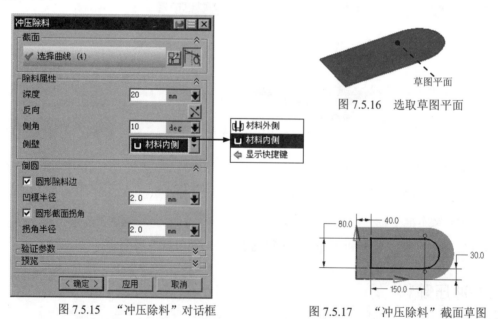

图 7.5.16　选取草图平面

图 7.5.15　"冲压除料"对话框

图 7.5.17　"冲压除料"截面草图

Step4. 定义除料属性。在对话框的 除料属性 区域的 深度 文本框输入数值 20，方向如图 7.5.18 所示；在 侧角 文本框中输入数值 10；在 侧壁 下拉列表中选择 材料内侧 选项。

说明：要改变箭头方向，可以双击图 7.2.18 所示的箭头。

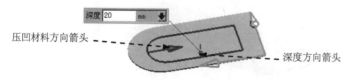

压凹材料方向箭头　　　　　　　　　　　　　　深度方向箭头

图 7.5.18　"冲压除料"的创建方向

Step5. 定义倒圆属性。在 倒圆 区域选中 ☑圆形除料边 复选框，在 凹模半径 文本框中输
入数值 2；选中 ☑圆形截面拐角 复选框，在 拐角半径 文本框中输入数值 2。

Step6. 在"冲压除料"对话框中单击 ＜确定＞ 按钮，完成"冲压除料"特征的创建。

Task2. 开放的截面线创建"冲压除料"

下面以 Task1 创建的模型为例，说明用开放的截面线创建图 7.5.19 所示"冲压除料"的
一般过程。

 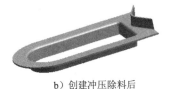

　　　a）创建冲压除料前　　　　　　　　　　　　　　　　　　b）创建冲压除料后

图 7.5.19　用开放的截面线创建"冲压除料"特征

Step1. 选择命令。选择下拉菜单 插入(S) ➡ 冲孔(H)▸ ➡ 冲压除料(C)... 命令，系
统弹出"冲压除料"对话框。

Step2. 绘制冲压除料截面草图。单击 按钮，选取图 7.5.20 所示的模型表面为草图平
面，单击 确定 按钮，绘制图 7.5.21 所示的截面草图。

 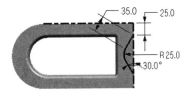

　　　图 7.5.20　选取草图平面　　　　　　　　　　图 7.5.21　"冲压除料"截面草图

Step3. 定义除料属性。在 除料属性 区域的 深度 文本框中输入数值 20，方向如图 7.5.22
所示；在 侧角 文本框中输入数值 10；在 侧壁 下拉列表中选择 ∪材料内侧 选项。

图 7.5.22　冲压的创建方向和深度方向

Step4. 定义倒圆属性。在 倒圆 区域选中 ☑圆形除料边 复选框，在 凹模半径 文本框中输
入数值 2；选中 ☑圆形截面拐角 复选框，在 拐角半径 文本框中输入数值 2。

Step5. 在"冲压除料"对话框中单击 ＜确定＞ 按钮，完成"冲压除料"特征的创建。

7.5.3　百叶窗

百叶窗的功能是在钣金件的平面上创建通风窗，用于排气和散热。UG NX 8.0 的百叶窗有成形端百叶窗和切口端百叶窗两种外观样式（图 7.5.23）。

图 7.5.23　"百叶窗"特征

下面以图 7.5.24 所示的模型为例，说明创建"百叶窗"的一般过程。

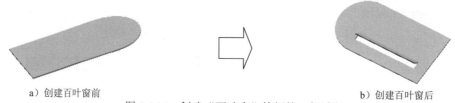

a）创建百叶窗前   b）创建百叶窗后

图 7.5.24　创建"百叶窗"特征的一般过程

Step1. 打开文件 D：\ug8\work\ch07.05.03\press。

Step2. 选择命令。选择下拉菜单 插入(S) ➡ 冲孔(H)▸ ➡ 百叶窗(L)... 命令，系统弹出图 7.5.25 所示的"百叶窗"对话框。

Step3. 绘制百叶窗截面草图。单击 按钮，选取图 7.5.26 所示的模型表面为草图平面，取消选中 设置 区域的 □ 创建中间基准 CSYS 复选框，单击 确定 按钮，绘制图 7.5.27 所示的百叶窗截面草图。

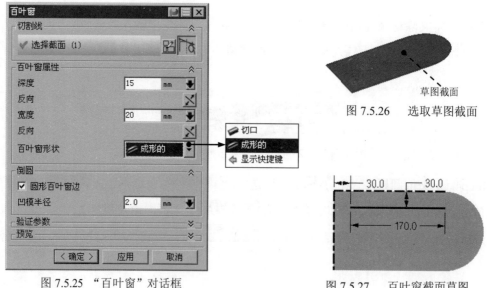

图 7.5.25　"百叶窗"对话框

图 7.5.26　选取草图截面

图 7.5.27　百叶窗截面草图

图 7.5.3 所示的 "百叶窗" 对话框中部分选项功能说明如下。

- 深度 ：在该文本框中输入的数值是指定从钣金件表面到 "百叶窗" 特征最外侧点的距离。可以在图 7.5.28 所示深度文本框中更改，也可以在模型中拖动 "深度长锚" 动态更改深度值。

- 宽度 ：在该文本框中输入的数值是指定钣金件表面投影轮廓的宽度。可以在图 7.5.28 所文本框中更改宽度值，也可以在模型中拖动 "宽度长锚" 动态更改宽度值。

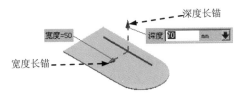

图 7.5.28 "百叶窗" 特征的深度和宽度的含义

- 百叶窗形状 下拉列表中包括 成形的 和 切口 两个选项。

  - ☑ 成形的 ：选择该选项，创建的 "百叶窗" 特征以成形的形状生成图 7.5.23 所示。

  - ☑ 切口 ：选择该选项，创建的 "百叶窗" 特征以切口的形状生成图 7.5.23 所示。

- 倒圆 区域：该区域用于设置冲模半径和冲模半径值。

  - ☑ ☑ 圆形百叶窗边 ：该复选框是设置是否设置冲模半径，如果取消此复选框，创建后的 "百叶窗" 特征边缘无圆角特征。（图 7.5.29b）；如果选中该复选框，创建后的 "百叶窗" 特征边缘无圆角特征。如图 7.5.29a 所示。

  - ☑ 凹模半径 ：设置 "百叶窗" 特征边缘圆角特征的半径（凹模半径值）。

a）选中圆形复选框　　　　　　　　　　b）不选中圆形复选框

图 7.5.29 选中和不选中复选框的效果

Step4. 定义百叶窗属性。在 "百叶窗" 对话框中的 百叶窗属性 区域的 深度 文本框中输入数值 15，接受系统默认得深度方向和宽度方向；在 宽度 文本框中输入数值 20；在 百叶窗形状 下拉列表中选择 成形的 选项。

Step5. 定义百叶窗的倒圆。在 倒圆 区域中选中 ☑ 圆形百叶窗边 复选框，凹模半径 文本框被激活，在该文本框中输入数值 2。

Step6. 在 "百叶窗" 对话框中单击 〈 确定 〉 按钮，完成特征的创建。

7.5.4　筋

"筋"命令可以完成沿钣金件表面上的曲线添加筋的功能，如图 7.5.30 所示。筋用于增加钣金零件强度，但在展开实体的过程中，加强筋是不可以被展开的。

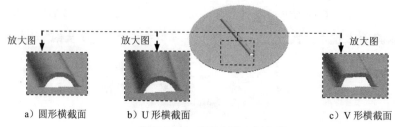

a）圆形横截面　　　　b）U 形横截面　　　　　　c）V 形横截面

图 7.5.30　在钣金件上添加筋

下面以图 7.5.31 所示的模型为例，说明创建"筋"的一般过程。

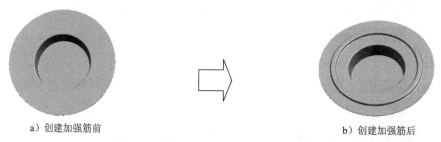

a）创建加强筋前　　　　　　　　　　　　b）创建加强筋后

图 7.5.31　创建"筋"特征的一般过程

Step1. 打开文件 D:\ug8\work\ch07.05.04\bracket。

Step2. 选择命令。选择下拉菜单 插入(S) ➡ 冲孔(H) ➡ 筋(B)... 命令，系统弹出图 7.5.32 所示的"筋"对话框。

Step3. 绘制加强筋截面草图。单击 按钮，选取图 7.5.33 所示的模型表面为草图平面，取消选中 设置 区域的 □ 创建中间基准 CSYS 复选框，单击 确定 按钮，绘制图 7.5.34 所示的截面草图。

Step4. 定义筋属性。在 横截面 下拉列表中选择 圆形 选项；在 深度 文本框中输入数值 3，接受系统默认箭头方向为加强筋的创建方向；在 半径 文本框中输入数值 3.5；在 结束条件 下拉列表中选择 成形的 选项。

Step5. 设置倒圆。在 倒圆 区域选中 ☑ 圆形筋边 复选框，在 凹模半径 文本框中输入数值 2。

Step6. 在"筋"对话框中单击 ＜ 确定 ＞ 按钮，完成特征的创建。

图 7.5.32 所示的"筋"对话框中各选项的功能说明如下。

● 横截面 下拉列表中包括 圆形 、 V 形 和 U 形 三种选项。三种截面如图 7.5.35 所示。

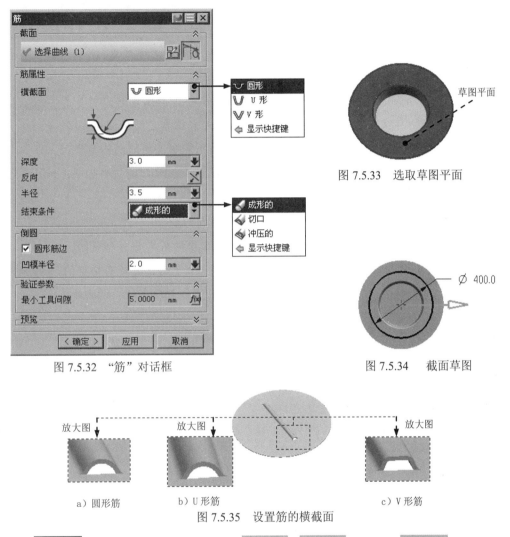

图 7.5.32　"筋"对话框　　　图 7.5.33　选取草图平面

图 7.5.34　截面草图

a）圆形筋　　　　b）U 形筋　　　　c）V 形筋

图 7.5.35　设置筋的横截面

- ⊎ **圆形**：选取该选项，对话框中的 **半径** 、 **深度** 文本框和 **凹模半径** 下拉列表被激活。

  ☑ **半径** 文本框：圆形筋的截面的圆弧半径。

  ☑ **深度** 文本框：圆形筋从底面到圆弧的顶部之间的高度距离。

  ☑ **凹模半径** 文本框：圆形筋的端盖边缘或侧面与底面倒角半径。

- ∨ **V 形**：选取该选项，对话框中的 **深度** 、 **角度** 、 **半径** 文本框和 **凹模半径** 下拉列表均被激活。

  ☑ **深度** 文本框：V 形筋从底面到顶面之间的高度距离。

  ☑ **角度** 文本框：V 形筋的底面法向和侧面或者端盖之间的夹角。

  ☑ **半径** 文本框：V 形的两个侧面或者两个端盖之间的半径。

  ☑ **凹模半径** 文本框：V 形筋的底面和侧面或者端盖之间的倒角半径。

- ⩗ **U 形**：选取该选项，对话框中的 **深度** 、 **宽度** 、 **角度** 文本框、**凹模半径** 和 **凸模半径** 文本框均被激活。

  - ☑ **深度** 文本框：U 形筋从底面到顶面之间的高度距离。
  - ☑ **宽度** 文本框： U 形筋的顶面的宽度。
  - ☑ **角度** 文本框：U 形筋的底面法向和侧面或者端盖之间的夹角。
  - ☑ **凸模半径** 文本框：U 形筋的顶面和侧面或者端盖之间的倒角半径。
  - ☑ **凹模半径** 文本框：U 形筋的底面和侧面或者端盖之间的倒角半径。

- **结束条件** 下拉列表中包括 **成形的** 、 **切口** 和 **冲压的** 三个选项，如图 7.5.36 所示。

  - ☑ **成形的** ：选取该选项，筋的端面为圆形。
  - ☑ **切口** ：选取该选项，筋的端面为一个平的或者是有切口的。
  - ☑ **冲压的** ：选取该选项，筋的端面为一个平的或者是有切口的， **冲压宽度** 文本框被激活。在 **冲压宽度** 文本框中输入值，来决定缺口的大小。

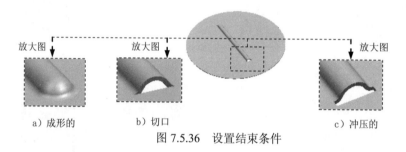

图 7.5.36　设置结束条件

7.5.5　实体冲压

钣金实体冲压是通过模具等对板料施加外力，是板料分离或者成形而得到工件的一种工艺。在钣金特征中，通过冲压成形的钣金特征占有钣金件成形的很大比例。

钣金实体特征包括如下三个要素。

- 目标面：实体冲压特征的创建面。
- 工具体：使目标体具有预期形状的体。
- 冲裁面：指定要穿透的工具体表面。

1.下面以图 7.5.37 为例，讲述实体冲压中的"冲压"类型的一般操作过程。

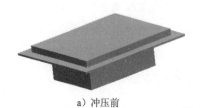

a）冲压前

图 7.5.37　实体冲压

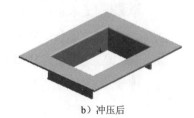

b）冲压后

Step1. 打开文件 D:\ug8\work\ch07.05.05\pressing01。

说明：由于使用实体冲压时，工具体大多在"NX 钣金"以外的环境中创建，所以在创建钣金冲压时需将当前钣金模型转换至其他设计环境中。本例采用的工具体需在"建模"环境中创建，因而在打开模型后，需要选择下拉菜单 开始 ➡ 建模(M)... 命令，以切换至"建模"环境。

Step2. 创建图 7.5.38 所示的拉伸特征 1。

（1）选择下拉菜单 插入(S) ➡ 设计特征(E)▶ ➡ 拉伸(E)... 命令（或单击 按钮）。

（2）定义拉伸截面草图。单击 按钮，选取图 7.5.38 所示的模型表面为草图平面，取消选中 设置 区域的 创建中间基准 CSYS 复选框，单击 确定 按钮，绘制图 7.5.39 所示的截面草图。

（3）定义拉伸属性。在对话框 极限 区域的 开始 下拉列表中选择 值 选项，并在其下的 距离 文本框中输入数值 0；在 结束 下拉列表中选择 值 选项，并在其下的 距离 文本框中输入数值 10；在 布尔 区域中选择 无 选项，其他采用系统默认设置值。

（4）单击"拉伸"对话框中的 〈 确定 〉 按钮，完成拉伸特征的创建。

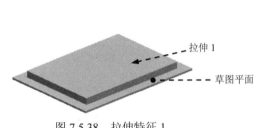

图 7.5.38　拉伸特征 1

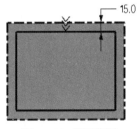

图 7.5.39　截面草图

Step3. 创建图 7.5.40 所示的拉伸特征 2。选择下拉菜单 插入(S) ➡ 设计特征(E)▶ ➡ 拉伸(E)... 命令；选取图 7.5.38 所示的模型表面为草图平面，绘制图 7.5.41 所示的截面草图。拉伸方向如图 7.5.40 所示（与第一个拉伸方向相反）；在 极限 区域的 开始 下拉列表中选择 值 选项，并在其下的 距离 文本框中输入数值 0；在 结束 下拉列表中选择 值 选项，并在其下的 距离 文本框中输入数值 40；在 布尔 区域的 布尔 下拉列表中选择 求和 选项，选取上步创建的拉伸特征 1 作为求和对象；单击 〈 确定 〉 按钮，完成拉伸特征的创建。

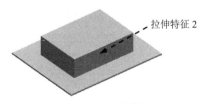

图 7.5.40　拉伸特征 2

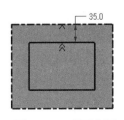

图 7.5.41　截面草图

Step4. 创建实体冲压特征（将模型切换至"NX 钣金"环境）。

（1）选择下拉菜单 插入(S) ➡ 冲孔(H) ▶ ➡ 实体冲压(S)... 命令，系统弹出图 7.5.42 所示"实体冲压"对话框。

（2）定义实体冲压类型。在"实体冲压"对话框 类型 区域的下拉列表中选择 冲模 选项，即采用冲孔类型创建钣金特征。

（3）定义目标面。此时，在"实体冲压"对话框中，"目标面"按钮 ⬡ 已处于激活状态，选取图 7.5.43 所示的面为目标面。

（4）定义工具体。此时，在"实体冲压"对话框中，"工具体"按钮 已处于激活状态，选取图 7.5.44 所示的面为工具体。

（5）定义冲裁面。此时，单击"实体冲压"对话框中的"冲裁面"按钮 ，选取图 7.5.45 所示的面为冲裁面。

（6）单击"实体冲压"对话框中的 < 确定 > 按钮，完成实体冲压特征的创建。

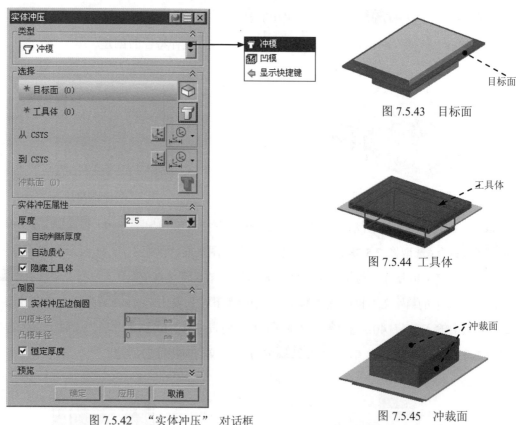

图 7.5.42 "实体冲压" 对话框

图 7.5.43 目标面

图 7.5.44 工具体

图 7.5.45 冲裁面

Step5. 保存零件模型。

图 7.5.42 所示"实体冲压"对话框中各选项说明如下。

● 类型 类型下拉列表中包括 冲模 和 凹模 选项。

　☑ 冲模：选择此选项，即采用冲模类型创建钣金特征，如图 7.5.46 所示。

☑ 　**凹模**：选择此选项，即采用凹模类型创建钣金特征，如图 7.5.47 所示。

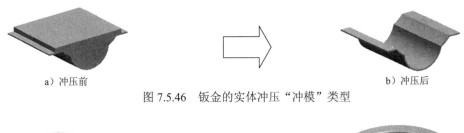

a）冲压前　　　　　　　　　　　　　　　　　　b）冲压后

图 7.5.46　钣金的实体冲压"冲模"类型

a）冲压前　　　　　　　　　　　　　　　　　　b）冲压后

图 7.5.47　钣金的实体冲压"凹模"类型

注意：实体冲压特征 **凹模** 类型的工具体必须为中空的，否则不能进行冲压。

- 　（目标面）：在钣金的冲压的创建中，选择从某个面进行冲压的面。

- 　（工具体）：工具体是使目标体具有预期形状的几何体，相当于钣金的成形模具。

- 　（冲裁面）：穿孔面是指创建实体冲压特征时，指定穿透钣金件的某个表面的工具体表面。

- **厚度**：指工具体对钣金件在冲压的厚度。

- ☑ **自动判断厚度**：选中此复选框，则实体冲压的特征与目标体厚度一致。

- ☑ **自动质心**：选中此复选框，可以通过对放置面轮廓线的二维自动产生一个刀具中心位置创建冲压特征。

- ☑ **隐藏工具体**：选中此复选框，则在创建钣金冲压特征后，工具体不可见，否则工具体可见，如图 7.5.48 所示。

a）不隐藏工具体　　　　　　　　　　　　　　　b）隐藏工具体

图 7.5.48　设置"隐藏工具体"

- ☑ **实体冲压边倒圆**：选中此复选框，**凸模半径** 和 **凹模半径** 被激活。可以对凸模半径和凹模半径的大小进行编辑，如图 7.5.49 所示。当对凸模半径进行编辑时，凹模半径的大小也相应地发生变化。

    ☑ **凸模半径**：凸模半径是指创建实体冲压特征时，底部边的折弯半径。

    ☑ **凹模半径**：凹模半径是指目标面上的边的折弯半径，也是内半径和厚度之和。

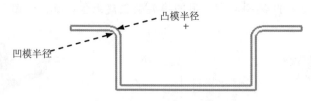

图 7.5.49　　凸模、凹模半径示意图

- **☐ 恒定厚度**：如果工具体具有锐边，在创建钣金实体冲压特征时需要设置该选项，如图 7.5.50a 所示，如果不选择该选项，创建的钣金实体冲压特征仍然包含锐边，如图 7.5.50b 所示。

a）设置恒定厚度　　　　　　　　　　　　　　　b）不设置恒定厚度

图 7.5.50　设置"恒定厚度"创建钣金实体冲压示意图

2. 下面以图 7.5.51 为例，讲述实体冲压中的"凹模"类型的一般操作过程。

a）冲压前　　　　　　　　图 7.5.51　实体凹模　　　　　　　b）冲压后

Step1. 打开文件 D:\ug8\work\ch07.05.05\pressing02；并确认该模型处于"建模"环境中。

Step2. 创建图 7.5.52 所示的回转特征。

（1）选择命令。选择下拉菜单 插入(S) ➡ 设计特征(E)▶ ➡ 🔧 回转(R)... 命令（或单击 🔧 按钮），系统弹出"回转"对话框。

（2）定义截面草图。单击 🔲 按钮，选取 ZX 基准平面为草图平面；绘制图 7.5.53 所示的截面草图。

（3）定义回转轴。选取图 7.5.53 所示的边线作为回转轴。

图 7.5.52　回转特征

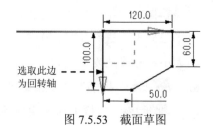

图 7.5.53　截面草图

（4）定义回转角度。在"回转"对话框 限制 区域的 开始 下拉列表中选择 值 选项，并在 角度 文本框输入数值 0，在 结束 下拉列表中选择 值 选项，并在 角度 文本框输入数值 360。

（5）单击 〈 确定 〉 按钮，完成回转特征的创建。

Step3. 创建图 7.5.54b 所示的圆角特征。

（1）选择下拉菜单 插入(S) ➡ 细节特征(L) ➡ 边倒圆(E)... 命令，系统弹出"边倒圆"对话框。

（2）选取倒圆参照边。选取图 7.5.54a 所示的两条边线为边倒圆参照，在弹出的动态输入框中输入圆角半径值 1.5。

（3）单击"边倒圆"对话框的 〈 确定 〉 按钮，完成圆角特征的创建。

a）圆角前　　　　　　　　　　　图 7.5.54　圆角特征　　　　　　　b）圆角后

Step4. 创建图 7.5.55b 所示抽壳特征。

（1）选择命令。选择下拉菜单 插入(S) ➡ 偏置/缩放(O) ➡ 抽壳(H)... 命令，系统弹出"抽壳"对话框。

（2）定义抽壳类型。在"抽壳"对话框的 类型 区域下拉列表中选择 移除面，然后抽壳 选项。

（3）定义移除面及抽壳厚度。选取图 7.5.55a 所示的面为移除面，并在 厚度 文本框中输入数值 3，采用系统默认抽壳方向。

（4）单击 〈 确定 〉 按钮，完成抽壳特征的创建。

a）抽壳前　　　　　　　　　　　图 7.5.55　抽壳特征　　　　　　　b）抽壳后

Step5. 创建实体冲压特征（将模型切换至"NX 钣金"环境）。

（1）选择下拉菜单 插入(S) ➡ 冲孔(H) ▶ ➡ 实体冲压(N)... 命令，系统弹出"实体冲压"对话框。

（2）定义实体冲压类型。在弹出的"实体冲压"对话框中，选择 凹模 选项，即选取实体冲压类型为凹模。

（3）定义目标面。此时，在"实体冲压"对话框中，"目标面"按钮 已处于激活状态，选取图 7.5.56 所示的面为目标面。

（4）定义工具体。此时，在"实体冲压"对话框中，"工具体"按钮 [图标] 已处于激活状态，选取图 7.5.57 所示的抽壳体为工具体。

（5）单击"实体冲压"对话框中的 < 确定 > 按钮，完成实体冲压特征的创建。

Step6. 保存零件模型。

图 7.5.56　目标面　　　　　　　　　　　图 7.5.57　工具体

7.6　钣金工程图的一般创建过程

在产品的研发、设计、制造等过程中，各种参与者之间需要经常进行交流和沟通，工程图则是最常用的交流工具，因而工程图的创建是产品设计过程中的最要环节。

钣金工程图的创建方法与一般零件基本相同，所不同的是钣金件的工程图需要创建平面展开图。创建平面展开图时，首先需要创建一个平面展开图元素和图样数据，同时可以观察到工程图中平面展开几何元素的更新。其次需要设置平面展开图样的预设置，包括曲线组、颜色、线型等参数的设置。

下面以图 7.6.1 所示的图为例，来说明创建钣金工程图一般过程。

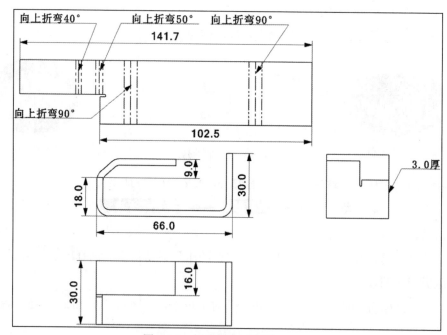

图 7.6.1　创建钣金工程图

Step1. 打开文件 D:\ug8\work\ch07.06\procedure.prt。

Step2. 设置展平图样显示。选择下拉菜单 首选项(P) ➡ NX 钣金(H)... 命令, 系统弹出"NX 钣金首选项"对话框; 在 展平图样显示 选项卡内选中 ☑ 上折弯中心、☑ 下折弯中心 和 ☑ 折弯相切 复选框, 在 ☑ 上折弯中心 和 ☑ 下折弯中心 复选框后的下拉列表中将线型设置为中心线, 在 ☑ 折弯相切 复选框后的下拉列表中将线型设置为双点划线, 单击 确定 按钮, 完成设置。

Step3. 创建展开图样。

（1）选择命令。选择下拉菜单 插入(S) ➡ 展平图样(L)... ▶ ➡ 展平图样(P)... 命令, 系统弹出"展平图样"对话框。

（2）选取向上面。选取图 7.6.2 所示的模型表面为向上面。

（3）其他参数采用系统默认设置值, 单击 确定 按钮, 完成展平图样的创建。

Step4. 进入工程图环境。选择下拉菜单 开始▾ ➡ 制图(D)... 命令, 将模型切换至工程图环境。

Step5. 新建图纸页。选择下拉菜单 插入(S) ➡ 图纸页(H)... 命令, 在系统弹出的"图纸页"对话框中设置图 7.6.3 所示的参数, 单击 确定 按钮, 新建空白图纸页。

图 7.6.3　"图纸页"对话框

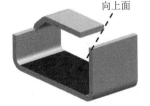

图 7.6.2　定义向上面

Step6. 设置视图显示。选择下拉菜单 首选项(P) ➡ 视图(V)... 命令, 系统弹出"视图首选项"对话框，在 隐藏线 选项卡中设置隐藏线为不可见；在 光顺边 选项卡中取消选中 ☐光顺边 复选框；在 虚拟交线 选项卡中取消选中 ☐虚拟交线 复选框；在 展平图样 选项卡中取消选中 标注 区域的全部复选框，单击 确定 按钮。

Step7. 创建一个平面展开图样图。

（1）选择命令。选择下拉菜单 插入(S) ➡ 视图(W) ▶ ➡ 基本(B)... 命令，系统弹出"基本视图"对话框。

（2）定义要创建的模型视图。"基本视图"对话框 模型视图 区域的 要使用的模型视图 下拉列表中选择 FLAT-PATTERN#1 选项。

（3）定义视图方向。单击 定向视图工具 后的 按钮，系统弹出"定向视图工具"对话框，在 法向 区域 指定矢量 后的下拉列表中选择 ZC↑ 选项，单击 确定 按钮，关闭"定向视图工具"对话框。

（4）定义视图比例。在"基本视图"对话框 缩放 区域的 比例 下拉列表中选择 1:1 选项。

（5）放置视图。选取合适的位置并单击以放置视图，结果如图 7.6.4 所示。

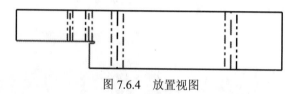

图 7.6.4　放置视图

Step8. 添加主视图。选择下拉菜单 插入(S) ➡ 视图(W) ▶ ➡ 基本(B)... 命令，系统弹出"基本视图"对话框；在"基本视图"对话框中 模型视图 区域的 要使用的模型视图 下拉列表中选择 前视图 选项，并在 缩放 区域的 比例 下拉列表中选择 1:1 选项；在图形区的合适位置单击以放置主视图，结果如图 7.6.5 所示。

Step9. 添加俯视图。将光标移至主视图正下方，在光标的位置显示俯视图，选择合适的位置单击以放置俯视图，结果如图 7.6.6 所示。

说明：俯视图是以创建的主视图为参照对象的。

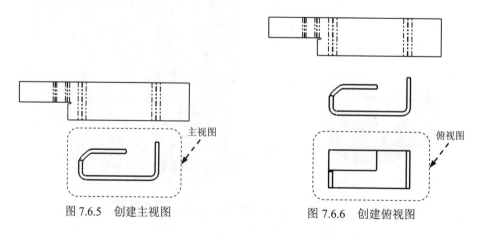

图 7.6.5　创建主视图　　　　　　　　图 7.6.6　创建俯视图

Step10. 添加左视图。以同样的方式将光标移至主视图右侧，在光标的位置显示左视图，选择合适的位置单击以放置左视图，完成后单击鼠标中键，结果如图 7.6.7 所示。

Step11. 添加正等测视图。选择下拉菜单 `插入(S)` ➡ `视图(W)▶` ➡ `基本(B)...` 命令，系统弹出"基本视图"对话框；在"基本视图"对话框 `模型视图` 区域的 `要使用的模型视图` 下拉列表中选择 `正等测视图` 选项，并在 `缩放` 区域的 `比例` 下拉列表中选择 `1:1` 选项；在图形区合适位置单击以放置图 7.6.8 所示的正等测视图，单击中键完成。

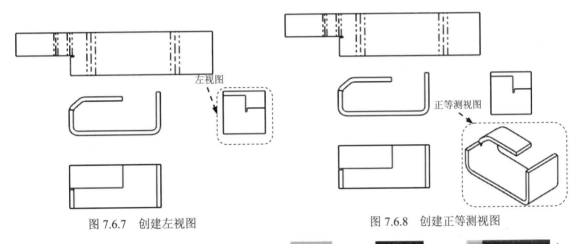

图 7.6.7　创建左视图　　　　　　　图 7.6.8　创建正等测视图

Step12. 定义尺寸标注。选择下拉菜单 `插入(S)` ➡ `尺寸(M)▶` ➡ `自动判断(I)...` 命令，系统弹出的"自动判断的尺寸"工具条，单击"捕捉方式"工具条中的 按钮，标注相关尺寸，尺寸标注完成后的效果如图 7.6.9 所示。

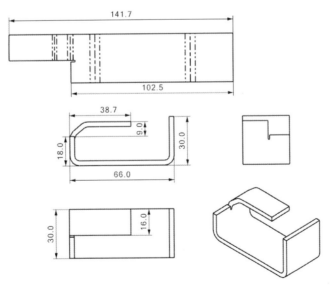

图 7.6.9　创建尺寸标注

Step13. 定义注释。

（1）选择命令，选择下拉菜单 `插入(S)` ➡ `注释(A)　　▶` ➡ `注释(N)...` 命令，系统弹出图 7.6.10 所示的"注释"对话框。

（2）文本输入。在 文本输入 区域下的 格式化 文本框中输入图 7.6.10 所示的内容并选中该内容；然后在 设置 区域下单击"样式"按钮 ，系统弹出图 7.6.11 所示的"样式"对话框，在"样式"对话框中选择 文字 选项卡，然后将文字样式设置为 宋体 ，单击 确定 按钮，系统返回到"注释"对话框。

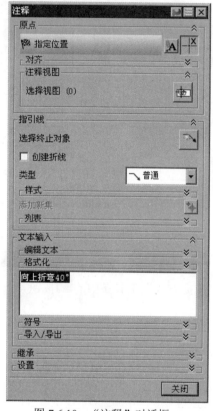

图 7.6.10 "注释"对话框

图 7.6.11 "样式"对话框

（3）创建基准。单击"注释"对话框中 指引线 区域下的 按钮，采用系统默认参数设置值，选取图 7.6.12 所示的折弯中心线；在屏幕合适位置单击以放置注释。

Step14. 参照 Step13 的方法添加其他折弯注释和厚度注释，结果如图 7.6.1 所示。

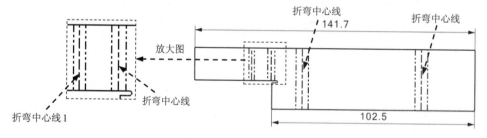

图 7.6.12 定义折弯中心线

Step15. 保存零件模型。选择下拉菜单 文件(F) ➡ 🖫 保存(S) 命令，即可保存零件模型。

7.7 钣金综合范例——固定支架

范例概述:

本范例介绍了固定支架的设计过程，通过学习本范例可以使读者对钣金的特征弯边、轮廓弯边、折弯、法向除料、凹坑和筋等特征有进一步了解。其中筋特征的创建比较有创意，值得读者鉴赏学习。钣金零件模型及模型树如图 7.7.1 所示。

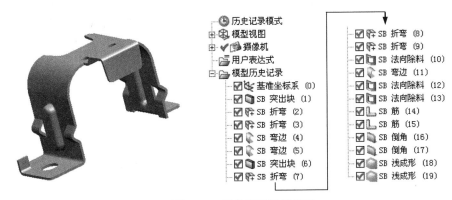

图 7.7.1 零件模型及模型树

Step1. 新建文件。

（1）选择下拉菜单 文件(F) ➡ 🗋 新建(N)... 命令，系统弹出"文件新建"对话框。

（2）设置零件模型的单位为 毫米 ；在 模板 区域中选择 🔩 NX 钣金 模板；在 名称 文本框中输入文件名称 IMMOBILITY_BRACKET；单击 文件夹 文本框后面的 📁 选择文件保存路径 D:\ug8\work\ch07.07。

（3）单击 确定 按钮，进入 NX 钣金环境。

Step2. 创建图 7.7.2 所示突出块特征 1。选择下拉菜单 插入(S) ➡ 🗋 突出块(B)... 命令，选取 ZX 基准平面为草图平面，选中 设置 区域的 ☑ 创建中间基准 CSYS 复选框，绘制图 7.7.3 所示的截面草图；厚度方向采用系统默认的矢量方向，在 厚度 文本框中输入数值 3.0；单击 ＜确定＞ 按钮，完成突出块特征的创建。

图 7.7.2 突出块特征 1

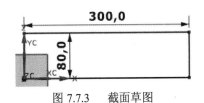

图 7.7.3 截面草图

Step3. 创建图 7.7.4 所示折弯特征 1。选择下拉菜单 插入(S) ➡ 折弯(N) ➡ 折弯(B)... 命令；选取图 7.7.5 所示的模型表面为草图平面，取消选中 设置 区域的 □ 创建中间基准 CSYS 复选框，绘制图 7.7.6 所示的折弯线，在 折弯属性 区域的 角度 文本框中输入数值 90；折弯方向如图 7.7.7 所示；在 内嵌 下拉列表中选择 ╂ 外模具线轮廓 选项；选中 ☑ 延伸截面 复选框；在 折弯参数 区域中单击 折弯半径 文本框右侧的 ⨍ω 按钮，在弹出的菜单中选择 使用本地值 选项，然后在 折弯半径 文本框中输入数值 30；单击 ＜ 确定 ＞ 按钮，完成特征的创建。

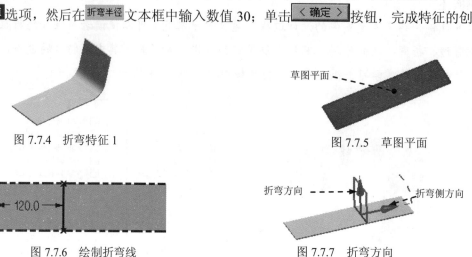

图 7.7.4　折弯特征 1　　　　　　　　　　图 7.7.5　草图平面

图 7.7.6　绘制折弯线　　　　　　　　　　图 7.7.7　折弯方向

Step4. 创建图 7.7.8 所示折弯特征 2。选取图 7.7.9 所示的模型表面为草图平面，绘制图 7.7.10 所示的折弯线，折弯方向如图 7.7.11 所示；其余操作过程参见 Step3。

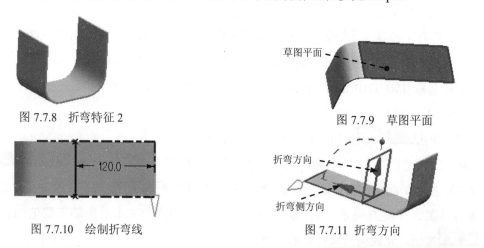

图 7.7.8　折弯特征 2　　　　　　　　　　图 7.7.9　草图平面

图 7.7.10　绘制折弯线　　　　　　　　　　图 7.7.11　折弯方向

Step5. 创建图 7.7.12 所示弯边特征 1。选择下拉菜单 插入(S) ➡ 折弯(N) ➡ 弯边(F)... 命令；选取图 7.7.13 所示的模型边线为折弯的附着边；在 宽度 区域的 宽度选项 下拉列表中选择 ▣ 完整 选项；在 弯边属性 区域中的 长度 文本框中输入数值 50；长度方向接收系统提示的方向；在 角度 文本框中输入数值 90；在 参考长度 下拉列表中选择 ⌐ 内部 ；在 内嵌 下拉列表中选择 ⌐ 折弯外侧 ；在 偏置 **区域的** 偏置 文本框中输入数值 0；单击 ＜ 确定 ＞ 按钮，完成特征的创建。

图 7.7.12　弯边特征 1

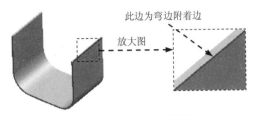

图 7.7.13　定义附着边

Step6. 创建图 7.7.14 所示弯边特征 2。选择下拉菜单 插入(S) ➡ 折弯(N) ➡
弯边(F)... 命令；选取图 7.7.15 所示的模型边线为折弯的附着边；在 宽度 区域的 宽度选项 下
拉列表中选择 在终点 选项，在 宽度 文本框中输入数值 14；选取图 7.7.15 所示的点为
终点；在 弯边属性 区域中的 长度 文本框中输入数值 15；接受系统默认的长度方向，在 角度 文
本框中输入数值 90；在 参考长度 下拉列表中选择 内部；在 内嵌 下拉列表中选择 折弯外侧；
在 偏置 区域的 偏置 文本框中输入数值 25；单击 〈 确定 〉 按钮，完成特征的创建。

图 7.7.14　弯边特征 2

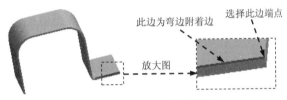

图 7.7.15　定义附着边

Step7. 创建图 7.7.16 所示突出块特征 2。选择下拉菜单 插入(S) ➡ 突出块(B)... 命令；
在 类型 区域中选择 次要 选项；选取图 7.7.16 所示的模型表面为草图平面，绘制图 7.7.17
所示的截面草图；单击 〈 确定 〉 按钮，完成特征的创建。

图 7.7.16　突出块特征 2

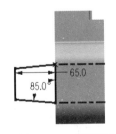

图 7.7.17　截面草图

Step8. 后面的详细操作过程请参见随书光盘中 video\ch07.07\reference\文件下的语音视
频讲解文件 IMMOBILITY_BRACKET-r02.exe。

第 8 章　WAVE 连接器与参数化设计方法

8.1　WAVE 连接器

8.1.1　新建 WAVE 控制结构

相关部件建模是 WAVE 最基本的功能，它是在一个装配中利用已有的零件，通过关联性复制几何体的方法来建立另一个组件，或在另一个组件上建立特征。

WAVE 几何链接器是用于组件之间关联性复制几何体的工具。一般来讲，关联性复制几何体可以在任意两个组件之间进行，可以是同级组件，也可以在上下组件之间。创建链接部件的具体操作步骤如下。

Step1. 打开文件 D:\ug8\work\ch08.01\model.prt。

Step2. 在右侧的资源工具条区单击装配导航器按钮 ，在装配导航器区的空白处右击，在弹出的快捷菜单中选择 ☑ WAVE 模式 命令。

8.1.2　关联复制几何体，创建零部件

Step1. 在装配导航器区选择 ☑🗂 model 选项并右击，在弹出的快捷菜单中选择 WAVE ▶ ➡ 新建级别 命令，系统弹出"新建级别"对话框。

Step2. 在"新建级别"对话框中单击 指定部件名 按钮。

Step3. 在弹出的"选择部件名"对话框中的 文件名(N): 文本框中输入链接部件名 modle_up，并单击 OK 按钮，系统回到"新建级别"对话框。

Step4. 单击"新建级别"对话框中的 类选择 按钮，系统弹出"WAVE 组件间的复制"对话框，选取骨架模型作为要复制的几何体，单击 确定 按钮；系统重新弹出"新建级别"对话框。

Step5. 在"新建级别"对话框中单击 确定 按钮，完成 modle_up 层的创建。

8.1.3　零部件参数细节设计

1. Modle_up 的细节设计

Step1. 分割实体。

（1）在"装配导航器"窗口中的 ☑🗂 model_up 选项上右击，在系统弹出的快捷菜单中选

择 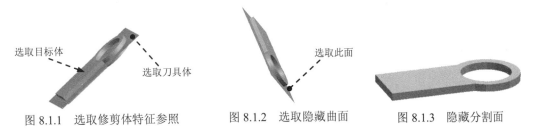 设为显示部件 命令，对模型进行编辑。

（2）选择下拉菜单 插入(S) ➡ 修剪(T) ➡ 修剪体(T)...命令，系统弹出"修剪体"对话框。

（3）选取图 8.1.1 所示的实体为修剪的目标体，单击鼠标中键，然后选取图 8.1.1 所示的曲面为刀具体，单击"反向"按钮。

（4）单击 < 确定 > 按钮，完成修剪体的创建。

Step2. 隐藏分割面。

（1）选择下拉菜单 编辑(E) ➡ 显示和隐藏(H) ➡ 隐藏(H)...命令，系统弹出"类选择"对话框。

（2）选取图 8.1.2 所示的曲面，单击 确定 按钮，完成分割面的隐藏操作，结果如图 8.1.3 所示。

图 8.1.1　选取修剪体特征参照　　　图 8.1.2　选取隐藏曲面　　　图 8.1.3　隐藏分割面

Step3. 创建图 8.1.4 所示的零件特征——拉伸 1。

（1）选择命令。选择下拉菜单 插入(S) ➡ 设计特征(E) ➡ 拉伸(E)...命令，系统弹出"拉伸"对话框。

（2）单击"拉伸"对话框中的"绘制截面"按钮，系统弹出"创建草图"对话框。

① 定义草绘平面。选取图 8.1.5 所示的平面为草图平面，单击 确定 按钮。

② 进入草图环境，绘制图 8.1.6 所示的截面草图。

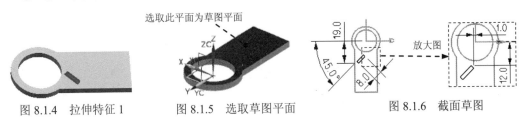

图 8.1.4　拉伸特征 1　　　图 8.1.5　选取草图平面　　　图 8.1.6　截面草图

（3）确定拉伸开始值和结束值。在"拉伸"对话框 极限 区域的 开始 下拉列表中选择 值 选项，并在其下的 距离 文本框中输入数值 0；在 极限 区域 结束 的下拉列表中选择 值 选项，并在其下的 距离 文本框输入数值 0.1，其他采用系统默认设置值。

（4）单击"拉伸"对话框中的 < 确定 > 按钮，完成拉伸特征 1 的创建。

Step4. 创建图 8.1.7b 所示的边倒圆特征 1。

（1）选择命令。选择下拉菜单 插入(S) ➡ 细节特征(L) ▶ ➡ 🔲 边倒圆(E). 命令，系统弹出"边倒圆"对话框。

（2）在 要倒圆的边 区域中单击 🔲 按钮，选取图 8.1.7a 所示的四条边线为边倒圆参照，并在 半径 1 文本框输入数值 0.5。

（3）单击 〈 确定 〉 按钮，完成边倒圆特征 1 的创建。

图 8.1.7　边倒圆特征 1

Step5. 创建图 8.1.8b 所示的边倒圆特征 2。

（1）选择命令。选择下拉菜单 插入(S) ➡ 细节特征(L) ▶ ➡ 🔲 边倒圆(E). 命令，系统弹出"边倒圆"对话框。

（2）在 要倒圆的边 区域中单击 🔲 按钮，选取图 8.1.8a 所示的四条边线为边倒圆参照，并在 半径 1 文本框输入数值 0.5。

（3）单击 〈 确定 〉 按钮，完成边倒圆特征 2 的创建。

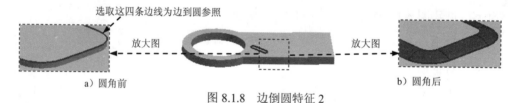

图 8.1.8　边倒圆特征 2

Step6. 创建图 8.1.9 所示的零件特征——变换。

（1）选择下拉菜单 编辑(E) ➡ ⬦ 变换(M)... 命令，系统弹出"类选择"对话框，选取图 8.1.10 所的特征，单击 确定 按钮，系统弹出"变换"对话框（一）。

（2）在"变换"对话框（一）中单击 矩形阵列 按钮，在系统弹出"点"对话框中单击 确定 按钮，弹出"变换"对话框（二）。

（3）定义参数。在"变换"对话框（二）中的 DXC 文本框中输入数值 4、DYC 文本框中输入数值-8、阵列角度 文本框中输入数值 0、列(α) 文本框中输入数值 3、行(Y) 文本框中输入数值 3，然后单击 确定 按钮，系统弹出"变换"对话框（三）。在其对话框中单击 复制 按钮，系统弹出"变换"对话框（四）。

（4）单击"变换"对话框（四）中的 取消 按钮，完成变换特征的创建。

Step7. 创建求和特征。

（1）选择命令。选择下拉菜单 插入(S) ➡ 组合(B) ➡ 求和(U)... 命令，系统弹出"求和"对话框。

（2）定义目标体和工具体。选取图 8.1.11 所示的特征为目标体，选取其余特征（拉伸特征 1、边到圆特征 1、变换特征）为工具体。

（3）单击 < 确定 > 按钮，完成布尔求和特征的创建。

图 8.1.9　变换特征

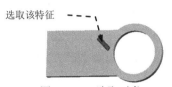
图 8.1.10　选取对象

图 8.1.11　选取目标体

Step8. 创建图 8.1.12b 所示的边倒圆特征 3。选择下拉菜单 插入(S) ➡ 细节特征(L) ▶ ➡ 边倒圆(E)... 命令；选取图 8.1.12a 所示的四条边线为边倒圆参照，其半径值为 1，单击 < 确定 > 按钮，完成边倒圆特征 3 的创建。

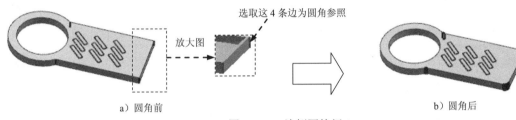
图 8.1.12　边倒圆特征 3

Step9. 创建图 8.1.13b 所示的边倒圆特征 4。选择下拉菜单 插入(S) ➡ 细节特征(L) ▶ ➡ 边倒圆(E)... 命令；选取图 8.1.13a 所示两条的边链为边倒圆参照，其半径值为 0.5，单击 < 确定 > 按钮，完成边倒圆特征 4 的创建。

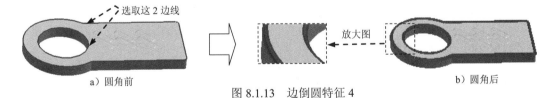
图 8.1.13　边倒圆特征 4

Step10. 创建图 8.1.14 所示的抽壳特征。

（1）选择命令。选择下拉菜单 插入(S) ➡ 偏置/缩放(O)▶ ➡ 抽壳(H)... 命令，系统弹出"抽壳"对话框。

（2）定义抽壳类型。在"抽壳"对话框 类型 区域的下拉列表中选择 移除面，然后抽壳 选项。

（3）定义移除面及抽壳厚度。选择图 8.1.15 所示的面为移除面，在 厚度 文本框中输入数值 1，单击  按钮调整抽壳方向；其他采用系统默认设置值。

（4）单击 〈 确定 〉 按钮，完成抽壳特征的创建。

图 8.1.14　抽壳特征　　　　　　　　图 8.1.15　定义移除面

Step11. 创建图 8.1.16 所示的零件特征——拉伸 2。

（1）选择命令。选择下拉菜单 插入(S) ➡ 设计特征(E) ➡ 🔲 拉伸(E)... 命令，系统弹出"拉伸"对话框。

（2）单击"拉伸"对话框中的"曲线"按钮 ，在绘图区选取图 8.1.17 所示的模型边线为拉伸截面。

（3）确定拉伸开始值和结束值。在"拉伸"对话框 极限 区域的 开始 下拉列表中选择 值 选项，并在其下的 距离 文本框中输入数值 0；在 结束 下拉列表中选择 值 选项，并在其下的 距离 文本框中输入数值 1；单击 按钮调整拉伸方向；在 偏置 区域的下拉列表中选择 两侧 选项，并在 开始 文本框输入数值 0，在 结束 文本框输入数值 0.5；在布尔区域中的下拉列表中选择 求和 选项，采用系统默认的求和对象。

（4）单击"拉伸"对话框中的 〈 确定 〉 按钮，完成拉伸特征 2 的创建。

图 8.1.16　拉伸特征 2　　　　　　　图 8.1.17　截面曲线

Step12. 保存模型。选择下拉菜单 文件(F) ➡ 🔲 保存(S) 命令。

2. Modle_down 的细节设计

Step1. 在"装配导航器"窗口中的 ☑📁 model_up 选项上右击，系统弹出快捷菜单，在此快捷菜单中选择 显示父项 ▶ ➡ model 命令。

Step2. 在装配导航器区选择 ☑📁 model 选项并右击，在弹出的快捷菜单中选择 WAVE ▶ ➡ 新建级别 命令，系统弹出"新建级别"对话框。

Step3. 在"新建级别"对话框中单击 指定部件名 按钮，系统弹出"选择部件名"对话框。

Step4. 在"选择部件名"对话框中的 文件名(N): 文本框中输入链接部件名 modle_down，并单击 OK 按钮，系统回到"创建链接部件"对话框。

Step5. 单击"新建级别"对话框中的 类选择 按钮，系统弹出"类选择"对话框，选取骨架模型作为要复制的几何体，单击 确定 按钮。系统重新弹出"新建级别"对话框。

Step6. 在"新建级别"对话框中单击 确定 按钮，完成 modle_down 层的创建。

Step7. 在"装配导航器"窗口中的 ☑ ⬜ model_down 选项上右击，系统弹出快捷菜单（三），在此快捷菜单中选择 设为显示部件 命令，对模型进行编辑。

Step8. 分割实体。

（1）选择下拉菜单 插入(S) ➡ 修剪(T) ➡ 修剪体(T)... 命令，系统弹出"修剪体"对话框。

（2）选取图 8.1.18 所示的实体为修剪的目标体，单击鼠标中键，然后选取图 8.1.18 所示的曲面为工具体。单击 ✗ 按钮调整修剪方向为 Z 轴的正向。

（3）单击 < 确定 > 按钮，完成修剪体的创建。

Step9. 隐藏分割面。

（1）选择下拉菜单 编辑(E) ➡ 显示和隐藏(H) ➡ 隐藏(H)... 命令，系统弹出"类选择"对话框。

（2）选取图 8.1.19 所示的曲面，单击 确定 按钮，完成分割面的隐藏操作，结果如图 8.1.20 所示。

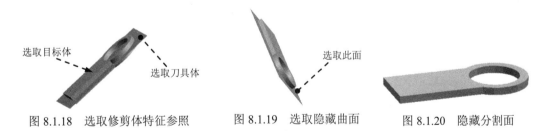

图 8.1.18　选取修剪体特征参照　　　图 8.1.19　选取隐藏曲面　　　图 8.1.20　隐藏分割面

Step10. 创建图 8.1.21b 所示的边倒圆特征 1。

（1）选择命令。选择下拉菜单 插入(S) ➡ 细节特征(L) ▸ ➡ 边倒圆(E) 命令，系统弹出"边倒圆"对话框。

（2）在 要倒圆的边 区域中单击 ⬚ 按钮，选取图 8.1.21a 所示的四条边线为边倒圆参照，并在 半径 1 文本框输入数值 1。

（3）单击 < 确定 > 按钮，完成边倒圆特征 1 的创建。

a）圆角前　　　　　　　　　　　　　　　　　　　　b）圆角后

图 8.1.21　边倒圆特征 1

Step11. 创建图 8.1.22b 所示的边倒圆特征 2。

（1）选择命令。选择下拉菜单 插入(S) ➡ 细节特征(L) ▶ ➡ 边倒圆(E) 命令，系统弹出"边倒圆"对话框。

（2）在 要倒圆的边 区域中单击 按钮，选取图 8.1.22a 所示的 2 条边线为边倒圆参照，并在 半径 1 文本框输入数值 0.5。

（3）单击 < 确定 > 按钮，完成边倒圆特征 2 的创建。

a）圆角前　　　　　　　　　　　　　　　　　　　　b）圆角后

图 8.1.22　边倒圆特征 2

Step12. 创建图 8.1.23 所示的抽壳特征。

（1）选择命令。选择下拉菜单 插入(S) ➡ 偏置/缩放(O) ▶ ➡ 抽壳(H)... 命令，系统弹出"抽壳"对话框。

（2）定义抽壳类型。在"抽壳"对话框 类型 区域的下拉列表中选择 移除面，然后抽壳 选项。

（3）定义移除面及抽壳厚度。选取图 8.1.24 所示的面为移除面，在 厚度 文本框中输入数值 1，单击 按钮调整抽壳方向向外；其他采用系统默认设置值。

（4）单击 < 确定 > 按钮，完成抽壳特征的创建。

选取此平面

图 8.1.23　抽壳特征　　　　　　　　图 8.1.24　定义移除面

Step13. 创建图 8.1.25 所示的零件特征——拉伸。

（1）选择命令。选择下拉菜单 插入(S) ➡ 设计特征(E) ➡ 拉伸(E)... 命令，系统弹出"拉伸"对话框。

（2）单击"拉伸"对话框中的"曲线"按钮 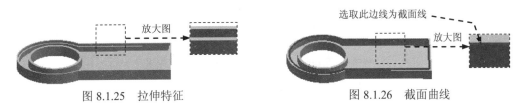，在绘图区选取图 8.1.26 所示的模型边线为拉伸截面。

（3）确定拉伸开始值和结束值。在"拉伸"对话框 极限 区域的 开始 下拉列表中选择 值 选项，并在其下的 距离 文本框中输入数值 0；在 极限 区域的 结束 下拉列表中选择 值 选项，并在其下的 距离 文本框中输入数值 1；在 偏置 下拉列表中选择 两侧 选项，并在 开始 文本框输入值 0，在 结束 文本框输入数值 0.5；在 布尔 区域中的下拉列表中选择 求差 选项，采用系统默认的求差对象。单击 按钮调整拉伸方向。

（4）单击"拉伸"对话框中的 ＜ 确定 ＞ 按钮，完成拉伸特征的创建。

图 8.1.25　拉伸特征　　　　　　　图 8.1.26　截面曲线

Step14. 保存模型。选择下拉菜单 文件(F) ➡ 保存(S) 命令。

8.1.4　更改设计意图，更新零部件

Step1. 在资源工具条区单击装配导航器按钮 ，选择 ☑ model_down 选项并右击，在弹出的快捷菜单中依次选择 显示父项 ➡ model 命令。

Step2. 在装配导航器区选择 ☐ ☑ model 选项并右击，在弹出的快捷菜单中选择 设为工作部件 命令。

Step3. 在资源工具条区单击部件导航器按钮 ，在弹出的部件导航器区双击 ☑ 拉伸 (1) 选项，系统弹出"拉伸"对话框。

（1）单击"拉伸"对话框中的"绘制截面"按钮 ，系统进入草图环境修改截面草图如图 8.1.27 所示。

（2）单击 确定 按钮，此时模型的总体外形发生改变。

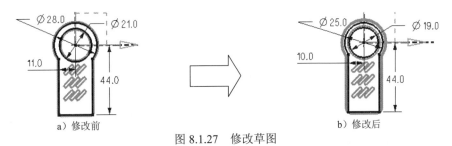

a）修改前　　　　　　　　　　b）修改后

图 8.1.27　修改草图

8.2　表达式编辑器

8.2.1　表达式编辑器的概述

表达式是定义特征属性的算术或条件规则。在 UG NX 8.0 建模过程中，每建立一个特征，系统都会生成相应的表达式，一个表达式一般包括名称、公式、值、单位等。创建特征时设置的值即是表达式的值，编辑表达式中的公式可以修改模型的参数。根据尺寸和局部参数可以创建各种类型的智能表达式，使特征的尺寸之间满足某个公式，比如一个长方体的尺寸长等于高的 2 倍，宽等于高加上 20mm。表达式也可以用于装配间的关系，创建部件间表达式，可以使两个装配部件间建立某种关系，比如轴和孔的尺寸，这将在后面介绍。

选择下拉菜单 工具(T) ➡ ＝ 表达式(X) 命令，系统弹出图 8.2.1 所示的"表达式"对话框，该对话框可用来创建和编辑表达式。

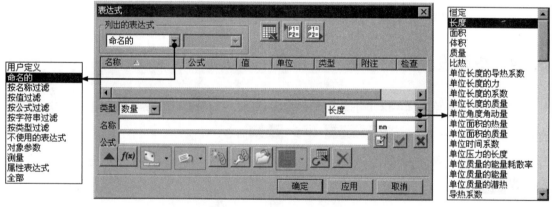

图 8.2.1　"表达式"对话框

图 8.2.1 所示"表达式"对话框中工具按钮的说明如下。

- （电子表格编辑）：该按钮用于将控制转换到可用于编辑表达式的 NX 电子表格功能。当控制转移到电子表格功能时，NX 会闲置，直至从电子表格退出。

- （导入表达式）：该按钮用于将指定的包含表达式的文本文件读取到当前的部件文件中。在导入表达式的过程中，有时会出现文本文件中表达式名称与部件文件中现有表达式的名称相同的情况，当发生这种矛盾时，系统会用文本文件中的表达式替换它。

- （导出表达式）：单击该按钮，系统会弹出"导出表达式文件"对话框，该对话框用于将部件中的表达式写到文本文件中。

- （更少选项）：该按钮用于隐藏表达式列表显示窗口，与更多选项相反。

- f(x)（函数）：单击此按钮，系统弹出"插入函数"对话框，如图 8.2.2 所示。利用

"插入函数"对话框可以插入函数到"公式"字段中光标位置处的表达式中。

● ▦（测量距离）：单击此按钮，系统弹出"测量距离"对话框，利用"测量距离"对话框可以测量到两点间的距离、半径等。

● ▦（创建部件间引用）：单击该按钮，系统弹出图 8.2.3 所示的"选择部件"对话框，其中列出图形区中可用的部件。可从该列表或图形区选择部件，还可以使用"选择部件文件"选项，从磁盘中选择部件。选择部件的表达式会复制到当前打开的文件中。

● ▦（编辑部件间引用）：单击该按钮，系统弹出"编辑部件间引用"对话框，可以控制从一个部件文件到其他部件中表达式的外部引用，可以通过更改引用来引用新的部件、删除选定的引用或删除工作部件中的所有引用。

● ▦（打开文件）：该按钮用于打开任何会话中部分载入的部件。

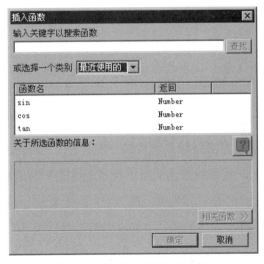

图 8.2.2　"插入函数"对话框

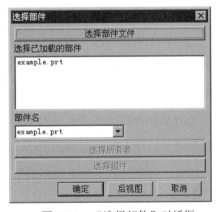

图 8.2.3　"选择部件"对话框

8.2.2　表达式编辑器的使用

使用表达式编辑器，就必须要掌握表达式的各种基本操作，以下列举表达式的几类常用操作。

1. 表达式命名

所有的表达式都有一个唯一的名称，且公式字符串由变量、函数、数字、运算符和符号等组成。

表达式名称是可变的，可以插入其他表达式的公式字符串。这有助于分解过长的公式，如关系的定义可用数字来代替。

命名表达式应该注意以下问题：

- 如果表达式名称量纲被设为"恒定的"，则表达式名称区分大小写。

- 一般表达式名称不区分大小写，如果表达式名称区分大小写，则在其他表达式中使用时，必须准确地引用它们。

- 表达式的名称要尽量说明它的作用，比如用一个表达式代表轴的直径，可以将其名称定为"Diameter:shaft"。

- 采用过滤器可以筛选表达式，去掉软件自动创建的表达式（以"p"开头+数字的表达式），只留下已经重命名的表达式或是自定义的表达式，因为一般只有这些表达式才属于编辑特征形状的可变参数。

- 用大写字母命名表达式，以使它们出现在表达式列表的顶部。

- 运用不同的前缀和后缀来区分表达式的类型，如用"num"后缀表示矩形阵列的个数等。

- 可以根据实际情况的需要命名，但要注意命名方式的可读性，最好采用固定规则的命名方式。

在创建参数化特征后，软件都会建立该特征的表达式，此时软件是自动命名的（如以 $P_0=20$、$P_1=30$ 表示特征参数、定位参数等）。这样在通过修改表达式参数值来控制特征形状时，不容易区分相关的表达式参数。在建模时，重要的表达式可以在"表达式"对话框中进行重命名，从而便于识别和引用，以一个简单的长方体为例，图 8.2.4 和图 8.2.5 所示是长方体特征的表达式重命名前后的对比。这里将长方体的长、宽和高参数由默认的 p0、p1 和 p2 更改为可读性较好的 length、width 和 high。

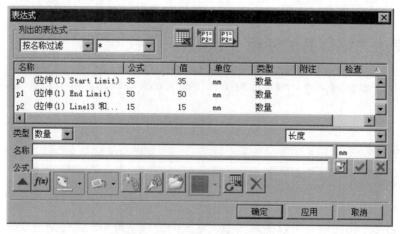

图 8.2.4　"表达式"重命名前

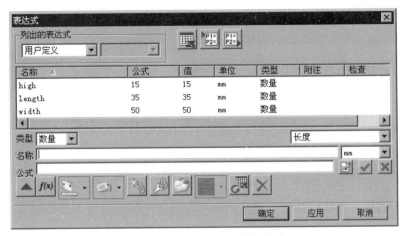

图 8.2.5　"表达式"重命名后

2．创建表达式

创建表达式的一般操作过程如下。

Step1. 新建模型文件。选择下拉菜单 文件(F) ➡️ 新建(N)...命令，系统弹出"文件新建"对话框。在 模型 选项卡中的 模板 区域中选取模板类型为 模型，其他按系统默认设置值，单击 确定 按钮，进入建模环境。

Step2. 选择下拉菜单 工具(T) ➡️ = 表达式(X)... 命令，系统弹出"表达式"对话框。

Step3. 在 名称 文本框中输入表达式的名称。

Step4. 选择表达式的尺寸类型。

Step5. 选择表达式的单位类型。

Step6. 在 公式 文本框中输入值和（或）公式字符串。

注意：尽管 公式 文本框可以使用字符串，但公式的计算结果必须是数值。

Step7. 结束表达式的创建。按 Enter 键或单击"接受编辑"按钮 ✓。

3．编辑表达式

Step1. 选择下拉菜单 工具(T) ➡️ = 表达式(X)... 命令，系统弹出"表达式"对话框。

Step2. 在表达式列表窗口选择一个需要编辑的表达式。

说明：选中列表中的表达式，可以用以下两种方法插入表达式的公式。

方法一：右击列表窗口中的某表达式，从弹出的快捷菜单中选择 插入公式 命令，则系统在 公式 文本框中的光标位置自动插入该表达式的公式。

方法二：右击列表窗口中的某表达式，从弹出的快捷菜单中选择 插入名称 命令，则系统在 公式 文本框中的光标位置自动插入该表达式的名称（也可以在列表窗口中双击表达式）。

Step3. 进行编辑。

（1）在 名称 文本框中输入新的名称。

（2）在 公式 文本框中输入新的值和（或）公式字符串。

（3）可以更改用户定义表达式的位数和单位。

说明：开始编辑时，列表窗口中高亮显示的表达式变为淡蓝色，表明已进入编辑模式。

Step4. 完成编辑后，单击"接受编辑"按钮 ，表达式列表窗口中修改的表达式将被更新。

4．为表达式创建注释

为了便于理解，增加可读性，表达式后可以创建注释，以进一步说明表达式意义和用途。

注意：如果需要对表达式公式使用注释，那么在注释前建议使用双正斜线"//"，双正斜线表示让系统忽略它后面的内容。注释一直到该公式的末端，如表 8.2.1 所示。

表 8.2.1　为表达式创建注释

名　称	公　式
L	10+W//length=10+width

8.2.3　建立和编辑表达式实例

下面通过图 8.2.6 所示的实例，来说明编辑表达式一般操作过程。

a）编辑前　　　　　图 8.2.6　编辑表达式　　　　　b）编辑后

Step1. 打开文件 D:\ug8\work\ch08.02\example.prt。

Step2. 选择命令。选择下拉菜单 工具(T) ➡ = 表达式(X)... 命令，系统弹出"表达式"对话框，如图 8.2.7 所示。

Step3. 在 列出的表达式 下拉列表中选择 全部 选项，系统给出表达式的名称 p13，p14，p15 和 p16（名称可能不同）。

Step4. 编辑各个表达式的名称。将系统给出的 p13、p14、p15 和 p16 更改为直观的名称。在对话框中选中 p15，在 名称 文本框内输入 high2。单击"接受编辑"按钮 ，完成名称的修改。同理，将 p14 和 p16、p13 的名称分别改为更为直观的名称 high1、width1、exturde 如图 8.2.8 所示。

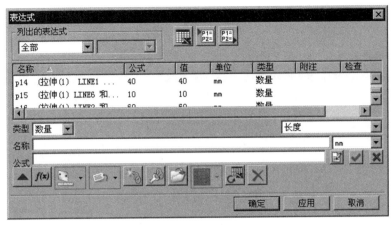

图 8.2.7　"表达式"对话框

Step5. 利用表达式更新实体特征。在对话框中选中 high2，在 公式 文本框中将原来的 "30" 的值修改为 "10"，单击 "接受编辑按钮" ✅，则此时的表达式列表栏如图 8.2.9 所示。单击 应用 按钮，则零件被更新。

Step6. 单击 确定 按钮，完成并退出编辑。

```
high1  (SKET... 40        40        mm
high2  (SKET... 30        30        mm
width1 (SKE... 60        60        mm
width2 (SKE... 9         9         mm
width3 (SKE... 30        30        mm
```

图 8.2.8　修改名称

```
high1  (SKET... 40        40        mm
high2  (SKE... 10        10        mm
width1 (SKE... 60        60        mm
width2 (SKE... 9         9         mm
width3 (SKE... 30        30        mm
```

图 8.2.9　修改公式值

8.3　可视参数编辑器

对于零件设计，一个复杂部件可能拥有成百个特征及上千个表达式。部件的关键参数可能分散在不同的草图及特征里，是不可能完全显示和全部更改或编辑的，采用 UG NX 8.0 中的可视化编辑器可以解决这个问题，可视化编辑器提供了模型的一个静态的图形表示，在编辑器里仅显示部件的关键参数。在 "可视参数编辑器" 对话框中，参数可以被编辑，模型也会相应地改变。可视化编辑器相当于提供一个或多个视角，以便在特定的视角下处理特定的问题，从而避开了其他复杂但不重要的因素。下面以图 8.3.1 所示的模型为例，来说明使用 "可视化编辑器" 编辑参数的一般操作过程。

a）编辑前

b）编辑后

图 8.3.1　可视化编辑模型

Step1. 打开文件 D:\ug8\work\ch08.03\example.prt。

Step2. 打开可视化编辑器。选择下拉菜单 工具(T) ➡ 可视化编辑器(V)... 命令，系统弹出图 8.3.2 所示的"可视参数编辑器"对话框（一）。

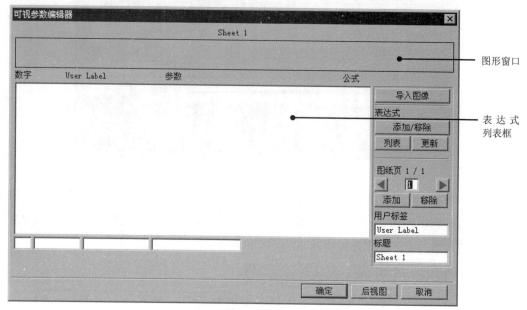

图 8.3.2　"可视参数编辑器"对话框（一）

图 8.3.2 所示"可视参数编辑器"对话框（一）中各选项说明如下。

- 导入图像 按钮：用于导入当前模型的静态图形。
- 表达式 区域：包括 添加/移除 按钮、列表 按钮和 更新 按钮。
  - ☑ 添加/移除 按钮：单击该按钮，系统弹出"添加/移除表达式"对话框，该对话框可用于创建或移除表达式。
  - ☑ 列表 按钮：单击该按钮，表达式列表将显示可打印表达式、搜索字符串等。
  - ☑ 更新 按钮：单击该按钮，模型更新以反映在编辑器中对表达式所做的更改。
- 图纸页 区域：用于创建或移除表格，以及控制表格的显示，包括 添加 按钮、移除 按钮和 ◀ ▶ 表格显示控制按钮。
  - ☑ 添加 按钮：用于创建表格。注意：当第一次调用"可视化编辑器"时，系统将自动创建第一个表格。
  - ☑ 移除 按钮：用于移除表格。注意：如果要移除表格，应首先通过单击 ◀ 或 ▶ 按钮显示该表格，再单击 移除 按钮。
- 用户标签 文本框：用于控制表达式列表区域的标题。
- 标题 文本框：用于更改表格标题。

Step3. 导入模型。单击 导入图像 按钮，系统创建当前特征的静态图形。

Step4. 设置用户标签。更改列表框中第二列表的标题。在 用户标签 文本框中输入所需的名称如 face3，并按 Enter 键。

Step5. 编辑模型表达式和参数。

（1）创建需要控制的关键参数表达。单击 添加/移除 按钮，系统弹出图 8.3.3 所示的"添加/移除表达式"对话框，在 部件表达式 列表框中选择图 8.3.3 所示的表达式（按住 Ctrl 键可选择多个表达式），单击 添加 按钮，创建需要控制关键参数的表达式。单击 确定 按钮，系统重新弹出"可视参数编辑器"对话框（一）。

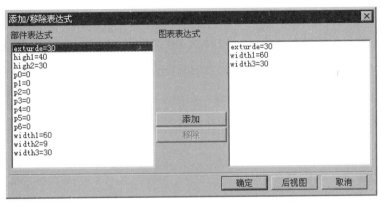

图 8.3.3　"添加/移除表达式"对话框

（2）编辑表达式。在"可视参数编辑器"对话框（二）列表中选择需要编辑的表达式（图 8.3.4），其当前值显示在列表下面的文本框中，选择需要修改的值，在相应文本框中输入需要的数值（如将参数 exturde 的值更改为 10.0），单击 确定 按钮，系统弹出图 8.3.5 所示的"可视化编辑器"对话框，单击 是(Y) 按钮，则模型会发生相应的变化。

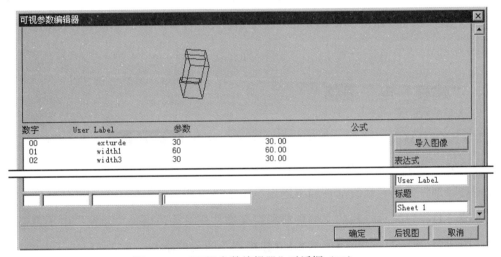

图 8.3.4　"可视参数编辑器"对话框（二）

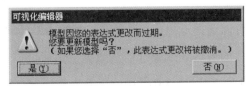

图 8.3.5　"可视化编辑器"对话框

8.4　电　子　表　格

8.4.1　UG NX 8.0 电子表格功能

电子表格被用作 UG NX 8.0 混合建模的高级表达式编辑器，为 UG NX 8.0 与电子表格间的概念模型数据提供无缝的传递方式。UG NX 8.0 提供了 Microsoft Excel 和 Xess 电子表格程序与 UG NX 8.0 间的接口，为数据管理及参数化设计提供了很大的便利。利用 UG NX 8.0 电子表格可以完成以下功能：

- 从标准表布局建立变化的部件或部件族。
- 用电子表格计算来优化几何体。
- 用分析方案来扩大模型设计。
- 将商业问题（如成本分析）与部件设计结合。
- 编辑 UG NX 8.0 混合建模的表达式。提供 UG NX 8.0 与电子表格之间模型数据的无缝传递。

UG NX 8.0 的电子表格可以有两种接口：Xess（适合各种硬件平台）和 Microsoft Excel（适用于 Windows NT 或 Windows2000/XP 等平台）数据表应用程序。

下面以 UG NX 8.0 结合 Microsoft Excel 电子表格程序中常用的一些电子表格应用功能进行介绍。

8.4.2　"建模"电子表格

在 UG NX 8.0 建模环境中选择下拉菜单 工具(T) ➡ 电子表格(H)... 命令，进入"建模"电子表格环境。"建模"电子表格是 UG NX 8.0 中最实用也是功能最强的电子表格，该电子表格允许提取部件数据、修改部件和不退出电子表格更新部件模型。它的功能包括：编辑表达式、搜寻目标、编写一般的文档资料和定义部件变量等。这种"建模"电子表格环境中提供了图 8.4.1 所示的一些与 UG NX 8.0 建模相关的菜单命令，允许通过电子表格与 UG NX 8.0 部件交换模型数据信息。

在电子表格环境中，可以选择下拉菜单 工具(T) ➡ 抽取表达式 命令，在表格中抽取与当前建模操作相关部件的表达式或属性信息数据，然后可以直接在其中对这些数据进行相关的编辑操作，最后进行 UG NX 8.0 模型的更新操作或保存相关信息数据。

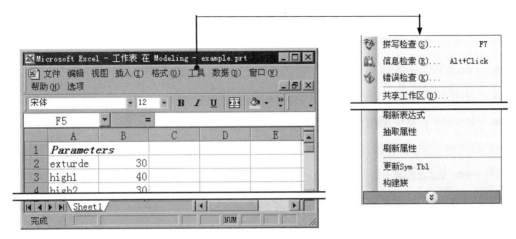

图 8.4.1　"建模"电子表格

8.4.3　"表达式"电子表格

在 UG NX 8.0 建模环境中选择下拉菜单 工具(T) ➡️ = 表达式(X)... 命令，系统会弹出"表达式"对话框，单击 按钮，系统将打开一个与所有表达式相互关联的电子表格，用来对表达式进行相关编辑操作。

当前部件中的所有表达式会被自动抽取到电子表格里，在"表达式"电子表格里有相应的列来表示表达式名（Name）、公式（Formula）和表达式值（Value），如图 8.4.2 所示。

图 8.4.2　"表达式"电子表格

在"表达式"电子表格中，可以进行修改的数据信息单元格会以绿色显示，其他单元格的值不能修改。Value（值）列将随着 Formula（公式）列的改变而进行相应的变化。

在编辑部件中已有表达式的值时，利用这类电子表格特别有用，通过对该类电子表格的编辑，可以进行以下操作：改变表达式的值，或是改变公式栏里的公式值；在表达式公式里引用电子表格的单元值。但是用表达式电子表格进行编辑时，不能进行以下操作：

● 　在列表里创建或删除一个表达式。

- 修改表达式名。
- 创建一个新的部件间表达式。
- 改变部件间表达式值。
- 引用已有的部件间表达式。
- 合并电子表格函数到一个表达式公式里。

如果在电子表格里修改了表达式的值，可以通过选择电子表格环境中的下拉菜单 工具(T) ➡ 更新公式 命令，使得更改后的值作用到 UG NX 8.0 部件模型上。

说明：在电子表格中，允许通过更改标记为 Formula（公式）的列内容来修改表达式的公式。可以将电子表格中的公式用作 UG NX 表达式的一部分。在表达式电子表格中的数据更新后，UG NX 8.0 系统中的"表达式"对话框里并没有体现出这种改变，只有将电子表格程序关闭才能更新数据。

8.4.4 "部件族"电子表格

"部件族"电子表格是用来创建和管理部件库的，该电子表格可以将一个系列部件的可变参数管理起来，通过修改或创建表格数据就可以很方便地更新已存在部件或生成新的部件，而无需重新创建部件模型。

打开文件 D:\ug8\work\ch08.04\example.prt，选择下拉菜单 工具(T) ➡ 部件族(L)... 命令，系统弹出图 8.4.3 所示的"部件族"对话框。

在 可用的列 下拉列表中选择 表达式 选项，下方列表框中将会列出当前部件中的所有表达式名称，如果在某个表达式名称上双击，则它将出现在下方的 选定的列 列表框中。单击 创建 按钮，系统将调出"部件族"电子表格，其界面如图 8.4.4 所示。并且该表格与在"部件族"对话框选取的相关参数相关联。

图 8.4.4 所示的表格将存储于部件内部，表格中的列名就是"部件族"对话框中 选定的列 列表框中已选取的内容。这样表格中的一条记录就对应了某一部件的相关参数，多条记录就构成了一个相同控制参数的零件族（即零件系列）。可以通过电子表格环境中出现的"部件族"下拉菜单中的命令，来进行相关的操作。

说明：修改了表达式列表之后，通过选择下拉菜单 部件族 ➡ 更新部件，可以用新的表达式更新 UG NX 8.0 表达式列表。完成更新之后，通过 文件(F) ➡ 退出(X) 来退出表达式编辑器。

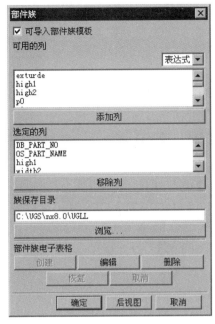

图 8.4.3　"部件族"对话框

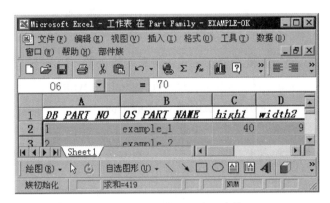

图 8.4.4　"部件族"电子表格

8.5　参数化设计范例 1——螺母

范例概述

　　本范例是利用基本特征进行参数化建模的设计，设计过程中主要运用了表达式、部件族和电子表格命令，以及调用电子表格利用 UG NX 8.0 部件模板生成一组部件的使用方法。零件实体模型如图 8.5.1 所示，是一个垫圈（符合国标 GB/T 73.1）模型，并对其内直径、外直径和高度进行参数化设计，使其便于修改和创建部件族。

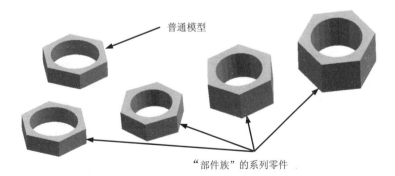

图 8.5.1　创建的"部件族"系列零件

　　经过对该模型的分析，可以看出该模型设计结构相对简单，可以由两个同心圆形成的草图特征、拉伸特征进行相关操作生成，因此可以利用基本特征进行参数化建模，可以将该模型的内直径、外直径和高度提取出来，创建部件族。下面说明创建图 8.5.1 所示零件的部件族表的操作步骤。

Step1. 打开文件 D：\ug8\work\ch08.05\nut.prt。

Step2. 更改表达式名称。

（1）选择下拉菜单 工具(T) ➡ ＝ 表达式(X)... 命令，系统弹出"表达式"对话框（一），如图 8.5.2 所示。

（2）在 列出的表达式 下拉列表中选择 全部 选项，在对话框中出现关于拉伸特征的全部表达式。

（3）编辑各个表达式。将系统给出的 p7、p16、p17、p18 和 p20（名称可能不同）更改为直观的名称 extrude、length、width1、width2、diameter_inside、如图 8.5.3 所示。

（4）单击 确定 按钮，完成更改。

注意：每更改一个表达式名称后，单击"接受编辑"按钮 ✓，即可更改下一个表达式名称，如果单击 确定 按钮，则表达式编辑结束，回到建模环境。

Step3. 创建部件表达式电子表格。

（1）选择下拉菜单 工具(T) ➡ 部件族(L)... 命令，系统弹出图 8.5.4 所示的"部件族"对话框。

```
p1                                                    0
p2                                                    0
p3                                                    0
p4                                                    0
p5                                                    0
p6    (Extrude(1) Start Limit)
p15   (SKETCH_000:Sketch(1) LINE2 和 LINE1 之间的角度尺寸)    120
```

图 8.5.2　"表达式"对话框（一）

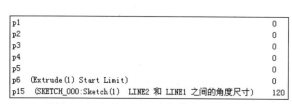

```
diameter_inside  (拉伸(1) 在 ARC1 上的直径尺寸)        14
extrude          (拉伸(1) End Limit)                  5
length           (拉伸(1) DATUM2 和 Line3 之间的垂直尺寸)  10

width1           (拉伸(1) Line2 和 Line2 之间的平行尺寸)   10
width2           (拉伸(1) DATUM2 和 Line1 之间的垂直尺寸)   5
```

图 8.5.3　"表达式"更改后

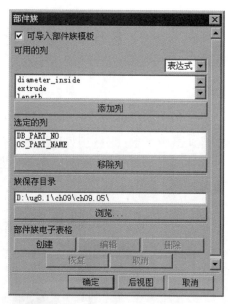

图 8.5.4　"部件族"对话框

（2）创建表达式。在 可用的列 下方列表框中分别选择 extrude、length、width1、width2 和 diameter_inside、表达式，分别单击 添加列 按钮，使五者成为选中的表达式。

（3）定义部件存放路径。在 族保存目录 选项组中单击 浏览... 按钮，设置保存部件的目录为 D：\ug8\work\ch08.05。

（4）创建电子表格。设置完保存目录后，单击 [创建] 按钮，系统调用 Excel 程序，并且所选中的表达式内容已经被创建到电子表格中，如图 8.5.5 所示。

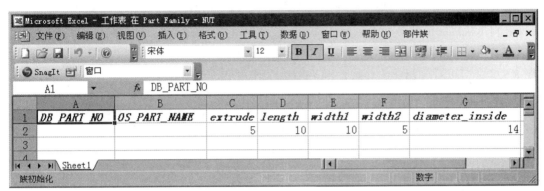

图 8.5.5　"电子表格"窗口

Step4. 创建部件族。

（1）在电子表格中填入数据，如图 8.5.6 所示。

（2）在 Excel 中选中刚才输入数据的表格，从第 2 行到第 5 行，第 A 列到第 G 列，保持这些表格选中状态，选择下拉菜单 [部件族] ➡ [创建部件] 命令，如图 8.5.7 所示。

DB_PART_NO	OS_PART_NAME	extrude	length	width1	width2	diameter_inside
1	nut1	5	10	10	5	14
2	nut2	8	12.5	12.5	6.25	16
3	nut3	12	14	14	7	18
4	nut4	15	15	15	7.5	20

图 8.5.6　输入数据

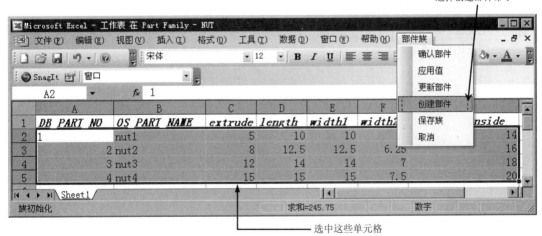

图 8.5.7　"电子表格"选择创建部件

（3）系统弹出部件族创建"信息"窗口，提示创建情况（图 8.5.8），关闭该窗口。

Step5. 保存部件族。

（1）在"部件族"对话框中单击两次 [取消] 按钮，关闭对话框。

（2）选择下拉菜单 文件(F) ➡️ 🖫 保存(S) 命令，保存文件，完成部件族的创建。

Step6. 验证创建的部件族。

（1）选择下拉菜单 文件(F) ➡️ 📂 打开(O)... 命令，在弹出的"打开部件文件"对话框中可以看到系统已经创建了 nut_1、nut_2、nut_3 和 nut_4 四个文件。打开文件 nut_4.prt。

（2）选择下拉菜单 工具(T) ➡️ = 表达式(X)... 命令，系统弹出"表达式"对话框（二）（图 8.5.9），可以看到部件的参数发生了改变。

图 8.5.8　创建部件族"信息"　　　　图 8.5.9　"表达式"对话框（二）

说明：

- 在创建部件族的过程中，选取的列最好是模型中主要的表达式，在完成部件族创建后，建议将所用到的电子表格和部件族保存在一起，以备需要时调用。

- 在本例中没有涉及部件族的更新，但是如果需要，可以再次从 UG NX 8.0 调用 Excel，打开部件族电子表格，修改相关参数确认后，选择部件族更新命令，完成部件族的更新。

8.6　参数化设计范例2——加热丝

范例概述

本范例介绍了一个加热丝的设计及参数化控制过程。该范例的利用模型的固有参数，并对其进行必要的修整以实现零件及产品的关联改变。此类方法不仅可以大大缩短产品的研发周期，还因为其特殊的关联性可以对产品进行快修更新或修改。加热丝模型如图 8.6.1 所示。

Step1. 新建文件。选择下拉菜单 文件(F) ➡️ 📄 新建(N)... 命令，系统弹出"文件新建"对话框。在 模型 选项卡的 模板 区域中选取模板类型为 📄 模型 ，在 名称 文本框中输入文件名称 boiler，单击 确定 按钮，进入建模环境。

a）更改参数前

b）更改参数后

图 8.6.1　加热丝模型

Step2. 创建表达式并进行参数化设计。

（1）选择下拉菜单 工具(T) ➡ = 表达式(X)... 命令，系统弹出"表达式"对话框，该对话框可用来创建和编辑表达式。

（2）创建螺旋线线径表达式。在 列出的表达式 区域中选取 命名的 选项，在 名称 文本框中输入表达式的名称为 wire_coils，在 公式 文本框中输入数值 0.6，单击"接受编辑"按钮 ，完成表达式的创建。

（3）创建螺旋总圈数表达式。在 名称 文本框中输入表达式的名称为 total_coils，在 公式 文本框中输入数值 6，单击"接受编辑"按钮 ，完成表达式的创建。

（4）创建螺旋线半径表达式。在 名称 文本框中输入表达式的名称为 radius，在 公式 文本框中输入数值 2.5，单击"接受编辑"按钮 ，结束表达式的创建。

（5）创建螺距表达式。在 名称 文本框中输入表达式的名称为 pitch，在 公式 文本框中输入数值 1，单击"接受编辑"按钮 ，结束表达式的创建。

（6）单击 确定 按钮，完成并退出编辑。

Step3. 创建图 8.6.2 所示的螺旋线特征。

（1）选择命令。选择下拉菜单 插入(S) ➡ 曲线(C) ➡ 螺旋线(X)... 命令，系统弹出"螺旋线"对话框。

（2）定义螺旋线。在"螺旋线"对话框中的 圈数 文本框中输入数值 6，在 螺距 文本框中输入数值 1，在 半径 文本框中输入数值 2.5，在 旋转方向 区域中选中 右旋 单选项，然后单击 点构造器 按钮，系统弹出"点"对话框。

（3）在 输出坐标 区域中的 参考 下拉列表中选择 绝对 - 工作部件 选项，分别在 X 、 Y 、 Z 文本框中输入数值 0，单击 确定 按钮，系统重新弹出"螺旋线"对话框。

（4）单击"螺旋线"对话框中的 确定 按钮，完成螺旋线的创建。

Step4. 创建图 8.6.3 所示的草图 1。

（1）选择命令。选择下拉菜单 插入(S) ➡ 草图(H)... 命令，系统弹出"创建草图"对话框。

（2）定义草图平面。选取 ZX 基准平面为草图平面，单击"创建草图"对话框中的 确定 按钮。

（3）进入草图环境，绘制图 8.6.3 所示的草图 1。

（4）单击 完成草图 按钮，退出草图环境。

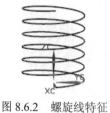

图 8.6.2　螺旋线特征

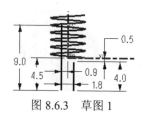

图 8.6.3　草图 1

Step5. 创建图 8.6.4 所示的桥接曲线 1。

（1）选择命令。选择下拉菜单 插入(S) ➡ 来自曲线集的曲线(F) ➡ 桥接(B)… 命令，系统弹出"桥接曲线"对话框。

（2）定义桥接曲线。在"桥接曲线"对话框中的 起始对象 区域中单击 ✛ 按钮，选取图 8.6.5 所示的直线 1，在 终止对象 区域中单击 ✛ 按钮，选取图 8.6.5 所示的螺旋线端点，"桥接曲线"对话框中的设置保持系统默认值。

（3）单击"桥接曲线"对话框中的 应用 按钮，完成桥接曲线 1 的创建。

Step6. 创建图 8.6.6 所示的桥接曲线 2。

（1）定义桥接曲线。在"桥接曲线"对话框中的 起始对象 区域中单击 ✛ 按钮，选取图 8.6.7 所示的直线 2，在 终止对象 区域中单击 ✛ 按钮，选取图 8.6.7 所示的螺旋线端点，"桥接曲线"对话框中的设置保持系统默认值。

（2）单击"桥接曲线"对话框中的 ＜确定＞ 按钮，完成桥接曲线 2 的创建。

图 8.6.4　桥接曲线 1

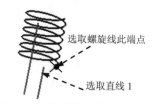

图 8.6.5　定义桥接曲线

图 8.6.6　桥接曲线 2

说明： 通过在 位置 区域中 U 向百分比 的文本框中输入数值，或通过拖动其下的下放的滑块来调整桥接曲线端点的位置（图形区中显示的图形也会随之改变），桥接曲线过渡越光滑，生成的实体质量越好。

Step7. 创建图 8.6.8 所示的基准平面。

（1）选择命令。选择下拉菜单 插入(S) ➡ 基准/点(D) ➡ 基准平面(D)… 命令，系统弹出"基准平面"对话框。

（2）定义基准平面参照。在 类型 区域的下拉列表中选择 XC-YC 平面 选项，在 距离 文本框中输入数值-4.5。

（3）在"基准平面"对话框中单击 ＜确定＞ 按钮，完成基准平面的创建。

Step8. 创建图 8.6.9 所示的草图 2。选择下拉菜单 插入(S) ➡ 草图(H)… 命令，系统弹出"创建草图"对话框。选取上一步所创建的基准平面为草图平面，绘制图 8.6.9 所示的草图 2。

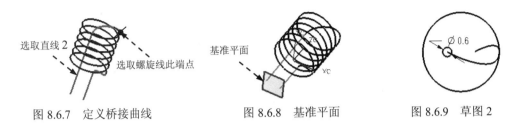

图 8.6.7　定义桥接曲线　　　　图 8.6.8　基准平面　　　　图 8.6.9　草图 2

Step9. 创建图 8.6.10 所示的扫掠特征。

（1）选择命令。选择下拉菜单 插入(S) ➡ 扫掠(W) ➡ ◆ 扫掠 (S)… 命令，系统弹出"扫掠"对话框。

（2）定义扫掠截面。在 截面 区域中单击 按钮，在绘图区域中选取 8.6.11 所示的草图曲线，单击中键确认。

（3）定义扫掠引导线。在 引导线 区域中单击 按钮，在绘图区域中选取 8.6.11 所示的曲线 2，其它采用系统默认设置值。

（4）单击"扫掠"对话框中的 < 确定 > 按钮，完成扫掠特征的创建。

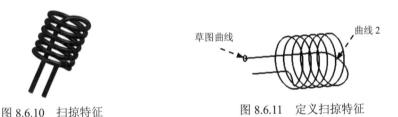

图 8.6.10　扫掠特征　　　　　　图 8.6.11　定义扫掠特征

Step10. 设置隐藏。

（1）选择命令。选择下拉菜单 编辑(E) ➡ 显示和隐藏(H) ➡ 隐藏(H)… 命令，系统弹出"类选择"对话框。

（2）选择隐藏对象。单击"类选择"对话框中的 按钮，系统弹出"根据类型选择"对话框，选择对话框列表中的 曲线 、草图 、片体 、基准 选项，单击 确定 按钮。系统再次弹出"类选择"对话框，单击对话框 对象 区域中的全选 按钮。

（3）完成隐藏操作。单击对话框中的 确定 按钮，完成对设置对象的隐藏。

Step11. 采用参数化设计的方法，实现零件的关联改变。

（1）选择下拉菜单 工具(T) ➡ = 表达式(X)… 命令，系统弹出"表达式"对话框。在 列出的表达式 下拉列表中选择 全部 选项，在对话框中出现关于拉伸特征的全部表达式。

（2）在"表达式"对话框中选中 p0，在 公式 文本框中输入 total_coils，单击"接受编辑"按钮 ，完成此表达式的修改。

（3）在"表达式"对话框中选中 p1，在 公式 文本框中输入 pitch，单击"接受编辑"按钮 ，完成此表达式的修改。

（4）在"表达式"对话框中选中 p2，在 公式 文本框中输入 radius，单击"接受编辑"按钮 ，完成此表达式的修改。

（5）在"表达式"对话框中选中 p5，在 公式 文本框中输入 radius-wire_coils-1，单击"接受编辑"按钮 ✓，完成此表达式的修改。

（6）在"表达式"对话框中选中 p6，在 公式 文本框中输入 2*(radius-wire_coils-1)，单击"接受编辑"按钮 ✓，完成此表达式的修改。

（7）在"表达式"对话框中选中 p27，在 公式 文本框中输入 wire_coils，单击"接受编辑"按钮 ✓，完成此表达式的修改。

（8）修改螺旋线线径（wire_coils）。在"表达式"对话框中选取已编辑好的螺旋线线径表达式，在 公式 文本框中输入值 0.3，单击"接受编辑"按钮 ✓，完成此表达式的修改。

（9）修改螺旋总圈数（total_coils）。在"表达式"对话框中选取已编辑好的螺旋总圈数表达式，在 公式 文本框中输入值 12，单击"接受编辑"按钮 ✓，完成此表达式的修改。

（10）修改螺旋线半径(radius)。在"表达式"对话框中选取已编辑好的螺旋线半径表达式，在 公式 文本框中输入值 3.5，单击"接受编辑"按钮 ✓，完成此表达式的修改。

（11）单击 确定 按钮，完成并退出编辑，此时图形区中的模型如图 8.6.1b 所示。

Step12. 保存零件模型。选择下拉菜单 文件(F) ➡ 🖫 保存(S) 命令，即可保存零件模型。

说明： 以上的操作是为表达式赋予公式，以此达到参数化的效果。但是由于操作的步骤不一定完全相同，所以在修改表达式时系统赋予的序号会有所不同，修改表达式前要先确定其所代表的内容，在赋予相对应的公式。在具体操作时可以比照软件与图 8.6.12 所示"表达式"对话框中的内容进行修改，以防出错。

图 8.6.12　"表达式"对话框

第9章　渲　　染

在创建零件和装配的三维模型时，能够进行简单的着色和显示不同的线框状态，但在实际的产品设计中，那些显示状态是远远不够的，因为它们无法表达产品的颜色、光泽、质感等特点，因此要进行进一步的渲染处理，才能使模型达到真实的效果。UG NX 8.0 具有强大的渲染功能，为设计人员提供了一个很有效的工具。本章主要讲述了如何对材料/纹理、灯光效果、展示室环境、基本场景和视觉效果的设置，如何生成高质量图像和艺术图像。

9.1　材料/纹理

材料及纹理功能是指将指定的材料或纹理应用到相应的零件上，使零件表现出特定的效果，从而在感观上更具有真实性。UG NX 8.0 的材料本质上是描述特定材料表面光学特性的参数集合，纹理是对零件表面粗糙度，图样的综合性描述。

9.1.1　材料/纹理对话框

材料/纹理的设置是通过对"材料/纹理"对话框来实现的。选择下拉菜单 视图(V) ➡ 可视化(V) ➡ 材料/纹理(M)... 命令，系统弹出图 9.1.1 所示的"材料/纹理"对话框，下面对该对话框进行介绍。

说明：在进行此操作之前，因为已选定材料，所以才会出现图所示 9.1.1 的"材料/纹理"对话框为激活状态，若未选定材料，此时的"材料/纹理"对话框中的部分按钮均为灰色（即未激活状态）。

图 9.1.1　"材料/纹理"对话框

图 9.1.1 "材料/纹理"对话框中的部分按钮说明如下。

- ● ：用于启用材料编辑器。
- ● ：用于显示指定对象的材料属性。
- ● ：用于通过继承选定的实体材料。

9.1.2　材料编辑器

材料编辑器功能是用来对零件材料进行编辑，通过材料编辑器可实现对材料的亮度、纹理及颜色的设置。单击图 9.1.1 所示的"材料/纹理"对话框中的 按钮，系统弹出图 9.1.2 所示的"材料编辑器"对话框。"材料编辑器"对话框中主要包括 常规 、 凹凸 、 图样 、 透明度 和 纹理空间 选项卡，通过这些选项卡可直接对材料进行设置，下面逐一对它们进行说明。

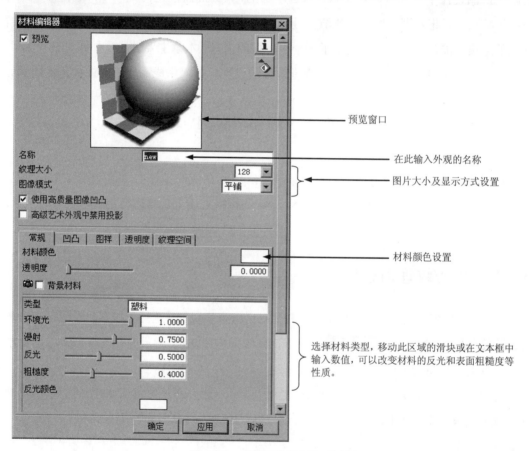

图 9.1.2　"材料编辑器"对话框

1.　常规 选项卡

单击"材料编辑器"对话框中的 常规 选项卡，此时的"材料编辑器"对话框如图 9.1.3 所示，通过该对话框可以对材料的颜色、背景材料、透明度和类型进行设置。

图 9.1.3 的"材料编辑器"对话框说明如下。

● 材料颜色：用于定义系统材料颜色。

● 透明度：用于定义材料透明度。

● 背景材料：选中此项系统将会自动将选定的材料作为渲染图片的背景，从而达到特定的效果。

- 类型: 用于定义要渲染的材料类型。

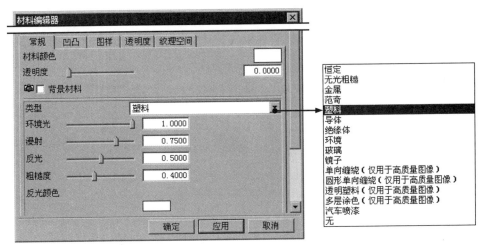

图 9.1.3　"材料编辑器"对话框

2. 凹凸 选项卡

单击"材料编辑器"对话框中的 凹凸 选项卡，此时的"材料编辑器"对话框如图 9.1.4 所示，通过该对话框可以设置凸凹的类型及相对应的参数。

图 9.1.4　"材料编辑器"对话框

图 9.1.4 的"材料编辑器"对话框 类型 中的选项说明如下。

- 无: 该选项用于不设置材料纹理。
- 铸造面(仅用于高质量图像): 该选项用于将材料设置成铸造面效果。其中包括比例、浇注范围、凹进比例、凹进幅度、凹进阈值和详细 6 个选项的参数设置。
- 粗糙面(仅用于高质量图像): 该选项用于将材料设置成粗糙面效果。其中包括比例、粗糙值、详细和锐度 4 个选项的参数设置。
- 缠绕凹凸点: 该选项用于将材料设置成参绕的凸凹的效果。其中包括比例、分隔、半径、中心深度和圆角 5 个选项的参数设置。
- 缠绕粗糙面: 该选项用于将材料设置成参绕粗糙面的效果。其中包括其中包括比例、粗糙值、详细和锐度 4 个选项的参数设置。
- 缠绕图像: 该选项用于设置材料的缠绕图像效果。其中包括柔软度、幅值和图像 3 个选项的参数设置。

- 缠绕隆起：该选项用于设置材料的缠绕隆起效果。其中包括比例、圆角和幅值 3 个选项的参数设置。

- 缠绕螺纹：该选项用于设置材料的缠绕螺纹效果。其中包括比例、圆角、半径和幅值 4 个选项的参数设置。

- 皮革（仅用于高质量图像）：该选项用于设置材料的皮革效果。其中包括比例、不规则、和粗糙值等选项的参数设置。

- 缠绕皮革：该选项用于设置材料的缠绕皮革效果。其中包括比例、不规则、和粗糙值等选项的参数设置。

3. 图样选项卡

单击"材料编辑器"对话框中的 图样 选项卡，此时的"材料编辑器"对话框（一）如图 9.1.5 所示，通过该对话框可以设置图样的类型及相对应的参数。

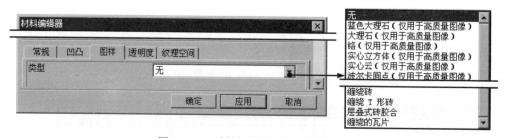

图 9.1.5   "材料编辑器"对话框（一）

4. 透明度选项卡

单击"材料编辑器"对话框中的 透明度 选项卡，此时的"材料编辑器"对话框（二）如图 9.1.6 所示，通过该对话框可以设置透明度的类型及相对应的参数。

图 9.1.6   "材料编辑器"对话框（二）

5. 纹理空间选项卡

单击"材料编辑器"对话框中的 纹理空间 选项卡，此时的"材料编辑器"对话框（三）如图 9.1.7 所示，通过该对话框可以设置纹理空间的类型及相对应的参数。

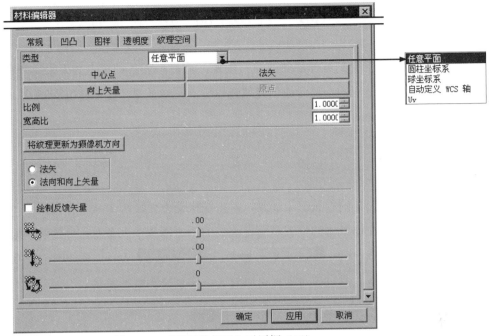

图 9.1.7　"材料编辑器"对话框（三）

图 9.1.7 所示的"材料编辑器"对话框（三）中 纹理空间 选项卡的部分说明如下。

- 类型 ：该下拉列表中包括 任意平面 、圆柱坐标系 、球坐标系 、自动定义 WCS 轴 和 Uv 。

  - ☑ 任意平面 ：选择该选项，以平面形式投影。

  - ☑ 圆柱坐标系 ：选择该选项，以圆柱形的形式投影。

  - ☑ 球坐标系 ：选择该选项，以球形的形式投影。

  - ☑ 自动定义 WCS 轴 ：选择该选项，据曲面法向选择 X、Y 或 Z 轴。

  - ☑ Uv ：从几何体的 UV 坐标映射。将参数坐标系分配到纹理空间。

  - ☑ 中心点 ：可以任意指定纹理空间的原点。可用于"任意平面"、

    "圆柱形"和"球形"纹理空间。

- 法矢 ：可以任意指定圆锥形或球形的垂直或主要轴。

- 向上矢量 ：可以任意指定纹理空间的参考轴。仅可用于"任意平面"纹

  理空间。

- 比例 ：指定纹理空间的总体大小。

- 宽高比 ：指定纹理空间的高度和宽度的比率。

- ☑ 绘制反馈矢量 ：可动态地调整对象的纹理放置。其效果取决于所应用的纹理空间

  类型。

9.2 灯 光 效 果

在渲染的过程中为了得到各种特效的渲染图像，需要添加各种灯光效果来反映图形的特征，利用光源可加亮模型的一部分或创建背光以提高图像质量。在 UG NX 8.0 里面灯光分为基本光源和高级光源两种。

9.2.1 基本光源

基本光源功能可以简单的设置渲染场景，其方法快捷方便。因为基本光源只有 8 个场景光源，并且场景光源在场景中的位置是固定不变的，所以基本光源存在一定的局限性。

选择下拉菜单 视图(V) ➡ 可视化(V) ➡ 基本光源(B)... 命令，系统弹出图 9.2.1 所示的"基本光源"对话框。通过该对话框可以对 8 个场景光源进行编辑。

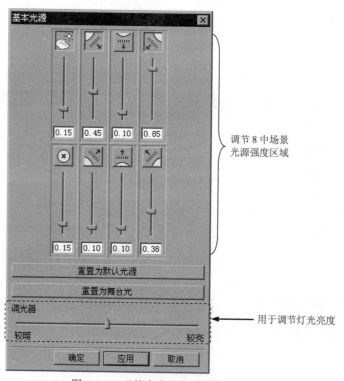

图 9.2.1 "基本光源"对话框

图 9.2.1"基本光源"对话框中的相关按钮说明如下。

- ● 此按钮是为了设置场景环境灯光，系统默认为选中状态。
- ● 此按钮是为了设置场景左上部方向灯光，在系统默认为选中状态。
- ● 用于添加场景顶部方向灯光。

- ：此按钮用于添加场景右上部方向灯光，系统默认为选中状态。

- ：此按钮用于添加场景正前部方向灯光。

- ：此按钮用于添加场景左下部方向灯光。

- ：此按钮用于添加场景底部方向灯光。

- ：此按钮用于添加场景右下部方向灯光。

- 重置为默认光源 ：单击此按钮，系统将自动设置为默认
  的光源。在系统默认的状态下，只打开 、 和 。

- 重置为舞台光 ：单击此按钮，系统将重新设置所有光
  源，此时所有基本光源全部打开。

9.2.2　高级光源

高级光源功能可以创建新的光源，并且设置和修改新的光源，因此高级光源与基本光源相比具有更高的灵活性和多样性。

选择下拉菜单 视图(V) ➡ 可视化(V) ➡ 高级光源(A)... 命令，系统弹出图 9.2.2 所示的"高级光源"对话框。

图 9.2.2　"高级光源"对话框

图 9.2.2 所示的"高级光源"对话框部分说明如下。

- （标准视线）：该光源放在 Z 轴上或者位于视点上，该光源在场景中不能产生阴影效果。

- （标准 Z 轴平行光）：该光源可以理解成在无限远处光源产生的光照效果。

- 开 ：此区域用于显示已经在渲染区域内光源。在系统默认的状态下，只打开 、 和 。在该区域内选中一指定的光源，单击 按钮，此时被选中的光源将会被关闭。

- 关 ：此区域用于显示不在渲染区域内的光源。系统默认已经关闭的光源有 、 、 、 、 和 。在该区域内选中一指定的光源，单击 按钮，此时被选中的光源将会被显示在渲染区域内。

- 名称 ：用于定义灯光名称。

- 类型 ：用于定义灯光类型。

- 颜色 ：用于定义灯光的颜色。

- 强度 ：用于定义灯光照射的强度。

9.3 展示室环境设置

展示室环境是渲染的背景，它为渲染设置舞台，是渲染图像的一个组成部分。展示室环境包括"编辑器""查看转台"和"矢量构造器"。

9.3.1 编辑器

通过编辑器能够完成对环境立方体的编辑与设置操作。

选择下拉菜单 视图(V) ➡ 可视化(V) ➡ 展示室环境(W)... 命令，系统弹出图 9.3.1 所示的"展示室环境"对话框。单击对话框中的 按钮，系统弹出图 9.3.2 所示的"编辑环境立方体图像"对话框。

图 9.3.1 "展示室环境"对话框

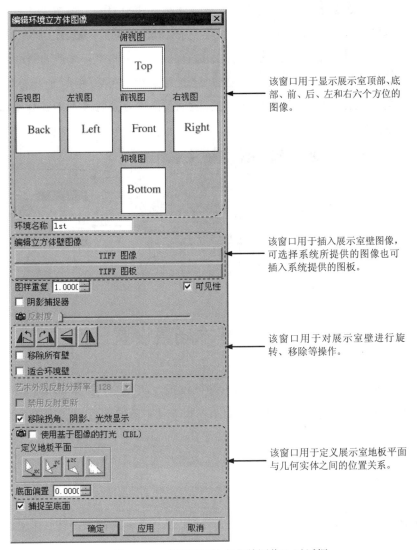

图 9.3.2　"编辑环境立方体图像"对话框

9.3.2　查看转台

查看转台功能能够从指定的旋转方位来观察每个壁的反射结果。

选择下拉菜单 视图(V) ➡ 可视化(V) ➡ 展示室环境(H)… 命令，系统弹出"展示室环境"对话框。单击对话框中的 按钮，系统弹出图 9.3.3 所示的"转台设置"对话框。

图 9.3.3 所示的"转台设置"对话框中的按钮和下拉列表说明如下。

- 类型：用于定义旋转类型。主要包括以下三种类型。

  ☑ 无：选取该选项模型和展示室都保持相对静止。

  ☑ 部件旋转：选取该选项模型相对于展示室运动。

☑　环绕：选取该选项展示室相对于模型运动。

● 速度：用于定义旋转快慢。主要包括慢、中和快三种。

● 任意旋转轴：任意指定一轴线为旋转中心轴线。

● 将旋转轴重置为屏幕 Y 轴：重置轴线，指定 Y 轴为旋转轴心轴线。

● 运行转台：选定旋转类型和旋转中心轴线后，单击此按钮转台产生旋转运动。

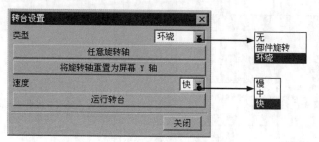

图 9.3.3　"转台设置"对话框

9.4　基本场景设置

在渲染的过程中常常需要对基本场景进行设置，从而达到更加逼真的效果。基本场景的设置包括："背景""舞台""反射""光源"和"基本图像的打光"。下面对其逐一进行介绍。

9.4.1　背景

在渲染的过程想要表现出模型的特征，添加一个特定的背景，往往能达到一个很好的效果。

选择下拉菜单视图(V) ➡ 可视化(V) ➡ 场景编辑器(N)... 命令，系统弹出"场景编辑器"对话框。单击对话框中的 背景 选项卡，此时的对话框如图 9.4.1 所示。

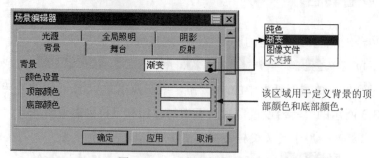

图 9.4.1　"场景编辑器"对话框

图 9.4.1 所示的"场景编辑器"对话框中的"背景"选项卡部分说明如下。

- 　背景 下拉列表中包括：纯色 、渐变 和 图像文件 选项。
  - ☑　纯色 ：选择该选项，用单色设置背景色。
  - ☑　渐变 ：选择该选项，设置背景色渐变，顶部显示一种颜色，底部显示另一种颜色。
  - ☑　图像文件 ：选择该选项，使用系统 NX 提供的图片或自己创建的图片来设置背景色。

9.4.2　舞台

舞台是一个壁面有反射的、不可见的或带有阴影捕捉器功能的立方体。

舞台的大小、位置、地板和壁纸等各项参数的设置是通过"场景编辑器"中的 舞台 选项卡来实现的。

选择下拉菜单 视图(V) ➡ 可视化(V) ➡ 🖳 场景编辑器(N)... 命令，系统弹出"场景编辑器"对话框。单击对话框中的 舞台 选项卡，此时的对话框如图 9.4.2 所示。

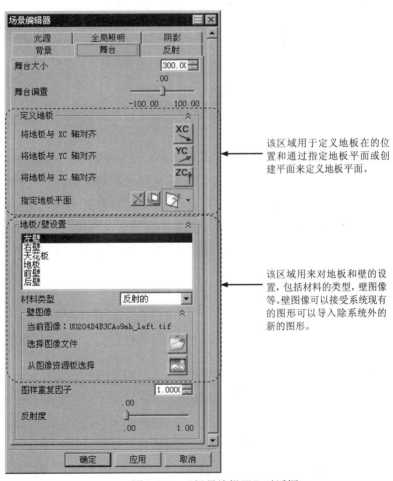

该区域用于定义地板在的位置和通过指定地板平面或创建平面来定义地板平面。

该区域用来对地板和壁的设置，包括材料的类型，壁图像等。壁图像可以接受系统现有的图形可以导入除系统外的新的图形。

图 9.4.2　"场景编辑器"对话框

图 9.4.2 所示的"场景编辑器"对话框中"舞台"选项卡的部分说明如下。

- 舞台大小：指定舞台的大小。
- 舞台偏置：用于指定舞台与模型的位置偏移。
- 材料类型：指定选定的底面/壁面的一种材料类型。该下拉列表包括：阴影捕捉器、反射的和不可见三种选项。
- 图样重复因子：指定图样重复的次数。
- 反射度：用于调整反射度。此功能仅在材料类型为反射时才可用。

9.4.3 反射

通过光的反射将背景、舞台地板、舞台壁或用户指定的图像在模型中表现出来。

选择下拉菜单 视图(V) ➡ 可视化(V) ➡ 场景编辑器(N)... 命令，系统弹出"场景编辑器"对话框。单击对话框中的 反射 选项卡，此时的对话框如图 9.4.3 所示。

图 9.4.3 "场景编辑器"对话框

图 9.4.3 所示的"场景编辑器"对话框中"反射"选项卡的说明如下。

- 反射图：该下拉列表包括以下几项。
  - ☑ 背景：该选项用于指定环境反射基于背景图像。
  - ☑ 舞台地板/壁：该选项用于指定环境反射基于舞台底面或壁面。
  - ☑ 基于图像的打光：该选项用于指定环境反射基于"基于图像的打光"设置。
  - ☑ 用户指定的图像：该选项用于指定不同于背景的图像，基于图像的灯光并将其用于反射。还可以指定 TIFF、JPG 或 PNG 格式的任何图像或从 NX 提供的反射图像选项板中指定。

9.4.4 光源

在"场景编辑器"中可以对场景光源的类型、强度、光源的位置等属性进行设置。

选择下拉菜单 视图(V) ➡ 可视化(V) ➡ 场景编辑器(N)... 命令，系统弹出"场景编辑器"对话框。单击对话框中的 光源 选项卡，此时的对话框如图 9.4.4 所示。

图 9.4.4 所示的"场景编辑器"对话框中 光源 选项卡的部分说明如下。

- 强度：定义光照的强度。
- 阴影类型：该下拉列表用于设置阴影效果。其中包括： 无 、 软边缘 、 硬边缘

和 高透明 四种选项。

- ☑ 🔲使用基于图像的打光：选中该复选框，则在光照列表中的单个光照的灯光效果不可用。

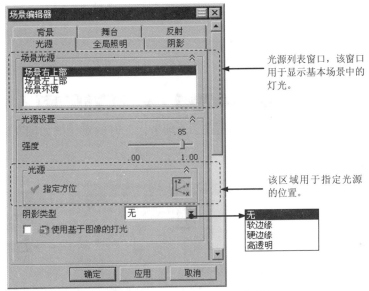

图 9.4.4　"场景编辑器"对话框

9.4.5　全局照明

全局照明，是对于 2D 图像场景定义复杂打光方案的一种方法。例如，使用室外场景图像获得"天空"环境下的打光。也可以用室内图像设置"屋内"或"照相馆"打光环境。从 IBL 的图像也可以反射来自场景中的闪耀对象。

选择下拉菜单 视图(V) ➡ 可视化(V) ➡ 🔲场景编辑器(N)... 命令，系统弹出"场景编辑器"对话框。单击对话框中的 全局照明 选项卡，此时的对话框如图 9.4.5 所示。

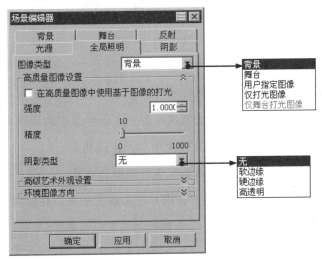

图 9.4.5　"场景编辑器"对话框

9.5 视 觉 效 果

视觉效果功能可以设置不同的前景、背景和 IBL(基于图像的打光)。

9.5.1 前景

选择下拉菜单 视图(V) ➡ 可视化(V) ➡ 视觉效果(V)... 命令，系统弹出"视觉效果"对话框。单击对话框中的 前景 选项卡，此时的对话框如图 9.5.1 所示。

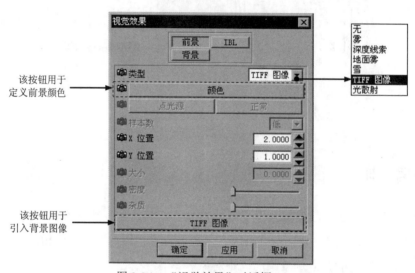

图 9.5.1 "视觉效果"对话框

图 9.5.1 所示的"视觉效果"对话框中"前景"选项卡的部分说明如下。

- **类型**：该下拉列表用于设置场景的光源类型。其中包括以下几项。

  - ☑ **无**：选取该选项，没有前景。

  - ☑ **雾**：选取该选项，更改距离时，此项提供颜色的指数性衰减。

  - ☑ **深度线索**：选取该选项，此项提供颜色在指定范围的线性衰减。

  - ☑ **地面雾**：此项模拟一层随高度增加而变淡的雾。

  - ☑ **雪**：此项提供在照相机前有雪花飘落的效果。

  - ☑ **TIFF 图像**：此项在生成的着色图片前面放置一个 TIFF 图片。

  - ☑ **光散射**：生成一种光在大气中散射并衰减的效果。

9.5.2　背景

背景属性可以设置背景的总体类型、主要背景和次要背景三种类型。

选择下拉菜单 视图(V) ➡ 可视化(V) ➡ 视觉效果(V)... 命令，系统弹出"视觉效果"对话框。单击对话框中的 背景 选项卡，此时的对话框如图9.5.2所示。

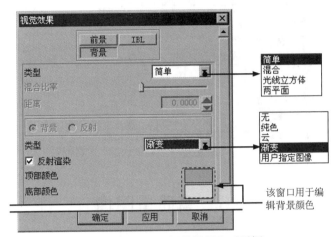

图 9.5.2　"视觉效果"对话框

图9.5.2所示的"视觉效果"对话框中"背景"选项卡的部分说明如下。

● 类型：该下拉列表用于设置背景的光源类型。其中包括以下几项。

　☑ 简单：该选项仅使用主要背景。

　☑ 混合：选中该选项，混合使用主要背景和次要背景。

　☑ 光线立方体：选中该选项，主要背景显示于该部件之后，而次要背景设置在视点之后，且仅在反射中可见。

　☑ 两平面：选中该选项，主要背景显示于该部件之后，而次要背景设置在视点之后，且仅在反射中可见。

9.5.3　IBL

在"视觉效果"对话框中通过"IBL"设置图像灯光（图像的灯光信息可以从2D图像中获得），使渲染效果更加真实。

选择下拉菜单 视图(V) ➡ 可视化(V) ➡ 视觉效果(V)... 命令，系统弹出"视觉效果"对话框。单击对话框中的 IBL 选项卡，此时的对话框如图9.5.3所示。

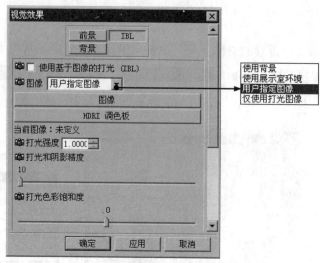

图 9.5.3 "视觉效果"对话框

9.6 高质量图像

高质量图像功能可以制作出 24 位颜色，类似于照片效果的图片，该功能能够更加真实地反映出模型的外观。能够准确而有效地表达出设计人员的设计理念。使用"高质量图像"对话框创建静态渲染图像。这些静态图像可以保存到外部文件或进行绘制，或者可以生成一组图像以创建动画电影文件。

选择下拉菜单 视图(V) ➡ 可视化(V) ➡ 高质量图像(H)... 命令，系统弹出图 9.6.1 所示的"高质量图像"对话框。

图 9.6.1 "高质量图像"对话框

图 9.6.1 所示的"高质量图像"对话框中相关说明如下。

- 方法：该下拉列表指的是渲染图片的方式，主要包括以下几种。
  - ☑ 平面：将模型的表面分成若干个小平面，每一个小平面都着上不同亮度的相同颜色，通过不同亮度的相同颜色来表现模型面的明暗变化。
  - ☑ 哥拉得：使用光滑的差值颜色来渲染，曲面的明暗连接比较光滑。着色速度比平面方法要慢。

☑ 范奇：曲面的明暗连接连续光滑，但着色速度相对于"哥拉得"方法较慢。

☑ 改进：该方法在 范奇 的基础上增加了材料、纹理、高亮反光和阴影的表现能力。

☑ 预览：该方法在"改进"的基础上增加了材料透明性。

☑ 照片般逼真的：该方法在"预览"的基础上增加了反锯齿设置的功能。

☑ 光线追踪：该方法采用光线跟踪方式，根据反射光和折射光影响的增加消减了镜像边缘的锯齿能力。

☑ 光线追踪/FFA：与"光线追踪"方法相同，增加消减了镜像边缘的锯齿能力。

☑ 辐射：指场景中的间接灯光派生到自渲染图像上，从表面反射的直接光。

☑ 混和辐射：使用标准渲染技术计算打光的辐射处理。

● 保存：单击该按钮，系统保存当前渲染的图像，保存格式为"tif"格式，但用户通过更改扩展名来保存其他格式的图像，如 GIF 或 JPEG。

● 绘图：单击该按钮，系统通过打印设备打印渲染图像。

● 开始着色：单击该按钮，系统开始自动进行渲染操作。

● 取消着色：单击此按钮，取消已经渲染的颜色。

9.7　艺术图像

艺术图像功能可以制作出艺术化图像，渲染成卡通、颜色衰减、铅笔着色、手绘、喷墨打印、线条、阴影和点刻 8 种特殊效果的图像。

选择下拉菜单 视图(V) ➡ 可视化(V) ➡ 艺术图像(I)... 命令，系统弹出图 9.7.1 所示的"艺术图像"对话框。

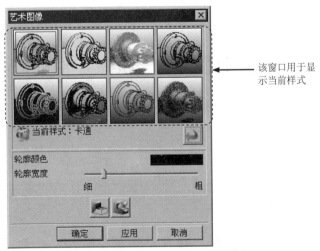

图 9.7.1　"艺术图像"对话框

图 9.7.1 所示的"艺术图像"对话框的相关说明如下。

- "艺术图像"的八种样式说明如下。
  - ☑ 卡通：一种动画式样效果，轮廓和边缘是粗线表示，颜色有所简化并有一定程式，可以控制线条的颜色和宽度。
  - ☑ 颜色衰减：和"动画式样"一样，这种样式用线条显示边缘，用单一颜色填充线条之间的空间。用户可以指定线条的宽度和颜色。
  - ☑ 铅笔着色：这种样式产生一种真正的"绘画"效果，用笔画和色彩漩涡反映并表现下属几何体的方向。用户可以更改笔划的长度和密度。
  - ☑ 手绘：这种样式中的对象使用线条渲染，线条看起来是由各种笔画组成的。这种样式可以指定墨水颜色和缝隙大小。
  - ☑ 喷墨打印：这种样式的显示效果非常类似其他基于线条样式的照相底片。这种样式允许用户指定墨水颜色和缝隙大小。
  - ☑ 线条和阴影：这种样式将几何对象的简单线条表示与阴影区的单色着色效果结合在一起。可以控制线条的颜色和宽度以及阴影区的颜色。
  - ☑ 粗糙铅笔：这种类型的效果，就好像对每个线条进行了多次润色，每个线条都带有一些小的误差。可以控制线条的颜色、宽度和数量、线条偏差以及线条的均匀性。
  - ☑ 点刻：这种效果将图像渲染为一系列不规则的点或点画。用户还可以使用每条点画的下属几何体颜色。
- ↵：单击该按钮，系统将重置为默认选项。
- ：单击该按钮进行渲染操作。
- ：单击该按钮进行取消渲染操作。
- 轮廓颜色：用于定义轮廓线颜色。
- 轮廓宽度：用于定义轮廓线宽度。

9.8 渲染范例 1——机械零件的渲染

本节介绍一个零件模型渲染成钢材质效果的详细操作过程。

Task 1. 打开模型文件

打开文件 D:\ug8\work\ch09.08\romance.prt。

Task2. 设置材料/纹理

Step1.添加材料到部件中材料。选择下拉菜单 视图(V) ➡ 可视化(V) ➡
材料/纹理(M)... 命令，单击左侧工具栏中的"材料库"按钮，系统弹出图 9.8.1 所示的"材料库"窗口。打开文件 ⊞🗀 Metal ，在弹出的子文件中打开 ⊞🗀 Steel ，然后在弹出的子文件中双击 ├ Stainless steel knurled 2mm 选项，此时所选材料添加到部件材料当中。

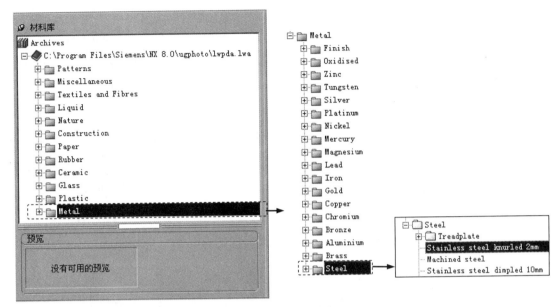

图 9.8.1　"材料库"窗口

Step2. 将材料添加到模型当中。单击左侧工具栏中的"部件中的材料"按钮 🔳，系统弹出图 9.8.2 所示的"部件中的材料"窗口。用鼠标拖动上一步所选的材料"steel"至模型当中，模型材料自动更改成所选材料。

或用鼠标选中所选材料单击右键，在弹出的快捷菜单中，选择 ■ 应用 ■ 命令。此时的模型外观如图 9.8.3 所示。如果去除模型材料可将如图所示的"None"图标拖动到模型当中。

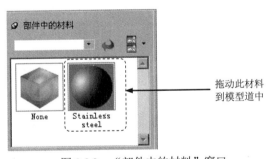

图 9.8.2　"部件中的材料"窗口

图 9.8.3　添加材料后的模型

Task 3. 灯光设置

Step1. 选择命令。选择下拉菜单 视图(V) ➡ 可视化(V) ➡ ▶ 高级光源(A)... 命令，系统弹出"高级光源"对话框。

Step2. 定义环境光源。光源的设置方案如下。

（1）添加"标准 Z 聚光"。选中"高级光源"对话框中 灯光列表 中 关 区域中的"标准 Z 聚光"按钮 ，然后单击 按钮，此时"标准 Z 聚光"被添加到环境光源 开 区域中。

（2）添加"标准 Z 点光源"。添加方法同上。

（3）创建新的点光源，并添加到 开 区域中。单击"高级光源"对话框 操作 区域的"新建" 按钮。在 基本设置 区域中的 名称 文本框中输入名称为"p1"，在 类型 下拉列表中选择 点光源 选项，单击 应用 按钮，点光源创建完成，然后将其添加到 开 区域中。

（4）调节光源强度与位置。在 开 区域中选中"p1"点光源，在 强度 选项中定义其强度为.70；在图形中选中"p1"点光源，单击 定向灯光 区域的 按钮，系统弹出"点"对话框，在图 9.8.4 所示的区域输入坐标位置。使用相同的方法定义"标准 Z 点光源"点光源强度为 5，调节到图 9.8.5 所示的位置。其余灯光接受系统默认的强度与位置设置。

说明：在图形区域拖动光源，可以调整光源位置。

Step3. 单击对话框中的 确定 按钮，完成高级灯光的设置。

图 9.8.4　"p1"点光源位置坐标　　　　图 9.8.5　"标准 Z 点光源"位置坐标

Task 4. 展示室环境的设置

Step1. 选择命令。选择下拉菜单 视图(V) ➡ 可视化(V) ➡ 展示室环境(H)... 命令，系统弹出"展示室环境"对话框。

Step2. 定义编辑器。单击"展示室环境"对话框中的"编辑器" 按钮，系统弹出图 9.8.6 所示的"编辑环境立方体图像"对话框。

修改"后"图像。按图 9.8.6 和图 9.8.7 中所示的编号（1～6）依次操作。其余方位图像的创建步骤和该步骤相同，选取图 9.8.6 所示的相对应图像。

Task 5. 设置高质量图像

Step1. 选择命令。选择下拉菜单 视图(V) ➡ 可视化(V) ➡ 高质量图像(H) 命令，系统弹出"高质量图像"对话框。

Step2. 定义渲染方法。在 方法 下拉列表中选择 照片般逼真的 选项。

Step3. 定义渲染操作。单击 开始着色 按钮，系统开始自动着色。此时能看到模型的变化（此操作后的对话框中的按钮均为激活状态）。

Step4. 保存渲染后模型图像。单击 保存 按钮，系统弹出图 9.8.8 所示的

"保存图像"对话框。单击"保存图像"对话框中的 列出文件 按钮，系统弹出保存路径对话框，在该对话框中单击 OK 按钮，然后单击"保存图像"对话框中 确定 按钮。

Step5. 单击 确定 按钮，完成后的高质量图像如图 9.8.9 所示。

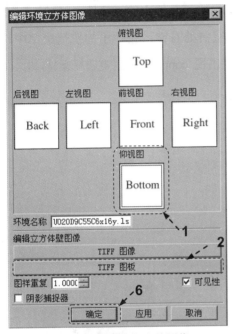

图 9.8.6 编辑环境立方体图像

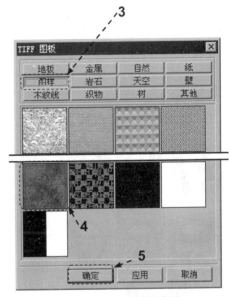

图 9.8.7 TIFF 图板编号

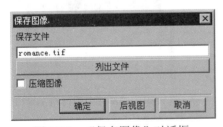

图 9.8.8 "保存图像"对话框

图 9.8.9 高质量图像

Task6. 保存零件模型

说明：在随书光盘中可以找到本例完成的效果图（D:\ug8\work\ch09.08\ok\romance）。

9.9 渲染范例 2——图像渲染

本节介绍一个在零件模型上贴图渲染效果的详细操作过程。

Step1. 打开文件 D:\ug8\work\ch09.09\paster.prt。

Step2. 添加材料到部件中材料。选择下拉菜单 视图(V) ➡ 可视化(V) ➡
材料/纹理(M)... 命令，单击工具栏中的"系统材料"按钮，系统弹出图 9.9.1 所示的"系统材料"窗口。在材料区域选中金黄色金属材料，右击，在弹出的快捷菜单中选择 复制 命令。

Step3. 将材料添加到"部件中的材料"当中。单击工具栏中的"部件中的材料"按钮，系统弹出"部件中的材料"窗口。用鼠标在空白处右键，在弹出的快捷菜单中选择 粘贴 命令，此时"部件中的材料"窗口中已经出现 copper (纯铜金属材料)材料，如图 9.9.2 所示。

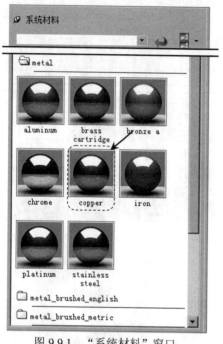

图 9.9.1 "系统材料"窗口

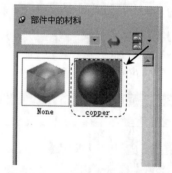

图 9.9.2 "部件中的材料"窗口

Step4. 在"部件中的材料"当中创建贴图文件材料。

（1）创建新的材料文件。再次在空白区域选中右击，在弹出的快捷菜单中选择 新建条目 ➡ 可视化材料 命令。此时系统已经自动创建了一个新空白的零件材料。

（2）编辑定义新建材料文件。选中新建的文件右击，在弹出的快捷菜单中选择 编辑 命令，系统弹出图 9.9.3 所示"材料编辑器"对话框；在 名称 文本框中将材料名称改为 picture；在图像模式下拉列表中选取 单个图像 选项；在"材料编辑器"对话框单击 图样 选项卡，在 类型 下拉列表中选择 简单贴花 选项，单击 图像 按钮，系统弹出"图像文件"对话框，在其中选取 D:\ug8\work\ch09.09\picture.tif 文件，单击 应用 按钮，单击"材料编辑器"对话框中的 确定 按钮，完成贴图材料的创建，如图 9.9.4 所示。

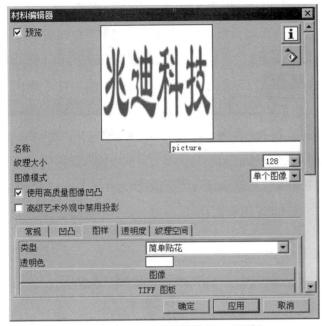

图 9.9.3　"材料编辑器"对话框

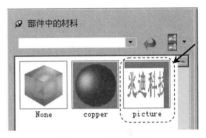

图 9.9.4　贴图材料

Step5. 给零件添加金属材料。在"部件中的材料"窗口选中材料 copper 右击，在弹出的快捷菜单中选取 应用 命令，选取图 9.9.5 所示的模型，单击鼠标中键确认；添加完成后的模型效果图像如图 9.9.6 所示。

图 9.9.5　添加材料模型

图 9.9.6　添加材料后的模型

Step6. 给模型表面贴图。在"部件中的材料"窗口选中材料 picture 右击，在弹出的快捷菜单中选取 应用 命令，在选取图 9.9.7 所示的模型表面，单击中键确认；添加完成后的模型效果图像如图 9.9.8 所示。

选取此面

图 9.9.7　添加材料模型

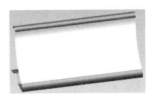

图 9.9.8　添加材料后的模型

Step7. 编辑贴图在模型中的位置。单击"材料/纹理"对话框中的"编辑器"按钮，系统弹出"材料编辑器"对话框。在该对话框中单击 纹理空间 选项卡，在 类型 下拉列表中选

择 任意平面 选项，单击 中心点 命令，选取图 9.9.9 所示的圆弧的圆心为中心点，单击 法矢 命令，弹出"矢量"对话框，在对话框中的 类型 下拉列表中选择 XC 轴 为矢量方向，单击该对话框中的 确定 按钮。单击 向上矢量 命令，在"矢量"对话框中的 类型 下拉列表中选择 YC 轴 为向上矢量方向。单击"矢量"对话框中的 确定 按钮。单击"材料编辑器"对话框中的 应用 按钮，再次单击 中心点 命令，系统弹出"点"对话框，在 输出坐标 区域中的 参考 下拉列表中选择 WCS 选项，在 XC 文本框中输入坐标值 95，在 YC 文本框中输入坐标值 80，在 ZC 文本框中输入坐标值 160，单击"点"对话框中的 确定 按钮。在 比例 文本框中输入比例值120，并按 Enter 键确认；在 宽高比 文本框中输入宽比高值为 0.6，并按 Enter 键确认；最后单击对话框中的 确定 按钮，完成图 9.9.10 所示贴图材料的创建。

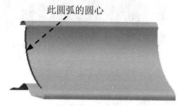

图 9.9.9　添加材料模型

图 9.9.10　添加材料后的模型

说明：在随书光盘中可以找到本例完成的效果图（D:\ug8\work\ch09.09\ok\paster_ok）。

第 10 章　运 动 仿 真

10.1　概　　述

运动仿真模块是 UG NX 主要的组成部分，它主要讲述机构的干涉分析，跟踪零件的运动轨迹，分析机构中零件的速度、加速度、作用力和力矩等。分析结果可以指导修改零件的结构设计或调整零件的材料。

10.1.1　机构运动仿真流程

通过 UG NX 8.0 进行机构的运动仿真大致流程如下。

Step1. 将创建好的模型调入装配模块进行装配。

Step2. 进入机构运动仿真模块。

Step3. 新建一个动力学仿真文件。

Step4. 为机构指定连杆。

Step5. 为连杆设置驱动。

Step6. 添加运算器。

Step7. 开始仿真。

Step8. 获取运动分析结果。

10.1.2　进入运动仿真模块

Step1. 打开文件 D:\ug8\work\ch10.01\asm。

Step2. 选择 开始 ➡ 运动仿真 (U)... 命令，进入运动仿真模块；在运动导航窗口选择 motion_2 ，右击，在弹出的快捷菜单中选择 设为工作状态 命令。

10.1.3　运动仿真模块中的菜单及按钮

在运动仿真模块中，与"机构"相关的操作命令主要位于 插入 (S) 下拉菜单中，如图 10.1.1 所示。

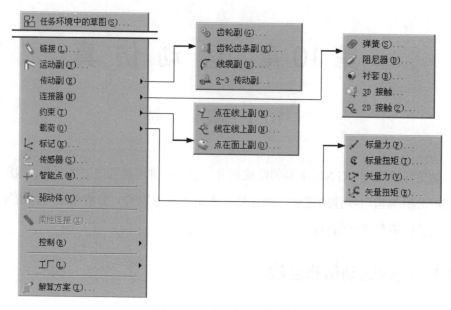

图 10.1.1   "插入"下拉菜单

在运动仿真模块中，工具栏列出下拉菜单中常用的工具条，其中"运动"工具条如图10.1.2 所示。

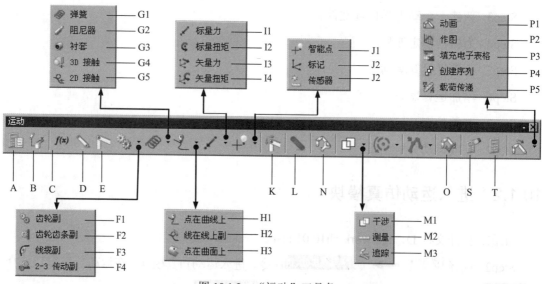

图 10.1.2   "运动"工具条

注意：在"运动导航器"中右击 ，在弹出的快捷菜单中选择 新建仿真 命令，系统弹出"环境"对话框。在"环境"对话框中，单击 确定 按钮，在系统弹出"机构运动副向导"对话框中单击 确定 或 取消 按钮；此时运动仿真模块的所有命令才被激活。

图 10.1.2 所示"运动"工具条中各按钮的说明如下。

- A（环境）：设置运动仿真的类型为运动学或动力学。

- B（主模型尺寸）：用于修改部件的特征或草图尺寸。

- C（函数管理器）：创建相应的函数并绘制图表，用于确定运动驱动的标量力、矢量力或扭矩。

- D（连杆）：用于定义机构中刚性体的部件。

- E（运动副）：用于定义机构中连杆之间的受约束的情况。

- F1（齿轮副）：用于定义两个旋转副之间的相对旋转运动。

- F2（齿轮齿条副）：用于定义滑动副和旋转副之间的相对运动。

- F3（线缆副）：用于定义两个滑动副之间的相对运动。

- F4（2-3 转动副）：用于定义两个或三个旋转副、滑动副和柱面副之间的相对运动。

- G1（弹簧）：在两个连杆之间、连杆和框架之间创建一个柔性部件，使用运动副施加力或扭矩。

- G2（阻尼器）：在两个连杆、一个连杆和框架、一个可平移的运动副或在一个旋转副上创建一个反作用力或扭矩。

- G3（衬套）：创建圆柱衬套，用于在两个连杆之间定义柔性关系。

- G4（3D 接触）：在一个体和一个静止体、在两个移动体或一个体来支撑另一个体之间定义接触关系。

- G5（2D 接触）：在共面的两条曲线之间创建接触关系，使附着于这些曲线上的连杆产生与材料有关的影响。

- H1（点在曲线上）：将连杆上的一个点与曲线建立接触约束。

- H2（线在线上）：将连杆上的一条曲线与另一曲线建立接触约束。

- H3（点在曲线上）：将连杆上的一个点与面建立接触约束。

- I1（标量力）：用于在两个连杆或在一个连杆和框架之间创建标量力。

- I2（标量扭矩）：在围绕旋转副和轴之间创建标量扭矩。

- I3（矢量力）：用于在两个连杆或在一个连杆和框架之间创建一个力，力的方向可保持恒定或相对于一个移动体而发生变化。

- I4（矢量扭矩）：在两个连杆或在一个连杆和一个框之间创建一个扭矩。

- J1（智能点）：用于创建与选定几何体关联的一个点。

- J2（标记）：用于创建创一个标记，该标记必须位于需要分析的连杆上。

- J3（传感器）：创建传感器对象以监控运动对象相对仿真条件的位置。

- K（驱动）：为机构中的运动副创建一个独立的驱动。

- L（柔性连接）：定义该机构中的柔性连接。

- M1（干涉）：用于检测整个机构是否与选中的几何体之间在运动中存在碰撞。

- M2（测量）：用于检测计算运动中的每一步中两组几何体之间的最小距离或最小夹角。
- M3（追踪）：在运动的每一步创建选中几何体对象的副本。
- N（编辑运动对象）：用于编辑连杆、运动副、力、标记或运动约束。
- O（模型检查）：用于验证所有运动对象。
- P1（动画）：根据机构在指定时间内仿真步数，执行基于时间的运动仿真。
- P2（作图）：为选定的运动副和标记创建指定可观察量的图表。
- P3（填充电子表格）：将仿真中每一步运动副的位移数据填充到一个电子表格文件。
- P4（创建序列）：为所有被定义为机构连杆的组件创建运动动画装配序列。
- P5（载荷传递）：计算反作用载荷以进行结构分析。
- S（解算方案）：创建一个新解算方案，其中定义了分析类型、解算方案类型以及特定于解算方案的载荷和运动驱动。
- T（求解）：创建求解运动和解算方案并生成结果集。

10.2 连杆和运动副

机构装配完成后，各个部件并不能将装配模块中的连接关系连接起来，还需要再为每个部件赋予一定的运动学特性，即为机构指定连杆及运动副。在运动学中，连杆和运动副两者是相辅相成的，缺一不可的。运动是基于连杆和运动副的，而运动副是创建于连杆上的副。

10.2.1 连杆

连杆是具有机构特征的刚体，它代表了实际中的杆件，所以连杆就有了相应的属性，例如质量，惯性，初始位移和速度等。连杆相互连接，构成运动机构，它在整个机构中主要是进行运动的传递等。

下面以一个实例讲解指定连杆的一般过程。

Step1. 打开文件 D:\ug8\work\ch10.02\assemble.prt。

Step2. 选择 ⊙ 开始▼ ➡ ⌂ 运动仿真 ⑪ … 命令进入运动仿真模块。

Step3. 新建仿真文件。

（1）在"运动导航器"中右击 🔧 assemble，在弹出的快捷菜单中选择 ⊞ 新建仿真 命令，系统弹出图 10.2.1 所示的"环境"对话框。

（2）在"环境"对话框中选中 ◉ 动力学 单选项，单击 确定 按钮，在系统弹出图 10.2.2 所示的"机构运动副向导"对话框中单击 取消 按钮。

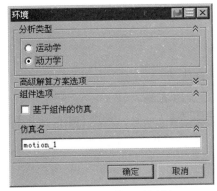

图 10.2.1　"环境"对话框

图 10.2.2　"机构运动副向导"对话框

图 10.2.1 所示的"环境"对话框说明如下。

- ⊙ 运动学 ：选中该单选项，指在不考虑运动原因状态下，研究机构的位移、速度、加速度与时间的关系。

- ⊙ 动力学 ：选中该选项，指考虑运动的真正因素，力、摩擦力、组件的质量和惯性等及其他影响运动的因素。

图 10.2.2 所示的"机构运动副导向"对话框说明如下。

- 确定 ：单击该按钮，接受系统自动对机构进行分析而生成的机构运动副导向，且为系统中的每一个相邻零件创建一个运动副，这些运动副可以根据分析需要进行激活或不激活。

- 取消 ：单击该按钮，不接受系统自动生成的机构运动副。

Step4. 选择下拉菜单 插入(S) ➡ 链接(L)... 命令，系统弹出图 10.2.3 所示的"连杆"对话框。

Step5. 在 选择几何对象以定义连杆 的提示下，选取图 10.2.4 所示的部件为连杆。

Step6. 在"连杆"对话框中单击 确定 按钮，完成连杆的指定。

图 10.2.3　"连杆"对话框

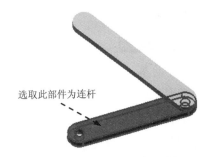

选取此部件为连杆

图 10.2.4　选取连杆

图 10.2.3 所示"连杆"对话框的选项说明如下。

- `连杆对象`：该区域用于选取零、部件作为连杆。
- `质量属性选项`：用于设置连杆的质量属性。
  - ☑ `自动`：选择该选项，系统将自动为连杆设置质量。
  - ☑ `用户定义`：选择该选项后，将由用户设置连杆的质量。
- `质量`：在 `质量属性选项` 区域中的下拉列表中选择 `用户定义` 选项后，`质量和惯性` 区域中的选项即被激活，用于设置质量的相关属性。
- `惯性矩`：用于设置连杆惯性矩的相关属性。
- `初始平动速率`：用于设置连杆最初的移动速度。
- `初始转动速度`：用于设置连杆最初的转动速度。
- `设置`：用于设置连杆的基本属性。
  - ☑ ☑`固定连杆`：选中该复选框后，连杆将固定在当前位置不动。
  - ☑ `名称`：通过该文本框可以为连杆指定一个名称。

10.2.2 运动副

为了组成一个具有运动作用的机构，必须把两个相邻连杆以一种方式连接起来，这种连接必须是可动连接，不能是固定连接，这种使两个连杆接触而又保持某些相对运动的可动连接即称为运动副。运动副的类型有很多种，下面将着重介绍 UG 中常用的几种运动副类型。选择下拉菜单 `插入(S)` ➡ `运动副(J)...` 命令，系统弹出图 10.2.5 所示的"运动副"对话框（一）。单击"运动副"对话框（一）中的 `驱动` 选项卡，系统弹出图 10.2.6 所示的"运动副"对话框（二）。

图 10.2.6 所示"运动副"对话框（二）的 `驱动` 选项卡中各选项说明如下。

- `驱动` 下拉列表：该下拉列表用于选取为运动副添加驱动的类型。
  - ☑ `恒定`：设置运动副为等常运动（旋转或者是线性运动），需要的参数是位移，速度和加速度。
  - ☑ `简谐`：选择该选项，运动副产生一个正弦运动，需要的参数是振幅，频率，相位和角位移。
  - ☑ `函数`：选择该选项，将给运动副添加一个复杂的，符合数学规律的函数运动。
  - ☑ `铰接运动驱动`：选择该选项，设置运动副以特定的步长和特定的步数的运动，需要的参数是步长和位移。
- `初始位移` 文本框：该文本框中输入的数值定义初始位移。
- `初速度` 文本框：该文本框中输入的数值定义运动副的初始速度。
- `加速度` 文本款：该文本框中输入的数值定义运动副的加速度。

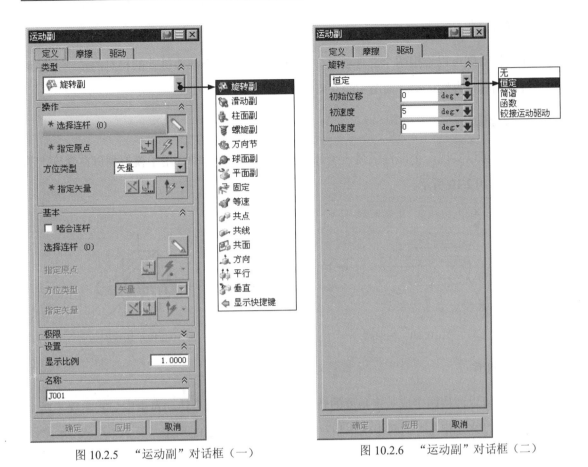

图 10.2.5 "运动副"对话框（一）

图 10.2.6 "运动副"对话框（二）

1. 旋转副

通过旋转副可以实现两个相杆件绕同一轴作相对的转动的运动副如图 10.2.7 所示。旋转副又可分为两种形式，一种是两个连杆绕同一跟轴作相对的转动，另一种则是一个连杆绕固定的轴进行旋转。

2. 滑动副

滑动副可以实现两个相连的部件互相接触并进行直线滑动如图 10.2.8 所示。滑动副又可分为两种形式，一种是两个部件同时做相对的直线滑动；另一种则是一个部件在固定的机架表面进行直线滑动。

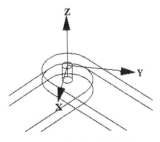

图 10.2.7 旋转副示意图

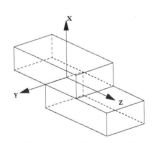

图 10.2.8 滑动副示意图

3．柱面副

通过柱面副可以连接两个部件使其中一个部件绕另一个部件进行的相对的转动，并可以沿旋转轴进行直线运动。如图 10.2.9 所示。

4．螺旋副

螺旋副可以实现一个部件绕另一个部件作相对的螺旋运动。用于模拟螺母在螺轩上的运动。如图 10.2.10 所示。

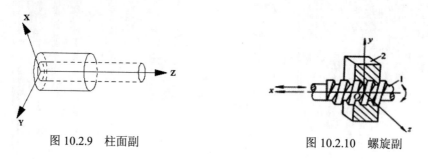

图 10.2.9　柱面副　　　　　　　　　　图 10.2.10　螺旋副

5．万向节

万向节可以连接两个成一定角度的转动连杆，且它有两个转动自由度。它实现了两个部件之间可以绕互相垂直的两根轴作相对的转动。如图 10.2.11 所示。

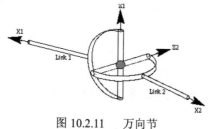

图 10.2.11　　万向节

6．球面副

球面副连接实现了一个部件绕另一个部件（或机架）作相对 3 个自由度的运动，它只有一种形式必须是两个连杆相连。如图 10.2.12 所示。

7．平面副

平面副是两个连杆在相互接触的平面上自由滑动，并可以绕平面的法向作自由转动。平面连接可以实现两个部件之间以平面相接触，互相约束。如图 10.2.13 所示。

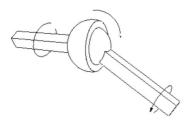

图 10.2.12 球面副

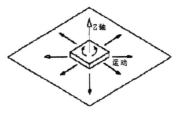

图 10.2.13 平面副

8．共点

点在线上连接实现一个部件始终与另一个部件或者是机架之间有点接触，实现相对运动的约束。点在线上副有 4 个运动自由度。如图 10.2.14 所示。

9．共线

线在线上副模拟了两个连杆的常见凸轮运动关系。线在线上副不同与点在线上副，点在线上副中，接触点位于统一平面中；而线在线上副中，第一个连杆中的曲线必须和第二个连杆保持接触且相切。如图 10.2.15 所示。

图 10.2.14 共点

图 10.2.15 共线

10.3 力学对象

在 UG NX 8.0 的运动仿真环境中，允许用户给运动机构添加一定的力或载荷，使整个运动仿真处在一个在真实的环境中，尽可能地使其运动状态与真实的情况相一致。力或载荷只能应用于运动机构的两个连杆、运动副或连杆与机架之间，用来模拟两个零件之间的弹性连接，弹簧或阻尼状态，以及传动力与原动力等零件之间的相互作用。

10.3.1　类型

1．弹簧

弹簧是一个弹性元件，就是在两个零件之间、连杆和框架之间或在平移的运动副内施加力或扭矩。

2．阻尼器

阻尼器是一个机构对象，它消耗能量，逐步降低运动的影响，对物体的运动起反作用力。阻尼器经常用于控制弹簧反作用力的行为。

3．衬套

衬套是定义两个连杆之间的弹性关系的机构对象。它同时还可以起到力和力矩的效果。

4．3D 接触

3D 接触可以实现一个球与连杆或是机架上所选定的一个面之间发生碰撞的效果。

5．2D 接触

2D 接触结合了线线运动副类型的特点和碰撞载荷类型的特点。可以将 2D 接触作用在连杆上的两条平面曲线之间。

6．标量力

标量力是可以使一个物体运动，也可以作为限制和延缓物体的反作用力。

7．标量力矩

标量力矩只能作用在转动副上。正的标量力矩添加在转动副上所绕轴的顺时针旋转的力矩。

8．矢量力

矢量力是有一定大小、以某方向作用的力，且其方向在两坐标中其中一个坐标中保持不变。标量力的方向是可以改变的，矢量力的方向在某一坐标中始终保持不变的。

9．矢量扭矩

矢量力矩是作用在连杆上设定了一定的方向和大小的力矩。

10.3.2　创建解算方案

创建解算方案就是创建一个新的解算方案,可以定义分析类型、解算方案类型及特定于解算方案的载荷和运功驱动。选择下拉菜单 插入(S) ➡ █ 解算方案(I)...命令,系统弹出10.3.1 图所示"解算方案"对话框。

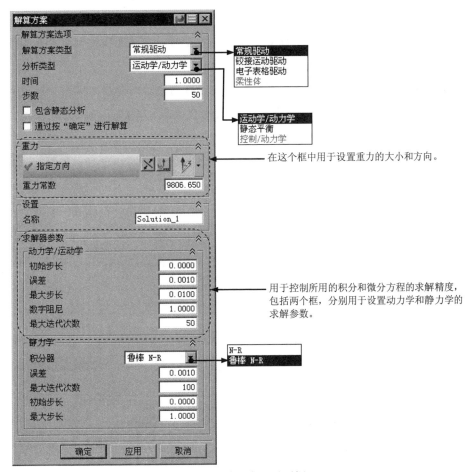

图 10.3.1　"解算方案"对话框

图 10.3.1 所示的"解算方案"对话框的说明如下。

- 解算方案类型:该下拉列表用于选取为解算方案的类型。

   ☑ 常规驱动:选择该选项,解算方案是基于时间的一种运动形式,在这种运动形式中,机构在指定的时间段内按指定的步数进行运动仿真。

   ☑ 铰接运动驱动:选择该选项,解算方案是基于位移的一种运动形式,在这种运动形式中,机构以指定的步数和步长进行运动。

   ☑ 电子表格驱动:选择该选项,解算方案是用电子表格功能进行常规和关节运动驱动的仿真。

- ：该下拉列表用于选取解算方案的分析类型。
- 时间：该文本框用于设置所用时间段的长度。
- 步数：该文本框用于设置的上述时间段内分成的几个瞬态位置（各个步数）进行分析和显示。
- 误差：该文本框用于控制求解结果与微分方程之间的误差，最大求解误差越小，求解精度越高。
- 最大步长：该文本框用于设置运动仿真模型时，在该选项控制积分和微分方程的 DX 因子，最大步长越小，精度越高。
- 最大迭代次数：该文本框用于控制解算器在进行动力学或者静力学分析的最大迭代次数，如果解算器的迭代次数超过了最大迭代次数，而结果与微分方程之间的误差未到达要求，结算就结束。
- 积分器：该下拉列表用于指定求解静态方程方法，其中包括：N-R 和鲁棒 N-R 两个选项。

10.4 模 型 准 备

10.4.1 主模型尺寸

主模型尺寸用于编辑机构编辑几何体。这里的几何体指用来创建原始零件的特征。如：拉伸、槽、圆角、孔和凸台等参数。选择下拉菜单 编辑(E) ➡️ 主模型尺寸(E)... 命令，系统弹出图 10.4.1 所示的"编辑尺寸"对话框。

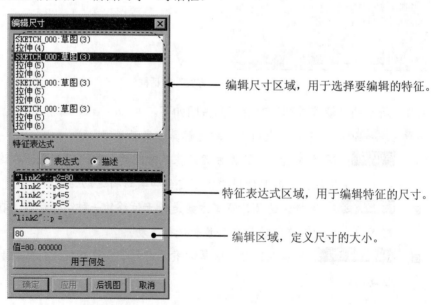

图 10.4.1 "编辑尺寸"对话框

图 10.4.1 所示"编辑尺寸"对话框说明如下。

- **特征表达式**：该区域中的表达方式有 ⦿ **表达式** 和 ○ **描述** 两种。
  - ☑ ⦿ **表达式**：选中该单选项，特征表达式区域出现表达式。
  - ☑ ○ **描述**：选中该单选项，特征表达式区域出现描述表达式。
- **用于何处**：单击该按钮，系统弹出"信息"窗口，在此窗口可以查看到编辑的尺寸在模型中所属的位置（控制的模型几何或位置关系）。

10.4.2　标记与智能点

标记和智能点用于分析机构中某些点的运动状态。当要测量某一点的位移、速度、加速度、接触力、弹簧的位移、弯曲量和其他动力学因子时，都会用到标记和智能点。

1. 标记

标记不仅与连杆有关，而且有明确的方向定义。标记的方向特性在复杂的动力学分析中特别的作用，如需要分析某个点的线性速度和加速度以及绕某个特定轴的角度和角加速度。

2. 智能点

智能点是没有方向的点，只作为空间的一个点来创建，它没有附着在连杆上或与连杆有关。智能点在空间的作用是非常大的，如用智能点识别弹簧的附着点，当弹簧的自由端是"附着在框架上"（接地），智能点能精确定位接地点。

注意：在图表创建中，智能点不是可选对象，只有标记才能用于图表功能中。

10.4.3　编辑运动对象

编辑运动对象用于重新定义连杆、运动副、力类对象、标记和运动约束。该特征是可编辑 UG 运动分析模块特有的对象和特征。其操作与创建过程是一样的，这里就不详细讲解。

10.4.4　干涉、测量和跟踪

干涉、测量和跟踪都是调用相应的复选框，处理所要解算的问题。

1. 干涉

干涉检测功能是检测一对实体或片体的干涉重叠量。选择"运动"工具栏中的 ⊡▾ 命令，系统弹出图 10.4.2 所示"干涉"对话框。

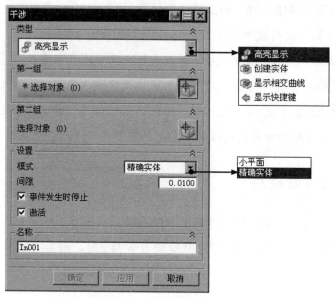

图 10.4.2　"干涉"对话框

图 10.4.2 所示的"干涉"对话框说明如下。

- 类型 下拉列表中包括 高亮显示 、 创建实体 和 显示相交曲线 选项。
  - ☑ 高亮显示：选择该选项，在分析时出现干涉，干涉物体会变亮显示。
  - ☑ 创建实体：选择该选项，在分析时出现干涉，系统会生成一个非参数化的相交实体用来描述干涉体积。
  - ☑ 显示相交曲线：选择该选项，在分析时出现干涉，系统会生成曲线来显示干涉部分。
- 模式：下拉列表中包括 小平面 和 精确实体 选项。
  - ☑ 小平面：选择该选项，是以小平面为干涉对象进行干涉分析。
  - ☑ 精确实体：选择该选项，是以精确的实体为干涉对象进行干涉分析。
- 间隙：该文本框中输入的数值是定义分析时的安全参数。

2. 测量

测量检测功能是测量一对几何体的最小距离和角度。选择"运动"工具栏中的 📑 ▾ ➡ 测量命令，系统弹出图 10.4.3 所示"测量"对话框。

图 10.4.3 所示的"测量"对话框说明如下。

- 类型 下拉列表中包括： 最小距离 和 角度 两种选项。
  - ☑ 最小距离：选择该选项，测量的是两连杆的最小距离值。
  - ☑ 角度：选择该选项，测量的是两连杆的角度值。
- 阈值：该文本框中输入的数值定义阈值（参照值）。

- 测量条件：下拉列表中包括 小于、大于 和 目标 选项。

  - ☑　小于：选择该选项，测量值小于参照值。

  - ☑　大于：选择该选项，测量值大于参照值。

  - ☑　目标：选择该选项，测量值等于参照值。

- 公差：在该文本框中输入的数值定义比参照值大或小一个定值都能符合测量条件。

图 10.4.3　"测量"对话框

3. 追踪

追踪就是在运动的每一步创建选定几何体的副本。选择追踪对象后，追踪对象就会出现在列表窗口中。如果被追踪的对象有专有的名称，则该名称就会出现在列表窗口中，对象的名称可指定。但该名称为指定名称，则系统会用默认名称。选择"运动"工具栏中的

📄▾ ➡ 追踪 命令，系统弹出图 10.4.4 所示"追踪"对话框。

图 10.4.4 所示的"追踪"对话框说明如下。

- 参考框：指定被跟踪对象以一个坐标为中心运动。

- 目标层：指定被跟踪对象的放置层。

- ☑ 激活：选中该复选框，激活目标层。

图 10.4.4 "追踪"对话框

10.4.5 函数编辑器

函数编辑器是创建运动函数的工具。当使用解算运动函数或高级数学功能时，函数编辑器是非常有用的。单击"运动"工具栏中的 $f(x)$ 命令，系统弹出图 10.4.5 所示"XY 函数管理器"对话框。

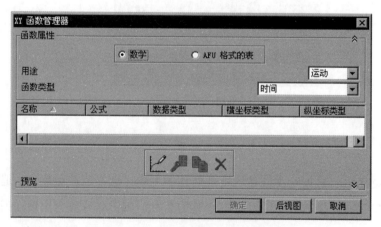

图 10.4.5 "XY 函数管理器"对话框

10.5 运 动 分 析

运动分析用于建立运动机构模型分析其运动规律。运动分析自动复制主模型的装配文件，并建立一系列不同的运动分析方案，每个分析方案都可以独立修改，而不影响装配模型，一旦完成优化设计方案，就可以直接更新装配模型，达到分析目的。

10.5.1 动画

动画是基于时间的一种运动形式。机构在指定的时间中运动，并指定该时间段中的步数进行运动分析。

Step1. 打开文件 D:\ug8\work\ch10.05\asm.prt。

Step2. 选择 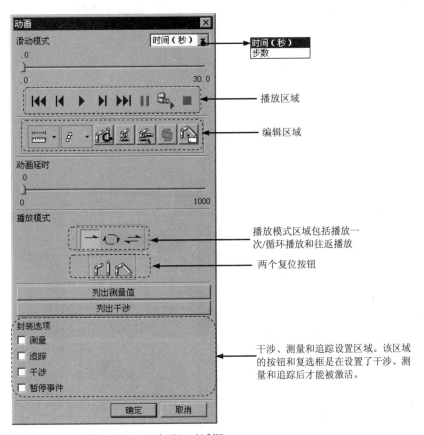 开始 ➡ 运动仿真(0)... 命令进入运动仿真模块。在"运动导航器"窗口中选择 motion_2，右击，在系统弹出的快捷菜单中选择 设为工作状态 命令。单击"运动"工具栏中的"动画" 命令，系统弹出图 10.5.1 所示的"动画"对话框。

图 10.5.1 "动画"对话框

图 10.5.1 所示"动画"对话框的选项说明如下。

- 滑动模式 ：该下拉列表用于选择滑动模式，其中包括 时间(秒) 和 步数 两种选项。
    - ☑ 时间(秒) ：指动画以设定的时间进行运动。
    - ☑ 步数 ：指动画以设定的步数进行运动。
- （设计位置）：单击此按钮，可以使运动模型回到运动仿真前置处理之前的初始三维实体设计状态。
- （装配位置）：单击此按钮，可以使运动模型回到运动仿真前置处理后的 ADAMS

运动分析模型状态。

10.5.2 图表

图表是将生成的电子表格数据：位移、速度、加速度和力以图表的形式表达仿真结果。图表是从运动分析中提取这些信息的惟一方法。

Step1. 打开文件 D:\ug8\work\ch10.05\asm.prt。

Step2. 在"运动导航器"窗口中选择 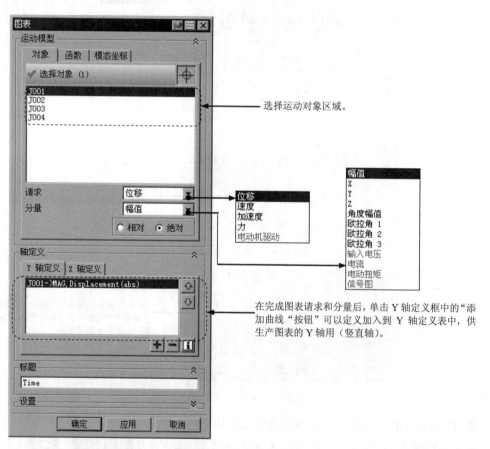 motion_2，右击，在系统弹出的快捷菜单中选择 设为工作状态 命令。单击"运动"工具栏中的 ➡ 作图 命令，系统弹出图 10.5.2 所示"图表"对话框。

选择运动对象区域。

在完成图表请求和分量后，单击 Y 轴定义框中的"添加曲线"按钮"可以定义加入到 Y 轴定义表中，供生产图表的 Y 轴用（竖直轴）。

图 10.5.2　"图表"对话框

图 10.5.2 所示的"图表"对话框说明如下。

- **请求**：该下拉列表用于定义分析模型的数据类型，其中包括：**位移**、**速度**、**加速度** 和 **力** 选项。

- **分量**：该下拉列表用来定义要分析的数据的值，也就是图表上的竖直轴上的值，其中包括：**幅值**、**X**、**Y**、**Z**、**角度幅值**、**欧拉角度 1**、**欧拉角度 2** 和 **欧拉角度 3**

选项。

- ◉ 相对：选中该单选项，图表显示的数值是按所选取的运动副或标记的坐标系测量获得的。

- ◉ 绝对：选中该单选项，图表显示的数值是按绝对坐标系测量获得的。

Step3. 选择要生成图表的对象并定义其参数。在"图表"对话框的 运动对象 区域选择 J001 运动副，在 请求 下拉列表中选项 力 选项，在 分量 下拉列表中选择 幅值 选项，单击 Y 轴定义 区域中的 ＋ 按钮。图表对话框中的参数设置完成，单击 确定 按钮。

10.5.3　填充电子表格

机构在运动时，系统内部将自动生成一组数据表。在运动分析过程中，该数据表连续记录数据，在每一次更新分析是，数据表都将重新记录数据。

说明：生成的电子表格的数据是于图表设置中的参数数据是一致的。

单击"运动"工具栏中的 🖾 ➡ 🟦 填充电子表格 命令，系统弹出图 10.5.3 所示"填充电子表格"对话框。单击 确定 按钮，系统自动生成图 10.5.4 所示 Excel 窗口。

说明：该操作是继承生成的电子表格后的步骤。

		机构驱动
Time Step	Elapsed Time	drv J001, revolute
0	0.000	−1E−10
1	1.000	30.00001286
2	2.000	60.00002572
3	3.000	90.00003857
4	4.000	120.0000514
5	5.000	150.0000643
6	6.000	180.0000771
7	7.000	210.00009
8	8.000	240.0001029
9	9.000	270.0001157
10	10.000	300.0001286
11	11.000	330.0001414
12	12.000	360.0001543

图 10.5.3　"填充电子表格"对话框　　　　　　　　　图 10.5.4　Excel 窗口

10.6　运动仿真范例

本范例讲述了一个四杆机构的运动过程，其主要操作过程如下：

- 在装配体中添加连杆。
- 在连杆上创建运动副。
- 添加解算器。
- 求解。

● 动画。

下面详细介绍图 10.6.1 所示的创建四杆机构的一般操作过程如下。

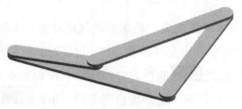

图 10.6.1　四杆机构

Step1. 打开文件 D:\ug8\work\ch10.06\asm.prt。

Step2. 选择 开始 ➡ 运动仿真 (D)... 命令，进入运动仿真模块。

Step3. 新建仿真文件。

（1）在"运动导航器"中右击 asm，在弹出的快捷菜单中选择 新建仿真 命令，系统弹出"环境"对话框。

（2）在"环境"对话框中选中 动力学 单选项，单击 确定 按钮，在弹出的"机构运动副向导"对话框中单击 取消 按钮。

Step4. 指定连杆。选择下拉菜单 插入 (S) ➡ 链接 (L)... 命令，系统弹出"连杆"对话框，选取图 10.6.2 所示的组件 1 为连杆 1，采用系统默认的设置值，在"连杆"对话框中单击 应用 按钮。选取图 10.6.2 所示的组件 2 为连杆 2，采用系统默认的设置，在"连杆"对话框中单击 应用 按钮。选取图 10.6.2 所示的组件 3 为连杆 3，采用系统默认的设置值，在"连杆"对话框中单击 确定 按钮。

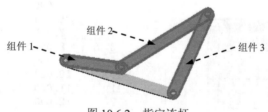

组件 2　　组件 3　　组件 1

图 10.6.2　指定连杆

Step5. 添加运动副。

（1）选择下拉菜单 插入 (S) ➡ 运动副 (J)... 命令，系统弹出"运动副"对话框（一）。

（2）定义运动副类型。在"运动副"对话框的 定义 选项卡的 类型 下拉列表中选择 旋转副 选项。

（3）定义连杆。选取图 10.6.3 所示连杆 1。

（4）定义移动方向。在"运动副"对话框的 指定原点 下拉列表中，选取"圆弧中心" ⊙ 选项，在模型中选取图 10.6.3 所示的圆弧为定位原点参照。在 指定矢量 下拉列表中选择 ZC 为矢量。

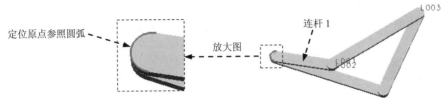

图 10.6.3　指定连杆

（5）定义驱动。在"运动副"对话框中单击 驱动 选项卡，在 旋转 下拉列表中选择 恒定 选项，并在其下的 初速度 文本框中输入数值 30。

（6）单击 应用 按钮，完成第一个运动副的添加。

（7）定义连杆。在"运动副"对话框中，再选取图 10.6.4 所示的连杆 1。

（8）定义移动方向。在"运动副"对话框中 指定原点 下拉列表中选择"圆弧中心" 定位原点，在模型中选取图 10.6.4 所示的圆弧为定位原点参照；在 指定矢量 下拉列表中选择 为矢量。

（9）定义连杆。在"运动副"对话框 基本 区域中，单击 按钮，选取图 10.6.4 所示连杆 2。

（10）单击 应用 按钮，完成第二个运动副的添加。

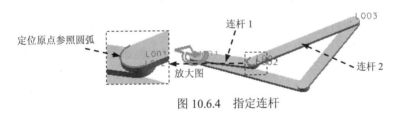

图 10.6.4　指定连杆

（11）定义连杆。在"运动副"对话框中选取图 10.6.5 所示的连杆 2。

（12）定义移动方向。在"运动副"对话框中 指定原点 下拉列表中，选取"圆弧中心" 定位原点，在模型中选取图 10.6.5 所示的圆弧为定位原点参照；在 指定矢量 下拉列表中选择 为矢量。

（13）定义连杆。在"运动副"对话框 基本 区域中，单击按钮 ，选取连杆 3。

（14）单击 应用 按钮，完成第三个运动副的添加。

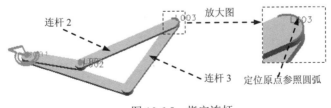

图 10.6.5　指定连杆

（15）定义连杆。在"运动副"对话框中选取图 10.6.6 所示的连杆 3。

（16）定义移动方向。在"运动副"对话框中 ✓ 指定原点 下拉列表中，选取"圆弧中心" ⊙ 定位原点，在模型中选取图 10.6.6 所示的圆弧为定位原点参照；在 ✓ 指定矢量 下拉列表中选择 ᶻᶜ↑ 为矢量。

（17）单击 确定 按钮，完成整个运动副的创建。

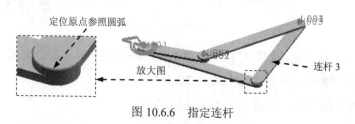

图 10.6.6　指定连杆

Step6. 添加运算器。

（1）选择下拉菜单 插入(S) ➡ 🗂 解算方案(L)... 命令，系统弹出"运算方案"对话框。

（2）在"运算方案"对话框的 解算方案选项 区域中的 时间 文本框中输入数值 30，在 步数 文本框中输入数值 30。

（3）单击 确定 按钮，完成运算器的添加。

Step7. 对运算器进行求解。选择下拉菜单 分析(L) ➡ 运动(N)▶ ➡ 🗂 求解(S)... 命令，对运算器进行求解。

Step8. 播放动画。在"动画控制"工具栏中单击"播放" 按钮 ▶，即可播放动画。

注意：只有在"动画控制"工具栏中单击"完成动画" 按钮 🏁 之后，才可修改动画的相关属性。

Step9. 单击 🏁（完成动画）按钮，保存动画模型文件。

第 11 章　管道设计

11.1　管道设计概述

UG 管道设计模块应用十分广泛，所有用到管道的地方都可以使用该模块。如大型设备上面的管道系统，液压系统等。特别是在液压设备、石油及化工设备的设计中，管道设计占很大比例，各种管道、阀门、泵、探测单元、交织在一起，错综复杂，利用 UG 中的三维管道模块能够实现快速设计，使管道线路更加清晰，有效避免干涉现象，可以快速、高效地进行管道设计。

UG 管道模块为管道设计提供了非常高端的工具，在一些复杂的管道设计中，合理利用这些工具，可以大大减轻用户在二维设计中的难度，使设计者的思路得到充分的发挥和延伸，提高设计者的工作效率和设计质量。

UG 管道模块具有以下特点：

- 在结构件的基础上生成完整的数字化模型、真实模拟实际管道设计。
- 检查管道、设备之间的干涉情况。
- 生成详细的管道布置物料清单，指导实际施工。
- 为设计者提供了清晰的设计思路，减少了沉重的大脑负担。
- 在使用过程中可以充分调用现成管件，减少了建模的时间，缩短研发周期。

管道设计必须在一个装配文件的基础上进行，进行管道设计时一般只需和管道相关的结构件即可。对于零件较多结构较复杂的装配体，可以采用 WAVE 链接将相关结构件几何复制到管道系统节点中。

11.1.1　UG 管道设计的工作界面

打开文件 D:\ug8\work\ch11.01\piping_model.prt。

选择下拉菜单 ⚙ 开始▾ ➡ 所有应用模块 ➡ 🔧 机械管线布置(R) 命令，即可进入管道设计模块，主要是"机械管线布置"工具条，如图 11.1.1 所示，管道设计界面如图 11.1.2 所示。

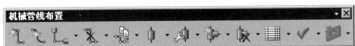

图 11.1.1　"机械管线布置"工具条

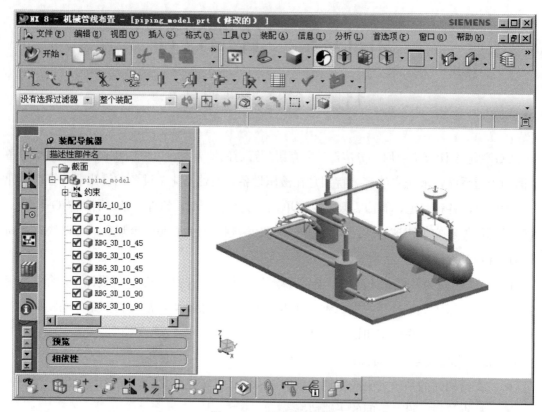

图 11.1.2　管道设计界面

11.1.2　UG 管道设计的工作流程

UG 管道设计的一般工作流程如下：

（1）在产品模型中创建管道系统节点。

（2）在管道系统节点中创建各种路径参考。

（3）创建布置管道路径。

（4）编辑并修改管道路径。

（5）指派型材。

（6）添加管道元件。

（7）创建管道通路。

（8）检查管道路径规则。

（9）创建工程图及明细表。

11.2　创建管道的一般过程

下面以图 11.2.1 所示的管道系统为例，介绍在 UG 中创建管道的一般过程，并介绍几种常用的管道布置方法。

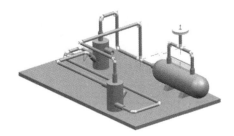

图 11.2.1　管道系统

Task1. 进入管道设计模块

Step1. 打开文件 D:\ug8\work\ch11.02\ex\piping_model.prt，装配模型如图 11.2.2 所示。

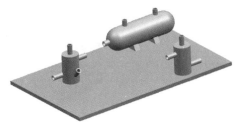

图 11.2.2　装配模型

Step2. 进入管道设计环境。选择下拉菜单  命令，进入管道设计模块。

Task2. 创建管道路径

Stage1. 创建管道路径 L1

Step1. 在图 11.2.3 所示的"机械管线布置"工具条中单击"修复路径"按钮。

图 11.2.3　"机械管线布置"工具条

Step2. 此时系统弹出图 11.2.4 所示的"修复路径"对话框，通过该对话框可以创建一系列正交的管道路径。

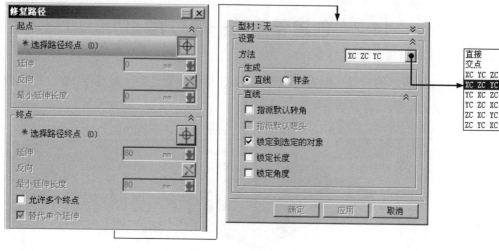

图 11.2.4 "修复路径"对话框

（1）在"修复路径"对话框设置区域中的 方法 下拉列表中选择XC ZC YC选项。

（2）在模型中选取图 11.2.5 所示的边线为起点参考，系统将以该边线的圆心为起点；然后选取图 11.2.6 所示的边线为终点参考。

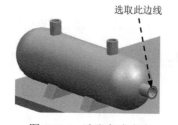

图 11.2.5 选取起点参考

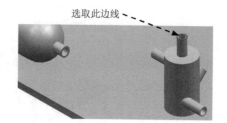

图 11.2.6 选取终点参考

（3）在起点区域的 延伸文本框中输入数值 0；在终点区域的 延伸文本框中输入数值 80，按 Enter 键确认。

（4）在直线区域中选中 ☑ 锁定到选定的对象复选框，取消选中该区域其他所有复选框，如图 11.2.4 所示。

（5）在"修复路径"对话框中单击 确定 按钮，完成管道路径 L1 的创建，如图 11.2.7 所示。

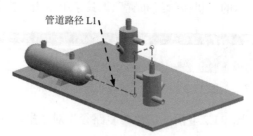

图 11.2.7 创建管道路径 L1

Stage2. 创建管道路径 L2

Step1. 在"机械管线布置"工具条中单击"创建线性路径"按钮 ，系统弹出图 11.2.8 所示的"创建线性路径"对话框。

Step2. 在模型中选取图 11.2.9 所示的边线为"指定点"参考，系统将以该边线的圆心指定点。

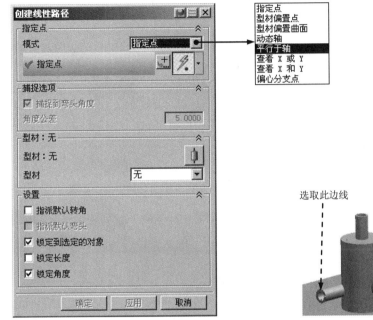

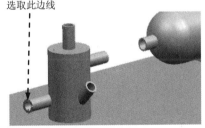

选取此边线

图 11.2.8　"创建线性路径"对话框　　　　图 11.2.9　选取点参考

Step3. 创建延伸路径 1。在"创建线性路径"对话框中的 模式 下拉列表中选择 平行于轴 选项，在 设置 区域中选中 ☑锁定到选定的对象 和 ☑锁定角度 复选框，并取消选中该区域其他所有复选框；单击 指定点 区域中的 ✕ 按钮，在 偏置 文本框中输入数值 100，按 Enter 键确认，结果如图 11.2.10 所示。

Step4. 创建延伸路径 2。在"创建线性路径"对话框中单击 ✓指定矢量 按钮，在图形区中选取图 11.2.11 所示的 Y 轴为矢量，单击 指定点 区域中的 ✕ 按钮，在 偏置 文本框中输入数值 100，按 Enter 键确认，结果如图 11.2.12 所示。

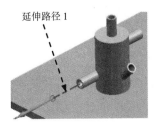

延伸路径 1

图 11.2.10　创建延伸路径 1

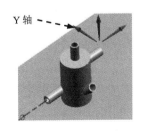

Y 轴

图 11.2.11　选取矢量参考

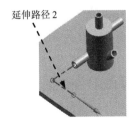

延伸路径 2

图 11.2.12　创建延伸路径 2

Step5. 创建延伸路径 3。

（1）定义延伸类型。在"创建线性路径"对话框的 模式 下拉列表中选择 动态轴 选项，路径中显示动态轴。

（2）定义动态轴方向。单击图 11.2.13 所示的旋转控制点，在 角度 文本框中输入数值-45，按 Enter 键确认。

（3）定义延伸方向及距离。单击图 11.2.14 所示的 XC 方向控制箭头，在 距离 文本框中输入数值 80，按 Enter 键确认。

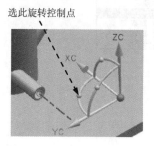 

　　图 11.2.13　定义动态轴方向　　　　　　图 11.2.14　定义延伸方向及距离

Step6. 创建延伸路径 4。在"创建线性路径"对话框中的 模式 下拉列表中选择 平行于轴 选项，单击 ✓指定矢量 按钮，在图形区中选取图 11.2.15 所示的 X 轴为矢量，在 偏置 文本框中输入数值 700，按 Enter 键确认，结果如图 11.2.16 所示。

Step7. 在"创建线性路径"对话框中单击 确定 按钮。

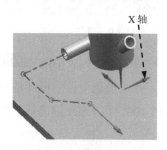 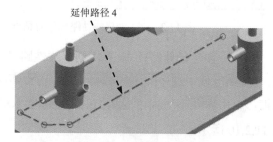

　　图 11.2.15　选取矢量参考　　　　　　图 11.2.16　创建延伸路径 4

Step8. 创建修复路径。

（1）在"机械管线布置"工具条中单击"修复路径"按钮 。

（2）在"修复路径"对话框 设置 区域中的 方法 下拉列表中选择 XC ZC YC 选项；在 直线 区域中选中 ☑锁定到选定的对象 和 ☑锁定角度 复选框。

（3）在模型中选取图 11.2.17 所示的点为起点参考，在 延伸 文本框中输入数值 0；选取图 11.2.17 所示的边线为终点参考，在 延伸 文本框中输入数值 80，并单击 ✕ 按钮。

（4）在"修复路径"对话框中单击 确定 按钮，完成修复路径的创建，如图 11.2.18 所示。

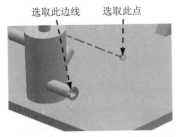

图 11.2.17　选取起点和终点参考

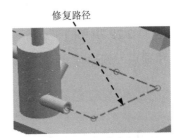

图 11.2.18　创建修复路径

Step9. 创建简化路径。在"机械管线布置"工具条中单击"变换路径"按钮 后的按钮，然后选择 简化路径命令，系统弹出图 11.2.19 所示的"简化路径"对话框；在模型中选取图 11.2.20 所示的路径分段 1 与路径分段 2 为简化对象；单击 确定 按钮，完成简化路径的创建。

图 11.2.19　"简化路径"对话框

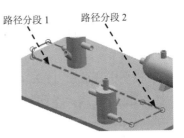

图 11.2.20　选取简化对象

Stage3. 创建管道路径 L3

Step1. 创建修复路径。

（1）在"机械管线布置"工具条中单击"修复路径"按钮 。

（2）在"修复路径"对话框设置区域中的 方法 下拉列表中选择 XC ZC YC 选项；在直线区域中选中 ☑ 锁定到选定的对象 和 ☑ 锁定角度 复选框。

（3）在模型中选取图 11.2.21 所示的边线为起点参考，在延伸文本框中输入数值 0；选取图 11.2.21 所示的边线为终点参考，在延伸文本框中输入数值 120，并单击 按钮。

（4）在"修复路径"对话框中单击 确定 按钮，完成修复路径的创建，如图 11.2.21 所示。

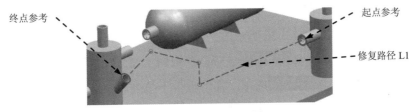

图 11.2.21　创建修复路径

Step2. 删除分段 1。在"机械管线布置"工具条中单击"删除管线布置对象"按钮 ，系统弹出图 11.2.22 所示的"删除管线布置对象"对话框；在模型中选取图 11.2.23 所示的管道分段和顶点为删除对象，单击 确定 按钮。

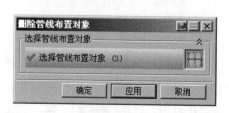

图 11.2.22 "删除管线布置对象"对话框

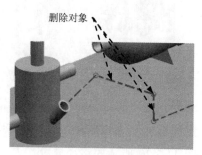

图 11.2.23 选取删除对象

Step3. 创建线性路径。

（1）在"机械管线布置"工具条中单击"创建线性路径"按钮 ，系统弹出"创建线性路径"对话框。

（2）在模型中选取图 11.2.24 所示点为参考；在"创建线性路径"对话框中的 模式 下拉列表中选择 动态轴 选项，在 设置 区域中选中 ☑ 锁定到选定的对象 和 ☑ 锁定角度 复选框，并取消选中该区域其他所有复选框。

（3）单击动态轴中的 YC 方向控制箭头，在 距离 文本框中输入数值 240，按 Enter 键确认。

（4）单击 确定 按钮，完成线性路径的创建。如图 11.2.25 所示。

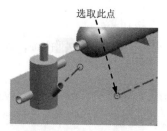

图 11.2.24 定义参考点

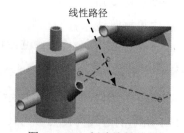

图 11.2.25 创建线性路径

Step4. 创建再分割段 1。

（1）在"机械管线布置"工具条中单击"再分割段"按钮 后的 按钮，然后选择 再分割段 命令，系统弹出图 11.2.26 所示的"再分割段"对话框。

（2）在 类型 下拉列表中选择 在点上 选项，选取图 11.2.27 所示的路径分段 1 为分割对象，在 位置 下拉列表中选择 通过点 选项，在"点"下拉列表中选择"交点"按钮 ；然后在模型中选取路径分段 1 和路径分段 2。

（3）单击 确定 按钮，完成再分割段 1 的创建。

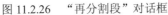

图 11.2.26 "再分割段"对话框

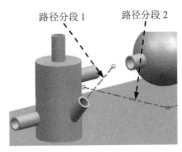

图 11.2.27 创建再分割段 1

Step5. 删除分段 2。在"机械管线布置"工具条中单击"删除管线布置对象"按钮 ，系统弹出"删除管线布置对象"对话框；在模型中选取图 11.2.28 所示的管道分段为删除对象，单击 确定 按钮。

Step6. 创建再分割段 2。单击"变换路径"按钮 后的 按钮，然后选择 再分割段 命令；在 类型 下拉列表中选择 在点上 选项，选取图 11.2.29 所示的路径分段 3 为分割对象，在 位置 下拉列表中选择 通过点 选项，在"点"下拉列表中选择"交点"按钮 ；然后在模型中选取路径分段 3 和路径分段 4；单击 确定 按钮，完成再分割段 2 的创建。

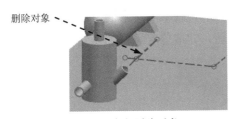

图 11.2.28 选取删除对象

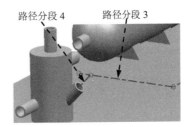

图 11.2.29 创建再分割段 2

Step7. 删除分段 3。选取图 11.2.30 所示的管道分段为删除对象，完成后的管道路径 L3 如图 11.2.31 所示。

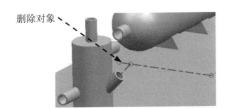

图 11.2.30 选取删除对象

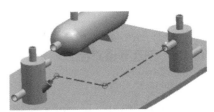

图 11.2.31 管道路径 L3

说明：为了使屏幕显示清洁，可将约束符号隐藏起来。

Stage4．创建管道路径 L4

Step1. 创建再分割段。

（1）在"机械管线布置"工具条中单击"变换路径"按钮 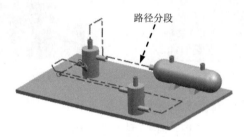 后的 按钮，然后选择 **再分割段** 命令。

（2）在 **类型** 下拉列表中选择 **在点上** 选项，选取图 11.2.32 所示的路径分段为分割对象（单击箭头指示位置），在 **位置** 下拉列表中选择 **弧长百分比** 选项，在 **% 位置** 文本框中输入数值 35。

（3）单击 **确定** 按钮，完成再分割段的创建。

路径分段

图 11.2.32　创建再分割段

Step2. 创建修复路径。

（1）在"机械管线布置"工具条中单击"修复路径"按钮 。

（2）在"修复路径"对话框 **设置** 区域中的 **方法** 下拉列表中选择 **XC YC ZC** 选项；在 **直线** 区域中选中 ☑ **锁定到选定的对象** 和 ☑ **锁定角度** 复选框。

（3）在模型中选取图 11.2.33 所示的边线为起点参考，在 **延伸** 文本框中输入数值 80；选取图 11.2.33 所示的点为终点参考（靠近左侧的边线），在 **延伸** 文本框中输入数值 0。

（4）在"修复路径"对话框中单击 **确定** 按钮，完成修复路径的创建。

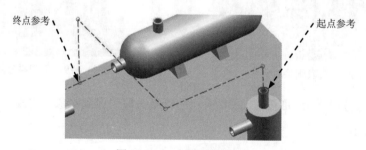

终点参考　　　　　　　　　　　　起点参考

图 11.2.33　创建修复路径

Stage5．创建管道路径 L5

Step1. 创建参考草图。

（1）将 OIL_TANK_SLDPRT 设置为显示部件，切换到建模环境。

（2）选取图 11.2.34 所示的平面为草图环境，绘制图 11.2.35 所示的路径草图。

（3）切换到装配模型窗口，并激活装配模型。

图 11.2.34　选取草图平面

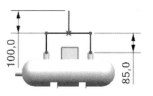

图 11.2.35　绘制路径草图

Step2. 根据草图创建管道路径。

（1）进入管道设计模块。

（2）选择下拉菜单 插入(S) ➡ 管线布置路径(R) ➡ 相连曲线(N)... 命令，系统弹出图 11.2.36 所示的"相连曲线"对话框；选取 Step1 创建的草图中所有曲线为参考对象。

（3）单击 确定 按钮，完成管道路径的创建，如图 11.2.37 所示（隐藏草图）。

图 11.2.36　"相连曲线"对话框

图 11.2.37　创建相连路径

Task3. 指派拐角

Step1. 选择下拉菜单 插入(S) ➡ 管线布置路径(R) ➡ 指派拐角 命令，系统弹出"指派拐角"对话框。

Step2. 在"指派拐角"对话框中设置图 11.2.38 所示的参数。

图 11.2.38　"指派拐角"对话框

Step3. 在模型中框选所有的拐角，如图 11.2.39 所示，单击 确定 按钮，完成指定拐角，如图 11.2.40 所示。

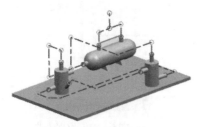

图 11.2.39　选择拐角

图 11.2.40　指派拐角后

Task4. 指派型材

Step1. 在"机械管线布置"工具条中单击"型材"按钮 ，系统弹出图 11.2.41 所示的"型材"对话框。

Step2. 单击"型材"对话框中的 指定型材 按钮，系统弹出图 11.2.42 所示的"指定项"对话框。

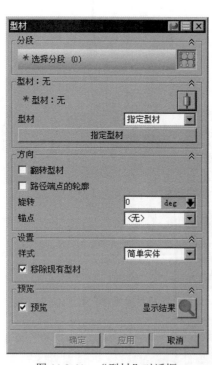

图 11.2.41　"型材"对话框

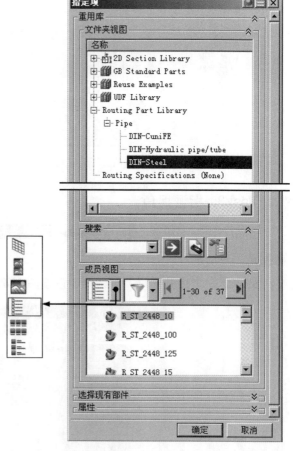

图 11.2.42　"指定项"对话框

Step3. 选择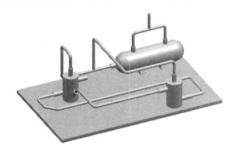节点下 DIN-Steel 为型材类型，在 成员视图 下拉列表中选择"列表"选项 目，选中 🔵 R_ST_2448_10，单击 确定 按钮，系统返回到"型材"对话框。

Step4. 在模型中框选所有管道路径，单击 确定 按钮，在"设计规则违例"对话框中单击 取消 按钮，完成型材的添加，如图 11.2.43 所示。

图 11.2.43　指派型材后

Task5. 放置管道元件

Stage1. 放置 90°折弯管接头

Step1. 在"机械管线布置"工具条中单击"放置部件"按钮 ↗，系统弹出图 11.2.44 所示的"指定项"对话框。

Step2. 选择图 11.2.44 所示的 3D DIN2605 节点为元件类型，在 成员视图 下拉列表中选择"列表"选项 目，选中 🔵 RBG_3D_10_90，单击 确定 按钮，系统弹出图 11.2.45 所示的"放置部件"对话框。

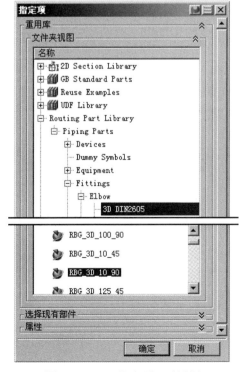

图 11.2.44　"指定项"对话框

图 11.2.45　"放置部件"对话框

Step3. 在模型中选取图 11.2.46 所示的管道布置顶点 1，然后单击"放置部件"对话框中的 应用 按钮，再选取顶点 2，结果如图 11.2.47 所示。

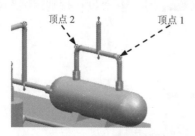

图 11.2.46　选取放置顶点

图 11.2.47　放置管接头

Step4. 按照 Step3 的操作步骤，在其他所有 90° 折弯处放置管接头，放置完成后单击 取消 按钮，退出"放置部件"对话框。

Stage2. 放置 45°折弯管接头

Step1. 在"机械管线布置"工具条中单击"放置部件"按钮 ，系统弹出"指定项"对话框。

Step2. 选择 3D DIN2605 节点为元件类型，在 成员视图 下拉列表中选择"列表"选项 ，选中 RBG_3D_10_45 ，单击 确定 按钮，系统弹出"放置部件"对话框。

Step3. 在模型中选取图 11.2.48 所示的管道布置顶点 3，然后单击"放置部件"对话框中的 应用 按钮，再选取顶点 4，单击 应用 按钮，选取顶点 5，单击 应用 按钮，放置完成后单击 取消 按钮，结果如图 11.2.49 所示。

注意：在选取时可以将模型调整到线框显示状态。

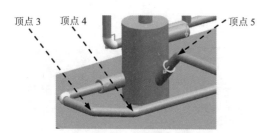

图 11.2.48　选取放置顶点

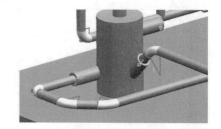

图 11.2.49　放置管接头

Stage3. 放置三通管接头

Step1. 在"机械管线布置"工具条中单击"放置部件"按钮 ，系统弹出"指定项"对话框。

Step2. 选择图 11.2.50 所示的 DIN2615 节点为元件类型，在 成员视图 下拉列表中选择"列表"选项 ，选中 T_10_10 ，单击 确定 按钮，系统弹出"放置部件"对话框。

Step3. 调整元件位置。

（1）在模型中选取图 11.2.51 所示的管道端口 1（箭头），然后单击"放置部件"对话框 放置解算方案 区域中的 ▶ 按钮，使元件位置如图 11.2.52 所示。

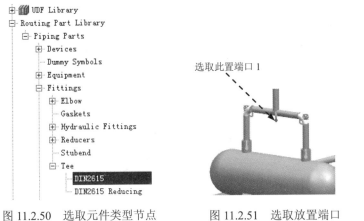

图 11.2.50　选取元件类型节点　　　　图 11.2.51　选取放置端口　　　　图 11.2.52　元件位置 1

（2）在图 11.2.53 所示的"放置部件"对话框的 端口旋转 文本框中输入数值 90，按 Enter 键确认，单击 应用 按钮，如图 11.2.54 所示。

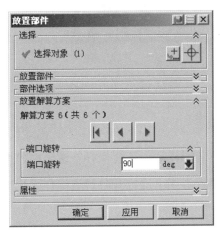

图 11.2.53　"放置部件"对话框　　　　　　　图 11.2.54　元件位置 2

Step4. 参考 Step3 的操作步骤，在模型中选取图 11.2.55 所示的管道端口 2 放置另一个三通管接头，如图 11.2.56 所示。

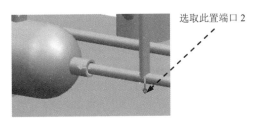

图 11.2.55　选取放置端口　　　　　　　　图 11.2.56　放置元件

Stage4. 放置法兰

Step1. 在"机械管线布置"工具条中单击"放置部件"按钮 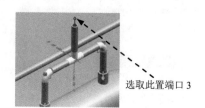，系统弹出"指定项"对话框。

Step2. 选择图 11.2.57 所示的 `Ring DIN 2576 ND 10` 节点为元件类型，在 `成员视图` 下拉列表中选择"列表"选项 ，选中 `FLG_10_10`，单击 `确定` 按钮，系统弹出"放置部件"对话框。

Step3. 在模型中选取图 11.2.58 所示的管道端口 3（箭头），然后单击"放置部件"对话框中的 `确定` 按钮，完成元件的放置，如图 11.2.59 所示。

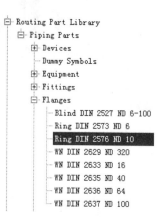

图 11.2.57 选取元件类型节点

图 11.2.58 选取放置端口

图 11.2.59 放置元件

Task6. 保存模型

在保存管道模型时，需要注意，不仅要保存装配模型，还要保存管道元件模型，两者要在同一目录中，下次打开时才能看见管道系统，否则下次打开时管道部件无法加载到管道模型系统中。

第 12 章　电缆设计

12.1　概　述

12.1.1　电缆设计概述

在产品设计的流程中，除了传统的零件设计，结构设计以及出工程图外，我们应该寻求更高级的功能，将我们产品设计得更加完整。比如，很多电气类产品中有大量的线缆，这些线缆对产品的结构布局有很大的影响。现在电气产品结构设计越来越紧凑，产品内能否容纳所需的线缆，内部元件的结构能否满足线缆的布置要求，线缆在产品内如何固定，都是需要考虑的问题。这些问题都可以通过 UG 电缆设计这个高级模块来解决。UG 电缆设计模块应用十分广泛，如通信、电子电力、工控、汽车、家电等，凡是与线缆有关的产品均可以应用该模块。

UG 电缆设计以产品的结构为基础，在其中根据要求添加 3D 线缆，最终生成完整的数字产品模型。有了完整的产品模型，可以方便的检查线缆、元件间的干涉，各设计部门之间也可以很直观的根据模型进行交流、评估，对设计中可能存在的问题能够及时指出并修改。

UG 电缆设计还可以将加工过程提前。线缆布置完成后，在出产品结构图的同时，也可以制作线束的钉板图，指导线束加工与制造。这样，结构件完成加工的同时，线缆也可以完成加工，极大地提高研发速度。

12.1.2　UG 电缆设计的工作界面

电缆设计必须在一个装配文件的基础上进行，一般的思路是在总的产品装配模型中创建一个电缆设计节点（子装配），可以采用 WAVE 链接将相关结构件几何复制到电缆设计节点中，进行电缆设计时一般只需考虑与电缆相关的结构件，如各种端子、接插件即可。

打开文件 D:\ug8\work\ch12.01\routing_electric.prt，即可显示 UG 电缆设计模块，电缆设计界面如图 12.2.1 所示。

12.1.3　UG 电缆设计的工作流程

UG 电缆设计的核心流程是根据接线表以及参考路径生成电线，其中接线表可以根据布线要求直接创建文本文件，然后导入到模型中，也可以直接在模型中进行连接。

UG 布线的一般工作流程如下：

（1）在产品模型中创建电气系统节点。

（2）在电气系统节点中创建各种路径参考。

（3）元件端口设置。

（4）在布线系统中放置元件。

（5）建立元件表和接线表。

（6）导入元件表和接线表。

（7）创建布线路径。

（8）自动布线。

（9）创建接线表及工程图。

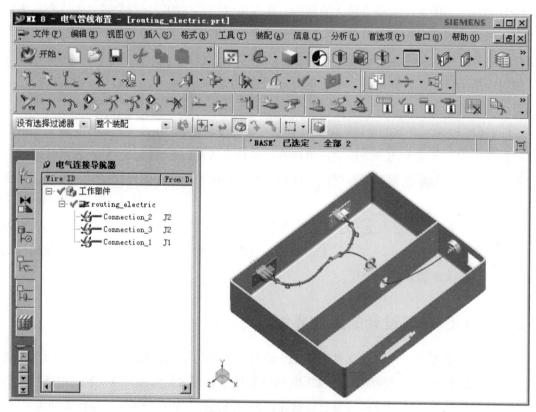

图 12.1.1　电缆设计界面

12.2　电缆设计的一般过程

下面以图 12.2.1 所示的模型为例，介绍在 UG 中手动布线的一般过程。

Task1. 进入电缆设计模块

Step1. 打开文件 D:\ug8\work\ch12.02\ex\routing_electric.prt，装配模型如图 12.2.2 所示。

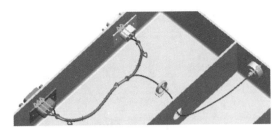

图 12.2.1　电缆设计模型

图 12.2.2　装配模型

Step2. 选择下拉菜单 开始 ➡ 所有应用模块 ➡ 电气管线布置(U)... 命令，进入电缆设计模块。

Task2. 设置元件端口

Stage1. 在元件 jack1 中创建连接件端口

Step1. 在装配导航器中双击 ☑ jack1 节点，将其激活。

Step2. 选择命令。在图 12.2.3 所示的"电气管线布置"工具条中选择 审核部件 命令，系统弹出"审核部件"对话框。

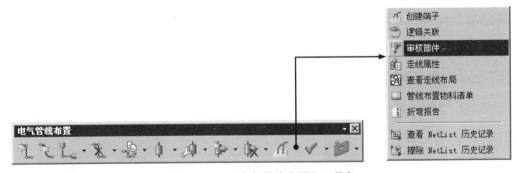

图 12.2.3　"电气管线布置"工具条

Step3. 定义连接件端口。

（1）在"审核部件"对话框的 管线部件类型 区域中选中 ⊙ 连接件 单选按钮，在右侧的下拉列表中选择 连接器 选项，如图 12.2.4 所示。

（2）右击 端口 下方的 连接件 选项，在弹出的快捷菜单中选择 新建 命令，系统弹出图 12.2.5 所示的"连接件端口"对话框。

（3）在"连接件端口"对话框的 选择步骤 区域中按下"原点"按钮 （左起第一个按钮，默认被按下），在 过滤器 下拉列表中选择 点 选项，在模型中选取图 12.2.6 所示的边线为参考，定义该边线的圆心为原点。

（4）在"连接件端口"对话框中按下"对齐矢量"按钮 ，在 矢量方法 下拉列表中选择 ↑ZC 为对齐矢量。

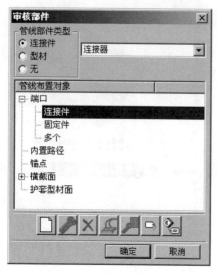

图 12.2.4   "审核部件"对话框

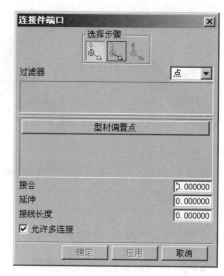

图 12.2.5   "连接件端口"对话框

（5）在"连接件端口"对话框中按下"旋转矢量"按钮![icon]，在 过滤器 下拉列表中选择 矢量 为对齐矢量，在 矢量方法 下拉列表中选择![XC] 为旋转矢量。

（6）选中"连接件端口"对话框中 ☑ 允许多连接 复选框，单击 确定 按钮，结束连接件端口的创建，如图 12.2.7 所示。

（7）单击"审核部件"对话框中的 确定 按钮。

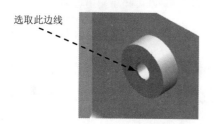

图 12.2.6   定义原点参考

选取此边线

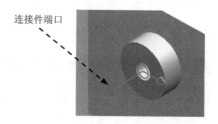

图 12.2.7   定义连接件端口

连接件端口

Stage2. 在元件 jack2 中创建连接件端口

Step1. 在装配导航器中双击 ☑ ![icon] jack2 节点，将其激活。

Step2. 在"电气管线布置"工具条中选择 ![icon] 审核部件 命令，系统弹出"审核部件"对话框。

Step3. 定义连接件端口。

（1）在"审核部件"对话框的 管线部件类型 区域中选中 ⊙ 连接件 单选按钮，在右侧的下拉列表中选择 连接器 选项；右击 端口 下方的 连接件 选项，在弹出的快捷菜单中选择 新建 命令，系统弹出"连接件端口"对话框。

（2）在"连接件端口"对话框的 选择步骤 区域中按下"原点"按钮![icon]，在 过滤器 下拉列

表中选择 面 选项，在模型中选取图 12.2.8 所示的面为参考，定义该面的中心为原点。

（3）在"连接件端口"对话框中按下"对齐矢量"按钮 ，选择 XC 为对齐矢量；按下"旋转矢量"按钮 ，选择 ZC 为旋转矢量。

（4）单击 确定 按钮，结束连接件端口的创建，如图 12.2.9 所示。

（5）单击"审核部件"对话框中的 确定 按钮。

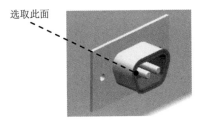

图 12.2.8　定义原点参考

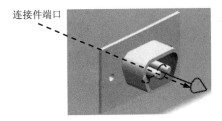

图 12.2.9　定义连接件端口

Stage3. 在连接器 jack3 中创建连接件端口

Step1. 在装配导航器中双击 ☑ jack3 节点，将其激活。

Step2. 在"电气管线布置"工具条中选择 审核部件 命令，系统弹出"审核部件"对话框。

Step3. 定义连接件端口。

（1）在"审核部件"对话框的 管线部件类型 区域中选中 ⊙ 连接件 单选按钮，在右侧的下拉列表中选择 连接器 选项；右击 端口 下方的 连接件 选项，在弹出的快捷菜单中选择 新建 命令，系统弹出"连接件端口"对话框。

（2）在"连接件端口"对话框的 选择步骤 区域中按下"原点"按钮 ，在 过滤器 下拉列表中选择 两直线 选项，在模型中选取图 12.2.10 所示的两条边线为参考，定义这 2 条边线中点连线的中点为原点。

（3）在"连接件端口"对话框中按下"对齐矢量"按钮 ，选择 XC 为对齐矢量；按下"旋转矢量"按钮 ，选择 ZC 为旋转矢量。

（4）单击 确定 按钮，结束连接件端口的创建，如图 12.2.11 所示。

（5）单击"审核部件"对话框中的 确定 按钮。

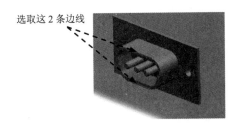

图 12.2.10　定义原点参考

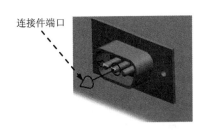

图 12.2.11　定义连接件端口

Stage4. 在连接器 clip 中创建固定件端口

Step1. 在装配导航器中双击 ☑️ 🔲 clip 节点，将其激活。

Step2. 在"电气管线布置"工具条中选择 📎 审核部件 命令，系统弹出"审核部件"对话框。

Step3. 定义连接件端口。

（1）在"审核部件"对话框的 管线部件类型 区域中选中 🔘 连接件 单选按钮，在右侧的下拉列表中选择 连接器 选项；右击 端口 下方的 固定件 选项，在弹出的快捷菜单中选择 新建 命令，系统弹出"固定件端口"对话框。

（2）在"固定件端口"对话框的 选择步骤 区域中按下"原点"按钮 🔩，在 过滤器 下拉列表中选择 点 选项，在模型中选取图 12.2.12 所示的边线为参考，定义该边线的圆心为原点。

（3）在"固定件端口"对话框中按下"对齐矢量"按钮 🔩，选择 🔲xc 为对齐矢量。

（4）单击 确定 按钮两次，结束固定件端口的创建，如图 12.2.13 所示。

（5）单击"审核部件"对话框中的 确定 按钮。

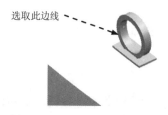
图 12.2.12 定义原点参考

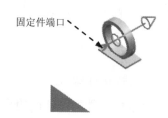
图 12.2.13 定义固定件端口

Step4. 在装配导航器中双击总装配节点 ☑️ 🗂️ routing_electric，将其激活，然后保存装配体模型。

Stage5. 在连接器 port1 中创建连接件端口与多端口

Step1. 打开文件 D:\ug8\work\ch12.02\ex\port1.prt。

Step2. 在"电气管线布置"工具条中选择 📎 审核部件 命令，系统弹出"审核部件"对话框。

Step3. 定义连接件端口。

（1）在"审核部件"对话框的 管线部件类型 区域中选中 🔘 连接件 单选按钮，在右侧的下拉列表中选择 连接器 选项；右击 端口 下方的 连接件 选项，在弹出的快捷菜单中选择 新建 命令，系统弹出"连接件端口"对话框。

（2）在"连接件端口"对话框的 选择步骤 区域中按下"原点"按钮 🔩，在 过滤器 下拉列表中选择 面 选项，在模型中选取图 12.2.14 所示的面为参考，定义该面的中心为原点。

（3）在"连接件端口"对话框中按下"对齐矢量"按钮，选择为对齐矢量；按下"旋转矢量"按钮，选择为旋转矢量。

（4）单击按钮，结束连接件端口的创建，如图 12.2.15 所示。

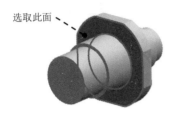

图 12.2.14　定义原点参考

图 12.2.15　定义连接件端口

Step4. 定义"多个"端口。

说明："连接件端口"用于定义连接器、元件之间的连接，"多个"端口用于连接器、接头与导线之间的连接。

（1）在"审核部件"对话框中右击下方的选项，在弹出的快捷菜单中选择命令，系统弹出"多个端口"对话框。

（2）在"多个端口"对话框的区域中按下"原点"按钮，在下拉列表中选择选项，在模型中选取图 12.2.16 所示的面为参考，定义该面的中心为原点；在"多个端口"对话框中按下"对齐矢量"按钮，选择为对齐矢量；单击按钮两次，系统弹出图 12.2.17 所示的"指派管端"对话框。

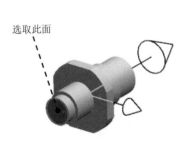

图 12.2.16　定义原点参考

图 12.2.17　"指派管端"对话框

（3）在"指派管端"对话框中的文本框中输入数值 1，按 Enter 键，在"指派管端"对话框中选择，单击按钮，系统弹出图 12.2.18 所示的"放置管端"对话框，在下拉列表中选择选项，选取图 12.2.16 所示的面为参考，单击按钮调整端口方向（指向零件外部），如图 12.2.19 所示。

图 12.2.18　"放置管端"对话框

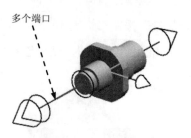

图 12.2.19　定义多个端口

（4）单击 确定 按钮三次，结束多个端口的创建。

Step5. 保存零件模型，然后关闭零件窗口。

Stage6．在连接器 port2 中创建连接件端口与多端口

Step1. 打开文件 D:\ug8\work\ch12.02\ex\port2.prt。

Step2. 在"电气管线布置"工具条中选中 审核部件 命令，系统弹出"审核部件"对话框。

Step3. 定义连接件端口。

（1）在"审核部件"对话框的 管线部件类型 区域中选中 ⊙ 连接件 单选按钮，在右侧的下拉列表中选择 连接器 选项；右击 端口 下方的 连接件 选项，在弹出的快捷菜单中选择 新建 命令，系统弹出"连接件端口"对话框。

（2）在"连接件端口"对话框的 选择步骤 区域中按下"原点"按钮 ，在 过滤器 下拉列表中选择 面 选项，在模型中选取图 12.2.20 所示的面为参考，定义该面的中心为原点。

（3）在"连接件端口"对话框中按下"对齐矢量"按钮 ，选择 -xc 为对齐矢量；按下"旋转矢量"按钮 ，选择 zc 为旋转矢量。

（4）单击 确定 按钮，结束连接件端口的创建，如图 12.2.21 所示。

图 12.2.20　定义原点参考

图 12.2.21　定义连接件端口

Step4. 定义"多个"端口。

（1）在"审核部件"对话框中右击 端口 下方的 多个 选项，在弹出的快捷菜单中选择 新建 命令，系统弹出"多个端口"对话框。

（2）在"多个端口"对话框的 选择步骤 区域中按下"原点"按钮 ，在 过滤器 下拉列表中选择 面 选项，在模型中选取图 12.2.20 所示的面为参考，定义该面的中心为原点；在"多

个端口"对话框中按下"对齐矢量"按钮 ，选择 XC 为对齐矢量；单击 确定 按钮两次，系统弹出"指派管端"对话框。

（3）单击"指派管端"对话框中的 生成序列 按钮，系统弹出"次序名"对话框，在该对话框中设置图 12.2.22 所示的参数，然后单击 确定 按钮，返回到"指派管端"对话框，如图 12.2.23 所示。

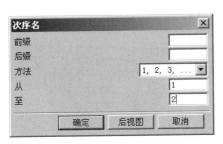

图 12.2.22　"次序名"对话框

图 12.2.23　定义原点参考

（4）在"指派管端"对话框中选择 1 ，单击 放置管端 按钮，系统弹出"放置管端"对话框，在 过滤器 下拉列表中选择 点 选项，选取图 12.2.24 所示的边线 1 为管端 1 的参考，单击 循环方向 按钮调整端口方向，然后单击 确定 按钮。

（5）在"指派管端"对话框中选择 2 ，单击 放置管端 按钮，系统弹出"放置管端"对话框，在 过滤器 下拉列表中选择 点 选项，选取图 12.2.24 所示的边线 2 为管端 2 的参考，单击 循环方向 按钮调整端口方向，然后单击 确定 按钮。

（6）单击 确定 按钮两次，结束连多个端口的创建，如图 12.2.24 所示。

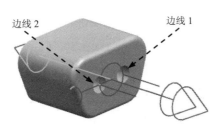

图 12.2.24　定义多个端口

Step5. 保存零件模型，然后关闭零件窗口。

Stage7．在连接器 port3 中创建连接件端口与多端口

Step1. 打开文件 D:\ug8\work\ch12.02\ex\port3.prt。

Step2. 在"电气管线布置"工具条中选择 审核部件 命令，系统弹出"审核部件"对话框。

Step3. 定义连接件端口。

（1）在"审核部件"对话框的 管线部件类型 区域中选中 ⊙ 连接件 单选按钮，在右侧的下拉列表中选择 连接器 选项；右击 端口 下方的 连接件 选项，在弹出的快捷菜单中 新建 命令，系统弹出"连接件端口"对话框。

（2）在"连接件端口"对话框的 选择步骤 区域中按下"原点"按钮 🔧，在 过滤器 下拉列表中选择 面 选项，在模型中选取图 12.2.25 所示的面为参考，定义该面的中心为原点。

（3）在"连接件端口"对话框中按下"对齐矢量"按钮 🔧，选择 ⟋-xc 为对齐矢量；按下"旋转矢量"按钮 🔧，选择 ↑zc 为旋转矢量。

（4）单击 确定 按钮，结束连接件端口的创建，如图 12.2.26 所示。

图 12.2.25　定义原点参考

图 12.2.26　定义连接件端口

Step4. 定义"多个"端口。

（1）在"审核部件"对话框中右击 端口 下方的 多个 选项，在弹出的快捷菜单中选择 新建 命令，系统弹出"多个端口"对话框。

（2）在"多个端口"对话框的 选择步骤 区域中按下"原点"按钮 🔧，在 过滤器 下拉列表中选择 面 选项，在模型中选取图 12.2.25 所示的面为参考，定义该面的中心为原点；在"多个端口"对话框中按下"对齐矢量"按钮 🔧，选择 ⟋xc 为对齐矢量；单击 确定 按钮两次，系统弹出"指派管端"对话框。

（3）单击"指派管端"对话框中的 生成序列 按钮，系统弹出"次序名"对话框，在该对话框中设置图 12.2.27 所示的参数，然后单击 确定 按钮，返回到"指派管端"对话框。

（4）在"指派管端"对话框中选择 1，单击 放置管端 按钮，系统弹出"放置管端"对话框，在 过滤器 下拉列表中选择 点 选项，选取图 12.2.28 所示的边线 1 为管端 1 的参考，单击 循环方向 按钮调整端口方向，然后单击 确定 按钮。

（5）在"指派管端"对话框中选择 2，单击 放置管端 按钮，系统弹出"放置管端"对话框，在 过滤器 下拉列表中选择 点 选项，选取图 12.2.28 所示的边线 2 为管端 2 的参考，单击 循环方向 按钮调整端口方向，然后单击 确定 按钮。

（6）在"指派管端"对话框中选择 3，单击 放置管端 按钮，系统弹出"放置管端"对话框，在 过滤器 下拉列表中选择 点 选项，选取图 12.2.28 所示的边线 3 为管端 3 的参考，单击 循环方向 按钮调整端口方向，然后单击 确定 按钮。

（7）单击 确定 按钮两次，结束连多个端口的创建，如图 12.2.28 所示。

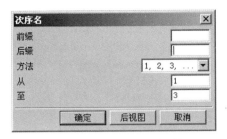

图 12.2.27　"次序名"对话框

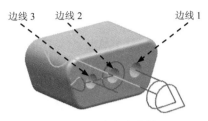

图 12.2.28　定义多个端口

Step5. 保存零件模型，然后关闭零件窗口。

Task3. 放置元件

Step1. 确认当前显示总装配窗口，且 ☑ 🔧 routing_electric 节点处于激活状态。

Step2. 选择命令。在"电气管线布置"工具条中单击"放置部件"按钮 ⬆，系统弹出图 12.2.29 所示"指定项"对话框。

Step3. 放置元件 port1

（1）单击"指定项"对话框中的"打开"按钮 📂，打开文件 port1.prt，单击 确定 按钮，系统弹出图 12.2.30 所示"放置部件"对话框。

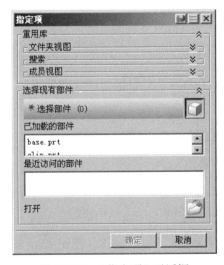

图 12.2.29　"指定项"对话框

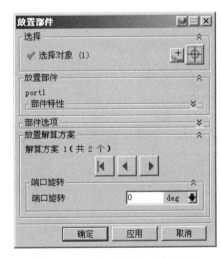

图 12.2.30　"放置部件"对话框

（2）在模型中选取图 12.2.31 所示的连接器端口为放置参考，单击 确定 按钮，完成元件的放置，结果如图 12.2.32 所示。

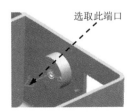

图 12.2.31　选取放置参考

图 12.2.32　放置元件 port1

Step4. 参考 Step2 和 Step3 的操作步骤放置元件 port2，选取图 12.2.33 所示的连接器端口为放置参考，结果如图 12.2.34 所示。

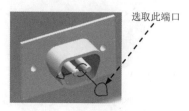

图 12.2.33　选取放置参考

图 12.2.34　放置元件 port2

Step5. 参考 Step2 和 Step3 的操作步骤放置元件 port3，选取图 12.2.35 所示的连接器端口为放置参考，结果如图 12.2.36 所示。

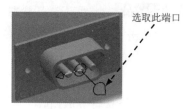

图 12.2.35　选取放置参考

图 12.2.36　放置元件 port3

Task4. 创建连接

Stage1. 创建连接 1

Step1. 在导航器中单击"连接导航器"按钮，然后在工具栏按钮区域调出图 12.2.37 所示的"管线列表"工具条。

图 12.2.37　"管线列表"工具条

Step2. 定义连接属性。单击"管线列表"工具条中的"创建连接"按钮 ，系统弹出"创建连接向导：连接属性"对话框，在该对话框中设置图 12.2.38 所示的参数。

图 12.2.38　"创建连接向导：连接属性"对话框

Step3. 定义起始组件属性。单击 下一步 > 按钮，系统进入"创建连接向导：起始组件属性"对话框，在模型中选取元件 port1，然后在 From Device 文本框中输入 J1，在 From Conn 文本框中输入 P1，在 From Pin 下拉列表中选择 **1**，如图 12.2.39 所示。

图 12.2.39　"创建连接向导：起始组件属性"对话框

Step4. 定义目标组件属性。单击 下一步 > 按钮，系统进入"创建连接向导：目标组件属性"对话框，在模型中选取元件 PORT3，然后在 To Device 文本框中输入 J3，在 To Conn 文本框中输入 P3，在 To Pin 下拉列表中选择 **3**，如图 12.2.40 所示。

图 12.2.40　"创建连接向导：目标组件属性"对话框

Step5. 定义中间组件属性。单击 下一步 > 按钮，系统进入"创建连接向导：中间组件属性"对话框，在模型中选取元件 CLIP，如图 12.2.41 所示。

Step6. 定义电线属性。

（1）单击 下一步 > 按钮，系统进入"创建连接向导：电线属性"对话框。

（2）单击 选择电线 按钮，系统弹出图 12.2.42 所示的"指定项"对话框，选择 Wires 节点，在 成员视图 下拉列表中选择"列表"选项 ，选中 W-100，单击 确定 按钮，系统返回到"创建连接向导：电线属性"对话框，如图 12.2.43 所示。

（3）单击 显示颜色 右侧的"颜色"按钮，在"颜色"对话框中选择红色（red）为显示颜色，单击 确定 按钮，如图 12.2.43 所示。

图 12.2.41　"创建连接向导：中间组件属性"对话框

图 12.2.42　"指定项"对话框

图 12.2.43　"创建连接向导：电线属性"对话框

Step7. 单击 下一步 > 按钮，系统进入"创建连接向导：汇总报告"对话框，在该对话框中显示当前连接的详细信息，如图 12.2.44 所示。

Step8. 单击 完成 按钮，关闭系统弹出的信息提示文本，结束连接 1 的创建。

Stage2. 创建连接 2

Step1. 定义连接属性。单击"管线列表"工具条中的"创建连接"按钮 ，系统弹出"创建连接向导：连接属性"对话框，在 Wire ID 文本框中输入 Connection_2，在 型材类型 下

拉列表中选择 电线 选项，在 切削长度 文本框中输入数值 3。

Step2. 定义起始组件属性。单击 下一步 > 按钮，系统进入"创建连接向导：起始组件属性"对话框，在模型中选取元件 port2，然后在 From Device 文本框中输入 J2，在 From Conn 文本框中输入 P2，在 From Pin 下拉列表中选择 1 。

图 12.2.44　"创建连接向导：汇总报告"对话框

Step3. 定义目标组件属性。单击 下一步 > 按钮，系统进入"创建连接向导：目标组件属性"对话框，在模型中选取元件 port3，然后在 To Device 文本框中输入 J3，在 To Conn 文本框中输入 P3，在 To Pin 下拉列表中选择 2 。

Step4. 定义中间组件属性。单击 下一步 > 按钮，系统进入"创建连接向导：中间组件属性"对话框。

Step5. 定义电线属性。单击 下一步 > 按钮，系统进入"创建连接向导：电线属性"对话框；选取电线 W-100 ，颜色设置为绿色（Green）。

Step6. 单击 完成 按钮，关闭系统弹出的信息提示文本，结束连接 2 的创建。

Stage3. 创建连接 3

Step1. 定义连接属性。单击"管线列表"工具条中的"创建连接"按钮 ，系统弹出"创建连接向导：连接属性"对话框，在 Wire ID 文本框中输入 Connection_3，在 型材类型 下拉列表中选择 电线 选项，在 切削长度 文本框中输入数值 3。

Step2. 定义起始组件属性。单击 下一步 > 按钮，系统进入"创建连接向导：起始组件属性"对话框，在模型中选取元件 port2，然后在 From Device 文本框中输入 J2，在 From Conn 文本框中输入 P2，在 From Pin 下拉列表中选择 2 。

Step3. 定义目标组件属性。单击 下一步 > 按钮，系统进入"创建连接向导：目标组件属性"对话框，在模型中选取元件 port3，然后在 To Device 文本框中输入 J3，在 To Conn 文本框中输入 P3，在 `To Pin` 下拉列表中选择 `1`。

Step4. 定义中间组件属性。单击 `下一步 >` 按钮，系统进入"创建连接向导：中间组件属性"对话框。

Step5. 定义电线属性。单击 `下一步 >` 按钮，系统进入"创建连接向导：电线属性"对话框；选取电线 🔵 `W-100`，颜色设置为蓝色（Blue）。

Step6. 单击 `完成` 按钮，关闭系统弹出的信息提示文本，结束连接 3 的创建。

Stage4. 显示所有连接

Step1. 切换导航器。在"装配导航器"对话框中单击连接导航器（图 12.2.45），系统显示图 12.2.46 所示的"电气连接导航器"对话框。

Step2. 在电气连接导航器中选中所有连接，右击，在弹出的快捷菜单中选择 `显示` 命令，此时在模型中显示所有连接，如图 12.2.47 所示。

图 12.2.46 "电气连接导航器"对话框

图 12.2.45 "装配导航器"对话框

图 12.2.47 显示连接

Step3. 刷新图形区，取消连接的显示。

Task5. 创建路径

Stage1. 创建样条路径 1

Step1. 在"电气管线布置"工具条中单击"样条路径"按钮 ，系统弹出"样条路径"对话框。

Step2. 在模型中依次选取图 12.2.48 所示的多端口 1、固定端口、边线中心和多端口 2 为路径点，此时"样条路径"对话框如图 12.2.49 所示。

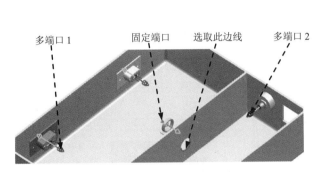
图 12.2.48　选取路径点

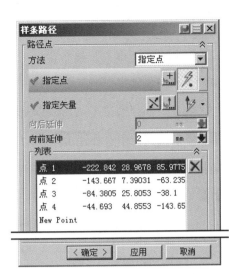
图 12.2.49　"样条路径"对话框

Step3. 在"样条路径"对话框中选择 点 1 ，在 向前延伸 文本框中输入数值 2；选择 点 2 ，在 向后延伸 文本框中输入数值 2；选择 点 4 ，在 向后延伸 文本框中输入数值 2；单击 确定 按钮，完成样条路径 1 的创建，如图 12.2.50 所示。

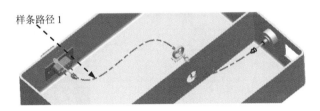
图 12.2.50　创建样条路径 1

Stage2．创建样条路径 2

Step1. 在"电气管线布置"工具条中单击"样条路径"按钮 ，系统弹出"样条路径"对话框。

Step2. 在模型中依次选取图 12.2.51 所示的点 1 和多端口 3 为路径点，在"样条路径"对话框中选择 点 2 ，在 向后延伸 文本框中输入数值 2；单击 确定 按钮，完成样条路径 2 的创建，如图 12.2.52 所示。

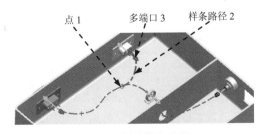
图 12.2.51　创建样条路径 2

Stage3. 创建端子

Step1. 在"电气管线布置"工具条中单击"创建端子"按钮 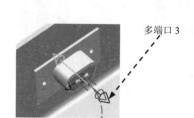，系统弹出图 12.2.52 所示的"创建端子"对话框。

Step2. 创建端子 1。在模型中选取图 12.2.53 所示的多端口 3，在 端子段 区域中 管端延伸 和 管端接线 下拉列表中选择 均匀值 选项，然后在 管端端口 区域 均匀接线 的文本框中输入数值 15，在 "创建端子"对话框中单击"全部建模"按钮 ，单击 应用 按钮，完成端子 1 的创建，如图 12.2.54 所示。

图 12.2.52　"创建端子"对话框

图 12.2.53　选取多端口

图 12.2.54　创建端子 1

Step3. 创建端子 2。在模型中选取图 12.2.55 所示的多端口 1，在 端子段 区域中 管端延伸 和 管端接线 下拉列表中选择 均匀值 选项，然后在 管端端口 区域 均匀接线 的文本框中输入数值 15，在 "创建端子"对话框中单击"全部建模"按钮 ，单击 确定 按钮，完成端子 2 的创建，如图 12.2.56 所示。

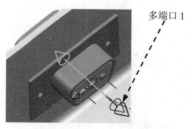

图 12.2.55　选取多端口

图 12.2.56　创建端子 2

Task6. 自动布线

Step1. 在电气连接导航器中选中所有连接，右击，在弹出的快捷菜单中选择 自动管线布置

➡️ 引脚级别 命令，此时在模型自动布置所有线缆，如图 12.2.57 所示。

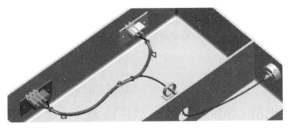

图 12.2.57　自动布线

Step2. 保存模型。

第 13 章　模 具 设 计

13.1　模具设计概述

注塑模具设计一般包括两大部分：模具元件（Mold Component）设计和模架（Moldbase）设计。模具元件主要包括上模（型腔）、下模（型芯）、浇注系统（主流道、分流道、浇口和冷料穴）、滑块、销等；而模架则包括固定和移动侧模板、顶出销、回位销、冷却水道、加热管、止动销、定位螺栓、导柱、导套等。

UG NX 8.0/ Mold Wizard（注塑模具向导）是 UG NX 进行注塑模具设计专用的应用模块，具有功能强大的注塑模具设计功能，用户可以使用它方便地进行模具设计。

Mold Wizard 应用于塑胶注射模具设计及其它类型模具设计。注塑模向导的高级建模工具可以创建型腔、型芯、滑块、斜顶和镶件，而且非常容易使用。注塑模向导可以提供快速的、全相关的以及 3D 实体的解决方案。

Mold Wizard 提供设计工具和程序来自动进行高难度的、复杂的模具设计任务。它能够帮助读者节省设计的时间，同时还提供了完整的 3D 模型用来加工。如果产品设计发生变更，也不会浪费多余的时间，因为产品模型的变更与模具设计是相关联的。

分型是基于一个塑胶零件模型生成型腔和型芯的过程。分型过程是塑胶模具设计的一个重要部分，特别对于外形复杂的零件来说，通过关键的自动工具及分型模块让这个过程非常自动化。此外，分型操作与原始塑胶模型是完全相关的。

模架及组件库包含在多个目录(catalog)里。自定义组件包括滑块和抽芯，镶件和电极，这些在标准件模块里都能找到，并生成合适大小的腔体，而且能够保持相关性。

13.2　模具创建的一般过程

使用 UG NX 8.0 中的注塑模向导进行模具设计的一般流程为：

Step1. 初始化项目。包括加载产品模型、设置产品材料、设置项目路径及名称等。

Step2. 确定开模方向，设置模具坐标系。

Step3. 设置模具模型的收缩率。

Step4. 创建模具工件。

Step5. 定义模具型腔布局。

Step6. 模具分型。包括创建分型线、创建分型面、抽取分型区域、创建型腔和型芯。

Step7. 加载标准件。加载模架、加载滑块/抽芯机构、加载顶杆及拉料杆等。

Step8. 创建浇注系统和冷却系统。创建浇口、流道和冷却系统。

Step9. 创建电极。

Step10. 创建材料清单及，模具装配图。

本节将以一个简单的按钮零件为例，通过本实例的学习，读者能够清楚地了解模具设计的整体思路，并能理解其中的原理。下面以图 13.2.1 所示的按钮零件（clock_surface）为例，说明用 UG NX 8.0 软件设计模具的一般过程和方法。

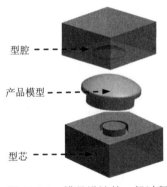

图 13.2.1 模具设计的一般过程

13.2.1 初始化项目

初始化项目是 UG NX 8.0 中使用注塑模向导设计模具的源头，其作用是把产品模型装配到模具模块中，它在模具设计中起着非常关键的作用。此项的操作会直接影响到模具设计的后续工作，所以在初始化项目前应仔细分析产品模型的结构并确定材料。下面介绍初始化项目的一般操作过程。

Step1. 加载模型。

（1）进入 UG NX 8.0 初始化界面，在工具栏中右击，此时系统弹出图 13.2.2 所示快捷菜单。

（2）在弹出的快捷菜单中，选择 应用模块 命令，系统弹出"应用模块"工具栏，如图 13.2.3 所示。

（3）在"应用模块"工具栏中，单击 按钮，系统弹出图 13.2.4 所示的"注塑模向导"工具栏。

图 13.2.2　快捷菜单　　　　图 13.2.3　"应用模块"工具栏　　图 13.2.4　"注塑模向导"工具栏

（4）在"注塑模向导"工具栏中，单击"初始化项目"按钮 ，系统弹出"打开"对话框，选择 D:\ug8\work\ch13.02\button.prt，单击 OK 按钮，载入模型后，系统弹出图 13.2.5 所示的"初始化项目"对话框。

Step2. 定义投影单位。在"初始化项目"对话框的 设置 区域的 项目单位 下拉菜单中选择 毫米 选项。

Step3. 设置项目路径和名称。

（1）设置项目路径。接受系统默认的项目路径。

（2）设置项目名称。在"初始化项目"对话框的 Name 文本框中输入 Button_mold。

Step4. 在该对话框中，单击 确定 按钮，完成初始化项目的设置。

说明：系统自动载入产品数据，同时自动载入的还有一些装配文件，并都自动保存在项目路径下。完成加载后的模型如图 13.2.6 所示。

图 13.2.5 所示"初始化项目"对话框各选项的说明如下。

- 项目单位 区域：用于设定模具单位制，系统默认的投影单位为毫米；用户可以根据需要选择不同的单位制。

- 路径 文本框：用于设定模具项目中的零部件存储位置。用户可以通过单击 "浏览"按钮 来更改零部件的存储位置。系统默认将项目路径设置在产品模型存放的文件中。

- Name 文本框：用于定义当前创建的模型项目名称。系统默认的项目名称与产品模型名称是一样的。

- ☑ 重命名组件 复选框：选中该复选框后，可用于控制在载入模具文件时是否显示"部件名管理"对话框。在加载模具文件时系统将会弹出"部件名管理"对话框，编辑该对话框可以对模具装配体中的各部件名称进行灵活地更改。

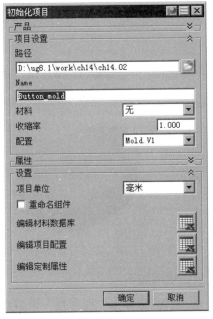

图 13.2.5　"初始化项目"对话框

图 13.2.6　加载后的模型

- **材料**下拉列表：用于定义产品模型的材料。通过该下拉列表可以选择不同的材料。

- **收缩率**文本框：用于指定产品模型的收缩率。若在部件材料下拉列表中定义了材料，则系统自动将设置好产品模型的收缩率。用户也可以直接在该文本框中输入相应的数值来定义产品模型的收缩率。

- **编辑材料数据库**按钮：单击该按钮，系统将弹出材料明细表。用户可以通过编辑该材料明细表来定义材料的收缩率，也可以增加材料和收缩率。

Step5. 单击屏幕右侧"装配导航器"按钮 ，系统弹出"装配导航器"窗口。

13.2.2　模具坐标系

模具坐标系在整个模具设计中的地位非常重要，它不仅是所有模具装配部件的参考基准，而且还直接影响到模具的结构设计，所以定义模具坐标系也非常重要。

在定义模具坐标系前，首先要分析产品的结构、产品的脱模方向和分型面，然后再定义模具坐标系。

在应用注塑模向导进行模具设计时，模具坐标系的设置有相应的规定：规定坐标系的＋Z 轴方向表示开模方向，即顶出方向，XC-YC 平面设在分模面上，原点设定在分型面的中心。

定义模具坐标系之前，要先把产品坐标系调整到模具坐标系相应的位置，然后再用注塑模向导中定义模具坐标系的功能去定义。继续以前面的模型为例，讲述设置模具坐标系的一般操作过程。

Step1. 在注塑模向导工具栏中，单击"模具CSYS"按钮 ，系统弹出"模具 CSYS"对话框，如图 13.2.7 所示。

Step2. 在"模具坐标"对话框中，选中 当前 WCS 选项，单击 确定 按钮，完成模具坐标系的定义，结果如图 13.2.8 所示。

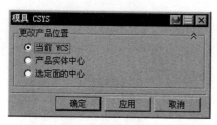

图 13.2.7　"模具 CSYS"对话框

图 13.2.8　定义后的模具坐标系

图 13.2.7 所示"模具 CSYS 对话框"各选项的说明如下。

- 当前 WCS：选择该单选项后，当前坐标系（产品坐标系）即为模具坐标系。
- 产品实体中心：选择该单选项后，模具坐标系将定义在产品体的中心位置。
- 选定面的中心：选择该单选项后，模具坐标系将定义在指定的边界面的中心。

说明：本例中产品坐标系不需要调整即符合模具坐标系的要求，当产品坐标系不符合模具坐标系时，就需要进行调整。可通过 格式(R) 下拉菜单中 WCS 子菜单下的 原点(O) 、 动态(D)... 和 旋转(R).. 命令，进行对坐标系的调整。也可以通过双击坐标系来调整，调整坐标系的方法与建模环境下的调整方法一致，此处不再赘述。

13.2.3　设置收缩率

注塑件从模具中取出后，由于温度及压力的变化会产生收缩现象，为此，UG 软件提供了收缩率（Shrinkage）功能，来纠正注塑成品零件体积收缩上的偏差。用户通过设置适当的收缩率来放大参照模型，便可以获得符合尺寸要求的注塑零件。很多情况下制品材料、尺寸、模具结构、工艺参数等因素都会影响收缩率。继续以前面的模型为例，讲述设置收缩率的一般操作过程。

Step1. 定义收缩率类型。

（1）选择命令。在注塑模向导工具栏中，单击"收缩率"按钮 ，产品模型会高亮显示，同时系统弹出"缩放体"对话框。

（2）定义类型。在"缩放体"对话框 类型 区域的下拉列表中选择 均匀 选项。

Step2. 定义缩放体和缩放点。接受系统默认的设置值。

Step3. 定义比例因子。在"缩放体"对话框 比例因子 区域中的 均匀 文本框中，输入收缩率

1.006。

Step4. 单击 确定 按钮，完成收缩率的设置。

Step5. 在设置完收缩率后，还可以对产品模型的尺寸进行检查，具体操作步骤为。

（1）选择命令。在主菜单栏上选择下拉菜单 分析(L) ➡ 测量距离(D)... 命令，系统弹出图 13.2.9 所示的"测量距离"对话框。

（2）定义测量类型及对象。在对话框的 类型 下拉列表中，选择 半径 选项，选取图 13.2.10b 所示的边线。

（3）完成设置选择后，显示零件的半径为 5.0300，如图 13.2.10b 所示，零件的半径尺寸＝5×1.006＝5.030，说明设置收缩没有失误。

（4）单击"测量距离"对话框中的 <确定> 按钮，退出测量。

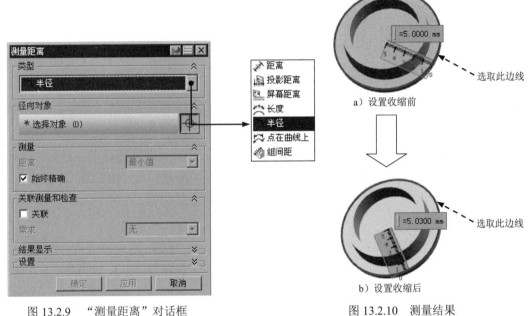

图 13.2.9　"测量距离"对话框　　　　图 13.2.10　测量结果

13.2.4　创建模具工件

工件也叫毛坯，是直接参与产品成型的零件，也是模具中最核心的零件。它用于成型模具中的型腔和型芯实体，工件的尺寸以零件外形尺寸为基础在各个方向都增加，因此在设计工件尺寸时要考虑到型腔和型芯的尺寸，通常采用经验数据或查阅有关手册来获取接近的工件尺寸。继续以前面的模型为例，讲述创建模具工件的一般操作过程。

Step1. 选择命令。在"注塑模向导"工具条中，单击"工件"按钮 ◈ ，系统弹出"工件"对话框，如图 13.2.11 所示。

Step2. 在"工件"对话框的 类型 下拉菜单中选择 产品工件 选项，在 工件方法 的下拉菜单中选择 用户定义的块 选项，其余采用系统默认设置值。

Step3. 单击 < 确定 > 按钮，完成创建后的模具工件结果如图 13.2.12 所示。

图 13.2.11 "工件"对话框

图 13.2.12 创建后的工件

13.2.5 模具分型

通过分型工具可以完成模具设计中的很多重要工作，包括对产品模型的分析、分型线的创建和编辑、分型面的创建和编辑、型芯、型腔的创建以及设计变更等。继续前面的模型为例，模具分型的一般创建过程如下。

Stage1. 设计区域

设计区域：主要功能是对产品模型进行模型分析。

Step1. 在"注塑模向导"工具条中单击"模具分型工具"按钮 ，系统弹出"模具分型工具"工具条和"分型导航器"窗口。

Step2. 在"模具分型工具"工具条中单击"区域分析"按钮 ，系统弹出"检查区域"对话框，如图 13.2.13 所示，同时模型被加亮，并显示开模方向，如图 13.2.14 所示。在"检查区域"对话框单击"计算"按钮 ，系统开始对产品模型进行分析计算。

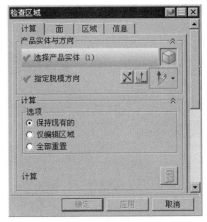

图 13.2.13 "检查区域"对话框

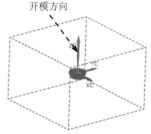

图 13.2.14 开模方向

　　说明：如图 13.2.14 所示的开模方向，可以通过"检查区域"对话框中的"指定脱模方向"按钮  来更改，由于在前面锁定模具坐标系时已经将开模方向设置好了，因此，系统将自动识别出产品模型的开模方向。

Step3. 定义区域。

　　（1）在"检查区域"对话框中单击 区域 选项卡，如图 13.2.15 所示，在该对话框 设置 区域中取消选中 □ 内环 、 □ 分型边 和 □ 不完整的环 三个复选框。

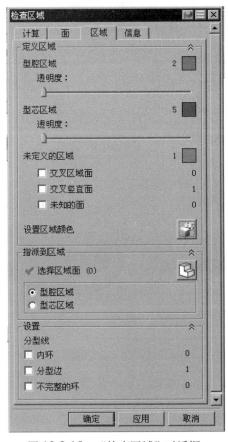

图 13.2.15 "检查区域"对话框

（2）设置区域颜色。在"检查区域"对话框中单击"设置区域颜色"按钮，设置区域颜色。结果如图 13.2.16 所示。

（3）定义型腔区域。在 指派到区域 区域中单击"选择区域面"按钮，选择 ⊙ 型腔区域 单选项，选取图 13.2.16 所示的未定义区域曲面，单击 应用 按钮，系统自动将未定义的区域指派到型腔区域，同时对话框中的 未定义的区域 显示为"0"，创建结果如图 13.2.17 所示。

Step4. 在"检查区域"对话框中，单击 确定 按钮。

图 13.2.16　设置区域颜色

图 13.2.17　定义型腔区域

Stage2. 创建型腔/型芯区域和分型线

Step1. 在"模具分型工具"工具条中单击"定义区域"按钮，系统弹出图 13.2.18 "定义区域"对话框。

Step2. 在"定义区域"对话框中选中 设置 区域的 ☑ 创建区域 和 ☑ 创建分型线 复选框，单击 确定 按钮，完成型腔/型芯区域分型线的创建；抽取分型线如图 13.2.19 所示。

图 13.2.18　"定义区域"对话框

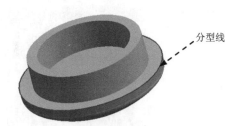

图 13.2.19　抽取分型线

Stage3. 创建分型面

Step1. 在"模具分型工具"工具条中单击"设计分型面"按钮，系统弹出"设计分型面"对话框。

Step2. 定义分型面创建方法。在"设计分型面"对话框中的 创建分型面 区域中单击"有界平面"按钮 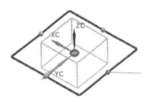，如图 13.2.20 所示。

Step3. 在"设计分型面"对话框中接受系统默认的公差值；拖动小球调整分型面大小，如图 13.2.21，使分型面大小大于工件大小，单击 确定 按钮，完成后的分型面如图 13.2.22 所示。

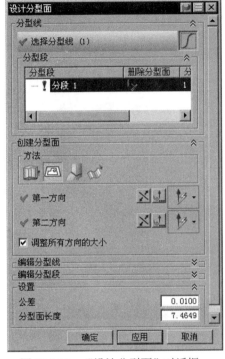

图 13.2.20　"设计分型面"对话框

图 13.2.21　调整分型面大小

图 13.2.22　分型面

图 13.2.20 所示"设计分型面"对话框各选项的说明如下。

- 公差 文本框：用于定义两个或多个需要进行合并的分型面之间的公差值。

- 分型面长度 文本框：用于定义分型面的扩展距离，以保证分型面能够分割工件。

- 创建分型面：通过此命令可以完成分型面的创建，其创建方法包括：拉伸、有界平面，修剪和延伸、和条带曲面等。

- 编辑分型线：通过此命令可以完成对现有的分型线进行编辑。

- 编辑分型段：通过此命令可以将产品模型中已存在的曲面添加为分型面。

Stage4．创建型腔和型芯

Step1. 在"模具分型工具"工具条中单击"定义型腔和型芯"按钮 ，系统弹出图 13.2.23 所示"定义型腔和型芯"对话框。

Step2. 在"定义型腔和型芯"对话框中选取 选择片体 区域下的 所有区域 选项，单击 确定按钮，系统弹出图 13.2.24 所示的"查看分型结果"对话框，创建的型腔零件如图 13.2.25 所示，单击"查看分型结果"对话框中的 确定 按钮，系统再一次弹出"查看分型结果"对话框。

Step3. 在"查看分型结果"对话框中单击 确定 按钮，创建的型芯零件如图 13.2.26 所示，完成型腔和型芯的创建。

图 13.2.23 "定义型腔和型芯"对话框

图 13.2.24 "查看分型结果"对话框

图 13.2.25 型腔零件

Stage5. 创建模具爆炸视图

Step1. 切换窗口。选择下拉菜单 窗口(O) ➡ 6. Button_mold_top_000.prt，切换到总装配文件窗口。

Step2. 移动型腔。

（1）选择命令。选择下拉菜单 装配(A) ➡ 爆炸图(X) ▶ ➡ 新建爆炸图(N)... 命令，系统弹出图 13.2.27 所示的"新建爆炸图"对话框，接受默认的名字，单击 确定 按钮。

图 13.2.26 型芯零件

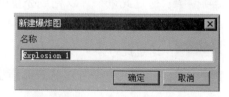

图 13.2.27 "新建爆炸图"对话框

（2）选择命令。选择下拉菜单 装配(A) ➡ 爆炸图(X) ▶ ➡ 编辑爆炸图(E)... 命令，系统弹出"编辑爆炸图"对话框。

（3）选取移动对象。选取图 13.2.28 所示的型腔为移动对象。

（4）在该对话框中选中 ⊙移动对象 单选项，沿 Z 方向移动 20，移动后的结果如图 13.2.29

所示。

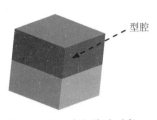

图 13.2.28　选取移动对象

图 13.2.29　移动后

Step3. 移动产品模型。在"编辑爆炸图"对话框中，选中 ◉ 选择对象 单选项，选取图 13.2.30 所示的产品模型为移动对象，选中 ◉ 移动对象 单选项，沿 Z 方向上移动 10，移动后的结果如图 13.2.31 所示。

说明：在移动产品模型时要取消型腔的选中，其操作方法是：按住 Shift 键选取型腔。

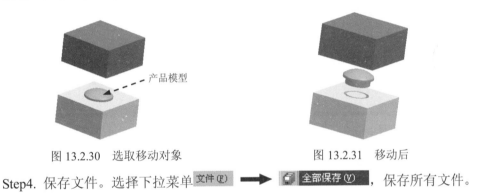

图 13.2.30　选取移动对象　　　　　　　　　图 13.2.31　移动后

Step4. 保存文件。选择下拉菜单 文件(F) ➡ 全部保存(V)，保存所有文件。

13.3　模　具　工　具

13.3.1　概述

在进行模具分型前，有些产品体上有开放的凹槽或孔，此时就要对产品模型进行修补，否则就无法识别具有这样特征的分型面。MW NX 8.0（注塑模向导）具有强大的修补孔、槽等能力，本节将主要介绍注塑模工具工具栏中的各个命令的功能。

MW NX8.0 的注塑模工具工具栏如图 13.3.1 所示。

图 13.3.1　"注塑模工具"工具栏

由图 13.3.1 可知 MW 的注塑模工具工具栏中包含了很多功能，在模具设计中要灵活掌握、运用这些功能，提高模具设计速度。

13.3.2　创建方块

创建方块是指创建一个长方体或正方体，将某些局部开放的区域进行填充，一般用于不适合使用曲面修补法和边线修补法的区域，其创建方块也是创建滑块的一种方法。MW 提供了两种创建方块的方法，下面将分别介绍。

打开文件：D:\ug8\work\ch13.03.02\cover_mold_parting_017.prt.

方法 1———一般方块法。

一般方块法是指，选择一基准点，然后以此基准点来定义箱体的各个方向的边长。下面介绍使用一般方块法创建方块的一般过程。

Step1. 在"注塑模工具"工具栏中，单击"创建方块"按钮 ，系统弹出"创建方块"对话框，如图 13.3.2 所示。

Step2. 选择类型。在弹出的对话框的 下拉列表中，选择 一般方块 选项，如图 13.3.2 所示。

Step3. 选取参考点。在模型中选取图 13.3.3 所示边线的中点。

Step4. 设置箱体的尺寸。在"创建方块"对话框的 边长 文本框中输入图 13.3.2 所示的尺寸。

Step5. 单击 〈 确定 〉 按钮。

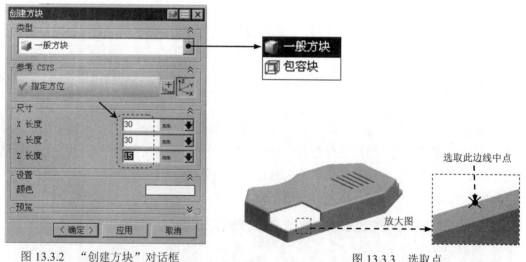

图 13.3.2　"创建方块"对话框　　　　　　　　　图 13.3.3　选取点

方法 2———包容块法。

包容块法是指，以需要修补的孔或槽的边界面来定义箱体的大小，此方法是创建方块的常用方法。继续以前面的模型为例，下面介绍使用包容块法创建方块的一般过程。

说明：在创建前读者需将使用"一般方块法"创建出的箱体删除或撤销至原始状态，否则后续创建的箱体将于前面创建的箱体重合。

Step1. 在"注塑模工具"工具栏中，单击"创建方块"按钮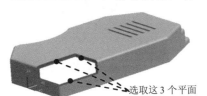，系统弹出图 13.3.4 所示的"创建方块"对话框（方法一创建的箱体已隐藏）。

Step2. 选取边界面。选取图 13.3.5 所示的 3 个平面，接受系统默认的间隙值 1。

Step3. 单击 < 确定 > 按钮，创建箱体的结果如图 13.3.6 所示。

Step4. 保存文件。选择下拉菜单 文件(F) ➡ 全部保存(V) ，保存所有文件。

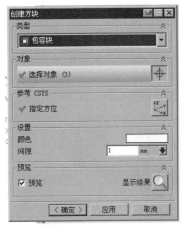

图 13.3.4　"创建方块"对话框

图 13.3.5　选取边界面

图 13.3.6　创建箱体

13.3.3　分割实体

使用"分割实体"命令可以完成对实体（包括方块）的修剪工作。下面介绍分割实体的一般操作过程。

Step1. 打开文件。D:\ug8\work\ch13.03.03\cover_mold_parting_017.prt

Step2. 选择命令。在"注塑模工具"工具栏中，单击"分割实体"按钮，系统弹出图 13.3.7 所示的"分割实体"对话框。

Step3. 选择目标体。选取图 13.3.8 所示的箱体为目标体。

图 13.3.7　"分割实体"对话框

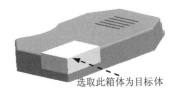

图 13.3.8　选取目标体

Step4. 选择工具体。选取图 13.3.9 所示的曲面 1 为工具体，单击对话框中的 应用 按钮。方块被分成两块，隐藏图 13.3.10 所示的分割后的实体 1。修剪结果如图 13.3.11 所示。

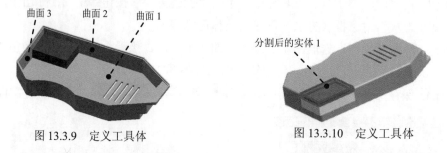

图 13.3.9　定义工具体　　　　　　　图 13.3.10　定义工具体

Step5. 参见 Step4，分别选取曲面 2、曲面 3、曲面 4、曲面 5 和曲面 6 为工具体，如图 13.3.12 所示，修剪结果如图 13.3.13 所示。

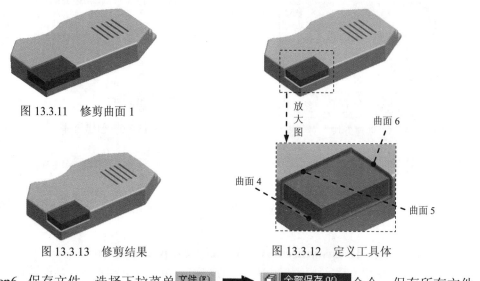

图 13.3.11　修剪曲面 1

图 13.3.13　修剪结果　　　　　　图 13.3.12　定义工具体

Step6. 保存文件。选择下拉菜单 文件(F) ➡ 全部保存(V) 命令，保存所有文件。

13.3.4　实体修补

通过"实体修补"命令可以完成一些形状不规则的孔或槽的修补工作，其"实体修补"的一般创建过程是：第一，创建一个实体（包括箱体）作为工具体；第二，对创建的实体进行必要的修剪；最后，通过前面创建的工具体修补不规则的孔或槽。下面介绍创建"实体修补"的一般操作方法。

Step1. 打开文件。D:\ug8\work\13.03.04\cover_mold_parting_017.prt.

Step2. 创建工具体。参照 13.3.2 节中介绍创建方块的"方法 2"，选取图 13.3.14 所示的 2 个边界面，单击 〈 确定 〉 按钮，完成图 13.3.15 所示的箱体创建。

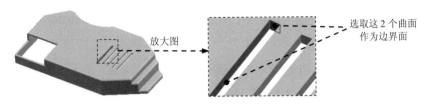

图 13.3.14　定义边界面

Step3. 修剪箱体。参照 13.3.3 节介绍的分割实体方法，将箱体修剪成图 13.3.16 所示的结果。

注意：分别选取凹槽的上下表面和四个侧面为工具体。

图 13.3.15　创建箱体　　　　　　　　　　图 13.3.16　修剪箱体

Step4. 选择命令。在"注塑模工具"工具栏中单击"实体补片"按钮，此时系统弹出"实体补片"对话框。

Step5. 选择目标体。选取图 13.3.17 所示的模型为产品实体。

Step6. 选择刀具体。单击"实体补片"对话框中的"选择补片体"按钮，选取图 13.3.17 所示的箱体为工具体，单击 应用 按钮，完成实体修补的结果如图 13.3.18 所示。

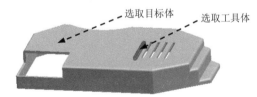　　

图 13.3.17　选取修补对象　　　　　　　　图 13.3.18　修补结果

13.3.5　边缘修补

通过"边缘修补"命令可以完成产品模型上缺口位置的修补，在修补过程中主要通过选取缺口位置的一周边界线来完成。下面介绍图 13.3.19 所示边界修补的一般创建过程。

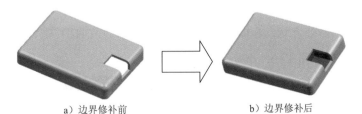

a）边界修补前　　　　　　　　　　b）边界修补后

图 13.3.19　边缘修补

Step1. 打开文件。选择文件目录：D:\ug8\work\ch13.03.05\housing_ parting_131.prt。

Step2. 选择命令。在"注塑模工具"工具栏中，单击"边缘修补"按钮 ▣ ，此时系统弹出图 13.3.20 所示的"边缘修补"对话框。

Step3. 选择缺口边线。在 遍历环 区域中的 设置 展开区域中取消选中 ☐ 按面的颜色遍历 复选框，选取图 13.3.21 所示的缺口的边线。

Step4. 通过对话框中的"接受"按钮 ⇨ 和"循环候选项" 🔄 按钮，完成图 13.3.22 所示的边界环选取。

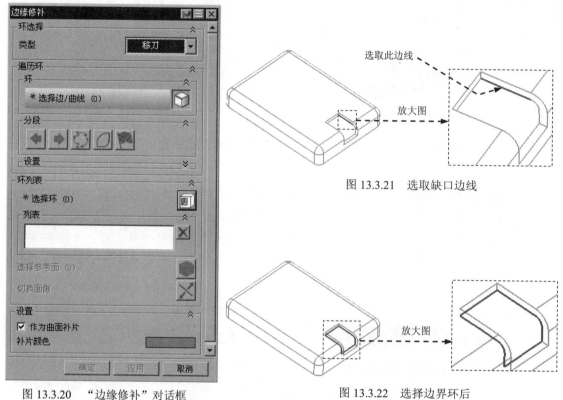

图 13.3.20   "边缘修补"对话框   图 13.3.22   选择边界环后

图 13.3.21   选取缺口边线

对图 13.3.20 所示的"边缘修补"对话框的说明。

- ☐ 按面的颜色遍历：选中该复选框进行修补破孔时，必须先进行分型处理，完成型腔面和型芯面的定义，并在产品模型上以不同的颜色标识出来，此时，该修补方式才可使用。

Step5. 确定面的修补方式。完成边界环选取后，单击"切换面侧"按钮 ✕ ，单击 确定 按钮，完成修补后结果如图 13.3.19b 所示。

Step6. 保存文件。选择下拉菜单 文件(F) ➡ 全部保存(V) 命令，保存所有文件。

13.3.6 修剪区域修补

"修剪区域补片"通过选取实体的边界环来完成修补片体的创建。下面介绍图 13.3.23 所示的修剪区域修补的一般创建过程。

a）修补 1   b）修补前   c）修补 2

图 13.3.23 修剪区域修补

Step1. 打开文件。选择文件目录：D:\ug8\work\ch13.03.06\cover_mold_parting_017.prt。

Step2. 选择命令。在"注塑模工具"工具栏中，单击"修剪区域补片"按钮█，此时系统弹出图 13.3.24 所示的"修剪区域补片"对话框。

Step3. 选择目标体。选取图 13.3.25 所示的箱体为目标体。

图 13.3.24 "修剪区域补片"对话框

图 13.3.25 选择目标体

Step4. 选取边界。在对话框的 边界 区域的 类型 下拉列表中选择 ███ 体/曲线 选项，然后在图形区选取图 13.3.26 所示的边线作为边界。

说明：选取边界环方法是按顺序依次用鼠标点击方式选取图 13.3.26 所示的边界环。

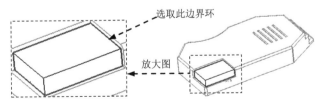

图 13.3.26 选取边界环

Step5. 定义区域。在对话框中激活 * 选择区域 (0) 区域，然后在图 13.3.27 所示的位置单击片体，选中 ◉ 舍弃 单选项，单击 确定 按钮，补片后的结果如图 13.3.23a 所示。

说明：此处在图 13.3.27 所示的位置单击片体后再选中 ⊙ 保持 单选项，则最终的结果如图 13.3.23c 所示。

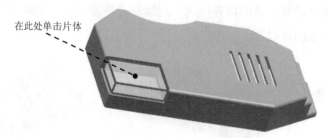

图 13.3.27　单击片体

13.3.7　扩大曲面

通过"扩大曲面"命令可以完成图 13.3.28 所示的扩大曲面创建。扩大曲面是通过产品模型上的已有面来获取的面，并且扩大曲面的大小是通过控制所选的面在 U 和 V 两个方向的扩充百分比来实现。在某些情况下，扩大曲面可以作为工具体来修剪实体，还可以作为分型面来使用。继续以前面的模型为例，介绍扩大曲面的一般创建过程。

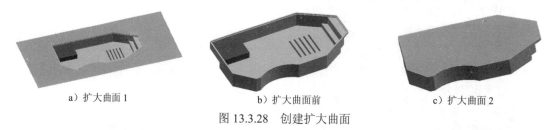

a）扩大曲面 1　　　　　　b）扩大曲面前　　　　　　c）扩大曲面 2

图 13.3.28　创建扩大曲面

Step1. 选择命令。在"注塑模工具"工具条中单击"扩大曲面补片"按钮，系统弹出图 13.3.29 所示的"扩大曲面补片"对话框。

图 13.3.29　"扩大曲面补片"对话框

Step2. 选择扩大面。选取图 13.3.30 所示的模型的底面为扩大曲面，并在模型中显示出扩大曲面的扩展方向，如图 13.3.31 所示。

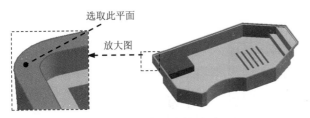

图 13.3.30　选取底面为扩展面　　　　　　　图 13.3.31　扩大曲面方向

Step3. 指定区域。在对话框中激活 ＊选择区域 (0) 区域，然后在图 13.3.32 所示的位置单击生成的片体，在对话框中选中 ⊙舍弃 单选项，单击 确定 按钮，结果如图 13.3.28a 所示。

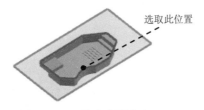

图 13.3.32　扩大曲面方向

Step4. 保存文件。选择下拉菜单 文件(F) ➡ 全部保存(V)，保存所有文件。

13.3.8　拆分面

使用"拆分面"命令可以完成曲面分割的创建。一般主要用于分割跨越区域面（是指一部分在型芯区域而另一部分在型腔区域的面，如图 13.3.33 所示），如果产品模型上存在这样的跨越区域面，首先，对跨越区域面进行分割；其次，将完成分割的跨越区域面分别定义在型腔区域上和型芯区域上；最后，完成模具的分型。

图 13.3.33　跨越区域面

创建"拆分面"有三种方式：方式一，通过被等斜度线拆分；方式二，通过基准面来拆分；方式三，通过现有的曲线来拆分。下面分别介绍这三种拆分面方式的一般创建过程。

方式一：等斜度线拆分面。

Step1. 打开文件。D:\ug8\work\ch13.03.08\shell_parting_055.prt。

Step2. 选择命令。在"注塑模工具"工具栏中，单击"拆分面"图标 ，系统弹出

图 13.3.34 所示的"拆分面"对话框（一）。

Step3. 定义拆分面。在对话框中的 类型 下拉列表中选择 等斜度 选项，选取图 13.3.35 所示的曲面 1 和曲面 2 为拆分对象。

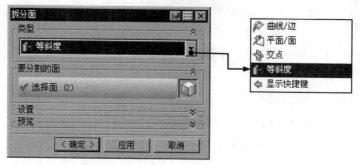

图 13.3.34　"拆分面"对话框（一）

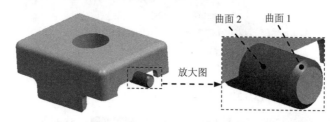

图 13.3.35　定义拆分曲面

Step4. 单击对话框中的 〈确定〉 按钮，完成图 13.3.36 所示的拆分面。

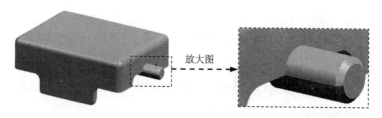

图 13.3.36　拆分面结果

方式二：通过基准面来拆分。

继续以前面的模型为例，介绍通过方式二来创建拆分面的一般过程。

Step1. 选择命令。在"注塑模工具"工具条中单击"拆分面"按钮 ，系统弹出"拆分面"对话框。

Step2. 定义拆分面类型。在该对话框中的 类型 下拉列表中选择 平面/面 选项，并选取图 13.3.37 所示的曲面为拆分对象。

Step3. 添加基准平面。在该对话框中单击"添加基准平面"按钮 ，系统弹出"基准平面"对话框，在 类型 下拉列表中选择 点和方向 选项，选取图 13.3.38 所示的点，然后设置-ZC 方向为矢量方向，单击 〈确定〉 按钮，创建的基准面如图 13.3.38 所示。

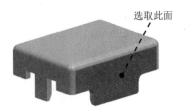

图 13.3.37　定义拆分面

Step4. 单击"拆分面"对话框中的 < 确定 > 按钮，完成拆分面的创建，结果如图 13.3.39 所示。

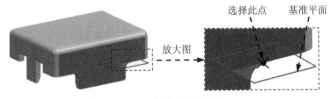

图 13.3.38　定义基准平面

图 13.3.39　拆分面结果

方式三：通过现有的曲线来拆分。

继续以前面的模型为例，介绍通过现有的曲线创建拆分面的一般过程。

Step1. 选择命令。在"注塑模工具"工具条中单击"拆分面"按钮 ，系统弹出图 13.3.40 所示"拆分面"对话框（二）。

Step2. 定义拆分面类型。在对话框中的 类型 下拉列表中选择 曲线/边 选项。

Step3. 定义拆分面。选取图 13.3.41 所示的曲面为拆分对象。

图 13.3.40　"拆分面"对话框（二）

图 12.3.41　定义拆分对象

Step4. 定义拆分直线。单击对话框中的"添加直线"按钮 ，系统弹出"直线"对话框，选取图 13.3.42 所示的点 1 和点 2，单击 < 确定 > 按钮，创建的直线如图 13.3.43 所示。

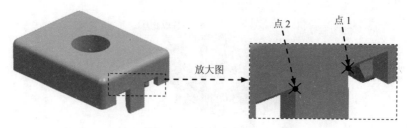

图 13.3.42　定义点

Step5. 在"拆分面"对话框中激活 ＊选择对象 (0) 区域，选取创建的直线，单击对话框中的 ＜确定＞ 按钮，拆分面结果如图 13.3.43 所示。

图 13.3.43　拆分面结果

Step6. 保存文件。选择下拉菜单 文件(F) ➡ 全部保存(V)，保存所有文件。

13.4　在模具中创建浇注系统

浇注系统是指模具中由注射机喷嘴到型腔之间的进料通道，一般由主流道、分流道、浇口和冷料穴四部分组成。在学习本节之后，读者能了解浇注系统的操作方法，并理解其中的原理。下面以图 13.4.1 所示的旋钮模型为例，介绍在模具中创建分流道和浇口的一般过程。

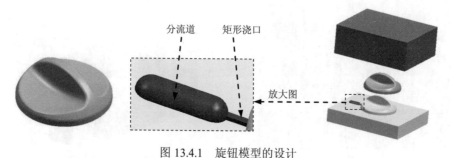

图 13.4.1　旋钮模型的设计

Task1.　初始化项目

Step1. 加载模型。在工具条按钮区右击单击 ✔ 应用模块 选项，单击 按钮，系统弹出"注塑模向导"工具条，在"注塑模向导"工具条中，单击"初始化项目"按钮，系统弹出"打开"对话框。选择 D:\ug8\work\ch13.04\switch.prt，单击 OK 按钮，调入模型，系统弹出"初始化项目"对话框。

Step2. 定义投影单位。在"初始化项目"对话框 设置 区域中的 项目单位 的下拉菜单中选择 毫米 选项。

Step3. 设置项目路径和名称。

（1）设置项目路径。接受系统默认的项目路径。

（2）设置项目名称。在"初始化项目"对话框的 Name 文本框中输入 fancy_soap_box。

Step4. 在该对话框中，单击 确定 按钮，完成项目路径和名称的设置，加载的零件如图 13.4.2 所示。

Task2. 模具坐标系

Step1. 在"注塑模向导"工具栏中，单击"模具CSYS"按钮，系统弹出"模具 CSYS"对话框，如图 13.4.3 所示。

Step2. 在"模具坐标"对话框中，选择 当前 WCS 单选项，单击 确定 按钮，完成坐标系的定义。

图 13.4.2　加载的零件

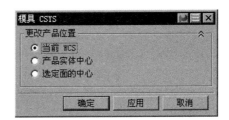

图 13.4.3　"模具 CSYS"对话框

Task3. 设置收缩率

Step1. 定义收缩率类型。

（1）选择命令。在注塑模向导工具栏中，单击"收缩率"按钮，产品模型会高亮显示，同时系统弹出"缩放体"对话框。

（2）定义类型。在"缩放体"对话框 类型 区域的下拉列表中选择 均匀 选项。

Step2. 定义缩放体和缩放点。接受系统默认的设置值。

Step3. 定义比例因子。在"缩放体"对话框的 比例因子 区域中的 均匀 文本框中，输入收缩率 1.006。

Step4. 单击 确定 按钮，完成收缩率的位置。

Task4. 创建模具工件

Step1. 在"注塑模向导"工具条中，单击"工件"按钮 ⬧，系统弹出"工件"对话框。

Step2. 在"工件"对话框的 类型 下拉菜单中选择 产品工件 选项，在 工件方法 的下拉菜单中选择 用户定义的块 选项，开始和结束的距离值分别设定为-20 和 40。

Step3. 单击 〈 确定 〉 按钮，完成创建后的模具工件结果如图 13.4.4 所示。

Task5. 模具分型

Stage1. 设计区域

Step1. 在"注塑模向导"工具条中单击"模具分型工具"按钮 ⬧，系统弹出"模具分型工具"工具条和"分型导航器"窗口。

Step2. 在"模具分型工具"工具条中单击"区域分析"按钮 ⬡，系统弹出"检查区域"对话框，并显示开模方向。在"检查区域"对话框中选中 ● 保持现有的 复选框。

Step3. 拆分面。

（1）计算设计区域。在"检查区域"对话框中单击"计算"按钮 ▦，系统开始对产品模型进行分析计算。单击"检查区域"对话框中的 面 选项卡，可以查看分析结果。

（2）设置区域颜色。在"检查区域"对话框中单击 区域 选项卡，在 设置 区域中取消选中 □ 内环、□ 分型边 和 □ 不完整的环 三个复选框，然后单击"设置区域颜色"按钮 ▨，设置各区域颜色。结果如图 13.4.5 所示。

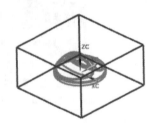

图 13.4.4　完成创建后的模具工件

Step4. 在对话框的未定义的区域中，选中 ☑ 交叉竖直面 复选框，然后选中 ● 型腔区域 单选项，选取图 13.4.5 所示的未定义区域，单击 应用 按钮。设计后的区域颜色如图 13.4.6 所示。

图 13.4.5　着色的模型区域　　　　　　　　图 13.4.6　设置后的模型区域

说明：此时在"检查区域"对话框中的未定义的区域中显示结果为 0，同时在型腔区域中显示结果为 17，即将为定义的区域转换为了型腔区域。

Step5. 在"检查区域"对话框中，单击 确定 按钮，关闭"检查区域"对话框。

Stage2. 抽取分型线

Step1. 在"模具分型工具"工具条中单击"定义区域"按钮，系统弹出"定义区域"对话框。

Step2. 在"定义区域"对话框的 定义区域 区域中选择 所有面 选项。在 设置 区域选中 ☑创建区域 和 ☑创建分型线 复选框，单击 确定 按钮，完成分型线的创建，创建分型线结果如图 13.4.7 所示。

Stage3. 创建分型面

Step1. 在"模具分型工具"工具条中单击"设计分型面"按钮，系统弹出"设计分型面"对话框。

Step2. 在对话框 设置 区域中的 公差 文本框中输入数值 0.01，拖动小球，使分型面大小大于工件边框，单击 确定 按钮，分型面创建结果如图 13.4.8 所示。

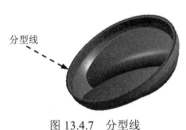

图 13.4.7 分型线

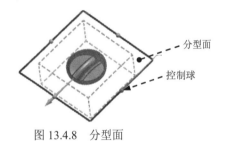

图 13.4.8 分型面

Stage4. 创建型腔和型芯

Step1. 在"模具分型工具"工具条中单击"定义型腔和型芯"按钮，系统弹出"定义型腔和型芯"对话框。

Step2. 创建型腔。

（1）在"定义型腔和型芯"对话框中，选取 选择片体 区域下的 所有区域 选项，单击 确定 按钮，系统弹出"查看分型结果"对话框，并在图形区显示出图 13.4.9 所示的型腔，单击"查看分型结果"对话框中的 确定 按钮，系统再一次弹出"查看分型结果"对话框。并在图形区显示出图 13.4.10 所示的型芯。

（2）单击 确定 按钮，完成型腔和型芯的创建。

图 13.4.9 型腔

图 13.4.10 型芯

Task6. 浇注系统设计

下面讲述如何在旋钮模型中创建分流道和浇口，以下是操作过程。

Stage1. 设计流道

Step1. 在"装配导航器"对话框中，右击 ☑ 🔲 fancy_soap_box_parting_022，在弹出的菜单中，选择 显示父项 ▶ ➡ fancy_soap_box_prod_003 选项。

Step2. 选择命令。在"注塑模向导"工具条中，单击"流道"按钮 🔲，系统弹出图 13.4.11 所示的"流道"对话框。

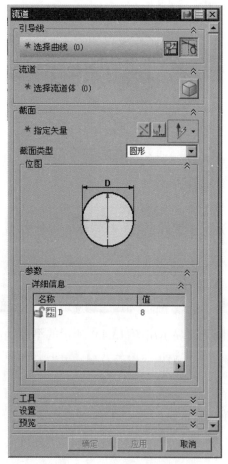

图 13.4.11 "流道"对话框

图 13.4.12 定义草图平面

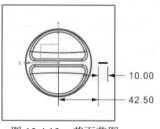

图 13.4.13 截面草图

Step3. 绘制流道草图。

（1）隐藏型芯元件。选择下拉菜单 编辑(E) ➡ 显示和隐藏(H) ➡ ◇ 隐藏 (H)... 命令，选取型芯元件，在弹出的对话框中，单击 确定 按钮。

（2）单击对话框中的"绘制截面"按钮 ，系统弹出"创建草图"对话框，选取图 13.4.12 所示平面为草图平面,单击 确定 按钮，绘制图 13.4.13 所示的截面草图，单击 完成草图 按钮，退出草图环境。

Step4. 定义流道通道类型。

（1）定义流道截面。在 截面类型 下拉列表中选择 圆形 选项。

（2）定义流道截面参数。在 详细信息 区域双击 D 文本框中输入数值 8，单击 < 确定 > 按钮，完成分流道的创建如图 13.4.14 所示。

图 13.4.14　分流道

Step5. 创建流道通道。

（1）在"注塑模向导"工具条中，单击"腔体"按钮 ，系统弹出图 13.4.15 所示的"腔体"对话框。

（2）选择目标体。选取图 13.4.16 所示的型腔为目标体，然后单击鼠标中键。

（3）选取刀具体。在 工具类型 下拉列表中选择 实体 ，选取图 13.4.16 所示的流道为刀具体，单击 确定 按钮。

说明：观察结果时，可将流道隐藏，结果如图 13.4.17 所示。

图 13.4.15　"腔体"对话框

图 13.4.16　选取特征

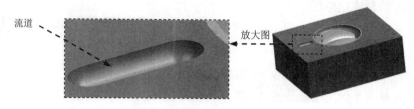

图 13.4.17　流道隐藏

Stage2. 设计浇口

Step1.　选择命令。在"注塑模向导"工具条中，单击"浇口库"按钮 ▣，系统弹出图 13.4.18 所示的"浇口设计"对话框（将产品实体隐藏）。

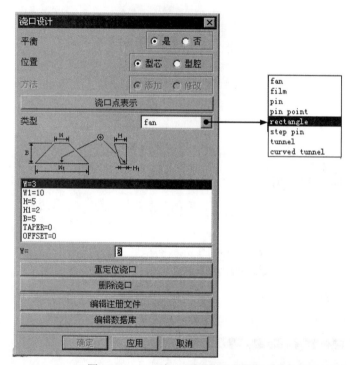

图 13.4.18　"浇口设计"对话框

Step2. 定义位置。在"浇口设计"对话框 位置 的区域中，选中 ⊙ 型腔 单选项。

Step3. 定义类型属性。

（1）选择类型。在"浇口设计"对话框 类型 的下拉列表中，选择 rectangle 项。

（2）定义尺寸。分别将"L"、"H"、"B"和"OFFSET"的参数改写为 2、1、2 和 10，单击 应用 按钮。

Step4. 定义浇口起始点。在"点"对话框的 类型 下拉列表中，选择 圆弧中心/椭圆中心/球心，选取图 13.4.19 所示的圆弧边线。

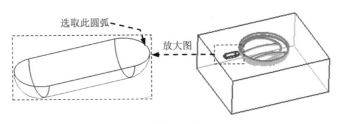

图 13.4.19　选取圆弧

Step5. 在系统弹出的"矢量"对话框中，在 类型 下拉列表中选择 XC 轴 选项，单击 确定 按钮。

Step6. 在流道末端创建的浇口特征如图 13.4.20 所示，单击 取消 按钮，退出"浇口设计"对话框。

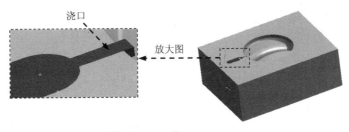

图 13.4.20　浇口

Step7. 创建浇口槽。

（1）在"注塑模向导"工具条中，单击"腔体"按钮 ，系统弹出"腔体"对话框。

（2）选择目标体。选取型腔为目标体，然后单击鼠标中键。

（3）选取刀具体。在 工具类型 下拉列表中选择 实体 ，选取浇口特征为刀具体，单击 确定 按钮。

说明：观察结果时，将流道隐藏，同时将产品零件隐藏起来，结果如图 13.4.21 所示。

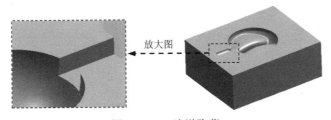

图 13.4.21　流道隐藏

Step8. 将产品零件和型芯显示出来。

Stage3. 创建模具爆炸视图

Step1. 选择命令。选择下拉菜单 窗口(O) → fancy_soap_box_top_000，在装配导航器中将部件转换成工作部件。

Step2. 移动型腔。

（1）选择命令。选择下拉菜单 装配(A) ➡ 爆炸图(X) ▶ ➡ 新建爆炸图(N)... 命令，系统弹出"新建爆炸图"对话框，接受默认的名字，单击 确定 按钮。

（2）选择命令。选择下拉菜单 装配(A) ➡ 爆炸图(X) ▶ ➡ 编辑爆炸图(E)... 命令，系统弹出"编辑爆炸图"对话框。

（3）选择移动对象。选取图 13.4.22 所示的型腔元件。

（4）在"编辑爆炸图"对话框中选中 ⊙ 移动对象 单选项，沿 Z 方向上移动 90，单击 确定 按钮。结果如图 13.4.23 所示。

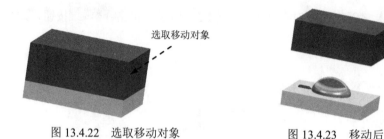

图 13.4.22   选取移动对象   图 13.4.23   移动后

Step3. 移动产品模型。

（1）选择命令。选择下拉菜单 装配(A) ➡ 爆炸图(X) ▶ ➡ 编辑爆炸图(E)... 命令，系统弹出"编辑爆炸图"对话框。

（2）选择移动对象。选取图 13.4.24 所示的产品模型元件。

（3）在"编辑爆炸图"对话框中选中 ⊙ 选择对象 单选项，选取图 13.4.24 所示的对象，选中 ⊙ 移动对象 单选项，沿 Z 方向上移动 35，结果如图 13.4.25 所示。

图 13.4.24   选取移动对象   图 13.4.25   移动后

Step4. 保存文件。选择下拉菜单 文件(F) ➡ 全部保存(V)，保存所有文件。

13.5   带滑块的模具设计

本节将介绍一个水杯的模具设计（图 13.5.1）。在设计该水杯的模具时，如果仍然将模具的开模方向定义为竖直方向，那么水杯中不通孔的轴线方向就与开模方向垂直，这就需要设计型芯模具元件才能构建该孔，因而该水杯的设计过程将会复杂一些。下面介绍水杯模具的设计过程。

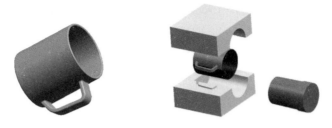

图 13.5.1 水杯模具的设计

Task1. 初始化项目

Step1. 加载模型。在工具条按钮区右击单击 ✔ **应用模块** 选项，单击 按钮，系统弹出"注塑模向导"工具条，在"注塑模向导"工具条中，单击"初始化项目"按钮 ，系统弹出"打开"对话框。选择 D:\ug8\work\ch13.05\cup.prt，单击 OK 按钮，调入模型，系统弹出"初始化项目"对话框。

Step2. 定义投影单位。在"初始化项目"对话框 **设置** 区域的 **项目单位** 区域中，选择 **毫米** 单选项。

Step3. 设置项目路径和名称。

（1）设置项目路径。接受系统默认的项目路径。

（2）设置项目名称。在"初始化项目"对话框的 Name 文本框中，输入 cup_mold。

Step4. 在该对话框中，单击 确定 按钮，完成项目路径和名称的设置。

Task2. 模具坐标系

Step1. 旋转模具坐标系。

（1）选择命令。在主菜单栏上选择 **格式(R)** ➡ **WCS** ➡ **旋转(R)...** 命令。系统弹出图 13.5.2a 所示的"旋转 WCS 绕..."对话框。

（2）在弹出的对话框中选中 ⊙ + XC 轴 单选项，单击 确定 按钮，定义后的坐标系如图 13.5.2b 所示。

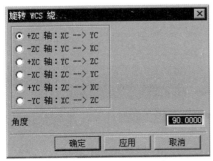

a）"旋转 WCS 绕..."对话框

b）定义后的模具坐标系

图 13.5.2 定义模具坐标系

Step2. 锁定模具坐标系。

（1）在"注塑模向导"工具栏中，单击 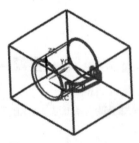 按钮，系统弹出"模具 CSYS"对话框。

（2）在"模具坐标"对话框中选中 ⊙ 当前 WCS 单选项，单击 确定 按钮，完成坐标系的定义。

Task3. 设置收缩率

Step1. 定义收缩率类型。

（1）在"注塑模向导"工具栏中，单击"收缩率"按钮，产品模型会高亮显示，同时系统弹出"缩放体"对话框。

（2）在"缩放体"对话框 类型 的下拉列表中，选择 均匀 选项。

Step2. 定义缩放体和缩放点。接受系统默认的设置。

Step3. 在"缩放体"对话框 比例因子 区域的 均匀 文本框中输入数值 1.006。

Step4. 单击 确定 按钮，完成收缩率的位置。

Task4. 创建模具工件

Step1. 在"注塑模向导"工具栏中，单击"工件"按钮，系统弹出"工件"对话框。

Step2. 在"工件"对话框的 类型 下拉菜单中选择 产品工件 选项，在 工件方法 的下拉菜单中选择 用户定义的块 选项。

Step3. 修改尺寸。在 极限 区域的开始和结束文本框中分别输入数值-50 和 50。 其余参数值保持系统默认设置值不变，单击 < 确定 > 按钮，完成创建的模具工件如图 13.5.3 所示。

图 13.5.3　创建后的工件

Task5. 模具分型

Stage1. 设计区域

Step1. 切换窗口。选择下拉菜单 窗口(0) ➡ cup_mold_parting_022.prt 命令。

Step2. 选择命令。选择下拉菜单 开始▾ ➡ 建模(M)... 命令，进入到建模环境中。

Step3. 创建基准平面。

（1）选择命令。选择下拉菜单 插入(S) ➡️ 基准/点(D)▶ ➡️ 基准平面(D)... 命令，系统弹出图 13.5.4 所示的"基准平面"对话框。

（2）在"基准平面"对话框的 类型 下拉列表中选择 XC-ZC 平面，在该对话框的 偏置和参考 区域的 距离 文本框中输入数值 0，单击 < 确定 > 按钮，创建结果如图 13.5.5 所示。

图 13.5.4 "基准平面"对话框

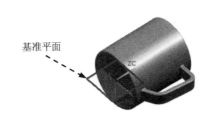

图 13.5.5 创建基准平面

Step4. 在"注塑模向导"工具栏中，单击"注塑模工具"按钮 🛠️，在弹出的工具栏中，单击"拆分面"按钮 ◻️。

Step5. 在系统弹出的"拆分面"对话框中，在"拆分面"对话框 类型 的下拉列表中选择 平面/面 选项。

Step6. 选取要分割的面。选取图 13.5.6 所示的面。

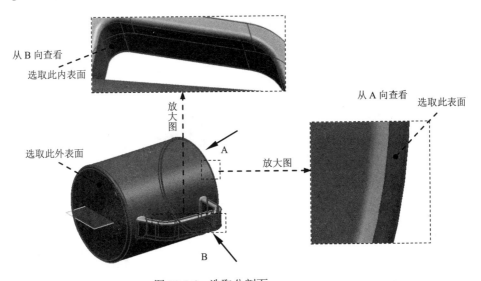

图 13.5.6 选取分割面

Step7. 选取分割对象。单击"选择对象"按钮 ◻️。选择 Step2 中创建的基准平面。然后单击 < 确定 > 按钮，完成拆分面的创建。

Step8. 在"注塑模向导"工具条中单击"模具分型工具"按钮 ⬜，系统弹出"模具分型工具"工具条和"分型导航器"窗口。

Step9. 在"模具分型工具"工具条中单击"区域分析"按钮 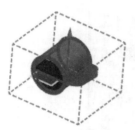，系统弹出"检查区域"对话框，同时模型被加亮，并显示开模方向，如图 13.5.7 所示。单击"计算"按钮 ，系统开始对产品模型进行分析计算。

图 13.5.7　开模方向

Step10. 在"检查区域"对话框中单击 区域 选项卡，在该对话框 设置 区域中取消选中 内环 、 分型边 和 不完整的环 三个复选框。

Step11. 设置区域颜色。在"检查区域"对话框中单击"设置区域颜色"按钮 ，设置区域颜色。

Step12. 设定区域。

定义型芯区域。在"检查区域"对话框中，在 指派到区域 区域中选中 型芯区域 单选项，单击"选择区域面"按钮 ，选取图 13.5.8 所示的表面。单击 应用 按钮，创建结果如图 13.5.9 所示。

Step13. 其他参数接受系统默认设置值；单击 取消 按钮，关闭"检查区域"对话框，系统返回至"模具分型工具"工具条。

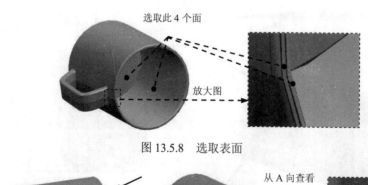

图 13.5.8　选取表面

图 13.5.9　创建结果

Stage2. 抽取分型线

Step1. 在"模具分型工具"工具条中单击"定义区域"按钮 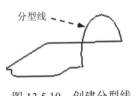，系统弹出"定义区域"对话框。

Step2. 在"定义区域"对话框中选中 设置 区域的 ☑ 创建区域 和 ☑ 创建分型线 复选框，单击 确定 按钮，完成型腔/型芯区域分型线的创建；创建分型线如图 13.5.10 所示。

Stage3. 创建曲面补片

Step1. 在"模具分型工具"工具栏中，单击"曲面补片"按钮 ，系统弹出"边缘修补"对话框。

Step2. 在该对话框的 类型 下拉列表中选择 体 选项。单击 确定 按钮，补片后的结果如图 13.5.11 所示。

图 13.5.10　创建分型线

图 13.5.11　创建补片后

Stage4. 编辑分型段

Step1. 在"模具分型工具"工具条中单击"设计分型面"按钮 ，系统弹出"设计分型面"对话框。

Step2. 在"分型线"对话框的 编辑分型段 区域中单击 ☑ 选择分型或引导线 (1) 按钮 。选取图 13.5.12 所示的圆弧 1、圆弧 2 和对应的两条圆弧为编辑对象，然后单击 确定 按钮。

说明：此图只显示了两条圆弧，还有对应的两条没有显示出来。

图 13.5.12　选取圆弧

Stage5. 创建分型面

Step1. 在"模具分型工具"工具条中单击"设计分型面"按钮 ，系统弹出"设计分型面"对话框。

Step2. 在 `分型线` 区域选择 `分段 1` 选项，在图 13.5.13a 中单击"延伸距离"文本，然后在活动的文本框中输入数值 80 并按 Enter 键，结果如图 13.5.13b 所示。

a）修改之前　　　　　　　　　　　　　　　　b）修改之后

图 13.5.13　修改延伸距离

Step3. 创建拉伸 1。在"设计分型面"对话框中 `创建分型面` 区域的 `方法` 中选择 选项，方向如图 13.5.14 所示，在"设计分型面"对话框单击 `应用` 按钮，系统返回至"设计分型面"对话框；结果如图 13.5.15 所示。

说明：如图 13.5.14 所示的引导线为当前分型面拉伸的方向。选择如图 13.5.12 所示的边线是定义当前分型面要拉伸的方向。

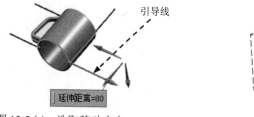

图 13.5.14　选取移动方向　　　　　　　图 13.5.15　拉伸后

Step4. 创建拉伸 2。方向如图 13.5.16 所示，然后单击 `应用` 按钮，结果如图 13.5.17 所示。

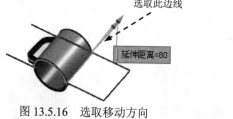

图 13.5.16　选取移动方向　　　　　　　图 13.5.17　拉伸后

Step5. 创建拉伸 3。方向如图 13.5.18 所示，然后单击 `应用` 按钮，结果如图 13.5.19 所示。

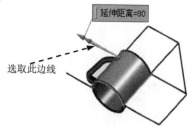

图 13.5.18　选取移动方向　　　　　　　图 13.5.19　拉伸后

Step6. 创建拉伸 4。方向如图 13.5.20 所示。在 ✔ 拉伸方向 区域 🔽 的下拉列表中选择 ▨ᶻᶜ 选项，拉伸方向如图 13.5.20 所示，然后单击 确定 按钮，结果如图 13.5.21 所示。

图 13.5.20 选取移动方向

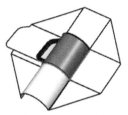

图 13.5.21 拉伸后

Stage6. 创建型腔和型芯

Step1. 在"模具分型工具"工具条中单击"定义型腔和型芯"按钮 ⌂，系统弹出"定义型腔和型芯"对话框。

Step2. 在"定义型腔和型芯"对话框中，选取 选择片体 区域下的 所有区域 选项，单击 确定 按钮。

Step3.系统弹出"查看分型结果"对话框，并在图形区显示出创建的型腔，单击"查看分型结果"对话框中的 确定 按钮，系统再一次弹出"查看分型结果"对话框。在对话框中单击 确定 按钮，关闭对话框。

Step4. 选择下拉菜单 窗口(0) ➡ cup_mold_core_006，显示型芯零件如图 13.5.22 所示；选择下拉菜单 窗口(0) ➡ cup_mold_cavity_002，显示型腔零件如图 13.5.23 所示。

说明：为了显示清晰、明了，可将基准面隐藏起来。

图 13.5.22 型芯

图 13.5.23 型腔

Task6. 创建滑块

Step1. 选择下拉菜单 窗口(0) ➡ cup_mold_core_006，系统将在工作区中显示出型芯工作零件。

Step2. 定义草图平面。

（1）选择命令。选择下拉菜单 插入(S) ➡ 设计特征(E) ➡ ▥ 拉伸(E)... 命令，系统弹出"拉伸"对话框。

（2）选取草图平面。选取图 13.5.24 所示的平面为草图平面。

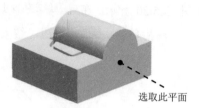

图 13.5.24　选取草图平面

Step3. 创建草图截面。

（1）选择命令。选择下拉菜单 插入(S) ➡ 处方曲线(U) ▶ ➡ 投影曲线(T)...命令，此时系统弹出"投影曲线"对话框。

（2）选取要投影的曲线。选图 13.5.25 所示的圆为投影对象，单击 确定 按钮。

（3）单击"完成草图"按钮 完成草图。

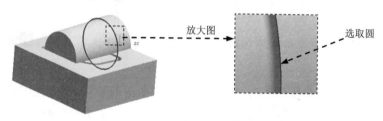

图 13.5.25　选取投影曲线

Step4. 定义拉伸属性。

（1）定义拉伸方向。在"拉伸"对话框中，单击"反向"按钮 。

（2）定义拉伸类型。在"拉伸"对话框 极限 区域的 开始 下拉列表中，选择 直至延伸部分 类型。

（3）定义被延伸面。选取图 13.5.26 所示的平面为被延伸的曲面，定义在"结束"的 距离 的文本框中输入数值 0。

（4）定义布尔运算。在 布尔 区域下拉列表中选择 无 选项。

（5）单击 〈 确定 〉按钮，拉伸结果如图 13.5.27 所示。

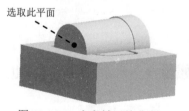

图 13.5.26　定义被延伸曲面

图 13.5.27　拉伸后

Step5. 求交特征。

（1）选择命令。选择下拉菜单 插入(S) ➡ 组合(B) ▶ ➡ 求交(I)...命令。此时系统弹出"求交"对话框。

（2）选取目标体。选取图 13.5.28 所示的特征为目标体。

（3）选取刀具体。选取图 13.5.28 所示的特征为刀具体，并在 设置 区域选中 ☑ 保存工具 和 ☑ 保存目标 复选框。

（4）单击 < 确定 > 按钮，完成求交特征的创建，如图 13.5.29 所示。

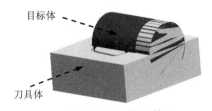

图 13.5.28　选取特征

图 13.5.29　求交特征

Step6. 求差特征。

（1）选择命令。选择下拉菜单 插入(S) ➡ 组合(B) ▶ ➡ 求差(S)... 命令。此时系统弹出"求差"对话框。

（2）选取目标体。选取图 13.5.30 所示的特征为目标体。

（3）选取刀具体。选取图 13.5.30 所示的特征为刀具体，并选中 ☑ 保存工具 复选框。

（4）单击 < 确定 > 按钮，完成求差特征的创建。

　说明：观察显示结果时，可将创建的拉伸特征隐藏起来。

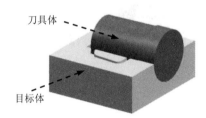

图 13.5.30　选取特征

Step7. 将滑块转为工作部件。

（1）选择命令。单击装配导航器中的 按钮，系统弹出图 13.5.31 所示的"装配导航器"对话框，在对话框中右击空白处，然后在弹出的菜单中，选择 WAVE 模式 选项。

（2）在"装配导航器"对话框中，右击 ☑ cup_mold_core_006，在弹出的菜单中，选择 WAVE ▶ ➡ 新建级别 命令，系统弹出"新建级别"对话框。

（3）单击"新建级别"对话框中，单击 指定部件名 按钮，在弹出的"选择部件名"的对话框中的 文件名(N) 文本框中输入"cup_mold_slide.prt"，单击 OK 按钮。

（4）单击"新建级别"对话框中单击 类选择 按钮，选择图 13.5.32 所示的滑块特征，单击 确定 按钮。

（5）单击"新建级别"对话框中的 确定 按钮，此时在"装配导航器"对话框中显示出上一步创建的滑块的名字。

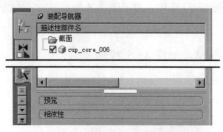

图 13.5.31 "装配导航器"对话框

图 13.5.32 选取特征

Step8. 隐藏拉伸特征。

（1）选择命令。选择下拉菜单 格式(R) ➡️ 图层设置(S)... 命令，系统弹出"图层设置"对话框。

（2）在"工作"的文本框中输入数值 10，单击 Enter 键，将层 10 作为当前的工作层，单击 关闭 按钮，退出"图层设置"对话框。

（3）选取要移动的特征。单击"部件导航器"中的 按钮，系统弹出"部件导航器"对话框，在该对话框中，选择 求交 (4) 。

（4）选择下拉菜单 格式(R) ➡️ 移动至图层(M)... 命令，系统弹出"图层移动"对话框，在该对话框的 图层 区域中，选择层 10，单击 确定 按钮。

（5）选择下拉菜单 格式(R) ➡️ 图层设置(S)... 命令，系统弹出"图层设置"对话框。

（6）在该对话框中将层 1 设置为工作层，将层 10 设置为不可见，单击 关闭 按钮。

Task7. 创建模具爆炸视图

Step1. 移动滑块。

（1）选择下拉菜单 窗口(O) ➡️ cup_mold_top_000.prt ，在装配导航器中将部件转换成工作部件。

（2）选择命令。选择下拉菜单 装配(A) ➡️ 爆炸图(X) ▶ ➡️ 新建爆炸图(N)... 命令，系统弹出"新建爆炸图"对话框，接受默认的名字，单击 确定 按钮。

（3）选择命令。选择下拉菜单 装配(A) ➡️ 爆炸图(X) ▶ ➡️ 编辑爆炸图(E)... 命令，系统弹出"编辑爆炸图"对话框。

（4）选择对象。在对话框中选中 选择对象 单选项。选取图 13.5.33 所示的滑块元件。

（5）在该对话框中，选中 移动对象 单选项，沿 Y 方向上移动 100，单击 确定 按钮。结果如图 13.5.34 所示。

Step2. 移动型腔。

（1）选择命令。选择下拉菜单 装配(A) ➡️ 爆炸图(X) ▶ ➡️ 编辑爆炸图(E)... 命令，系统弹出"编辑爆炸图"对话框。

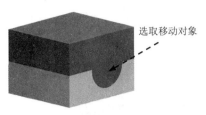

图 13.5.33　选取移动对象

图 13.5.34　移动后

（2）选择对象。选取图 13.5.35 所示的型腔元件。

（3）在该对话框中，选中 ⊙移动对象 单选项，沿 Z 方向上移动 100，结果如图 13.5.36 所示。

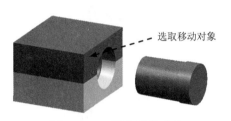

图 13.5.35　选取移动对象

图 13.5.36　移动后

Step3. 移动产品模型。

（1）选择命令。选择下拉菜单 装配(A) ➡ 爆炸图(X) ▶ ➡ 编辑爆炸图(E)... 命令，系统弹出"编辑爆炸图"对话框。

（2）选择对象。选取图 13.5.37 所示的产品模型元件。

（3）在该对话框中，选中 ⊙移动对象 单选项，沿 Z 方向上移动 50，结果如图 13.5.38 所示。

图 13.5.37　选取移动对象　　　　　　　　　　　图 13.5.38　移动后

Step4. 保存文件。选择下拉菜单 文件(F) ➡ 全部保存(V)，保存所有文件。

13.6　Mold Wizard 标准模架设计

本实例将介绍一个完整的带侧抽机构的 Mold Wizard 模具设计过程，塑料凳子的模具（图 13.6.1），包括模具的分型、斜抽机构的创建、模架的加载、标准件和顶出系统的添加等过程。在完成本实例的学习后，希望读者能够熟练掌握带侧抽机构模具的设计方法和技巧，并能够掌握在模架中添加顶出系统及组件的设计思路。下面介绍该模具的设计过程。

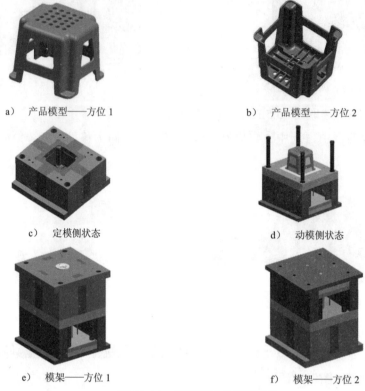

a)　产品模型——方位 1　　　　　　　　　b)　产品模型——方位 2

c)　定模侧状态　　　　　　　　　　　　d)　动模侧状态

e)　模架——方位 1　　　　　　　　　　　f)　模架——方位 2

图 13.6.1　塑料凳子的模具设计

Task1. 初始化项目

Step1. 加载模型。在工具条按钮区右击单击 **✔ 应用模块** 选项，单击 ▦ 按钮，系统弹出
"注塑模向导"工具条，在"注塑模向导"工具条中，单击"初始化项目"按钮 ▢，系统弹
出"打开"对话框，选择 D:\ug8\work\ch13.06\plastic_stool.prt，单击 **OK** 按钮，调入模
型，系统弹出"初始化项目"对话框。

Step2. 定义项目单位。在"初始化项目"对话框的 **项目单位** 下拉菜单中选择 **毫米** 选项。

Step3. 设置项目路径和名称。接受系统默认的项目路径和名称。

Step4. 在该对话框中单击 **确定** 按钮，完成项目路径和名称的设置。

Task2. 模具坐标系

Step1. 选择命令。在"注塑模向导"工具条中单击"模具 CSYS"按钮 ▦，系统弹出
"模具 CSYS"对话框。

Step2. 在"模具 CSYS"对话框中选中 **⊙ 当前 WCS** 单选项。

Step3. 单击 **确定** 按钮，完成坐标系的定义，如图 13.6.2 所示。

图 13.6.2　定义后的模具坐标系

Task3. 设置收缩率

Step1. 定义收缩率类型。

（1）在"注塑模向导"工具条中，单击"收缩率"按钮，产品模型会高亮显示，同时系统弹出"缩放体"对话框。

（2）在"缩放体"对话框的 类型 下拉列表中，选择 均匀 选项。

Step2. 定义缩放体和缩放点。接受系统默认的参数设置值。

Step3. 定义比例因子。在"缩放体"对话框 比例因子 区域的 均匀 文本框中输入数值 1.006。

Step4. 单击 确定 按钮，完成收缩率的设置。

Task4. 创建模具工件

Step1. 在"注塑模向导"工具条中，单击"工件"按钮，系统弹出"工件"对话框。

Step2. 在"工件"对话框的 类型 下拉菜单中选择 产品工件 选项，在 工件方法 下拉菜单中选择 用户定义的块 选项，其他参数采用系统默认设置值。

Step3. 修改尺寸。

（1）单击 定义工件 区域的"绘制截面"按钮，系统进入草图环境，然后修改截面草图的尺寸，如图 13.6.3 所示。

（2）在"工件"对话框 极限 区域的 开始 下拉列表中选择 值 选项，并在其下的 距离 文本框中输入数值-50；在 极限 区域的 结束 下拉列表中选择 值 选项；并在其下的 距离 文本框中输入数值 250。

Step4. 单击 < 确定 > 按钮，完成创建后的模具工件如图 13.6.4 所示。

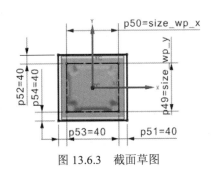

图 13.6.3　截面草图

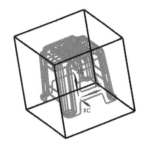

图 13.6.4　创建后的模具工件

Task5. 模型修补

Stage1. 曲面修补 1

Step1. 在"注塑模向导"工具条中，单击"注塑模工具"按钮 ✖，系统弹出"注塑模工具"工具条。

Step2. 选择命令。在"注塑模工具"工具条中单击"边缘修补"按钮 ▣，系统弹出"边缘修补"对话框。

Step3. 选择轮廓边界。在 设置 区域取消选中 □按面的颜色遍历 复选框，选取图 13.6.5 所示的边线为起始边线。

Step4. 单击对话框中的"接受"按钮 ⇨ 和"关闭环"按钮 ◯，完成图 13.6.6 所示的边界环的选取。

Step5. 单击 确定 按钮，系统将自动生成图 13.6.7 所示的曲面修补。

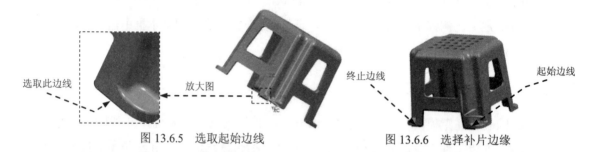

选取此边线　　　　放大图　　　　　　　　终止边线　　　　　　　　　　起始边线

图 13.6.5　选取起始边线　　　　　　　图 13.6.6　选择补片边缘

Stage2. 曲面修补 2

参照 Stage1，创建其他 3 个曲面修补，结果如图 13.6.8 所示。

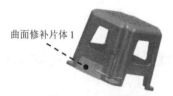

曲面修补片体 1　　　　　　　　　　　　曲面修补片体 2

图 13.6.7　曲面修补 1　　　　　　　　图 13.6.8　曲面修补 2

Task6. 模具分型

Stage1. 设计区域

Step1. 在"注塑模向导"工具条中单击"模具分型工具"按钮 ▤，系统弹出"模具分型工具"工具条和"分型导航器"窗口。

Step2. 在"模具分型工具"工具条中单击"区域分析"按钮 ◿，系统弹出"检查区域"对话框，并显示图 13.6.9 所示的开模方向。在"检查区域"对话框中选中 ⊙保持现有的 单选项。

Step3. 计算设计区域。在"检查区域"对话框中单击"计算"按钮 ▤，系统开始对产品模型进行分析计算。单击"检查区域"对话框中的 面 选项卡，可以查看分析结果。

Step4. 设置区域颜色。

（1）在"检查区域"对话框中单击 区域 选项卡，取消选中 □内环 、 □分型边 和 □不完整的环 三个复选框，然后单击"设置区域颜色"按钮 ，设置各区域颜色。

（2）在 未定义的区域 区域中，选中 ☑交叉竖直面 复选框，此时系统将所有的未定义区域面加亮显示；在 指派到区域 区域中，选中 ⊙型腔区域 单选项，单击 应用 按钮，此时系统将加亮显示的未定义区域面指派到型腔区域。

（3）选取图 13.6.10 所示的模型表面为型腔区域，单击 应用 按钮，结果如图 13.6.11 所示。

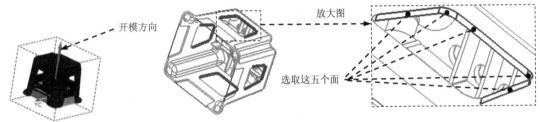

图 13.6.9　开模方向　　　　　　　　　图 13.6.10　定义型腔区域

说明：在选取表面时，要选取模型中四个相同特征的表面，图 13.6.10 中高亮显示了这四个特征的表面。

图 13.6.11　设置区域颜色

（4）接受系统默认的其他参数设置值，单击 取消 按钮，关闭"检查区域"对话框。

Step5. 创建曲面补片。

（1）在"模具分型工具"工具条中单击"曲面补片"按钮 ，系统弹出"边缘修补"对话框。

（2）在"边缘修补"对话框的 类型 下拉列表中选择 体 选项，然后在图形区中选择产品实体。

（3）单击"边缘修补"对话框中的 确定 按钮，系统自动创建曲面补片，结果如图 13.6.12 所示。

Stage2. 创建分型线

Step1. 在"模具分型工具"工具条中单击"设计分型面"按钮，系统弹出"设计分型面"对话框。

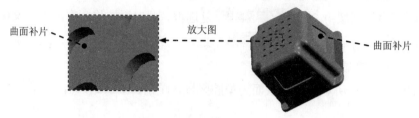

图 13.6.12　创建曲面补片

Step2. 在"设计分型面"对话框 编辑分型线 区域中单击"遍历分型线"按钮，此时系统弹出的"遍历分型线"对话框。

Step3. 选取遍历边线。选取图 13.6.13 所示的边界环为起始边线，单击对话框中的"接受"按钮和"循环候选项"按钮，完成图 13.6.14 所示的分型线，单击 确定 按钮，在"设计分型面"对话框中单击 确定 按钮。

说明：如果系统不能自动捕捉下一线段，则需要手动选取。

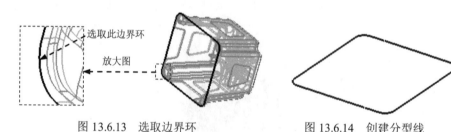

图 13.6.13　选取边界环　　　　　图 13.6.14　创建分型线

Stage3. 创建分型面（显示产品体和曲面补片）

Step1. 在"模具分型工具"工具条中单击"设计分型面"按钮，系统弹出"设计分型面"对话框。

Step2. 在"设计分型面"对话框的 方法 区域中选择"条带曲面"选项。

Step3. 在"设计分型面"对话框中单击 应用 按钮，系统返回至"设计分型面"对话框。

Step4. 在"设计分型面"对话框中接受系统默认的公差值；在 分型面长度 文本框中输入数值 200，然后按 Enter 键，单击 确定 按钮，分型面如图 13.6.15 所示。

Stage4. 创建型腔和型芯

Step1. 创建区域。

（1）在"模具分型工具"工具条中单击"定义区域"按钮，系统弹出"定义区域"

对话框。

图 13.6.15 创建分型面

（2）在"定义区域"对话框中选中 设置 区域的 ☑创建区域 复选框，单击 确定 按钮。

Step2. 在"模具分型工具"工具条中单击"定义型腔和型芯"按钮 ⌂，系统弹出"定义型腔和型芯"对话框。

Step3. 在"定义型腔和型芯"对话框中选取 选择片体 区域下的 所有区域 选项，单击 确定 按钮，系统弹出"查看分型结果"对话框并在图形区显示出创建的型腔，单击"查看分型结果"对话框中的 确定 按钮，系统再一次弹出"查看分型结果"对话框并在图形区显示出创建的型芯，单击 确定 按钮。

Step4. 选择下拉菜单 窗口(0) ➡ plastic_stool_core_006.prt 命令，显示型芯零件，结果如图 13.6.16 所示；选择下拉菜单 窗口(0) ➡ plastic_stool_cavity_002.prt 命令，显示型腔零件，结果如图 13.6.17 所示。

图 13.6.16 型芯零件

图 13.6.17 型腔零件

Task7. 创建滑块

Stage1. 创建滑块 1

Step1. 选择命令。选择下拉菜单 开始▾ ➡ 建模(M)... 命令，进入到建模环境中。

说明： 如果此时系统已经进入到建模环境下，则用户可不需要进行此步操作。

Step2. 创建拉伸特征 1。

（1）选择命令。选择下拉菜单 插入(S) ➡ 设计特征(E) ➡ 拉伸(E)... 命令（或单击 按钮），系统弹出"拉伸"对话框。

（2）单击"拉伸"对话框中的"绘制截面"按钮 ⌷，系统弹出"创建草图"对话框。

① 定义草图平面。选取图 13.6.18 所示的模型表面为草图平面，单击 确定 按钮。

② 进入草图环境，选择下拉菜单 插入(S) ➡ 处方曲线(U) ▶ ➡ 投影曲线(T)... 命令，系统弹出"投影曲线"对话框；选取图 13.6.19 所示的曲线为投影对象；单击 确定 按钮，完成投影曲线的选取。

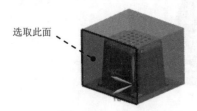

选取此面

图 13.6.18　定义草图平面

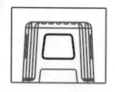

图 13.6.19　截面草图

③ 单击 完成草图 按钮，退出草图环境。

（3）确定拉伸开始值和结束值。在"拉伸"对话框的 极限 区域的 开始 下拉列表中选择 值选项，并在其下的 距离 文本框中输入数值 0；在 极限 区域的 结束 下拉列表中选择 直至延伸部分选项；选取图 13.6.20 所示的面为拉伸终止面，并确认 布尔 下拉列表中选择的是 无 选项，其他参数采用系统默认设置值。

（4）在"拉伸"对话框中单击 〈确定〉 按钮，完成拉伸特征 1 的创建。

Step3. 创建拉伸特征 2。

（1）选择命令。选择下拉菜单 插入(S) ➡ 设计特征(E) ➡ 拉伸(E)...命令（或单击 按钮），系统弹出"拉伸"对话框。

（2）单击"拉伸"对话框中的"绘制截面"按钮，系统弹出"创建草图"对话框。

① 定义草图平面。选取图 13.6.18 所示的模型表面为草图平面，单击 确定 按钮。

② 进入草图环境，绘制图 13.6.21 所示的截面草图。

③ 单击 完成草图 按钮，退出草图环境。

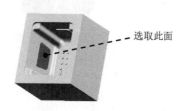

选取此面

图 13.6.20　拉伸终止面

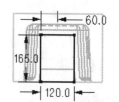

图 13.6.21　截面草图

（3）确定拉伸开始值和结束值。在"拉伸"对话框的 极限 区域的 开始 下拉列表中选择 值选项，并在其下的 距离 文本框中输入数值 0，在 极限 区域的 结束 下拉列表中选择 值选项；并在其下的 距离 文本框中输入数值 25；使拉伸方向朝向-Y 轴；在 布尔 区域中选择 无 选项。

（4）在"拉伸"对话框中单击 〈确定〉 按钮，完成拉伸特征 2 的创建。

Step4. 创建求和特征。

（1）选择命令。选择下拉菜单 插入(S) ➡ 组合(B) ▶ ➡ 求和(U)...命令，系统弹出"求和"对话框。

（2）选取目标体。选取 Step2 中创建的拉伸特征 1 为目标体。

（3）选取工具体。选取 Step3 中创建的拉伸特征 2 为工具体。

（4）单击 〈 确定 〉 按钮，完成求和特征的创建。

Step5. 创建求差特征。

（1）选择命令。选择下拉菜单 插入(S) ➡ 组合(B) ▶ ➡ 求差(S)... 命令，此时系统弹出"求差"对话框。

（2）选取目标体。选取型腔为目标体。

（3）选取工具体。选取求和特征为工具体，并选中 ☑ 保存工具 复选框。

（4）单击 〈 确定 〉 按钮，完成求差特征的创建。

Stage2. 创建滑块 2

Step1. 创建基准平面。

（1）选择命令。选择下拉菜单 插入(S) ➡ 基准/点(D) ➡ □ 基准平面(D)... 命令。

（2）在系统弹出的"基准平面"对话框的 类型 下拉列表中选择 XC-ZC 平面 ，在该对话框的 偏置和参考 区域的 距离 文本框中输入数值 0，单击 〈 确定 〉 按钮，创建结果如图 13.6.22 所示。

Step2. 镜像合并特征。

（1）选择命令。选择下拉菜单 插入(S) ➡ 关联复制(A) ➡ 镜像体(B)... 命令，系统弹出"镜像体"对话框。

图 13.6.22　创建基准平面

（2）选取要镜像的特征。选取图 13.6.22 所示的滑块 1。

（3）选取镜像平面。选取图 13.6.22 所示的基准平面为镜像平面。

（4）单击 确定 按钮，完成滑块 1 的镜像。

Step3. 创建求差特征。

（1）选择命令。选择下拉菜单 插入(S) ➡ 组合(B) ▶ ➡ 求差(S)... 命令，此时系统弹出"求差"对话框。

（2）选取目标体。选取型腔为目标体。

（3）选取工具体。选取镜像后的特征为工具体，并选中  ☑ 保存工具 复选框。

（4）单击 〈 确定 〉 按钮，完成求差特征的创建。

Stage3. 创建滑块 3

Step1. 创建拉伸特征 1。

（1）选择命令。选择下拉菜单 插入(S) ➡ 设计特征(E) ➡ 📖 拉伸(E)... 命令（或单击 📖 按钮），系统弹出"拉伸"对话框。

（2）单击对话框中的"绘制截面"按钮 🔐，系统弹出"创建草图"对话框。

① 定义草图平面。选取图 13.6.23 所示的模型表面为草图平面，单击 确定 按钮。

② 进入草图环境，选择下拉菜单 插入(S) ➡ 处方曲线(U) ▶ ➡ 📈 投影曲线(T)... 命令，系统弹出"投影曲线"对话框；选取图 13.6.24 所示的曲线为投影对象；单击 确定 按钮，完成投影曲线的选取。

③ 单击 ✖ 完成草图 按钮，退出草图环境。

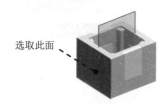

选取此面

图 13.6.23　定义草图平面

图 13.6.24　截面草图

（3）确定拉伸开始值和结束值。在"拉伸"对话框的 极限 区域的 开始 下拉列表中选择 値 选项，并在其下的 距离 文本框中输入数值 0；在 极限 区域的 结束 下拉列表中选择 🔷 直至延伸部分 选项；选取图 13.6.25 所示的面为拉伸终止面，在 布尔 区域中选择 🍩 无 选项。

（4）在"拉伸"对话框中单击 〈 确定 〉 按钮，完成拉伸特征 1 的创建。

Step2. 创建拉伸特征 2。

（1）选择命令。选择下拉菜单 插入(S) ➡ 设计特征(E) ➡ 📖 拉伸(E)... 命令（或单击 📖 按钮），系统弹出"拉伸"对话框。

（2）单击对话框中的"绘制截面"按钮 🔐，系统弹出"创建草图"对话框。

① 定义草图平面。选取图 13.6.23 所示的模型表面为草图平面，单击 确定 按钮。

② 进入草图环境，绘制图 13.6.26 所示的截面草图。

③ 单击 ✖ 完成草图 按钮，退出草图环境。

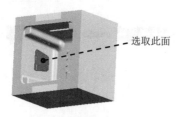

选取此面

图 13.6.25　拉伸终止面

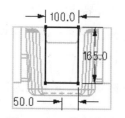

图 13.6.26　截面草图

（3）确定拉伸开始值和结束值。在"拉伸"对话框的 ⬛极限 区域的 开始 下拉列表中选择 ⬛ 值 选项，并在其下的 ⬛距离 文本框中输入数值 0，在 ⬛极限 区域的 结束 下拉列表中选择 ⬛ 值 选项；并在其下的 ⬛距离 文本框中输入数值 25；使拉伸方向指向-X 轴方向；在 ⬛布尔 区域中选择 ⬛ 无 选项。

（4）在"拉伸"对话框中单击 ⬛〈 确定 〉 按钮，完成拉伸特征 2 的创建。

Step3. 创建合并特征。

（1）选择命令。选择下拉菜单 插入(S) ➡ 组合(B) ▶ ➡ ⬛ 求和(U)... 命令，系统弹出"求和"对话框。

（2）选取目标体。选取 Step1 中创建的拉伸特征 1 为目标体。

（3）选取工具体。选取 Step2 中创建的拉伸特征 2 为工具体。

（4）单击 ⬛〈 确定 〉 按钮，完成求和特征的创建。

Step4. 创建求差特征。

（1）选择命令。选择下拉菜单 插入(S) ➡ 组合(B) ▶ ➡ ⬛ 求差(S)... 命令，此时系统弹出"求差"对话框。

（2）选取目标体。选取型腔为目标体。

（3）选取工具体。选取合并特征为工具体，并选中 ⬛☑ 保存工具 复选框。

（4）单击 ⬛〈 确定 〉 按钮，完成求差特征的创建。

Stage4. 创建滑块 4

Step1. 创建基准平面。

（1）选择命令。选择 插入(S) ➡ 基准/点(D) ➡ ⬛ 基准平面(D)... 命令。

（2）在系统弹出的"基准平面"对话框的 类型 下拉列表中选择 ⬛ YC-ZC 平面，在该对话框的 ⬛偏置和参考 区域的 ⬛距离 文本框中输入数值 0，单击 ⬛〈 确定 〉 按钮，完成基准平面 2 的创建。

Step2. 镜像合并特征。

（1）选择命令。选择下拉菜单 插入(S) ➡ 关联复制(A) ➡ ⬛ 镜像体(B)... 命令，系统弹出"镜像体"对话框。

（2）选取要镜像的特征。选取图 13.6.27 所示的滑块 3 为要镜像的特征。

（3）选取镜像平面。选取基准平面 2 为镜像平面。

（4）单击 ⬛ 确定 按钮，完成滑块 3 的镜像。

Step3. 创建求差特征。

（1）选择命令。选择下拉菜单 插入(S) ➡ 组合(B) ▶ ➡ ⬛ 求差(S)... 命令，此时系统弹出"求差"对话框。

（2）选取目标体。选取型腔为目标体。

（3）选取工具体。选取镜像后的特征为工具体，并选中 ⬛☑ 保存工具 复选框。

（4）单击 ⬛〈 确定 〉 按钮，完成求差特征的创建。

Stage5. 将滑块转化为型腔子零件

Step1. 转换滑块 1。

（1）单击"装配导航器"中的 选项卡，系统弹出"装配导航器"窗口，在该窗口中右击空白处，然后在系统弹出的菜单中选择 **WAVE 模式** 选项。

（2）在"装配导航器"对话框中，右击 ☑ plastic_stool_cavity_002，在系统弹出的菜单中选择 **WAVE▶** ➡ **新建级别** 命令，系统弹出"新建级别"对话框。

（3）在"新建级别"对话框中，单击 **指定部件名** 按钮，在系统弹出的"选择部件名"对话框的 **文件名(N)** 文本框中，输入 plastic_stool_slide_001.prt，单击 **OK** 按钮，系统返回至"新建级别"对话框。

（4）在"新建级别"对话框中，单击 **类选择** 按钮，选取图 13.6.28 所示的滑块 1，单击 **确定** 按钮。系统返回"新建级别"对话框，单击 **确定** 按钮。

图 13.6.27　选取镜像特征

图 13.6.28　选取特征

Step2. 转换滑块 2，参照 Step1，将部件名命名为 plastic_stool_slide_002.prt。

Step3. 转换滑块 3，参照 Step1，将部件名命名为 plastic_stool_slide_003.prt。

Step4. 转换滑块 4，参照 Step1，将部件名命名为 plastic_stool_slide_004.prt。

Step5. 将滑块移动至图层。

（1）单击"装配导航器"中的 选项卡，在该选项卡中分别取消选中 ☑ plastic_stool_slide_001、☑ plastic_stool_slide_002、☑ plastic_stool_slide_003 和 ☑ plastic_stool_slide_004 部件。

（2）选取图 13.6.28 所示的四个滑块，选择下拉菜单 **格式(R)** ➡ **移动至图层(M)...** 命令，系统弹出"图层移动"对话框。

（3）在 **目标图层或类别** 文本框中，输入数值 10，单击 **确定** 按钮，退出"图层移动"对话框。将图层第 10 层设置为不可见。

（4）单击装配导航器中的 选项卡，在该选项卡中分别选中 ☑ plastic_stool_slide_001、☑ plastic_stool_slide_002、☑ plastic_stool_slide_003 和 ☑ plastic_stool_slide_004 部件。

Task8. 创建斜抽机构

Stage1. 创建第一个斜抽机构

Step1. 转化显示部件。在装配导航器中，右击 ☑ ⬡ plastic_stool_slide_001 图标，在系统弹出的快捷菜单中选择 🔲 设为显示部件 命令。

Step2. 创建拉伸 1。

（1）选择命令。选择下拉菜单 插入(S) ➡ 设计特征(E) ➡ 📖 拉伸(E)... 命令（或单击 📖 按钮），系统弹出"拉伸"对话框。

（2）单击对话框中的"绘制截面"按钮 🔛，系统弹出"创建草图"对话框。

① 定义草图平面。选取图 13.6.29 所示的模型表面为草图平面，单击 确定 按钮。

② 进入草图环境，绘制图 13.6.30 所示的截面草图。

③ 单击 🏁 完成草图 按钮，退出草图环境。

图 13.6.29　草图平面

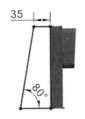

图 13.6.30　截面草图

（3）确定拉伸开始值和结束值。在"拉伸"对话框的 极限 区域的 开始 下拉列表中选择 🔻 值 选项，并在其下的 距离 文本框中输入数值 0，在 极限 区域的 结束 下拉列表中选择 ⬥ 直至延伸部分 选项；选取图 13.6.31 所示的面为拉伸终止面，其他参数采用系统默认设置值。

（4）定义布尔运算。在 布尔 下拉列表中选择 ⬧ 求和 选项。

（5）在"拉伸"对话框中单击 < 确定 > 按钮，完成拉伸 1 的创建，结果如图 13.6.32 所示。

Step3. 创建基准坐标系。选择下拉菜单 插入(S) ➡ 基准/点(D) ▶ ➡ ✧ 基准 CSYS... 命令，系统弹出"基准 CSYS"对话框，单击 < 确定 > 按钮，完成基准坐标系的创建。

Step4. 创建拉伸 2。

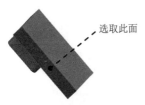

图 13.6.31　拉伸终止面

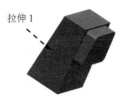

图 13.6.32　创建拉伸 1

（1）选择命令。选择下拉菜单 插入(S) ➡ 设计特征(E) ➡ 📖 拉伸(E)... 命令（或单击 📖 按钮），系统弹出"拉伸"对话框。

（2）单击对话框中的"绘制截面"按钮 🔛，系统弹出"创建草图"对话框。

① 定义草图平面。选取 YZ 基准平面为草图平面，单击 确定 按钮。

② 进入草图环境，绘制图 13.6.33 所示的截面草图。

③ 单击 完成草图 按钮，退出草图环境。

（3）确定拉伸开始值和结束值。在 极限 区域的 开始 下拉列表中选择 对称值 选项，并在其下的 距离 文本框中输入数值 15；其他参数采用系统默认设置值。

（4）定义布尔运算。在 布尔 下拉列表中选择 求和 选项。

（5）在"拉伸"对话框中单击 确定 按钮，完成拉伸 2 的创建，结果图 13.6.34 所示。

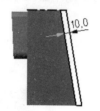

图 13.6.33　截面草图

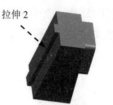

图 13.6.34　创建拉伸 2

Step5. 创建拉伸 3。

（1）选择命令。选择下拉菜单 插入(S) ➡ 设计特征(E) ➡ 拉伸(E)... 命令（或单击 按钮），系统弹出"拉伸"对话框。

（2）单击对话框中的"绘制截面"按钮 ，系统弹出"创建草图"对话框。

① 定义草图平面。选取 YZ 基准平面为草图平面，单击 确定 按钮。

② 进入草图环境，绘制图 13.6.35 所示的截面草图。

③ 单击 完成草图 按钮，退出草图环境。

（3）确定拉伸开始值和结束值。在 极限 区域的 开始 下拉列表中选择 对称值 选项，并在其下的 距离 文本框中输入数值 40；其他参数采用系统默认设置值。

（4）定义布尔运算。在 布尔 下拉列表中选择 求和 选项。

（5）在"拉伸"对话框中单击 确定 按钮，完成拉伸 3 的创建，结果如图 13.6.36 所示。

图 13.6.35　截面草图

图 13.6.36　创建拉伸 3

Step6. 创建拉伸 4。

（1）选择命令。选择下拉菜单 插入(S) ➡ 设计特征(E) ➡ 拉伸(E)... 命令（或单击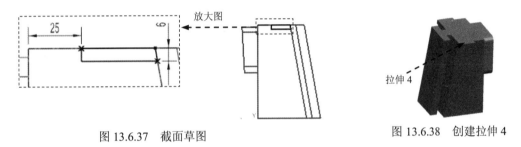按钮），系统弹出"拉伸"对话框。

（2）单击对话框中的"绘制截面"按钮，系统弹出"创建草图"对话框。

① 定义草图平面。选取 YZ 基准平面为草图平面，单击 确定 按钮。

② 进入草图环境，绘制图 13.6.37 所示的截面草图。

③ 单击 完成草图 按钮，退出草图环境。

（3）确定拉伸开始值和结束值。在 极限 区域的 开始 下拉列表中选择 对称值 选项，并在其下的 距离 文本框中输入数值 70；其他参数采用系统默认设置值。

（4）定义布尔运算。在 布尔 下拉列表中选择 求和 选项。

（5）在"拉伸"对话框中单击 < 确定 > 按钮，完成拉伸 4 的创建，结果如图 13.6.38 所示。

图 13.6.37　截面草图　　　　　　　　　　图 13.6.38　创建拉伸 4

Stage2. 创建第二个斜抽机构

Step1. 切换窗口。选择下拉菜单 窗口(O) ➡ plastic_stool_cavity_002.prt 命令，切换至型腔操作环境。

Step2. 转化显示部件。在装配导航器中右击 ☑ plastic_stool_slide_002 图标，在系统弹出的快捷菜单中选择 设为显示部件 命令。

Step3. 参照 Stage1，创建拉伸 1、拉伸 2、拉伸 3 和拉伸 4，返回至型腔操作环境中，创建结果如图 13.6.39 所示。

Stage3. 创建第三个斜抽机构

Step1. 选择下拉菜单 窗口(O) ➡ plastic_stool_cavity_002.prt 命令，切换至型腔操作环境。

Step2. 转化显示部件。在装配导航器中右击 ☑ plastic_stool_slide_003 选项，在系统弹出的快捷菜单中选择 设为显示部件 命令。

Step3. 创建拉伸 1。

（1）选择命令。选择下拉菜单 插入(S) ➡ 设计特征(E) ➡ 拉伸(E)... 命令（或单击按钮），系统弹出"拉伸"对话框。

（2）单击对话框中的"绘制截面"按钮，系统弹出"创建草图"对话框。

① 定义草图平面。选取图 13.6.40 所示的模型表面为草图平面，单击 确定 按钮。

② 进入草图环境，绘制图 13.6.41 所示的截面草图。

③ 单击 完成草图 按钮，退出草图环境。

图 13.6.39　创建第二个斜抽机构

图 13.6.40　草图平面

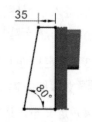
图 13.6.41　截面草图

（3）确定拉伸开始值和结束值。在"拉伸"对话框的 极限 区域的 开始 下拉列表中选择 值 选项，并在其下的 距离 文本框中输入数值 0，在 极限 区域的 结束 下拉列表中选择 直至延伸部分 选项；选取图 13.6.42 所示的面为拉伸终止面，其他参数采用系统默认设置值。

（4）定义布尔运算。在 布尔 下拉列表中选择 求和 选项。

（5）在"拉伸"对话框中单击 〈确定〉 按钮，完成拉伸 1 的创建，结果如图 13.6.43 所示。

图 13.6.42　拉伸终止面

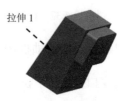
图 13.6.43　创建拉伸 1

Step4. 创建基准坐标系。选择下拉菜单 插入(S) ➡ 基准/点(D) ▶ ➡ 基准 CSYS... 命令，系统弹出"基准 CSYS"对话框，单击 〈确定〉 按钮，完成基准坐标系的创建。

Step5. 创建拉伸 2。

（1）选择命令。选择下拉菜单 插入(S) ➡ 设计特征(E) ➡ 拉伸(E)... 命令（或单击 按钮），系统弹出"拉伸"对话框。

（2）单击对话框中的"绘制截面"按钮 ，系统弹出"创建草图"对话框。

① 定义草图平面。选取 XZ 基准平面为草图平面，单击 确定 按钮。

② 进入草图环境，绘制图 13.6.44 所示的截面草图。

③ 单击 完成草图 按钮，退出草图环境。

（3）确定拉伸开始值和结束值。在 极限 区域的 开始 下拉列表中选择 对称值 选项，并在其下的 距离 文本框中输入数值15；其他参数采用系统默认设置值。

（4）定义布尔运算。在 布尔 下拉列表中选择 求和 选项。

（5）在"拉伸"对话框中单击 〈确定〉 按钮，完成拉伸 2 的创建，结果如图 13.6.45 所示。

图 13.6.44 截面草图

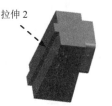

图 13.6.45 创建拉伸 2

Step6. 创建拉伸 3。

（1）选择命令。选择下拉菜单 插入(S) ➡ 设计特征(E) ➡ 拉伸(E)... 命令（或单击 按钮），系统弹出"拉伸"对话框。

（2）单击对话框中的"绘制截面"按钮 ，系统弹出"创建草图"对话框。

① 定义草图平面。选取 XZ 基准平面为草图平面，单击 确定 按钮。

② 进入草图环境，绘制图 13.6.46 所示的截面草图。

③ 单击 完成草图 按钮，退出草图环境。

（3）确定拉伸开始值和结束值。在 极限 区域的 开始 下拉列表中选择 对称值 选项，并在其下的 距离 文本框中输入数值 30；其他参数采用系统默认设置值。

（4）定义布尔运算。在 布尔 下拉列表中选择 求和 选项。

（5）在"拉伸"对话框中单击 < 确定 > 按钮，完成拉伸 3 的创建，结果如图 13.6.47 所示。

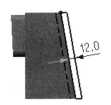

图 13.6.46 截面草图

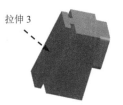

图 13.6.47 创建拉伸 3

Step7. 创建拉伸 4。

（1）选择命令。选择下拉菜单 插入(S) ➡ 设计特征(E) ➡ 拉伸(E)... 命令（或单击 按钮），系统弹出"拉伸"对话框。

（2）单击对话框中的"绘制截面"按钮 ，系统弹出"创建草图"对话框。

① 定义草图平面。选取 XZ 基准平面为草图平面，单击 确定 按钮。

② 进入草图环境，绘制图 13.6.48 所示的截面草图。

③ 单击 完成草图 按钮，退出草图环境。

（3）确定拉伸开始值和结束值。在 极限 区域的 开始 下拉列表中选择 对称值 选项，并在其下的 距离 文本框中输入数值 60；其他参数采用系统默认设置值。

（4）定义布尔运算。在 布尔 下拉列表中选择 求和 选项。

（5）在"拉伸"对话框中单击 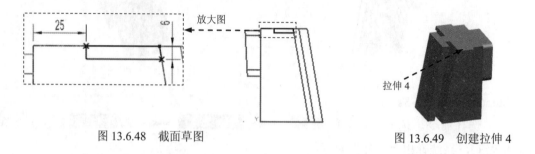 按钮，完成拉伸 4 的创建，结果如图 13.6.49 所示。

图 13.6.48　截面草图　　　　　　　　图 13.6.49　创建拉伸 4

Stage4. 创建第四个斜抽机构

Step1. 切换窗口。选择下拉菜单 窗口(O) ➡ plastic_stool_cavity_002.prt 命令，切换至型腔操作环境。

Step2. 转化显示部件。在装配导航器中右击 ☑⑦ plastic_stool_slide_004 图标，在系统弹出的快捷菜单中选择 设为显示部件 命令。

Step3. 创建拉伸 1、拉伸 2、拉伸 3 和拉伸 4，参照 Stage3，返回至型腔操作环境中，创建结果如图 13.6.50 所示 。

图 13.6.50　创建第四个斜抽机构

Task9. 创建滑块锁紧块

Stage1. 创建第一个滑块锁紧块

Step1. 选择下拉菜单 窗口(O) ➡ plastic_stool_cavity_002.prt 命令，切换至型腔操作环境。

Step2. 转化工作部件。在装配导航器中右击 ☑⑥ plastic_stool_cavity_002 图标，在系统弹出的快捷菜单中选择 设为工作部件(W) 命令。

Step3. 创建拉伸 1。

（1）选择命令。选择下拉菜单 插入(S) ➡ 设计特征(E) ➡ 拉伸(E)... 命令（或单击 按钮），系统弹出"拉伸"对话框。

（2）单击对话框中的"绘制截面"按钮 ，系统弹出"创建草图"对话框。

（3）选取 YZ 平面为草图平面。绘制图 13.6.51 所示的截面草图，单击 完成草图 按钮，退出草图环境。

（4）确定拉伸开始值和结束值。在 极限 区域的 开始 下拉列表中选择 对称值 选项，并在其下的 距离 文本框中输入数值 55；在 布尔 下拉列表中选择 无 选项；其他参数采用系统默认设置值。

（5）在"拉伸"对话框中单击 < 确定 > 按钮，完成拉伸 1 的创建，结果如图 13.6.52 所示。

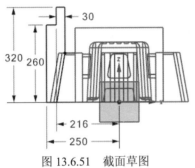

图 13.6.51　截面草图

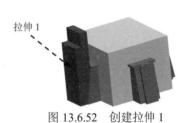

图 13.6.52　创建拉伸 1

Step4. 创建拉伸 2。

（1）选择命令。选择下拉菜单 插入(S) ➡ 设计特征(E) ➡ 拉伸(E)... 命令（或单击 按钮），系统弹出"拉伸"对话框。

（2）单击对话框中的"绘制截面"按钮 ，系统弹出"创建草图"对话框。

（3）选取 YZ 平面为草图平面。绘制图 13.6.53 所示的截面草图，单击 完成草图 按钮，退出草图环境。

（4）确定拉伸开始值和结束值。在 极限 区域的 开始 下拉列表中选择 对称值 选项，并在其下的 距离 文本框中输入数值 41；其他参数采用系统默认设置值。

（5）定义布尔运算。在 布尔 下拉列表中选择 求差 选项，选取图 13.6.52 所示的拉伸 1。

（6）在"拉伸"对话框中，单击 < 确定 > 按钮，完成拉伸 2 的创建，结果如图 13.6.54 所示。

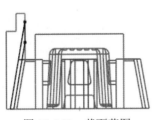

图 13.6.53　截面草图

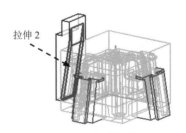

图 13.6.54　创建拉伸 2

Step5. 创建拉伸 3。

（1）选择命令。选择下拉菜单 插入(S) ➡ 设计特征(E) ➡ 拉伸(E)... 命令（或单击■按钮），系统弹出"拉伸"对话框。

（2）单击对话框中的"绘制截面"按钮■，系统弹出"创建草图"对话框。

（3）选取 YZ 平面为草图平面。绘制图 13.6.55 所示的截面草图，单击■■ 完成草图按钮，退出草图环境。

（4）确定拉伸开始值和结束值。在■极限区域的■开始下拉列表中选择■ 对称值选项，并在其下的■距离文本框中输入数值 16；其他参数采用系统默认设置值。

（5）定义布尔运算。在■布尔下拉列表中选择■ 求差选项，选取图 13.6.52 所示的拉伸 1。

（6）在"拉伸"对话框中单击 < 确定 > 按钮，完成拉伸 3 的创建，结果如图 13.6.56 所示。

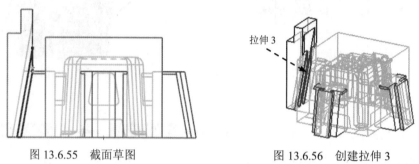

图 13.6.55　截面草图　　　　　　　图 13.6.56　创建拉伸 3

Step6. 创建倒斜角特征。

（1）选择命令。选择下拉菜单 插入(S) ➡ 细节特征(L) ➡ ▤ 倒斜角(C)... 命令，系统弹出"倒斜角"对话框。

（2）定义倒角边。选取图 13.6.57 所示的边链为倒角边。

（3）定义倒斜角偏置方法。在■偏置区域的■横截面下拉列表中选择■ 对称选项。在■距离文本框中输入数值 10。

（4）在"倒斜角"对话框中单击 < 确定 > 按钮，完成边倒斜角特征的创建，结果如图 13.6.57 所示。

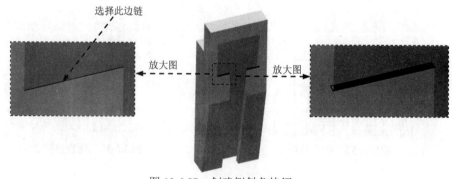

图 13.6.57　创建倒斜角特征

Stage2. 创建第二个滑块锁紧块

Step1. 选择命令。选择下拉菜单 插入(S) ➡ 关联复制(A) ➡ 镜像体(B).. 命令，系统弹出"镜像体"对话框。

Step2. 选取要镜像的特征。选取图 13.6.58a 所示的锁紧块 1。

Step3. 选取镜像平面。选取基准平面 1 为镜像平面。

Step4. 单击 确定 按钮，完成锁紧块 1 的镜像，如图 13.6.58b 所示。

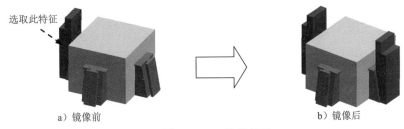

a）镜像前　　　　　　　　　　　　　b）镜像后

图 13.6.58　镜像特征

Stage3. 创建第三个滑块锁紧块

Step1. 创建拉伸 1。

（1）选择命令。选择下拉菜单 插入(S) ➡ 设计特征(E) ➡ 拉伸(E).. 命令（或单击 按钮），系统弹出"拉伸"对话框。

（2）单击对话框中的"绘制截面"按钮 ，系统弹出"创建草图"对话框。

（3）选取 ZX 平面为草图平面。绘制图 13.6.59 所示的截面草图，单击 完成草图 按钮，退出草图环境。

（4）确定拉伸开始值和结束值。在 极限 区域的 开始 下拉列表中选择 对称值 选项，并在其下的 距离 文本框中输入数值 45；在 布尔 下拉列表中选择 无 选项；其他参数采用系统默认设置值。

（5）在"拉伸"对话框中单击 < 确定 > 按钮，完成拉伸 1 的创建，结果如图 13.6.60 所示。

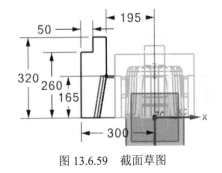

图 13.6.59　截面草图　　　　　　　　　　图 13.6.60　创建拉伸 1

Step2. 创建拉伸 2。

（1）选择命令。选择下拉菜单 插入(S) ➡ 设计特征(E) ➡ 拉伸(E)... 命令（或单击 按钮），系统弹出"拉伸"对话框。

（2）单击对话框中的"绘制截面"按钮 ，系统弹出"创建草图"对话框。

（3）选取 ZX 平面为草图平面。绘制图 13.6.61 所示的截面草图，单击 完成草图 按钮，退出草图环境。

（4）确定拉伸开始值和结束值。在 极限 区域的 开始 下拉列表中选择 对称值 选项，并在其下的 距离 文本框中输入数值 31；其他参数采用系统默认设置值。

（5）定义布尔运算。在 布尔 的下拉列表中，选择 求差 选项，选取图 13.6.60 所示的拉伸 1 特征。

（6）在"拉伸"对话框中，单击 < 确定 > 按钮，完成拉伸 2 的创建，结果如图 13.6.62 所示。

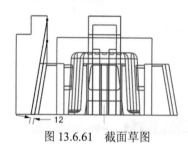

图 13.6.61　截面草图

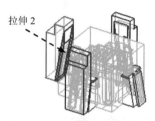

图 13.6.62　创建拉伸 2

Step3. 创建拉伸 3。

（1）选择命令。选择下拉菜单 插入(S) ➡ 设计特征(E) ➡ 拉伸(E)... 命令（或单击 按钮），系统弹出"拉伸"对话框。

（2）单击对话框中的"绘制截面"按钮 ，系统弹出"创建草图"对话框。

（3）选取 ZX 平面为草图平面。绘制图 13.6.63 所示的截面草图，单击 完成草图 按钮，退出草图环境。

（4）确定拉伸开始值和结束值。在 极限 区域的 开始 下拉列表中选择 对称值 选项，并在其下的 距离 文本框中输入数值 16；其他参数采用系统默认设置值。

（5）定义布尔运算。在 布尔 下拉列表中选择 求差 选项，选取图 13.6.60 所示的拉伸 1。

（6）在"拉伸"对话框中单击 < 确定 > 按钮，完成拉伸 3 的创建，结果如图 13.6.64 所示。

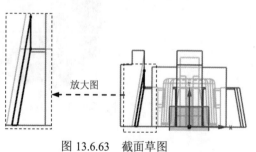

图 13.6.63　截面草图

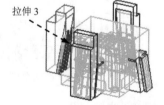

图 13.6.64　创建拉伸 3

Step4. 创建倒斜角特征。

（1）选择命令。选择下拉菜单 插入(S) ➡ 细节特征(L) ▶ ➡ 倒斜角(C)... 命令，系统弹出"倒斜角"对话框。

（2）定义倒斜角边。选取图 13.6.65 所示的边线为倒斜角边。

（3）定义倒斜角偏置方法。在 偏置 区域的 横截面 下拉列表中选择 对称 选项。在 距离 文本框中输入数值 10。

（4）在"倒斜角"对话框中单击 < 确定 > 按钮，完成边倒斜角特征的创建，结果如图 13.6.65 所示。

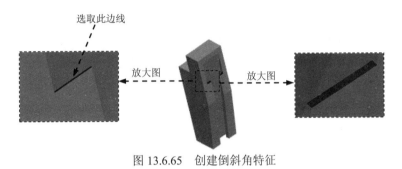

图 13.6.65　创建倒斜角特征

Stage4. 创建第四个滑块锁紧块

Step1. 选择命令。选择下拉菜单 插入(S) ➡ 关联复制(A) ➡ 镜像体(B)... 命令，系统弹出"镜像体"对话框。

Step2. 选取要镜像的特征。选取图 13.6.66a 所示的锁紧块。

Step3. 选取镜像平面。

Step4. 单击 确定 按钮，完成锁紧块的镜像，结果如图 13.6.66b 所示。

a）镜像前　　　　　　　　　　　　　　　b）镜像后

图 13.6.66　镜像特征

Step5. 后面的详细操作过程请参见随书光盘中 video\ch13.06\reference\文件下的语音视频讲解文件 plastic_stool-r02.exe。

第 14 章 数 控 加 工

14.1 数控加工概述

数控技术即数字控制技术（Numerical Control Technology，NC），指用计算机以数字指令方式控制机床动作的技术。

数控加工具有产品精度高、自动化程度高、生产效率高以及生产成本低等特点，在制造业及航天加工业，数控加工是所有生产技术中相当重要的一环。尤其是汽车和航天产业零部件，其几何外形复杂且精度要求较高，更突出了 NC 加工制造技术的优点。

数控加工技术集传统的机械制造、计算机、信息处理、现代控制、传感检测等光机电技术于一体，是现代机械制造技术的基础。

数控编程一般可以分为手工编程和自动编程。手工编程是指从零件图样分析、工艺处理、数值计算、编写程序单直到程序校核等各步骤的数控编程工作，均由人工完成的全过程。该方法适用于零件形状不太复杂、加工程序较短的情况，而对于复杂形状的零件，如具有非圆曲线、列表曲面和组合曲面的零件，或者零件形状虽不复杂但是程序很长，则比较适合于自动编程。

自动数控编程是从零件的设计模型（即参考模型）获得数控加工程序的全部过程。其主要任务是计算加工走刀过程中的刀位点（Cutter Location Point，简称 CL 点），从而生成 CL 数据文件。采用自动编程技术可以帮助人们解决复杂零件的数控加工编程问题，其大部分工作由计算机来完成，编程效率大大提高，还能解决手工编程无法解决的许多复杂形状零件的加工编程问题。

14.2 数控加工的一般过程

14.2.1 UG NX 数控加工流程

UG NX 能够模拟数控加工的全过程，其一般流程如下（参见图 14.2.1）：

（1）创建制造模型，包括创建或获取设计模型。

（2）进行工艺规划。

（3）进入加工环境。

（4）创建 NC 操作（如创建程序、几何体、刀具等）。

（5）生成刀具路径文件，进行加工仿真。

（6）利用后处理器生成 NC 代码。

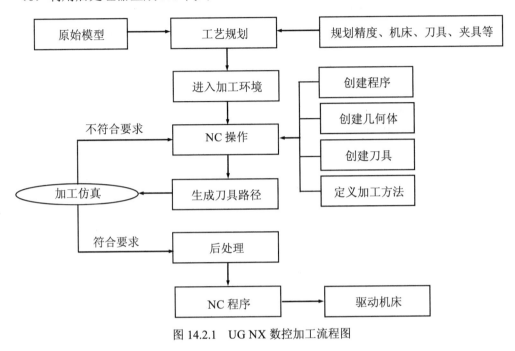

图 14.2.1　UG NX 数控加工流程图

14.2.2　进入加工环境

在进行数控加工操作之前首先需要进入 UG NX 数控加工环境，其操作如下。

Step1. 打开模型文件 D:\ug8\work\ch14.02\pocketing.prt。

Step2. 进入加工环境。选择下拉菜单 ⚡开始▾ ➡ ▮加工(N)... 命令，系统弹出图 14.2.2 所示的"加工环境"对话框。

Step3. 加工初始化。在"加工环境"对话框的 CAM 会话配置 列表框中选择 cam_general 选项，在 要创建的 CAM 设置 列表框中选择 mill contour 选项。单击 确定 按钮，进入加工环境。

说明：当加工零件第一次进入加工环境时，系统将弹出"加工环境"对话框，在 要创建的 CAM 设置 列表框中选择好操作模板类型之后，在"加工环境"对话框中单击 确定 按钮，系统将根据指定的操作模板类型，调用相应的模块和相关的数据进行加工环境的设置。在以后的操作中，如果选择下拉菜单 工具(T) ➡ 工序导航器(O) ▸ ➡ 删除设置(S) 命令后，在系统弹出的"设置删除确认"对话框中单击 确定(O) 按钮，此时系统将再次弹出"加工环境"对话框，可以重新进行操作模板类型的选择。

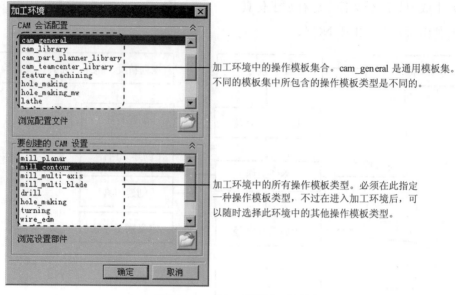

加工环境中的操作模板集合。cam_general 是通用模板集。不同的模板集中所包含的操作模板类型是不同的。

加工环境中的所有操作模板类型。必须在此指定一种操作模板类型，不过在进入加工环境后，可以随时选择此环境中的其他操作模板类型。

图 14.2.2　"加工环境"对话框

14.2.3　NC 操作

NC 操作的过程包括创建程序、创建几何体、创建刀具和定义加工方法，下面以模型 pocketing.prt 为例对其进行说明。

Stage1．创建程序

Step1．选择下拉菜单 插入(S) ➡ 程序(P)... 命令（单击"加工创建"工具栏中的 按钮），系统弹出图 14.2.3 所示的"创建程序"对话框。

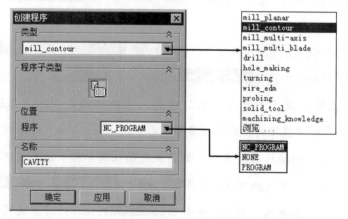

图 14.2.3　"创建程序"对话框

Step2．在"创建程序"对话框中的 类型 下拉列表中选择 mill_contour，在 位置 区域的 程序 下拉列表中选择 NC_PROGRAM 选项，在 名称 文本框中输入程序名称 CAVITY，单击 确定 按钮，在系统弹出的"程序"对话框中单击 确定 按钮，完成程序的创建。

图 14.2.3 所示"创建程序"对话框中各选项的说明如下。

- mill_planar：平面铣加工模板。
- mill_contour：轮廓铣加工模板。
- mill_multi-axis：多轴铣加工模板。
- mill_multi_blade：多轴铣叶片模板。
- drill：钻加工模板。
- hole_making：孔特征加工模板。
- turning：车加工模板。
- wire_edm：电火花线切割加工模板。
- probing：探测模板。
- solid_tool：整体刀具模板。
- machining_knowledge：加工知识模板。

Stage2. 创建机床坐标系及安全平面

Step1. 选择下拉菜单 插入(S) ➡ 几何体(G)... 命令，系统弹出图 14.2.4 所示的"创建几何体"对话框。

Step2. 确认"创建几何体"对话框的"几何体子类型"区域中的"MCS"按钮 被按下，在 位置 区域的 几何体 下拉列表中选择 GEOMETRY 选项，在 名称 文本框中输入 CAVITY_MCS。

Step3. 单击"创建几何体"对话框中的 确定 按钮，系统弹出图 14.2.5 所示的"MCS"对话框。

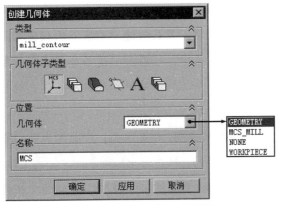

图 14.2.4　"创建几何体"对话框

图 14.2.5　"MCS"对话框

图 14.2.4 所示"创建几何体"对话框中的选项及按钮说明如下。

- （机床坐标系 MCS）：使用此选项可以建立 MCS（机床坐标系）和 RCS（参考坐标系）、设置安全距离和下限平面以及避让参数等。

- 　（WORKPIECE 工件几何体）：用于定义部件几何体、毛坯几何体、检查几何体和部件的偏置。所不同的是，它通常位于 "MCS_MILL" 父级组下，只关联 "MCS_MILL" 中指定的坐标系、安全平面、下限平面和避让等。

- 　（边界几何体 MILL_BND）：使用此选项可以指定部件边界、毛坯边界、检查边界、修剪边界和底平面几何体。在某些需要指定加工边界的操作，如表面区域铣削、3D 轮廓加工和清根切削等操作中会涉及此选项。

- **A**（文字加工几何体）：使用此选项可以指定 planar_text 和 contour_text 工序中的雕刻文本。

- 　（MILL_GEOM 铣削几何体）：此选项可以通过选择模型中的体、面、曲线和切削区域来定义部件几何体、毛坯几何体、检查几何体，还可以定义零件的偏置、材料，储存当前的视图布局与层。

- 　（切削区域几何体 MILL_AREA）：使用此选项可以定义部件、检查、切削区域、壁和修剪等几何体。切削区域也可以在以后的操作对话框中指定。

- 在 位置 区域的 几何体 下拉列表中提供了如下选项。

  - ☑ GEOMETRY：几何体中的最高节点，由系统自动产生。
  - ☑ MCS_MILL：选择加工模板后系统自动生成，一般是工件几何体的父节点。
  - ☑ NONE：未用项。当选择此选项时，表示没有任何要加工的对象。
  - ☑ WORKPIECE：选择加工模板后，系统在 MCS_MILL 下自动生成的工件几何体。

图 14.2.5 所示 "MCS" 对话框中的主要选项区域说明如下。

- 机床坐标系 选项区域：单击此区域中的 "CSYS" 对话框按钮，系统弹出 "CSYS" 对话框，在此对话框中可以对机床坐标系的参数进行设置。机床坐标系即加工坐标系，它是所有刀具轨迹输出点坐标值的基准，刀具轨迹中所有点的数据都是根据机床坐标系生成的。在一个零件的加工工艺中，可能会创建多个机床坐标系，但在每个工序中只能显示一个机床坐标系。系统默认的机床坐标系定位在绝对坐标系上。

- 参考坐标系 选项区域：选中该区域中的 ☑ 链接 RCS 与 MCS 复选框，即指定当前的参考坐标系为机床坐标系，同时 指定 RCS 选项不可用，取消选中 ☐ 链接 RCS 与 MCS 复选框，单击 指定 RCS 右侧的 "CSYS" 对话框按钮，系统弹出 "CSYS" 对话框，在此对话框中可以对参考坐标系的参数进行设置。参考坐标系主要用于确定所有刀具轨迹以外的数据，如安全平面，对话框中指定的起刀点，刀轴矢量以及其他矢量数据等，当正在加工的部件从工艺各截面移动到另一个截面时，将通过搜索已经存储的参数，使用参考坐标系重新定位这些数据。系统默认的参考坐标系定位在绝对坐标系上。

- 安全设置 区域的 安全设置选项 下拉列表提供了如下选项。

    ☑ 使用继承的 ：选择此选项，安全设置将继承上一级节点的设置，可以单击此区域中的"显示"按钮 ，显示出继承的安全平面。

    ☑ 无 ：选择此选项，表示不进行安全平面的设置。

    ☑ 自动平面 ：选择此选项，可以在 安全距离 文本框中设置安全平面的距离。

    ☑ 平面 ：选择此选项，可以单击此区域中的 按钮，在系统弹出的"平面"对话框中设置安全平面。

- 下限平面 区域：此区域中的设置可以采用系统的默认值，不影响加工操作。

说明：在设置机床坐标系时，该对话框中的设置可以采用系统的默认值。

Step4. 在"MCS"对话框的 机床坐标系 选项区域中单击"CSYS"对话框按钮 ，在系统弹出的"CSYS"对话框，在 类型 下拉列表中选择 动态 选项。

Step5. 单击"CSYS"对话框的 操控器 区域中的"操控器"按钮 ，在"点"对话框的 参考 下拉列表中选择 绝对 - 工作部件 选项，在 Z 文本框中输入数值 25，单击"点"对话框中的 确定 按钮返回到"CSYS"对话框，单击"CSYS"中的 确定 按钮，完成图 14.2.6 所示的机床坐标系的创建。

Step6. 在 安全设置 区域的 安全设置选项 下拉列表中选择 平面 选项，单击"平面"对话框按钮 ，选取 14.2.7 所示的模型表面为参考平面，在"平面"对话框中的 距离 文本框中输入数 10.0，单击"平面"对话框中的 确定 按钮，完成图 14.2.8 所示的安全平面的创建。

Step7. 在"MCS"对话框中单击 确定 按钮，完成机床坐标系的设置。

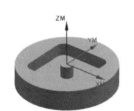
图 14.2.6　设置机床坐标系

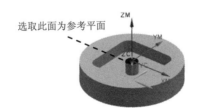
图 14.2.7　定义参考平面

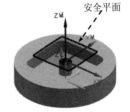
图 14.2.8　设置安全平面

Stage3．创建几何体

Step1. 选择下拉菜单 插入(S) ➡ 几何体(G)... 命令，系统弹出"创建几何体"对话框。

Step2. 在"创建几何体"对话框的 几何体子类型 区域中单击"WORKPIECE"按钮 ；在 位置 区域的 几何体 下拉列表中选择 CAVITY_MCS 选项；在 名称 文本框中输入 CAVITY_WORKPIECE，然后单击 确定 按钮，系统弹出图 14.2.9 所示的"工件"对话框。

Step3. 创建部件几何体。

（1）单击"工件"对话框中的按钮，系统弹出图 14.2.10 所示的"部件几何体"对话框。

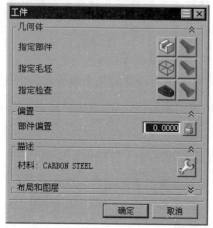

图 14.2.9　"工件"对话框

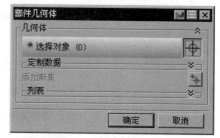

图 14.2.10　"部件几何体"对话框

图 14.2.9 所示的"工件"对话框中的部分按钮说明如下。

- 按钮：单击此按钮，在弹出的"部件几何体"对话框中可以定义加工完成后的零件，即最终的零件，它可以控制刀具的切削深度和活动范围，可以通过设置选择过滤器来选择特征、几何体（实体、面、曲线）和小面模型来定义部件几何体。

- 按钮：单击此按钮，在弹出的"毛坯几何体"对话框中可以定义将要加工的原材料，可以设置选择过滤器来用特征、几何体（实体、面、曲线）以及偏置部件几何体来创建毛坯几何体。

- 按钮：单击此按钮，在弹出的"检查几何体"对话框中可以创建刀具在切削过程中要避让的几何体，如夹具和其他已加工过的重要表面。在型腔铣中，零件几何体和毛坯几何体共同决定来加工刀轨的范围。

- 按钮：在系统默认情况下，该按钮不亮显，当部件几何体、毛坯几何体和检查几何体对象被定义完成后该按钮亮显，此时分别单击其后的该按钮，已定义的几何体对象将以不同的颜色高亮度显示。

- 部件偏置 文本框：用于设置在零件实体模型上增加或减去指定的厚度值。正的偏置值在零件上增加指定的厚度，负的偏置值在零件上减去指定的厚度。

- 按钮：单击该按钮，系统弹出"搜索结果"对话框，在此对话框中列出了材料数据库中的所有材料类型，材料数据库由配置文件指定。选择合适的材料后，单击 确定 按钮，则为当前创建的工件指定材料属性。

（2）确认"选择工具条"中"实体"类型被选中，在图形区选取图 14.2.11 所示的整个零件为部件几何体。

（3）在"部件几何体"对话框中单击 确定 按钮，系统返回"工件"对话框。

Step4. 创建毛坯几何体。

（1）在"工件"对话框中单击 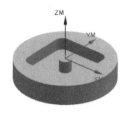 按钮，系统弹出"毛坯几何体"对话框。

（2）在"毛坯几何体"对话框的 类型 下拉列表中选择 包容圆柱体 选项，此时图形区显示图 14.2.12 所示的圆柱体（图中已隐藏部件几何体）。

图 14.2.11　部件几何体

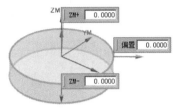

图 14.2.12　毛坯几何体

（3）采用默认参数设置，单击"毛坯几何体"对话框中的 确定 按钮，系统返回"工件"对话框。

Step5. 单击"工件"对话框中的 确定 按钮，完成工件的设置。

Stage4．指定切削区域

Step1. 选择下拉菜单 插入(S) ➡ 几何体(G)... 命令，系统弹出"创建几何体"对话框。

Step2. 在"创建几何体"对话框的 几何体子类型 区域中单击"MILL_AREA"按钮；在 位置 区域的 几何体 下拉列表中选择 CAVITY_WORKPIECE 选项；在 名称 文本框中输入 CAVITY_AREA，然后单击 确定 按钮，系统弹出图 14.2.13 所示的"铣削区域"对话框。

Step3. 在"铣削区域"对话框中单击"指定切削区域"后的 按钮，系统弹出"切削区域"对话框。

Step4. 选取图 14.2.14 所示的模型表面为切削区域，然后单击"切削区域"对话框中的 确定 按钮，系统返回到"铣削区域"对话框。

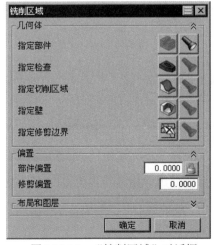

图 14.2.13　"铣削区域"对话框

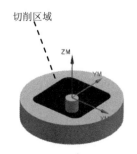

图 14.2.14　指定切削区域

Step5. 单击"铣削区域"对话框中的 确定 按钮，完成切削区域的创建。

Stage5. 创建刀具

Step1. 选择下拉菜单 插入(S) ➡ 刀具(T)... 命令（或者单击"插入"工具栏中的 按钮），系统弹出图 14.2.15 所示的"创建刀具"对话框。

Step2. 在"创建刀具"对话框的 刀具子类型 区域中单击"MILL"按钮 ，在 名称 文本框中输入刀具名称 D5R0，然后单击 确定 按钮，系统弹出图 14.2.16 所示的"铣刀-5 参数"对话框。

Step3. 设置刀具参数。在"铣刀-5 参数"对话框的 (D) 直径 文本框中输入数值 5.0，其他刀具参数采用系统的默认值。

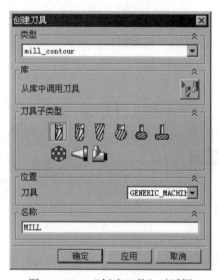

图 14.2.15 "创建刀具"对话框

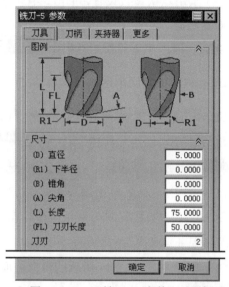

图 14.2.16 "铣刀-5 参数"对话框

Step4. 单击"铣刀-5 参数"对话框中的 确定 按钮，完成刀具参数的设定。

Stage6. 设置加工方法

Step1. 选择下拉菜单 插入(S) ➡ 方法(M)... 命令（单击"插入"工具栏中的 按钮），系统弹出"创建方法"对话框。

Step2. 在图 14.2.17 所示的"创建方法"对话框的 方法子类型 区域中单击"MOLD_ROUGH_HSM"按钮 ，在 位置 区域的 方法 下拉列表中选择 MILL_SEMI_FINISH 选项，名称 文本框中输入 FINISH；单击 确定 按钮，系统弹出"模具粗加工 HSM"对话框。

Step3. 在图 14.2.18 所示的"模具粗加工 HSM"对话框的 部件余量 文本框输入数 0.3，其他选项采用系统默认值。

图 14.2.17　"创建方法"对话框

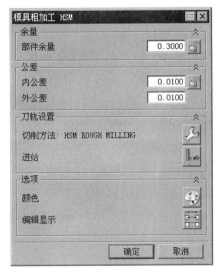

图 14.2.18　"模具粗加工 HSM"对话框

图 14.2.18 所示的"模具粗加工 HSM"对话框中各选项的说明如下。

- 部件余量：为当前所创建的加工方法指定零件余量。

- 内公差：用于设置切削过程中（不同的切削方式含义略有不同）刀具穿透曲面的最大量

- 外公差：用于设置切削过程中（不同的切削方式含义略有不同）刀具避免接触曲面的最大量。

- （切削方式）：单击该按钮，在系统弹出的"搜索结果"对话框中系统为用户提供了 7 种切削方式，分别是 FACE MILLING（面铣）、END MILLING（端铣）、SLOTING（台阶加工）、SIDE/SLOT MILL（边和台阶铣）、HSM ROUTH MILLING（高速粗铣）、HSM SEMI MILLING（高速半精铣）、HSM FINSH MILLING（高速精铣）等。

- （进给）：单击该按钮，可以在弹出的"进给"对话框中设置切削速度和进给量。

- （颜色）：单击该按钮，可以在弹出的"刀轨显示颜色"对话框中对刀轨的颜色显示进行设置。

- （编辑显示）：单击该按钮，系统弹出"显示选项"对话框，可以设置刀具显示方式，刀轨显示方式等。

Step4. 单击"模具粗加工 HSM"对话框中的 确定 按钮，完成加工方法的设置。

14.2.4　创建工序

在 UG NX 8.0 加工中，每个加工工序所产生的加工刀具路径、参数形态及适用状态有所不同，所以，用户可以根据零件图样及工艺技术状况，选择合理的加工工序。创建加工工序的一般步骤如下。

Step1. 选择命令。

（1）选择下拉菜单 插入(S) ➡ 工序(E)... 命令（或单击"插入"工具栏中的 按钮），系统弹出图 14.2.19 所示的"创建工序"对话框。

（2）在 类型 下拉菜单中选择 mill_contour 选项，在 工序子类型 区域中单击"CAVITY_MILL"按钮。

（3）在 程序 下拉列表中选择 CAVITY 选项；在 刀具 下拉列表中选择前面设置的刀具 D5R0（铣刀-5 参数）；在 几何体 下拉列表中选择 CAVITY_AREA 选项；在 方法 下拉列表中选择 FINISH 选项；采用系统默认的名称。

（4）单击"创建工序"对话框中的 确定 按钮，系统弹出图 14.2.20 所示的"型腔铣"对话框。

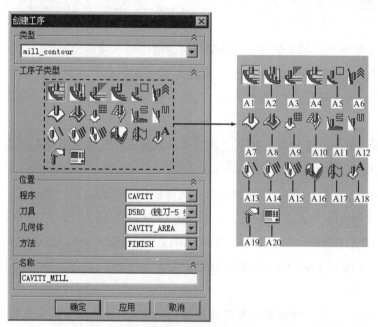

图 14.2.19　"创建工序"对话框

图 14.2.19 所示"创建工序"对话框 工序子类型 区域中的按钮说明如下。

- A1 （CAVITY_MILL）：型腔铣。
- A2 （PLUNGE_MILLING）：插铣。
- A3 （CORNER_ROUGH）：拐角粗加工。
- A4 （REST_MILLING）：剩余铣。
- A5 （ZLEVEL_PROFILE）：深度加工轮廓。
- A6 （ZLEVEL_CORNER）：深度加工拐角。
- A7 （FIXED_CONTOUR）：固定轮廓铣。
- A8 （COUNTOUR_AREA）：轮廓区域铣。

- A9 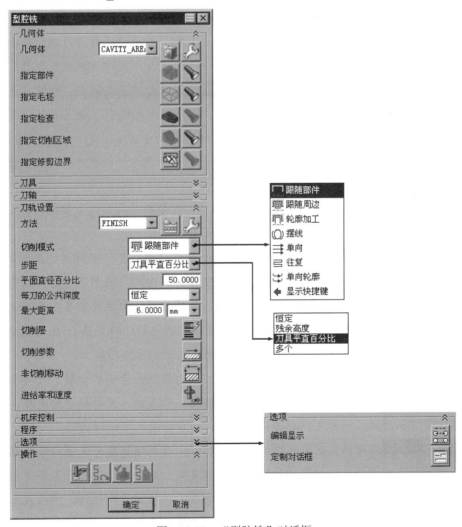（CONTOUR_SURFACE_AREA）：轮廓表面积铣。

- A10 （STREAMLINE）：流线铣。

- A11 （CONTOUR_AREA_NON_STEEP）：轮廓区域非陡峭铣。

- A12 （CONTOUR_AREA_DIR_STEEP）：轮廓区域方向陡峭铣。

- A13 （FLOWCUT_SINGLE）：单刀路清根铣。

- A14 （FLOWCUT_MULTIPLE）：多刀路清根铣。

- A15 （FLOWCUT_REF_TOOL）：清根参考刀具铣。

- A16 （SOLID_PROFILE_3D）：实体轮廓 3D 铣。

- A17 （PROFILE_3D）：轮廓 3D 铣。

- A18 （CONTOUR_TEXT）：轮廓文本铣削。

- A19 （MILL_USER）：铣削用户。

- A20 ：MILL_CONTROL，铣削控制。

图 14.2.20　"型腔铣"对话框

Step2. 设置一般参数。在"型腔铣"对话框的 `切削模式` 下拉列表中选择 `跟随部件` 选项，在 `步距` 下拉列表中选择 `刀具平直百分比` 选项，在 `平面直径百分比` 文本框中输入数值 50.0，在 `每刀的公共深度` 下拉列表中选择 `恒定` 选项，在 `最大距离` 文本框中输入数值 6.0。

图 14.2.20 所示"型腔铣"对话框区域中的选项说明如下。

● `刀轨设置` 选项区域的 `切削模式` 下拉列表中提供了如下七种切削方式。

☑ `跟随部件`：根据整个部件几何体并通过偏置来产生刀轨。与"跟随周边"方式不同的是，"跟随周边"只从部件或毛坯的外轮廓生成并偏移刀轨，"跟随部件"方式是根据整个部件中的几何生成并偏移刀轨，它可以跟与部件的外轮廓生成刀轨，也可以根据岛屿和型腔的外围环生成刀轨，所以无需进行岛清理"的设置"。另外，"跟随部件"方式无需指定步距的方向，一般来讲，型腔的步距方向总是向外的，岛屿的步距方向总是向内的。此方式也十分适合带有岛屿和内腔零件的粗加工，当零件只有外轮廓这一条边界几何时，它和"跟随周边"方式是一样的，一般优先选择"跟随部件"方式进行加工。

☑ `跟随周边`：沿切削区域的外轮廓生成刀轨，并通过偏移该刀轨所形成一系列的同心刀轨，并且这些刀轨都是封闭的。当内部偏移的形状重叠时，这些刀轨将被合并成一条轨迹，然后再重新偏移产生下一条轨迹。和往复式切削一样，也能在步距运动间连续的进刀，因此效率也较高。设置参数时需要设定步距的方向是"向内"（外部进刀，步距指向中心）还是"向外"（中间进刀，步距指向外部）。此方式常用于带有岛屿和内腔零件的粗加工，比如模具的型芯和型腔等。

☑ `轮廓加工`：用于创建一条或者几条指定数量的刀轨来完成零件侧壁或外形轮廓的加工，主要以精加工或半精加工为主。

☑ `摆线`：刀具会以圆形回环模式运动，生成的刀轨是一系列相交且外部相连的圆环，像一个拉开的弹簧。它控制了刀具的切入，限制了步距，以免在切削时刀具完全切入受冲击过大而断裂。选择此项，需要设置步距（刀轨中相邻两圆环的圆心距）和摆线的路径宽度（刀轨中圆环的直径）。此方式比较适合部件中的狭窄区域，岛屿和部件及两岛屿之间区域的加工。

☑ `单向`：使切削轨迹始终维持一个方向的顺铣或者逆铣切削。刀具在切削轨迹的起点进刀，切削到切削轨迹的终点，然后抬刀至转换平面高度，平移到下一行轨迹的起点，刀具开始以同样的方向进行下一行切削。

☑ `往复`：指刀具在同一切削层内不抬刀，在步距宽度的范围内沿着切削区域的轮廓维持连续往复的切削运动。往复式切削方式生成的是多条平行直线刀轨，连续两行平行刀轨的切削方向相反，但步进方向相同，所以在加工中会交替出现顺铣切削和逆铣切削。在加工策略中指定顺铣或逆铣不会影响此切削方式，但会影响其中的"壁清根"的切削方向（顺铣和逆铣是会影响加工精度的，逆铣的加工质量比较高）。这种方法在加工时刀具在步进的时候始终保持进刀状态，能最大化的对材料进行切除，是最经济和高效的切削方式，通常用于型腔的粗加工。

☑ 　单向轮廓　：与单向切削方式类似，但是在进刀时将进刀在前一行刀轨的起始点位置，然后沿轮廓切削到当前行的起点进行当前行的切削，切削到端点时，仍然沿轮廓切削到前一行的端点，然后抬刀转移平面，再返回到起始边当前行的起点下一行的切削。其中抬刀回程是快速横越运动，在连续两行平行刀轨间会产生沿轮廓的切削壁面刀轨（步距），因此壁面加工的质量较高。此方法切削比较平稳，对刀具冲击很小，常用于粗加工后对要求余量均匀的零件进行精加工，比如一些对侧壁要求较高的零件和薄壁零件等。

● 　步距　：两个切削路径之间的水平间隔距离，而在环形切削方式中是指的两个环之间的距离。其方式分别是 　恒定　 、 　残余高度　 、 　刀具平直百分比　 和 　多个　 四种。

☑ 　恒定　：选择该选项后，用户需要定义切削刀路间的固定距离。如果指定的刀路间距不能平均分割所在区域，系统将减小这一刀路间距以保持恒定步距。

☑ 　残余高度　：选择该选项后，用户需要定义两个刀路间剩余材料的高度，从而在连续切削刀路间确定固定距离。

☑ 　刀具平直百分比　：选择该选项后，用户需要创建刀具直径的百分比，从而在连续切削刀路之间建立起固定距离。

☑ 　多个　：该择该选项后，可以设定几个不同步距大小的刀路数以提高加工效率。

● 　平面直径百分比　：步距方式选择 　刀具平直百分比　 时，该文本框可用，用于定义切削刀路之间的距离为刀具直径的百分比。

● 　每刀的公共深度　：用于定义每一层的公共切削深度。

● 　选项　 区域中的选项说明如下。

☑ 　编辑显示　 选项：单击此选项后的"编辑显示"按钮 ⊞，系统弹出图 14.2.21 所示的"显示选项"对话框，在此对话框中可以进行刀具显示、刀轨显示以及其他选项的设置。

☑ 在系统默认情况下，在"显示选项"对话框的 　刀轨生成　 选项区域中， □ 显示切削区域 、 □ 显示后暂停 、 □ 显示前刷新 和 □ 抑制刀轨显示 这四个复选框为取消选中状态。

☑ 　其他选项　 选项：单击此选项后的"其他选项"按钮 ⊞，系统会弹出"其他参数"对话框，在此对话框中可以指定另外的操作参数。

说明：在系统默认情况下， 　刀轨生成　 区域中的这四个复选框均为取消选中状态，如果选中这四个复选框，单击"型腔铣"对话框中的"生成"按钮，系统会弹出图 14.2.22 所示的"刀轨生成"对话框；取消选中的这四个复选框，单击"生成"按钮后，系统不会弹出"刀轨生成"对话框。

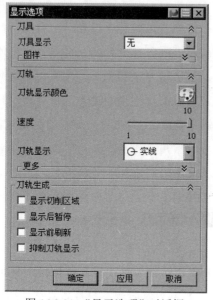

图 14.2.21 "显示选项"对话框

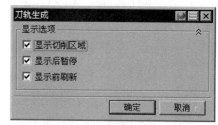

图 14.2.22 "刀轨生成"对话框

图 14.2.22 所示的"刀轨生成"对话框中各选项说明如下。

● ☑显示切削区域：若选中该复选框，在切削仿真时，则会显示切削加工的切削区域，但从实践效果来看，选中或不选中，仿真的时候区别不是很大。为了测试选中和不选中之间的区别，可以选中☑显示前刷新复选框，这样可以很明显地看出选中和不选中之间的区别。

● ☑显示后暂停：若选中该复选框，处理器将在显示每个切削层的可加工区域和刀轨之后暂停。此选项只对"平面铣""型腔铣"和"固定可变轮廓铣"三种加工方法有效。

● ☑显示前刷新：若选中该复选框，系统将移除所有临时屏幕显示。此选项只对"平面铣"、"型腔铣"和"固定可变轮廓铣"三种加工方法有效。

Step3. 设置切削参数。

（1）单击"型腔铣"对话框中"切削参数"按钮，系统弹出"切削参数"对话框。

（2）单击图 14.2.23 所示的"切削参数"对话框中的 余量 选项卡，在 部件侧面余量 文本框中输入数值 0.1；在 内公差 文本框中输入数值 0.02；在 外公差 文本框中输入数值 0.02。

（3）其他参数的设置采用系统默认值，单击"切削参数"对话框中的 确定 按钮，完成切削参数的设置，系统返回到"型腔铣"对话框。

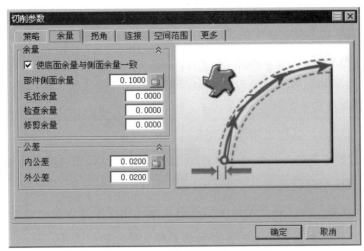

图 14.2.23　"切削参数"对话框

Step4. 设置进刀/退刀参数。

（1）在"型腔铣"对话框中单击"非切削移动"按钮 ，系统弹出图 14.2.24 所示的"非切削运动"对话框。

（2）单击"非切削运动"对话框中的 进刀 选项卡，在 封闭区域 区域 进刀类型 下拉列表中选择 螺旋 选项，其他参数采用系统默认的设置值，单击 确定 按钮完成进刀/退刀的设置。

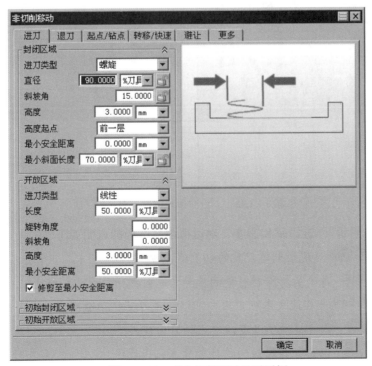

图 14.2.24　"非切削运动"对话框

Step5. 设置进给率。

（1）单击"型腔铣"对话框中的"进给率和速度"按钮 ，系统弹出图 14.2.25 所示的"进给率和速度"对话框。

（2）在"进给率和速度"对话框选中 ☑ 主轴速度（rpm）复选框，然后在其文本框中输入数值 1500，在 进给率 区域的 切削 文本框中输入数值 800，并单击该文本框右侧的 按钮计算表面速度和每齿进给量，其他采用系统默认设置值。

（3）单击"进给率和速度"对话框中的 确定 按钮，完成进给率和速度参数的设置，系统返回到"型腔铣"对话框。

说明："表面速度"和"每齿进给量"可以由系统根据主轴速度和切削速度自动进行计算，也可以由用户输入相应数值来计算对应的主轴速度和切削速度。

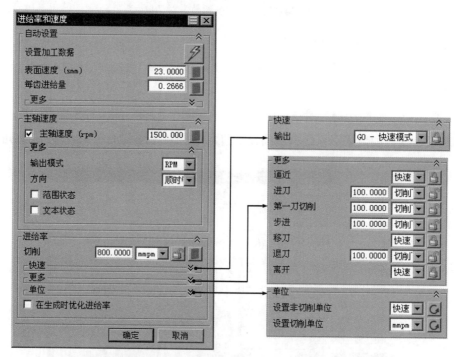

图 14.2.25 "进给率和速度"对话框

图 14.2.25 所示 "进给率和速度"对话框中各选项的说明如下。

- 表面速度（smm）：用于创建刀具的切削线速度。
- 每齿进给量：每个齿切除材料量的度量（有时也叫每齿进给量）。
- 主轴速度（rpm）：在此文本框中用户可以设定刀具转动速度，单位是每分钟转数。
- 输出模式：系统提供了以下四中主轴输出模式。
  - ☑ RPM：以每分钟转数为单位创建主轴速度。
  - ☑ SFM：以每分钟曲面英尺为单位创建主轴速度。

- ☑ ▨SMM▨：以每分钟曲面米为单位创建主轴速度。
- ☑ ▨无▨：没有主轴输出模式。

- ● ☑ **范围状态**：选中该复选框以激活 ▨范围▨ 文本框，▨范围▨ 文本框用于定义主轴的速度范围。
- ● ☑ **文本状态**：选中该复选框以激活 ▨文本▨ 文本框，▨文本▨ 文本框用于定义在 CLSF 文件输出时将添加到 LOAD 或 TURRET 的命令，在后处理中，此文本框中的内容将存储在 mom 变量中。
- ● ▨切削▨：切削过程中的进给量，即正常进给时的速度。
- ● ▨快速▨ 区域：用于设置快速运动时的输出模式。
  - ☑ ▨输出▨：可以选择 ▨G0 - 快速模式▨ 或 ▨G1 - 进给模式▨ 的输出模式。选择 ▨G0 - 快速模式▨ 时，快速移动速率由机床参数库额定，选择 ▨G1 - 进给模式▨ 时，会激活 ▨快速进给▨ 文本框，需要用户指定一个进给速度的数值。
- ● ▨更多▨ 区域：用于设置其余刀具运动的速度参数：
  - ☑ ▨逼近▨：用于设置刀具接近时的速度，即刀具从起刀点到进刀点的进给速度。
  - ☑ ▨进刀▨：用于设置进刀速度，即刀具切入零件时的速度。
  - ☑ ▨第一刀切削▨：用于设置第一刀切削时的进给速度。
  - ☑ ▨步进▨：用于设置刀具进入下一个平行刀轨切削时的横向进给速度，即铣削宽度，多用于往复式的切削方式。
  - ☑ ▨移刀▨：用于设置刀具从一个切削区域跨越到另一个切削区域时作水平非切削运动时刀具的移动速度。
  - ☑ ▨退刀▨：用于设置退刀时，刀具切出部件的速度，即刀具从最终切削点到退刀点之间的速度。
  - ☑ ▨离开▨：设置刀具离开的速度，即刀具退出加工部位到返回点的移动速度。
- ● ▨单位▨ 选项区域的 ▨更多▨ 选项组中各选项的说明如下。
  - ☑ ▨设置非切削单位▨：将所有的"非切削进给率"单位设置为 ▨无▨、▨mmpm▨（毫米/分钟）、▨mmpr▨（毫米/转）或 ▨快速▨。
  - ☑ ▨设置切削单位▨：将所有的"切削进给率"单位设置为 ▨无▨、▨mmpm▨（毫米/分钟）、▨mmpr▨（毫米/转）或 ▨切削百分比▨。

14.2.5　生成刀具轨迹并仿真

刀具轨迹是在图形窗口中显示已生成的刀具路径。加工仿真是在计算机屏幕上进行对工件材料去除的动态模拟。其操作步骤如下。

Step1. 在"型腔铣"对话框中单击"生成"按钮▨，在图形区中生成图 14.2.26 所示的刀具轨迹。

Step2. 在"型腔铣"对话框中单击"确认"按钮 ，系统弹出图 14.2.27 所示的"刀轨可视化"对话框。

Step3. 在"刀轨可视化"对话框中单击 2D 动态 选项卡，然后单击"播放"按钮 ▶ ，即可演示刀具按刀轨运行，完成演示后的模型如图 14.2.28 所示。

Step4. 单击"刀轨可视化"对话框中 确定 按钮，系统返回到"型腔铣"对话框，再单击"型腔铣"对话框中的 确定 按钮。

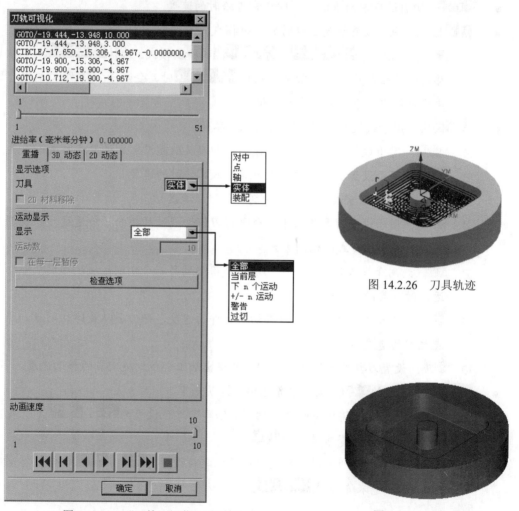

图 14.2.27 　 "刀轨可视化"对话框

图 14.2.26 　 刀具轨迹

图 14.2.28 　 演示结果

图 14.2.27 所示的"刀轨可视化"对话框中各选项说明如下。

- 显示选项：使用该选项可以指定刀具在图形窗口中的显示形式。在刀具路径回放过程中，系统提供了多种刀具显示形式。

  ☑ 对中：刀具以线框形式显示。

- ☑ **点**：刀具以点形式显示。

- ☑ **轴**：刀具以轴线形式显示。

- ☑ **实体**：刀具以三维实体形式显示。

- ☑ **装配**：在一般情况下与实体类似，不同之处在于：当前位置的刀具显示是一个从数据库中加载的 NX 部件。

- ☑ **机构运动显示**：使用该选项可以指定在图形窗口显示所有刀具路径运动的哪一部分。

- ☑ **全部**：在图形窗口中显示所有刀具路径运动。

- ☑ **当前层**：在图形窗口中显示属于当前切削层的刀具路径运动。

- ☑ **下 n 个运动**：在图形窗口中显示从当前位置起的 n 个刀具路径运动。

- ☑ **+/- n 运动**：仅当前刀位前后指定数目的刀轨运动。

- ☑ **警告**：显示引起警告的刀具路径运动。

- ☑ **过切**：在图形窗口中只显示过切的刀具路径运动。如果已找到过切，选择该选项，则只显示产生过切的刀具路径运动。

- ● **运动数**：显示刀具路径运动的个数，该文本框只有在显示选项选择为 **下 n 个运动** 时才激活。

- ● **检查选项**：该选项用于设置过切检查的相关选项，单击该按钮后，系统会弹出"过切检查"对话框。

  - ☑ **☑ 过切检查**：选中该复选框后，可以进行过切检查。

  - ☑ **☑ 完成时列出过切**：若选中该复选框，在检查结束后，刀具路径列表框中将列出所有找到的过切。

  - ☑ **☑ 显示过切**：选中该复选框后，图形窗口中将高亮显示发生过切的刀具路径。

  - ☑ **☑ 过切间刷新**：若选中该复选框，则检查刀具路径存在过切时，只高亮显示最近找到的刀具路径。该选项只有在选中 **☑ 显示过切** 复选框才被激活。

  - ☑ **☑ 检查刀具和夹持器**：选中该复选框后，可以检查刀具夹持器的碰撞。

- ● **动画速度**：该区域用于改变加工仿真的速度。可以通过移动其滑块的位置调整仿真的速度，"1"表示仿真速度最慢；"10"表示仿真速度最快。

刀具路径模拟有 3 种方式：刀具路径重播、动态切削过程和静态显示加工后的零件形状，它们分别对应于图 14.2.27 所示的"刀轨可视化"对话框中的 **重播**、**3D 动态** 和 **2D 动态** 选项卡。

1．刀具路径重播

刀具路径重播是沿一条或几条刀具路径显示刀具的运动过程。在刀具路径模拟中的重播用户可以完全控制刀具路径的显示。即可查看程序所对应的加工位置，可查看各个刀位点的相应程序。

当选择 重播 选项卡时，对话框上部路径列表框列出了当前操作所包含的刀具路径。在列表框中选择某条命令，则在图形窗口中对应的刀具位置显示刀具。如果在图形窗口中用鼠标选取任何一个刀位点，则刀具自动在所选位置显示，同时在刀具路径列表框中亮显相应的命令。

2．3D 动态切削

当在对话框中选择 3D 动态 选项卡时，选择对话框下部播放图标，则在图形窗口中动态显示刀具切削过程，显示移动的刀具和刀柄沿刀具路径切除工件材料的过程。它允许在图形窗口中放大、缩小、旋转、移动等显示刀具切削过程。

3．2D 动态切削

2D 动态显示刀具切削过程，是显示刀具沿刀具路径切除工件材料的过程。它以三维实体方式 0 仿真刀具的切削过程，非常直观。

当在对话框中选择 2D 动态 选项卡时，选择对话框下部播放图标，则在图形窗口中显示刀具切除运动过程。

14.2.6　后处理

在工序导航器中选中一个操作或者一个程序组，用 Post Builder（后处理构造器）建立特定机床定义文件及事件处理文件后，可用 NX/Post 进行后置处理，将刀具路径生成合适的机床 NC 代码。用 NX/Post 进行后置时，可在 NX 加工环境进行，也可在操作系统环境下进行。后处理的一般操作步骤如下。

Step1．单击"加工操作"工具栏中的"后处理"按钮，系统弹出图 14.2.29 所示的"后处理"对话框。

Step2．选择机床后处理器。在"后处理"对话框中的 后处理器 区域选择 MILL 3 AXIS 选项。

Step3．单击"后处理"对话框中的 确定 按钮，系统弹出图 14.2.30 所示的"信息"窗口，显示生成的 NC 代码。

图 14.2.29 "后处理"对话框

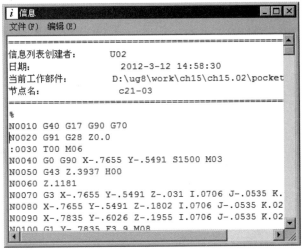

图 14.2.30 显示 NC 代码

14.3 铣 削 加 工

铣削加工是机械加工中最常用的加工方法之一,它主要包括平面铣削和轮廓铣削,也可以对零件进行孔以及螺纹等加工。本节将通过范例来介绍一些铣削加工方法,其中包括:轮廓铣削、平面铣削、曲面铣削、孔加工和螺纹铣削等。通过本节的学习,希望读者能够熟练掌握一些铣削加工方法。

14.3.1 深度加工轮廓铣

深度加工轮廓铣是一种固定的轴铣削操作,通过多个切削层来加工零件表面轮廓,在创建轮廓操作中,除了可以指定零件几何体外,还可以指定切削区域作为零件几何的子集,方便限制切削区域;如果没有指定切削区域,则整个零件进行切削,在创建深度加工轮廓铣削刀路径时,系统自动追踪零件几何,检查几何的陡峭区域,定制追踪形状,识别可加工的切削区域,并在所有的切削层上生成不过切的刀具路径(对于深度加工轮廓铣来说,曲面越陡峭其加工越有优势)。下面以图 14.3.1 所示的模型为例,讲解创建深度加工轮廓铣的一般过程。

a）部件几何体　　　　　　b）毛坯几何体　　　加工过程　　　　c）加工结果

图 14.3.1　深度加工轮廓铣模型

Task1. 打开模型文件并进入加工环境

Step1. 打开文件 D:\ug8\work\ch14.03\zlevel_profile1.prt。

Step2. 进入加工环境。选择下拉菜单 开始 ➡ 加工(N)... 命令，在系统弹出的"加工环境"对话框的 要创建的 CAM 设置 列表框中选择 mill_contour 选项，然后单击 确定 按钮，进入加工环境。

Task2. 创建刀具

Step1. 选择下拉菜单 插入(S) ➡ 刀具(T)... 命令，系统弹出"创建刀具"对话框。

Step2. 在"创建刀具"对话框 类型 下拉列表中选择 mill_contour 选项，在 刀具子类型 区域中选择 ⑦，在 刀具 下拉列表中选择 GENERIC_MACHINE 选项，在 名称 文本框中输入 D10R1，单击 确定 按钮，系统弹出"铣刀-5 参数"对话框。

Step3. 在"铣刀-5 参数"对话框的 (D) 直径 文本框中输入数值 10，在 (R1) 下半径 文本框中输入数值 1，其余参数按默认设置值，单击 确定 按钮，完成刀具的创建。

Task3. 创建深度加工轮廓铣

Step1. 选择下拉菜单 插入(S) ➡ 工序(E)... 命令，系统弹出"创建工序"对话框。

Step2. 在"创建工序"对话框的 类型 下拉列表中选择 mill_contour 选项，在 工序子类型 区域中单击"ZLEVEL_PROFILE"按钮 ⑬，在 程序 下拉列表中选择 PROGRAM 选项，在 刀具 下拉列表中选择 D10R1 (铣刀-5 参数)，在 几何体 下拉列表中选择 WORKPIECE，在 方法 下拉列表中选择 METHOD 选项，采用系统默认的名称。

Step3. 在"创建工序"对话框中单击 确定 按钮，此时，系统弹出图 14.3.2 所示的"深度加工轮廓"对话框。

图 14.3.2 所示的"深度加工轮廓"对话框 刀轨设置 区域中的选项及按钮说明如下。

- 陡峭空间范围 下拉列表包括 无 和 仅陡峭的 选项。
  - ☑ 无：当选择此选项时，表示没有陡峭角。

☑ **仅陡峭的**：当选择此选项时，系统会出现 **角度** 文本框，在此文本框中可以对切削的陡峭角进行设置。

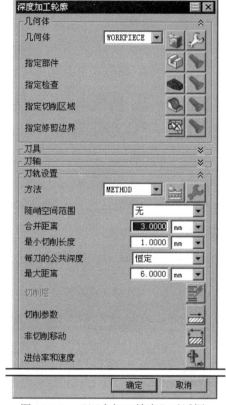

图 14.3.2　"深度加工轮廓"对话框

- **合并距离** 文本框：用于定义在不连贯的切削运动切除时，在刀具路径中出现的缝隙的距离。

- **最小切削长度** 文本框：该文本框用于定义生成刀具路径时的最小长度值。当切削运动的距离比指定的最小切削长度值小时，系统不会在该处创建刀具路径。

- **每刀的公共深度** 文本框：用于设置加工区域内每次切削的最大深度。系统将计算等于且不超出指定的 **每刀的公共深度** 值的实际切削层。

- **按钮：单击该按钮，系统弹出"切削层"对话框，可以在此对话框中对切削层的参数进行设置。

Step4. 单击"深度加工轮廓"对话框 **几何体** 区域中的"编辑"按钮，系统弹出"铣削几何体"对话框。

Step5. 创建部件几何体。

（1）单击"铣削几何体"对话框中的 按钮，系统弹出"部件几何体"对话框。

（2）确认"选择工具条"中"实体"类型被选中，在图形区选取图 14.3.3 所示的整个零件为部件几何体。

（3）在"部件几何体"对话框中的 确定 按钮，系统返回到"铣削几何体"对话框。

Step6. 创建毛坯几何体。

（1）在"铣削几何体"对话框中单击 ⊕ 按钮，系统弹出"毛坯几何体"对话框。

（2）在"毛坯几何体"对话框中的 类型 下拉列表中选择 部件的偏置 选项，在 偏置 文本框中输入数值 0.2。

（3）单击"毛坯几何体"对话框中的 确定 按钮，系统返回"铣削几何体"对话框。

（4）单击"铣削几何体"对话框中的 确定 按钮，系统返回到"深度加工轮廓"对话框。

Step7. 指定切削区域。

（1）单击"深度加工轮廓"对话框 几何体 区域中的 ◈ 按钮，系统弹出"切削区域"对话框，选取图 14.3.4 所示的模型表面为切削区域。

（2）单击"切削区域"对话框中的 确定 按钮，系统返回到"深度加工轮廓"对话框。

图 14.3.3　部件几何体

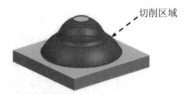

图 14.3.4　指定切削区域

Step8. 设置刀具路径参数和切削层。

（1）在 刀轨设置 区域的 陡峭空间范围 下拉列表中选择 无 选项，在 合并距离 文本框中输入数值 3.0，在 最小切削长度 文本框中输入数值 1.0，在 每刀的公共深度 的下拉列表中选择 恒定 选项，然后在 最大距离 文本框中输入数值 0.5。

（2）在 刀轨设置 区域中单击"切削层"按钮 ☰ᵛ，系统弹出图 14.3.5 所示的"切削层"对话框，在 范围类型 下拉列表中选择 自动 选项，设置图 14.3.5 所示的参数，单击 确定 按钮，系统返回到"深度加工轮廓"对话框。

Step9. 设置切削参数。

（1）在"深度加工轮廓"对话框的 刀轨设置 区域中单击"切削参数"按钮 ⇄，系统弹出"切削参数"对话框。

（2）在"切削参数"对话框中单击 策略 选项卡，在 切削顺序 下拉列表中选择 深度优先 选项。

（3）在"切削参数"对话框中单击 连接 选项卡（图 14.3.6），在 层到层 下拉列表中选择 直接对部件进刀 选项，单击 确定 按钮，系统返回到"深度加工轮廓"对话框。

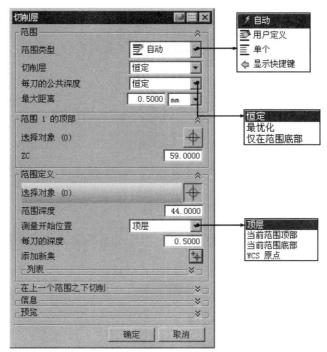

图 14.3.5　"切削层"对话框

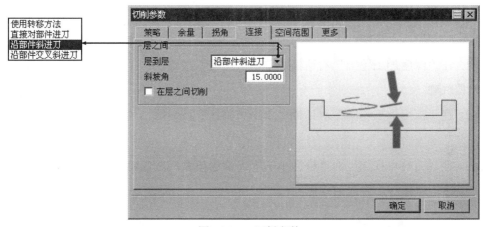

图 14.3.6　切削参数

图 14.3.6 所示的"切削参数"对话框中 连接 选项卡部分选项的说明如下。

● 层之间 选项：这是专门用于深度铣的切削参数。

☑ 使用转移方法：使用进刀/退刀的设定的转移方法来定位切削层之间的刀具定位。

☑ 直接对部件进刀：将以跟随部件的方式来定位移动刀具。

☑ 沿部件斜进刀：将以跟随部件的方式，从一个切削层到下一个切削层，需要指定 斜坡角，此时刀路较完整。

☑ 沿部件交叉斜进刀：与 沿部件斜进刀 相似，不同的是在斜削进下一层之前完成每个刀路。

☑ 在层之间切削：可在深度铣中的切削层间存在间隙时创建额外的切削，消除在标准层到层加工操作中留在浅区域中的非常大的残余高度。

Step10. 设置非切削移动参数。

（1）在"深度加工轮廓"对话框的 刀轨设置 区域中单击"非切削移动"按钮 ，系统弹出"非切削移动"对话框。

（2）单击"非切削运动"对话框中的 进刀 选项卡，在 封闭区域 区域 进刀类型 下拉列表中选择 螺旋 选项，在 开放区域 区域的 类型 下拉列表中选择 圆弧 选项，其他选项卡中的设置采用系统的默认值，单击 确定 按钮完成进刀/退刀的设置。

Step11. 设置进给和速度。

（1）在"深度加工轮廓"对话框中单击"进给率和速度"按钮 ，系统弹出"进给率和速度"对话框。

（2）在"进给率和速度"对话框的 主轴速度（rpm） 文本框中输入数值 1500，在 切削 文本框中输入数值 250，其他采用系统默认设置值。

（3）单击"进给率和速度"对话框中的 确定 按钮，完成切削参数的设置，系统返回到"深度加工轮廓"对话框。

Task4. 生成刀具轨迹并仿真

Step1. 在"深度加工轮廓"对话框中单击"生成"按钮 ，在图形区中生成图 14.3.7 所示的刀具轨迹。

Step2. 在"深度加工轮廓"对话框中单击"确认"按钮 ，系统弹出"刀轨可视化"对话框。

Step3. 在"刀轨可视化"对话框中单击 2D 动态 选项卡，然后单击"播放"按钮 ，即可演示刀具按刀轨运行，完成演示后的模型如图 14.3.8 所示。

图 14.3.7　刀具轨迹　　　　　　　　图 14.3.8　演示结果

Step4. 单击"刀轨可视化"对话框中 确定 按钮，系统返回到"深度加工轮廓"对话框，再单击"深度加工轮廓"对话框中的 确定 按钮。

Task5. 保存文件

选择下拉菜单 文件(F) ➡ ▣ 保存(S) 命令，保存文件。

14.3.2 陡峭区域深度加工轮廓铣

陡峭区域深度加工轮廓铣是一种能够指定陡峭角度的深度加工轮廓铣，是通过多个切削层来加工零件表面轮廓一种固定轴铣操作。对于此种方式既可以通过指定切削区域几何来切削，也可以通过指定切削零件来切削，一般情况下如果没有指定切削区域几何就表示要对整个零件进行切削。对于需要加工的表面既有平缓的曲面又有陡峭的曲面或者是非常陡峭的斜面特别适合这种加工方式，而且一般用于精加工。下面以图 14.3.9 所示的模型为例，讲解创建陡峭区域深度加工轮廓铣的一般过程。

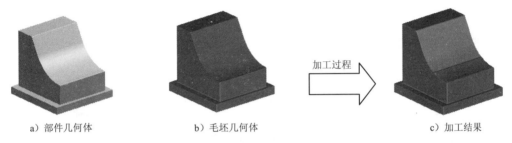

a）部件几何体　　　　b）毛坯几何体　　　　c）加工结果

图 14.3.9　陡峭区域深度加工轮廓铣

Task1. 打开模型文件并进入加工模块

Step1. 打开文件 D:\ug8\work\ch14.03\zlevel_profile2.prt。

Step2. 进入加工环境。选择下拉菜单 ⚙开始▾ ➡ ▶加工(N)... 命令，在系统弹出的"加工环境"对话框的 要创建的 CAM 设置 列表框中选择 mill_contour 选项，然后单击 确定 按钮，进入加工环境。

Task2. 创建几何体

Step1. 在工序导航器的空白处右击，在弹出的快捷菜单中选择 几何视图 命令，此时工序导航器调整到图 14.3.10 所示的几何视图状态，双击坐标系节点⊞ ⓚMCS_MILL 选项，系统弹出"Mill Orient"对话框。

Step2. 创建机床坐标系。

（1）在"Mill Orient"对话框的 机床坐标系 选项区域中单击"CSYS 对话框"按钮 ⚐，在系统弹出的"CSYS"对话框中 类型 下拉列表中选择 ⚐动态 选项。

（2）单击"CSYS"对话框的 操控器 区域中的"操控器"按钮 ⚐，在"点"对话框 参考 的下拉列表中选择 WCS 选项，在 ZC 文本框中输入数值 80，单击两次 确定 按钮，完成机床坐标系的创建。

Step3. 创建安全平面。

（1）在"Mill Orient"对话框的 安全设置 区域的 安全设置选项 下拉列表中选择 平面 选项，单击"平面对话框"按钮 ⚐，系统弹出"平面"对话框。

（2）在 类型 下拉列表中选择 XC-YC 平面 选项，在 距离 文本框中输入数值 90，单击 确定 按钮，系统返回到"Mill Orient"对话框，完成图 14.3.11 所示的安全平面的创建。

（3）单击"Mill Orient"对话框中的 确定 按钮。

Step4. 创建部件几何体。

（1）在工序导航器中单击 MCS_MILL 节点前的"+"，双击节点 WORKPIECE，系统弹出"铣削几何体"对话框。

（2）选取部件几何体。在"铣削几何体"对话框中单击 按钮，系统弹出"部件几何体"对话框，在图形区选取图 14.3.12 所示的整个零件实体为部件几何体。

图 14.3.10　工序导航器

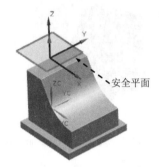

图 14.3.11　创建坐标系以及安全平面

图 14.3.12　部件几何体

（3）在"部件几何体"对话框中单击 确定 按钮，完成部件几何体的创建，同时系统返回到"铣削几何体"对话框。

Step5. 创建毛坯几何体。

（1）在"铣削几何体"对话框中单击 按钮，系统弹出"毛坯几何体"对话框。

（2）在"毛坯几何体"对话框 类型 下拉列表中选择 部件的偏置 选项，在 偏置 文本框中输入数值 1.0。

（3）单击"毛坯几何体"对话框中的 确定 按钮，完成毛坯几何体的创建，系统返回到"铣削几何体"对话框。

（4）单击"铣削几何体"对话框中的 确定 按钮。

Step6. 指定切削区域。

（1）在工序导航器中选择 WORKPIECE 并右击，在弹出的快捷菜单中选择 刀片 ▶ → 几何体 命令，系统弹出图 14.3.13 所示的"创建几何体"对话框。

（2）在"创建几何体"对话框的 类型 下拉列表中选择 mill_contour 选项，在 几何体子类型 区域中单击"MILL_AREA"按钮 ；在 位置 区域的 几何体 下拉列表中选择 WORKPIECE 选项；接受系统默认的名称。

（3）单击此对话框中的 确定 按钮，系统弹出"铣削区域"对话框。

（4）在"铣削区域"对话框中单击"指定切削区域"后的 按钮，系统弹出"切削区域"对话框，选取图 14.3.14 所示的模型表面为切削区域。

（5）单击 确定 按钮，完成切削区域的指定。

（6）单击"铣削区域"对话框中的 确定 按钮。

Task3．创建刀具

Step1．选择下拉菜单 插入(S) ➡ 刀具(T)... 命令，系统弹出"创建刀具"对话框。

Step2．确定刀具类型。在"创建刀具"对话框的 类型 下拉列表中选择 mill_contour 选项，在 刀具子类型 区域中单击"BALL_MILL"按钮 🖉，在 位置 区域的 刀具 下拉列表中选择 GENERIC_MACHINE 选项，在 名称 文本框中输入刀具名称 D6，单击 确定 按钮，系统弹出"铣刀-球头铣"对话框。

Step3．设置刀具参数。在"铣刀-球头铣"对话框中设置图 14.3.15 所示的参数，设置完成后单击 确定 按钮，完成刀具的创建。

图 14.3.13　"创建几何体"对话框

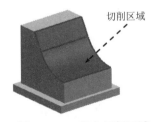

图 14.3.14　指定切削区域

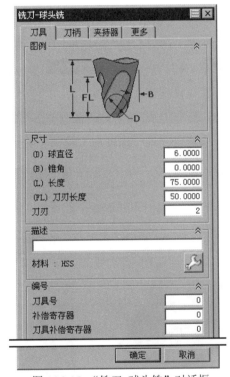

图 14.3.15　"铣刀-球头铣"对话框

Task4．创建深度加工轮廓操作

Step1．选择下拉菜单 插入(S) ➡ 工序(E)... 命令，系统弹出"创建工序"对话框。

Step2．在"创建工序"对话框的 类型 下拉列表中选择 mill contour 选项，在 工序子类型 区域中单击"ZLEVEL_PROFILE"按钮 📶，在 程序 下拉列表中选择 PROGRAM 选项，在 刀具 下拉列表中选择 D6 (铣刀-球头铣)，在 几何体 下拉列表中选择 MILL AREA，在 方法 下拉列表中选择

MILL_FINISH 选项，采用系统默认的名称。

Step3. 在"创建工序"对话框中单击 **确定** 按钮，此时，系统弹出"深度加工轮廓"对话框。

Step4. 设置刀具路径参数。在"深度加工轮廓"对话框的 **刀轨设置** 区域的 **陡峭空间范围** 下拉列表中选择 **仅陡峭的** 选项，在 **角度** 文本框中输入数值 30.0，在 **合并距离** 文本框中输入数值 2.0，在 **最小切削长度** 文本框中输入数值 1.0，在 **每刀的公共深度** 的下拉列表中选择 **恒定** 选项，然后在 **最大距离** 文本框中输入数值 0.5。

说明：如果在"深度加工轮廓"对话框 **刀轨设置** 区域的 **陡峭空间范围** 下拉列表中选择 **无** 选项，则生成的刀具轨迹如图 14.3.16 所示。

Step5. 设置切削参数。

（1）在"深度加工轮廓"对话框的 **刀轨设置** 区域中单击"切削参数"按钮 ⇄，系统弹出"切削参数"对话框。

（2）在"切削参数"对话框中单击 **策略** 选项卡，在 **切削方向** 下拉列表中选择 **混合** 选项，在 **切削顺序** 下拉列表中选择 **深度优先** 选项，在 **延伸刀轨** 区域选中 ☑ **在边上延伸** 复选框，其他参数按系统默认设置值。

（3）在"切削参数"对话框中单击 **连接** 选项卡，设置图 14.3.17 所示的参数，单击 **确定** 按钮，系统返回到"深度加工轮廓"对话框。

图 14.3.16　无陡峭范围刀轨

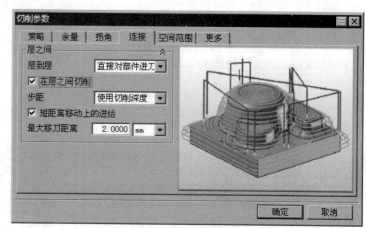

图 14.3.17　"切削参数"对话框

Step6. 设置进刀/退刀参数。

（1）在"深度加工轮廓"对话框的 **刀轨设置** 区域中单击"非切削移动"按钮 ⟱，系统弹出"非切削移动"对话框。

（2）单击"非切削移动"对话框中的 **进刀** 选项卡，在 **进刀类型** 下拉列表中选择 **螺旋** 选项，在 **开放区域** 区域的 **类型** 下拉列表中选择 **圆弧** 选项，其他参数采用系统默认设置值，单击 **确定** 按钮，完成进刀/退刀的设置。

Step7. 设置进给率和速度。

（1）在"深度加工轮廓"对话框中单击"进给率和速度"按钮 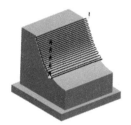，系统弹出"进给率和速度"对话框。

（2）在"进给率和速度"对话框的 主轴速度（rpm） 文本框中输入数值 1200，在 切削 文本框中输入数值 250，其他采用系统默认设置值。

（3）单击"进给率和速度"对话框中的 确定 按钮，完成切削参数的设置，系统返回到"深度加工轮廓"对话框。

Task5. 生成刀具轨迹并仿真

生成的刀具轨迹如图 14.3.18 所示，2D 仿真结果如图 14.3.19 所示。

图 14.3.18　刀具轨迹　　　　　　　　图 14.3.19　2D 仿真结果

Task6. 保存文件

选择下拉菜单 文件(F) ➡ 保存(S) 命令，保存文件。

14.3.3　表面铣

表面铣是通过面，或者面上的曲线以及一系列的点来确定切削区域的铣削方式，一般选用平底立铣刀或面铣刀来进行表面铣。下面以图 14.3.20 所示的零件介绍表面铣加工的一般过程。

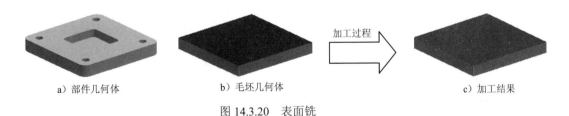

a）部件几何体　　　　　　b）毛坯几何体　　　加工过程　　　　　c）加工结果

图 14.3.20　表面铣

Task1. 打开模型文件并进入加工模块

Step1. 打开文件 D:\ug8\work\ch14.03\face_milling01.prt。

Step2. 进入加工环境。选择下拉菜单 开始 ➡ 加工(N)... 命令，在系统弹出的

"加工环境"对话框的 要创建的 CAM 设置 下列表中选择 mill planar 选项，然后单击 确定 按钮，进入加工环境。

Task2. 创建几何体

Step1. 在工序导航器的空白处右击，在系统弹出的快捷菜单中选择 几何视图 命令，双击坐标系节点 MCS_MILL，系统弹出"Mill Orient"对话框。

Step2. 创建机床坐标系。在"Mill Orient"对话框的 参考坐标系 选项区域中选中 链接 RCS 与 MCS 复选框。

Step3. 创建安全平面。

（1）在"Mill Orient"对话框的 安全设置 区域的 安全设置选项 下拉列表中选择 平面 选项，单击"平面对话框"按钮 ，系统弹出"平面"对话框。

（2）选取图 14.3.21 所示的模型表面为参考平面，在 距离 文本框中输入数值 10.0，单击 确定 按钮，系统返回到"Mill Orient"对话框，完成安全平面的创建。

（3）单击"Mill Orient"对话框中的 确定 按钮。

Step4. 创建部件几何体。

（1）在工序导航器中双击 MCS_MILL 节点下的 WORKPIECE，系统弹出"铣削几何体"对话框。

（2）选取部件几何体。在"铣削几何体"对话框中单击 按钮，系统弹出"部件几何体"对话框。

（3）在图形区选取图 14.3.20a 所示的整个零件为部件几何体，单击 确定 按钮，完成部件几何体的创建，同时系统返回到"铣削几何体"对话框。

Step5. 创建毛坯几何体。

（1）在"铣削几何体"对话框中单击 按钮，系统弹出"毛坯几何体"对话框。

（2）在"毛坯几何体"对话框 类型 下拉列表中选择 包容块 选项，设置图 14.3.22 所示的参数。

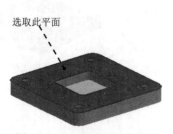

选取此平面

图 14.3.21　选取参考平面

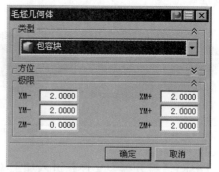

图 14.3.22　"毛坯几何体"对话框

（3）单击"毛坯几何体"对话框中的 确定 按钮，完成毛坯几何体的创建，系统返回到"铣削几何体"对话框，单击 确定 按钮。

Task3．创建刀具

Step1．选择下拉菜单 插入(S) ➡ 刀具(T)... 命令，系统弹出"创建刀具"对话框。

Step2．确定刀具类型。在"创建刀具"对话框的 类型 下拉列表中选择 mill_planar 选项，在 刀具子类型 区域中选择"MILL"按钮 ，在 位置 区域的 刀具 下拉列表中选择 GENERIC_MACHINE 选项，在 名称 文本框中输入刀具名称 D16R0，单击 确定 按钮，系统弹出"铣刀-5 参数"对话框。

Step3．设置刀具参数。在"铣刀-5 参数"对话框的 (D) 直径 文本框中输入数值 16.0，在 (R1) 下半径 文本框中输入数值 0，其他参数的设置采用系统的默认值，设置完成后单击 确定 按钮，完成刀具的创建。

Task4．创建表面铣操作

Step1．选择下拉菜单 插入(S) ➡ 工序(E)... 命令，系统弹出图 14.3.23 所示的"创建工序"对话框。

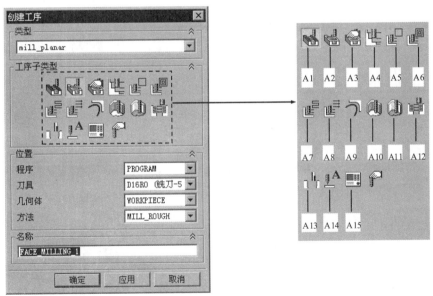

图 14.3.23　"创建工序"对话框

Step2．在"创建工序"对话框的 类型 下拉列表中选择 mill_planar 选项，在 操作子类型 区域中单击"FACE_MILLING"按钮 ，在 程序 下拉列表中选择 PROGRAM 选项，在 刀具 下拉列表中选择 D16R0 (铣刀-5 参数)，在 几何体 下拉列表中选择 WORKPIECE ，在 方法 下拉列表中选择 MILL_ROUGH 选项，采用系统默认的名称。

Step3．在"创建工序"对话框中单击 确定 按钮，此时，系统弹出图 14.3.24 所示的"面铣"对话框。

Step4. 指定面边界。

（1）在"面铣"对话框的 几何体 区域中单击"选择或编辑面几何体"按钮，系统弹出图 14.3.25 所示的"指定面几何体"对话框。

（2）确认该对话框中的 过滤器类型 区域中的"面边界"按钮 被按下，选取图 14.3.26 所示的模型表面为面边界。

（3）单击"指定面几何体"对话框中的 确定 按钮，系统返回到"面铣"对话框。

Step5. 设置刀具路径参数。

在"面铣"对话框的 刀轨设置 区域的 切削模式 下拉列表中选择 单向 选项，在 步距 下拉列表中选择 刀具平直百分比 选项，在 平面直径百分比 文本框中输入数值 50.0，在 毛坯距离 文本框中输入数值 2.0，在 每刀深度 文本框中输入数值 0.0，在 最终底面余量 文本框中输入数值 0.2。

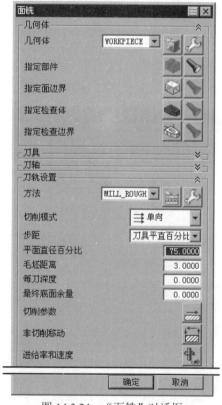

图 14.3.24 "面铣"对话框

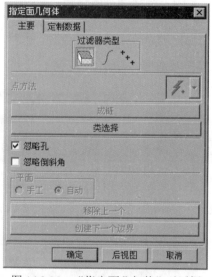

图 14.3.25 "指定面几何体"对话框

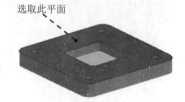

选取此平面

图 14.3.26 指定面边界

Step6. 设置切削参数。

（1）在"面铣"对话框的 刀轨设置 区域中单击"切削参数"按钮，系统弹出"切削参数"对话框。

（2）在"切削参数"对话框中单击 策略 选项卡，设置参数如图 14.3.27 所示。

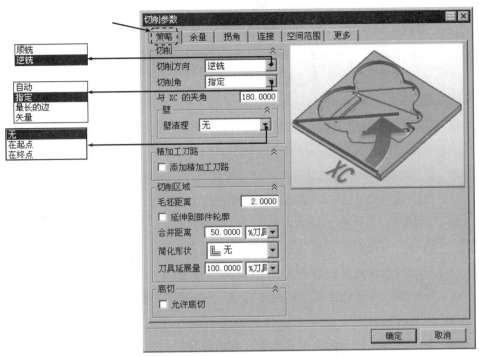

图 14.3.27　"切削参数"对话框

图 14.3.27 所示的"切削参数"对话框 策略 选项卡中各选项说明如下。

● 切削方向：用于指定刀具的切削方向，包括 顺铣 和 逆铣 两种方式。

　　☑ 顺铣：沿刀轴方向向下看，主轴的旋转方向与运动方向一致。

　　☑ 逆铣：沿刀轴方向向下看，主轴的旋转方向与运动方向相反。

● 切削角：用于指定平行切削时刀具路径和工作坐标系 XC 轴之间的夹角，逆时针方向为正，顺时针方向为负，此选项包括以下四种定义切削角的方法。

　　☑ 自动：系统会更根据零件的切削区域形状，自动计算切削角，以便在对区域进行切削时最小化内部进刀运动。

　　☑ 指定：选择此选项后，与 XC 的夹角 文本框可用，用户对切削角可以自己进行设置，图形区会显示切削方向的箭头。

　　☑ 最长的线：选择此选项后，会建立与周边边界中最长的线段平行的切削角。

　　☑ 矢量：选择此选项后，会激活 * 指定矢量 区域，需要用户指定一个矢量方向来定义切削角度。

● 壁 区域的 壁清理：用于清理零件壁或者岛屿壁上的残留材料。其下拉列表提供了以下三种清壁方式。

　　☑ 无：不进行壁清理。

　　☑ 在起点：刀具先进行清壁加工再进行铣削加工。

　　☑ 在终点：刀具先进行铣削加工再进行清壁加工。

- 选中 精加工刀路 选项区域的 ☑ 添加精加工刀路 复选框，系统会出现如下选项。
  - ☑ 刀路数：用于指定精加工走刀的次数。
  - ☑ 精加工步距：用于指定精加工两道切削路径之间的距离，可以是一个固定的距离值，也可以是刀具直径的百分比值。
- 切削区域 区域的各选项说明如下。
  - ☑ 毛坯距离：指定刀轨与毛坯边界之间的距离，加工时只生成毛坯距离范围内的刀轨，而不生成整个轮廓的刀轨。
  - ☑ ☑ 延伸到部件轮廓 复选框：用于设置刀路轨迹是否根据部件的整体外部轮廓来生成。选中该复选框，刀路轨迹则延伸到部件的外部轮廓。
  - ☑ 合并距离：用于设置加工多个等高的平面区域时，相邻刀路轨迹之间的合并距离值。如果两条刀路轨迹之间的最小距离小于合并距离值，那么这两条刀路轨迹将合并成为一条连续的刀路轨迹，合并距离值越大，合并的范围也越大。
  - ☑ 简化形状：用于设置刀具的走刀路线，系统提供了 无 、 凸包 和 最小包围盒 三种走刀路线。
  - ☑ 刀具延展量：用于设置刀具延展到毛坯边界外的距离，该距离可以是一个固定值也可以是刀具直径的百分比值。
- ☐ 允许底切 复选框：取消选中该复选框可防止刀柄与工件或检查几何体碰撞。

（3）在"切削参数"对话框中单击 余量 选项卡，设置参数如图 14.3.28 所示。

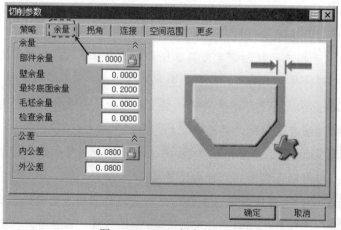

图 14.3.28　"切削参数"对话框

图 14.3.28 所示的"切削参数"对话框 余量 选项卡中各选项说明如下。

- 部件余量：用于定义在当前平面铣削结束时，留在零件周壁上的余量。通常在做粗加工或半精加工时会留一定部件余量以做精加工用。
- 壁余量：用于定义零件侧壁面上剩余的材料，该余量是在每个切削层上沿垂直于刀轴的方向测量，应用于所有能够进行水平测量的部件表面的部件表面上。

- 最终底面余量：用于定义当前加工操作后保留在腔底和岛屿顶部的余量。
- 毛坯余量：是刀具定位点与所定义的毛坯几何体之间的距离。它将应用于具有相切于条件的毛坯边界或毛坯几何体。
- 检查余量：用于定义是指刀具与已定义的检查边界之间的余量。
- 内公差：用于创建刀具切入零件时的最大偏距。
- 外公差：用于创建刀具切削零件时离开零件的最大偏距。

（4）在"切削参数"对话框中单击 连接 选项卡，设置参数如图 14.3.29 所示，单击 确定 按钮，系统返回到"面铣"对话框。

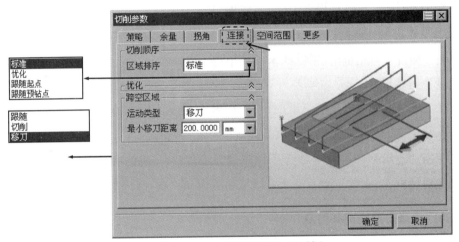

图 14.3.29　"切削参数"对话框

图 14.3.29 所示的"切削参数"对话框"连接"选项卡中各选项说明如下。

- 切削顺序 选项区域的 区域排序 下拉列表中提供了如下四种自动或手工指定加工顺序的方式。
  - ☑ 标准：表示由系统计算切削区域的加工顺序。
  - ☑ 优化：根据加工效率来决定切削区域的加工顺序。
  - ☑ 跟随起点：将根据定义"切削区域起点"时的顺序来确定切削区域的加工顺序。
  - ☑ 跟随预钻点：将根据"预钻进刀点"时的顺序来确定切削区域的加工顺序。
- 跨空区域 选项区域的 运动类型 下拉列表提供了如下三种类型。
  - ☑ 跟随：被加工的表面区域有跨空的区域时，系统会根据跨空的区域自动使刀具抬起，从而进行不连续的切削。
  - ☑ 切削：被加工的表面区域有跨空的区域，但是在加工过程中，不将刀具抬起而直接进行表面区域的切削。
  - ☑ 移刀：选择此选项时，最小移刀距离 文本框可用，在此文本框中可以设置刀具通过跨空区域时的移刀距离值，此值可以是固定的距离值也可以是刀具直径的百分比值，最小移动距离根据跨度大小来决定，而且在此过程中刀具不抬起，也不进行切削运动。

说明：当选择某一选项时，在预览区域的图形上可以查看该选项的功能以及定义的内容，选择不同的切削模式类型，对应的"切削参数"对话框中的各选项卡中的参数也会有所不同。

Step7. 设置进刀/退刀参数参数。

（1）在 刀轨设置 区域中单击"非切削移动"按钮，系统弹出"非切削移动"对话框。

（2）单击"非切削移动"对话框中的 进刀 选项卡，在 封闭区域 区域的 进刀类型 下拉列表中选择 沿形状斜进刀 选项，在 开放区域 区域的 类型 下拉列表中选择 线性 选项。其他选项卡中的设置采用系统的默认值，单击 确定 按钮完成进刀/退刀的设置。

Step8. 设置进给和速度。

（1）在"面铣"对话框的 刀轨设置 区域中单击"进给率和速度"按钮，系统弹出"进给率和速度"对话框。

（2）在"进给率和速度"对话框的 ☑ 主轴速度 (rpm) 文本框中输入数值 1500，在 切削 文本框中输入数值 250，其他采用系统默认设置值。

（3）单击"进给率和速度"对话框中的 确定 按钮，完成切削参数的设置，系统返回到"面铣"对话框。

Task5. 生成刀具轨迹并仿真

生成的刀具轨迹如图 14.3.30 所示，2D 仿真结果如图 14.3.31 所示。

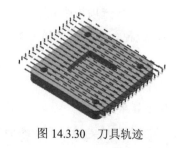

图 14.3.30 刀具轨迹

图 14.3.31 2D 仿真结果

Task6. 保存文件

选择下拉菜单 文件 (F) ➡️ 保存 (S) 命令，保存文件。

14.3.4 表面区域铣

表面区域铣是平面铣操作中比较常用的铣削方式之一，它是通过选择加工平面来确定在不过切情况下的加工区域。一般选用平底立铣刀或端铣刀。使用表面区域铣方法可以进行粗加工，也可以进行精加工，在没大量的切除材料，又要提高加工效率的情况下，多采用这样的加工方式（平面加工中）。对于加工余量大而不均匀的表面，采用粗加工，其铣刀直径应较大，以加大切削面积，提高加工效率；对于精加工，其铣刀直径应较适当减小，提高切削速度，从而提高加工质量。下面以图 14.3.32 所示的零件来介绍表面区域铣加工的一般创建过程。

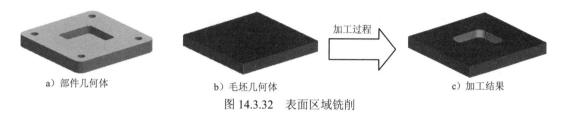

a）部件几何体　　　　　　　　b）毛坯几何体　　　　　　加工过程　　　　c）加工结果

图 14.3.32　表面区域铣削

Task1.　打开模型文件并进入加工模块

打开文件 D:\ug8\work\ch14.03\face_milling02.prt。

Task2.　创建工序

Step1. 选择下拉菜单 插入(S) ➡ 工序(E)... 命令，系统弹出"创建工序"对话框。

Step2. 在"创建工序"对话框的 类型 下拉列表中选择 mill_planar 选项，在 工序子类型 区域中单击"FACE_MILLING_AREA"按钮 ，在 程序 下拉列表中选择 PROGRAM 选项，在 刀具 下拉列表中选择 D16R0 (铣刀-5 参数)，在 几何体 下拉列表中选择 WORKPIECE，在 方法 下拉列表中选择 MILL_FINISH 选项，采用系统默认的名称。

Step3. 在"创建工序"对话框中单击 确定 按钮，此时，系统弹出图 14.3.33 所示的"面铣削区域"对话框。

图 14.3.33 所示"面铣削区域"对话框 几何体 区域中各按钮的说明如下。

- （选择或编辑切削区域几何体）：指定零件几何体要加工的区域，可以是零件几何体中的几个重要部分，也可以是整个零件。
- （选择或编辑壁几何体）：通过设置侧壁几何来替换工件余量，表示除了加工面以外的全局工件余量。
- （选择或编辑检查几何体）：检查几何体是在切削加工过程中需要避让的几何体，如夹具或重要的加工平面。

Step4. 指定切削区域。

（1）在"面铣削区域"对话框的 几何体 区域中单击"选择或编辑切削区域几何体"按钮 ，系统弹出图 14.3.34 所示的"切削区域"对话框。

（2）选取图 14.3.35 所示的面为切削区域，在"切削区域"对话框中单击 确定 按钮，完成切削区域的定义，同时系统返回到"面铣削区域"对话框。

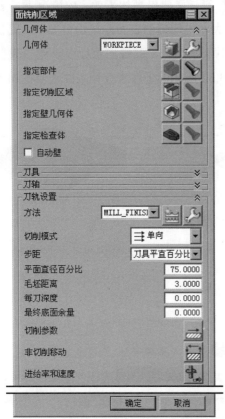

图 14.3.33 "面铣削区域"对话框

图 14.3.34 "切削区域"对话框

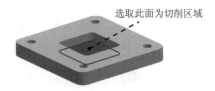

选取此面为切削区域

图 14.3.35 指定切削区域

Step5. 设置刀具路径参数。

（1）在 刀轨设置 区域的 切削模式 下拉列表中选择 跟随部件 选项，在 步距 下拉列表中选择 刀具平直百分比 选项，在 平面直径百分比 文本框中输入数值 75.0。

（2）在 毛坯距离 文本框中输入数值 10.0，在 每刀深度 文本框中输入数值 1.0，在 最终底面余量 文本框中输入数值 0.0。

Step6. 设置切削参数。

（1）在 刀轨设置 区域中单击"切削参数"按钮 ，系统弹出"切削参数"对话框。

（2）在"切削参数"对话框中单击 策略 选项卡，在 切削方向 下拉列表中选择 顺铣 选项，单击 确定 按钮，系统返回到"面铣削区域"对话框。

Step7. 设置进刀/退刀参数参数。

（1）在 刀轨设置 区域中单击"非切削移动"按钮 ，系统弹出"非切削移动"对话框。

（2）单击"非切削移动"对话框中的 进刀 选项卡，在 封闭区域 区域的 进刀类型 下拉列表中选择 沿形状斜进刀 选项，在 开放区域 区域的 类型 下拉列表中选择 线性 选项。其他选项卡中的设置采用系统的默认值，单击 确定 按钮完成进刀/退刀的设置。

Step8. 设置进给率和速度。

（1）在"面铣削区域"对话框的 刀轨设置 区域中单击"进给率和速度"按钮 ，系统弹出"进给率和速度"对话框。

（2）在"进给率和速度"对话框的 主轴速度（rpm）文本框中输入数值 1200，在 切削 文本框中输入数值 250，其他采用系统默认设置值。

（3）单击"进给率和速度"对话框中的 确定 按钮，完成切削参数的设置，系统返回到"面铣削区域"对话框。

Task3．生成刀具轨迹并仿真

Step1．在"面铣削区域"对话框中单击"生成"按钮 ，在图形区中生成图 14.3.36 所示的刀具轨迹。

Step2．在"面铣削区域"对话框中单击"确认"按钮 ，系统弹出"刀轨可视化"对话框。

Step3．在"刀轨可视化"对话框中单击 2D 动态 选项卡，然后单击"播放"按钮 ，即可演示刀具按刀轨运行，完成演示后的模型如图 14.3.37 所示。

Task4．保存文件

选择下拉菜单 文件(F) ➡ 保存(S) 命令，保存文件。

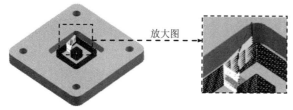

图 14.3.36　刀具轨迹

图 14.3.37　演示结果

14.3.5　精铣侧壁

精铣侧壁仅仅用于侧壁加工的一种平面切削方式，要求侧壁和底平面要垂直，并且要求加工表面和底面要平行，加工的侧壁是加工表面和底面之间的部分。下面以图 14.3.38 所示的零件来介绍精铣侧壁加工的一般过程。

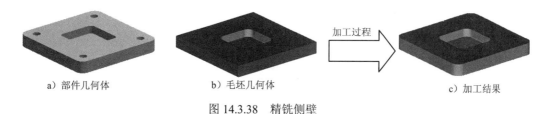

a）部件几何体　　　　　b）毛坯几何体　　加工过程　　c）加工结果

图 14.3.38　精铣侧壁

Task1. 打开模型文件并进入加工模块

打开文件 D:\ug8\work\ch14.03\face_milling_area.prt。

Task2. 创建工序

Step1. 选择下拉菜单 插入(S) ➡ ⊫ 工序(E)... 命令，系统弹出"创建工序"对话框。

Step2. 在"创建工序"对话框的 类型 下拉列表中选择 mill_planar 选项，在 工序子类型 区域中单击"FINISH_WALLS"按钮 ⬚ ，在 程序 下拉列表中选择 PROGRAM 选项，在 刀具 下拉列表中选择 D16R0（铣刀-5 参数），在 几何体 下拉列表中选择 WORKPIECE，在 方法 下拉列表中选择 MILL FINISH 选项，采用系统默认的名称。

Step3. 单击"创建工序"对话框中的 确定 按钮，系统弹出"精加工壁"对话框。

Step4. 指定部件边界。

（1）在"精加工壁"对话框 几何体 区域中单击"选择或编辑部件边界"按钮 ⬚ ，系统弹出图 14.3.39 示的"边界几何体"对话框。

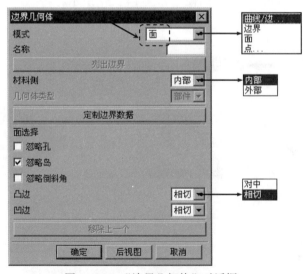

图 14.3.39 "边界几何体"对话框

图 14.3.39 所示的"边界几何体"对话框中部分选项说明如下。

- 模式 下拉列表：提供了四种选择边界的方法。
- 名称：可以在该文本框中输入几何体的名称来指定边界。
- 材料侧：该下拉列表中的选项用于指定切削区域处于边界几何体的那一侧。
- ☑ 忽略孔：选中该复选项后，系统将忽略用户定义边界面上的孔。
- ☑ 忽略岛：选中该复选项后，系统将忽略用户定义边界面上的岛。
- ☑ 忽略倒斜角：选中该复选项后，系统将忽略用户定义边界面上的倒角及圆角。
- 凸边：用于设置刀具沿着所选面的凸边边界的位置。

☑ 对中：使刀具中心位于凸边边界上。

☑ 相切：使刀具边缘与凸边边界相切。

● 凹边：此选项与"凸边"功能相同。

（2）在"边界几何体"对话框的 模式 下拉列表中选择 曲线/边...，系统弹出图 14.3.40 所示的"创建边界"对话框。

（3）选取图 14.3.41 所示的模型边线为部件边界，单击"创建边界"对话框中的 确定 按钮，完成边界的指定，系统返回到"边界几何体"对话框，单击 确定 按钮，系统返回到"精加工壁"对话框。

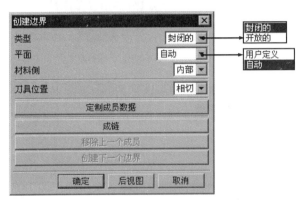

图 14.3.40　"创建边界"对话框

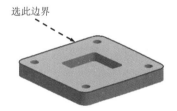

选此边界

图 14.3.41　指定部件边界

图 14.3.40 所示的"创建边界"对话框中部分选项说明如下。

● 类型：用于定义边界的类型，包括 封闭的 和 开放的 两种类型。

☑ 封闭的：一般定义的是一个加工区域，可以通过选择线和面的方式来定义加工区域。

☑ 开放的：一般定义的是一条加工轨迹，通常是通过选择加工曲线。

● 平面：用于定义边界所在的工作平面，可以通过用户定义，也可以通过系统自动选择。

☑ 用户定义：可以通过手动的方式选择模型现有的平面或者通过构建的方式创建。

☑ 自动：由系统根据所选择的边线来判断边界所在的工作平面。

● 材料侧：用于定义边界上那一侧的材料被切除或保留。

● 刀具位置：用于定义刀具在逼近边界成员时将如何放置。可以为边界成员指定 对中 或 相切 两种刀位。

● 成链：在选择"曲线、边"选项时，可以通过单击该按钮，选择起始边和终止边的时候，系统自动选择连续曲线而形成边界。

Step5. 指定底面。

（1）在"精加工壁"对话框的 几何体 区域中单击"选择或编辑底平面几何体"按钮，

系统弹出图 14.3.42 所示的"平面"对话框。

（2）在模型上选取图 14.3.43 所示的模型底面，在 距离 文本框中输入数值 0，然后单击 确定 按钮，完成底面的指定，系统返回到"精加工壁"对话框。

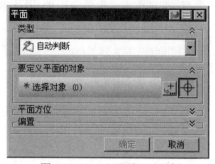

图 14.3.42　"平面"对话框

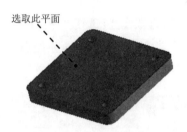

选取此平面

图 14.3.43　指定底面

Step6. 设置刀具路径参数。在"精加工壁"对话框 刀轨设置 区域的 切削模式 下拉列表中选择 轮廓加工 选项，在 步距 下拉列表中选择 刀具平直百分比 选项，在 平面直径百分比 文本框中输入数值 50.0，在 附加刀路 文本框中输入数值 0。

Step7. 设置切削层。

（1）在"精加工壁"对话框的 刀轨设置 区域中单击"切削层"按钮 ，系统弹出图 14.3.44 所示的"切削层"对话框。

（2）在"切削层"对话框的 类型 下拉列表中选择 仅底面 选项，单击该对话框中的 确定 按钮，完成切削层的设置。

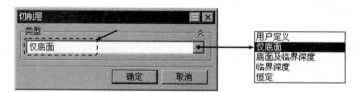

图 14.3.44　"切削层"对话框

图 14.3.44 所示的"切削层"对话框中 类型 下拉列表中各选项的说明如下。

- 用户定义：选择此选项时，该对话框中的所有文本框均被激活，此时用户具体的数值来定义切削深度参数。
- 仅底面：选择此选项时，仅在指定底平面上生成单个切削层，此时该对话框中的所有文本框均不可用。
- 底面及临界深度：选择该选项，系统不仅在指定底平面上生成单个切削层，并且会在零件中的每个岛屿的顶部区域生成一条清除材料的刀轨。
- 临界深度：选择该选项，系统会在零件中的每个岛屿顶部生成切削层，同时也会在底平面上生成切削层。
- 恒定：选择该选项，系统会以恒定的深度生成多个切削层，除了最后一层可能小于最大切削深度外，其他层都等于最大深度值，选择此选项时，该对话框中的 公共 和 增量侧面余量 文本框可用， ☑ 临界深度顶面切削 复选框亮显。

Step8. 设置切削参数。

（1）在"精加工壁""对话框的 刀轨设置 区域中单击"切削参数"按钮 ▨ ，系统弹出"切削参数"对话框。

（2）在"切削参数"对话框中单击 余量 选项卡，在 最终底面余量 文本框中输入数值 0，其他文本框中的参数设置采用系统的默认值。

（3）在"切削参数"对话框中单击 拐角 选项卡，在 拐角处进给减速 区域的 减速距离 下拉列表中选择 当前刀具 选项，其他文本框中的参数设置采用系统的默认值。

（4）在"切削参数"对话框中单击 连接 选项卡，在 切削顺序 区域的 区域排序 下拉列表中选择 标准 选项，单击 确定 按钮完成切削参数的设置值。

Step9. 设置进刀/退刀参数参数。

（1）在"精加工壁"对话框的 刀轨设置 区域中单击"非切削移动"按钮 ▨ ，系统弹出"非切削移动"对话框。

（2）单击"非切削移动"对话框中的 进刀 选项卡，在 封闭区域 区域 进刀类型 下拉列表中选择 与开放区域相同 选项，在 开放区域 区域的 类型 下拉列表中选择 圆弧 选项。

（3）单击"非切削移动"对话框中的 起点/钻点 选项卡，在 区域起点 区域 默认区域起点 下拉列表中选择 拐角 选项，单击 确定 按钮完成进刀/退刀的设置。

Step10. 设置进给率和速度。

（1）在"精加工壁""对话框的 刀轨设置 区域中单击"进给率和速度"按钮 ⬒ ，系统弹出"进给率和速度"对话框。

（2）在"进给率和速度"对话框的 主轴速度（rpm）文本框中输入数值 1200，在 切削 文本框中输入数值 250，其他采用系统默认设置值。

（3）单击"进给率和速度"对话框中的 确定 按钮，完成进给参数的设置。

Task3. 生成刀具轨迹并仿真

生成的刀具轨迹如图 14.3.45 所示，2D 仿真结果如图 14.3.46 所示。

图 14.3.45　刀具轨迹

图 14.3.46　2D 仿真结果

Task4. 保存文件

选择下拉菜单 文件(F) ➞ 保存(S) 命令，保存文件。

14.3.6 轮廓区域铣

轮廓区域铣是通过指定切削区域并且在需要的情况下添加陡峭包含和裁剪边界约束来进行切削的，它不同于曲面区域驱动方式，如果不指定切削区域，系统将使用完整定义的部件几何体为切削区域，轮廓区域铣可以使用往复提升切削类型。下面以图 14.3.47 所示的模型为例，讲解创建轮廓区域铣的一般过程。

a）部件几何体 b）毛坯几何体 c）加工结果

图 14.3.47　轮廓区域铣模型

Task1. 打开模型文件并进入加工模块

Step1. 打开文件 D:\ug8\work\ch14.03\contour_area.prt。

Step2. 进入加工环境。选择下拉菜单 开始 ➞ 加工(N)... 命令，在系统弹出的"加工环境"对话框的 要创建的 CAM 设置 列表框中选择 mill_contour 选项，然后单击 确定 按钮，进入加工环境。

Task2. 创建几何体

Step1. 在工序导航器中右击，在快捷菜单中选择 几何视图 命令，双击坐标系节点 MCS_MILL，系统弹出"Mill Orient"对话框。

Step2. 创建安全平面。

（1）在"Mill Orient"对话框的 安全设置 区域的 安全设置选项 下拉列表中选择 平面 选项，单击"平面对话框"按钮，系统弹出"平面"对话框。

（2）在 类型 的下拉列表中选择 XC-YC 平面 选项，在 距离 文本框中输入数值 65.0，单击 确定 按钮，系统返回到"Mill Orient"对话框，完成图 14.3.48 所示的安全平面的创建。

（3）单击"Mill Orient"对话框中的 确定 按钮。

Step3. 创建部件几何体。

（1）在工序导航器中的几何视图状态下双击 WORKPIECE 节点，系统弹出"铣削几何体"对话框。

（2）选取部件几何体。在"铣削几何体"对话框中单击 按钮，系统弹出"部件几何体"对话框。

（3）在图形区选取图 14.3.49 所示的零件模型，单击 确定 按钮，完成部件几何体的创建，同时系统返回到"铣削几何体"对话框。

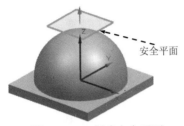

图 14.3.48　创建安全平面

图 14.3.49　零件模型

Step4. 创建毛坯几何体。

（1）在"铣削几何体"对话框中单击 按钮，系统弹出"毛坯几何体"对话框。

（2）在 类型 下拉列表中选择 部件的偏置 选项，在 偏置 文本框中输入数值 0.2。

（3）单击"毛坯几何体"对话框中的 确定 按钮，完成毛坯几何体的创建，系统返回到"铣削几何体"对话框。

（4）单击"铣削几何体"对话框中的 确定 按钮。

Task3. 创建刀具

Step1. 选择下拉菜单 插入(S) —— 刀具(T)... 命令，系统弹出"创建刀具"对话框。

Step2. 确定刀具类型。在"创建刀具"对话框 类型 选项中选择 mill_contour 选项，在 刀具子类型 区域中选择"BALL_MILL"按钮 ，在 位置 区域的 刀具 下拉列表中选择 GENERIC_MACHINE 选项，在 名称 文本框中输入 D5，单击 确定 按钮，系统弹出"铣刀-球头铣"对话框。

Step3. 设置刀具参数。在"铣刀-球头铣"对话框 (D) 球直径 文本框中输入数值 5.0，其余参数按系统默认设置值，单击 确定 按钮，完成刀具的创建。

Task4. 创建轮廓区域铣操作

Step1. 选择下拉菜单 插入(S) —— 工序(E)... 命令，系统弹出"创建工序"对话框。

Step2. 在"创建工序"对话框的 类型 下拉列表中选择 mill_contour 选项，在 工序子类型 区域中单击"COUNTOUR_AREA"按钮 ，在 程序 下拉列表中选择 PROGRAM 选项，在 刀具 下拉列表中选择 D5 (铣刀-球头铣) ，在 几何体 下拉列表中选择 WORKPIECE ，在 方法 下拉列表中选择 MILL_FINISH 选项，采用系统默认的名称。

Step3. 在"创建工序"对话框中单击 确定 按钮，此时，系统弹出图 14.3.50 所示的"轮廓区域"对话框。

Step4. 指定切削区域。

（1）单击"轮廓区域"对话框 几何体 区域中的  按钮，系统弹出"切削区域"对话框，选取图 14.3.51 所示的模型表面为切削区域。

（2）单击"切削区域"对话框中的 确定 按钮，系统返回到"轮廓区域"对话框。

Step5. 设置驱动方式。

（1）在"轮廓区域"对话框 驱动方式 区域 方法 下拉列表中的 区域铣削 选项，单击 按钮，系统弹出图 14.3.52 所示的"区域铣削驱动方式"对话框。

图 14.3.51 指定切削区域

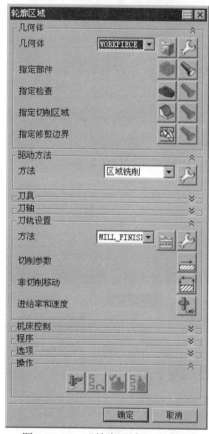

图 14.3.50 "轮廓区域"对话框

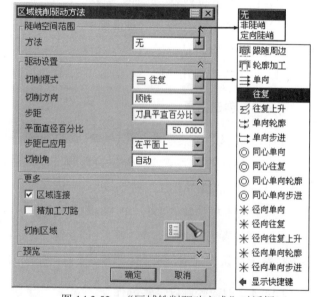

图 14.3.52 "区域铣削驱动方式"对话框

图 14.3.52 所示"区域铣削驱动方式"对话框中各选项的说明如下。

- 陡峭空间范围 选项区域的 方法 下拉列表中提供了如下三种方法。

  ☑ 无：刀具路径不使用陡峭约束，即加工所有指定的切削区域。

  ☑ 非陡峭：选择此选项时，可以激活 陡角 文本框，可以在其中设置刀具路径的陡峭角度，在加工过程中只加工陡峭角度小于或等于指定角度的区域。

  ☑ 定向陡峭：当创建不带有陡峭包含的往复路径，并且需要沿着带有定向陡峭空间范围和由第一个刀轨旋转90度形成的切削角的往复移动时，常用到此方式。

说明：图 14.3.53 所示为指定陡峭角为 60 度的非陡峭切削与定向陡峭切削的刀具轨迹。

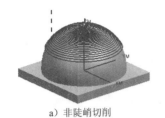

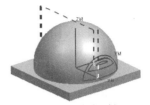

a）非陡峭切削　　　　　　　　　　b）定向陡峭切削

图 14.3.53　刀具轨迹对比

- 切削模式下拉列表为用户提供了多种刀具切削模式。

- 步距已应用下拉列表为提供了如下两种步进方式:

  ☑ 在平面上: 刀具步进是在垂直于刀具轴的平面上进行测量的, 此种步进方式适用于非陡峭区域的切削。

  ☑ 在部件上: 刀具步进是沿着部件进行测量的, 此种步进方式适用于陡峭区域的切削。

（2）在陡峭空间范围选项区域的方法下拉列表中选择无选项; 在驱动设置区域的切削模式下拉列表中选择跟随周边选项, 在刀路方向下拉列表中选择向外选项, 在切削方向下拉列表中选择顺铣选项, 在步距下拉列表中选择恒定选项, 在最大距离文本框中输入数值 1.0, 在步距已应用下拉列表中选择在部件上选项。

（3）单击"区域铣削驱动方式"对话框中的确定按钮, 系统返回到"轮廓区域"对话框。

Step6. 设置切削参数。所有切削参数均采用系统默认设置。

Step7. 设置进刀/退刀参数。

（1）在刀轨设置区域中单击"非切削移动"按钮, 系统弹出"非切削移动"对话框。

（2）单击"非切削移动"对话框中的进刀选项卡, 在开放区域区域的进刀类型下拉列表中选择圆弧 - 相切逼近选项, 在根据部件/检查区域的进刀类型下拉列表中选择线性选项, 在初始区域的进刀类型下拉列表中选择与开放区域相同选项, 其他参数采用系统的默认设置值, 单击确定按钮完成进刀/退刀的设置。

Step8. 设置进给率和速度。

（1）在"轮廓区域"对话框中单击"进给率和速度"按钮, 系统弹出"进给率和速度"对话框。

（2）在"进给率和速度"对话框的☑ 主轴速度（rpm）文本框中输入值 1500, 在切削文本框中输入数值 250, 其他采用系统默认设置值。

（3）单击"进给率和速度"对话框中的确定按钮, 完成切削参数的设置。

Task5．生成刀具轨迹并仿真

生成的刀具轨迹如图 14.3.54 所示，2D 仿真结果如图 14.3.55 所示。

图 14.3.54   刀具轨迹   图 14.3.55   2D 仿真结果

Task6．保存文件

选择下拉菜单 文件(F) ➡ █ 保存(S) 命令，保存文件。

14.3.7   钻孔加工

创建钻孔加工操作的一般步骤：

（1）创建几何体以及指定刀具。

（2）指定选项，如循环类型、进给率、进刀和退刀运动、部件表面等。

（3）指定几何体参数，如选择点或孔、优化加工顺序、避让障碍等。

（4）生成刀轨及刀路仿真。

下面以图 14.3.56 所示的模型为例，说明钻孔加工操作的创建过程。

a）部件几何体   b）毛坯几何体   c）加工结果

图 14.3.56   钻孔加工

Task1．打开模型文件并进入加工环境

Step1．打开文件 D:\ug8\work\ch14.03\hole_machining.prt。

Step2．进入加工环境。选择下拉菜单 开始 ➡ ▸ 加工(N)... 命令，在系统弹出的 "加工环境" 对话框的 要创建的 CAM 设置 列表框中选择 drill 选项，然后单击 确定 按钮，进入加工环境。

Task2. 创建几何体

Step1. 创建部件几何体。

（1）在工序导航器中的几何视图状态下双击 节点，系统弹出"工件"对话框。

（2）选取部件几何体。在"工件"对话框中单击 🗔 按钮，系统弹出"部件几何体"对话框。选取图 14.3.57 所示的整个零件为部件几何体，单击 确定 按钮，完成部件几何体的创建，同时系统返回到"工件"对话框。

Step2. 创建毛坯几何体。

（1）在"工件"对话框中单击 ⊗ 按钮，系统弹出"毛坯几何体"对话框。

（2）在"毛坯几何体"对话框的 类型 下拉列表中选择 包容圆柱体 选项，此时图形区显示图 14.3.58 所示的圆柱体（图中已隐藏部件几何体）。

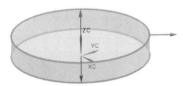

图 14.3.57 部件几何体   图 14.3.58 毛坯几何体

（3）单击"毛坯几何体"对话框中的 确定 按钮，完成毛坯几何体的创建，系统返回到"工件"对话框。

（4）单击"工件"对话框中的 确定 按钮，完成几何体的创建。

Task3. 创建刀具

Step1. 选择下拉菜单 插入(S) ➡ 刀具(T) 命令，系统弹出图 14.3.59 所示的"创建刀具"对话框。

Step2. 在 类型 下拉菜单中选择 drill 选项，在 刀具子类型 区域中单击"DRILLING_TOOL"按钮 🖉，在 名称 文本框中输入 Z8，然后单击 确定 按钮，系统弹出图 14.3.60 所示的"钻刀"对话框。

Step3. 设置刀具参数。在"钻刀"对话框的 (D) 直径 文本框中输入数值 8.0，其他参数采用系统默认设置值，单击 确定 按钮，完成刀具的创建。

Task4. 创建工序

Step1. 插入工序。

（1）选择下拉菜单 插入(S) ➡ 工序(E)... 命令，系统弹出图 14.3.61 所示的"创建工序"对话框。

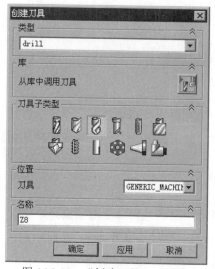

图 14.3.59　"创建刀具"对话框

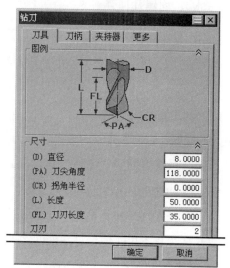

图 14.3.60　"钻刀"对话框

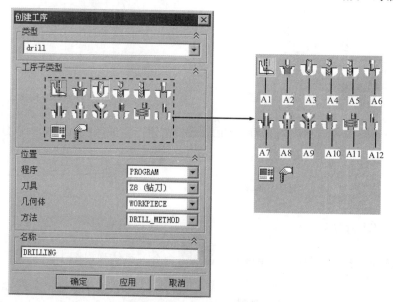

图 14.3.61　"创建工序"对话框

图 14.3.61 所示"创建工序"对话框^{工序子类型}区域中的按钮说明如下。

- A1 （SPOP_FACING）：孔加工（锪平方式）。
- A2 （SPOP_DRILLING）：中心钻。
- A3 （DRILLING）：钻孔。
- A4 （PEAK_DRILLING）：啄孔。
- A5 （BREAKCHIP_DRILLING）：断屑钻。
- A6 （BORING）：镗孔。
- A7 （REAMING）：铰孔。
- A8 （COUNTERBORING）：沉头孔加工。

- A9 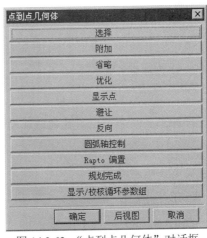（COUNTERSINKING）：埋头孔加工。
- A10 （TAPPING）：攻螺纹。
- A11 （HOLE_MILLING）：铣孔。
- A12 （THEAD_MILLING）：铣螺纹。

（2）确定加工方法。在"创建工序"对话框的 类型 下拉列表中选择 drill 选项，在 工序子类型 区域中单击"DRILLING"按钮 ，在 程序 下拉列表中选择 PROGRAM 选项，在 刀具 下拉列表中选择 Z8（钻刀），在 几何体 下拉列表中选择 WORKPIECE ，在 方法 下拉列表中选择 DRILL_METHOD 选项，采用系统默认的名称。

（3）单击"创建工序"对话框中的 确定 按钮，系统弹出图 14.3.62 所示的"钻"对话框。

Step2. 指定钻孔点。

（1）单击"钻"对话框 几何体 区域中的 按钮，系统弹出图 14.3.63 所示的"点到点几何体"对话框，单击 选择 按钮，系统弹出图 14.3.64 所示的"点位选择"对话框。

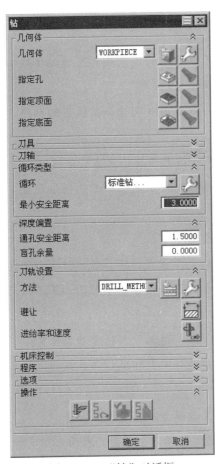

图 14.3.62 "钻"对话框

图 14.3.63 "点到点几何体"对话框

图 14.3.64 "点位选择"对话框

图 14.3.63 所示的"点到点几何体"对话框各按钮解释如下。

- 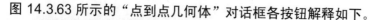**选择**：用于选择实体或曲面中的孔、点、圆弧和椭圆，所选择对象的轴心将成为加工位置。

- **附加**：用于继续选择加工几何。如果先前没有选择任何特征作为加工对象，直接选择此项，系统会提示错误。

- **省略**：用于设置省略先前选定的加工位置，即省略的几何将不再作为加工对象。

- **优化**：优化后，为了关联夹具方位、工作台范围和机床行程等约束，选定的所有加工位置点可能会处于同一水平平面或竖直平面内，因此先前设置的避让参数已经不起作用，所以需要优化刀具路径时，一般是先优化，然后再设定避让参数。

- **显示点**：用于显示已选择加工对象的加工点位置，并且显示加工序号。

- **避让**：用于设定孔加工时刀具避让的动作，用户则需要设定避让的开始点、结束点及安全距离三个选项，如果在优化刀具路径化前设置了避让参数，则需要再次设定。

- **反向**：在完成刀具避让的定义后，可通过该按钮反向编排加工点顺序，但刀具的避让动作仍会保留。

- **圆弧轴控制**：该按钮可以显示并翻转加工位置的轴线，可用于确定正确的刀具方向。

- **Rapto 偏置**：该按钮用于设置刀具的快速移动位置的偏置距离。

- **规划完成**：单击该按钮则表示点位加工几何体设置完成，相当于"确定"按钮。

图 14.3.64 所示的"点位选择"对话框各按钮解释如下。

- **Cycle 参数组 - 1**：该按钮用于设置循环参数，对于不同类型的孔或者是直径相同而深度不同的孔，都需要关联一组循环参数，如果不进行设置，所选的加工位置则采用第一循环参数组。

- **一般点**：使用"点构造器"来指定加工位置。

- **组**：系统将通过用户指定组（点或圆弧组）中的所有点或圆弧确定为加工位置。

- **类选择**：通过类选择方法指定加工位置。

- **面上所有孔**：可以通过选择一个模型的表面来指定加工位置，

系统默认将选定面中所有的孔作为加工位置。

- （预钻点）：将"平面铣"或"型腔铣"中所保留预钻点指定为加工位置。
- （最小直径 -无）：通过给定一个直径，所有大于给定直径的孔将被选中作为加工位置。
- （最大直径 -无）：通过用户给定一个直径，所有小于给定直径的孔将被选中作为加工位置。
- （选择结束）：完成选择后，返回上一级对话框。
- （可选的 - 全部）：将选择范围设置为某一类几何或某一组几何，然后在这一类或一组几何中指定加工位置。

（2）在模型中选取图 14.3.65 所示的孔特征，单击"点位选择"对话框中的 确定 按钮，然后单击"点到点几何体"对话框中的 确定 按钮，系统返回到"钻"对话框。

Step3. 指定部件表面。

（1）单击"钻"对话框 几何体 区域中的 按钮，系统弹出图 14.3.66 所示的"顶面"对话框。

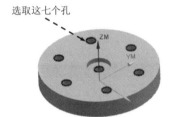

图 14.3.65　选取孔特征

图 14.3.66　"顶面"对话框

（2）在"顶面"对话框中 顶面选项 下拉列表中选择 面 选项，选取图 14.3.67 所示的模型表面。单击 确定 按钮，返回到"钻"对话框。

Step4. 指定底面。

（1）单击"钻"对话框 几何体 区域中的 按钮，系统弹出图 14.3.68 所示的"底面"对话框。

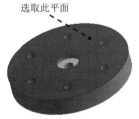

图 14.3.67　指定部件顶面

图 14.3.68　"底面"对话框

（2）在"底面"对话框中 底面选项 下拉列表中选择 面 选项，选取图 14.3.69 所示的模型表面。单击 确定 按钮，返回到"钻"对话框。

Step5. 在"钻"对话框 刀轴 区域 轴 下拉列表中选择 +ZM轴 作为要加工孔的轴线方向。

说明： 如果当前机床坐标系的 ZM 轴与要加工孔的轴线方向不同，可使用 轴 下拉列表中的选项重新指定刀具轴线的方向。

Step6. 设置循环控制参数。

（1）在 循环类型 选项区域的 循环 下拉列表中选择 标准钻... 选项，单击 按钮，系统弹出图 14.3.70 所示的"指定参数组"对话框。

图 14.3.69　指定部件底面

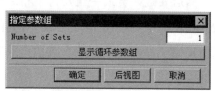

图 14.3.70　"指定参数组"对话框

（2）在"指定参数组"对话框中采用系统默认的设置，单击 确定 按钮，系统弹出图 14.3.71 所示的"Cycle 参数"对话框，单击 Depth -模型深度 按钮，系统弹出图 14.3.72 所示的"Cycle 深度"对话框。

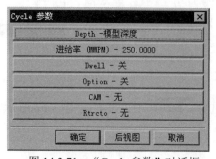

图 14.3.71　"Cycle 参数"对话框

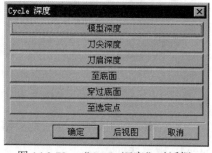

图 14.3.72　"Cycle 深度"对话框

图 14.3.71 所示"Cycle 参数"对话框的按钮说明如下。

- Depth -模型深度 ：用于设置钻孔加工的深度，即刀具退刀前零件表面与刀尖的距离。在各种循环类型中，除了 标准沉孔钻... 循环外，其他的循环类型都需要设置加工深度。单击此按钮，系统弹出图 14.3.72 所示的"Cycle 深度"对话框，在此对话框中系统提供了 6 种设置加工深度的方法。

  ☑ 模型深度 ：单击此按钮，系统设置模型中孔的深度为钻孔的加工深度。如果刀具的直径小于或等于加工孔的直径，并且加工孔的轴线方向和刀轴方向一致，系统会自动计算模型中孔的深度，并将这个深度默认为加工深度。

☑ **刀尖深度**：单击此按钮，系统弹出"深度"对话框，可以
在此对话框中设置退刀前刀具刀尖沿刀轴方向与零件表面的距离，系统将默
认此距离为加工深度。

☑ **刀肩深度**：单击此按钮，系统弹出"深度"对话框，可以
在此对话框中设置退刀前刀具刀肩沿刀轴方向与零件表面的距离，系统将默
认此距离为加工深度。

☑ **至底面**：单击此按钮，将根据刀尖刚好到达模型底面的
距离来确定钻孔的加工深度。

☑ **穿过底面**：单击此按钮，将根据刀肩刚好到达模型底面的
距离来确定钻孔的加工深度。如果需要刀肩完全穿透底面，可以在操作对话
框的 通孔安全距离 文本框中设置刀肩穿过底面的穿透量。

☑ **至选定点**：指定一个点来确定加工深度，系统将设置此点
沿刀轴方向至部件表面的距离为加工深度。

● **进给率（MMPM）- 250.0000**：用于设置刀具的进给量，可以通过毫米分钟
（MMPM）或毫米每转（MMPR）两种单位进行设置。

● **Dwell - 关**：单击此按钮，系统弹出"Cycle Dwell"对话框，
可以设置刀具到达指定深度后的暂停参数。

☑ **关**：设置刀具到达指定深度后不停留。

☑ **开**：设置刀具到达指定深度后的停留时间，仅用于
各种标准循环。

☑ **秒**：单击此按钮，系统弹出"秒"对话框，可以设
置刀具到达指定深度后的停留秒数。

☑ **转**：单击此按钮，系统弹出"转"对话框，可以设
置刀具到达指定深度后的停留期间主轴的转数。

● **Option - 关**：激活使用机床的特有加工特征。

● **CAM - 无**：单击该按钮，系统弹出"CAM"窗口，在此窗
口可以设置 CAM 停止位置时使用的一个数字。

● **Rtrcto - 无**：单击此按钮，系统弹出"安全高度设置类型"
对话框，用于设置退刀距离。

☑ **距离**：单击此按钮，系统弹出"退刀"对话框，可以用
于设置退刀距离。

☑ 　　　　自动　　　　：设置刀具沿刀轴方向退回到避让参数设定的安全平面。

☑ 　　　设置为空　　　：不使用 Rtrcto 选项设置退刀距离。

（3）在"Cycle 深度"对话框中单击 　　　模型深度　　　 按钮，系统自动计算实体中孔的深度，且返回到"Cycle 参数"对话框。

（4）单击"Cycle 参数"对话框中的 　　Rtrcto - 无　　 按钮，系统弹出图 14.3.73 所示的"安全高度设置类型"对话框，单击 　　　距离　　　 按钮，系统弹出图 14.3.74 所示的"退刀距离"对话框，在其文本框中输入数值 20，单击 确定 按钮，系统返回到"Cycle 参数"对话框。

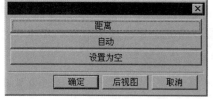

图 14.3.73 "安全高度设置类型"对话框

图 14.3.74 "退刀距离"对话框

说明：在孔加工中，不同类型孔的加工必须采用不同的加工方式，这些加工方式有的属于连续加工，有的属于断续加工，它们的刀具运动参数也各不相同，为了满足这些要求，用户可以选择不同的循环类型（如啄钻循环、标准钻循环、标准镗循环等）来控制刀具切削运动过程。对于同类型但深度不同，或者是同类型同深度但加工精度要求不同的孔，它们的循环类型虽然相同，但加工深度或进给速度不同，这时必须设置不同的参数组来实现不同的切削运动。

UG NX 8.0 提供了 14 种循环类型，根据不同类型的孔，首先在下拉列表中选择合适的循环类型，系统弹出"指定参数组"对话框，可在其中的 Number of Sets 文本框中输入循环参数组的序号，单击 确定 按钮进行该组循环参数的设置，每种循环类型都可以设置 5 组循环参数，设置好的循环参数可以通过"点位选择"对话框关联到每个加工对象。

（5）在"Cycle 参数"对话框中单击 确定 按钮，系统返回到"钻"对话框。

Step7. 在"钻"对话框 循环类型 区域的 最小安全距离 文本框中输入数值 3.00；在 深度偏置 区域的 通孔安全距离 文本框中输入数值 1.50，在 盲孔余量 文本框中输入数值 0.0。

Step8. 避让设置。

（1）在"钻"对话框 刀轨设置 选项区域中单击"避让"按钮 ⊡，系统弹出图 14.3.75 所示的"避让几何体"对话框。

（2）单击"避让几何体"对话框中的 　　Clearance Plane -无　　 按钮，系统弹出图 14.3.76 所示的"安全平面"对话框。

图 14.3.75 "避让几何体"对话框

图 14.3.76 "安全平面"对话框

图 14.3.76 所示"避让几何体"对话框中的按钮说明如下。

- ：用于指定加工轨迹起始段的刀具位置。
- Start Point -无 ：用于指定刀具移动到加工位置上方的位置。这个刀具的起始加工位置的指定可以避让夹具或避免产生碰撞。
- Return Point -无 ：用于指定切削完成后，刀具移动至的位置。
- Gohome 点 - 无 ：用于指定刀具的最终位置，即刀具轨迹中的回零点。
- Clearance Plane -无 ：用于指定在切削的开始、切削的过程中或完成切削后，刀具为了避让所需要的安全距离。
- Lower Limit Plane -无 ：用于设置下限平面，若刀具在运动过程种超过可该平面，则报警，并在刀位文件（CLSF 文件）中显示报警信息。
- Redisplay Avoidance Geometry ：用于重新显示已经定义的避让几何体。

（3）单击"安全平面"对话框中的 指定 按钮，系统弹出"平面"对话框，在 类型 下拉列表中选择 XC-YC 平面 选项，在 距离 文本框中输入数值 20.0，单击 确定 按钮，系统返回"安全平面"对话框并创建一个安全平面。

（4）单击"安全平面"对话框中的 确定 按钮，返回到"避让几何体"对话框，然后单击"避让几何体"对话框中的 确定 按钮，并返回到"钻"对话框。

Step9. 进给率设置。

（1）在"钻"对话框的 刀轨设置 区域中单击"进给率和速度"按钮 ，系统弹出"进给率和速度"对话框。

（2）在"进给率和速度"对话框的 主轴速度（rpm） 文本框中输入数值 455，在 切削 文本框中输入数值 50，然后单击 按钮，其他采用系统默认设置值。

（3）单击"进给率和速度"对话框中的 确定 按钮，完成切削参数的设置，系统返回到"钻"对话框。

Task5．生成刀具轨迹并仿真

生成的刀具轨迹如图 14.3.77 所示，2D 仿真结果如图 14.3.78 所示。

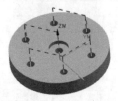 

图 14.3.77　刀具轨迹　　　　　　　　　图 14.3.78　2D 仿真结果

Task6．保存文件

选择下拉菜单 文件(F) ➡ 📄 保存(S) 命令，保存文件。

14.3.8　攻丝

下面以图 14.3.79 所示的零件为例说明攻丝加工操作的创建过程。

a）目标加工零件　　　　　　b）毛坯零件　　　　　　c）加工结果

图 14.3.79　攻丝加工

Task1．打开模型文件

打开文件 D:\ug8\work\ch14.03\tapping.prt 并进入加工环境。

Task2．创建刀具

Step1．选择下拉菜单 插入(S) ➡ 🔧 刀具(T) 命令，系统弹出"创建刀具"对话框。

Step2．在 类型 下拉菜单中选择 drill 选项，在 刀具子类型 区域中单击"TAP"按钮 🔩，接受系统默认的名称，然后单击 确定 按钮，系统弹出"钻刀"对话框。

Step3．设置刀具参数。在"钻刀"对话框的 (D) 直径 文本框中输入数值 10.0，其他参数采用系统默认设置值，单击 确定 按钮，完成刀具的创建。

Task3．创建工序

Step1．插入工序。

（1）选择下拉菜单 插入(S) ➡ 📑 工序(E)... 命令，系统弹出"创建工序"对话框。

（2）在"创建工序"对话框的 工序子类型 区域单击"TAPPING"按钮 , 在 程序 下拉列表中选择 PROGRAM 选项, 在 刀具 下拉列表中选择 TAP (钻刀) 选项, 在 几何体 下拉列表中选择 WORKPIECE 选项, 在 方法 下拉列表中选择 DRILL_METHOD 选项, 采用系统默认的名称。

（3）单击"创建工序"对话框中的 确定 按钮, 系统弹出图 14.3.80 所示的"出屑"对话框。

Step2. 指定钻孔点。

（1）单击"出屑"对话框 几何体 区域中的 按钮, 系统弹出"点到点几何体"对话框, 单击 选择 按钮, 系统弹出"点位选择"对话框。

（2）在几何体上选取图 14.3.81 所示的孔为加工对象, 单击"点位选择"对话框中的 确定 按钮, 然后单击"点到点几何体"对话框中的 确定 按钮, 系统返回到"出屑"对话框。

图 14.3.80　"出屑"对话框

选取这六个孔

图 14.3.81　加工对象

Step3. 指定部件表面。

（1）单击"出屑"对话框 几何体 区域中的 按钮, 系统弹出"顶面"对话框。

（2）在"顶面"对话框中 顶面选项 下拉列表中选择 面 选项, 选取图 14.3.82 示的模型表面。单击 确定 按钮, 返回到"出屑"对话框。

Step4. 指定底面。

（1）单击"出屑"对话框 几何体 区域中的 按钮, 系统弹出"底面"对话框。

（2）在"底面"对话框中 底面选项 下拉列表中选择 面 选项，选取图 14.3.83 所示的模型表面，单击 确定 按钮，返回到"出屑"对话框。

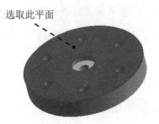

图 14.3.82　指定部件表面

图 14.3.83　指定部件底面

Step5. 在"出屑"对话框 刀轴 区域 轴 下拉列表中选择 +ZM 轴 作为要加工孔的轴线方向。

Step6. 设置循环控制参数。

（1）在 循环类型 选项区域的 循环 下拉列表中选择 标准攻丝... 选项，单击 按钮，系统弹出"指定参数组"对话框。

（2）在"指定参数组"对话框中采用系统默认的设置值，单击 确定 按钮，系统弹出图 14.3.84 所示的"Cycle 参数"对话框，单击 Depth (Tip) - 0.0000 按钮，系统弹出图 14.3.85 所示的"Cycle 深度"对话框。

图 14.3.84　"Cycle 参数"对话框

图 14.3.85　"Cycle 深度"对话框

（3）在"Cycle 深度"对话框单击 穿过底面 按钮，系统返回"Cycle 参数"对话框。

（4）单击"Cycle 参数"对话框中的 Rtrcto - 无 按钮，系统弹出"安全高度设置类型"对话框，单击 距离 按钮，系统弹出"退刀"对话框，在 退刀 文本框中输入数值 30.0，单击 确定 按钮，系统返回"Cycle 参数"对话框。

（5）在"Cycle 参数"对话框中单击 确定 按钮，系统返回到"出屑"对话框。

Step7. 在"出屑"对话框 循环类型 选项区域的 最小安全距离 文本框中输入数值 5.00；在 深度偏置 区域的 通孔安全距离 文本框中输入数值 2.0，在 盲孔余量 文本框中输入数值 1.0。

Step8. 进给率设置。

（1）在"出屑"对话框的 刀轨设置 区域中单击"进给率和速度"按钮 ，系统弹出"进给率和速度"对话框。

（2）在"进给率和速度"对话框"自动设置"区域的 表面速度（smm） 文本框中输入数值 8.0，在 切削 文本框中输入数值 50，然后单击 按钮，其他采用系统默认设置值。

（3）单击"进给率和速度"对话框中的 确定 按钮，完成切削参数的设置，系统返回到"出屑"对话框。

Task4. 生成刀具轨迹并仿真

生成的刀具轨迹如图 14.3.86 所示，2D 仿真结果如图 14.3.87 所示。

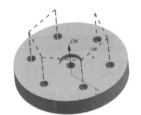

图 14.3.86　刀具轨迹

图 14.3.87　2D 仿真结果

Task5. 保存文件

选择下拉菜单 文件(F) ➡ 保存(S) 命令，保存文件。

14.3.9　沉孔加工

下面以图 14.3.88 所示的模型为例，说明沉孔加工操作的创建过程。

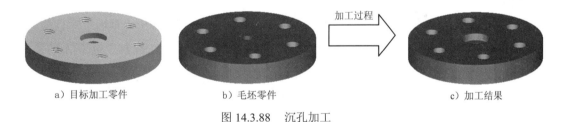

a）目标加工零件　　　　b）毛坯零件　　　　加工过程 ➡　　　　c）加工结果

图 14.3.88　沉孔加工

Task1. 打开模型文件并进入加工环境

打开文件 D:\ug8\work\ch14.03\CounterBoring.prt。

Task2. 创建刀具

Step1. 选择下拉菜单 插入(S) ➡ 刀具(T) 命令，系统弹出"创建刀具"对话框。

Step2. 在"创建刀具"对话框 类型 下拉列表中选择 drill 选项，在 刀具子类型 区域中单击 "COUNTERBORING_TOOL"按钮，接受系统默认的名称，然后单击 确定 按钮，系统弹出"铣刀-5 参数"对话框。

Step3. 设置刀具参数。在"铣刀-5　参数"对话框的 (D) 直径 文本框中输入数值 20.0，在 (R1) 下半径 文本框中输入数值 1.0，其他参数采用系统默认设置值，单击 确定 按钮，完成刀具的创建。

Task3. 创建工序

Step1. 插入工序。

（1）选择下拉菜单 插入(S) ➡️ ┠ 工序(E)... 命令，系统弹出"创建工序"对话框。

（2）在"创建工序"对话框的 工序子类型 区域单击"COUNTERBORING"按钮 ⯊ ，在 程序 下拉列表中选择 PROGRAM 选项，在 刀具 下拉列表中选择 COUNTERBORING_TOOL (铣刀-5 参数)，在 几何体 下拉列表中选择 WORKPIECE，在 方法 下拉列表中选择 DRILL_METHOD 选项，采用系统默认的名称。

（3）单击"创建工序"对话框中的 确定 按钮，系统弹出图 14.3.89 所示的"沉头孔加工"对话框。

Step2. 指定钻孔点。

（1）单击"沉头孔加工"对话框 几何体 区域中的 ⬙ 按钮，系统弹出"点到点几何体"对话框，单击 选择 按钮，系统弹出"点位选择"对话框。

（2）在几何体上选取图 14.3.90 所示的圆弧为加工对象，单击"点位选择"对话框中的 确定 按钮，然后单击"点到点几何体"对话框中的 确定 按钮，系统返回到"沉头孔加工"对话框。

Step3. 指定部件表面。

（1）单击"沉头孔加工"对话框 几何体 区域中的 ⬙ 按钮，系统弹出"顶面"对话框。

（2）在"顶面"对话框 顶面选项 下拉列表中选择 🔷 面 选项，选取图 14.3.91 所示的模型表面，单击 确定 按钮，返回到"沉头孔加工"对话框。

Step4. 在"沉头孔加工"对话框 刀轴 区域 轴 下拉列表中选择 +ZM 轴 作为要加工孔的轴线方向。

Step5. 设置循环控制参数。

（1）在"沉头孔加工"对话框的 循环类型 选项区域的 循环 下拉列表中选择 标准钻... 选项，单击 🔧 按钮，系统弹出"指定参数组"对话框。

（2）在"指定参数组"对话框中采用系统默认的设置，单击 确定 按钮，系统弹出"Cycle 参数"对话框，单击 Depth -模型深度 按钮，系统弹出"Cycle 深度"对话框。

（3）在"Cycle 深度"对话框单击 刀尖深度 按钮，系统弹出"深度"对话框，在"深度"对话框的 深度 文本框中输入数值 4.0，单击 确定 按钮，返回到"Cycle 参数"对话框。

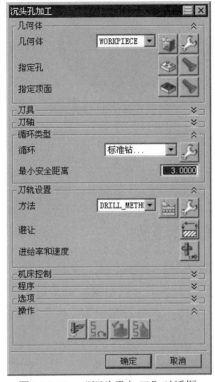

图 14.3.89 "沉头孔加工"对话框

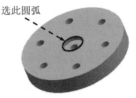

图 14.3.90 加工对象

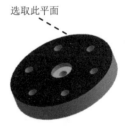

图 14.3.91 指定部件顶面

（4）单击"Cycle 参数"对话框中的 Rtrcto - 无 按钮，系统弹出"安全高度设置类型"对话框，单击 距离 按钮，系统弹出"退刀"对话框，在 退刀 文本框中输入数值 20.0，单击 确定 按钮，系统返回"Cycle 参数"对话框。

（5）在"Cycle 参数"对话框中单击 确定 按钮，系统返回到"沉头孔加工"对话框。

Step6. 在"沉头孔加工"对话框 循环类型 区域的 最小安全距离 文本框中输入数值 3.0。

Step7. 进给率设置。

（1）在的 刀轨设置 区域中单击"进给率和速度"按钮 ，系统弹出"进给率和速度"对话框。

（2）在"进给率和速度"对话框"自动设置"区域的 主轴速度（rpm）文本框中输入数值 600.0，在 切削 文本框中输入数值 250，然后单击 按钮，其他采用系统默认设置值。

（3）单击"进给率和速度"对话框中的 确定 按钮，完成切削参数的设置，系统返回到"沉头孔加工"对话框。

Task4. 生成刀具轨迹并仿真

生成的刀具轨迹如图 14.3.92 所示，2D 仿真结果如图 14.3.93 所示。

图 14.3.92　刀具轨迹

图 14.3.93　2D 仿真结果

Task5. 保存文件

选择下拉菜单 文件(F) ➡ █ 保存(S) 命令，保存文件。

14.4　加工综合范例

在机械零件的加工中，从毛坯零件到目标零件的加工一般都要经过多道工序，工序安排是否合理对加工后零件的质量有较大的影响。一般先是进行粗加工，然后再进行精加工。粗加工时，刀具进给量大，机床主轴的转速较低，以便切除大量的材料，提高加工的效率。在进行精加工时，刀具的进给量小、主轴的转速较高、加工的精度高，以达到零件加工精度的要求。本实例讲解了烟灰缸凸模的加工过程，工艺路线如图 14.4.1 所示。

Task1. 打开模型文件并进入加工模块

Step1. 打开文件 D:\ug8\work\ch14.04\ashtray.prt。

Step2. 选择下拉菜单 开始 ➡ █ 加工(N)... 命令，在系统弹出的"加工环境"对话框的 要创建的 CAM 设置 列表框中选择 mill_contour 选项，单击 确定 按钮，系统进入加工环境。

Task2. 创建几何体

Step1. 将工序导航器调整到几何视图，双击 ⊞ MCS_MILL 节点，系统弹出"Mill Orient"对话框。

Step2. 创建机床坐标系。在"Mill Orient"对话框的 参考坐标系 选项区域中选中 ☑ 链接 RCS 与 MCS 复选框。

Step3. 创建安全平面。

（1）在"Mill Orient"对话框的 安全设置 区域的 安全设置选项 下拉列表中选择 平面 选项，单击"平面对话框"按钮 █，系统弹出"平面"对话框。

（2）在 类型 的下拉列表中选择 ✕ XC-YC 平面 选项，在 距离 文本框中输入数值 65，单击 确定 按钮，系统返回到"Mill Orient"对话框，完成图 14.4.2 所示的安全平面的创建。

（3）单击"Mill Orient"对话框中的 确定 按钮。

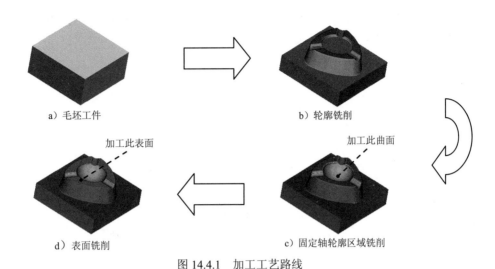

a）毛坯工件　　　　　　　　　　　b）轮廓铣削

加工此表面　　　　　　　　　　加工此曲面

d）表面铣削　　　　　　　　　c）固定轴轮廓区域铣削

图 14.4.1　加工工艺路线

Step4. 创建部件几何体。

（1）在工序导航器中的几何视图下双击 ⊞ 🔄 MCS_MILL 节点下的 🔷 WORKPIECE，系统弹出"铣削几何体"对话框。

（2）选取部件几何体。在"铣削几何体"对话框中单击 🔷 按钮，系统弹出"部件几何体"对话框。在绘图区选取图 14.4.3 所示的几何体为部件几何体，在"部件几何体"对话框中单击 确定 按钮，完成部件几何体的创建。

Step5. 创建毛坯几何体。

（1）在"铣削几何体"对话框中单击 ⬡ 按钮，系统弹出"毛坯几何体"对话框。

（2）在 类型 下拉列表中选择 包容块 选项，在 ZM+ 文本框中输入数值 2.0，其余采用系统默认参数设置值，此时图形区显示图 14.4.4 所示的毛坯几何体，单击 确定 按钮，系统返回"铣削几何体"对话框。

Step6. 单击"铣削几何体"对话框中的 确定 按钮，完成几何体的创建。

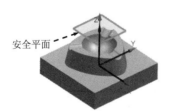

图 14.4.2　设置安全平面

图 14.4.3　部件几何体

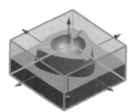

图 14.4.4　毛坯几何体

Task3. 创建刀具（一）

Step1. 选择下拉菜单 插入(S) ➡ 🔧 刀具(T) 命令，系统弹出"创建刀具"对话框。

Step2. 在"创建刀具"对话框的 类型 下拉列表中选择 mill_contour 选项，在"创建刀具"

对话框的 刀具子类型 区域中单击"MILL"按钮 ，在 位置 区域的 刀具 下拉列表中选择 GENERIC_MACHINE 选项，在 名称 文本框中输入刀具名称 MILL，然后单击 确定 按钮，系统弹出"铣刀-5 参数"对话框。

Step3. 设置刀具参数。在"铣刀-5 参数"对话框的 (D)直径 文本框中输入数值 8.0，在 (R1)下半径 文本框中输入数值 1.0，其他参数采用系统的默认值。

Step4. 单击对话框中的 确定 按钮，完成刀具的创建。

Task4. 创建刀具（二）

Step1. 选择下拉菜单 插入(S) ➝ 刀具(T) 命令，系统弹出"创建刀具"对话框。

Step2. 在"创建刀具"对话框的 类型 下拉列表中选择 mill_contour 选项，在"创建刀具"对话框的 刀具子类型 区域中单击"BALL_MILL"按钮 ，在 位置 区域的 刀具 下拉列表中选择 GENERIC_MACHINE 选项，在 名称 文本框中输入刀具名称 BALL_MILL，然后单击 确定 按钮，系统弹出"铣刀-5 参数"对话框。

Step3. 设置刀具参数。在"铣刀-5 参数"对话框的 (D)球直径 文本框中输入数值 5.0，其他参数采用系统的默认值。

Step4. 单击对话框中的 确定 按钮，完成刀具的创建。

Task5. 创建轮廓铣操作

Step1. 插入工序。选择下拉菜单 插入(S) ➝ 工序(E)... 命令，系统弹出"创建工序"对话框。

Step2. 在"创建工序"对话框的 类型 下拉列表中选择 mill contour 选项，在 工序子类型 区域中单击"CAVITY_MILL"按钮 ，在 程序 下拉列表中选择 PROGRAM 选项，在 刀具 下拉列表中选择 MILL(铣刀-5 参数)，在 几何体 下拉列表中选择 WORKPIECE，在 方法 下拉列表中选择 MILL_ROUGH 选项，采用系统默认的名称。

Step3. 在"创建工序"对话框中单击 确定 按钮，此时，系统弹出"型腔铣"对话框。

Step4. 指定切削区域。

（1）单击"型腔铣"对话框 几何体 区域中的 按钮，系统弹出"切削区域"对话框，选取图 14.4.5 所示的面为切削区域。

（2）单击"切削区域"对话框中的 确定 按钮，系统返回到"型腔铣"对话框。

Step5. 设置刀具路径参数。

在"型腔铣"对话框 刀轨设置 区域的 切削模式 下拉列表中选择 跟随部件 选项，在 步距 下拉列表中选择 刀具平直百分比 选项，在 平面直径百分比 文本框中输入数值 20.0，在 每刀的公共深度 下拉列表中选择 恒定 选项，在 最大距离 文本框中输入数值 0.5。

Step6. 设置切削参数。

（1）在"型腔铣"对话框的 刀轨设置 区域中单击"切削参数"按钮 ，系统弹出"切削参数"对话框。

（2）在"切削参数"对话框中单击 策略 选项卡，在 切削 区域的 切削方向 下拉列表中选择 顺铣 选项，在 切削顺序 下拉列表中选择 深度优先 选项，其他采用系统默认设置值。

（3）在"切削参数"对话框中单击 连接 选项卡，在 切削顺序 区域的 区域排序 下拉列表中选择 标准 选项，其他选项卡中的设置采用系统的默认值，单击 确定 按钮，系统返回到"型腔铣"对话框。

Step7. 设置进刀/退刀参数。

（1）在"型腔铣"对话框的 刀轨设置 区域中单击"非切削移动"按钮 ，系统弹出"非切削移动"对话框。

（2）单击"非切削移动"对话框中的 进刀 选项卡，在 封闭区域 区域 进刀类型 下拉列表中选择 螺旋 选项，在 开放区域 区域的 类型 下拉列表中选择 圆弧 选项，其他参数按系统默认设置值，单击 确定 按钮完成进刀/退刀的设置。

Step8. 设置进给和速度。

（1）在"型腔铣"对话框中单击"进给率和速度"按钮 ，系统弹出"进给率和速度"对话框。

（2）在"进给率和速度"对话框的 主轴速度（rpm） 文本框中输入值 800，在 切削 文本框中输入数值 250，其他采用系统默认设置值。

（3）单击"进给率和速度"对话框中的 确定 按钮，完成切削参数的设置，系统返回到"型腔铣"对话框。

Task6. 生成刀具轨迹并仿真

生成的刀具轨迹如图 14.4.6 所示，2D 仿真结果如图 14.4.7 所示。

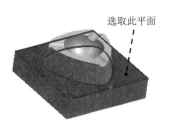  

图 14.4.5　指定切削区域　　　图 14.4.6　刀具轨迹　　　图 14.4.7　2D 仿真结果

Task7. 创建轮廓区域铣操作

Step1. 插入工序。选择下拉菜单 插入(S) ➡ 工序(E)... 命令，系统弹出"创建工序"

对话框。

Step2. 在"创建工序"对话框的 类型 下拉列表中选择 mill contour 选项，在 工序子类型 区域中单击"CONTOUR_AREA"按钮 ，在 程序 下拉列表中选择 PROGRAM 选项，在 刀具 下拉列表中选择 BALL_MILL ，在 几何体 下拉列表中选择 WORKPIECE ，在 方法 下拉列表中选择 MILL_FINISH 选项，采用系统默认的名称。

Step3. 在"创建工序"对话框中单击 确定 按钮，此时系统弹出"轮廓区域"对话框。

Step4. 指定切削区域。

（1）单击"轮廓区域"对话框 几何体 区域中的 按钮，系统弹出"切削区域"对话框，选取图 14.4.8 所示的面为切削区域。

（2）单击"切削区域"对话框中的 确定 按钮，系统返回到"轮廓区域"对话框。

Step5. 设置驱动方式。

（1）选择"轮廓区域"对话框 驱动方式 区域中的 方法 下拉列表中的 区域铣削 选项，单击 按钮，系统弹出"区域铣削驱动方式"对话框。

（2）在 陡峭空间范围 选项区域的 方法 下拉列表中选择 无 选项；在 驱动设置 区域的 切削模式 下拉列表中选择 跟随周边 选项，在 刀路方向 下拉列表中选择 向内 选项，在 切削方向 下拉列表中选择 顺铣 选项，在 步距 下拉列表中选择 恒定 选项，在 最大距离 文本框中输入数值 0.1，在 步距已应用 下拉列表中选择 在平面上 选项。

（3）单击"区域铣削驱动方式"对话框中的 确定 按钮，系统返回到"轮廓区域"对话框。

Step6. 设置切削参数。所有切削参数均采用系统默认设置。

Step7. 设置进刀/退刀参数。

（1）在"轮廓区域"对话框的 刀轨设置 区域中单击"非切削移动"按钮 ，系统弹出"非切削移动"对话框。

（2）单击"非切削移动"对话框中的 进刀 选项卡，在 开放区域 区域的 进刀类型 下拉列表中选择 圆弧 - 相切逼近 选项，在 根据部件/检查 区域的 进刀类型 下拉列表中选择 线性 选项，在 初始 区域的 进刀类型 下拉列表中选择 与开放区域相同 选项，其他参数采用系统的默认设置值，单击 确定 按钮完成进刀/退刀的设置。

Step8. 设置进给和速度。

（1）在"轮廓区域"对话框中单击"进给率和速度"按钮 ，系统弹出"进给率和速度"对话框。

（2）在"进给率和速度"对话框的 主轴速度（rpm） 文本框中输入数值 1000，在 切削 文本框中输入数值 250，其他采用系统默认设置值。

（3）单击"进给率和速度"对话框中的 确定 按钮，完成切削参数的设置。

Task8．生成刀具轨迹并仿真

生成的刀具轨迹如图 14.4.9 所示，2D 仿真结果如图 14.4.10 所示。

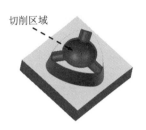

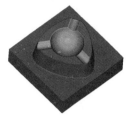

图 14.4.8　指定切削区域　　　图 14.4.9　刀具轨迹　　　图 14.4.10　2D 仿真结果

Task9．创建面铣削操作

Step1．插入工序。选择下拉菜单 插入(S) ➡ 工序(E)... 命令，系统弹出"创建工序"对话框。

Step2．在"创建工序"对话框的 类型 下拉列表中选择 mill_planar 选项，在 工序子类型 区域中单击"FACE_MILLING"按钮 ，在 程序 下拉列表中选择 PROGRAM 选项，在 刀具 下拉列表中选择 MILL (铣刀-5 参数)，在 几何体 下拉列表中选择 WORKPIECE，在 方法 下拉列表中选择 MILL_FINISH 选项，采用系统默认的名称。

Step3．在"创建工序"对话框中单击 确定 按钮，系统弹出"面铣"对话框。

Step4．指定面边界。

（1）在"面铣"对话框的 几何体 区域中单击"选择或编辑面几何体"按钮 ，系统弹出"指定面几何体"对话框。

（2）确认该对话框中的 过滤器类型 区域中的"面边界"按钮 被按下，选取图 14.4.11 所示的模型表面为面边界。

（3）单击"指定面几何体"对话框中的 确定 按钮，系统返回到"面铣"对话框。

Step5．设置刀具路径参数。

（1）在"面铣"对话框 刀轨设置 区域的 切削模式 下拉列表中选择 往复 选项，在 步距 下拉列表中选择 刀具平直百分比 选项，在 平面直径百分比 文本框中输入数值 75.0，

（2）在 毛坯距离 文本框中输入数值 1.0，在 每刀深度 文本框中输入数值 0.0，在 最终底面余量 文本框中输入数值 0.0。

Step6．设置切削参数。

（1）在"面铣"对话框 刀轨设置 区域中单击"切削参数"按钮 ，系统弹出"切削参数"对话框。

（2）在"切削参数"对话框中单击 策略 选项卡，在 切削 区域的 切削方向 下拉列表中选择 顺铣 选项，在 切削角 下拉列表中选择 指定 选项，在 度数 文本框输入数值 180.0，其他参数采用系统的默认设置值。

（3）在"切削参数"对话框中单击 连接 选项卡，在 区域排序 区域的 切削顺序 下拉列表中选择 标准 选项，在 跨空区域 区域的 运动类型 下拉列表中选择 切削 选项，单击 确定 按钮，系统返回到"面铣"对话框。

Step7. 设置进刀/退刀参数。

（1）在"面铣"对话框 刀轨设置 区域中单击"非切削移动"按钮 ，系统弹出"非切削移动"对话框。

（2）单击"非切削移动"对话框中的 进刀 选项卡，在 封闭区域 区域的 进刀类型 下拉列表中选择 螺旋 选项，其他参数采用系统的默认设置值，单击 确定 按钮，完成进刀/退刀的设置。

Step8. 设置进给和速度。

（1）在"面铣"对话框的 刀轨设置 区域中单击"进给率和速度"按钮 ，系统弹出"进给率和速度"对话框。

（2）在"进给率和速度"对话框的 主轴速度（rpm）文本框中输入数值 1500，在 切削 文本框中输入数值 250，其他采用系统默认设置值。

（3）单击"进给率和速度"对话框中的 确定 按钮，完成切削参数的设置，系统返回到"面铣"对话框。

Task10. 生成刀具轨迹并仿真

生成的刀具轨迹如图 14.4.12 所示，2D 仿真结果如图 14.4.13 所示。

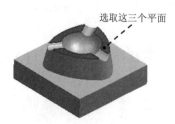

图 14.4.11　指定面边界

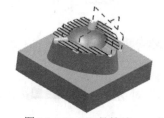

图 14.4.12　刀具轨迹

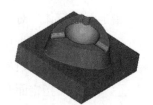

图 14.4.13　2D 仿真结果

Task11. 保存文件

选择下拉菜单 文件(F) ➡ 保存(S) 命令，保存文件。

读者意见反馈卡

书名：《UG NX 8.0 宝典（修订版）》

1. 读者个人资料：

姓名： _____ 性别： ____ 年龄： ____ 职业： _____ 职务： _____ 学历： ____

专业： _____ 单位名称： _____ 办公电话： _____ 手机： _____

QQ： _____ 微信： _____ E-mail： _____

2. 影响您购买本书的因素（可以选择多项）：

☐内容 ☐作者 ☐价格

☐朋友推荐 ☐出版社品牌 ☐书评广告

☐工作单位（就读学校）指定 ☐内容提要、前言或目录 ☐封面封底

☐购买了本书所属丛书中的其他图书 ☐其他_____

3. 您对本书的总体感觉：

☐很好 ☐一般 ☐不好

4. 您认为本书的语言文字水平：

☐很好 ☐一般 ☐不好

5. 您认为本书的版式编排：

☐很好 ☐一般 ☐不好

6. 您认为 ug 其他哪些方面的内容是您所迫切需要的？

_____

7. 其他哪些 CAD/CAM/CAE 方面的图书是您所需要的？

_____

8. 您认为我们的图书在叙述方式、内容选择等方面还有哪些需要改进的？

_____

读者购书回馈活动：

活动一：本书"随书光盘"中含有该"读者意见反馈卡"的电子文档，请认真填写本反馈卡，并 E-mail 给我们。E-mail: 兆迪科技 zhanygjames@163.com，丁锋 fengfener@qq.com。

活动二：扫一扫右侧二维码，关注兆迪科技官方公众微信（或搜索公众号 zhaodikeji），参与互动，也可进行答疑。

凡参加以上活动，即可获得兆迪科技免费奉送的价值 48 元的在线课程一门，同时有机会获得价值 780 元的精品在线课程。